COURS COMPLET

DE

MATHÉMATIQUES PURES.

TOME PREMIER.

Préférez, dans l'enseignement, les méthodes générales ; attachez-vous à les présenter de la manière la plus simple, et vous verrez en même temps qu'elles sont presque toujours les plus faciles.

LAPLACE, *Écoles norm.*, tom. IV, p. 49.

COURS COMPLET

DE

MATHÉMATIQUES PURES,

DÉDIÉ

A S. M. ALEXANDRE Ier,

EMPEREUR DE RUSSIE;

Par L.-B. FRANCOEUR,

Professeur de la Faculté des Sciences de Paris, de l'École normale et du Lycée Charlemagne; Chevalier de la Légion-d'Honneur; Officier de l'Université, ex-Examinateur des Candidats de l'École royale Polytechnique, Membre honoraire du département de la Marine russe, Correspondant de l'Académie des Sciences de Saint-Pétersbourg, des Sociétés Philomatique, d'Encouragement pour l'industrie nationale, d'Instruction élémentaire et des Méthodes d'Enseignement, des Académies de Rouen, Cambrai, Toulouse, etc.

OUVRAGE DESTINÉ AUX ÉLÈVES DES ÉCOLES NORMALE ET POLYTECHNIQUE, ET AUX CANDIDATS QUI SE PRÉPARENT A Y ÊTRE ADMIS.

TROISIÈME ÉDITION,
Revue et augmentée.

TOME PREMIER.

PARIS,

BACHELIER (SUCCESSEUR DE Mme Ve COURCIER),

LIBRAIRE POUR LES MATHÉMATIQUES,

QUAI DES AUGUSTINS, N° 55.

1828

Ouvrages du même Auteur qui se trouvent chez le même Libraire.

Uranographie, ou *Traité élémentaire d'Astronomie*, à l'usage des personnes peu versées dans les Mathématiques, des Géographes, des Marins, des Ingénieurs, etc., accompagnée de planisphères; troisième édition, considérablement augmentée, 1 vol. in-8° avec 10 planches, 1821. Prix, pour Paris, 9 fr., et 11 fr., franc de port, par la poste.

Traité élémentaire de Mécanique, adopté dans l'instruction publique, 5e édition, 1826, in-8°. Prix : 7 fr. pour Paris, et 9 fr., franc de port.

Élémens de Statique, in-8°, 1810. Prix : 3 fr. pour Paris, et 4 fr., franc de port.

Le *Dessin linéaire*, destiné à l'enseignement des Écoles primaires, quel que soit le mode qu'on y suit, 2e édition, avec 12 planches gravées en taille-douce. Paris, 1827. Prix . 7 fr., et 8 fr. 50 c. franc de port.

La *Goniométrie*, ou *Procédé pour décrire des arcs et des angles de tous les degrés*. Paris, 1820. Prix : 1 fr. 25 c.

IMPRIMERIE DE HUZARD-COURCIER,
RUE DU JARDINET, N° 12.

A SA MAJESTÉ L'EMPEREUR

ALEXANDRE Ier,

AUTOCRATE DE TOUTES LES RUSSIES.

SIRE,

Unir la bonté qui gagne les cœurs à la fermeté qui fait respecter les lois, mériter la confiance de ses alliés et l'estime de ses ennemis, protéger les sciences et les lettres en accueillant ceux qui les cultivent, telles sont les qualités brillantes qu'on voit réunies dans VOTRE MAJESTÉ, *et qui commandent l'amour des peuples et les hommages de la postérité. C'est à l'intérêt que vous ont toujours inspiré les* sciences exactes, que je dois, SIRE, la faveur que vous m'avez accordée de faire paraître mon Ouvrage sous vos auspices. Cet honneur, celui d'être associé aux savans qui composent les deux sociétés les plus célèbres de vos états, sont des témoignages éclatans qui me font espérer l'indulgence que mon obscurité ne me permettrait pas d'obtenir.

Je suis, avec le plus profond respect,

SIRE,

DE VOTRE MAJESTÉ,

Le plus humble et le plus
dévoué serviteur,
FRANCOEUR.

Paris, le 17 avril 1809.

PRÉFACE.

Mettre un lecteur attentif et intelligent en état de lire tous les ouvrages qui traitent des sciences exactes, sans lui supposer d'abord aucune instruction préliminaire en Mathématiques, tel est le but que je me suis proposé dans la composition de ce Traité. Pour y parvenir, j'ai dû exposer toutes les doctrines qui constituent les Mathématiques pures, depuis les parties les plus élémentaires, l'Arithmétique et la Géométrie, jusqu'au Calcul intégral le plus composé, sans omettre aucune des théories générales qui entrent dans l'ensemble de ce plan.

Une aussi grande multitude d'objets se trouve renfermée dans deux volumes, et l'on se tromperait, si l'on jugeait que j'aie omis des doctrines utiles, ou même des détails intéressans. La lecture de l'Ouvrage pourra convaincre qu'il est aussi complet qu'on peut l'espérer, et qu'on y trouve même plus d'applications que n'en promet le cadre étroit où je me suis resserré. Mais le système de concision que j'ai adopté, m'a

permis de diminuer l'espace sans rien oublier qui soit
véritablement utile, et, je l'espère, sans nuire à la
clarté.

Dès long-temps je me suis convaincu que rien n'est
plus contraire au but que doit atteindre celui qui écrit
sur les sciences, que d'entrer, sur chaque objet, dans
des développemens longs et fastidieux. L'auteur, en
disant tout ce qu'il pense, empêche le lecteur de
penser lui-même ; l'élève devient incapable de se
passer des secours de son maître ; il prend l'habitude
d'une pesanteur et d'une prolixité très nuisibles aux
succès ; enfin, l'embarras des détails l'empêche de
suivre le fil des idées essentielles, et il saisit mal l'ensemble des propositions ; les accessoires tiennent dans
son esprit la place des choses importantes. C'est au
professeur à proportionner l'étendue des développemens à la nature d'esprit de chaque étudiant. « Pour
bien instruire, il ne faut pas dire tout ce qu'on sait,
mais seulement ce qui convient à ceux qu'on ins-
truit. » (LA HARPE, *Cours de littérature*, 2ᵉ part.,
liv. II, chap. III, 2.)

Le public paraît avoir adopté ce système d'instruction ; et le succès qu'ont obtenu les premières éditions,
me confirme dans l'opinion que j'avais des avantages
de la concision. Il m'eût été sans doute bien plus facile
de multiplier les volumes, et les personnes exercées

à écrire sur les mêmes matières, pourront apprécier les soins qu'il m'a fallu prendre pour réduire ainsi chaque chose aux dimensions nécessaires.

En prenant la peine de comparer cette édition aux précédentes, on reconnaîtra que je n'ai épargné aucun soin, négligé aucun conseil pour rendre ce Traité digne de l'approbation des savans et des professeurs.

ERRATA du premier Volume.

Page 93, ligne 26, n° 489, *lisez* n° 487.
115, 11, n° 153, 10°., *lisez* n° 149, 11°.
133, 12, n° 480, *lisez* n° 481.
194, 4, en remontant, du n° 489, *lisez* n° 488.
195, 22, n° 492, *lisez* n° 501.
249, 16, n° 364 VI, *lisez* n° 364 IV.
264 6, en remontant, du n° 329 VIII, *lisez* n° 330 XI.
266, 23, n° 365 VI, *lisez* n° 364 XI.
285, 23, n° 365 VI, *lisez* n° 364 VI.

ERRATA du second Volume.

Page 19, ligne 4, $\sqrt{\left(1 - \dfrac{3241}{2829}\right)}$, *lisez* $\sqrt{\left(1 - \dfrac{3241}{8003241}\right)}$.

idem. *Remplacez* les trois derniers chiffres 784 de $\sqrt{8}$ par 462.
idem. *Remplacez* les trois derniers chiffres 892 de $\sqrt{2}$ par 732.
52, 20, n° 525, *lisez* n° 526.
58, 10, n°ˢ 523, 713, *lisez* n°ˢ 524, 712 I.
165, 12, n° 664, *lisez* n° 663.
idem. 7, en rem. par *D'*, *effacez* par.
308, 7, en rem. n° 613, *lisez* n° 713.
557, 8, n° 815, *lisez* n° 812.

TABLE ALPHABÉTIQUE

DES MATIÈRES

CONTENUES DANS LES DEUX VOLUMES.

NOTA. Les chiffres indiquent les numéros des paragraphes.

A

B

C

F

P

T

COURS COMPLET

DE

MATHÉMATIQUES PURES.

LIVRE PREMIER.

ARITHMÉTIQUE.

I. DES NOMBRES ENTIERS.

Notions préliminaires. Système de Numération.

1. Concevons une réunion de choses semblables : pour en distinguer la grandeur, et la faire apprécier par le discours aux hommes qui n'en ont aucune connaissance, on en prend une portion définie et bien connue, mais arbitraire; cette portion se nomme UNITÉ; il faut ensuite indiquer combien de fois cette unité est contenue dans l'assemblage dont il s'agit, c'est-à-dire combien il faudrait réunir de ces unités pour produire un tout égal à cet assemblage. Cette quotité est ce qu'on nomme un NOMBRE ou une QUANTITÉ. Ainsi, pour avoir la connaissance précise de la grandeur d'une chose, autrement que par la perception des sens, il faut d'abord acquérir, par les sens, celle d'une *portion* ou *unité,* puis celle du *nombre* de fois que la chose contient cette unité.

Pour dénommer les différens nombres, on a inventé les mots suivans : *un* désigne l'unité; *deux* représente la réunion d'une unité avec une autre unité; *trois*, la réunion de deux unités avec une autre, ou celle d'une unité, plus une, plus encore une; trois plus une donne *quatre*, et ainsi de suite; l'augmentation successive d'une unité chaque fois engendre les nombres

zéro, un, deux, trois, quatre, cinq, six, sept, huit, neuf.

qu'on représente par les *chiffres* ou caractères

0,   1,   2,   3,   4,   5,   6,   7,   8,   9.

L'idée qu'on doit se faire, par exemple, du nombre *sept*, est *six plus un*, qui, d'après ce qu'on a dit, revient à *cinq plus deux*, ou à *quatre plus trois*, etc.

2. Cette opération par laquelle on réunit plusieurs assemblages en un seul, dont on demande la quantité, se nomme ADDITION; on l'indique par le mot *plus*, ou par le signe $+$, qu'on nomme *positif*, et qui se place entre les chiffres qu'on veut ajouter. Le résultat est appelé *la somme* des nombres.

Ajouter plusieurs nombres, ce n'est donc que les réunir en un seul dont on demande la quantité, ou exprimer combien l'assemblage de plusieurs groupes d'objets identiques contient de fois une portion prise pour unité, et qui a servi de mesure à chaque groupe particulier. Ajouter 2 avec 3 et avec 4, ou trouver la somme 2 plus 3 plus 4, c'est réunir, en un seul, composé de 9 choses égales, trois systèmes, composés l'un de 2, l'autre de 3, et le dernier de 4 de ces choses.

Le signe $=$ mis entre deux grandeurs indique qu'elles sont égales; $2+3+4=9$, se lit : 2 *plus* 3 *plus* 4 *égalent* 9; cette égalité, ou *équation*, exprime l'addition précédente; $2+3+4$ est le premier *membre*, 9 est le second. L'inégalité entre deux quantités se désigne par le signe $<$ ou $>$; on place la plus grande du côté de l'ouverture : $4 < 7, 9 > 3$ s'énoncent 4 *plus petit que* 7, 9 *plus grand que* 3.

Il suit des notions précédentes, que si l'on augmente ou diminue l'un des nombres à ajouter, le résultat sera précisément plus grand ou plus petit de la même quantité : la somme ne serait nullement changée, si l'on augmentait l'un de ces nombres ajoutés, pourvu qu'on diminuât un autre d'autant d'unités. Par exemple : $4+7$ surpasse $4+5$ de 2, parce que 7 surpasse 5 de 2 ; mais $4+7=6+5=2+9=3+8$.

3. Il arrive souvent que les nombres qu'on veut ajouter sont égaux entre eux, tels que $2+2+2+2=8$: cette espèce d'addition prend le nom de MULTIPLICATION, et s'énonce ainsi : 2 *répété* 4 *fois*, ou 4 *fois* 2, ou enfin 2 *multiplié par* 4 ; on l'écrit 2.4, ou 2×4 : les nombres 2 et 4 se nomment les *facteurs* ; 2 est le *multiplicande*, 4 le *multiplicateur*, et le résultat 8 le *produit*.

4. L'addition et la multiplication ont leurs opérations inverses. Dans l'addition, $5+4=9$, on demande la somme 9 des deux nombres donnés 5 et 4. Dans la SOUSTRACTION, ce résultat 9 est donné ainsi que l'un des nombres, tel que 5, et on demande l'autre 4 ; c'est-à-dire qu'il faut trouver quel est le nombre 4, qui, ajouté à 5, donne la somme 9. Cette opération, qui consiste à recomposer les deux systèmes 5 et 4, qui avaient été réunis en un seul 9, revient visiblement à retrancher 5 de 9, ce qu'on marque par le signe —, qu'on énonce *moins*, et qu'on place entre les nombres, devant celui qu'on veut soustraire : $9-5=4$. Le signe — s'appelle aussi *négatif*.

Concluons de ce qu'on a vu pour l'addition, que, 1°. si l'on augmente seulement le nombre à soustraire d'une ou plusieurs unités, le résultat sera diminué d'autant ; 2°. si l'on augmente ou diminue les deux nombres donnés de la même quantité, le résultat demeurera le même ; 3°. enfin, *le résultat de la soustraction de deux nombres marque la quantité dont l'un surpasse l'autre*, et c'est ce qui a fait donner à ce résultat le nom de *différence*, *excès* ou *reste*.

5. Dans la multiplication, les deux facteurs sont donnés, et on cherche leur produit ; mais si, *connaissant ce produit et l'un des facteurs, on se propose de trouver l'autre facteur*, cette opération est une DIVISION. On a $2 \times 4=8$; 8 est le résultat

cherché de la multiplication de 2 par 4. Dans la division, au contraire, on donne 8 et 4, et on cherche 2, c'est à-dire qu'on demande quel est le nombre qui, répété 4 fois, produit 8. On écrit ainsi cette division, $\frac{8}{4}$ ou $8 : 4 = 2$, qu'on énonce 8 *divisé par* 4; 8 est le *dividende*, 4 le *diviseur;* le résultat cherché 2 est le *quotient :* en sorte que *produit* et *dividende* sont des mots qui désignent le même nombre, ainsi que *diviseur* et *multiplicateur* et que *quotient* et *multiplicande;* seulement l'emploi de ces mots dépend du calcul que l'on a eu vue.

6. Avant d'enseigner les moyens d'exécuter ces quatre opérations sur des grandeurs données, il faut former un langage propre à énoncer tous les nombres, et imaginer des caractères pour les désigner : c'est ce qu'on nomme le *système de la numération.*

Au premier abord il semble nécessaire de créer une multitude infinie de mots pour dénommer tous les nombres, et autant de caractères ou signes pour les représenter par l'écriture. Mais les inventeurs eurent une idée ingénieuse qui les dispensa de recourir à une aussi grande quantité de mots et de *chiffres :* cette idée consiste à grouper les nombres par dix et à dénommer et écrire ces groupes à part. Ainsi ils sont convenus qu'un assemblage de dix unités serait appelé *dix,* ou une *dixaine,* et de nombrer les dixaines comme ils avaient fait les unités; en sorte qu'une dixaine, deux dixaines, trois dixaines...... neuf dixaines, ou ce qui équivaut *dix, vingt, trente, quarante, cinquante, soixante, septante, octante* et *nonante,* joints successivement aux neuf unités simples, permirent de compter jusqu'à *nonante-neuf unités.*

De même, ils ont fait un groupe de dix dixaines qu'ils ont appelé *cent,* ou une *centaine,* et ils ont compté une, deux, trois..... centaines, comme ils comptaient les unités et les dixaines; savoir : une centaine ou *cent,* deux centaines ou *deux cents,* trois centaines ou *trois cents..... neuf cents.* Ces dénominations permirent donc de compter jusqu'à neuf cent nonante-neuf unités, en joignant ensemble les nombres formés de centaines, de dixaines et d'unités.

Dix centaines furent ensuite appelées *un mille*, et on forma les énonciations *deux mille, trois mille...... neuf mille*, selon la même méthode d'analogie.

Pour transporter cette heureuse invention dans l'écriture, *on convint qu'un chiffre placé à la gauche d'un autre, vaudrait dix fois plus que s'il occupait la place de ce dernier*. De là on conclut qu'on mettrait au premier rang à droite les unités simples; au rang suivant à gauche, les dixaines; à la troisième place, les centaines; à la quatrième, les mille, etc. Ainsi l'expression 23 représente deux dixaines et trois unités, ou vingt-trois; de même 423 équivaut à l'énoncé quatre cent vingt-trois. Et comme le nombre peut n'avoir pas d'unités, ou de dixaines, etc., on emploie le chiffre 0, qui n'a par lui-même aucune valeur, mais qu'on écrit à la place des chiffres qui manquent, pour conserver aux autres leur rang. Par exemple, 20, 400, 507, valent vingt, quatre cents, cinq cent sept.

Il convient d'ajouter que l'usage a prévalu, pour énoncer les nombres représentés par 11, 12, 13, 14, 15, 16, de dire *onze, douze, treize, quatorze, quinze* et *seize*, au lieu de dire dix-un, dix-deux,... dix-six, comme on devrait le faire d'après la convention générale, ainsi qu'on dit dix-huit, vingt-un, trente-deux, etc...... Au lieu de septante, octante et nonante, on dit plus ordinairement *soixante-dix, quatre-vingt* et *quatre-vingt-dix*, énoncés moins conformes aux règles que nous avons indiquées, et cependant plus usités.

Cela posé, lorsqu'on aura écrit un nombre quelconque, tel que 537, pour l'augmenter de 1, il suffit visiblement d'ajouter 1 au chiffre à droite; on a $537 + 1 = 538$: de même $538 + 1 = 539$. Si ce chiffre à droite est un 9, on le remplacera par un zéro, en faisant frapper l'augmentation de 1 sur le chiffre du second rang : $539 + 1 = 540$; car $530 + 9 + 1 = 530 + 10 = 540$; et si le chiffre du second ordre est lui-même un 9, alors on remplacera ces deux chiffres 9 par des zéros, en augmentant de 1 le chiffre du troisième rang : $2599 + 1 = 2600$; car

2500 + 99 + 1 = 2500 + 100, et ainsi de suite : 12999 + 1 = 13000; 509 + 1 = 510; 10999 + 1 = 11000. Tout nombre étant engendré par l'addition réitérée de l'unité, *il résulte de là qu'on peut écrire tous les nombres à l'aide de dix caractères* (*).

(*) Le même principe peut servir à écrire tous les nombres avec plus ou moins de dix caractères; par exemple, si l'on n'a que les quatre chiffres 0, 1, 2 et 3, il faudra qu'*un chiffre placé à la gauche d'un autre vaille quatre fois plus que s'il occupait la place de ce dernier* : alors 10 exprimera quatre, 11 cinq, 12 six, 13 sept, 20 huit, 21 neuf, 200 trente-deux, etc.

Lorsqu'un nombre est écrit dans cette hypothèse, on éprouve, pour l'énoncer, plus de difficulté que dans le système décimal, parce qu'il n'y a plus de concordance avec le langage; par exemple, pour lire (3120), on observera que le 2 vaut 2×4 ou 8; le 1 vaut $1 \times 4 \times 4$ ou 16; le 3 vaut $3 \times 4 \times 4 \times 4$ ou 192; ainsi (3120) *base* 4, vaut $8 + 16 + 192$ ou 216. De même si la *base* est 5, c'est-à-dire si l'on ne se sert que des cinq chiffres, 0, 1, 2, 3 et 4, chaque chiffre vaudra cinq fois plus que s'il occupait la place à sa droite; par exemple (4123), exprimé dans ce système à cinq chiffres, vaut $3 + 2 \times 5 + 1 \times 25 + 4 \times 125$, ou $3 + 10 + 25 + 500$, ou enfin 538.

Donc il faut, en général, former les puissances successives de la *base*, et multiplier le chiffre du second rang par la base, celui du troisième par le carré de la base, celui du quatrième par le cube, etc.; en ajoutant ces produits, on a la valeur de la quantité proposée. Ainsi (20313) base 4 = 567, (4010) base 5 = 505, (35151) base 6 = 5035 = (6814) base 9.

Si l'on fait attention au calcul ci-dessus, on verra qu'on peut aussi le faire comme il suit : prenons pour exemple (4123) base 5; multiplions le chiffre 4 par 5, et ajoutons le 1 qui est à droite, nous aurons 21; multiplions 21 par 5, et ajoutons le 2 du second rang, nous aurons 107; enfin multiplions par 5, et ajoutons 3, il viendra 538 pour la valeur cherchée. Il est en effet évident que par là le chiffre 4 a été multiplié trois fois consécutives par 5, que le 1 l'a été deux fois, et le 2 une fois : l'ordre des opérations est ici différent; mais elles sont au fond les mêmes que ci-dessus, et elles conduisent plus facilement au résultat.

Réciproquement cherchons les chiffres qui expriment le nombre 538 dans le système qui a cinq caractères : pour cela, supposons ce résultat connu et tel que (4123); il suit de ce qu'on a dit ci-dessus, qu'en formant

$$4 \times 5 + 1 = 21, \text{ puis } 21 \times 5 + 2 = 107, \text{ enfin, } 107 \times 5 + 3 = 538,$$

ce calcul doit reproduire le nombre proposé. Donc, si l'on divise 538 par 5, le reste 3 sera le chiffre du premier rang, et le quotient 107 sera la valeur

7. Que la numération parlée ait précédé la numération écrite, c'est ce qui n'est point douteux, du moins pour les petits nombres. Mais dans celle-ci, il était si facile de s'élever à des nombres immenses par la seule justa-position des chiffres les uns près des autres, et les opérations de l'Arithmétique ont dû produire ces résultats considérables, qu'on n'a pas tardé à re-

---

des autres chiffres. De même, divisant 107 par 5, le reste 2 sera le chiffre du second rang, et le quotient 21 la valeur des autres chiffres, et ainsi de suite. Il est clair qu'ici on ne fait que décomposer les opérations qu'on avait faites.

Donc, en général, *pour traduire un nombre donné d'un système de numération dans un autre*, il faut diviser ce nombre par la nouvelle base, puis diviser le quotient par cette base, puis ce second quotient encore par la base, etc., jusqu'à ce qu'on tombe sur un quotient moindre que cette base. La série des restes écrits successivement à partir de la droite, dans l'ordre où on les a obtenus, formera l'expression cherchée; le dernier quotient sera le chiffre de l'ordre le plus élevé. Ainsi pour écrire 567 avec 4 caractères, je divise 567 par 4, et j'obtiens le quotient 141 et le reste 3 : je divise encore 141 par 4; il vient 35 au quotient, et le reste 1 ; $\frac{35}{4}$ donne 8 et le reste 3 ; enfin, $\frac{8}{4} = 2$, le reste est 0. Rassemblons les restes successifs 3, 1, 3, 0, et le dernier quotient 2, écrits en ordre renversé, et nous aurons (20313) base 4 = 567 base 10.

On verra de même que, dans les systèmes à 6, 9 et 12 caractères, le nombre 5035 est exprimé par (35151), (6814) et (2 *ab* 7); on désigne ici par *a* et *b* les nombres *dix* et *onze* dans le système duodécimal. Ce dernier système présente des avantages marqués sur le décimal, à cause du grand nombre de diviseurs de 12; mais il serait trop difficile de l'établir maintenant, parce qu'il faudrait changer entièrement nos usages, et mêmes les dénominations auxquelles nous sommes familiers dès l'enfance. *V. l'Arith. polit. de Buffon*, chap. XXVII.

Tout ce qu'on vient de dire peut être exprimé plus simplement en caractères algébriques. Soient *i, h, g,... c, b, a*, les chiffres consécutifs, en nombre *n*, qui expriment un nombre N, dans un système de numération dont la base est *x*, c'est-à-dire que chaque chiffre vaut *x* fois plus que s'il occupait la place qui est à sa droite; on a

$$N = ix^{n-1} + hx^{n-2} + \ldots + cx^2 + bx + a;$$

équation d'où l'on tire visiblement tous les théorèmes énoncés dans cette note. *V.* n° 512.

connaître que l'écriture des nombres n'avait besoin d'aucune modification pour s'appliquer à tous les besoins, tandis que le langage adopté p. 4 ne suffisait pas pour énoncer les quantités, quand leur grandeur était exprimée par plus de quatre chiffres. Et observez que si l'on eût continué de donner à chaque place occupée par un chiffre une dénomination particulière, ainsi qu'on l'a fait jusqu'à quatre chiffres, unités, dixaines, centaines et mille, on serait retombé dans l'inconvénient d'employer une multitude infinie de mots, puisqu'il pouvait y avoir une multitude infinie de chiffres contigus. Voici le parti auquel on s'arrêta pour éviter cet inconvénient.

On convint de séparer les chiffres par groupes de trois en trois (*), en commençant par la droite; puis d'énoncer chaque tranche à part, comme si elle était seule, en ajoutant seulement à chacune un mot propre à la dénommer. Ces tranches successives sont appelées *unités, mille, millions, billions* ou *milliards, trillions,* etc. Ainsi pour énoncer le nombre suivant:

trillions,	billi.	milli.	mille,	unités.
12,	453,	227,	539,	804,

on appellera chaque tranche respective des noms trillions, billions, etc., après avoir énoncé la valeur numérique de chacune; ainsi on lira 12 trillions, 453 billions, 227 millions, 539 mille, 804 unités.

Comme il pourrait y avoir une infinité de tranches, il est clair qu'on aurait encore besoin, pour l'énonciation, d'une infinité de mots, et que la difficulté n'est que reculée. Mais ce langage permettant d'appeler des quantités d'une grandeur immense, et qui dépassent tous ceux qu'on peut employer, la convention satisfait à tous les besoins. D'ailleurs quand un

---

(*) On aurait également pu composer les tranches de 2 ou de 4 chiffres; mais, dans un nombre donné, il y aurait eu plus de tranches dans un cas et moins dans l'autre, qu'en les formant de 3 chiffres. En examinant les limites des nombres qui sont d'un usage plus fréquent, il est aisé de voir qu'on a pris un milieu convenable entre ces partis.

nombre excède une certaine limite, l'énoncer ne sert à rien, et n'en peut faire concevoir la grandeur.

Cette idée admirable d'attribuer aux chiffres des *valeurs de position,* indépendamment de leur valeur propre, est si simple, qu'il ne faut pas s'étonner qu'elle soit venue à l'esprit des Indiens, qui nous l'ont transmise par le secours des Arabes; mais bien plutôt qu'il y ait eu des nations puissantes et éclairées qui ne les aient pas eues, ou du moins adoptées des peuples voisins. Les Romains, dont le système de numération parlée était conforme au nôtre, avaient un mode d'écriture très différent. Les Grecs avaient aussi leur système de chiffres tout-à-fait distinct (*).

De l'Addition.

8. Pour ajouter deux nombres, tels que 5 et 4, nous avons vu (2) qu'il faut ôter à l'un de ces nombres successivement chacune des unités dont il est composé pour les joindre à l'autre, opération qui revient à ceci:

(*) Les Romains représentaient ainsi les nombres:

I un.	L cinquante.	C cent.
II deux.	X dix.	D ou IƆ cinq cents.
III trois, etc.	V cinq.	M ou CIƆ mille.

Ces caractères suffisaient pour exprimer les nombres; on ajoutait les valeurs propres à chaque chiffre, quand ces valeurs allaient en décroissant de grandeur numérique de gauche à droite: mais si un chiffre était précédé d'un autre qui fût moindre, la valeur de celui-ci devait au contraire être soustraite. En voici quelques exemples:

VI six.	XVI seize.	LX soixante.	CX cent dix.	DC six cents.
IV quatre.	XIV quatorze.	XL quarante.	XC nonante.	CD quatre cents.

On changeait aussi les unités en mille en mettant un trait au-dessus des chiffres; on écrivait ainsi 10000, $\overline{X}$ ou CCIƆƆ; 100000, $\overline{C}$ ou CCCIƆƆƆ; 2000000 $\overline{MM}$.

Le système de la numération écrite des Grecs était aussi mal imaginé que

$$5 + 4 = 6 + 3 = 7 + 2 = 8 + 1 = 9.$$

Mais on sent que, pour des nombres un peu grands, ce procédé serait impraticable ; nous ne le prescrirons donc que pour des nombres d'un seul chiffre, et nous supposerons même que l'habitude a appris à connaître de suite le résultat, $5 + 4 = 9$, $3 + 8 = 11$, et tous les autres de même sorte.

Pour trouver la somme des deux nombres 24 et 37, décomposons-les d'abord en $20 + 4$ et $30 + 7$; la somme cherchée est $20 + 30 + 4 + 7$. Or, les deux premières parties reviennent visiblement à 2 dixaines plus 3 dixaines, ou 5 dixaines ; ainsi la somme est $50 + 11$, ou $50 + 10 + 1$, ou enfin $60 + 1 = 61$.

On voit qu'*il faut réunir séparément les dixaines et les unités des nombres proposés ;* ce raisonnement est général.

Par exemple, prenons $3731 + 349 + 12487 + 54$; en faisant séparément la somme des unités, puis des dixaines, des centaines, etc., on aura 15 mille $+$ 14 centaines $+$ 20 dixaines $+$ 21 unités, ou $15000 + 1400 + 200 + 21$; mais, opérant de même sur ces derniers nombres, on a 16 mille $+$ 6 centaines $+$ 2 dixaines $+$ 1, ou 16621. Ce calcul se fait plus commodément en écrivant, comme on le voit ci-contre, les nombres les uns au-dessous des autres, et faisant correspondre, dans une même colonne ver-

$$
\begin{array}{r}
3\,731 \\
349 \\
12\,487 \\
54 \\
\hline
16\,621
\end{array}
$$

---

celui des Romains ; les unités, dixaines, centaines étaient désignées par les lettres consécutives de l'alphabet ; savoir :

α vaut	1	ι vaut	10	ρ vaut	100		
β	2	$\varkappa$	20	σ	200		
γ	3	λ	30	τ	300		
δ	4	μ	40	υ	400		
ϵ	5	ν	50	φ	500		
ς	6	ξ	60	χ	600		
ζ, ζ	7	o	70	ψ	700		
η	8	π	80	ω	800		
θ, ϑ	9	η	90	λ	900		

Les mille se dénotaient par un accent '. Pour donner un exemple de ces chiffres : $\alpha\beta\rho\alpha\mu$ signifiait $1 + 2 + 100 + 1 + 40$, ou 144. De même, $\alpha\chi\zeta = 1607$, $\beta\varphi\varkappa\theta = 2529$.

ticale, les chiffres du même ordre. La somme des nombres de
chaque colonne doit être écrite au bas, si elle ne passe pas 9 ;
autrement *on ne pose que les unités ,* et on réserve les dixaines
pour les ajouter, comme simples unités, avec les nombres de
la colonne qui suit à gauche, ce qui détermine *à commencer le
calcul par là colonne à droite.*

Voici plusieurs exemples d'addition.

Pour le premier, on fera ainsi le calcul : 3+8 font 11, 11+7
valent 18, 18 + 7 égalent 25, somme des unités 3 + 8 + 7 + 7 :
on posera 5 sous le trait, au premier rang à droite, et on joindra
les 2 dixaines à la colonne suivante : puis on dira 2 plus 8 font
10, plus 1 font 11, plus 8 valent 19, plus 2 font 21 ; on pose 1,
et on *retient* 2 pour joindre aux centaines. 2 + 7 = 9, 9 + 3
= 12...; on a 26 centaines, on pose 6 et on retient 2 ; enfin on
trouve 24 à la 4ᵉ colonne : on pose le 4 et on avance le 2, c'est-
à-dire qu'on écrit 24 mille. La somme est 24 615.

5 783	77 956	10 376 786	5 784 201
4 318	3 388	789 632	749 832
5 987	9 763	589	14 378 539
8 527	90 257	73	20 912 572
24 615	181 164	11 167 080	

De la Soustraction.

9. L'habitude d'additionner suffit pour trouver la différence
entre les nombres simples ; par exemple, le nombre qui, ajouté
à 3, donne 7 pour somme, est 4 : ainsi 7 — 3 = 4. On peut
aussi parvenir au résultat, en ôtant de 7 autant d'unités que 3
en contient ; 7 — 3 = 6 — 2 = 5 — 1 = 4. Accordons par conséquent qu'on sache faire la soustraction des petits nombres.

Prenons cet exemple plus composé, 695 — 243. Il
est visible que, si l'on connaissait le nombre qui
ajouté à 243 donne 695 pour somme, 3 + les unités
de ce nombre, 4 + ses dixaines ; 2 + ses centaines devraient
reproduire 695 ; on écrira donc les nombres proposés comme

695.
243
452

pour l'addition, le plus petit en dessous; puis on retranchera chaque chiffre inférieur de celui qui est au-dessus : on dira $5 - 3 = 2$, $9 - 4 = 5$, $6 - 2 = 4$, et 452 sera la différence cherchée.

Mais il peut arriver que le chiffre inférieur surpasse le supérieur. Dans l'exemple ci-contre, on ne peut ôter 8 de 7. Il est clair qu'alors 36 147 devant être la somme de 19 328 + le nombre cherché, en faisant la somme de la 1re colonne, 8 + les unités inconnues, ont donné, non pas 7, mais 17 pour somme; et qu'on a *retenu* la dixaine pour la joindre à la colonne suivante. On doit donc dire, non pas $7 - 8$, mais $17 - 8 = 9$, et écrire ce chiffre 9 au rang des unités. Mais, en continuant l'addition, la colonne suivante est formée de la dixaine retenue, des chiffres 4, 2, et des dixaines cherchées; et ajoutant celles-ci à 2 et à la retenue 1, on doit produire 4 : il ne faut donc pas dire $4 - 2$, mais $4 - 3 = 1$, qu'on posera aux dixaines. De même pour les centaines, au lieu de $1 - 3$, on dira $11 - 3$ resté 8, qu'on posera; mais on retiendra 1 pour ajouter au 9 suivant; ainsi $6 - 10$, ou plutôt $16 - 10 = 6$, et on retiendra 1; $3 - 2 = 1$.

$$\begin{array}{r} 36\ 147 \\ 19\ 328 \\ \hline 16\ 819 \end{array}$$

En général, *lorsque le chiffre supérieur sera le plus faible, on l'augmentera de* dix, *puis on retiendra un pour le joindre au chiffre inférieur qui est à la gauche.* On remarquera qu'en effet le nombre supérieur est augmenté par là de 10, mais qu'on augmente pareillement l'inférieur de 10, ce qui n'altère nullement la différence (n° 4).

Pareillement, dans l'exemple ci-contre, on dira : $9 - 3 = 6$; $2 - 7$ ne se peut; $12 - 7 = 5$, et je retiens 1; $4 - 6$ (au lieu de $4 - 5$) ne se peut, $14 - 6 = 8$, et je retiens 1; $0 - 9$ (au lieu de $0 - 8$) ne se peut, $10 - 9 = 1$; $0 - 8$ ne se peut; $10 - 8 = 2$, etc.

$$\begin{array}{r} 3\ 000\ 429 \\ 2\ 578\ 573 \\ \hline 421\ 856 \end{array}$$

Voici quelques autres exemples de soustraction.

3 000	6 000	6 000	150 001	3 375 831
1 296	4 000	5 999	76 385	186 943
1 704	2 000	1	73 616	3 188 888

10. Lorsqu'on veut *retrancher un nombre de l'unité suivie d'autant de zéros que ce nombre a de chiffres, c'est-à-dire de* 1000..., *il faut retrancher le chiffre des unités de* 10, *et les autres chiffres de* 9. Ainsi, $1000 - 259$, se trouve en disant $10 - 9 = 1$; puis $9 - 5 = 4$; $9 - 2 = 7$, et on a $1000 - 259 = 741$. De même $1\,000\,000 - 279\,953 = 720\,047$. Ce calcul est si facile, qu'il mérite à peine d'être compté pour une opération; on s'en sert pour réduire toute soustraction à une addition; voici comment.

Soit demandée la différence $3487 - 259$. Il est clair qu'en décomposant 3487 en $2487 + 1000$, la différence avec 259 n'est pas changée, et on aura $2487 + 1000 - 259$, ou $2487 + 741 = 3228$. Ainsi, au lieu de soustraire 259, on a réellement ajouté 741. On voit donc qu'on peut retrancher un nombre d'un autre, en soustrayant le 1er de 1 suivi d'autant de zéros qu'il a de chiffres, et ajoutant le résultat au 2e nombre donné, pourvu qu'on retranche ensuite une unité de l'ordre immédiatement supérieur à celui du nombre à soustraire. On indique cette dernière soustraction par $\overline{1}$ placé à l'ordre de chiffres dont on vient de parler; ainsi l'opération ci-dessus revient à $3487 - 259 = 3487 + \overline{1}741$, calcul qu'on effectue comme on le voit ci-contre. Observez que $\overline{1}741$, ajouté au nombre 259, donne zéro, ou $\overline{1}741 + 259 = 0$. La quantité $\overline{1}741$ est ce qu'on nomme le *complément arithmétique* de 259. En général, pour former *le complément arithmétique d'un nombre*, il faut retrancher tous ses chiffres de 9, et celui des unités de 10, puis placer $\overline{1}$ à gauche. *Le complément d'un nombre ajouté à ce nombre donne zéro pour somme. Au lieu de retrancher un nombre, on peut ajouter son complément arithmétique.*

$$\begin{array}{r} 3487 \\ \overline{1}741 \\ \hline 3228 \end{array}$$

Lorsqu'il y a plusieurs additions et soustractions successives, l'usage des complémens peut présenter des avantages; par exemple, $32731 + 5729 - 371 - 4834$, prend la forme ci-contre, attendu que les complémens de 371 et 4834 sont $\overline{1}629$ et

$$\begin{array}{r} 32\ 731 \\ 5\ 729 \\ \overline{1}\ 629 \\ \overline{1}5\ 166 \\ \hline 33\ 255 \end{array} \qquad \begin{array}{r} 32\ 731 \\ 5\ 729 \\ -\ 371 \\ -4\ 834 \\ \hline \text{Reste } 33\ 255 \end{array}$$

15.66. Nous recommandons toutefois d'éviter l'emploi du complément, et de s'exercer à faire les additions et soustractions colonne par colonne. C'est ainsi que, dans notre exemple, après avoir dit $9 + 1 = 10$, $4 + 1 = 5$, on retranchera 5 de 10 et on posera 5 au rang des unités du reste; puis $3 + 2 = 5$, $7 + 3 = 10$; $5 - 10$ ne se peut; donc $15 - 10 = 5$, qu'on pose aux dixaines, en retenant 1 pour joindre aux centaines soustractives, etc.

De la Multiplication.

11. Nous écrirons le multiplicande le premier ; ainsi $4 \times 5 \times 2$ signifie qu'on répétera 4 cinq fois, et que le produit 20 devra être pris 2 fois.

Puisque 4×5 n'est autre que $1 + 1 + 1 + 1$ répété 5 fois, il suffit de prendre chaque unité 5 fois, ou $5 + 5 + 5 + 5$; expression qui revient à 5 répété 4 fois : ainsi, 4 fois 5 est égal à 5 fois 4, ou $4 \times 5 = 5 \times 4$. Ce raisonnement peut être présenté sous la forme d'un tableau A, composé de 5 lignes, dont chacune contient 4 unités. Il est clair que le nombre des unités est 4 répété 5 fois. Mais, en renversant le tableau, comme on le voit en B, on trouve 5 répété 4 fois; le nombre des unités étant nécessairement le même dans les deux cas, le produit de 4×5 est le même que celui de 5×4.

Soit aussi $5 \times 4 \times 2$; comme 5 répété 4 fois est. . . . . $5 + 5 + 5 + 5$, il reste à prendre 2 fois ce résultat, ou. . . $10 + 10 + 10 + 10$, ou 10 répété 4 fois. Donc $5 \times 4 \times 2 = 5 \times 2 \times 4$. *On peut donc changer de place les deux derniers facteurs,* comme on a vu qu'on pouvait échanger les deux premiers entre eux. Ainsi;

$$5 \times 4 \times 2 = 4 \times 5 \times 2 = 5 \times 2 \times 4 = 2 \times 5 \times 4 = 2 \times 4 \times 5 = 4 \times 2 \times 5$$

On voit donc qu'*on peut intervertir de toutes les manières pos-sibles l'ordre des facteurs sans altérer le produit.*

Démontrons ce théorème pour plus de trois facteurs : par exemple, pour $4 \times 5 \times 3 \times 2 \times 9$.

Le facteur 9 ayant la dernière place dans le premier pro-duit, prouvons qu'on peut le placer où l'on veut, et d'abord à l'avant-dernier rang, savoir $4 \times 5 \times 3 \times 2 \times 9 = 4 \times 5 \times 3 \times 9 \times 2$. En effet, les trois premiers facteurs $4 \times 5 \times 3$ donnent 60, et il faut prouver que $60 \times 2 \times 9 = 60 \times 9 \times 2$, et c'est ce qui vient d'être démontré. De même dans le produit $4 \times 5 \times 3 \times 9$, on peut faire passer le 9 avant le 3, savoir $4 \times 5 \times 9 \times 3$, et ainsi de suite. D'où l'on voit que, sans changer le produit, on peut faire occuper successivement toutes les places au dernier facteur 9, les autres facteurs restant dans le même ordre.

Mais à son tour le nouveau facteur terminal 2 peut être mis à tel rang qu'on veut dans chacun de ces résultats, savoir, $4 \times 5 \times 9 \times 3 \times 2 = 4 \times 5 \times 9 \times 2 \times 3 = 4 \times 5 \times 2 \times 9 \times 3 = $ etc.. Donc en définitive la place de chaque facteur est arbitraire.

12. Lorsqu'il arrive qu'un nombre se multiplie lui-même plu-sieurs fois consécutives, comme $3 \times 3 \times 3 \times 3$, on dit qu'il est élevé à une *Puissance, dont le degré est marqué par le nombre de facteurs,* qu'on appelle *Exposant.* Ici 3 est élevé à la quatrième puissance, ce qu'on indique par $3^4 = 81$; 4 est l'exposant ou le degré. De même $2^3 = 2 \times 2 \times 2 = 8$. On donne aussi à la deuxième puissance le nom de *Carré,* et à la troisième le nom de *Cube.* 7^2 ou $7 \times 7 = 49$ est le carré de 7 ; $7^3 = 7 \times 7 \times 7 = 343$ est le cube de 7.

Le nombre qui se multiplie ainsi lui-même, ou qui est affecté d'un exposant, se nomme *Racine* : ainsi 7 est la *racine carrée,* ou *seconde* de 49, la *racine cubique* ou *troisième* de 343, la *qua-trième* de 2401, etc. Ces racines s'indiquent par le SIGNE RA-DICAL $\sqrt{}$, et on place, dans les branches, le nombre qui en marque le degré.

$7^3 = 343$, d'où $7 = \sqrt[3]{343}$; $5^4 = 625$, d'où $5 = \sqrt[4]{625}$.
Lorsqu'il s'agit de la racine 2ᵉ, on se dispense ordinairement

d'en indiquer le degré, et d'écrire le chiffre 2 sur le *radical*; en sorte que $\sqrt{}$ et $\overset{2}{\sqrt{}}$ sont la même chose : $8^2 = 64$, donc $8 = \sqrt{64}$, 8 est dit la racine, ou la racine carrée de 64.

13. Puisque pour multiplier un nombre (n° 3), il suffit de l'ajouter autant de fois qu'il y a d'unités dans le multiplicateur, on voit que, 1°. si l'on multiplie l'un des facteurs par 2, 3, 4..., le produit est lui-même multiplié par 2, 3, 4... Et effet, si, au lieu de 2×5, je prends 8×5, chaque fois que j'ajouterai 8 au lieu de 2, je prendrai le quadruple de 2, c'est-à-dire que j'aurai pris de trop le triple de 2; le résultat sera donc composé du produit 2×5 quadruplé : ainsi, 8×5 est quadruple de 2×5, parce que 8 est quadruple de 2.

De même si l'on divise l'un des facteurs par 2, 3, 4..., le produit sera divisé aussi par 2, 3, 4.

2°. *Si l'on multiplie l'un des facteurs, et qu'on divise l'autre par un même nombre, le produit n'est pas changé :* $24 \times 8 = 12 \times 16$, 24 est double de 12, et 16 l'est de 8.

3°. *Lorsque les facteurs sont terminés à droite par des zéros, on peut les supprimer, pourvu qu'à la suite du produit on en mette un pareil nombre.* Ainsi 300×20 devient 3×2, en ôtant les trois zéros, qu'on restituera à la suite du produit 6; on aura $300 \times 20 = 6000$. En effet, $300 \times 20 = 3000 \times 2$, car 300 est décuplé (n° 6), et 20 est divisé par 10. Or, dans l'addition de 3000 à lui-même, on voit que les trois zéros demeurent dans la somme, comme provenant des trois premières colonnes; la suivante donne 3×2 : donc 6000 est le produit demandé.

14. Il s'agit maintenant de pratiquer la multiplication de deux nombres donnés; il se présente trois cas.

1ᵉʳ CAS. *Les deux facteurs n'ayant qu'un seul chiffre chacun.* La table suivante, qui est due à Pythagore, se forme en écrivant sur une ligne horizontale les 9 premiers nombres, puis ajoutant chacun d'eux 9 fois successives, on écrit ces produits dans une même colonne verticale. Par exemple, $4 + 4 = 8$, $8 + 4 = 12$, $12 + 4 = 16$, $16 + 4 = 20$, $20 + 4 = 24$, etc.

Table de Pythagore.

1	2	3	4	5	6	7	8	9
2	4	6.	8	10	12	14	16	18
3	6	9	12	15	18	21	24	27
4	8	12	16	20	24	28	32	36
5	10	15	20	25	30	35	40	45
6	12	18	24	30	36	42	48	54
7	14	21	28	35	42	49	56	63
8	16	24	32	40	48	56	64	72
9	18	27	36	45	54	63	72	81

Veut-on trouver le produit 7×5? il suit de la génération des divers nombres de ce tableau, qu'on cherchera 7 dans la première ligne, et qu'on descendra, dans la colonne verticale correspondante, jusqu'à la case qui est dans la ligne horizontale dont 5 est le chiffre initial; cette case porte 35, et on a $7 \times 5 = 35$. Il importe de se rendre familiers les produits des nombres simples, afin de ne pas être forcé, chaque fois qu'on veut les obtenir, de recourir à cette table, qui n'est elle-même formée que par des additions successives.

S'il fallait, ainsi que l'exige la définition (3), *ajouter le multiplicande autant de fois qu'il y a d'unités dans le multiplicateur,* l'opération deviendrait presque impraticable pour les grands nombres. Voyons comment on peut la réduire à la multiplication des nombres simples.

2ᵉ CAS. *Le multiplicateur n'ayant qu'un seul chiffre.* Pour multiplier 2967 par 4, j'imagine, pour un moment, qu'on veuille en effet exécuter l'addition de 2967 pris 4 fois, ainsi qu'elle est faite ci-après. La colonne des unités ne contiendra que le chiffre 7 écrit verticalement 4 fois; ainsi cette somme

sera 7×4 ou 28; on posera 8, et on retiendra 2 pour
joindre à la colonne des dixaines, formée du chiffre 6
écrit 4 fois. Il faut donc dire $6 \times 4 = 24$, et ajoutant
la retenue 2, on a 26 : ainsi on posera 6 et on retiendra 2, etc. Cette opération revient donc *à mul-*
tiplier chacun des chiffres du multiplicande par le
multiplicateur, en commençant par la droite : on écrit
les unités de chaque produit au-dessous du chiffre qui
l'a donné, et on retient les dixaines pour les joindre
au produit suivant. Ce procédé n'est, à proprement parler,
que l'addition même, excepté qu'on se dispense d'écrire plusieurs fois le nombre à ajouter.

$$
\begin{array}{r}
2\,967 \\
2\,967 \\
2\,967 \\
2\,967 \\
\hline
11\,868
\end{array}
$$

$$
\begin{array}{r}
2\,967 \\
4 \\
\hline
11\,868
\end{array}
$$

3ᵉ CAS. *Les deux facteurs étant composés de plusieurs chiffres.*
Multiplier 2327 par 532, c'est répéter 2327,
2 fois, 30 fois, 500 fois, et ajouter le tout.
1°. On multipliera d'abord 2327 par 2, comme
on vient de le dire; 2°. pour former le produit par 30, on multipliera 2327 par 3, et
on ajoutera un zéro à droite du produit, d'a-
près ce qu'on a vu (13, 3°.); enfin pour répéter 500 fois 2327,
on multipliera par 5, et on ajoutera deux zéros. L'opération
prend donc la disposition ci-dessus, dans laquelle on a observé
que, comme les zéros n'influent en rien sur l'addition, on s'est
dispensé de les écrire : alors le produit par 3 a été simplement
reculé d'un rang vers la gauche, et le produit par 5 de deux
rangs. On voit donc qu'*il faut multiplier l'un des facteurs*
tour à tour par chacun des chiffres de l'autre. Chaque produit
partiel doit être écrit de manière que ses unités soient placées
au même ordre que le chiffre du multiplicateur qui les a don-
nées : on ajoute ensuite le tout.

$$
\begin{array}{r}
2\,327 \\
532 \\
\hline
4\,654 \ldots \text{ par } 2 \\
69\,81 \ldots \text{ par } 3 \\
1\,163\,5 \ldots \ldots \text{ par } 5 \\
\hline
1\,237\,964
\end{array}
$$

La multiplication des nombres composés dépend ainsi du cas
où le multiplicateur n'a qu'un chiffre, et celle-ci dépend à son
tour du cas où chaque facteur n'a qu'un seul chiffre, c'est-à-dire
de la table de Pythagore. Comme il convient d'être très exercé
à la pratique de cette opération, nous en mettrons ici quelques
exemples.

$$
\begin{array}{r}
886\ 633 \\
777 \\
\hline
6\ 206\ 431 \\
62\ 064\ 31 \\
620\ 643\ 1 \\
\hline
688\ 913\ 841
\end{array}
\qquad
\begin{array}{r}
53\ 687 \\
908 \\
\hline
429\ 496 \\
48\ 318\ 3 \\
\hline
48.747\ 796
\end{array}
\qquad
\begin{array}{r}
5\ 554\ 414 \\
79\ 765 \\
\hline
27\ 772\ 220 \\
333\ 266\ 64 \\
3\ 888\ 110\ 8 \\
49.989\ 996 \\
388\ 811\ 08 \\
\hline
443\ 050\ 225\ 660
\end{array}
$$

Lorsque le multiplicateur n'a qu'un chiffre, on forme chaque produit partiel, et l'on n'en pose que les unités, retenant les dixaines pour les joindre au produit suivant. Quand enfin on arrive au chiffre de l'ordre le plus élevé du multiplicande, on doit poser le produit, qui a un ou deux chiffres, selon que ce produit est ou n'est pas > 9. Le produit total a donc autant de figures que le multiplicande, ou seulement une de plus; la seule inspection des chiffres de l'ordre le plus élevé sert à reconnaître ordinairement lequel de ces cas a lieu.

Si le multiplicateur a plusieurs figures, on multiplie par chacune séparément, en reculant le produit d'un rang à gauche. A ne considérer que le dernier produit, celui de l'ordre le plus élevé du multiplicateur, il doit recevoir à sa droite autant de zéros que cet ordre l'indique; et l'addition des divers produits partiels est établie sur cette disposition. Après avoir reconnu la quotité des chiffres du dernier produit, il suffira d'ajouter à cette quotité autant d'unités, moins une, que le multiplicateur a de chiffres, et on aura le nombre des figures du produit total. Ainsi *le produit de deux quantités a autant de chiffres qu'il y en a dans les deux facteurs réunis, ou un de moins.* La seule inspection des nombres montre souvent lequel de ces deux cas a lieu; par exemple, pour 53687×908, comme $5 \times 9 = 45$ a deux chiffres, le produit 53687×9 en a 6; donc le produit demandé a huit figures.

Quand on a 3, 4, 5..... facteurs, il faut raisonner de même (*).

(*) Soient α, β, γ..... la quotité des chiffres de divers facteurs, a, b, c...; dont le nombre est n; il est clair que $a < 10^{\alpha}$, $b < 10^{\beta}$, $c < 10^{\gamma}$...; le produit

De la Division.

15. De même que la multiplication n'est que l'addition réité‑
rée du même nombre, on peut considérer la division comme
une soustraction répétée, le quotient marquant combien de fois
on peut ôter le diviseur du dividende. Si on veut diviser 8 par 2,
et qu'on retranche d'abord 2 de 8, puis 2 du reste 6, 2 du
reste 4, et enfin 2 de 2, on arrive au reste zéro; 2 ayant pu
être soustrait 4 fois de 8, on peut regarder 8 comme composé
de 4 fois 2; et par conséquent 4 est le quotient. Il suit de là que
*le quotient qui marque combien de fois un nombre est facteur
dans un produit donné, indique aussi le nombre de fois que le
diviseur est contenu dans le dividende; ou, ce qui équivaut, le
dividende contient le diviseur autant de fois qu'il y a d'unités
dans le quotient.* Donc si l'on veut former 2 parts égales dans
8 unités, il faut diviser 8 par 2; le quotient 4 exprime la gran‑
deur de chaque part.

Le dividende n'étant autre chose que le produit d'une mul‑
tiplication dont le diviseur et le quotient sont les deux fac‑
teurs, il suit de la définition et des propriétés connues (n° 13)
que, 1°. *on ne change pas le quotient lorsqu'on multiplie ou
qu'on divise par un même nombre le dividende et le diviseur:*
36 : 9 donne le même quotient que 72 : 18 et que 12 : 3.

2°. Si le dividende et le diviseur sont terminés à droite par
des zéros, on peut en supprimer à chacun un égal nombre sans

---

est $< 10^{\alpha+\beta+\gamma....}$, ou $abc.... < 10^m$, en posant $m = \alpha+\beta+\gamma....$. D'ail‑
leurs, $a > 10^{\alpha-1}$, $b > 10^{\beta-1}$, $c > 10^{\gamma-1}....$; d'où $abc.... > 10^{\alpha+\beta+\gamma.....-n}$
ou $abc.... > 10^{m-n}$: donc le produit $abc...$ est compris entre 10^{m-n} et 10^m;
il ne peut avoir au-delà de m chiffres, mais il en a plus de $m-n$. Ainsi *le
produit ne peut avoir plus de chiffres que les facteurs proposés, consi‑
dérés comme ne formant qu'un seul nombre; mais il en a plus que cette
quotité moins le nombre des facteurs.*

altérer le quotient; 6000 : 200 et 60 : 2 donnent le même quotient 30. (*Voy.* p. 16.)

3°. Si l'on multiplie seulement le dividende, le quotient sera multiplié par le même nombre; si l'on multiplie le diviseur, le quotient sera divisé. Qu'il s'agisse, par exemple, de diviser 24 par 3, le quotient sera 8, ou 24 : 3 = 8; mais si l'on double 24, ce quotient sera doublé, 48 : 3 = 16; et si l'on double 3, le quotient sera réduit à moitié, 24 : 6 = 4. Enfin 48 : 6 = 8, c'est-à-dire que le quotient reste le même quand on double le dividende et le diviseur.

4°. *Lorsqu'on veut exécuter plusieurs divisions successives, l'ordre dans lequel on les doit effectuer est arbitraire ; on peut même n'en faire qu'une seule, en prenant pour diviseur le produit de tous les diviseurs.* Si l'on veut, par exemple, diviser 24 par 2, et ensuite le quotient 12 par 3, on obtient 4 pour résultat; mais si l'on eût divisé par 3 d'abord, et ensuite par 2, ou bien si l'on eût divisé 24 par 2 × 3 ou 6, on aurait obtenu de même 4. Cela résulte de ce que la division par 2 et par 3 revient à supprimer tour à tour les facteurs 2 et 3 dans 24, qui est le produit de 2 × 3 × 4, ou de 3 × 2 × 4. Par la même raison,
$$(6 \times 4) : (3 \times 2) = (6 : 3) \times (4 : 2) = (6 : 2 \times 3) \times 4.$$

16. Le quotient de $\dfrac{35}{7}$ est 5, puisque 35 = 7 × 5; mais si l'on veut diviser 38 par 7, on décomposera 38 en 35 + 3, ou 38 = 7 × 5 + 3; la division ne se fait plus exactement : 35 est seulement le plus grand produit de 7 contenu dans 38, et 3 est le *reste* de cette division. Si l'on forme tous les produits consécutifs d'un nombre par 1, 2, 3..., les résultats sont tous *divisibles* par ce nombre, ou en sont les *multiples*. C'est ainsi que 35 est multiple de 7, ou divisible par 7, tandis que 38 ne l'est point.

En prenant pour dividende et diviseur deux nombres quelconques, on doit donc dire que *le quotient, multiplié par le diviseur, donne un produit qui, ajouté au reste, forme le dividende.* Le reste est d'ailleurs moindre que le diviseur, puisque, si celui-ci y était encore contenu, le produit du diviseur par le quotient ne donnerait pas le plus grand multiple du diviseur contenu dans le dividende.

Soient 24 et 34 *deux nombres qui, divisés par 5, donnent le même reste 4, leur différence 10 doit être multiple de 5,* car $24 = 4 \times 5 + 4$, $34 = 6 \times 5 + 4$, et retranchant ces deux équations, on a $10 = 2 \times 5$.

17. La table de Pythagore sert à trouver le quotient, lorsqu'il n'est exprimé que par un seul chiffre, aussi bien que le diviseur. Veut-on diviser 35 par 7, par exemple? on descendra, dans la colonne verticale du nombre 7, jusqu'à la case qui contient 35; elle répond à la ligne horizontale qui commence par 5, en sorte que $35 = 7 \times 5$; donc 5 est le facteur ou le quotient cherché.

Pour diviser 65 par 9, comme on ne trouve pas 65 dans la 9e colonne, mais 63 et 72, on a $65 = 7 \times 9 + 2$: on voit que 7 est le quotient, et 2 le reste. Il faut se rendre ces divisions très familières, afin de ne pas être obligé de consulter la table de Pythagore pour les exécuter.

18. Venons-en aux divisions composées.

1er CAS. *Le diviseur n'ayant qu'un seul chiffre.* Soit proposé de diviser 40 761 par 7, c'est-à-dire de trouver un nombre qui, multiplié par 7, reproduise 40 761. Si ce nombre était connu, on le vérifierait en le multipliant par 7; les unités devraient donner le produit 1, en retenant les dixaines pour les joindre au produit suivant; on trouverait de même 6 aux dixaines; le produit des centaines donnerait 7; enfin celui des mille, 40. Le quotient n'a point de dixaines de mille, puisque $10\,000 \times 7$ donne 70 000, qui surpasse 40 761. Concluons de là que 40 contient le produit de 7 par le chiffre des mille du quotient, et en outre la retenue faite sur les centaines. Le plus grand multiple de 7 contenu dans 40 est 35 ou 7 fois 5, et 40 est compris entre les produits de 7 par 5 et par 6; si l'on

$$
\begin{array}{r|l}
40.761 & 7 \\
35 & \overline{5823} \\
\hline
57 \\
56 \\
\hline
16 \\
14 \\
\hline
21 \\
21 \\
\hline
0
\end{array}
$$

multiplie 7 par 5000 et par 6000, l'un des produits sera donc moindre, et l'autre plus grand que 40 761; ainsi le quotient est entre 5000 et 6000, c'est-à-dire que le chiffre des mille est 5, *donné par le plus grand multiple de 7 contenu dans 40.* En retranchant de 40 ce multiple 35, le reste 5 est la retenue faite, dans la multiplication par 7, sur les centaines du quotient. Si donc on joint, à ce reste 5, les autres chiffres 761 du dividende, 5761 sera le produit par 7 des parties inconnues du quotient; et pour trouver celles-ci, il ne s'agira que de diviser 5761 par 7, question semblable à la proposée, et qui permet le même raisonnement.

On divisera donc par 7 les centaines 57, ou plutôt le plus grand multiple de 7 renfermé dans 57 : le quotient 8 sera le chiffre des centaines du quotient, qu'on posera à droite du 5 qui en est les mille. Observez qu'il est inutile de descendre, près du reste 5, toute la partie 761 du dividende, et que, pour former le dividende partiel 57, il suffisait de descendre près du 5 le chiffre 7 des centaines. En multipliant 8 par 7, et ôtant le produit 56 de 57, le reste 1 est la retenue qui provient des dixaines, en sorte que, si l'on joint 61 à ce reste, 161 est le produit par 7 des dixaines et des unités du quotient : pour les obtenir, il faut donc diviser 161 par 7, et ainsi de suite. Le quotient demandé est 5823.

On voit qu'on trouve tour à tour chaque chiffre du quotient, *en commençant par l'ordre le plus élevé, et qu'il faut sans cesse descendre, près du reste, le chiffre qui suit dans le dividende, puis prendre le plus grand multiple du diviseur qui est contenu dans le nombre ainsi formé.*

Lorsqu'on s'est exercé à ce calcul, on ne tarde pas à reconnaître que, dans une opération aussi simple, il est inutile d'écrire chaque produit à soustraire, parce que la soustraction se fait de suite. Ainsi, après avoir trouvé que 40 : 7 donne le chiffre 5 des mille du quotient, on prend 5 fois 7, et on retranche le produit 35 de 40; le reste 5 s'écrit sous le 0 du dividende; on y joint le 7 des centaines, et on divise 57 par 7, etc. L'opération se réduit alors à la forme que nous lui avons donnée ci-contre. Il est même remarquable qu'on peut encore l'abréger, en n'écrivant pas chaque reste pour le joindre au chiffre qui suit dans le dividende : par exemple, 40 : 7 donne 5, qu'on écrit sous 40; le produit 7 fois 5, ou 35, se retranche de 40, et l'on conserve dans la mémoire le reste 5, pour le joindre au 7 des centaines; 57 : 7 donne 8, qu'on écrit sous les 7 centaines : $7 \times 8 = 56$, qui, ôté de 57, donne le reste 1; ce 1, joint au 6 dixaines, donne 16; 16 : 7 = 2, etc. Ce calcul a la forme très simple que nous avons indiquée ici.

$$40761 \left\{ \frac{7}{5823} \right.$$
$$\frac{57}{16}$$
$$21$$
$$0$$

$$40\ 761 \left\{ 7 \right.$$
$$5\ 823$$

Voici d'autres exemples de ces divisions.

$$12\ 538 \left\{ 2 \right. \qquad 8\ 765 \left\{ 5 \right. \qquad 97\ 587 \left\{ 7 \right.$$
$$6\ 269 \qquad\qquad 1\ 753 \qquad\qquad 13\ 941$$

2ᵉ CAS. *Le diviseur ayant plusieurs chiffres.* Proposons-nous de diviser 1916 par 329. Puisque $329 \times 10 = 3290$, qui surpasse le dividende 1916, le quotient est moindre que 10 : ainsi le *quotient n'a qu'un seul chiffre ;* supposons-le connu, et on le trouvera facilement en faisant les produits successifs de 329 par 1, 2, 3 ..., jusqu'à ce que ce produit soit 1916, ou que la différence avec 1916 soit moindre que 329. Soit 5 ce quotient.

1916 étant $= 329 \times 5 +$ le reste; si l'on multiplie par 5 les unités 9, les dixaines 2 et les centaines 3, et qu'on ajoute le reste, on devra reproduire 1916. Le calcul indiqué ci-contre prouve que les centaines 19 du dividende sont formées, 1°. du produit 15 des centaines 3 du diviseur par le quotient supposé 5; 2°. de la retenue 1 faite sur les dixaines; 3°. de la partie 3 qui provient de l'addition du reste 271.

$$329$$
$$5$$
Produit $\overline{1645}$
Reste $\underline{271}$
$$1916$$

Il suit de là que, si l'on pouvait ôter de 19 ces deux retenues, le reste 15 serait le produit exact des centaines 3 du diviseur par le chiffre du quotient; et la division de 15 par 3 ferait connaître ce chiffre. Mais comme on ne peut ôter de 19 la double retenue qu'on ne connaît pas d'abord, on divise 19 par 3, prenant ainsi pour dividende *un nombre trop grand* : le quotient qu'on trouve peut être fautif; mais il ne peut pécher que par excès. Dans notre exemple, 19 : 3 donne 6; mais comme on trouve que $6 \times 329 = 1974 > 1916$, on reconnaît que le quotient supposé est trop fort : on essaie 5; et le produit 5×329 est 1645 < 1916; ce qui prouve que 5 n'est pas trop fort, et que par conséquent 5 est le quotient cherché. Otant 1645 de 1916, on trouve le reste 271.

Concluons de là que si le quotient est < 10, c'est-à-dire n'a qu'un seul chiffre, *il faut supprimer, à droite du dividende et du diviseur, un égal nombre de chiffres, et diviser les parties qui restent; le quotient sera celui qu'on cherche, ou le surpassera; la multiplication servira ensuite à le vérifier* (*). Voici quelques exemples de ce calcul. Dans le 1er, on divise 72 par 8, mais on trouve, par la multiplication, que le quotient 9 est trop fort, et on le réduit à 8.

	72 320	8 369	386 782	99 887	823 945	82 476
Produit	66 952	8	299 661	3	742 284	9
Reste	5 368	quotient	87 121		81 661	

(*) C'est surtout lorsque le deuxième chiffre vers la gauche du diviseur surpasse 5, que la tentative conduit à supposer un quotient trop fort; car, dans la multiplication du diviseur par le quotient pour reproduire le dividende, le produit du premier chiffre à gauche du diviseur doit être ajouté aux dixaines du produit du deuxième chiffre, qui ont été retenues. Pour 1435 : 287, par exemple, si l'on dit 14 : 2 donne 7; ce 7 sera trop grand, attendu qu'en multipliant 287 par 7, le produit 2×7 des centaines devrait être accru de la retenue 6, provenant de 87×7. Mais si l'on suppose 5 pour quotient, comme 87×5 donne 4 à retenir, et que 14 — 4 divisé par 2 donne en effet 5, il est clair que 5 est le quotient cherché.

Observez que si l'on remplace 287 par 300, le quotient $\frac{1435}{300}$ sera trop faible, puisque, ayant augmenté le diviseur, il est contenu moins de fois dans le dividende 1435. Si l'on veut éviter de longues tentatives, *quand le deuxième chiffre vers la gauche du diviseur surpassera 5, on ajoutera 1 au premier chiffre, pour obtenir le quotient supposé;* mais lorsque ensuite on voudra vérifier ce quotient par la multiplication, il faudra rétablir le diviseur tel qu'il était. L'erreur, s'il y en a, consiste alors à donner un chiffre trop faible pour quotient; et cette erreur est manifestée par un reste qui surpasse le di-

Proposons nous maintenant de diviser 191687 par 329. Je
sépare vers la gauche du dividende la partie 1916, qui soit assez
grande pour contenir le diviseur 329; je fais la division de 1916
par 329, en suivant la règle précédente : le quotient est 5, donnant le produit 1645 et le reste 271 ; j'é-
cris ces nombres ainsi qu'on le voit ci-
contre : ce nombre 5 est le premier chiffre
du quotient, et désigne des centaines, ou
500, attendu que 1916 exprime aussi des
centaines. En effet, puisque 1916 est compris entre 5 et 6 fois le diviseur 329, cette

$$
\begin{array}{r|l}
1916.87 & 329 \\
1645 & \overline{582} \\
\hline
\text{1er Reste.. } 2718 & \\
2632 & \\
\text{2e Reste.. } 867 & \\
658 & \\
\hline
\text{3e Reste... } 209 & \\
\end{array}
$$

partie 1916 étant des centaines, le dividende proposé est lui-
même compris entre 500 et 600 fois 329 (n° 13, 3°.) ; donc le
quotient cherché est composé de 500 $+$ des dixaines et des
unités, qu'il s'agit maintenant de trouver.

En retranchant du dividende le produit de 329 par 500, partie
connue du quotient, c'est-à-dire en ôtant 1645 de 1916, et joignant au reste 271 la partie 87 qu'on avait séparée, il est clair
que le reste 27187 est le produit de 239 par les dixaines et les
unités inconnues du quotient, plus le reste : d'où il suit que si
l'on divise 27187 par 329, on devra obtenir au quotient ces
dixaines et ces unités.

A cette question, semblable à la proposée, le même raisonnement s'applique, et l'on est conduit à la même conséquence.
Séparons donc le premier chiffre à droite 7, c'est-à-dire descendons
seulement le 8 à la droite du premier reste 271, ce qui donnera
2718 à diviser par 329 : le quotient 8 est, par la même raison
que ci-dessus, le chiffre des dixaines; du dividende partiel 2718,
ôtant le produit 329×8=2632, le reste 86 provient du produit
de 329 par les unités, plus l'excès du dividende total sur un
multiple exact. Enfin, si l'on divise 867 par 329, on obtient

---

viseur. Dans le cas que nous considérons dans cette note, il y a quelquefois de
l'avantage à doubler, ou tripler.... le dividende et le diviseur, afin d'amener
le deuxième chiffre de celui-ci à être < 5. Le quotient n'est point altéré par
ce calcul (n° 15, 1°.)

les unités 2, et le reste 209. C'est le même calcul qui se reproduit sans cesse, et qui donne tour à tour les divers chiffres du quotient, en vertu d'un raisonnement qui diffère peu
de celui qu'on a fait dans le cas où le quotient n'a qu'un seul
chiffre.

Donc, *pour faire une division, il faut séparer, vers la gauche
du dividende, les chiffres nécessaires pour contenir le diviseur,
diviser cette partie par le diviseur; le quotient n'aura qu'un
seul chiffre, qui sera le premier des chiffres à gauche du quotient cherché, et son ordre sera le même que celui des unités du
dividende partiel. On multipliera ce quotient par le diviseur;
on retranchera le produit du dividende partiel; à la droite du
reste, on descendra le chiffre suivant dans le dividende proposé, et on recommencera la même opération, qui donnera le
second chiffre du quotient, de même ordre que le chiffre descendu. On continuera ce calcul jusqu'à ce que tous les chiffres
du dividende soient épuisés.*

Si l'un des dividendes partiels ne contient pas le diviseur, il
ne faudra pas oublier de mettre un zéro au quotient; puis on
descendra un second chiffre du dividende.

Au lieu d'écrire chaque produit et de soustraire, il est plus
court d'effectuer à la fois la multiplication et la soustraction.
Par exemple, lorsqu'il a fallu multiplier 329 par 5 et ôter de
1916; voici comment on a pu opérer : $5 \times 9 = 45$ unités, qu'on
ne peut ôter des 6 unités du dividende 1916; mais ajoutez 4
dixaines à ce 6, et dites $46 - 45 = 1$, que vous poserez sous 6.
Comme 1916 aura par là été augmenté de 40, pour ne pas altérer la différence cherchée, il faudra de même ajouter 40 au
nombre à soustraire, c'est-à-dire retenir 4 dixaines, qu'on joindra au produit suivant $2 \times 5 = 10$; on a donc 14 à ôter de
1 dixaine; on dit de 21 ôtez 14, il reste 7, qu'on écrit sous 1,
et on retient les deux dixaines ajoutées; enfin $5 \times 3 + 2 = 17$,
$19 - 17 = 2$; et on a le premier reste 271.

De même, pour ôter de 2718 le produit 329×8, on dira
$8 \times 9 = 72$; ajoutant 70 aux unités 8, on a $78 - 72 = 6$, qu'on
pose aux unités, et on retient 7. Ensuite $2 \times 8 + 7 = 23$, ôtés

de 1, ou plutôt de 31, il reste 8, qu'on écrit
sous 1, en retenant 3 ; enfin, $3 \times 8 + 3 = 27$,
ôtés de 27, il reste 0 ; qu'il est inutile d'é-
crire, etc. L'opération prend alors la forme
abrégée que nous lui avons donnée ici (*).

$$\begin{array}{l|l} 1916.87 & 329 \\ 271\ 8 & 582 \\ 8.67 & \\ 2\ 09 & \text{Reste.} \end{array}$$

Voici quelques exemples de division.

$$\begin{array}{l|l} 72312.146 & 8369 \\ 5360\ 1 & \overline{8640} \\ 338\ 74 & \\ 3\ 986 & \\ \text{Reste.....}\ 3\ 986 \end{array} \qquad \begin{array}{l|l} 386782.67 & 99887 \\ 87121\ 6 & \overline{387} \\ 7212\ 07 & \\ \text{Reste....}\ 219\ 98 \end{array}$$

$$\begin{array}{l|l} 82394568708.9 & 8247685671 \\ 8165397669\ 9 & \overline{99} \\ \text{Reste..}\ 742480566\ 0 \end{array} \qquad \begin{array}{l|l} 721.342 & 291 \\ 139\ 3 & \overline{2478} \\ 22\ 94 & \\ 2\ 572 & \\ \text{Reste..}\ 244 \end{array}$$

$$\begin{array}{l|l} 700200.031 & 683679 \\ 16521\ 03 & \overline{1024} \\ 2847\ 451 & \\ \text{Reste...}\ 112\ 735 \end{array} \qquad \begin{array}{l|l} 25677.875 & 2568 \\ 2565\ 8 & \overline{9999} \\ 254\ 67 & \\ 23\ 555 & \\ \text{Reste..}\ 443 \end{array}$$

(*) Ce genre de calcul sert aussi à vérifier chaque chiffre du quotient : on
fait alors l'opération ci-dessus, en procédant en sens contraire, c'est-à-dire
de gauche à droite ; et si quelque soustraction est impossible, à plus forte
raison le sera-t-elle en commençant par la droite, puisque les produits à retrancher sont augmentés des retenues. Ainsi, pour $\frac{1916}{328}$, on a $\frac{19}{3}$, et il s'agit
d'éprouver le 6 qu'on obtient, c'est-à-dire de s'assurer si le produit 328×6
est $<$ 1916, cas où le chiffre 6 n'est pas trop fort. Commençons la multiplication par les centaines, on dira $3 \times 6 = 18$, de 19, il reste 1, qui, joint au
chiffre suivant 1, donne 11 dixaines ; d'où l'on ne peut ôter le produit des
dixaines 6×2 ou 12 ; ainsi le 6 est trop fort, et on doit essayer 5.

Observons que, dans toute multiplication, chacune des retenues ne peut
excéder le multiplicateur qu'on éprouve : s'il est 5, il faudrait que l'autre
facteur fût au moins 10, pour que le produit surpassât 50. Donc, si en faisant l'épreuve, comme on vient de le dire, on trouve quelqu'un des restes
au moins égal au quotient éprouvé, on est assuré que, lorsqu'on fera l'opération de droite à gauche, et qu'on arrivera à ce même reste, la soustraction sera
possible, ainsi que toutes les suivantes. Par exemple, pour $\frac{25643}{3572}$, on dira $\frac{25}{3}$

19. Nous ferons observer que, 1°. la division est la seule des quatre *règles* qui commence par la gauche.

2°. Lorsqu'on a trouvé combien de fois un dividende partiel contient le diviseur, ce chiffre est toujours précisément celui qu'on doit mettre au quotient. Cependant comme pour trouver ce nombre de fois, le procédé indiqué, p. 24, consiste à réduire le diviseur à son premier chiffre à gauche, il se peut que cette opération donne en effet un chiffre trop fort : mais l'erreur est dans ce procédé et non dans le principe ; car une fois qu'on a obtenu le quotient de cette division partielle, on est assuré que ce chiffre est juste celui du quotient cherché.

3°. Chaque chiffre qu'on descend en donne un au quotient ; l'un et l'autre sont de même ordre, en sorte qu'on peut toujours donner à *priori* la quantité de chiffres du quotient, et indiquer l'ordre de chacun.

4°. Tout quotient partiel ne peut excéder 9, qui est le plus grand nombre d'un seul chiffre. Ainsi, pour $\frac{170}{19}$, on dira, il est vrai, en 17 combien de fois 1 ? mais, loin de mettre 17 au produit, il ne faut éprouver que 9, encore ce chiffre est-il trop fort ici ; le quotient n'est que 8, qu'on aurait obtenu de suite en disant $\frac{17}{2}$, au lieu de $\frac{17}{1}$, comme le prescrit la note, page 25.

5°. Pour éviter les erreurs, il conviendra de marquer d'un point chaque chiffre du dividende, à mesure qu'on l'aura descendu.

---

donne 8, qu'on reconnaîtra être trop fort : il faudra donc éprouver 7 ; ce qu'on fera ainsi qu'il suit : $3 \times 7 = 21$; de 25, il reste 4, qu'on joint au 6 des centaines de 25643 ; on a 46 ; puis $7 \times 5 = 35$; $46 - 35$ donne un reste > 7 ; ainsi 7 est le quotient cherché. En général, l'épreuve doit être poussée jusqu'à une soustraction impossible, ou jusqu'à un reste au moins égal au chiffre éprouvé. Si le 1er cas arrive, ce chiffre est trop fort ; dans le 2e au contraire il ne l'est pas. Il est rare qu'on soit forcé, pour vérifier un chiffre, de pousser le calcul jusqu'aux unités, et le plus souvent on reconnaît s'il est bon dès la seconde soustraction.

Décomposition en facteurs premiers. Propriétés des diviseurs communs à plusieurs nombres.

20. On dit qu'un nombre est *premier,* lorsqu'il n'est exactement divisible que par lui-même et l'unité : tels sont 7, 11, 2, 1. Deux nombres qui, tels que 21 et 40, n'ont d'autre diviseur commun que l'unité, sont dits *premiers entre eux.*

21. *Lorsqu'un nombre est divisible par un autre, tous les multiples du premier sont aussi divisibles par le second.* Si 18 est multiple de 2, 3×18, qui revient à $18 + 18 + 18$, est divisible par 2, puisque chaque partie est multiple de 2.

22. Supposons qu'après avoir obtenu le produit de 293 par 1572, on divise ces trois nombres par un autre quelconque, tel que 9, examinons ce qui arrivera (*) : 293 étant décomposé en $9 \times 32 + 5$, si l'on multiplie par 1572, la première partie sera un multiple de 9; et le produit proposé étant divisé par 9, doit donner le même reste que 5×1572. Mais de même 1572 se décompose en $9 \times 174 + 6$; multipliant par 5 et divisant par 9, le reste dont il s'agit est le même que celui de 6×5; ainsi le *reste de la division d'un produit par un nombre quelconque est égal au produit des restes des deux facteurs.*

23. *Deux facteurs moindres qu'un nombre premier ne peuvent former un produit divisible par ce nombre.* Soit, s'il se peut, par exemple, 20×8 divisible par 23, ou $\dfrac{20.8}{23} = $ *entier ;* en divisant 23 par 8, on décompose 23 en $2 \times 8 + 7$; multipliant

---

(*) Voici la démonstration algébrique. Si l'on divise deux facteurs entiers F et F' par un nombre quelconque n, ils recevront la forme ci-contre, q et q' étant les quotiens entiers, r et r' les restes. En examinant les termes du produit FF', on reconnaît qu'ils contiennent tous le facteur n, rr' excepté. Donc, en divisant le produit par n, on voit que $\dfrac{FF'}{n}$ et $\dfrac{rr'}{n}$ doivent donner le même reste.

$$F = qn + r$$
$$F' = q'n + r'$$
$$FF' = \overline{qq'n^2 + q'nr} \\ + qnr' + rr'$$

par 20, on a $23 \times 20 = 2.8.20 + 7.20$. Divisons cette équation par 23, le premier membre et le premier terme du second sont des multiples de 23, l'un évidemment, l'autre par supposition : la seconde partie 7.20 devra donc l'être pareillement $\dfrac{7.20}{23}$ $= entier$. Recommençons sur 7 et 20 le même calcul ; en divisant de nouveau 23 par 7, on prouve de même que 2×20 doit être un multiple de 23. En continuant de diviser 23 par le reste obtenu, comme ces restes décroissent, sans que la division du nombre premier 23 puisse s'effectuer exactement, on arrivera au reste 1 ; on aurait donc cette absurdité, 20×1, ou 20 divisible par 23.

24. Concluons de là que, 1°. *un produit ne peut être divisible par un nombre premier, à moins que l'un des facteurs ne soit lui-même divisible.* Car si 28×15, par exemple, est divisib'e par 11, sans que 28 ni 15 le soient, comme en divisant 28 et 15 par 11, les restes sont 6 et 4, on a vu (n° 22) que le produit 28×15, divisé par 11, donne le même reste que 6×4 ; il faudrait donc que 6×4 fût un multiple de 11, ce qu'on vient de prouver impossible.

2°. Le produit de deux nombres premiers ne peut admettre d'autres diviseurs que ces mêmes nombres, outre l'unité et le produit même.

3°. Plusieurs facteurs $5 \times 8 \times 9 \times 11$ ne peuvent former un produit divisible par un nombre premier 3, qu'autant que l'un des facteurs au moins est divisible par 3.

4°. *Si un produit est divisible par un nombre non premier, il faut qu'on retrouve tous les facteurs de ce dernier parmi ceux qui constituent les nombres multipliés.* Ainsi 10×70 est divisible par 28, attendu que $28 = 2 \times 2 \times 7$; que le premier facteur 2 se trouve dans $10 = 2 \times 5$, et le second, ainsi que 7, dans $70 = 2 \times 7 \times 5$. En effet, si $\dfrac{10 \times 70}{28}$ donne un quotient exact, ce quotient multiplié par 28 reproduira 10×70, quantité nécessairement divisible par les nombres premiers, 2, 2 et 7. Mais si quelqu'un des facteurs du diviseur manquait, la division du

produit serait impossible exactement. Donc, *si plusieurs fac-*
teurs sont premiers avec un nombre quelconque, le produit l'est
aussi ; et si ces facteurs sont premiers entre eux, et qu'un
nombre soit divisible par chacun d'eux, il le sera aussi par
leur produit.

5°. *Il n'y a qu'un seul système de facteurs premiers, capable*
de produire un nombre donné. Par exemple, $360 = 2^3 \times 3^2 \times 5$
ne peut être produit par d'autres facteurs premiers, tels que
$7 \times 11 \times 2$; car on aurait $2^3 \times 3^2 \times 5 = 7 \times 11 \times 2$, et il
s'ensuivrait que le premier membre serait un multiple de 7,
contre ce qu'on a vu (1°.). On ne peut donc admettre pour 360,
que les facteurs premiers 2, 3, et 5, et il reste à faire voir qu'on
ne peut leur donner qu'un système d'exposans ; qu'on n'a pas,
par exemple, $360 = 2 \times 3^3 \times 5^2$. En effet, il en résulterait
$2^3.3^2.5 = 2.3^3.5^2$., ou, en supprimant les facteurs communs,
$2^2 = 3 \times 5$, ce qui est absurde (1°.).

6°. Si deux nombres, tels que 7 et 11, sont premiers entre
eux, deux puissances quelconques de 7 et 11, telles que 7^3 et 11^4,
sont aussi premières entre elles ; puisque, si elles avaient un
facteur commun, il le serait aussi de 7 et de 11.

7°. Soit un cube exact, tel que $8000 = 20^3$: si l'on décompose
20 en 4×5, 8000 sera le cube de 4×5; mais, comme la
multiplication permet d'intervertir l'ordre des facteurs, on a
$8000 = 4^3 \times 5^3$. On voit donc que chaque facteur se trouve élevé
au cube. On peut en dire autant de toute puissance, quels que
soient les facteurs. Donc, *si un nombre est une puissance exacte,*
en le décomposant en facteurs premiers, chacun doit être affecté
d'un exposant multiple de la puissance.

25. Pour *décomposer un nombre en ses facteurs premiers,*
on le divisera d'abord par 2, autant de fois successives que cela
sera possible, et le nombre proposé sera le produit d'une puissance de 2 par un quotient connu, non divisible par 2. On essaiera de même la division de ce quotient par 3, autant de fois
qu'il se pourra, et il sera le produit d'une puissance de 3 par
un nouveau quotient connu, non divisible par 3. On continuera

.de même à éprouver si la division est possible par tous les nombres premiers consécutifs 5, 7, 11, 13..... Le nombre proposé sera le produit de ces divers nombres premiers, chacun élevé à une puissance marquée par le nombre des divisions qu'il a effectuées.

Par exemple, pour 360, on divisera par 2, puis le quotient 180 par 2, enfin 90 par 2; comme le troisième quotient 45 n'est plus divisible par 2, on a $360 = 2^3 \times 45$. On divisera 45 par 3; on aura $45 = 3^2 \times 5$, d'où $360 = 2^3 \times 3^2 \times 5$. La décomposition est ici

$$
\begin{array}{r|l}
360 & 2 \\
180 & 2 \\
90 & 2 \\
45 & 3 \\
15 & 3 \\
5 & 5
\end{array}
\qquad
\begin{array}{r|l}
210 & 2 \\
105 & 3 \\
35 & 5 \\
7 & 7
\end{array}
$$

terminée, parce que 5 est un nombre-premier. On donne ordinairement au calcul la disposition ci-contre, afin de mieux voir la série des facteurs.

On trouve de même que $210 = 2 \times 3 \times 5 \times 7$ (*).

Ce procédé conduit au but par un nombre limité d'essais. On sait d'ailleurs que la résolution en facteurs ne peut produire qu'un seul résultat (24, 5°.).

26. Il arrive quelquefois que les essais qu'on tente ne réussissent point, et qu'on ne trouve aucun diviseur exact, soit du nombre proposé, soit de l'un des quotiens auxquels on est conduit; alors ce nombre, ou ce quotient, est premier, et on ne peut en opérer la décomposition en facteurs. Mais on doit remarquer que ces tentatives inutiles de division ne doivent être poussées que *jusqu'à la racine carrée du nombre qu'on veut diviser.* En effet, puisque ce nombre est le produit de sa racine par elle-même, et qu'on ne peut faire croître l'un des facteurs sans que l'autre décroisse pour que le produit reste le même (13), on voit que si ce dividende a l'un de ses facteurs plus grand que

---

(*) Soient α, β, γ... les nombres de fois qu'on a pu diviser un nombre N par les nombres premiers a, b, c....; on a $N = a^\alpha \times b^\beta \times c^\gamma \times ...$ N n'est divisible (n° 27) que par les divers termes du produit

$$(1 + a + a^2 + ... + a^\alpha) \times (1 + b + b^2 + ... b^\beta) \times (1 + c + c^2 + ... + c^\gamma) \times ....$$

le nombre des termes du produit, ou la quotité des diviseurs de N est

$$(1 + \alpha)(1 + \beta)(1 + \gamma).....$$

la racine, l'autre facteur doit être moindre ; en sorte qu'un nombre ne peut être divisible par une quantité qui surpasse sa racine carrée, à moins qu'il ne le soit aussi par une quantité moindre que cette racine. Or, quoiqu'on n'ait essayé que des diviseurs premiers, on est sûr que d'autres nombres non premiers ne pourraient diviser (n° 24, 4°.); ainsi l'on a par là reconnu qu'il n'existe pas de diviseur moindre que la racine du dividende : il n'y en a donc pas non plus qui surpasse cette racine.

Par exemple, 127 n'est divisible ni par 2, 3, 5, 7, ni 11, à plus forte raison par 4, 6, 8, 9 et 10 ; et comme $\sqrt{127}$ est entre 11 et 12, on est assuré que 127 est un nombre premier.

1524 est divisible par 3 et 4, et on a $1524 = 2^2 \times 3 \times 127$: on voit ensuite que 5, 7, 11 ne divisent pas 127. Sans pousser plus loin les tentatives, on reconnaît que 127 est premier, et la décomposition de 1524 est terminée.

27. Cherchons maintenant *tous les diviseurs* d'un nombre donné. On le décomposera en facteurs premiers, et l'on est d'abord assuré que toute combinaison 1 à 1, 2 à 2, 3 à 3... de ces facteurs sera un diviseur. Mais comme ce nombre ne peut être divisible que par toutes ces diverses combinaisons (24, 4°.), que d'ailleurs on ne peut obtenir qu'un seul système de facteurs premiers, il est démontré que si l'on effectue toutes les combinaisons possibles, on sera assuré de n'avoir omis aucun diviseur. Voici un moyen de n'oublier aucune de ces combinaisons : reprenons l'équation $360 = 2^3 \times 3^2 \times 5$; avec 2^3 on formera la somme $1 + 2 + 2^2 + 2^3$; avec 3^2 on formera $1 + 3 + 3^2$; enfin, 5 donnera $1 + 5$. D'abord chaque terme est diviseur de 360. En outre si l'on multiplie tous les nombres de la première somme par tous ceux de la deuxième, et le résultat par tous ceux de la troisième, on aura visiblement toutes les combinaisons. Il faudra donc effectuer la multiplication $(1+2+4+8) \times (1+3+9) \times (1+5)$, et on sera assuré d'avoir tous les diviseurs cherchés, qui sont

1, 2, 3, 4, 5, 6, 8, 9, 10, 12, 15, 18, 20, 24, 30, 36, 40, 45, 60, 72, 90, 120, 180, 360.

Pour $210 = 2 \times 3 \times 5 \times 7$, on formera le produit de $1 + 2$, par $1 + 3$, par $1 + 5$, et par $1 + 7$; et on aura

1, 2, 3, 5, 6, 7, 10, 14, 15, 21, 30, 35, 42, 70, 105, 210.

Pour $675 = 3^3 . 5^2$, formez $(1 + 3 + 9 + 27) \times (1 + 5 + 25)$, d'où

1, 3, 5, 9, 15, 25, 27, 45, 75, 135, 225, 675.

28. Soit proposé de trouver le plus grand nombre qui puisse diviser à la fois 312 et 132 : c'est ce qu'on nomme *le plus grand commun diviseur* entre ces deux nombres. En les décomposant l'un et l'autre en leurs facteurs premiers (25), on trouve

$$312 = 2^3 \times 3 \times 13, \quad 132 = 2^2 \times 3 \times 11.$$

Il est visible que 2^2 et 3 sont les seuls facteurs communs, et que leur produit $2^2 \times 3$ ou 12, est le plus grand diviseur cherché. Le procédé suivant est plus court et plus direct.

Observons que si 132 divisait exactement 312, 132 serait le plus grand diviseur de ces nombres, puisque 132 ne peut en avoir un plus grand que lui-même. On essaiera donc cette division $\frac{312}{132}$; mais on trouve le quotient 2 et le reste 48, en sorte qu'on a

$$312 = 2 \times 132 + 48.$$

Divisons toutes les parties de cette équation par un diviseur quelconque 3 commun à 312 et à 132; ce nombre 3 divisera aussi 2×132 (*voy.* n° 21) : ainsi 48 doit être aussi multiple de 3; car le quotient de $\frac{48}{3}$ ajouté à celui de $\frac{2 \times 132}{3}$ doit donner le même nombre que le quotient $\frac{312}{3} = 104$. Concluons de là que *tout diviseur commun à deux nombres, divise aussi le reste de la division de l'un par l'autre.* On ne peut donc chercher les diviseurs communs à................. 312 et 132..... *A* que parmi les facteurs de 48, et par consé- quent que parmi les nombres qui divisent à la fois.................................... 48 et 132.... *B*

3.

· Mäis la même raison prouve que 48 et 132 ne peuvent admettre de diviseur commun, à moins qu'il ne divise aussi 312,
et par conséquent 312 et 132. Donc, non-seulement tous les
diviseurs communs au premier système A, le sont au second B,
mais réciproquement tous les diviseurs communs au second B,
le sont au premier A; en sorte que chacun de ces deux systèmes
n'a que les diviseurs communs de l'autre, et les a tous. Le plus
grand des diviseurs de 312 et 132 est donc aussi le plus grand
entre 48 et 132, qu'il s'agit maintenant de trouver.

La recherche proposée est donc rendue plus simple, puisque
48 est $<$ 312. En raisonnant de même sur 48 et 132, on prouverait que leur plus grand commun diviseur est celui de 48 et
de 36, reste de la division de 132 par 48; que celui-ci est le
même qu'entre 36 et 12, en continuant toujours de diviser le
diviseur par le reste. On donne
au calcul la disposition ci-contre, en écrivant chaque reste à
la droite du diviseur, afin qu'il

$$312 \left\{ \frac{132}{2} \right. \left\{ \frac{48}{2} \right. \left\{ \frac{36}{1} \right. \left\{ \frac{12}{3} \right.$$

occupe sur-le-champ la place convenable pour la division sub-
séquente. Arrivé au diviseur 12, on trouve que la division
réussit, et $36 = 3 \times 12$; ainsi 12 est le plus grand commun
diviseur entre 36 et 12; par conséquent aussi entre 48 et 36,
entre 132 et 48, enfin entre 312 et 132.

Donc, *pour trouver le plus grand commun diviseur entre
deux nombres, divisez l'un par l'autre; divisez ensuite le diviseur par le reste, et continuez de la sorte à rendre le diviseur
dividende, et le reste diviseur, jusqu'à ce que vous trouviez
un diviseur exact; ce sera le plus grand diviseur commun
cherché.*

Voici encore deux opérations de commun diviseur, l'une
entre 2961 et 799, il est 47; l'autre entre 115 et 69, il est 23.

$$2961 \left\{ \frac{799}{1} \right. \left\{ \frac{564}{1} \right. \left\{ \frac{235}{2} \right. \left\{ \frac{94}{2} \right. \left\{ \frac{47}{2} \right. \qquad 115 \left\{ \frac{69}{1} \right. \left\{ \frac{46}{1} \right. \left\{ \frac{23}{2} \right.$$

29. Remarquez que, 1°. le calcul conduisant à des restes sans
cesse décroissans, on devra arriver nécessairement à un divi-

seur exact, ne fût-ce que l'unité; dans ce cas, les deux nombres proposés seraient premiers entre eux. C'est ce qui arrive pour 50 et 21, dont le plus grand diviseur commun est 1. Il est fâcheux de ne pouvoir reconnaître ce cas *à priori*, puisqu'on a fait tous les frais de calcul pour arriver à un diviseur inutile.

2°. Le plus grand diviseur de deux nombres devant diviser tous les restes successifs qu'on obtient dans le cours de l'opération, s'il arrivait que l'un de ces restes fût reconnu pour un nombre premier, et qu'il ne divisât pas le reste précédent, on serait assuré que le calcul se terminerait à l'unité, seul diviseur des nombres proposés; par exemple, pour 824 et 319, lorsqu'on sera arrivé au nombre premier 53, qui ne divise pas 133, il est inutile de pousser le calcul au-delà.

$$824 \left\{ \frac{319}{2} \right. \left\{ \frac{186}{1} \right. \left\{ \frac{133}{1} \right. \left\{ \frac{53}{2} \right. \text{ nombre premier.}$$

3°. Pour obtenir tous les diviseurs communs à deux nombres, il ne faut que former tous les diviseurs du plus grand diviseur commun. Ainsi, celui de 312 et 132 étant $12 = 2^2 \times 3$, dont tous les diviseurs sont 1, 2, 3, 4, 6 et 12, ces nombres sont les seuls diviseurs communs à 312 et 132.

4°. Si, dans le cours du calcul, on reconnaît qu'un nombre divise deux restes successifs, c'est-à-dire un dividende et un diviseur, on le supprimera dans l'un et l'autre; on continuera le calcul, et l'on multipliera le diviseur commun trouvé par le facteur supprimé. C'est ainsi que 3720 et 3210 sont divisibles par 10, et on a 372 et 321 : la première division conduit au reste 51, multiple de 3, aussi bien que 321; ôtant le facteur 3, il vient 107 et 17, dont le commun diviseur est 1, ainsi celui des nombres proposés est $1 \times 10 \times 3$, ou 30.

Mais si l'on reconnaît qu'un reste a un facteur premier qui ne divise pas le reste précédent, on peut le supprimer sans altérer le commun diviseur cherché. En cherchant (p. 36) le plus grand diviseur commun à 2961 et 799, on arrive au reste 564, qui est multiple de 12; d'ailleurs le diviseur 799 n'est divisible ni par 3 ni par 2 ; supprimant donc ce facteur 12, 564 pourra être remplacé par 47, qu'on reconnaîtra de suite pour le nombre cherché. Cela suit de ce qu'on a dit (n° 28) sur *la décomposition des nombres en facteurs premiers communs.*

30.° Puisque le plus grand commun diviseur de deux nombres doit diviser tous les restes donnés par l'opération indiquée, cherchons les quotiens successifs de ces divisions. Reprenons l'exemple de 2961 et 799, et cherchons combien 47 est contenu de fois dans la série des diviseurs. Il est d'abord visible qu'il est 1 fois dans 47, et 2 fois dans 94 ; on posera 1 sous 47 et 2 sous 94.

$$2961 \left\{ \begin{array}{l} 799 \\ 3 \end{array} \right. \left\{ \begin{array}{l} 564 \\ 1 \end{array} \right. \left\{ \begin{array}{l} 235 \\ 2 \end{array} \right. \left\{ \begin{array}{l} 94 \\ 2 \end{array} \right. \left\{ \begin{array}{l} 47 \\ 2 \end{array} \right.$$
$$63 \qquad 17 \qquad 12 \qquad 5 \qquad 2 \qquad 1$$

On a $235 = 2 \times 94 + 47$, d'où $\dfrac{235}{47} = 2 \times \dfrac{94}{47} + \dfrac{47}{47}$ $= 2 \times 2 + 1$, ou 5, qu'on écrira sous 235. Ce chiffre 5 a été obtenu en multipliant entre eux les deux chiffres écrits sous 94, et ajoutant au produit le 1 qui est à droite dans la dernière ligne. De même, pour obtenir le quotient de 564 par 47, on a $564 = 2 \times 235 + 94$, d'où $\dfrac{564}{47} = 2 \times 5 + 2 = 12$, qu'on posera sous 564. On continuera à multiplier entre eux les deux chiffres écrits sous 564, et à ajouter le chiffre à droite. Voici la série des calculs à partir du chiffre 5.

$$2 \times 2 + 1 = 5, \quad 2 \times 5 + 2 = 12,$$
$$1 \times 12 + 5 = 17, \quad 3 \times 17 + 12 = 63.$$

Ce calcul, auquel nous trouverons par la suite (n° 564 et 565) une grande utilité, peut ici nous servir à composer deux nombres pour lesquels on donne le commun diviseur, le nombre de divisions nécessaires pour le trouver, et les quotiens successifs. Après avoir écrit ces quotiens formant la deuxième ligne, on en déduira la troisième ligne par le calcul ci-dessus ; enfin prenant les deux plus grands résultats, on les multipliera par le facteur commun proposé.

Voici encore deux exemples, l'un pour 115 et 69, dont le

commun diviseur est 23 qu'ils contiennent 5 et 3 fois ; l'autre pour 3085 et 910, qui contiennent 617 et 182 fois le diviseur 5.

$$115 \begin{cases} 69 \\ \overline{1} \end{cases} \begin{cases} 46 \\ \overline{1} \end{cases} \begin{cases} 23 \\ \overline{2} \end{cases} \quad 3085 \begin{cases} 910 \\ \overline{3} \end{cases} \begin{cases} 355 \\ \overline{2} \end{cases} \begin{cases} 200 \\ \overline{1} \end{cases} \begin{cases} 155 \\ \overline{1} \end{cases} \begin{cases} 45 \\ \overline{3} \end{cases} \begin{cases} 20 \\ \overline{2} \end{cases} \begin{cases} 5 \\ \overline{4} \end{cases}$$
$$\quad\;\; 5 \quad\;\; 3 \quad\;\; 2 \quad\;\; 1 \qquad\qquad 617 \quad 182 \quad 71 \quad 40 \quad 31 \quad 9 \quad\; 4 \quad\; 1$$

31. Pour obtenir le plus grand commun diviseur entre les quatre nombres 150, 90, 40 et 200, on trouvera d'abord celui de 150 et 90, qui est 30 ; le nombre cherché est donc déjà un des facteurs de 30 ; puis on trouvera le plus grand commun diviseur de 30 et 40, qui est 10 ; enfin celui de 10 et 200, qui est 10 : c'est le nombre cherché. Les quatre nombres proposés n'ont donc d'autres diviseurs communs que 1, 2, et 10. Ce procédé s'applique à tant de nombres qu'on voudra.

32. Étant donnés plusieurs nombres, tels que 2, 3, 4, 6, 8 et 12, *cherchons le plus petit nombre divisible par chacun.* Il est d'abord clair que, puisque 2, 3, 4 et 6 sont contenus exactement dans 8 ou 12, tout nombre divisible par ces deux derniers, le sera nécessairement par les autres, auxquels il est par conséquent inutile d'avoir égard. En composant un nombre qui renferme tous les facteurs de 8 et 12, on est assuré qu'il est divisible par tous les nombres donnés ; et si, en outre, il ne contient que les facteurs de 8 et 12, il est le plus petit dividende demandé. Ainsi, on a $2^3 \times 3$, ou 24, pour le nombre cherché. On voit donc que, *pour obtenir le plus petit nombre divisible par des quantités données, après avoir supprimé celles qui divisent exactement les autres, on ne s'occupera que de celles-ci, qu'on décomposera en leurs facteurs premiers. Le nombre cherché sera formé du produit de tous ces facteurs, chacun élevé à la puissance la plus haute qui l'affecte dans ces divers résultats.*

De même pour 2, 3, 5, 10, 15, 8, 24, 12 et 6, comme 2, 3, 6, 8 et 12 divisent 24, et que 5 divise 10, on n'aura égard qu'à 10, 15 et 24, ou 2×5, 3×5 et $2^3 \times 3$; le plus petit dividende cherché est donc $2^3 \times 3 \times 5 = 120$.

Des Conditions pour qu'un nombre soit divisible par 2, 3, 5, 7....

33. On dit qu'un nombre est *pair*, quand il est divisible par 2. Soit un nombre quelconque, tel que 476; on le décompose en dixaines et unités, savoir, $470 + 6 = 47 \times 10 + 6$: la première partie 47×10 est divisible par 2; il faut donc que la seconde le soit, pour que le nombre proposé soit un multiple de 2. Ainsi *tout nombre terminé par un chiffre pair jouit seul de la propriété d'être pair, ou divisible par 2.*

En décomposant le nombre en deux parties, dont l'une soit formée des 2, 3..., derniers chiffres, on voit de même que, *pour qu'il soit divisible par 4, il faut que les deux derniers chiffres fassent un multiple de 4; pour qu'il le soit par 8, que les trois derniers fassent un multiple de 8,* etc.

De même, *un nombre n'est multiple de 5 qu'autant qu'il est terminé par 0 ou 5.* Il n'est divisible par 10, que lorsqu'il l'est par 2 et par 5, c'est-à-dire lorsqu'il est terminé par un zéro. On trouverait aussi les conditions de la divisibilité par 25, 50, etc.

34. Divisons 10 par un nombre donné, tel que 7; le reste est 3; celui de 100, ou 10^2, divisé par 7, est le carré de 3 (*voy.* n° 22), ou plutôt $9 - 7 = 2$. De même celui de 10^3, ou $10^2 \times 10$, est 2×3, ou 6; celui de 10^4 est $6 \times 3 = 18$, ou $18 - 14 = 4$, etc. En multipliant chaque reste par 3, et ôtant 7 s'il est possible, on aura donc ainsi les restes successifs 1, 3, 2, 6, 4, 5, de la division par 7, des nombres 1, 10, 10^2, 10^3, 10^4 et 10^5; mais arrivé à 10^6, le reste est $5 \times 3 = 15$, ou plutôt $15 - 14 = 1$. Une fois qu'on retrouve l'un des restes précédens, c'est une conséquence du calcul même qui conduit à ces résultats consécutifs, qu'on les verra se reproduire *périodiquement*; en sorte qu'en poussant indéfiniment les divisions par 7 des puissances successives de 10, on retrouvera toujours ces restes dans le même ordre. Les nombres (1, 3, 2, 6, 4, 5) qui se reproduisent

continuellement, sont ce qu'on nomme *la Période*. Veut-on savoir le reste de 10^{29} ? il est le même que celui de 10^5, en ôtant les multiples de 6 compris dans 29, attendu que la période a 6 termes; ce reste est 5. Celui de 10^{25} est le même que pour 10^1, ou 3.

On pouvait d'avance être assuré de l'existence de cette période; car le reste de la division par 7 étant < 7, il ne doit au plus y avoir que ces six restes 1, 2, 3, 4, 5, 6, qui viennent seulement dans un ordre différent de celui-ci : on est certain de ne pas trouver zéro (n° 24), la division ne pouvant être exacte. Il s'ensuit donc qu'on doit, après six divisions *au plus*, retomber sur l'un des restes obtenus; alors la période recommence, puisqu'il faut reproduire les mêmes multiplications par le premier reste. Donc, *les puissances de 2 et 5 exceptées, quel que soit le diviseur de la suite indéfinie* 1, 10, 10^2, 10^3..., *les restes successifs formeront toujours une période, dont les termes seront en nombre moindre que ce diviseur n'a d'unités. Si le diviseur est un nombre premier, la période commence au premier reste.* En effet, prenons le diviseur 7, et soient 10^{18} et 10^{12}, deux dividendes qui donnent le même reste, la différence $10^{18} - 10^{12} = 10^{12} \times (10^6 - 1)$, est (n° 19) un multiple de 7, c'est-à-dire que $10^6 - 1$ est divisible par 7, puisque 10^{12} ne l'est pas (24, 1°.); donc 10^6 divisé par 7 donne le reste 1, lequel fait par conséquent partie de la période, et la commence.

1°. Prenons 9 pour diviseur, le reste de $\dfrac{10}{9}$ est 1 ; donc la période est le seul chiffre 1 ; c'est-à-dire que *toute puissance de* 10, *divisée par* 9, *donne le reste* 1. On peut en conclure (n° 22) que 20, 200..., divisés par 9, donnent le reste 2 ; que 30, 300.... donnent 3 ; que 40, 400.... donnent 4, etc. Or, un nombre tel que 8753 peut être décomposé en unités, dixaines...., ou $8000 + 700 + 50 + 3$; en divisant par 9, les restes sont $8 + 7 + 5 + 3 = 23$; ainsi *le reste de la division d'un nombre par* 9 *est le même que le reste que donnerait la somme de ses chiffres considérés comme exprimant de simples unités.* Rien n'est donc plus aisé que de trouver le reste de la division d'un nombre par 9; pour 8753, par exemple, ce reste est le même que pour 23, ou 2 + 3 = 5. *Si la somme des chiffres est un multiple de 9, le nombre est divisible par 9.*

Lorsque deux nombres sont exprimés par les mêmes chiffres, mais dans un ordre différent, ils donnent donc les mêmes restes de la division par 9; leur différence est donc (n° 16) un multiple de 9. Ainsi, 74029 — 9742 = 64287 = 9 × 7143.

2°. On verra aisément que ces propriétés appartiennent aussi au nombre 3.

3°. Si le diviseur est 7, la période est 1, 3, 2, 6, 4 et 5. Soit le dividende 1352542; en le décomposant en 2 + 40 + 500 + 7000 +..., les restes de ces nombres, divisés par 7, sont respectivement les mêmes que ceux de la période, répétés, 2, 4, 5, 7... fois; on écrira en sens inverse les nombres de la période sous les chiffres consécutifs de la quantité proposée, comme on le voit ci-dessus; on multipliera ensuite chaque chiffre par celui qui est au-dessous. La somme 105 des produits a le même reste de la division par 7, que le nombre proposé divisé par 7; et comme celui de 105 est 0, l'un et l'autre sont des multiples de 7.

$$\begin{array}{cccc} 1\,3 & 5\,2\,7 & 54\,2 \\ 3\,1 & 5\,4\,6 & 2\,3\,1 \end{array}$$

$$\begin{aligned} 1 \times 2 &= 2 \\ 3 \times 4 &= 12 \\ 2 \times 5 &= 10 \\ 6 \times 7 &= 42 \\ &\text{etc.} \end{aligned}$$

$$\text{Somme} = 105$$

$$\begin{array}{cccc} 1\,3 & 5\,2\,7 & 54\,2 \\ 3\,1 & 2\,3\,1 & 2\,3\,1 \end{array}$$

$$\begin{array}{ll} 1.2 = 2 \\ 3.4 = 12 & \\ 2.5 = 10 & 1.7 = 7 \\ 1.3 = 3 & 3.2 = 6 \\ 3.1 = 3 & 2.5 = 10 \\ \hline 30 & \overline{23} \end{array}$$

Observez qu'au lieu d'évaluer les quotiens par défaut, on peut les prendre par excès, c'est-à-dire qu'il est indifférent de poser 10¹ égal à 7 × 1428 + 4, ou à 7 × 1429 — 3. Des nombres 1, 3, 2, 6, 4 et 5, qui forment la période, on peut donc remplacer les trois derniers par leur supplément à 7, ou 1, 3 et 2, qui seront les restes soustraits des multiples de 7, c'est-à-dire les restes *négatifs* (n° 4). La période est réduite aux trois nombres 1, 3, 2; seulement les produits sont tantôt additifs et tantôt soustractifs. Ainsi l'on partagera les nombres en tranches de trois chiffres, et il faudra soustraire des autres les produits donnés par les tranches de rangs pairs. Le calcul se dispose comme on voit ci-dessus, où la barre est placée sur les facteurs dont les produits sont soustractifs. Ici le reste de la division de 1352742 par 7 est le même que celui de 30 — 23 = 7, ou zéro.

4°. De même pour le diviseur 11, après avoir trouvé que la période est 1, 10, on peut remplacer 10 par 11 — 10, ou 1, dont le produit devra être soustrait, c'est-à-dire que la période est + 1, — 1. Donc, si l'on ajoute tous les chiffres de rangs impairs d'un nombre proposé, qu'on en retranche la somme des chiffres de rangs pairs, le reste sera celui de la division de ce nombre par 11. Pour 732 931, on a 1 + 9 + 3 = 13, 3 + 2 + 7 = 12, 13 — 12, ou 1, est le reste de la division de 732 931 par 11. De même, pour 429 189, on aura 0 + 1 + 2 = 3; 8 + 9 + 4 = 21; et, comme on ne peut ôter 21 de 3, il faudra ajouter à 3 un multiple suffisant de 11, tel que 22; alors on aura 22 + 3 — 21 = 4, qui est le reste cherché. 63 613 est un multiple de 11, puisque 3 + 6 + 6 — 1 — 3 = 15 — 4 = 11.

5°. Le même principe montre que le diviseur 37 engendre la période 1, 10 et 26, composée de trois nombres seulement (*); et comme 26 peut être remplacé par — 11, qui en est le supplément à 37, la période est (1, 10 et — 11). D'après cela, pour savoir si 17 538 224 est multiple de 37, j'ajoute les chiffres de trois en trois rangs, savoir :

$$4 + 8 + 7 = 19,\ 2 + 3 + 1 = 6,\ 2 + 5 = 7.$$

Je multiplie ces résultats respectifs par 1, 10 et — 11, et j'ai 19 + 60 — 77, ou 2, pour le reste de la division du nombre proposé par 37.

6°. Lorsqu'on divise un nombre impair par 6, le reste ne peut être que 1, 3 ou 5; ou bien 1, 3 et — 1, en remplaçant 5

(*) Quand la quotité des termes de la période d'un diviseur premier n'est pas précisément ce diviseur moins un, elle est partie aliquote de ce nombre. C'est ainsi que, pour 13, la période n'a pas 12 termes, mais seulement 6, et 6 divise 12. De même, pour le diviseur 11, la période n'a que 2 termes; et 2 est facteur de 11—1, ou 10 : enfin, pour 37, la période est formée de 3 nombres seulement, et 36 admet le facteur 3. *Voy. les Recherches arith. de Gauss*, n° 312.

par — 1. Ainsi le reste ne peut être que 1 ou — 1, si le nombre n'est pas divisible par 3. On voit donc que, dès qu'un nombre n'est divisible par 2, ni par 3, il ne peut donner, pour reste de la division par 6, que l'unité positive ou négative (*).

Preuves des quatre Règles.

35. Comme on peut commettre des erreurs dans un calcul, il est utile de s'assurer de l'exactitude du résultat par une opération qui en est *la preuve*. Pour qu'elle conduise au but qu'on se propose, elle doit être plus facile à pratiquer que la règle même, car elle serait plus sujette à erreur. Ainsi, quoiqu'on puisse vérifier une multiplication en divisant le produit par l'un des facteurs, et voyant si l'autre facteur vient au quotient, on sent que ce procédé pénible n'est pas propre à faire distinguer si l'erreur est dans la multiplication ou dans la division.

1°. On vérifie l'addition par l'addition même. Si l'on a fait le calcul en opérant de haut en bas, on le recommencera de bas en haut, ou bien on coupera l'addition en plusieurs autres; ou l'on ajoutera aux divers nombres donnés des quantités qu'on ôtera ensuite.

On peut aussi commencer ce calcul par la colonne de l'ordre le plus élevé. Ainsi, dans l'exemple ci-contre, la colonne des mille a 6 pour somme; et comme on en a trouvé 7, 7 — 6, ou 1, qu'on pose sous le 7, annonce qu'on a reporté 1 à cette colonne, et que par conséquent celle des centaines a donné, non pas 3, mais 13. Cette colonne ne donne que 11, 13 — 11 = 2 est donc la retenue des dixaines, qui ont fourni 25, etc.; à la colonne des unités, on doit trouver o pour différence.

$$
\begin{array}{r}
2\ 758 \\
3\ 099 \\
469 \\
1\ 029 \\
\hline
7\ 355 \\
1\ 230
\end{array}
$$

(*) On dit algébriquement que tout nombre premier (excepté 2 et 3) est compris dans la forme $6n \pm 1$, n étant un entier quelconque. Il ne serait pas vrai d'avancer que, réciproquement, tout nombre de cette forme soit premier. On n'a pu réussir encore à trouver une formule qui renferme tous les nombres premiers, et ne comprenne que ces nombres.

2°. La preuve de la soustraction se fait en ajoutant le reste au nombre soustrait ; on doit retrouver le plus grand des deux nombres donnés.

3°. Pour la multiplication, on échangera le multiplicateur et le multiplicande (n° 11) ; ou bien on multipliera ou on divisera les facteurs par des nombres arbitraires, et le produit aura éprouvé un changement déterminé par ce qu'on a dit n° 13 ; il sera aisé de vérifier si cette condition, est remplie.

4°. Si l'on multiplie le quotient par le diviseur, et si l'on ajoute le reste, on devra trouver, pour résultat, le dividende (n° 16). Il est aisé de vérifier ainsi toute division. On a encore une autre preuve de cette règle, en multipliant ou divisant le diviseur et le dividende par un même nombre ; le quotient doit rester le même (n° 15, 1°.).

5°. On pourra aussi vérifier la division et la multiplication, en divisant par un nombre quelconque, les deux facteurs et le produit, puis voyant si le produit des restes des facteurs est égal au reste du produit (n° 22) ; comme les restes sont faciles à trouver pour les diviseurs 9 et 11 (n° 34, 1°. et 4°.), on les préfère ordinairement pour cet usage. Nous en donnerons ici un exemple. On a trouvé, page 19, que $53\,687 \times 908 = 48\,747\,796$. Pour vérifier ce calcul, ajoutons tous les chiffres de ces trois nombres et supprimons 9 chaque fois qu'il se rencontre ; les restes seront 2, 8 et 7. Or, $2 \times 8 = 16$, et 7 est le reste de $\dfrac{16}{9}$, puisque $6 + 1 = 7$; donc l'opération n'est pas fautive, à moins cependant qu'il n'y ait quelque compensation dans les erreurs, ou des chiffres déplacés, etc.

Si l'on veut prendre 11 pour diviseur, il faut retrancher les chiffres de rangs pairs de ceux de rangs impairs dans les trois nombres (n° 34, 4°.) ; on a $18 - 11 = 7$. $17 - 0 = 17$, ou 6, $25 - 27 = -2$ ou 9 (supplément de 2 à 11). Pour que la multiplication soit exacte, il faut que 7×6, ou 42 divisé par 11, donne le reste 9 ; ce qui a lieu en effet.

En divisant $700\,200\,031$ par $683\,679$, on a 1024 pour quotient, et 112735 pour reste (p. 28) ; ajoutons les chiffres qui

composent ces nombres, pour trouver les restes de leur division
par 9 : ces restes sont 4 pour le dividende, 3 pour le diviseur, 7
pour le quotient, et 1 pour le reste ; le produit 7 × 3, ou 21,
ajouté à un, donne 22, ou 4 : ainsi 4 doit être le reste de la division du dividende par 9 ; ce qui se vérifie. On dispose le calcul
de ces deux preuves comme il suit :

$$
\begin{array}{ll}
\textit{Mult}^{\text{de}} \quad 2 \\
\textit{Mult}^{\text{r}} \quad 8
\end{array} \Big\} \; 16 \text{ ou } 7
\qquad
\begin{array}{c|c}
\textit{Divid}^{\text{de}} \; 4 & \textit{Divis}^{\text{r}} \; 3 \quad 21 + 1 \text{ ou } \frac{2}{4} \\
\hline
\text{Reste.... } 1 & \textsc{Quot.} \; 7
\end{array}
$$

$$\overline{\text{Prod.} \quad 7}$$

II. DES NOMBRES FRACTIONNAIRES.

Nature et transformation des Fractions.

36. Mesurer une chose, c'est donner l'idée précise de sa
grandeur, en la comparant à celle d'une autre de même espèce,
qui est déjà connue ; et qu'on prend pour *unité*. Si l'unité est
contenue un nombre de fois exact, cette quotité est la *mesure*,
sinon on peut prendre une autre unité qui remplisse cette condition ; car sa grandeur est absolument arbitraire et indépendante de la chose qu'on veut mesurer ; en sorte qu'on peut exprimer la grandeur de celle-ci par des nombres très différens,
suivant qu'on prend telle ou telle unité.

Pour acquérir la connaissance préalable de plusieurs grandeurs ou unités de chaque espèce, on divise l'unité primitive en
portions égales, dont le nombre soit tel, que l'une des divisions
soit contenue exactement dans la chose à mesurer ; et c'est cette
partie qu'on prend pour nouvelle unité. La mesure est alors ce
qu'on appelle une *Fraction*, c'est-à-dire *une ou plusieurs parties
de l'unité*. Lorsqu'on dit d'une chose qu'elle est les cinq septièmes de l'unité, il faut entendre qu'après avoir partagé l'unité
en sept parties égales, cinq de ces parties ont formé un assemblage égal à cette chose.

Il suit de là que toute fraction doit être énoncée à l'aide de

deux nombres : l'un qu'on nomme *Dénominateur*, marque en
combien de parties l'unité est divisée ; l'autre, qui est le *Numérateur*, indique combien on prend de ces parties : dans cinq
septièmes, 5 est le numérateur, 7 le dénominateur. On écrit ces
deux nombres en les séparant d'un trait, le numérateur placé
en dessus, le dénominateur en dessous, $\frac{5}{7}$. Les fractions $\frac{1}{2}$, $\frac{1}{3}$, $\frac{1}{4}$,
s'énoncent une demie, un tiers, un quart. Pour toutes les
autres on lit les deux chiffres, en ajoutant la finale *ième* au dénominateur ; $\frac{5}{8}$, $\frac{7}{11}$ se lisent 5 huitièmes, 7 onzièmes.

37. Pour multiplier $\frac{5}{7}$ par 7, comme chaque septième pris 7
fois donne l'unité, nos $\frac{5}{7}$ produisent 5 unités, ou $\frac{5}{7} \times 7 = 5$;
donc *toute fraction multipliée par son dénominateur produit le
numérateur.*

Il suit de là que $\frac{5}{7}$ est le quotient 5 divisé par 7, d'après la
définition (n° 5), c'est-à-dire que *toute fraction est le quotient de
la division du numérateur par le dénominateur ;* et c'est pour
cette raison qu'on a écrit de même une fraction et une division.
Le quotient de 47, divisé par 7, est donc $6 + \frac{5}{7}$, puisqu'en
multipliant cette quantité par 7, on a $42 + 5$, ou 47. Donc, *si
au quotient entier d'une division, on ajoute une fraction qui ait le
reste pour numérateur, et le diviseur pour dénominateur, on aura
le quotient exact.* 72312146 : 8369 donne 8640 pour quo-
tient, et 3986 pour reste ; le quotient exact est donc $8640 + \frac{3986}{8369}$.

Donc, 1°. si le numérateur et le dénominateur sont égaux, la
fraction vaut 1 ; ce qui est d'ailleurs visible de soi-même :
$\frac{11}{11} = \frac{12}{12} = 1$.

2°. Si le numérateur surpasse le dénominateur, la fraction est
plus grande que l'unité ; on l'appelle un *Nombre fractionnaire*,
le mot fraction s'appliquant plus ordinairement aux nombres
qui sont < 1. *On extrait les entiers contenus dans une fraction, en divisant le numérateur par le dénominateur :* $\frac{37}{5}$, ou 37
divisé par 5, est $= 7 + \frac{2}{5}$. Il est en effet évident que, notre
unité étant partagée en 5 parties, la fraction contient autant
d'unités qu'on prend de fois 5 parties, ou autant que 37 contient 5.

Réciproquement, *pour convertir les entiers en fractions, il faut les multiplier par le dénominateur* : pour réduire 7 en cinquièmes, on multipliera 7 par 5, et on aura $7 = \frac{35}{5}$; de même $8 + \frac{3}{7} = \frac{56}{7} + \frac{3}{7} = \frac{59}{7}$.

3°. Diviser un nombre par 2, 7, 9, 11...., c'est en prendre la moitié, le 7e, le 9e, le 11e...

4°. Prendre les $\frac{5}{7}$ d'un nombre, c'est le couper en 7 parts égales, et prendre cinq de ces parts. Il faudra donc diviser ce nombre par 7, et multiplier le quotient par 5 De ces deux opérations, on peut faire celle qu'on veut la première (p.21, 4°.).

Ainsi, les $\frac{5}{7}$ de 84 sont 5 fois $\dfrac{84}{7} = 5 \times 12 = 60$, ou $= \dfrac{5 \times 84}{7}$:

les $\frac{3}{11}$ de 40 valent $\dfrac{3 \times 40}{11} = \frac{120}{11} = 10\frac{10}{11}$.

·38. Lorsqu'on augmente le numérateur seul, la fraction croît, parce qu'on prend un plus grand nombre de mêmes parties de l'unité. Si l'on augmente le dénominateur sans changer le numérateur, la fraction diminue; car l'unité étant divisée en plus de parties, elles sont plus petites, et on en prend un même nombre. Ainsi on peut, dans certains cas, reconnaître de suite quelle est la plus grande de deux fractions : $\frac{5}{7} > \frac{4}{7}$, $\frac{3}{4} > \frac{3}{5}$, $\frac{4}{3} > \frac{3}{7}$.

Il est aisé de voir qu'en doublant les deux termes d'une fraction, sa valeur demeure la même; car si l'on double le dénominateur 7 de $\frac{5}{7}$, chacune des parties sera partagée en deux, puisque l'unité en contiendra 14 au lieu de 7. Pour avoir la même grandeur, il faudra donc prendre deux parties au lieu d'une, 4 au lieu de 2...., enfin 10 au lieu de 5; et $\frac{10}{14}$ sera $= \frac{5}{7}$. En triplant 7 et 5, on aurait de même $\frac{15}{21} = \frac{5}{7}$, etc. Donc *la valeur d'une fraction ne change pas lorsqu'on en multiplie, et par conséquent lorsqu'on en divise les deux termes par un même nombre* : $\frac{3}{4} = \frac{6}{8} = \frac{9}{12} = \frac{12}{16} = \frac{300}{400}$; $\frac{90}{120} = \frac{9}{12} = \frac{3}{4}$.

Nous conclurons de là que, 1°. pour amener les fractions $\frac{5}{7}$ et $\frac{3}{4}$ à être affectées d'un même dénominateur, multiplions les deux termes 5 et 7 de la première par 4, et les deux termes 3 et 4 de la seconde par 7, nous aurons $\dfrac{5 \times 4}{7 \times 4}$ et $\dfrac{3 \times 7}{4 \times 7}$ ou $\frac{20}{28}$ et $\frac{21}{28}$; il est clair que ce calcul, qui ne change pas la valeur des fractions, leur donne le même dénominateur $4 \times 7 = 7 \times 4$. Donc on *réduira deux fractions au même dénominateur, en multipliant les deux termes de chacune par le dénominateur de l'autre fraction.* Il est donc bien facile de distinguer quelle est la plus grande de deux fractions données; par exemple, $\frac{21}{28} > \frac{20}{28}$ équivaut à $\frac{3}{4} > \frac{5}{7}$.

Le même raisonnement prouve que, *si l'on a plus de deux fractions, en multipliant les deux termes de chacune par le produit des dénominateurs de toutes les autres, on les réduira au même dénominateur, qui sera le produit de tous ces dénominateurs.* Soient $\frac{2}{3}$, $\frac{5}{7}$ et $\frac{3}{4}$; on multipliera les deux termes de $\frac{2}{3}$ par $4 \times 7 = 28$, ceux de $\frac{5}{7}$ par $3 \times 4 = 12$, enfin ceux de $\frac{3}{4}$ par $3 \times 7 = 21$; il viendra $\frac{56}{84}$, $\frac{60}{84}$ et $\frac{63}{84}$; donc $\frac{3}{4} > \frac{5}{7} > \frac{2}{3}$.

La réduction au même numérateur se fait aussi facilement, et pourrait également servir à distinguer quelle est la plus grande de plusieurs fractions.

2°. On amène aisément toute fraction à recevoir pour dénominateur un nombre donné, qui est un multiple exact de son dénominateur actuel. Ainsi, $\frac{7}{12}$ peut prendre 60 pour dénominateur, car $60 = 5$ fois 12; et en multipliant les deux termes par 5 on a $\frac{7}{12} = \frac{35}{60}$.

Lorsque les dénominateurs ne sont pas premiers entre eux, la réduction au même dénominateur peut donc beaucoup se simplifier. Pour $\frac{1}{2}$ et $\frac{3}{4}$, on voit de suite qu'en multipliant par 2 les deux termes de $\frac{1}{2}$, on a $\frac{2}{4}$, qui a même dénominateur que $\frac{3}{4}$. De même $\frac{2}{3}$ et $\frac{5}{6}$, deviennent $\frac{4}{6}$ et $\frac{5}{6}$. Pour $\frac{7}{12}$ et $\frac{5}{8}$, on multipliera 7 et 12 par 2, puis 5 et 8, par 3, et il viendra $\frac{14}{24}$ et $\frac{15}{24}$. En général, on cherchera (n° 32) *le plus petit nombre divisible par tous les dénominateurs proposés, et on pourra faire servir ce nombre de dénominateur commun.* Par exemple, soient $\frac{1}{2}$ $\frac{2}{3}$ $\frac{3}{4}$ $\frac{1}{6}$ $\frac{3}{8}$ $\frac{5}{12}$

Après avoir trouvé que 24 est le plus petit nombre divisible par 2, 3, 4, 6, 8 et 12, on divisera 24 par ces divers nombres, et l'on aura pour quotiens....   12 8 6 4 3 2

Multipliant les deux termes de chaque fraction par le quotient qui lui correspond, on a............ $\frac{12}{24}$ $\frac{16}{24}$ $\frac{18}{24}$ $\frac{4}{24}$ $\frac{9}{24}$ $\frac{10}{24}$

La réduction au même dénominateur est ainsi faite sous la forme la moins composée.

3°. Toute fraction dont les deux termes contiennent le même facteur, prend une *expression plus simple* par la suppression de ce facteur, et elle conserve la même valeur. Si l'on amène la fraction à ne plus avoir de diviseur commun à ses deux termes, il sera désormais impossible de lui faire prendre une forme plus simple; car si 7 et 11 étant premiers entre eux, on admettait, par exemple, que $\frac{7}{11}$ peut être réduit à la valeur moins composée $\frac{3}{4}$, on aurait, en réduisant au même dénominateur $\frac{7\times4}{44} = \frac{3\times11}{44}$ ou $7\times4 = 3\times11$. Ce qui est absurde (n° 24, 5°), puisque 3×11 devrait être divisible par 7.

Ainsi, *pour réduire une fraction à une valeur égale plus simple et irréductible, il suffit de supprimer tous les facteurs communs à ses deux termes.*

Pour cela, on décompose ces nombres en leurs facteurs premiers (n° 25), et on ne laisse subsister que ceux qui ne sont pas communs. Il est plus simple de *chercher le plus grand commun diviseur des deux termes* (n° 28), *et de diviser ces termes par ce diviseur.* Ainsi, pour $\frac{799}{2961}$, on a trouvé (p. 36) que 47 est le plus grand commun diviseur de 799 et 2961 : divisant ces nombres par 47, on a $\frac{17}{63}$ pour la plus simple expression de $\frac{799}{2961}$. Nous avons même indiqué (n° 30) un procédé facile pour déduire les termes cherchés de la série des quotiens qui conduisent au commun diviseur. Voici le calcul pour les deux fractions $\frac{891}{3429}$ et $\frac{649}{1062}$, qu'on réduit à $\frac{33}{127}$ et $\frac{11}{18}$, les plus grands communs diviseurs étant 27 et 59. (*V.* n° 30.)

$$3429 \left\{ \frac{891}{3} \right. \left\{ \frac{756}{1} \right. \left\{ \frac{135}{5} \right. \left\{ \frac{81}{1} \right. \left\{ \frac{54}{1} \right. \left\{ \frac{27}{2} \right. \qquad 1062 \left\{ \frac{649}{1} \right. \left\{ \frac{413}{1} \right. \left\{ \frac{236}{1} \right. \left\{ \frac{177}{1} \right. \left\{ \frac{59}{3} \right.$$

$$127 \quad 33 \quad 28 \quad 5 \quad 3 \quad 2 \quad 1. \qquad 18 \quad 11 \quad 7 \quad 4 \quad 3 \quad 1$$

Une fraction peut se mettre sous une infinité de formes, et, sans changer de valeur, on peut l'exprimer par des nombres très différens; mais il est plus aisé de se faire une idée juste de sa grandeur, lorsqu'elle est mise sous la forme la plus simple

4°. *Lorsque deux fractions sont égales, la fraction qu'on forme avec la somme ou la différence des numérateurs et celle des dénominateurs, leur est encore égale.* En effet, $\frac{14}{22} = \frac{35}{55}$, car ces fractions équivalent à $\frac{7}{11}$; les numérateurs sont des multiples de 7, et les dénominateurs, les mêmes multiples de 11 : or, il est clair que $35 + 14$ est également un multiple de 7, et que $55 + 22$ est le même multiple de 11 ; donc $\frac{49}{77} = \frac{7}{11}$.

La soustraction réitérée, terme à terme, simplifie de plus en plus la fraction composée, qui, sans changer de valeur, finit par devenir l'expression la plus simple, si l'une est irréductible. En effet, tant que les termes de la première sont plus grands que ceux de la seconde, la soustraction est encore possible ; et lorsqu'enfin on ne peut plus soustraire, si le résultat était différent de la seconde fraction qu'on suppose irréductible, il s'ensuivrait que celle-ci pourrait avoir une expression égale, conçue en termes moindres, contre l'hypothèse. Donc, *de deux fractions égales, si l'une est irréductible, les termes de l'autre sont les mêmes multiples de ceux de la première* (*).

Addition, Soustraction, Multiplication et Division.

39. Rien n'est plus aisé que d'ajouter ou de soustraire des fractions qui ont même dénominateur ; on ajoute ou l'on retranche les numérateurs, et le dénominateur reste le même. $\frac{7}{12} + \frac{2}{12} = \frac{9}{12}$ ou $\frac{3}{4}$; $\frac{7}{12} - \frac{3}{12} = \frac{4}{12}$ ou $\frac{1}{3}$; $\frac{7}{12} + \frac{3}{12} + \frac{5}{12} - \frac{4}{12} = \frac{11}{12}$.

(*) Cherchons les nombres x et y, qu'on peut ajouter ou ôter aux deux termes d'une fraction $\frac{a}{b}$ sans en changer la valeur, ou $\frac{a}{b} = \frac{a \pm x}{b \pm y}$. En réduisant au même dénominateur, il vient $ay = bx$, et divisant par by, $\frac{a}{b} = \frac{x}{y}$: donc, *les nombres qu'on peut ajouter ou ôter aux deux termes d'une fraction, sans en changer la valeur, doivent former une fraction égale à la proposée.* On voit que x ne peut être $= y$ qu'autant que $a = b$; c'est-à-dire qu'on ne peut ajouter ou ôter le même nombre aux deux termes d'une fraction, que lorsqu'elle est $= 1$.

Si les dénominateurs ne sont pas les mêmes, on commencera à ramener les fractions à cet état (n°. 38, 1°. et 2°.). Ainsi

$$\frac{3}{4} + \frac{5}{7} \text{ ou } \frac{21}{28} + \frac{20}{28} = \frac{41}{28} = 1 + \frac{13}{28};$$

$$\frac{2}{3} + \frac{5}{7} + \frac{3}{4} \text{ valent } \frac{56}{84} + \frac{60}{84} + \frac{63}{84} \text{ ou } \frac{179}{84} = 2 + \frac{11}{84}.$$

Pour $\frac{1}{2} + \frac{2}{3} + \frac{3}{5} + \frac{7}{10} + \frac{7}{15} + \frac{5}{6} - \frac{3}{8} - \frac{1}{4} - \frac{5}{12}$, on trouvera 120 pour le plus simple dénominateur (n° 32) : les numérateurs deviendront $60 + 80 + 72 + 84 + 56 + 100 - 45 - 30 - 50$ ou 327 : ainsi le résultat cherché est $\frac{327}{120}$ ou $2 + \frac{29}{40}$.

Lorsque les fractions sont accompagnées d'entiers, on opère séparément sur les unes et sur les autres. Pour ajouter $3 + \frac{1}{2}$ avec $4 + \frac{3}{4}$, on prend $\frac{1}{2} + \frac{3}{4} = \frac{5}{4}$ ou $1 + \frac{1}{4}$; on pose $\frac{1}{4}$ et on retient 1, qui, ajouté avec 3 et 4, donne, pour la somme cherchée, $8 + \frac{1}{4}$.

De même pour ajouter $11 + \frac{3}{4}$, $4 + \frac{2}{3}$, $2 + \frac{5}{6}$, $\frac{7}{12}$ et $3 + \frac{1}{2}$, on trouve $\frac{40}{12}$ ou $3 + \frac{1}{3}$ pour somme des fractions; on pose $\frac{1}{3}$, et on prend $3 + 11 + 4 + 2 + 3 = 23$; donc la somme est $23 + \frac{1}{3}$.

Pour ôter $1 + \frac{1}{4}$ de $3 + \frac{1}{2}$, on ôte $\frac{1}{4}$ de $\frac{1}{2}$ et 1 de 3; on a pour reste $2 + \frac{1}{4}$. De $13 + \frac{1}{3}$ si l'on veut ôter $7 + \frac{3}{4}$, comme on ne peut ôter $\frac{3}{4}$ de $\frac{1}{2}$, on ajoute 1 à $\frac{1}{2}$, et on cherche $\frac{3}{2} - \frac{3}{4}$: on trouve $\frac{3}{4}$; puis on ajoute de même 1 au nombre 7 à soustraire (p. 12), et on dit $13 - 8 = 5$; ainsi $5 + \frac{3}{4}$ est la différence cherchée.

40. Multiplier $\frac{2}{5}$ par 3, c'est ajouter 3 fois $\frac{2}{5}$, ou $\frac{2}{5} + \frac{2}{5} + \frac{2}{5}$, ce qui se réduit à répéter 3 fois le numérateur 2; $\frac{2}{5} \times 3 = \frac{6}{5}$. *Pour multiplier une fraction par un entier, il faut multiplier le numérateur par l'entier*; on pourrait aussi *diviser le dénominateur*, s'il était un multiple de l'entier; car $\frac{3}{4} \times 2$ donne $\dfrac{3 \times 2}{4}$, et supprimant le facteur 2 commun aux deux termes, on a $\frac{3}{2}$; l'opération s'est réduite à diviser par 2 le dénominateur de $\frac{3}{4}$. On trouve de même $\frac{11}{18} \times 36 = \frac{11}{1} \times 2 = 22$; $\frac{19}{24} \times 12 = \frac{19}{2}$.

Réciproquement, *pour diviser une fraction par un entier il faut multiplier le dénominateur, ou diviser le numérateur par cet entier.* Car, si le numérateur est un multiple du diviseur, comme pour $\frac{15}{11}$: 5, le quotient est visiblement $\frac{3}{11}$; puisque, si l'on multiplie $\frac{3}{11}$ par le diviseur 5, on retrouve le dividende. Mais si le numérateur n'est pas un multiple du diviseur, comme pour $\frac{6}{7}$: 5, on peut aisément le rendre divisible par 5, en multipliant les deux termes par 5; on a $\dfrac{6 \times 5}{7 \times 5}$; la division par 5 donne donc $\frac{6}{35}$, calcul qui a consisté à multiplier le dénominateur 7 par 5.

41. Venons-en aux cas où le multiplicateur et le diviseur sont fractionnaires; prenons, par exemple, $3 \times \frac{2}{5}$. D'après la définition (n° 3) de la multiplication, on veut donc répéter le multiplicande 3 autant de fois qu'il y a d'unités dans le multiplicateur $\frac{2}{5}$; mais puisque ce dernier facteur n'est que les $\frac{2}{5}$ de l'unité, il est clair qu'on ne veut ici prendre que les $\frac{2}{5}$ de ce que donnerait 1 fois 3, savoir les $\frac{2}{5}$ de 3. Donc en général *multiplier par $\frac{2}{5}$, c'est prendre les $\frac{2}{5}$ du multiplicande* (*).

(*) On voit que le mot *multiplier* a deux acceptions, suivant que le multiplicateur est $>$ ou $<$ 1 : on répète le multiplicande plusieurs fois dans un cas, tandis que, dans l'autre cas, on n'en prend qu'une partie marquée par la fraction multiplicateur. Le produit contient le multiplicande autant de fois que le multiplicateur *contient* 1, quand ce facteur est entier; et le multiplicande contient le produit autant de fois que 1 contient le multiplicateur, quand celui-ci est $<$ 1. Par exemple, pour $12 = 3 \times 4$, il est clair que 12 contient 3 quatre fois, et que 4 contient 1 aussi quatre fois; et pour $\frac{6}{5} = 3 \times \frac{2}{5}$, le multiplicande 3 contient $\frac{6}{5}$ autant de fois que 1 contient $\frac{2}{5}$, car il est visible que c'est $\frac{5}{2}$ de fois, ou 2 fois et demie des deux côtés. Donc si l'on convient de donner au mot *composer* l'acception active et passive de *contenir* et *être contenu*, on pourra dire que *le produit est, dans tous les cas, composé avec le multiplicande, comme le multiplicateur l'est avec l'unité.* C'est ainsi que M. Lacroix expose les principes de la multiplication des fractions; on voit qu'il y suppose tacitement les deux acceptions du mot *multiplier*, en donnant au mot *composer* la double définition dont il vient d'être question.

Nous avons vu (n° 37, 4°.) que, pour prendre les $\frac{2}{5}$ de 3, il faut multiplier 2 par 3 et diviser par 5; $\frac{2}{5} \times 3 = \frac{6}{5} = 3 \times \frac{2}{5}$. De même multiplier $\frac{3}{4}$ par $\frac{5}{7}$, c'est prendre les $\frac{5}{7}$ de $\frac{3}{4}$; il faut donc former 7 parts dans la grandeur $\frac{3}{4}$, et en prendre 5, ou multiplier $\frac{3}{4}$ par 5 et diviser le résultat par 7 : la première de ces opérations donne $\frac{15}{4}$, et la seconde $\frac{15}{28}$.

Donc, 1°. *pour multiplier deux fractions, il faut multiplier terme à terme,* c'est-à-dire *diviser le produit des numérateurs par celui des dénominateurs.*

2°. Le produit est plus petit que le multiplicande, quand le multiplicateur est une fraction moindre que 1.

3°. On peut intervertir l'ordre des facteurs, comme dans la multiplication des nombres entiers (n° 11).

4°. Lorsqu'il y a des facteurs communs, il convient de les supprimer avant d'effectuer les multiplications; par exemple, pour avoir les $\frac{2}{3}$ des $\frac{3}{4}$ des $\frac{5}{6}$ des $\frac{4}{5}$ de l'unité, c'est ce qu'on nomme *une Fraction de fraction,* il faut effectuer le produit $\frac{2}{3} \times \frac{3}{4} \times \frac{5}{6} \times \frac{4}{5}$,

ou $\dfrac{2 \times 3 \times 5 \times 4}{3 \times 4 \times 6 \times 5} = \dfrac{2}{6} = \dfrac{1}{3}$ en supprimant les facteurs 3, 4 et 5.

5°. Le carré, le cube, et en général toute puissance d'une fraction se forme en élevant les deux termes à cette puissance : par exemple, le carré de $\frac{2}{3}$ est $\frac{2}{3} \times \frac{2}{3} = \frac{4}{9}$; le cube est $\frac{4}{9} \times \frac{2}{3} = \frac{8}{27}$, etc.; donc si *la fraction proposée est irréductible, la puissance l'est pareillement* (n° 24, 6°.).

6°. Pour multiplier 5348 par $\frac{13}{16}$, on pourrait multiplier 5348 par 13 et diviser le produit par 16; mais comme le multiplicande est un nombre assez fort, il est plus court de décomposer $\frac{13}{16}$ en *parties aliquotes,* c'est-à-dire en fractions qui, réduites, aient 1 au numérateur, savoir:

Mult^{de}..	5348
$\frac{1}{2}$.....	2674
$\frac{1}{4}$.....	1337
$\frac{1}{16}$.....	334 $\frac{1}{4}$
Produit..	4345 $\frac{1}{4}$

$$\frac{13}{16} = \frac{8}{16} + \frac{4}{16} + \frac{1}{16} = \frac{1}{2} + \frac{1}{4} + \frac{1}{16}.$$

On prendra donc d'abord la moitié de 5348, puis le quart,

qui est la moitié du résultat qu'on vient
de trouver, puis le seizième; (quart du
produit précédent).

On voit ci-contre le produit de 356
par $23\frac{5}{6}$; où l'on a décomposé $\frac{5}{6}$ en $\frac{3}{6}$ ou
$\frac{1}{2}$, et $\frac{2}{6}$ ou $\frac{1}{3}$.

$$
\begin{array}{r}
356 \\
23\frac{5}{6} \\
\hline
20\ldots\ 1068 \\
3\ldots\ 7120 \\
\frac{1}{2}\ldots\ 178 \\
\frac{1}{3}\ldots\ 118\frac{2}{3} \\
\hline
8484\frac{2}{3}
\end{array}
$$

Le quotient de $\frac{3}{4}$ divisé par $\frac{5}{7}$ est une
fraction qui, multipliée par $\frac{5}{7}$, pro-
duit $\frac{3}{4}$: il est visible qu'il suffit d'introduire dans $\frac{3}{4}$ les facteurs 5 et 7, l'un en bas, l'autre en haut ; car, lorsqu'on
voudra multiplier $\dfrac{3\times 7}{4\times 5}$ par $\frac{5}{7}$, après que les facteurs communs auront été supprimés, on retrouvera $\frac{3}{4}$. Donc, *pour diviser
par une fraction, on la renverse, et l'on multiplie.*

$$8 : \frac{3}{5} = 8\times\frac{5}{3} = \frac{40}{3} = 13\frac{1}{3}; \quad \frac{3}{4} : \frac{5}{11} = \frac{3}{4}\times\frac{11}{5} = \frac{33}{20}.$$

Le quotient est d'ailleurs plus grand que le dividende, quand
le diviseur est moindre que l'unité.

Si les fractions renferment des facteurs communs, il ne faut
pas attendre que la multiplication soit effectuée pour les sup-
primer. $\frac{2}{5} : \frac{4}{5}$ est la même chose que $2 : 4 = \frac{2}{4}$ ou $\frac{1}{2}$; $\frac{18}{19} : \frac{9}{38}$
$= \frac{2}{1} : \frac{1}{2} = 4$.

42. *Lorsqu'il y a des entiers joints aux fractions, on les
convertit en nombres fractionnaires* (n° 37, 2°.). Ainsi

$$3\frac{2}{9}\times 7\frac{1}{3} = \frac{29}{9}\times\frac{22}{3} = \frac{638}{27} = 23\frac{17}{27}$$
$$45\frac{3}{4}\times 17\frac{2}{3} = \frac{183}{4}\times\frac{53}{3} = \frac{9699}{12} = 808\frac{1}{4}$$
$$2\frac{1}{3} : 4\frac{3}{4} = \frac{7}{3} : \frac{19}{4} = \frac{7}{3}\times\frac{4}{19} = \frac{28}{57},$$

Observez qu'il est souvent plus court
d'exécuter séparément la multiplication
de chaque partie, et d'ajouter: Pour
$3\frac{1}{4}\times 8$, on multipliera par 8 d'abord $\frac{1}{4}$,
et ensuite 3 ; on aura $\frac{8}{4}$ ou 2, et 24; le
produit est donc 26. L'exemple ci-contre
montre le développement du calcul de
$45\frac{3}{4}\times 17\frac{2}{3}$: on multiplie 45 par 17, $\frac{3}{4}$ par

$$
\begin{array}{r}
45\ \frac{3}{4} \\
17\ \frac{2}{3} \\
\hline
315. \\
45 \\
\frac{2}{3}\times\frac{3}{4}\ldots\ \frac{1}{2} \\
45\times\frac{2}{3}\ldots 30 \\
17\times\frac{3}{4}\ldots 12\frac{3}{4} \\
\hline
808.\frac{1}{4}
\end{array}
$$

$\frac{2}{3}$, 45 par $\frac{2}{3}$, et 17 par $\frac{3}{4}$: la somme de ces résultats est 808 $\frac{1}{4}$, produit cherché.

Dans la division, on peut chasser le dénominateur du diviseur, en multipliant les deux quantités proposées par ce même dénominateur, ce qui n'altère pas le quotient (n° 15, 1°). Pour diviser 2 $\frac{1}{3}$ par 3 $\frac{5}{6}$, je multiplie ces deux nombres par 6; j'ai 14 à diviser par 23 ou $\frac{14}{23}$. De même, 125 $\frac{1}{3}$: 18 $\frac{3}{4}$ = 501 $\frac{1}{3}$: 75 = $\frac{501}{75}$ + $\frac{1}{225}$ = 6 + $\frac{154}{225}$; 1 : 2 $\frac{1}{3}$ = 3 : 7 = $\frac{3}{7}$.

Des Fractions décimales.

43. L'embarras qu'entraînent, dans les calculs, les deux termes des fractions, a inspiré l'idée de fixer d'avance le dénominateur et de le sous-entendre, ce qui donne lieu à deux sortes de dispositions, les fractions décimales et les nombres complexes; mais les unes et les autres sont assujetties aux règles données précédemment, qui seulement deviennent plus simples. Occupons-nous d'abord des fractions décimales.

On a vu (n° 6) qu'un chiffre vaut dix fois moins que s'il occupait la place qui est à sa gauche; si l'on continue la même convention à la droite des unités dont le rang sera marqué par une virgule, on verra que le premier chiffre après les unités représentera des dixièmes, le deuxième des centièmes, le troisième des millièmes, etc... 3,3 désignera 3 entiers et $\frac{3}{10}$; 42,05 vaudra 42 et $\frac{5}{100}$; 0,403 = $\frac{4}{10}$ + $\frac{3}{1000}$ = $\frac{403}{1000}$.

Ainsi la partie qui suit la virgule est le numérateur, et il est inutile d'écrire le dénominateur, qui est toujours 1 suivi d'autant de zéros qu'il y a de chiffres après la virgule. Il est donc bien facile de lire une fraction décimale écrite, ou réciproquement d'écrire une fraction décimale proposée, puisque l'énoncé même est le numérateur ou la partie qui suit la virgule, et que le dénominateur est marqué par le rang de la dernière décimale, qui indique combien on doit écrire de zéros à la droite de 1. Par exemple, 8,700201 = 8 et 700201 millionièmes; parce que 1 étant au sixième rang, le dénominateur est 1000000 : de même 354,0063 = 354 + 63 dix-millièmes. Réciproquement

3 dix-millièmes s'écrit 0,0003, parce que dix mille porte 4 zéros, et que la dernière décimale doit être au quatrième rang.

Mille entiers et 4 centièmes = 1000,04.
13 mille cent-millionièmes = 0,00013000.

44. On remarquera que, 1°. en déplaçant la virgule, suivant qu'elle recule vers la droite ou vers la gauche, le nombre est multiplié ou divisé par 10 pour un rang, par 100 pour deux rangs, par 1000 pour trois rangs, etc., parce que chaque chiffre a pris une place qui lui donne une valeur multipliée ou divisée par 10, 100, 1000 ; ainsi 342,53 est 10 fois 34,253 ; 100 fois 3,4253 ; 1000 fois 0,34253.

2°. *On peut, sans changer la valeur d'une fraction décimale, mettre ou ôter un ou plusieurs zéros à sa droite ;* car on multiplie alors les deux termes de la fraction par 10, 100, 1000... 0,3 + 030 = 0,300... revient à $\frac{3}{10} = \frac{30}{100} = \frac{300}{1000}$....

3°. Deux fractions décimales, formées d'autant de chiffres, ont même dénominateur. Pour réduire au même dénominateur, il suffit de rendre égal le nombre des chiffres des fractions décimales, en ajoutant des zéros à la droite de l'une d'elles.

4°. Pour distinguer la plus grande de deux fractions décimales, ce n'est pas le nombre de chiffres qu'il faut consulter, mais la grandeur des chiffres, à partir de la virgule. 0,4 < 0,51, 0,7 > 0,54321, parce que 7 > 5 ; 0,004 > 0,00078 ; 0,09 < 0,1 ; 0,687 > 0,6839.

45. Voyons maintenant ce que deviennent les règles de l'addition, la soustraction...., lorsqu'il s'agit de fractions décimales.

Pour ajouter ou soustraire, complétez les nombres de décimales en ajoutant des zéros à la droite (n° 44, 3°.) ; puis faites le calcul à l'ordinaire, comme s'il n'y avait pas de virgule, sauf à la placer au même rang dans le résultat. Observez qu'à proprement parler, les zéros qu'on ajoute sont inutiles, et qu'il suffit de donner à chaque chiffre la place qui convient, eu égard à son rang compté de la virgule.

$$
\begin{array}{r}
3,02 \\
2,70 \\
8,00 \\
4,69 \\
\hline
18,41
\end{array}
\qquad
\begin{array}{r}
4852,791 \\
4,00745 \\
2,7 \\
0,049 \\
\hline
4859,54745
\end{array}
$$

Voici quelques exemples de soustraction.

$$
\begin{array}{cccc}
57,02 & 4,8274 & 6,00435 & 3,842 \\
48,1 & 2,0139 & 0,17 & 1,004554 \\
\hline
8,92 & 2,8135 & 5,83435 & 2,837446
\end{array}
$$

46. Pour multiplier les deux quantités 43,7 et 3,91, observons qu'elles équivalent à $\frac{437}{10}$ et $\frac{391}{100}$. Le produit des numéra‑ teurs (n° 41) doit être divisé par celui des dénominateurs, ou $\frac{437 \times 391}{1000} = \frac{170867}{1000} = 170,867$. Donc, *pour obtenir le pro‑ duit de deux nombres décimaux, il faut multiplier sans avoir égard à la virgule, et séparer, à droite du produit, autant de chiffres décimaux qu'il y en a dans les deux facteurs*.

Voici divers autres exemples de multiplication :

$$
\begin{array}{cccc}
2,4542 & 3,7 & 21,32 & 0,04 \\
0,0053 & 4,12 & 0,100103 & 0,007 \\
\hline
73626 & 74 & 6396 & 0,00028 \\
122710 & 37 & 2132 & \\
\hline
0,01300726 & 14,8 & 2132 & \\
 & 15,244 & 2,13419596 &
\end{array}
$$

On pourrait exécuter la multiplication en commençant par le chiffre de l'ordre le plus élevé ; alors chacun des produits partiels devrait être avancé d'un rang vers la droite ; la première ligne serait celle qu'on a coutume d'écrire la dernière ; l'avant-dernière deviendrait la deuxième, etc. C'est ce qu'on peut remarquer dans l'opération ci-contre ; on a même cet avantage, qu'on trouve d'abord les chiffres de plus haute valeur et leur ordre, ce qui suffit quelquefois. Par exemple, le premier produit ayant donné 7 chiffres, et les quatre autres multiplicateurs partiels exigeant qu'on recule les produits de quatre rangs, il y aura en tout 7 + 4 chiffres au produit. Le nombre 28 qui commence la première ligne est donc suivi de 9 chiffres, ou 28 suivi de 9 zéros. (*Voy.* p. 19.)

$$
\begin{array}{l}
934525 \\
34276 \\
\hline
3\ldots 2803575 \\
4\ldots 3738100 \\
2\ldots 1869650 \\
7\ldots 6541675 \\
6\ldots 5607150 \\
\hline
32031778900
\end{array}
$$

On peut donc arrêter chaque multiplication à tel rang qu'on
veut, et par conséquent obtenir au produit tant de chiffres
qu'on juge à propos. Par exemple, pour obtenir le produit
15,73432 × 322,1179, je déplace les virgules et je fais en
sorte que dans l'un des nombres, il n'y ait qu'un seul chiffre
entier : le produit sera donc = 1573,432 × 3,221179, puisque
j'aurai déplacé la virgule d'autant de rangs vers la droite dans
l'un, que vers la gauche dans l'autre. Je fais d'abord la multiplication par l'entier 3, et la place de

la virgule se conserve visiblement la
même que dans le multiplicande. Supposons qu'on veuille quatre décimales au
produit. Je multiplie par le 2 des dixièmes, et je recule d'un rang à droite, ce
qui me donne 314,6864. La multiplication par le 2 des centièmes, ne doit
commencer qu'au deuxième chiffre (3)

$$
\begin{array}{r}
1573,432 \\
3,221179 \\
\hline
4720,296 \quad \ldots\ldots 3 \\
314,6864 \quad \ldots\ldots 2 \\
31,4686 \quad \ldots\ldots 2 \\
1,5734 \quad \ldots\ldots 1 \\
1573 \quad \ldots\ldots 1 \\
1101 \quad \ldots\ldots 7 \\
141 \quad \ldots\ldots 9 \\
\hline
5068,3059
\end{array}
$$

du multiplicande, dont on supprime le dernier chiffre 2 à
droite, en le marquant d'un point. On voit en effet que si l'on
voulait conserver le produit en totalité, il faudrait encore le
reculer d'un rang à droite, et que le produit 4 se trouvant dans la
colonne des cinquièmes décimales, devrait ensuite être négligé. Le
facteur 1 des millièmes exige qu'on supprime un second chiffre
du multiplicande, on n'a donc pas égard au 3, et le multiplicande est 15734 : pour le 1 suivant, il est de même 1573. Le
facteur 7 donne 1101; le 9, 141.

Pour plus d'exactitude, il est convenable d'ajouter au produit du premier chiffre les dixaines contenues dans le produit
du chiffre négligé à droite. Par exemple, pour le facteur 7, le
multiplicande est réduit à 157; mais à 7 × 7 on doit ajouter 2,
provenant du produit supprimé de 7 par 3. De même 9 × 15
est accru de 6, qui est la retenue du produit 9 × 7. Dans notre
exemple, le produit demandé est 5068,306, ainsi qu'on peut s'en
assurer en exécutant la multiplication en totalité, et réduisant
le résultat aux seuls millièmes.

Voici un autre exemple où l'on a multiplié deux nombres de

sept chiffres décimaux, et où l'on n'a voulu conserver que sept décimales au produit.

```
        17,3243527
         3,5428319
        51,9730581  produit par 3
         8,6621764 ......... 5 augmenté de 4
          6929741 ......... 4 .......... 1
           346487 ......... 2 .......... 1
           138594 ......... 8 .......... 2
             5197 ......... 3 .......... 1
              173 ......... 1 .......... 0
              156 ......... 9 .......... 3
        ─────────
        61,3772693  produit 61,377269
```

Lorsque les facteurs ne sont qu'approchés, cette règle est surtout utile; car le procédé général aurait l'inconvénient d'allonger le calcul pour donner au produit plus de chiffres qu'il ne faut, attendu qu'on n'y doit conserver au plus que des parties décimales de même ordre que dans les deux facteurs (*).

────────────────

(*) Lorsqu'on multiplie entre eux deux nombres approchés, le produit n'est lui-même qu'approché, et il importe de connaître jusqu'à quel point cette approximation est portée, pour juger du nombre de décimales exactes du produit, et ne pas faire des calculs superflus, en cherchant des chiffres décimaux qu'on doit nécessairement négliger ensuite pour être conséquent avec les principes admis dans les données.

Soient a et b deux facteurs entiers approchés à moins de $\pm\frac{1}{2}$ (car si le chiffre des dixièmes est > 5, on le rejette en ajoutant 1 au chiffre des unités): le produit exact est compris entre

$$ab \text{ et } \left(a\pm\frac{1}{2}\right)\left(b\pm\frac{1}{2}\right) = ab \pm\frac{1}{2}a \pm\frac{1}{2}b \pm\frac{1}{4}.$$

L'erreur, comme on voit, peut s'élever jusqu'à $\frac{1}{2}(a \pm b)$. Ainsi quand on multiplie l'un par l'autre deux facteurs approchés, l'erreur est moindre lorsque l'un est pris par excès et l'autre par défaut, que lorsqu'ils sont tous deux trop grands ou trop petits. Il convient de se ménager, lorsqu'on le peut, cette sorte de compensation : sans cela, l'erreur peut aller jusqu'à $\frac{1}{2}(a+b)$,

c'est-à-dire *la demi-somme, ou la moyenne des deux facteurs*. Cette moyenne a autant de chiffres que le plus grand des facteurs, ou autant —1, en les

La dernière décimale qu'on obtient par ce procédé est un peu fautive, à cause de la retenue qui provient des colonnes négligées. On remédie à cet inconvénient en calculant une figure décimale, outre celles qu'on veut conserver, sauf à la négliger ensuite.

47. Pour diviser des quantités accompagnées de chiffres décimaux, on en complète le nombre par des zéros pour qu'elles en aient autant l'une que l'autre, et l'on supprime la virgule; par là le quotient reste le même, puisque le dividende et le diviseur sont multipliés par la même puissance de 10 (n° 15, 1°.). Soit 8,447 à diviser par 3,22; j'écris 3,220, et j'ai 8447 à diviser par 3220, le quotient est 2, et le reste 2007. Ainsi,

$$\frac{8,447}{3,22} = 2 + \frac{2007}{3220}; \text{ de même}$$

$$\frac{49,1}{20,074} = \frac{49,100}{20,074} \text{ ou } \frac{49100}{20074} = 2 + \frac{8952}{20074}.$$

Cette règle se simplifie (*) lorsque le diviseur n'a pas de fractions,

---

considérant toujours comme entiers; tel est le nombre des chiffres douteux vers la droite du produit complet, et qu'il est inutile de chercher. Ceci s'applique aux fractions décimales, puisque, dans la multiplication, on fait abstraction de la virgule. Dans l'exemple ci-dessus, la demi-somme des facteurs a 9 chiffres, et le produit complet 14 décimales; il n'y a donc que les 5 premières décimales dont on soit sûr : on n'en doit chercher que 6 (ou 7 au plus), et en négliger ensuite une. Le produit est 61,37726.

(*) La division éprouve une simplification analogue à celle de la multiplication : par exemple, 320,31768 à diviser par 93,4525, si l'on ne veut que 4 chiffres décimaux, après avoir trouvé les deux premiers chiffres 3,4 à l'ordinaire, on supprimera le dernier chiffre 5 du diviseur; de là le

$$
\begin{array}{l}
3203176,8 \\
399601\ 8 \\
25791\ 8 \\
7101\ 3 \\
559\ 7
\end{array}
\left\{
\begin{array}{l}
934525 \\
\hline
3,4276
\end{array}
\right.
$$

quotient partiel 2, et l'on aura à multiplier 93452 par 2, et à soustraire de 257918; il restera 71013. On supprimera de nouveau un chiffre au diviseur, et l'on aura le quotient 7 et le reste 5597, etc. On aura soin, chaque fois qu'on négligera un chiffre, d'accroître le produit suivant des dixaines que donnerait ce même chiffre. Du reste, les derniers chiffres du quotient sont défectueux. Tout cela s'explique facilement.

car on peut diviser à part les entiers; $\dfrac{6,9345}{3} = 2,3115$. S'il y a plus de décimales dans le dividende que dans le diviseur, on est ramené à ce dernier cas, en déplaçant la virgule d'autant de rangs des deux parts, de manière que le diviseur devienne un nombre entier; $8447 : 3,22 = 844,7 : 322 = 2 + \dfrac{2007}{3220}$.

Des Approximations et des Périodes.

48. L'erreur que l'on commet, en négligeant le dernier chiffre d'une fraction décimale, est d'autant moindre que cette fraction a plus de figures. Ainsi, lorsqu'on prend 0,4, au lieu de 0,43, on fait une erreur de 3 centièmes; elle n'est que de 3 millièmes quand on pose 0,04, au lieu de 0,043. Lorsqu'on se contente de deux ou trois décimales, et qu'on néglige les autres, c'est qu'on suppose qu'il n'en résulte que des erreurs trop petites pour mériter qu'on y ait égard; il est rare qu'on emploie plus de six ou sept figures décimales.

Le résultat d'un calcul étant 4,837123, on peut prendre 4,8 ou 4,83, ou 4,837.... pour valeur de cette quantité; et comme elle est $> 4,8$ et $< 4,9$, on voit que ces deux expressions sont approchées à moins de $\frac{1}{10}$, l'une par défaut, l'autre par excès. De même 4,83 et 4,84 le sont à moins de $\frac{1}{100}$, et même on préférera 4,84, attendu que le chiffre suivant est 7, et que 4,84 approche plus que 4,83. En général, *si le premier des chiffres qu'on supprime est 5 ou plus, on doit augmenter d'une unité le dernier chiffre conservé.*

49. Il arrive souvent que le résultat d'un calcul est une fraction irréductible compliquée; on se contente alors d'une approximation dont le degré dépend de la nature de la question. Ainsi, au lieu de $\frac{427}{681}$, supposons qu'on demande une autre fraction plus simple, et qui en diffère de moins de $\frac{1}{8}$. Il est clair que si l'on connaissait deux fractions, telles que $\frac{5}{8}$ et $\frac{6}{8}$, dont le dénominateur fût 8, et dont les numérateurs ne différassent que de 1, elles rempliraient l'une et l'autre la condition exigée,

si $\frac{427}{681}$ était compris entre elles; il s'agit de trouver ces numérateurs 5 et 6. Multipliant ces trois fractions par 8, celles qu'on
cherche seront réduites à leurs numérateurs inconnus dont 1
est la différence, et la proposée, qui devient $8 \times \frac{427}{681}$ ou $\frac{3416}{681}$,
sera encore comprise entre ces numérateurs : mais, en extrayant
les entiers, on trouve que $\frac{3416}{681}$ est entre 5 et 6; ce sont donc les
numérateurs demandés. En effet, on vérifie aisément que $\frac{5}{8}$ ne
diffère de $\frac{427}{681}$ que de $\frac{11}{5448}$, bien moindre que $\frac{1}{8}$. De là cette
règle (*) :

*Multipliez la fraction proposée par le dénominateur donné;
l'entier approché du produit (par excès ou par défaut) est le
numérateur demandé.* Pour approcher de $\frac{34}{57}$ à moins de $\frac{1}{11}$, on
multiplie par 11, et on a $\frac{374}{57} = 6$ ou 7 en nombre entier; donc
$\frac{6}{11}$ et $\frac{7}{11}$ sont les fractions cherchées. Pour approcher de $\frac{34}{7}$ à
moins de $\frac{1}{3}$, on a $\frac{34}{7} = 4\frac{6}{7}$; or $\frac{6}{7}$ à moins de $\frac{1}{3}$ est entre $\frac{2}{3}$ et 1;
donc $4\frac{2}{3}$ et 5 sont les nombres demandés.

Appliquons cette règle aux fractions décimales. Proposons-
nous d'approcher de $\frac{4}{7}$ à moins de 0,1; et multiplions $\frac{4}{7}$ par 10,
il viendra $\frac{40}{7}$, qui est entre 5 et 6; donc 0,5 et 0,6 sont les fractions demandées. Pour approcher à moins de 0,01, il faut multiplier par 100, et on a $\frac{400}{7}$, entre 57 et 58; donc, 0,57 et 0,58
ne diffèrent pas de 0,01 de $\frac{4}{7}$. En général, *divisez le numérateur
par le dénominateur, et ajoutez au reste de chaque division un
zéro, jusqu'à ce que vous ayez obtenu au quotient un chiffre de
l'ordre de l'approximation demandée.*

Ainsi $\frac{25}{7}$, soumis à cette méthode d'approximation, donne 3,5
ou 3,57, ou 3,571, ou 3,5714...., suivant qu'on veut que la
valeur soit approchée à moins de $\frac{1}{10}$, $\frac{1}{100}$, $\frac{1}{1000}$.... De même

---

(*) Pour approcher d'une fraction $\frac{a}{b}$, à moins de $\frac{1}{q}$; il faut déterminer x
par la condition que $\frac{x}{q} < \frac{a}{b} < \frac{x+1}{q}$; multipliant tout par q, il faut que
$x < \frac{aq}{b} < x + 1$; c'est-à-dire que les numérateurs inconnus de nos fractions
sont les quotiens entiers x et $x+1$, par défaut et par excès, de aq divisé par b.

$\frac{147475}{362}$, après avoir donné le quotient entier 407, en continuant la division à l'aide d'un zéro placé après chaque reste, donne 407,389....

50. Lorsqu'après avoir ajouté un nombre suffisant de zéros, la division amène le reste zéro, la fraction est exprimée exactement en décimales. On a exactement $\frac{1}{2} = 0,5$, $\frac{3}{4} = 0,75$, $\frac{5}{8} = 0,625$, $\frac{13}{20} = 0,65$. Il est aisé de prévoir dans quel cas cela arrivera; car la division ne pouvant s'effectuer qu'après avoir multiplié le numérateur par 10, 100, 1000..... il faut, si la fraction est irréductible, que cette puissance de 10 soit divisible par le dénominateur (n° 24, 4°.), ce qui suppose qu'il n'a d'autres diviseurs premiers que 2 et 5. Donc, *pour qu'une fraction irréductible puisse être convertie exactement en décimales, il est nécessaire et il suffit que le dénominateur ne contienne que des puissances de 2 et de 5, quel que soit d'ailleurs le numérateur :* le nombre de figures décimales est égal à la plus haute puissance de 2 et de 5. Si ce dénominateur est $2^3 \times 5^2$ ou 200, il y a 3 figures; par exemple, $\frac{147}{200} = 0,735$. Et observez que si l'on multiplie $\frac{147}{200}$ par 1000 ou $2^3 \times 5^3$, en supprimant les facteurs $2^3 \times 5^2 = 200$, on a $147 \times 5 = 735$, qui est le numérateur de la fraction décimale (*). Tout ceci est conforme à ce qu'on a vu (n° 38, 3°.).

51. Dans tout autre cas, une fraction ne peut être exprimée en décimales que par approximation; mais, comme les restes des divisions successives sont nécessairement moindres que le diviseur, et que le nombre de ces restes est indéfini, on ne tarde pas à retrouver l'un d'entre eux. On a alors une seconde fois le même dividende, qui conduit au quotient et au reste subséquent qu'on a obtenus alors, et ainsi de suite. On retrouve donc au quotient *périodiquement* les mêmes chiffres dans le même ordre;

(*) La forme générale des fractions réductibles exactement en décimales est $\frac{a}{2^m \times 5^n}$, le nombre des figures est le plus grand des deux exposans m et n; et si l'un surpasse l'autre de k, la partie décimale est $a \times 5^k$, ou $a \times 2^k$, selon que m est $>$ ou $< n$; si $m = n$, la partie décimale est a.

et puisque cette période s'établit lorsqu'on retrouve le même reste, et que ces restes sont moindres que le dénominateur, la quotité de restes différens qu'on peut trouver, est au plus ce diviseur moins un; donc *la période est composée de moins de chiffres que le dénominateur n'a d'unités*. Nous indiquerons à l'avenir la période, en la plaçant entre deux parenthèses.

Par exemple, $\frac{2}{3} = 0,666\ldots = 0,(6)$; $\frac{3}{11} = 0,27\ 27\ 27\ldots = 0,(27)$; $\frac{38}{111} = 0,(342)\ldots$ $\frac{4}{7} = 0,(571428)\ldots$ $\frac{5}{6} = 0,83333\ldots = 0,8(3)$; $\frac{7}{12} = 0,58(3)\ldots$: la période est tantôt de 1, tantôt de 2, de 3... chiffres; là elle commence dès la virgule; ici elle ne prend qu'un, deux.... rangs au-delà.

52. *Si le dénominateur n'a ni 2, ni 5 pour facteur, la période commencera dès la virgule*. Car supposons que pour $\frac{1}{7}$ on ait trouvé le même reste après 12 et 18 divisions, c'est-à-dire que 10^{12} et 10^{18} divisés par 7 aient donné le même reste, leur différence $10^{18} - 10^{12}$ sera donc (n° 16) un multiple de 7; et comme cette différence a 10^{12} pour facteur, en le supprimant (n° 24, 4°.), on voit que $10^6 - 1$ est multiple de 7, ou que 10^6 divisé par 7 donne 1 pour reste, c'est-à-dire que le reste 1, qu'on avait trouvé à la première division, revient après la 6e. Pour $\frac{5}{7}$ qui $= 5 \times \frac{1}{7}$, la sixième division reproduirait pour reste 5, c'est-à-dire aussi le même dividende qu'à la première division (*voy.* n° 34). Donc, etc. (*).

Supposons qu'une fraction, telle que $\frac{5}{7} = 0,(714285)$, ait à sa période le plus grand nombre possible de chiffres, c'est-à-dire autant qu'il y a d'unités dans son dénominateur moins 1. On a

---

(*) Pour réduire une fraction $\frac{a}{b}$ en décimales, il faut ajouter un zéro près de chaque reste : admettons que $10D$ et $10D'$ soient deux dividendes partiels conduisant au même reste r; les quotiens étant q et q', on a

$$10D = bq + r, \quad 10D' = bq' + r,$$

d'où retranchant, $\qquad 10(D - D') = b(q - q').$

Or, si b n'a pour facteur ni 2 ni 5, 10 et b sont premiers entre eux; $q - q'$ est < 10, puisque chaque quotient partiel n'a qu'un chiffre; le second membre

dû obtenir dans les divisions successives tous les restes 1, 2, 3.... jusqu'à 6; mais dans un autre ordre : si donc on veut réduire $\frac{3}{7}$ en décimales; il est inutile de recommencer le calcul, il suffit de le reprendre à l'endroit où l'on a obtenu le reste 3, et de faire commencer la période au terme qu'on a déduit de $\frac{30}{7}$, qui est 4; on a de suite $\frac{3}{7} = 0,(428571)$. On voit qu'on a seulement rejeté à la fin les deux premiers chiffres 71 de la première période. De même $\frac{1}{19} = 0,(052631578947368421)$, et pour $\frac{12}{19}$ on rejettera les trois premiers chiffres 052 à la fin, et l'on aura $(631\ldots21052)$; c'est ce qui se voit aisément, en commençant le calcul pour $\frac{12}{19}$, puisqu'on trouve que les premiers chiffres sont 63...

On peut faire la même chose, lorsque la fraction proposée n'a pas autant de chiffres que d'unités dans le dénominateur moins 1, pourvu que le numérateur de la deuxième fraction soit un des restes obtenus pour la première. Ainsi $\frac{1}{27} = 0,(037)$; pour $\frac{10}{27}$ on a $0,(370)$; pour $\frac{19}{27}$ on a $0,(703)$; parce que 10 est le premier reste, et 19 le deuxième dans la division de 1 par 27. Pour $\frac{2}{27}$, il suffit de doubler les quotiens et les restes : ainsi, $\frac{2}{27} = 0,(074)$, $\frac{20}{27} = 0,(740)$, $\frac{38}{27}$ ou plutôt $\frac{11}{27} = 0,(407)$. On obtient de même, en multipliant par 5, $\frac{5}{27} = 0,(185)$, $\frac{23}{27} = 0,(851)$, $\frac{14}{27} = 0,(518)$.

Voici diverses périodes dans le cas où le numérateur est 1; on y a inscrit, pour chaque chiffre de la période, le reste qui l'a donné, afin d'en pouvoir tirer les périodes, quand le numérateur n'est pas 1.

---

ne peut donc être un multiple de 10, ce qui démontre que cette équation ne peut subsister que par $q - q' = 0$; d'où $D'' = D'$: c'est-à-dire que le même r ne se reproduit qu'autant que le dividende partiel est lui-même revenu, et que q fait partie de la période, puisqu'elle s'annonce au retour de l'un des restes déjà obtenus. Et comme le reste D doit aussi provenir d'un dividende qui a déjà été employé, il s'ensuit qu'il faut remonter au premier dividende a, pour trouver l'origine de la période, laquelle commence par conséquent dès la virgule.

$\frac{1}{3} = 0,(3), \qquad \frac{1}{7} = 0,(1\ 4\ 2\ 8\ 5\ 7). \qquad \frac{1}{11} = 0,(0\ 9)$

Reste.... 1 $\qquad\qquad$ 1 3 2 6 4 5 $\qquad\qquad$ 1 10

$\frac{1}{13} = 0,(0\ 7\ 6\ 9\ 2\ 3),$

Restes.... 1 10 9 12 3 4

$\frac{1}{17} = 0,(0\ 5\ 8\ 8\ 2\ 3\ 5\ 2\ 9\ 4\ 1\ 1\ 7\ 6\ 4\ 7).$

Restes.... 1 10 15 14 4 6 9 5 16 7 2 3 13 11 8 12.

$\frac{1}{37} = 0,(0\ 2\ 7)$ $\qquad$ $\frac{1}{41} = 0,(0\ 2\ 4\ 3\ 9),$ etc.

Restes.... 1 10 26 $\qquad\qquad$ 1 10 18 16 37.

53. Il est facile de remonter d'une fraction décimale à sa gé-nératrice. 1°. Si cette fraction est finie, comme 0,75, on l'écrira sous la forme $\frac{75}{100}$, qu'il s'agira ensuite de réduire (n° 38, 3°.) à la plus simple expression $\frac{3}{4}$.

2°. Si la fraction décimale n'est qu'approchée, et qu'on n'en connaisse pas la période en totalité ; le problème admet une in-finité de solutions. C'est ainsi que 0,75 0,756 0,755 0,7512, etc., répondent aux fractions $\frac{3}{4}$, $\frac{189}{250}$, $\frac{151}{200}$, etc., qui, réduites en dé-cimales, ont 0,75 pour premiers chiffres.

3°. Mais si la période est connue, et qu'elle commence dès la virgule, comme pour 0,666..... 0,2727... etc....; on ob-servera que $\frac{1}{9}$, $\frac{1}{99}$, $\frac{1}{999}$...., réduites en décimales, donnent 0,(1), 0,(01), 0,(001).... On peut donc, par exemple, regar-der 0,(27) comme le produit par 27 de 0,(01) ou $\frac{1}{99}$; ainsi 0,(27) $= \frac{27}{99}$ ou $\frac{3}{11}$. De même, 0,(6) est le produit par 6 de 0,(1) ou $\frac{1}{9}$; ainsi 0,(6) $= \frac{6}{9}$ ou $\frac{2}{3}$. Donc, *pour remonter d'une fraction décimale périodique à la fraction génératrice, il faut diviser la période par le nombre formé d'autant de 9 successifs que la période a de chiffres.*

On trouvera ainsi que 0,(342) $= \frac{342}{999} = \frac{38}{111}$; 0,(571428) $= \frac{571428}{999999} = \frac{4}{7}$; 0, (036) $= \frac{36}{999} = \frac{4}{111}$.

4°. Si la période ne commence pas dès la virgule, on peut dé-composer cette fraction décimale en deux autres dont elle soit la somme ou la différence, la période prenant à la virgule. Ainsi, 0,5333 $= 0,333....+0,2$, ou $\frac{3}{9} + \frac{2}{10} = \frac{1}{3} + \frac{1}{5} = \frac{8}{15}$. De même 0,5888 revient à 0,(8) $- 0,3 = \frac{8}{9} - \frac{3}{10} = \frac{53}{90}$.

5..

Observez que toute fraction décimale, comprise dans le cas présent, est la somme ou la différence de deux fractions, dont l'une a pour dénominateur 9999...., l'autre une puissance de 10, ou de 2 et 5. D'où il résulte que *toute fraction qui a pour facteur de son dénominateur une puissance de 2 ou de 5, conduit à une période décimale qui ne commence qu'à un rang au-delà de la virgule, marqué par la plus haute puissance de 2 ou de 5.* Il est bien entendu que le dénominateur peut bien, après la réduction à une plus simple expression, ne pas être le produit du nombre 999.... par une puissance de 10 (*).

Des Nombres concrets et complexes.

54. Jusqu'ici les nombres que nous avons introduits dans nos calculs sont *abstraits*, c'est-à-dire que l'unité n'a pas été définie. Mais ces nombres ne peuvent faire acquérir la notion de la grandeur des objets, que quand l'unité est connue. Par le nombre 24, on marque bien que la grandeur à mesurer est formée de 24 fois l'unité : mais lorsqu'on dit, par exemple, que le jour est composé de 24 *heures,* on énonce, 1°. que l'unité de temps est la durée d'*une heure;* 2°. que 24 de ces unités durent autant qu'*un jour.* Ces sortes de nombres, composés d'une unité particulière, qu'on répète autant de fois que l'indique une quantité abstraite, sont ce qu'on nomme des *Nombres concrets :* ce sont de véritables produits, dont le multiplicande est l'unité, et le multiplicateur un nombre abstrait : l'énoncé 24 *francs* revient à 24 fois *un franc.*

Nous devons, avant tout, faire connaître les dénominations qui servent à désigner les diverses unités.

(*) On remarque que lorsque le diviseur est un nombre premier, si la période n'a pas autant de chiffres que ce nombre a d'unités moins 1, du moins elle en a une quotité, qui est facteur (*partie aliquote*) de cette différence Ainsi $\frac{1}{13}$ n'a que 6 chiffres à la période; mais 6 est facteur de 13 — 1. (*Voy.* la note page 43, et l'*Arith. compl.* de M. Berthevin.)

1°. L'unité de longueur se nomme *Mètre* ; c'est la dix-millio-nième partie de l'arc du méridien de Paris, et qui s'étend du pôle à l'équateur.

2°. Un carré dont le côté a 10 mètres est l'unité de surface ; on le nomme *Are*.

3°. Le cube qui a pour côté la dixième partie du mètre est l'unité de volume ; c'est le *Litre*. On se sert aussi du mètre cube, ou *Stère*, pour mesurer le bois de chauffage.

4°. Le poids d'un cube d'eau qui a pour côté le centième du mètre est l'unité de poids ; c'est le *Gramme*. Comme le poids d'un volume croît avec la densité, il faut ajouter que l'eau doit être pure, et au *maximum* de densité, qui est vers 4 degrés du thermomètre centigrade.

5°. L'or et l'argent monnayés doivent contenir $\frac{1}{10}$ d'alliage, c'est-à-dire être à 0,9 *de fin*. L'unité monétaire est le *Franc*, pièce d'argent du poids de 5 grammes.

Mais ces unités sont, pour divers usages, ou trop grandes, ou trop petites : par exemple, la distance de deux villes et l'épaisseur d'un livre, exprimées en mètres, seraient d'une part un trop grand nombre, et de l'autre une fraction gênante : on a réuni plusieurs de nos unités de chaque espèce en une seule pour mesurer les grandeurs considérables, et sous-divisé chacune en parties propres à mesurer les petites quantités. La longueur de dix mètres forme le *Décamètre* ; la capacité de dix litres, le *Décalitre* ; le poids de dix grammes, le *Décagramme*, etc. La longueur de cent mètres est l'*Hectomètre* ; le volume de cent litres, l'*Hectolitre* ; cent grammes, l'*Hectogramme* ; cent ares, l'*Hectare*, etc. ; mille mètres font le *Kilomètre* ; mille litres, le *Kilolitre* ; mille grammes, le *Kilogramme*, etc. ; dix mille mètres valent un *Myriamètre*, etc., ces nouvelles unités devenant ainsi de dix en dix fois plus grandes.

On partage de même le mètre, le litre...., en dix parties ; on nomme *Décimètre*, le dixième du mètre ; *Décilitre*, le dixième du litre ; *Décime*, le dixième du franc, etc. Chacun de ces dixièmes se partage de même en dix ; le *Centimètre* est le centième du mètre; le *Centime*, le centième du franc....; le *Mil-limètre* est le millième du mètre, etc.

Ainsi, en se réglant toujours sur l'ordre décimal, la nomen-clature s'est trouvée comprise dans nos six noms d'unités princi-pales, devant lesquels on place des additifs empruntés à la langue grecque pour désigner des mesures de dix en dix fois plus grandes : *déca*, dix; *hecto*, cent; *kilo*, mille; *myria*, dix mille; et les adjectifs dérivés du latin : *deci*, dix; *centi*, cent; *milli*, mille, pour indiquer des unités de dix en dix fois plus petites. Par exemple, un kilogramme vaut mille grammes; un centi-mètre, le centième du mètre, etc. De même 3827,5 grammes valent 3 kilogrammes, 8 hectogrammes, 2 décagrammes, 7 gram-mes et 5 décigrammes; ou, si l'on veut, 38,275 hectogrammes, ou 3,8275 kilogrammes. On énonce ces grandeurs de la manière accoutumée aux fractions décimales; la seconde, par exemple, se lit ainsi : 38 hectogrammes et $\frac{275}{1000}$.

Il s'en faut de beaucoup qu'on ait besoin de toutes les espèces d'unités comprises dans cette exposition; mais on rejette celles qui n'ont pas d'usage. Nous dirons donc que *le mètre est la dix-millionième partie de l'arc du méridien qui va du pôle à l'équa-teur; l'are est le décamètre carré; le litre, un décimètre cube; le stère, un mètre cube; le gramme est le poids d'un centimètre cube d'eau distillée au maximum de densité; le franc est le poids de 5 grammes d'argent à $\frac{9}{10}$ de fin* (*). La conception

---

(*) Les pièces de 5 francs pèsent 25 grammes; 4 de ces pièces pèsent un hec-togramme; 100 francs pèsent un demi-kilogramme. On accorde, sur le poids et le titre des pièces de 5 francs, une tolérance de 0,003 en plus et en moins. Le kilogramme d'argent pur vaut environ 222 francs. Les pièces de 5 francs ont 37 millimètres de largeur diamétrale; 27 de ces pièces, placées sur une même ligne, bout à bout, donnent la longueur du mètre; 8 pièces forment à peu près 3 décimètres.

Les pièces de 40 fr. pèsent 12,90322 grammes; celles de 20 fr., 6,45161 gram-mes, ou 155 pièces de 20 francs pèsent un kilogramme, valant 3100 francs. On accorde une tolérance de 0,002 sur le titre et sur le poids, soit en plus, soit en moins. 34 pièces de 20 fr. et 11 de 40 fr., placées bout à bout sur une ligne, forment la longueur du mètre. Le kilogramme d'or pur vaut environ 3444 fr. La valeur de l'or monnayé est 15 fois et demie celle de l'argent.

simple et grande qui a donné naissance à ce système repose sur cette idée, qu'il faut prendre dans la nature un terme invariable, *le mètre*, et déduire ensuite de cette mesure toutes les autres : si quelque catastrophe venait à détruire tous nos étalons, ils seraient faciles à retrouver.

Cet admirable système a rencontré une opposition devant laquelle on a cru devoir fléchir ; on permit l'usage des anciens noms : ainsi on traduit le mot hectare par arpent, décalitre par velte, litre par pinte, hectolitre par septier, décalitre par boisseau, kilogramme par livre, etc. Ce ne fut pas une idée heureuse que de céder ainsi sur la nomenclature ; ce ne sont pas les noms dont l'usage est gênant ; c'est une habitude, contractée dès l'enfance, qui a mis nos besoins en relation avec des mesures qu'il faut changer. Ainsi l'on ne remédia qu'à un mal imaginaire, et l'opposition demeura dans toute sa force.

55. Le plus bel éloge qu'on puisse faire des nouvelles mesures est l'exposition des anciennes. Nous présentons ici le tableau de celles qui étaient en usage à Paris ; car elles changeaient avec les provinces, et même avec les villes d'un même État (*).

L'unité de longueur se nommait *Toise* ; elle se divisait en 6 *Pieds*, chacun de 12 *Pouces*, et chaque pouce de 12 *Lignes*.

L'unité de poids était *la Livre* ℔, partagée en 16 *Onces* ℥, chacune de 8 *Gros* ou *Dragmes* ʒ, divisés chacun en 72 *Grains* gr, ou en 3 *Scrupules* ℈ (de 24 grains). La livre était encore partagée en 2 *Marcs*, de 8 onces chaque, etc. Le signe β désigne une demie ; ainsi ʒ iiβ veut dire 2 gros et demi.

(*) Ces irrégularités tiennent, soit aux besoins, soit aux usages des pays. Tantôt on préférait la sous-division par 12, tantôt par 20 : on choisissait des mesures en relation ici avec les travaux de l'agriculture, là avec les consommations. Par exemple, le boisseau ras de blé en grain pesait 20 ℔ ; un septier de farine pesait 220 ℔, etc. ; la livre de Lyon avait 14 onces ; ailleurs elle n'en contenait que 12, etc.

En faisant disparaître toutes ces variations, le nouveau système a rendu un service incontestable aux hommes ; mais il a malheureusement l'inconvénient de ne pas être devenu par l'usage en relation avec nos besoins.

La livre-monnaie, dite *Tournois*, était composée de 20 *Sous*, chacun de 12 *Deniers*.

L'unité pour peser les diamans était le *Karat*, poids de 3,876 grains poids de marc, ou 2 décigrammes; il se divise en 4 grains (*).

Le *Jour* se partage en 24 *Heures*, l'heure en 60 *Minutes'*, chacune de 60 *Secondes* "....

Les étoffes étaient mesurées avec une longueur nommée *Aune*, d'environ 44 pouces (43^{po},9028 = 43^{po} 10^{li},8333).

Le *Boisseau*, capacité de 655,78 pouces cubes, contenait 16 litrons (de 40,986 pouces cubes chaque). Le *Septier* valait 12 boisseaux, c'est-à-dire 7869,36 pouces cubes; la *Mine*, 6 boisseaux; le *Minot*, 3; le *Muid*, 144, c'est-à-dire 12 septiers.

La *Pinte*, qui, selon l'ordonnance des Échevins, devait contenir 48 pouces cubes, n'en avait réellement que 46,95. La *Velte* valait 8 pintes; le *Muid* 288; il se divisait en 2 *Feuillettes* ou 4 *Quartauts*. Le *Tonneau* valait 2 muids ou 576 pintes. A Bordeaux, le tonneau contenait 3 muids ou 864 pintes; la *Queue* d'Orléans valait 432 pintes.

Récapitulons les mesures ci-dessus énoncées.

Toise.	Pieds.	Ponces.	Lignes.	Jour.	Heures.	Minutes.	Secondes.
1 =	6 =	72 =	864	1 =	24 =	1440 =	86400
	1 =	12 =	144		1 =	60 =	3600
		1 =	12			1 =	60

(*) La valeur d'un diamant dépend de son poids, de sa taille, de sa figure, de son *eau* (son éclat et sa transparence)... Pour l'évaluer, d'après la règle de Jefferies, on exprime d'abord le prix du poids d'un karat, et l'on multiplie ce prix par le carré du nombre de karats. Par exemple, si le karat vaut 50 francs, un diamant de 133 karats vaut 50 × (133)², ou 884 450 francs. Le *Pitre*, diamant de la couronne, du poids de 136 karats $\frac{3}{4}$, fut payé 2 millions et demi, ce qui revient à 134 francs le premier karat. Le *Sancy*, autre diamant de la couronne, pèse 106 karats. Au reste, la règle de Jefferies ne subsiste que jusqu'à un certain poids, passé lequel le diamant n'a qu'un prix d'affection.

Livre.	Marcs.	Onces.	Gros.	Scrupules.	Grains.
1 =	2 =	16 =	128 =	384 =	9216
	1 =	8 =	64 =	192 =	4608
		1 =	8 =	24 =	576
			1 =	3 =	72
				1 =	24

Muid.	Septiers.	Boisseaux.	Litrons.	Livre.	Sols.	Deniers.
1 =	12 =	144 =	2304	1 =	20 =	240
	1 =	12 =	192		1 =	12
		1 =	16			

Quant aux rapports entre les anciennes et les nouvelles mesures, voyez à la fin de l'Arithmétique, page 125.

Il nous reste à parler des moyens de faire les quatre règles sur des *nombres complexes* : on nomme ainsi ceux qui sont formés d'unités principales et de sous-divisions. Nous n'avons rien à dire pour les nouvelles mesures qui, n'admettant que des fractions décimales, rentrent dans ce qu'on a enseigné (n°s 45, 46 et 47).

56. Pour ajouter ou soustraire les quantités complexes, on écrit, au-dessous les unes des autres, les parties qui ont une même dénomination, et l'on opère successivement sur chacune, en commençant par les plus petites. Si la somme d'une colonne surpasse le nombre d'unités nécessaires pour former une ou plusieurs unités de l'ordre supérieur, on les retient, et l'on ne pose que l'excédant.

Exemples d'addition :

Toises.	Pieds.	Pouces.	Lignes.		Marcs.	Onces.	Gros.	Grains.
154	3	7	$9\frac{1}{2}$		15	3	6	42
23	2	8	$11\frac{1}{3}$		217	7	7	60
132	5	10	$3\frac{5}{6}$		41	6	5	17
0	2	7	1		4	5	6	10
311	2	10	$1\frac{2}{3}$		280	0	1	57

Livres.	Sous.	Deniers.		Jours.	Heures.	Minutes.	Secondes.
322	17	5		2	10	42	54
43	11	7		5	9	17	19
7	8	4		0	21	3	48
18	2	7		8	17	4	1
43	16	6					
435	16	5					

Dans le premier de ces exemples, la colonne des lignes donne 25 lignes $\frac{2}{3}$, ou 2 pouces 1 ligne $\frac{2}{3}$, parce que 12 lignes valent 1 pouce; on pose donc seulement 1 $\frac{2}{3}$, et l'on reporte 2 à la colonne des pouces, qui donne 34, ou 2 pieds 10 pouces; posez 10 et retenez 2, etc.

Voici quelques soustractions:

Livres.	Onces.	Gros.	Grains.
32	9	2	44
12	12	5	12
19	12	5	32

Toises.	Pieds.	Pouces.	Lignes.
487	0	0	0
319	4	3	10
167	1	8	2

Livres.	Sons.	Deniers.
349	17	4
127	8	7
222	8	9

Jours.	Heures.	Minutes.	Secondes.
17	11	47	5
13	18	55	40
3	16	51	25

On voit qu'après avoir soustrait 12 grains de 44, on passe aux gros; mais comme 2 — 5 ne se peut, on ajoute 1 once ou 8 gros, et l'on a 10 — 5 = 5; puis on ajoute pareillement une once aux 12 qu'il faut ôter de 9; de sorte qu'on dira 9 — 13 ne se peut; ajoutant une livre ou 16 onces, on a 25 — 13 = 12, etc. Cette opération est fondée sur le même principe que pour les nombres entiers.

Descartes, né le 3 avril 1596, est mort le 11 février 1650; Pascal, né le 19 juin 1623, est mort le 19 août 1662; Newton, né le 15 décembre 1642, est mort le 18 mars 1727. On demande la durée de la vie de ces grands géomètres.

57. Pour la multiplication des nombres complexes, d'après les principes donnés (n° 42), on opérera séparément sur les entiers et sur les fractions. On remarquera que le multiplicateur doit toujours être un nombre *abstrait* (n° 54), destiné à marquer combien de fois on répète le multiplicande. Multiplier 12 francs par 3 aunes; ce ne peut être répéter 12 francs 3 aunes de fois, mais bien répéter 12 francs autant de fois que l'unité est comprise dans trois aunes, c'est-à-dire 3 fois. Ainsi, lorsque

les deux facteurs paraissent concrets, c'est que la question est mal interprétée. Au reste, ceci s'éclaircira par la suite, n° 76.

Il se présente deux cas, suivant que le multiplicateur est ou n'est pas complexe.

1er CAS. On voudrait savoir le prix de 17 aunes $\frac{2}{3}$ d'une étoffe qui coûte 45 livres 12 sous 6 deniers l'aune; il est clair qu'il faut répéter ce dernier nombre 17 fois et $\frac{2}{3}$, de sorte que le multiplicateur 17 $\frac{2}{3}$ cesse de représenter des aunes, et devient un nombre *abstrait* (n° 54). On multiplie d'abord 45 livres, puis 12 sous, puis enfin 6 deniers par 17. Le premier de ces calculs n'offre pas de difficultés. Décomposons 12 sous en 10+2 : puisque 1 livre répétée 17 fois, donne 17 livres, 10 sous ou $\frac{1}{2}$ livre doit donner la moitié de 17 livres; 2 sous en donne le dixième, ou le cinquième du produit de 10 sous. On a, pour 6 deniers, le quart du produit que donne 2 sous; on prend ensuite les deux tiers du multiplicande, et l'on ajoute le tout.

Voici l'ordre qu'on suit dans ce calcul:

45#	12ˢ	6ᵈ
17 $\frac{2}{3}$		

315#			} 17 fois 45#
450			
8	..10ˢ.......pour 10ˢ, la moitié de 17#.		
1	..14.......pour 2ˢ, le 10ᵉ de 17#, ou le 5ᵉ de 8# 10ˢ.		
0	... 8.. 6ᵈ.. pour 6ᵈ, le $\frac{1}{4}$ du produit qu'a donné 2ˢ.		
15	... 4.. 2... pour $\frac{1}{3}$, le tiers du multiplicande.		
15	... 4.. 2...pour $\frac{1}{3}$.		

806#	0ˢ	10ᵈ

Dans ce genre d'opérations tout se réduit à décomposer chaque fraction en d'autres qui aient l'*unité pour numérateur* (c'est ce qu'on nomme *Fractions aliquotes*), c'est-à-dire à *partager le numérateur en facteurs du dénominateur*. Ainsi 19 sous, ou $\frac{19}{20}$ de livre, se décompose en $\frac{10}{20} = \frac{1}{2}$, $\frac{5}{20} = \frac{1}{4}$, et $\frac{4}{20} = \frac{1}{5}$; il faudrait donc, pour 19 sous, prendre la $\frac{1}{2}$, le $\frac{1}{4}$ et le $\frac{1}{5}$ de l'entier multiplicateur, considéré comme des livres. On pourrait aussi prendre $\frac{10}{20} = \frac{1}{2}$, $\frac{5}{20} = \frac{1}{4}$ et deux fois $\frac{2}{10} = \frac{1}{10}$. De même pour $\frac{7}{8}$ on prendra $\frac{1}{2} = \frac{4}{8}$, $\frac{1}{4} = \frac{2}{8}$ et $\frac{1}{8}$.

On voit donc que, pour multiplier une fraction complexe, après l'avoir exprimée en fractions à deux termes, il faut dé-composer son numérateur en parties qui divisent le dénomina-teur; les fractions composantes seront donc réduites à d'autres dont le numérateur est 1. Par exemple, pour 10 pouces, ou $\frac{10}{12}$ de pied, on coupera 10 en $6 + 2 + 2$, ce qui fera, en réduisant, $\frac{1}{2}$, $\frac{1}{6}$ et $\frac{1}{6}$; ou bien en $4 + 4 + 2$, qui font $\frac{1}{3}$, $\frac{1}{3}$ et $\frac{1}{6}$; ou en $6 + 3 + 1$, qui donnent $\frac{1}{2}$, $\frac{1}{4}$ et $\frac{1}{12}$, etc....

Observons que si le multiplicateur n'a qu'un seul chiffre, il est plus simple d'opérer comme pour l'addi-tion. Dans l'exemple ci-contre, on dira 7 fois 18 grains $= 126$ grains $=$

Liv.	Onc.	Gros.	Grains.
57	5	4	18
7			
401	6	5	54

1 gros 54 grains. On pose 54 et on retient 1. Passant au produit de 4 gros par 7, on a $4 \times 7 + 1 = 29$ gros, ou 3 onces 5 gros; on pose 5 gros et l'on retient 3 onces, etc.

Pour multiplier 14 s. par 483, il faut prendre les $\frac{14}{20}$ ou les $\frac{7}{10}$ de 483 livres; on a $\frac{3381}{10}$ ou 338,1, ou enfin 338 liv. 2 s. Cet exemple prouve que, pour *multiplier un nombre pair de sous, il faut en prendre la moitié, faire le produit de cette moitié, en mettant au rang des sous le double des unités de ce produit.* Pour 18 s. $\times$ 56, comme $56 \times 9 = 504$, on a 50 liv. 8 s.; 80 pièces de 12 s. font $8 \times 6 = 48$ liv.

2ᵉ CAS. Cherchons la valeur de 36 marcs 6 onces 4 gros d'ar-gent à 51 liv. 15 s. 5 den. le marc. On répétera d'abord 51 liv. 15 s. 5 den. 36 fois; et ensuite autant de fois que 6 onces 4 gros sont contenus dans le marc : le multiplicateur est abstrait et cesse de représenter des marcs. Ainsi on ne multipliera d'abord 51 liv. 15 s. 5 den. que par 36, ainsi qu'on le voit ci-contre, d'après la règle exposée ci-dessus. Il reste ensuite à multiplier par la fraction 6 onces 4 gros; en prenant d'abord pour 4 onces la moitié du multiplicande total 51 liv. 15 s. 5 den., parce que

4 onces équivaut à $\frac{1}{2}$, ou la moitié d'un marc; pour 2 onces, on prend ensuite la moitié de ce produit, etc.

Il arrive souvent que, pour faciliter les calculs, on fait un *faux produit* : par exemple, si l'on avait eu 14 s. au lieu de 15 s., il aurait fallu de même faire le produit de 1 s., qu'on aurait effacé après avoir trouvé le produit des 5 den.

51#	15ſ	5ª
36ᵐ	6°	4ᵍʳ
306#		
153		
Pour 14ſ...25	4ſ	
1ſ... 1	16	
4ª... 0	12	
1ª... 0	3	
4°...25	17 .	8 $\frac{1}{2}$
2°...12	18	10 $\frac{4}{16}$
4ᵍʳ... 3	4	8 $\frac{9}{16}$
1905	16 ..	3 $\frac{5}{16}$

Voici deux autres exemples:

12#	18ſ	8ª
42ᵗ	5ᴾ	4ᴾᵒ
24#		
48		
pr 18ſ...37	16ſ	
F. pr. de 1ſ... x	x	
pr 4ª... 0	14	
4ª... 0	14	
3ᴾ... 6	9	4ª
2ᴾ... 4	6	2 $\frac{2}{3}$
4ᴾᵒ... 0	14	4 $\frac{4}{9}$
554	13	11 $\frac{1}{9}$

37#	15ſ	8ª
9ᵗ	3ᴾ	11ᴾᵒ
340#	1ſ	0ª
pr 3ᴾ 18	17	10
F. pr. de 1ᴾ 6	8	xx $\frac{1}{3}$
pr 4ᴾᵒ 2	.1	11 $\frac{7}{9}$
4ᴾᵒ 2	1	11 $\frac{7}{9}$
3ᴾᵒ 1	11	5 $\frac{5}{6}$
364	14	3 $\frac{7}{18}$

58. Puisque le quotient, multiplié par le diviseur, produit le dividende, la division doit offrir aussi deux cas, suivant que le quotient ou le diviseur représente le multiplicateur, et doit être considéré comme abstrait.

1ᵉʳ CAS. Si le diviseur est le multiplicateur, le quotient est le multiplicande et doit être de la même espèce d'unités que le dividende, qui représente le produit.

Lorsque le diviseur n'est pas complexe, on opère tour à tour sur chaque espèce d'unités du dividende, en commençant par la plus grande. Ainsi, pour diviser 234 liv. 15 s. 7 den. par 4, on prendra le quart de 234 liv., qui est 58 liv., avec le reste

2 liv., qu'on réduira en sous pour les joindre aux 15 s. du dividende, 40 + 15 = 55, dont le quart est 13 s. avec le reste 3 s.
ou 36 den.; 36 + 7 = 43 den., dont le quart est 10 $\frac{3}{4}$ den.,
le quotient est donc 58 liv. 13 s.
10 $\frac{3}{4}$ den.

Un ouvrier a reçu 151 liv. 14 s.
6 den. pour 42 jours de travail;
pour savoir ce qu'il gagnait chaque jour, on divisera 151 liv. 14 s.
6 den. par le nombre abstrait 42.
On voit ci-contre le détail du
calcul.

$$151^{tt} \quad 14^s \quad 6^d \quad \left\{ \dfrac{42}{3^{tt} \ 12^s \ 3^d} \right.$$

$$\begin{array}{r} 151^{tt} \\ 25^{tt} \\ \hline 500^s \\ 14 \\ \hline 514^s \\ 94 \\ \hline 10 \\ 120^d \\ 6 \\ \hline 126 \\ 0 \end{array}$$

Quand le diviseur n'a qu'un seul chiffre, comme dans le
premier exemple, au lieu de suivre tous les détails de ce type
de calcul, il n'est besoin d'écrire que le quotient, attendu que
la mémoire suffit pour retracer les restes successifs. C'est ainsi
qu'on en a usé (p. 24), et même dans les exemples de multiplications complexes, lorsqu'il a fallu prendre la moitié, le tiers,
le quart.....

Si le diviseur est complexe, mais qu'on doive encore le regarder comme abstrait, il faut d'abord faire disparaître les fractions qui l'affectent : pour cela, on multipliera le dividende et
le diviseur par le nombre qui exprime combien la plus petite
espèce d'unités de celui-ci est contenue dans la plus grande.
Cette opération n'altérera pas le quotient (n° 15); et comme
chaque espèce d'unités du diviseur produira des unités entières,
il sera rendu entier. Ainsi, 42 toises 5 pieds 4 pouces ont coûté
554 liv. 13 s. 11 den. $\frac{1}{3}$; on demande le prix de la toise? Il faut
diviser ce dernier nombre par le premier, considéré comme
nombre abstrait. Comme 4 pouces, ou $\frac{1}{3}$ de pied, est contenu
18 fois dans la toise, on doit multiplier les deux nombres proposés par 18. La question devient : 772 toises ont coûté 9984 liv.
10 s. 8 den.; quel est le prix de la toise? La division de 9984 liv.
10 s. 8 den. par le nombre abstrait 772 donne pour quotient
12 liv. 18 s. 8 den.

De même, pour diviser 806 liv. 0 s. 10 den. par 17 $\frac{2}{3}$, il faut multiplier par 3, et l'on a 2418 liv. 2 s. 6 den. à diviser par 53. Si le diviseur est 3^m 7° 4^{gr}, on multipliera par 16, parce que 4 gros ou la moitié de l'once, est contenu 16 fois dans le marc.

2ᵉ CAS. Si le diviseur est le multiplicande, il doit être de la même espèce que le dividende; le quotient est abstrait, et indique combien de fois l'un contient l'autre. On fera disparaître les fractions du dividende et du diviseur, ainsi qu'il vient d'être dit, puis on les regardera l'un et l'autre comme des nombres abstraits : en effet, 12 liv. contiennent 3 liv. autant de fois que 12 contient 3.

Par exemple, pour diviser 364 liv. 14 s. 3 den. $\frac{7}{18}$ par 37 liv. 15 s. 8 den., on multipliera ces deux nombres par $20\times12\times18$ ou 4320, parce que le dix-huitième de denier est contenu 4320 fois dans la livre. Il faudra donc diviser 1 575 565 par 163 224, ce qui donne 9 $\frac{106549}{163224}$. Pour faire la preuve de la multiplication, p. 77, il faut évaluer la fraction $\frac{106549}{163224}$ en parties de la toise, comme on va le dire.

Combien de fois 143 liv. 17 s. 6 den. contient-il 11 liv.? Il faut multiplier par 40, et diviser entre eux les produits 5755 et 440; on trouve 13 fois et $\frac{7}{88}$.

59. Les fractions à deux termes, les décimales et les complexes sont les trois sortes de fractions en usage. Nous savons déjà convertir les deux premières l'une en l'autre (p. 63 et 67); voyons à les changer en la troisième, et réciproquement.

On réduit une fraction en nombre complexe, en divisant le numérateur par le dénominateur. Ainsi, pour avoir les $\frac{15}{7}$ de la livre, on divisera 5 liv. par 7, et l'on aura 14 s. 3 den. $\frac{3}{7}$.

Réciproquement, pour convertir un nombre complexe en fractions à deux termes, il faut le réduire à sa plus petite espèce. Ainsi, 14 s. 3 den. $\frac{3}{7}$ vaut 171 den. $\frac{3}{7}$, ou $\frac{1200}{7}$ de den.; comme la liv. vaut 240 den., on divisera par 240, et l'on aura $\frac{1200}{1680}$ ou $\frac{5}{7}$ de liv.

Pour évaluer en sous et deniers la fraction 0,715 liv., il faut multiplier par 20, et l'on a 14,3 s.; de même multipliant 0,3 s. par 12, on a 3,6 den.; donc $0^{liv},715 = 14^s 3^d,6$.

On réduit une fraction complexe en décimales, en la convertissant d'abord en fraction à deux termes, puis celle-ci en décimales (n° 5o).

III. PUISSANCES ET RACINES.

Formation des Puissances.

6o. En multipliant un nombre par lui-même, 1, 2, 3.... fois successives, on en obtient les puissances 2, 3, 4...., comme on le voit dans le tableau ci-contre.

1re	2e	3e	4e	5e	6e	7e	8e	9e
2	4	8	16	32	64	128	256	512
3	9	27	81	243	729	2187	6561	19683
4	16	64	256	1024	4096	16384	65536	262144
5	25	125	625	3125	15625	78125	390625	1953125
6	36	216	1296	7776	46656	279936	1679616	10077696
7	49	343	2401	16807	117649	823543	5764801	40353607
8	64	512	4096	32768	262144	2097152	16777216	134217728
9	81	729	6561	59049	531441	4782969	43046721	387420489

Le carré (n° 41, 5°.) de $\frac{3}{5}$ est $\frac{3}{5} \times \frac{3}{5} = \frac{9}{25}$; le cube est $\frac{27}{125}$.....

Lorsqu'on veut former une puissance élevée, on peut éviter de passer successivement du carré au cube, du cube à la quatrième puissance..... Soit demandé 3^{11}; comme il s'agit de rendre 3 onze fois facteur, je décompose 11 en $3 + 4 + 4$; il vient $3^{11} = 3^3 \times 3^4 \times 3^4$. On voit donc qu'*il faut décomposer la puissance proposée en d'autres dont elle soit la somme; et multiplier ces résultats entre eux; en sorte que, dans la multiplication, les exposans s'ajoutent*. Ici, $3^3 = 27, 3^4 = 81$, en multipliant on a $3^7 = 2187$; multipliant de nouveau par 81, on trouve $3^{11} = 177 147$.

Observez que $3^4 \times 3^4$ n'est autre chose que le carré de 3^4, ou $81^2 = 6561$; ainsi, multipliant $(3^4)^2$, ou 6561 par $3^3 = 27$, on obtient de même 3^{11}. La puissance 12 est $3^4 \times 3^4 \times 3^4 =$ le cube de 3^4 ou $(3^4)^3$, on trouve $3^{12} = 81^3 = 531\ 441$; divisant par 3, il vient $3^{11} = 177\ 147$. En général, *décomposez la puissance proposée en deux facteurs, formez la puissance indiquée par l'un, et élevez le résultat à la puissance marquée par l'autre*; ou autrement, *pour élever à une puissance, multipliez l'exposant par le degré de la puissance*. (*Voy.* n° 124.) Par exemple, pour 5^{17}, faisons $\frac{1}{5} \times 5^{18}$. Or $18 = 2 \times 3 \times 3$; $5^{18} = 5^{2.3.3}$: on fera donc le carré de 5, on l'élèvera au cube, puis le résultat encore au cube, et l'on aura la dix-huitième puissance; après quoi on divisera par 5 pour avoir la dix-septième. Voici le calcul : $5^2 = 25$, $25^3 = 5^6 = 15\ 625$, dont le cube est $5^{18} = 3\ 814\ 697\ 265\ 625$; enfin $5^{17} = 762\ 939\ 453\ 125$. On remarquera avec quelle rapidité les puissances croissent. La soixante-quatrième de 2 est $18\ 446\ 744\ 073\ 709\ 551\ 616$.

Extraction des Racines carrées.

61. Le carré d'un nombre de 2 chiffres, tel que 35, se forme par la multiplication de 35 par 35, opération qui exige quatre produits partiels; 1°. 5×5, ou le carré des unités; 2°. 30×5, ou le produit des dixaines par les unités; 3°. une seconde fois 30×5; 4°. 30×30, ou le carré des dixaines. Donc le carré d'un nombre de 2 chiffres est formé *du carré des dixaines, deux fois le produit des dixaines par les unités, plus enfin le carré des unités*. Ainsi $35^2 = 900 + 300 + 25 = 1225$.

Pour multiplier $7 + 5$ par $7 + 5$, on multiplie 7 et 5 d'abord par 7, puis par 5, et l'on ajoute; ce qui donne $7^2 + 7 \times 5$ d'une part, et $7 \times 5 + 5^2$ de l'autre. Donc 12^2 est $= 49 + 25 + 2 \times 35 = 144$. Donc, pour faire le carré de $7 + 5$, il ne suffit pas de carrer 7 et 5, il faut encore ajouter le double du produit de 7 par 5. *Le carré d'un nombre composé de deux parties se forme des carrés de chacune, augmentés du double de leur produit.* (*Voy.* n° 97, 1°.)

62. Les carrés de 10, 100 1000.... sont 100, 10 000, 1,000 000, où 1 suivi de deux fois autant de zéros qu'il y en a à la racine : ainsi tout nombre d'un seul chiffre, ou compris entre 1 et 10, a son carré entre 1 et 100, c'est-à-dire composé de 1 ou 2 chiffres : de même tout nombre de 2 chiffres en a 3 ou 4 à son carré, etc. En général, *le carré a le double, ou le double moins* 1, *des chiffres de la racine* (p. 19).

Procédons au calcul de l'extraction des racines carrées. Celles des nombres de 1 ou 2 chiffres sont comprises dans les tables n°ˢ 14 et 60 : quant aux autres, il faut distinguer deux cas.

1ᵉʳ CAS. Si le nombre proposé, tel que 784, a 3 ou 4 chiffres, sa racine en a deux ; et 784 est composé du carré des dixaines de la racine, de celui des unités, et du double du produit des dixaines par les unités. Or, la première de ces parties se forme en ajoutant deux zéros au carré du chiffre des dixaines (n° 13, 3°) ; d'où il suit que ce carré n'entre dans l'addition de ces trois parties qu'au rang des centaines. En séparant les deux chiffres 84, on voit que 7 contient le carré du chiffre des dixaines, considérées comme des unités simples, et en outre les centaines produites par les autres parties du carré.

On prendra *la racine du plus grand carré* 4 contenu dans 7, elle sera le chiffre des dixaines cherché : car 7 étant compris entre les carrés de 2 et de 3, le nombre proposé 784 l'est entre 20² et 30² ; ainsi la racine est entre 20 et 30, et l'on a 2 pour le chiffre des dixaines.

En retranchant 4 de 7, le reste 3 est la retenue ; ainsi 384 est composé du carré des unités, plus du double des dixaines multiplié par les unités.

On forme le produit du double des dixaines par les unités, en multipliant le double du chiffre des dixaines par les unités, et mettant un zéro à droite. Ainsi, dans l'addition, ce produit est compris au rang des dixaines, et contenu par conséquent dans 38 ; en séparant de 384 le chiffre 4 des unités : 38 contient en outre les dixaines produites par le carré des unités, et celles qui proviennent de ce que 784 peut n'être pas un carré exact. Si ces dixaines étaient connues, en les ôtant de 38, le reste érait le double produit dont il est ici question ; donc, en le divisant par 4, double du chiffre des dixaines, le quotient serait les unités. Divisons donc 38 par 4, le dividende sera plus grand que celui qu'on doit employer ; et *le quotient pourra être trop grand*; mais il sera facile de le rectifier.

Car si le quotient $\frac{38}{4}$, ou 9 en nombre entier, représente en effet les unités, en plaçant 9 à côté du double 4 du chiffre des dixaines, 49 sera le double des dixaines ajouté aux unités ; et 49×9 sera le double du produit des dixaines par les unités, plus le carré des unités. Or, $49 \times 9 = 441 > 384$; donc 9 est trop grand. On éprouvera le chiffre 8 de la même manière ; et, comme $48 \times 8 = 384$, qui, retranché du reste, donne o , on voit que 784 est le carré exact de 28. On a mis ici le type du calcul, ainsi que

7.8 4	.28	
3 8.4	49	48
3 8 4	9	8
0	441	384

27.3 5	.52	
2 3.5	.102	
2 0 4		2
3 1	204	

1.2 1	11	
2.1	21	
2 1		1
0	21	

celui de $\sqrt{2735}$, qui est 52, avec le reste 31 ; de sorte que 52 est la racine du plus grand carré contenu dans 2735, c'est-à-dire celle de 2735—31, ou 2704. On trouve aussi $\sqrt{121} = 11$.

2ᵉ cas. On raisonnera de même si le carré a plus de quatre chiffres ; car alors, bien que la racine en ait plus de deux, on peut encore la regarder comme composée de dixaines et d'unités ; par exemple, 523 a 52 dixaines et 3 unités.

Ainsi, pour 273 529, on verra, par la même raison, que le carré des dixaines, considérées comme simples unités, est contenu dans 2735 (en séparant les deux chiffres à droite, 29), et que la racine du plus grand

27.3 5.2 9	523	
2 3.5	102	1043
2 0 4	2	3
3 1 2.9	204	3129
3 1 2 9		
0		

carré contenu dans 2735 donne les dixaines. On a trouvé ci-dessus 52 pour cette racine, et 31 pour reste ; de sorte que descendant 29 à côté de 31, 3129 est le double produit des dixaines 52 par les unités inconnues, plus le carré de ces unités; supprimant le chiffre 9, on divisera 312 par 104, double des

dixaines 52 ; on aura le quotient 3, qui est les unités de la racine, ou un nombre plus grand.

Enfin, plaçant ce quotient 3 à droite de 104, et multipliant
1043 par 3, on retranchera le produit 3129 du reste 3129; ainsi
523 est exactement la racine cherchée.

Ce raisonnement s'applique à tout nombre ; on voit qu'il faut
le partager en tranches de deux chiffres, en commençant par
la droite, ce qui ne laissera qu'un seul chiffre dans la dernière
tranche, lorsque le nombre des chiffres sera impair. Chaque
tranche donne un chiffre à la racine, en opérant sur chacune
comme il vient d'être dit. Il est donc bien facile de juger *à priori*
du nombre de chiffres de la racine d'un nombre donné. Quand
cette racine n'est pas exacte, le calcul conduit à un reste; nous
allons montrer l'usage de ce reste pour approcher de la racine.

Observez aussi qu'il est inutile d'écrire les divers produits à
soustraire, et qu'on peut, comme pour la division (p. 28), faire
à la fois chaque multiplication et la soustraction.

11.1 1.0 8.8 8.8 9	33 333		54.0 0.0 0. 0.0	7348
2 1.1	63 663		5 0.0	143×3
1 8 9	3	3	7 1 0.0	1464×4
2 2 0.8	189	1989	1 2 4.4 0.0	14688×8
1 9 8 9			Reste... 6 8 9 6	
2 1 9 8.8	6 663	66 663		
1 9 9 8 9	3	3		
1 9 9 9 8.9	19 989	199 989		
Reste... 0				

On peut aussi s'exercer sur les exemples suivans : $\sqrt{7\,283\,291}$
$= 2698$, reste 4087; et $\sqrt{3\,179\,089} = 1783$.

63. On appelle *Commensurables* ou *Rationnels* les nombres
qui ont une commune mesure avec l'unité : tel est $\frac{2}{5}$, parce que
le 5ᵉ de l'unité est contenu cinq fois dans 1, et deux fois dans $\frac{2}{5}$.
Mais *tout nombre entier, qui n'est pas le carré exact d'un entier, ne saurait l'être non plus d'un nombre fractionnaire, et
par conséquent sa racine est incommensurable avec l'unité*. Car
s'il y avait une commune mesure, contenue, par exemple, cinq
fois dans l'unité et treize fois dans $\sqrt{7}$, en sorte que (36) la

racine de 7 fût représentée exactement par $\frac{13}{5} = \sqrt{7}$, en élevant au carré on aurait $\frac{169}{25} = 7$; ce qui est absurde, ces deux
fractions étant irréductibles (n° 41, 5°.).

Puisqu'en divisant l'unité en parties égales, on ne peut jamais prendre celles-ci assez petites pour que l'une d'elles soit
contenue exactement dans $\sqrt{7}$, et qu'aucune fraction ne peut
être la valeur juste de $\sqrt{7}$, si l'on veut la mesure exacte, il
faut prendre une autre unité (36); à moins qu'on ne se contente d'une approximation, en rendant les parties de l'unité
assez petites pour que la différence entre $\sqrt{7}$ et un certain
nombre de ces parties puisse être négligée comme de peu d'importance. Par exemple, si l'unité contient 100 parties, et qu'on
trouve que 2 unités $+64$ de ces parties sont $< \sqrt{7}$, tandis que
65 surpassent $\sqrt{7}$; c'est-à-dire que 7 soit entre les carrés de
2,64 et 2,65, on dit que $\sqrt{7}$ est entre ces nombres, et qu'on
a cette racine à moins de un centième. C'est ce qui explique
ce paradoxe, qu'on peut approcher autant qu'on veut de $\sqrt{7}$,
quoique $\sqrt{7}$ n'existe pas numériquement.

Si l'on veut négliger les quantités moindres que le cinquième
de l'unité; il faudra donc trouver combien $\sqrt{7}$ contient de ces
cinquièmes, c'est-à-dire chercher deux fractions, telles que $\frac{13}{5}$
et $\frac{14}{5}$ ayant 5 pour dénominateur, dont les numérateurs ne diffèrent que de 1, et qui comprennent $\sqrt{7}$ entre elles, ou plutôt
7 entre leurs carrés. Pour obtenir ces numérateurs 13 et 14, concevons les carrés de nos fractions et celui de $\sqrt{7}$ multipliés par
25; 25×7 sera compris entre les carrés des numérateurs inconnus, et par conséquent $\sqrt{(25 \times 7)}$ ou $\sqrt{175}$ sera compris entre ces numérateurs. Or, $\sqrt{175}$ tombe entre 13 et 14;
donc $\frac{13}{5}$ et $\frac{14}{5}$ sont les fractions cherchées, ou les valeurs
approchées de $\sqrt{7}$, à moins de $\frac{1}{5}$, l'une par défaut, l'autre par
excès (*).

(*) L'unité étant divisée en q parties égales, pour connaître le plus grand
nombre x de ces parties contenu dans $\sqrt{N}$, c'est-à-dire pour obtenir une
fraction $\frac{x}{q}$ approchée de $\sqrt{N}$ à moins d'un q^e de l'unité, il faut déterminer x,

De même pour avoir $\sqrt{(3\frac{5}{7})}$ à moins de $\frac{1}{11}$, on multipliera $3\frac{5}{7}$ par 11^2 ou 121; on aura $449\frac{3}{7}$, dont il faudra extraire la racine en *nombre entier* : elle est 21, en sorte que $\sqrt{3\frac{5}{7}}$ est comprise entre $\frac{21}{11}$, et $\frac{22}{11}$ ou 2. Observez qu'on supprime dans $449\frac{3}{7}$ non-seulement la fraction $\frac{3}{7}$, mais même toute la partie 449 qui excède le carré de 21. *Pour extraire la racine d'un nombre avec une approximation déterminée, on le multiplie par le carré du dénominateur donné; et l'on extrait en nombre entier la racine du produit : elle est le numérateur cherché.*

64. Si l'on veut approcher à l'aide des décimales, c'est-à-dire à moins de $0,1$, $0,01$...., il faut multiplier le nombre par le carré de 10, de 100....., ce qui revient à *reculer la virgule vers la droite d'autant de fois deux rangs qu'on veut obtenir de décimales*, en ajoutant un nombre convenable de zéros, si cela est nécessaire. $\sqrt{0,3}$ à moins de $0,01$ est $\frac{1}{100}\sqrt{3000}$, en reculant la virgule de quatre rangs, ou $\frac{1}{100} \times 54 = 0,54$. De même $\sqrt{5,7}$, à moins de $\frac{1}{100}$, est $\frac{1}{100}\sqrt{57000}$, ou $2,38$.

Au lieu de placer une longue suite de zéros après le nombre proposé, on peut se contenter d'adjoindre ces zéros par couple, après chaque reste. C'est ce qu'on observera dans les calculs ci-contre de $\sqrt{321}$ et $\sqrt{2}$. On voit que pour avoir une décimale, on se contente de placer une tranche de deux zéros près du premier reste. Pour une deuxième décimale, on place de même deux zéros après le second reste, etc....

$$
\begin{array}{l}
3.21 \\
22.1 \\
3\ 20.0 \\
5\ 90.0 \\
2\ 31\ 90.0 \\
16\ 94\ 4 \text{ etc.}
\end{array}
\qquad
\left\{
\begin{array}{l}
17,916... \\
\overline{27} \\
349 \\
3581 \\
35826
\end{array}
\right.
$$

$$
\begin{array}{l}
2. \\
10.0 \\
40.0 \\
11\ 90.0 \\
60\ 40.0 \\
3\ 83\ 600 \\
1\ 00\ 759 \text{ etc.}
\end{array}
\qquad
\left\{
\begin{array}{l}
1,41421356 \\
\overline{24} \\
281 \\
2824 \\
28282 \\
282841
\end{array}
\right.
$$

de même deux zéros après le second reste, etc.... On marque de suite la place de la virgule dans la racine, et l'on pousse le

de sorte qu'on ait $\frac{x}{q} < \sqrt{N} < \frac{x+1}{q}$; or, $\sqrt{N} = \frac{q}{q}\sqrt{N} = \frac{\sqrt{(Nq^2)}}{q}$; donc... $x < \sqrt{(Nq^2)} < x+1$, c'est-à-dire que x est le plus grand entier contenu dans $\sqrt{(Nq^2)}$.

calcul de l'approximation jusqu'au degré nécessaire, en mettant deux zéros après chaque reste successif.

La racine d'un produit est le produit des racines des facteurs : ainsi de $144 = 9 \times 16$, on tire $\sqrt{144} = \sqrt{9} \times \sqrt{16} = 3 \times 4 = 12$. Cette règle, qui est fondée sur ce qu'on a dit (n° 60), peut servir à simplifier les extractions de racines :

$$\sqrt{8} = \sqrt{(2 \times 4)} = 2\sqrt{2} = 2 \times 1,4142.... = 2,8284271\mathrm{2}.$$

65. *La racine d'une fraction s'obtient en extrayant la racine de chacun de ses deux termes* Ceci résulte de la manière dont on forme le carré (n° 41, 5°.). $\sqrt{\frac{4}{9}} = \frac{2}{3}$, $\sqrt{\frac{9}{16}} = \frac{3}{4}$.

La racine est irrationnelle, lorsque les deux termes ne sont pas des carrés exacts ; si, par exemple, $\sqrt{\frac{3}{7}}$ pouvait être une autre fraction, telle que $\frac{5}{11}$; il en résulterait $\frac{3}{7} = \frac{25}{121}$, ce qui est impossible (n° 41, 5°). On ne peut donc avoir la racine qu'en approchant à un degré donné par la nature de la question ; on procède alors comme il a été dit (n° 63). Par exemple, $\sqrt{\frac{3}{7}}$ à moins de $\frac{1}{11}$, se trouve en multipliant $\frac{3}{7}$ par 121 $= 11^2$, et l'on a $\sqrt{\frac{363}{7}} = \sqrt{51\frac{6}{7}}$; et ne prenant racine de 51 qu'à moins d'une unité, on a $\sqrt{\frac{3}{7}}$ comprise entre $\frac{7}{11}$ et $\frac{8}{11}$.

Observez que $\sqrt{\frac{3}{7}}$ peut bien être pris $= \dfrac{\sqrt{3}}{\sqrt{7}}$, puisque, si l'on multiplie cette expression par elle-même, on trouve $\frac{3}{7}$ pour produit. Mais outre que cette double extraction exigerait deux valeurs approchées, le degré d'approximation du résultat serait incertain. Il arrive souvent que ce degré n'est déterminé qu'à la fin du calcul ; cette partie de l'opération doit donc être dirigée de manière à permettre une approximation illimitée. Pour cela, on multiplie les deux termes de la fraction par son dénominateur, afin de rendre celui-ci un carré ; $\frac{3}{7}$ devient $\frac{21}{49}$, en multipliant haut et bas par 7, et $\sqrt{\frac{3}{7}} = \frac{1}{7}\sqrt{21}$; on poussera $\sqrt{21}$ jusqu'au degré exigé. Par exemple, si $\sqrt{21}$ est prise $= 4,582$, c'est-à-dire à moins de 0,001, le septième est..... $\sqrt{\frac{3}{7}} = 0,654$, valeur qui ne diffère pas d'un sept-millième.

Si l'on eût demandé $\sqrt{\frac{3}{7}}$ à moins de $\frac{1}{7}$, le calcul eût de même conduit à $\frac{1}{7}\sqrt{21}$, entre $\frac{4}{7}$ et $\frac{5}{7}$.

··Pour $\sqrt{(3\frac{5}{7})}$, on écrira $\sqrt{\frac{26}{7}} = \frac{1}{7}\sqrt{26\times 7}$; or $\sqrt{182} = 13,4907\ldots$, dont le séptième est $\sqrt{(3\frac{5}{7})} = 1,9272\ldots$

66. Les équations suivantes se démontrent en élevant tout au carré :

$$4\times\sqrt{7} = \sqrt{7}\times 4 = \sqrt{(16\times 7)}; \quad \sqrt{3}\times\sqrt{2} = \sqrt{2}\times\sqrt{3} = \sqrt{6}.$$

$$\sqrt{\frac{5}{7}} = \frac{\sqrt{5}}{\sqrt{7}} = \frac{2\sqrt{5}}{2\sqrt{7}} = \frac{\sqrt{(5.3)}}{\sqrt{(7.3)}}, \quad \sqrt{\tfrac{2}{3}}\times\sqrt{\tfrac{3}{4}} = \sqrt{(\tfrac{2}{3}\times\tfrac{3}{4})} = \sqrt{\tfrac{1}{2}},$$

$$\sqrt{\tfrac{2}{3}} : \sqrt{\tfrac{3}{4}} = \sqrt{\tfrac{8}{3}}\times\sqrt{\tfrac{4}{3}} = \sqrt{\tfrac{8}{9}} = \tfrac{2}{3}\sqrt{2}.$$

Ainsi on peut intervertir l'ordre des facteurs irrationnels, et multiplier par le même facteur les deux termes d'une fraction irrationnelle.

Nous terminerons par plusieurs remarques.

1°. On doit toujours préparer les nombres de manière à ne soumettre que des entiers au calcul de l'extraction.

2°. Le nombre des décimales d'un carré est toujours pair et double de celui de la racine : on doit ajouter des zéros ou supprimer des décimales, pour que cette condition soit remplie dans tous les cas.

3°. Chaque tranche ne devant donner qu'un seul chiffre, on ne peut mettre à la fois plus de 9 à la racine.

4°. Le carré d'un entier, tel que 18, étant donné, pour avoir celui du nombre suivant 19, comme $19 = 18 + 1$, le carré est $18^2 + 2\times 18 + 1$ (n° 61); on ajoutera donc 37 à 324, carré de 18, et l'on aura $361 = 19^2$. En général, *quand on a le carré d'un entier, en ajoutant un, plus le double de ce nombre, on a le carré de l'entier suivant.* Il suit de là que dans l'extraction de racines carrées chaque reste doit être moindre que le double de la racine qui s'y rapporte; car si l'on trouvait un reste plus grand que ce double, il faudrait mettre une unité de plus à cette racine.

5°. La preuve de l'extraction se fait par l'élévation de la racine au carré; il faut qu'en multipliant la racine par elle-même, et y ajoutant le reste, on retrouve le nombre proposé; ce reste doit d'ailleurs être moindre que deux fois la racine. On peut aussi appliquer ici la preuve par 9, par 11...., exposée n° 35, 5°.

Extraction des Racines cubiques.

67. Avant d'extraire la racine cubique, il convient d'analyser la loi suivant laquelle se forme le cube, qui est le produit d'un nombre par son carré. En imaginant ce nombre décomposé en deux parties, on a vu (n° 61) que le carré est composé du carré de la première, du carré de la seconde, et du double de leur produit : c'est le système de ces trois quantités qu'il faut multiplier par les deux parties du nombre donné. Or, en les multipliant d'abord par la première, on obtient

$$(7+5)^2 = 7^2 + 2 \times 7 \times 5 + 5^2$$
$$7 + 5$$

1°. Le cube de la 1re partie......... 7^3
2°. 2 fois le carré de la 1re × la 2e.. $2 \times 7^2 \times 5$
3°. La 1re × le carré de la 2e...... 7×5^2

De même en multipliant les trois parties du carré par la 2e du nombre donné, il vient :

1°. Le carré de la 1re × la 2e...... $7^2 \times 5$
2°. 2 fois le carré de la 2e × la 1re.. $2 \times 7 \times 5^2$
3°. Enfin le cube de la 2e......... 5^3

en réunissant ces six résultats, $7^3 + 3 \times 7^2 \times 5 + 3 \times 7 \times 5^2 + 5^3$ on voit que le cube de tout nombre formé de deux parties, se compose de quatre (voy. n° 97, 2°.); 1°. *le cube de la première;* 2°. *trois fois le carré de la première multiplié par la seconde;* 3°. *trois fois le carré de la seconde multiplié par la première;* 4°. *le cube de la seconde.*

Concluons de là que le cube de tout nombre composé de dixaines et d'unités est formé du *cube des dixaines, trois fois le carré des dixaines multiplié par les unités, trois fois le carré des unités par les dixaines, enfin le cube des unités.*

68. Le cube de 1, 10, 100, 1000.... est formé de l'unité suivie de trois fois autant de zéros; ainsi un nombre de deux chiffres,

c'est-à-dire entre 10 et 100, a son cube entre 1000 et 1 000 000 ; il est donc composé de quatre, cinq ou six chiffres. En général le cube d'un nombre a le triple des chiffres de sa racine, ou le triple moins 1, ou moins 2.

Les racines des nombres < 1000, n'ayant qu'un chiffre, le tableau (p. 80) les a fait connaître. Nous partagerons l'extraction des autres nombres en deux cas.

1er CAS. Si la racine n'a que deux chiffres, comme l'est celle de 21 952 ; je remarque que le cube des dixaines cherchées se forme en cubant le chiffre des dixaines, et plaçant trois zéros à droite (p. 16). Donc en séparant les trois chiffres 952 du nombre proposé, 21 contient le cube du chiffre des dixaines considérées comme des unités simples, et en outre les mille qui proviennent des autres parties. Le plus grand cube contenu dans 21 est 8, dont la racine est 2 ; c'est le chiffre des dixaines : car puisque 21 est compris entre les cubes de 2 et de 3, 21952 l'est entre ceux de 20 et de 30.

Otons 8 de 21, il reste 13952, qui représente les trois autres parties du cube : or le produit de trois fois le carré des dixaines par les unités se forme en multipliant par les unités le triple du carré de 2, c'est-à-dire 12, et plaçant en outre deux zéros à droite : ainsi séparant les deux chiffres 52, le nombre 139 contiendra douze fois les unités, et les centaines produites par les deux autres parties du cube. En divisant 139 par 12, le quotient sera donc les unités, ou un nombre plus grand ; et comme *ce chiffre ne peut excéder* 9, on prendra 9 pour le quotient de $\frac{139}{12}$.

Il s'agit de vérifier si 9 est plus grand que les unités. Pour cela, sous 1200, qui est le triple du carré des dixaines, plaçons le triple du produit des dixaines par 9, ou 3.20.9 = 540 ; puis le carré de 9 ou 81, et multiplions la somme 1821 par 9. Si 9 est le chiffre des unités, le produit devra être égal au reste, puisqu'on forme ainsi les trois parties que ce reste contient. Ce produit excède 13952, d'où il suit que les unités sont < 9. On essaiera donc

	21.9 52	(	28 Racine.	
	8		12	12
	13 9.52		54	48
	13 9 52	(	81	64
	0		1821	1744
			9	8
			16389	13952

8 ; et comme en faisant la même épreuve on trouve précisément 13952, on reconnaît que 28 est la racine cubique exacte de 21952. Ce raisonnement est analogue à celui qu'on a fait pour la division et la racine carrée (n⁰ˢ 18, 62) ; on tirera facilement la règle qu'il faut suivre dans ces sortes de calculs.

2ᵉ CAS. Si la racine a plus de deux chiffres, comme pour le nombre 12 305 472 000, on raisonnera comme précédemment (n° 62, 2°.) : On verra qu'il faut, 1°: *couper le nombre en tranches de trois chiffres, à partir de la droite.*

2°. *Extraire la racine cubique de la dernière tranche* 12, qui est 2 ; c'est le chiffre des mille de la racine : retranchant de 12 le cube 8 des mille, il reste 4.

3°. *Descendre à côté de ce reste* 4 *la tranche suivante* 305, *dont on séparera deux chiffres* 05 ; *et diviser* 43 *par* 12, *triple du carré du chiffre obtenu.* Le quotient 3 doit être éprouvé comme on vient de le dire. On reconnaît qu'il y a 3 centaines ; le reste est 138.

4°. *Descendre près de ce reste la tranche* 472, dont on séparera de même 72, et diviser 1384 par 1587, triple du carré de 23 ; on posera à la racine le quotient zéro.

5°. *Descendre près du reste la tranche* 000 *et diviser* 1384720 *par* 158700.

Et ainsi de suite. Voici le type du calcul.

```
  12 3 05.4 72 .000 ( 2308  Racine.
    43.05               12     15 870 0
    4  67               18        55 20
     1 38 4.72           1 9           64
     1 38 4 72 0.00    1389     15 925 264
     1 27 4 02 1 12       3            8
Reste.....    11 0 69 8 88   4167  127 402 112
```

69. On démontrera, comme au n° 63, que, 1°. lorsqu'un nombre entier, tel que 3, n'a point de racine cubique entière, il n'en a pas non plus de fractionnaire ; mais on peut approcher indéfiniment de cette racine. Pour obtenir $\sqrt{} 3$ à moins de $\frac{1}{4}$, on multipliera 3 par le cube de 4, et l'on aura 3 × 64, ou 192, dont la racine cubique est 5 en nombre entier : donc $\frac{5}{4}$ est le nombre de-

mandé, et $\overset{3}{V}3$ tombe entre $\frac{5}{4}$ et $\frac{6}{4}$. De même pour $\overset{3}{V}(3\frac{5}{7})$ à moins de $\frac{1}{11}$, on a $3\frac{5}{7} \times 11^3 = 4943\frac{5}{7}$, la racine cubique est 17; donc $\frac{17}{11}$ est approché de $\overset{3}{V}(3\frac{5}{7})$ à moins de $\frac{1}{11}$.

2°. *Pour approcher à l'aide des décimales, on reculera la virgule d'autant de fois trois rangs à droite qu'on veut de chiffres décimaux :* on ajoutera pour cela un nombre convenable de zéros, si cela est nécessaire. Ainsi, pour avoir $\overset{3}{V}0{,}3$ à moins de $\frac{1}{100}$, on prendra $\overset{3}{V}300\,000$ qui est 67, d'où $\overset{3}{V}0{,}3 = 0{,}67$.

De même $\overset{3}{V}5{,}7$ à moins de $\frac{1}{10}$ se trouve en prenant $\overset{3}{V}5700$ qui est 18, et l'on a $1{,}8$.

Enfin, $\overset{3}{V}3{,}2178$ à moins de $\frac{1}{10}$ est $= \frac{1}{10}\overset{3}{V}3217 = 1{,}5$.

3°. Si le nombre proposé est entier, on se contentera de placer, près de chaque reste, une tranche de trois zéros, jusqu'à ce qu'on ait obtenu le nombre de chiffres décimaux qu'on désire (*).

Voici le calcul pour $\overset{3}{V}477$.

(*) Le calcul devient très long lorsque la racine est un grand nombre : mais on peut en abréger la partie la plus pénible, qui est la recherche des diviseurs destinés à donner pour quotiens les chiffres consécutifs de cette racine : appliquons le procédé à la racine de 477. Supposons qu'on ait déjà trouvé la partie 7,8 de cette racine, et qu'on veuille pousser l'approximation plus loin: il faudra faire 3×78^2; mais on a déjà formé la quantité $(3a^2 + 3ab + b^2)b$, en faisant $a = 7$ dixaines, $b = 8$ unités, et l'on veut trouver $3a'^2 = 3(a+b)^2 = 3(a^2 + 2ab + b^2)$, quantité qui surpasse $3a^2 + 3ab + b^2$ de $3ab + 2b^2$. Ainsi à 16444 qui représente le 1er trinome, il faut ajouter $3ab$, ou 168 dixaines, et $2b^2$ ou deux fois 64. Ce calcul est indiqué ci-après. Une fois le diviseur trouvé, on obtient aisément le chiffre des centièmes et le reste, puis le diviseur subséquent par le même procédé, etc.

$$\begin{array}{l} \frac{\cancel{477}}{343} \\ \overline{1340{.}00} \\ 1315\,52 \\ \overline{24\,480{.}00} \end{array} \qquad \left\{ \begin{array}{l} 7{,}8 \\ \underline{147} \qquad\qquad 16444 \\ 168 \ldots\ldots 1680 \\ \underline{64{.\ .}\text{2 fois.}\ \ 128} \\ 16444 \times 8 \quad \overline{18252} = 3{.}78^2 \end{array} \right.$$

```
477                    ⌠  7,81339
343                    ⎨    147      18252
─────                  ⎩    168        234
1340.00                      64          1
1315 52                   ─────      ───────
─────                     16444      1827541
24 480.00                    8            1
18 275 41
─────
6 204 590.00
etc.
```

On trouve $\sqrt[3]{2} = 1,259921$, $\sqrt[3]{3} = 1,442249$.

4°. La racine cubique d'une fraction se trouve en prenant celle de chacun de ses deux termes : $\sqrt[3]{\frac{8}{27}} = \frac{2}{3}$. Mais si ces termes ne sont pas l'un et l'autre des cubes exacts, on prouve, comme n° 65, que la racine est incommensurable, et qu'on n'en peut avoir qu'une valeur approchée. Si le degré d'approximation est donné d'avance, on opérera comme il vient d'être dit 1°.;

$\sqrt[3]{\frac{2}{5}}$ à moins de $\frac{1}{3}$ est $= \frac{1}{3} \sqrt[3]{(\frac{2}{5} \times 27)} = \frac{1}{3} \sqrt[3]{(10\frac{4}{5})}$, valeur comprise entre $\frac{2}{3}$ et 1, qui sont les résultats demandés.

Mais si l'approximation doit demeurer arbitraire, on rendra le dénominateur un cube exact, et l'on approchera de la racine du numérateur. Pour $\sqrt[3]{\frac{5}{7}}$, on prendra $\frac{1}{7} \sqrt[3]{(5 \times 49)} = \frac{1}{7} \sqrt[3]{245}$ $= \frac{1}{7} \times 6,2573 = 0,8939$. De même $\sqrt[3]{(17\frac{2}{3})}$ ou $\sqrt[3]{\frac{53}{3}}$ est $\frac{1}{3} \sqrt[3]{477}$ $= \frac{1}{3} \times 7,81339 = 2,604463\ldots$.

Nous ne dirons rien ici sur l'extraction des racines quatrièmes, cinquièmes…., pour lesquelles on trouverait des méthodes analogues aux précédentes (voy. n° 489); mais nous ferons observer que, d'après ce qu'on a dit, n° 60, lorsque le degré de la racine est le produit de plusieurs facteurs, elle peut se décomposer en racines successives de degrés moindres. Ainsi de $12 = 2 \times 2 \times 3$, on conclut que la racine douzième revient à deux racines carrées et une racine cubique. Pour $\sqrt[12]{244\ 140\ 625}$, on prendra d'abord la racine cubique qui est 625 puis $\sqrt{625}$ qui est 25, enfin $\sqrt{25} = 5$, qui est la racine douzième cherchée. L'extraction des racines est une opération très pénible, mais qui sera bientôt rendue facile par les belles propriétés des logarithmes (n° 87).

IV. DES RAPPORTS.

Des Équidifférences et Proportions.

70. On compare les grandeurs sous deux points de vue, en cherchant, ou l'excès de l'une sur l'autre, ou le nombre de fois qu'elles se contiennent mutuellement. Le résultat de cette comparaison s'obtient par une soustraction dans le premier cas, et par une division dans le second. On nomme *Raison* ou *Rapport* de deux nombres le quotient qu'on trouve en divisant l'un par l'autre. C'est ainsi que 3 est le rapport de 12 à 4, puisque 3 est le quotient de 12 : 4. On pourrait également dire que le rapport de 12 à 4 est $\frac{4}{12}$ ou $\frac{1}{3}$, puisqu'il est indifférent de dire que le premier des nombres est triple du second, ou que celui-ci est le tiers de l'autre. Nous conviendrons à l'avenir de diviser le premier nombre énoncé par le second.

Le premier terme d'un rapport est l'*Antécédent*, le second est le *Conséquent*.

On sait (n° 4) que la différence de deux nombres demeure la même lorsqu'on les augmente ou diminue de la même quantité, et qu'on ne change pas un rapport (n° 15) en multipliant ou divisant ses deux termes par un même nombre.

$$12 - 5 = 13 - 6 = 11 - 4; \frac{42}{12} = \frac{14}{4} = \frac{7}{2}.$$

Il est aisé d'attacher un sens net au rapport des quantités irrationnelles; puisqu'elles n'entrent dans le calcul que comme représentant leurs valeurs approchées (n° 60). Du reste, ce rapport peut quelquefois être commensurable : ainsi,

$$\frac{\sqrt{12}}{\sqrt{3}} = \sqrt{\frac{12}{3}} = \frac{\sqrt{4}}{1} = \frac{2}{1}.$$

71. Lorsque la différence entre deux nombres, tels que 10 et 8 est la même qu'entre deux autres 7 et 5, ces quatre quantités

forment une *Équidifférence* ; $10 - 8 = 7 - 5$. Quand le rapport de deux nombres est le même que celui de deux autres, ces quatre quantités forment une *Proportion* qui résulte de *l'égalité de deux rapports* : 20 et 10, aussi bien que 14 et 7, ont 2 pour rapport ; on a donc une proportion entre 20, 10, 14 et 7, qu'on écrit ainsi 20 : 10 :: 14 : 7, et qu'on énonce 20 *est à* 10 *comme* 14 *est à* 7. On peut aussi l'indiquer ainsi $\frac{20}{10} = \frac{14}{7}$. Lorsque nous préférerons cette dernière notation, ce qui arrivera le plus souvent, nous lui conserverons l'énoncé reçu : 20 est à 10 comme 14 est à 7, et non pas 20 divisé par 10 égale 14 divisé par 7, quoique ces locutions soient équivalentes.

Les termes 20 et 7 sont les *Extrèmes*, 10 et 14 les *Moyens* de la proportion.

Lorsque les deux moyens sont égaux entre eux, on dit que la *Proportion est Continue* : telle est la suivante 16 : 24 :: 24 : 36, qu'on écrit ainsi ÷ 16 : 24 : 36. Le second terme se nomme *Moyen proportionnel.*

Il est visible que l'idée la plus générale qu'on puisse se faire de la *mesure des grandeurs* (n°. 36.), consiste à *avoir leur rapport avec l'unité de leur espèce*. Ainsi, lorsqu'on dit qu'une chose est $= \frac{5}{7}$, ou est cinq fois le septième de l'unité, cela revient à dire que le rapport de cette grandeur à l'unité est le même que celui de 5 à 7. De même (n° 63) on mesure l'incommensurable $\sqrt{7}$, en remplaçant son rapport avec l'unité par celui de deux nombres, tels que 13 et 5, qui donnent la proportion inexacte, mais approchée, $\sqrt{7}$: 1 :: 13 : 5.

72. Suivant que les restes de deux soustractions $10 - 8$ et $7 - 5$ sont égaux ou inégaux, ils le seront encore après leur avoir ajouté la somme $8 + 5$ des quantités soustractives ; ce qui donne, $10 + 5$ et $7 + 8$. Donc, lorsqu'on a l'équidifférence $10 - 8 = 7 - 5$, *la somme des extrèmes est égale à celle des moyens ; et réciproquement si* $10 + 5 = 7 + 8$, *on a l'équidifférence* $10 - 8 = 7 - 5$.

Il est donc bien aisé de trouver un terme d'une équidifférence connaissant les trois autres termes ; car soit demandé le quatrième terme x, les trois premiers étant 10, 8 et 7 ; puisque l'inconnue x, augmentée de 10, doit être $= 8 + 7$, il faut (n° 4) que $x = 8 + 7 - 10 = 5$; on a donc l'équidifférence $10 - 8 = 7 - 5$.

Soient pareillement deux rapports $\frac{6}{3}$ et $\frac{14}{7}$: pour juger s'ils sont égaux ou inégaux, il faut les multiplier par 3×7 produit des dénominateurs, on a 6×7 d'une part, et 14×3 de l'autre. Donc, si l'on a quatre nombres en proportion $6 : 3 :: 14 : 7$, *le produit des extrêmes est égal à celui des moyens.*

Réciproquement, si l'on a quatre nombres 6, 3, 14 et 7, tels que les produits 6×7 et 3×14 se trouvent égaux, on en conclura l'égalité de leurs rapports, ou la proportion $6:3::14:7$, ou $= \frac{6}{3} = \frac{14}{7}$: donc on peut toujours former une proportion avec les facteurs de deux produits égaux.

1°. Le produit des moyens devient un carré, s'ils sont égaux. Donc *le moyen proportionnel entre deux nombres est la racine carrée de leur produit.* Entre 3 et 12, le moyen proportionnel est $\sqrt{(3 \times 12)} = 6$, savoir $\div 3 : 6 : 12$. Réciproquement si l'on a $6^2 = 3 \times 12$, on pourra former la proportion continue

$$\div 3 : 6 : 12.$$

2°. Si une proportion renferme un terme inconnu, telle que $6 : 3 :: 14 : x$; comme trois fois 14 doit être égal à six fois l'inconnue, elle est (n° 5) le quotient de 3×14 divisé par 6, ou $\frac{42}{6} = 7$; donc $6 : 3 :: 14 : 7$. En général, *l'un des extrêmes se trouve en divisant le produit des moyens par l'extrême connu.* Si l'inconnue était un moyen, on diviserait le produit des extrêmes par le moyen connu.

3°. On peut, sans détruire une proportion, faire subir aux divers termes qui la composent tous les changemens qui conduisent encore à donner le produit des extrêmes égal à celui des moyens.

Ainsi pour $6 : 3 :: 14 : 7$, qui donne $6 \times 7 = 3 \times 14$, on peut

I. Déplacer les extrêmes entre eux, ou les moyens entre eux (ce qu'on désigne par *Alternando*); ainsi,

$$6 : 14 :: 3 : 7$$
$$\text{ou } 7 : 3 :: 14 : 6$$
$$\text{ou } 7 : 14 :: 3 : 6.$$

II. Mettre les extrêmes à la place des moyens (ce qu'on nomme *Invertendo*).

$$3 : 6 :: 7 : 14.$$

III. Enfin, multiplier ou diviser les deux antécédens, ou les deux conséquens, par le même nombre (n° 70).

73. En appliquant le théorème du n° 38, 4°. à la proportion $30 : 6 :: 15 : 3$, ou $\frac{30}{6} = \frac{15}{3}$, on trouve

$$\frac{30 \pm 15}{6 \pm 3} = \frac{15}{3}, \text{ et } \frac{30 + 15}{6 + 3} = \frac{30 - 15}{6 - 3}.$$

Si l'on fait le produit des extrêmes et celui des moyens, les produits communs à l'un et à l'autre, peuvent être supprimés, et il reste les quantités 30×3 et 15×6, égales d'après la proportion donnée.

Donc, 1°. *la somme ou la différence des antécédens est à celle des conséquens, comme un antécédent est à son conséquent.*

2°. *La somme des antécédens est à leur différence, comme la somme des conséquens est à leur différence.*

3°. Soit une suite de rapports égaux $\frac{6}{3} = \frac{10}{5} = \frac{14}{7} = \frac{30}{15}$, on aura $\frac{6 + 10 + 14 + 30}{3 + 5 + 7 + 15} = \frac{14}{7} = \frac{30}{15}$; donc, *dans toute suite de rapports égaux, la somme des antécédens est à celle des conséquens, comme un antécédent est à son conséquent.*

4°. Si l'on renverse la proportion donnée, on a $30 : 15 :: 6 : 3$, d'où $\frac{30 \pm 6}{15 \pm 3} = \frac{6}{3}$ (*Componendo, Dividendo*).

74. *On peut multiplier deux proportions terme à terme.* En effet, $30 : 15 :: 6 : 3$, et $2 : 3 :: 4 : 6$ donnent les fractions

égales $\frac{30}{15} = \frac{6}{3}$ et $\frac{2}{3} = \frac{4}{6}$; on trouve, en les multipliant......,
$30 \times 2 : 15 \times 3 :: 6 \times 4 : 3 \times 6$.

Donc, *on peut élever les termes d'une proportion au carré, au cube,* et par conséquent on peut aussi *en extraire la racine carrée, cubique....*

Des Règles de Trois.

75. Lorsque les élémens d'un problème peuvent former une proportion dont l'inconnue est le dernier terme, un calcul simple (n° 72, 2°.) donne la valeur de ce terme : c'est ce qu'on nomme une *Règle de trois.* Ainsi 30 ouvriers ont fait 20 mètres d'ouvrage; combien 21 ouvriers en feraient-ils dans le même temps? Accordons, pour un moment, que les conditions de cette question soient exprimées par la proportion $30 : 20 :: 21 : x$, en désignant par x le nombre de mètres demandé; on en conclut que cette inconnue $x = \dfrac{20 \times 21}{30} = 14$.

Lorsqu'on veut résoudre, à l'aide d'une règle de trois, une question proposée, il est nécessaire de s'assurer si la solution peut dépendre des proportions; après quoi il ne reste d'autre difficulté qu'à placer les nombres contenus dans la question, aux rangs qui leur conviennent dans la proportion.

On reconnaît que la solution d'une question dépend des règles de trois, lorsque l'énoncé est formé de deux périodes : les deux termes de la première étant *Homogènes* respectivement à ceux de la seconde, c'est-à-dire *de même nature, deux à deux;* et que de plus *ces deux termes peuvent être multipliés ou divisés par le même nombre sans altérer la solution.*

Ainsi, dans notre problème, 30 ouvriers et 21 ouvriers sont homogènes, et l'on pourrait multiplier ces deux nombres par 4 ou par 3...., sans y rien changer. Si l'on disait, par exemple, 60 ouvriers ont fait 20 mètres, combien 42 en feraient-ils? Cette question aurait visiblement la même solution que la première.

| 30 ouvr. | 20 mèt. |
| 21 | x |

Au contraire, le temps qu'une pierre emploie à tomber n'étant pas double lorsque la hauteur est double ; un tonneau n'employant pas à se vider un temps triple, lorsque sa capacité est triple, ces élémens ne peuvent faire partie d'une règle de trois.

76. Après avoir reconnu que la solution d'un problème peut être donnée par une proportion, il s'agit d'assigner à chaque terme le rang qu'il y doit occuper. Le quatrième et le troisième sont d'abord l'inconnue et son homogène, qui seul peut lui être comparé. Le second rapport étant ainsi une fois établi, il reste à former le premier, lequel est composé de deux autres nombres compris dans le problème, et homogènes entre eux. Or, la question fait connaître lequel doit être le plus grand des deux termes déjà posés, c'est-à-dire de l'inconnue et de son homogène ; et, comme les antécédens doivent être ensemble plus grands l'un et l'autre, ou moindres que leurs conséquens, il est facile de décider lequel de ces deux termes homogènes qui restent à placer doit occuper le premier ou le second rang.

Ainsi, dans la question précédente, après avoir posé 20 mètres : x mètres, on voit que 21 ouvriers doivent faire moins d'ouvrage que 30, et que le conséquent x est < 20 ; donc, des deux nombres 30 et 21 qui restent à placer, 30 est le premier, et l'on a 30 : 21 :: 20 : x.

Les deux exemples suivans éclairciront ceci :

Un ouvrage a été fait en 5 jours par 57 ouvriers ; combien faudrait-il de jours à 19 ouvriers pour faire le même ouvrage ? Puis-
$$57 \text{ ouvr.} \quad 5 \text{ jours.}$$
$$19 \qquad\qquad x$$
qu'on pourrait prendre deux ou trois fois plus de jours et autant de fois moins d'ouvriers, la question dépend des proportions. On placera d'abord 5 jours : x jours ; et comme il faut plus de jours à 19 ouvriers qu'à 57 pour accomplir la même tâche, le conséquent x est $>$ que 5 ; 57 est donc le conséquent du premier rapport, et l'on a 19 ouvr. : 57 ouvr. :: 5 jours : x jours

$$x = \frac{5 \cdot 57}{19} = 15 \text{ jours.}$$

Il a fallu 6 mètres d'une étoffe large de $\frac{3}{4}$ pour couvrir un meuble ; combien en faudra-t-il d'une étoffe large de $\frac{2}{3}$? Quoi-

qu'ici les quatre termes soient des mètres, on
reconnaît que les uns expriment des longueurs $\frac{3}{4}$ 6 mèt.
et les autres des largeurs, et que 6 mètres et $\frac{2}{3}$ x
l'inconnue sont les deux homogènes. Ainsi, la
proportion est terminée par 6 mètres : x mètres. Or, il faut
moins de longueur à l'étoffe qui est la plus large; comme $\frac{3}{4} > \frac{2}{3}$,
on a $x > 6$; ainsi $\frac{2}{3}$ est l'antécédent du premier rapport, et l'on
trouve $\frac{2}{3} : \frac{3}{4} :: 6 : x$, d'où $x = 6 \times \frac{3}{4} \times \frac{3}{2} = 6\frac{3}{4}$.

77. Quoiqu'il soit toujours facile de faire ce raisonnement,
en l'évitant on donne plus de rapidité au calcul. On distingue
deux sortes de rapports; le *Direct*, formé de nombres qui
croissent ou décroissent ensemble : l'un décroît au contraire
quand l'autre croît, dans le rapport *Inverse*. Les 30 ouvriers
et 20 mètres de la première question sont en rapport direct,
parce que *plus* il y a d'ouvriers, et *plus* ils font d'ouvrage. Dans
la seconde, au contraire, 57 ouvriers et 5 jours sont en rapport
inverse, parce que *plus* il y a d'ouvriers, et *moins* on doit les
employer de jours pour faire un ouvrage.

Lorsque les termes d'une question sont en rapport direct, ils
s'y présentent dans les mêmes rangs qu'ils doivent occuper dans
la proportion, pourvu qu'en posant la question, on donne le
même ordre aux termes homogènes dans les *deux périodes* de
l'énoncé. Mais si le problème a ses rapports inverses, les termes
doivent procéder en sens opposé dans la proportion, de sorte
que le dernier des nombres énoncés soit écrit le premier,
l'avant-dernier le second, etc.......; *l'inconnue étant toujours
à la quatrième place*. Cela résulte de ce qui a été dit ci-
dessus (*).

(*) On peut éviter l'emploi des proportions, dans tous ces problèmes, *en
réduisant à l'unité l'un des deux termes de la première période de l'énoncé*:
c'est ce qu'on fait en multipliant les deux termes de cette période, quand ils
sont en rapport direct, et divisant l'un par l'autre quand ce rapport est inverse.
En voici des exemples.

1er CAS. *Règles directes*. On divise l'un des termes de la première pé-

Voici encore plusieurs exemples de règles de trois.

I. En 8 jours, un homme a fait 50 lieues ; combien sera-t-il de jours pour faire 80 lieues ? Cette règle est directe, parce que plus on marche, et plus on fait de chemin. Mais les termes homogènes ne se présentent pas dans le même ordre dans les deux périodes, et l'on commettrait une erreur, si l'on posait $8 : 50 :: 80 : x$. Énonçons la question dans ces termes :

Lieues.	Jours.
50	8
80	x

Un homme a fait 50 lieues en 8 jours ; combien sera-t-il de jours à faire 80 lieues ? et il viendra $50 : 8 :: 80 : x = 12\frac{4}{5}$.

II. Un homme a fait une route en 8 jours, marchant 7 heures par jour, combien eût-il mis de temps s'il eût marché 10 heures par jour ? Règle inverse, parce qu'en marchant plus d'heures par jour, il faut moins de jours pour parcourir la même distance : ainsi $10 : 7 :: 8 : x = 5\frac{3}{5}$.

Heures.	Jours.
7	8
10	x

---

riode par l'autre, et l'on remplace ce dernier par 1. Dans la première question, 30 ouvriers font 20 mètres, etc., comme *moins* on a d'ouvriers et *moins* ils font d'ouvrage, on posera : si un ouvrier fait $\frac{20}{30}$ mètres, combien 21 ouvriers en feront-ils ? Évidemment 21 fois davantage ; ou $x = \frac{20}{30} \times 21 = 14$.

2e CAS. *Règles inverses.* On multiplie l'un par l'autre les deux termes de la première période, et l'on remplace par 1 celui des deux qu'on veut. Dans le 2e problème, 5 jours ont suffi à 57 ouvriers, etc., comme *moins* on emploie d'ouvriers et *plus* il faut de jours pour faire le travail, on peut prendre 57 fois plus de temps et un seul ouvrier, savoir : un seul homme a employé 57×5 jours, combien 19 ouvriers mettraient-ils de temps ? 19 fois moins, ou $x = \frac{57 \times 5}{19} = \frac{285}{19} = 15$ jours.

Dans tous les cas, le terme qu'on doit réduire à l'unité dans la première période, est celui qui est *homogène*, ou de même espèce que le terme donné dans la deuxième période. On fera bien de beaucoup s'exercer à cette sorte de raisonnement : les questions énoncées dans le texte seront résolues par ce procédé. On en trouvera un grand nombre d'applications dans le *Recueil de problèmes* de M. Grémilliet, ainsi que de toutes les règles d'Arithmétique : cet estimable ouvrage est très utile pour former les jeunes gens au calcul numérique.

III. Si 17 marcs 5 onces 4 gros d'argent ont coûté 869 livres 15 sous 6 deniers, combien coûteraient 14 marcs 3 onces 2 gros $\frac{1}{2}$? Règle directe; donc

Marcs.	Livres.
17	869
14	x

$$17^m\ 5^o\ 4^{gr} : 869 \text{ liv. } 15 \text{ s. } 6 \text{ den. } :: 14^m\ 3^o\ 2^{gr}\ \tfrac{1}{2} : x \text{ liv.}$$

On simplifie le calcul (n°s 58 et 70) en multipliant les deux antécédens par 16; et l'on a $283^m : 869^l\ 15^s\ 6^d :: 230^m\ 5^o : x$. On trouve $x = 708^l\ 16^s\ 1^d\ \frac{269}{1132}$.

IV. 6 escadrons ont consommé un magasin de fourrage en 54 jours; en combien de jours 9 escadrons l'eussent-ils consommé? Règle inverse, d'où $9 : 54 :: 6 : x = 36$.

Escadr.	Jours.
6	54
9	x

V. Un vaisseau a encore pour 10 jours de vivres; mais on veut tenir la mer encore 15 jours : à quoi doit être réduite chaque ration? On ne trouve pas ici quatre termes; mais il est

Jours.	Ration.
10	1.
15	x

évident que l'un est sous-entendu, et que le problème doit être conçu de cette manière. On donnerait la ration 1 à chaque homme, s'il fallait tenir la mer 10 jours; on doit la tenir 15 jours, que donnera-t-on? Règle inverse : ainsi $15 : 10 :: 1 : x = \frac{2}{3}$.

VI. Une fontaine emplit un réservoir en 6 heures, une autre en 5 heures $\frac{1}{4}$, une troisième enfin en 4 heures $\frac{2}{3}$; en combien de temps ces trois fontaines, coulant ensemble, empliront-elles ce bassin? Cherchons quelle portion la 1re fontaine emplit en 1^h. Si en 6^h un réservoir est rempli, quelle portion le sera en 1^h; d'où $6 : 1 :: 1 : x = \frac{1}{6}$. De même pour les deux autres fontaines on a $5\frac{1}{4} : 1 :: 1 : x = 1 : 5\frac{1}{4} = \frac{4}{21}$, $4\frac{2}{3} : 1 :: 1 : x = \frac{3}{14}$. Ainsi ces trois fontaines, coulant ensemble, empliront, par heure, cette fraction du bassin, $\frac{1}{6} + \frac{4}{21} + \frac{3}{14}$, ou $\frac{7}{42} + \frac{8}{42} + \frac{9}{42} = \frac{4}{7}$. Donc, si les $\frac{4}{7}$ d'un réservoir sont remplis en 1^h, combien faudra-t-il d'heures pour emplir 1? La solution est $1 : \frac{4}{7}$ ou $\frac{7}{4} = 1\frac{3}{4}$. Il faudra 1 heure $\frac{3}{4}$ pour que les trois fontaines emplissent le bassin. En général, on divisera l'unité par la somme des fractions du réservoir qu'emplit chaque fontaine en 1^h.

78. *Règles de trois composées.* On ramène souvent aux proportions des questions qui renferment plus de trois termes donnés. Il faut alors qu'elles soient formées de deux périodes qui contiennent des nombres homogènes, deux à deux, et *variables proportionnellement.* En voici un exemple.

Si 20 hommes ont fait 16o mètres d'ouvrage en 15 jours, combien 3o hommes en feraient-ils en 12 jours?

Hommes.	Mètres.	Jours.
20	16o	15
3o	x	12

Il se présentera deux cas, suivant que les termes qui ne répondent pas à l'inconnue sont en rapport direct ou inverse. Ici, 20 hommes et 15 jours sont en rapport inverse; car *plus* on emploie d'ouvriers, et *moins* il est nécessaire de les occuper de temps pour accomplir une même tâche; en sorte qu'on peut doubler, tripler... l'un des nombres, pourvu qu'on divise l'autre par 2., 3..., et la question reste la même. Multiplions 20 hommes par 15, et divisons 15 jours par 15; il viendra 3oo hommes et 1 jour : de même multiplions 3o hommes par 12, et nous aurons 36o hommes et 1 jour. La question devient donc, si 3oo hommes ont fait 16o mètres en un jour, combien

Hommes.	Mètres.	Jours.
3oo	16o	1.
36o	x	1

36o hommes en feront-ils en un jour? *Le temps étant le même de part et d'autre,* il est inutile d'y avoir égard, et (*) on a la règle directe 3oo : 16o :: 36o : $x = 192$ mètres.

Lorsque le rapport est direct, on procède différemment. Par exemple, si 20 hommes ont fait 16o mètres en 15 jours, combien faudra-t-il de jours à 3o hommes pour faire 192 mètres?

Hommes.	Mètres.	Jours.
20	16o	15
3o	192	x

Plus il y a d'hommes, et plus ils font de mètres; 20 hommes

(*) C'est même à la réduction de ces deux nombres à l'égalité que l'on doit tendre : on aurait pu se contenter de multiplier 20 et diviser 15 par 5; et de même, multiplier 3o et diviser 12 par 4; ce qui aurait réduit les jours au même nombre 3 dans les deux cas.

et 160 mètres sont en rapport direct. Ainsi, après avoir multiplié l'une de ces quantités par 2, 3..., il faudra aussi multiplier l'autre par le même nombre. Prenons 192 pour facteur de 20 hommes et 160 mètres, puis 160 pour facteur de 30 hommes et 192 mètres, et il est clair que le nombre des mètres (*) sera, dans les deux cas, 192 × 160. On a donc cette question : si 20 × 192 hommes ont fait un ouvrage en 15 jours, combien de jours seraient 30 × 160 hommes à faire ce même ouvrage ? Cette règle est inverse et l'on a

$$30 \times 160 : 15 :: 20 \times 192 : x = \frac{20 . 192 . 15}{30 . 160},$$

ou
$$x = \frac{2 . 192 . 5}{1 . 160} = \frac{192}{16} = 12.$$

On raisonnera de même dans tout autre cas : le 2e de ces problèmes peut servir de preuve à l'exactitude du 1er calcul; et, en général, en renversant le problème, on fera la preuve de l'opération. Voici encore un exemple assez compliqué.

Si 40 ouvriers ont fait 300 mètres en 8 jours, en travaillant 7 heures par jour, combien 51 ouvriers seraient-ils de jours à faire 459 mètres en travaillant 6 heures par jour ?

Hommes.	Mètres.	Jours.	Heures.
40	300	8	7
51	459	x	6

On verra d'abord que les ouvriers et les heures sont en rapport inverse; on mettra donc 40 × 7 heures d'une part, et 51 × 6 heures de l'autre, durant un jour, ce qui donnera lieu à la question indiquée ci-contre, et qu'il est inutile d'énoncer.

Heures.	Mètres.	Jours.
40 × 7	300	8
51 × 6	459	x

Les heures et les mètres sont en rapport direct; on fera donc 459 multiplicateur des termes de la première période, et

---

(*) On aurait rempli le même but avec un facteur plus simple que 192 ; voyez ce qu'on a dit pour la réduction au même dénominateur (p. 49); nous avons pris ici 192, pour mieux faire concevoir la conséquence qui suit.

300 celui de la seconde; ce qui réduira le nombre des mètres à être le même de part et d'autre. On aura une règle de trois inverse, qu'on posera ainsi

Heures.	Jours.
$40 \times 7 \times 459$	8
$51 \times 6 \times 300$	x

$$51 \times 6 \times 300 : 8 :: 40 \times 7 \times 459 : x = \frac{40 . 7 . 459 . 8}{51 . 6 . 300}.$$

On peut même, avant d'effectuer le calcul, supprimer le facteur 3, dans 300 et 6, puis 9 dans 459; d'où

$$x = \frac{40 \times 7 \times 51 \times 8}{51 \times 2 \times 100} = \frac{4 \times 7 \times 4}{10} = 11,2.$$

On peut encore éviter ces divers raisonnemens; car, en les reproduisant sur chaque terme, comparé à l'inconnue, on voit que, *lorsque le rapport sera direct, le terme devra changer de place avec son homogène; tandis que s'il forme un rapport inverse, on le laissera où il est. Enfin, on multipliera tous les nombres contenus dans chaque ligne, et l'on égalera les produits entre eux.* Ainsi, dans la dernière question, les ouvriers et les jours sont en rapport inverse, ainsi que les heures et les jours; mais les mètres et les jours forment un rapport direct : on changera de place seulement 300 et 459; on formera le produit des nombres

$$\begin{array}{c} 40 \times 459 \times 8 \times 7 \\ \hline 51 \times 300 \times x \times 6 \end{array}$$

contenus dans chaque ligne, et égalant il viendra $40 \times 459 \times 8 \times 7 = 51 \times 300 \times 6 \times x$, ce qui donne la même valeur que ci-devant : en effet, l'inconnue sera le quotient (n°.5) de $40 \times 459 \times 8 \times 7$ divisé par $51 \times 300 \times 6$.

Cette opération peut même s'appliquer aux règles de trois simples.

79. *Règle de société.* Trois associés ont mis dans le commerce, l'un 12000 fr., l'autre 8000 fr., le troisième 4000 fr. Ils ont gagné 5430 fr., on demande de partager ce gain à raison de leurs mises.

La somme totale 24000 fr. a rapporté 5430 fr. On fera donc ces trois proportions :

$$24000 : 5430 \text{ ou } 2400 : 543 :: 12000 : x = 2715^{\text{fr.}}$$
$$2400 : 543 :: 8000 : x = 1810$$
$$2400 : 543 :: 4000 : x = 905$$

On voit que *la totalité des mises est à celle des bénéfices, comme chaque mise particulière est au bénéfice qui lui est échu.* La somme des bénéfices doit reproduire 5430.

Soit encore proposé le problème suivant :

Trois négocians ont mis dans le commerce, savoir, l'un 10 000 fr. pendant 7 mois, l'autre 8000 fr. pendant 5 mois, le troisième 4000 fr. pendant 20 mois; on demande quelle est la part de chacun dans le bénéfice de 1500 fr.

On remarquera que les mises et les temps sont en rapport inverse : en les multipliant respectivement, on retombe sur une règle de la première espèce. L'un des associés est supposé avoir mis 70 000 fr., le second 40 000 fr., le dernier 80 000; les temps sont égaux. On trouvera, par la règle précédente, 552 fr.,63... 315 fr.,79... 631 fr.,58... pour les gains respectifs.

Si l'on cherche d'abord le bénéfice que rapporterait une mise de 100 fr., on pourra poser aussi, pour chacune, cette proportion : si 100 fr. rapportent un tel bénéfice, quel est celui qui est dû à une telle mise? Le 1er terme ou diviseur est 100 dans cette règle de trois. Ainsi toutes ces proportions seront plus faciles à résoudre, ce qui sera surtout utile lorsqu'il y aura un grand nombre de sociétaires, puisqu'on est conduit à autant de règles de trois qu'il y a de parts à faire.

80. *Règle d'intérêt.* On a pour but de trouver la somme due pour de l'argent prêté, sous certaines conditions. Cet intérêt se stipule de deux manières : ou en indiquant celui que porte la somme de 100 fr., ce qu'on désigne par les mots *tant pour cent* (5 pour cent s'écrit ainsi : 5 p. $\frac{c}{o}$); ou en fixant la somme qui doit rapporter un franc d'intérêt; le *Denier* 14 signifie que 14 francs rapportent 1 franc.

La relation qui lie ces deux manières de stipuler l'intérêt se trouve par une proportion. Ainsi le denier 25 équivaut à 4 p. $\frac{c}{o}$, puisque si l'on pose cette règle de trois, *25 fr. rapportent*

1 fr., *quel est l'intérêt de* 100 fr.? on trouve 4 fr. De même le denier 2 revient à 50 p. $\frac{0}{0}$, le denier 20 à 5 p. $\frac{0}{0}$.

Un exemple de règles d'intérêt suffira pour montrer comment on doit résoudre toutes les questions semblables. Quel est l'intérêt de 10 000 à $\frac{1}{4}$ pour $\frac{0}{0}$ par mois durant 7 mois? Ce problème revient à celui-ci : Si 100 fr. rapportent $\frac{1}{4}$ fr. durant 1 mois, combien 10 000 fr. rapporteront-ils pendant 7 mois? Cette règle de trois composée se résout à l'ordinaire (n° 78). On peut aussi la résoudre comme il suit : 100 : $\frac{1}{4}$ :: 10 000 : $x = 25$ fr., intérêt de 10 000 fr. pendant un mois; 7×25, ou 175 fr., est donc l'intérêt cherché. (*Voy.* n°. 150.)

81. *Règle d'escompte.* Lorsqu'une somme n'est due qu'à une époque encore éloignée, et qu'on en obtient sur-le-champ le paiement, on nomme *Escompte* l'intérêt qu'on perçoit pour cela. Si donc on a 10 000 fr. à recevoir dans 7 mois, en retenant l'intérêt de cette somme à $\frac{1}{4}$ p. $\frac{0}{0}$ par mois, on devra déduire 175 fr., et il restera 9825. Cette manière d'opérer s'appelle *prendre l'escompte en dehors ;* elle est la plus usitée, quoiqu'on retienne l'intérêt de 10 000 fr., et qu'on ne paie en effet que 9825 fr.

Pour *l'escompte en dedans,* il ne faut retrancher que l'intérêt de la somme qu'on paie. Voici ce qu'on doit faire. Chaque mois, on devra retenir $\frac{1}{4}$ fr. par 100 fr.; donc après 7 mois 100 + $\frac{7}{4}$ fr. seront réduits à 100 fr.; on posera donc cette proportion : Si 101 $\frac{3}{4}$ sont réduits à 100 fr., à combien 10 000 fr. seront-ils réduits. On trouve 9828 fr. 01. En effet, si l'on ajoute à cette somme son intérêt à $\frac{1}{4}$ p. $\frac{0}{0}$ par mois durant 7 mois, on retrouvera 10 000 fr.

82. *Règle conjointe.* Prenons un exemple pour expliquer cette règle.

On demande combien 27 pieds anglais valent de mètres, connaissant les rapports suivants approchés :

1,3 mètres   valent 4 pieds français.
15 pieds franç. valent 16 pieds anglais.

Je multiplie par .15 les deux nombres de la première ligne, et par 4 ceux de la deuxième ; et je trouve que

$$15 \times 1{,}3 \text{ mètres} = 15 \times 4 \text{ pieds français.}$$
$$4 \times 15 \text{ pieds franç.} = 4 \times 16 \text{ pieds anglais,}$$

donc
$$15 \times 1{,}3 \text{ mètres} = 4 \times 16 \text{ pieds anglais.}$$

On tire de ce résultat la règle suivante : *Écrivez les équations données de manière que le second membre de la première soit de même espèce que le premier membre de la seconde, puis multipliez terme à terme, et conservez au premier membre l'espèce d'unité du premier membre de la 1re équ., et au deuxième membre l'espèce du 2e membre de la deuxième.*

Représentant par x mètres la valeur des 27 pieds anglais, nous aurons de même

$$15 \times 1{,}3 \text{ mètres} = 4 \times 16 \text{ pieds anglais,}$$
$$27 \text{ pieds angl.} = x \text{ mètres,}$$

d'où
$$27 \times 15 \times 1{,}3 \text{ mètres} = 4 \times 16 \times x \text{ mètres.}$$

et
$$x = \frac{27 \times 15 \times 1{,}3}{4 \times 16} = \frac{526{,}5}{64} = 8{,}23 \text{ mètres.}$$

Ainsi, en faisant abstraction du raisonnement qui a éclairé cette opération, tout se réduit à écrire les rapports donnés sous la forme d'équations et à pratiquer la règle ci-dessus.

$$1{,}3 \text{ mètres} = 4 \text{ pieds français,}$$
$$15 \text{ pieds franç.} = 16 \text{ pieds anglais,}$$
$$27 \text{ pieds angl.} = x \text{ mètres.}$$

d'où
$$1{,}3 . 15 . 27 \text{ mètres} = 4 . 16 . x \text{ mètres.}$$

La règle est posée quand on est arrivé à un deuxième membre de même espèce que le terme initial ; on égale le produit de la première colonne à celui de la deuxième. Ce procédé s'applique, quel que soit le nombre des équations qui s'enchaînent ainsi par un terme initial de même espèce que le terminal de l'équation précédente. Les exemples suivans montreront l'emploi de la règle conjointe et feront concevoir toute son utilité.

On demande le rapport de l'arpent parisien à l'hectare. On

sait que cet arpent est composé de 900 toises carrées : le rapport de la toise au mètre nous apprend que la toise carrée vaut 3,8 mètres carrés. Ces rapports seront donc enchaînés ainsi :

$$1 \text{ arpent} = 900 \text{ toises carrées,}$$
$$1 \text{ tois. car.} = 3,8 \text{ mètres carrés,}$$
$$100 \text{ m. car.} = 1 \text{ are,}$$
$$100 \text{ ares} = 1 \text{ hectare,}$$
$$1 \text{ hectare} = x \text{ arpens.}$$

La règle est posée, puisque ce dernier terme est des arpens, ainsi que le terme initial. Égalant les produits,

$$100 \times 100 = 900 \times 3,8 \times x, \text{ ou } 100 = 9 \times 3,8 \times x,$$

en divisant les deux membres par 100; donc $100 = 34,2\,x$,

$x = \dfrac{1000}{342} = 2,924$; un hectare vaut donc 2 arpens de Paris, et $\dfrac{924}{1000}$, ou fort près de 3 arpens.

83. Quand on compare des sommes exprimées en monnaies de divers pays, la règle conjointe prend le nom d'*arbitrage* ou *règle de changes*. En voici des exemples.

La livre sterling vaut 25^{fr},50, on demande combien il faut donner de francs pour payer à Londres 120 livres sterling. On pose

$$x \text{ fr.} = 120 \text{ liv. sterl.,}$$
$$1 \text{ liv. st.} = 25,50 \text{ francs,}$$

d'où $x = 120 \times 25,50 = 3060$ fr.

On demande le prix de 100 pistoles d'Espagne, le change étant de 108 sous de France pour 1 piastre, sachant d'ailleurs que la pistole vaut 4 piastres. On a

$$x \text{ fr.} = 100 \text{ pistoles d'or,}$$
$$1 \text{ pist.} = 4 \text{ piastres,}$$
$$1 \text{ piast.} = 108 \text{ sous,}$$
$$20 \text{ sous} = 1 \text{ fr.}$$

Donc $20 \times x = 100 \times 4 \times 108$, $x = 5 \times 4 \times 108 = 2160$ fr.

Voici une dernière question. Combien 100 pistoles d'Espagne

valent-t-elles de francs, sachant que
1 ducat d'Espagne vaut 95 deniers de
gros d'Amsterdam ; que 34 sous de
gros valent 1 livre sterling de Londres, et que 32 deniers sterling valent 3 francs ? On sait d'ailleurs que
la pistole d'Espagne vaut 1088 mara-

3 fr.	=	32 den. st.
240 den. st.	=	1 liv. st.
1 liv. st.	=	34 s. gr.
1 s. gr.	=	12 den. gr.
95 den. gr.	=	1 duc.
1 duc.	=	375 marav.
1088 marav.	=	1 pist.
100 pist.	=	x fr.

védis, dont il en faut 375 pour 1 ducat, la livre de gros et la
livre sterling sont divisées en 20 sous de 12 deniers chaque.
L'opération s'écrit comme on le voit ci-contre, et l'on trouve

$$x = \frac{3.240.95.1088.100}{32.34.12.375}, \text{ qui se réduit à } x = 4 \times 19 \times 20;$$

ainsi 100 pistoles valent 1520 fr.

84. Pour convertir une quantité donnée, en sa valeur exprimée en une autre unité, il faut avoir le rapport de ces
deux unités, et recourir aux proportions, ou aux règles conjointes. La multitude de ces mesures nous empêche de donner
leurs rapports ; nous nous bornerons à établir ceux des mesures
anciennes et nouvelles, tels qu'on les trouve à la page 125.
Voyons quel est l'usage de cette table pour convertir les toises,
boisseaux, arpens.... en mètres, litres, hectares.....

On demande combien $57^T 5^P 8^{po}$ valent de mètres? Je vois,
page 125, que la toise $= 1^m,949$; je pose

$$1^T : 1^m,949 :: 57^T 5^P 8^{po} : x = 112^m,9337.$$

Combien $13^m 5^o 7^{gr}$ valent-ils de kilogrammes ? Je trouve
qu'une livre, ou 2 marcs $= 0^k,4895$; d'où

$$2^m : 0^k,4895 :: 13^m 5^o 7^{gr} : x = 3^k,3615.$$

Pour convertir $44^m,669$ en toises, on pose

$$1^m : 0^T,513074 :: 44^m,669 : x = 22^T,919;$$

ou (page 78), multipliant la fraction par 6, et celle du produit
par 12, $x = 22^T 5^P 6^{po},17.$

Dans ces calculs, il convient d'exprimer les parties complexes en décimales pour faciliter les multiplications. Nous avons donné, dans la table, page 125, outre les rapports exacts, d'autres valeurs approchées, dont l'usage est plus facile, et qui sont suffisamment exactes. (*Voy.* n° 564.) La table contient aussi les logarithmes des rapports, afin d'abréger les calculs, ainsi qu'on va l'exposer p. 115.

Combien un litre ou décimètre cube vaut-il de pintes, sachant que la pinte contient 46,95 pouces cubes et que le pouce cube vaut 19,8364 centimètres cubes? Ces rapports s'enchaînent ainsi qu'on le voit ci-contre. Égalant les produits des deux colonnes, il vient $x \times 19,8364 \times 46,95 = 1000$, d'où $x = 1,073\ 747$ pinte, capacité égale à celle du litre.

x pint. $= 1$ litre.
1 lit. $= 1000$ cent. cu.
$19,8364 = 1$ pouce cub.
$46,95$ po. c. $= 1$ pinte.

C'est par de semblables règles conjointes qu'on a déduit la plupart des nombres du tableau, de ce que le quart du méridien a $5130740,74....$ toises. (*Voy.* p. 69.)

Des Progressions.

85. Une suite de termes dont chacun surpasse celui qui le précède, ou en est surpassé, de la même quantité, est ce qu'on appelle une *Progression arithmétique* ou *par différence*: tels sont les nombres 1, 4, 7, 10.... On l'indique ainsi : 1.4.7.10.13.16.... La *raison* ou *différence* est ici 3.

Il est clair que le second terme est égal au premier plus la raison; le troisième au second plus la raison, c'est-à-dire, au premier plus 2 fois la raison; le quatrième est de même composé du premier plus 3 fois la raison, etc. En général, *un terme quelconque d'une progression par différence est composé du premier plus la raison répétée autant de fois qu'il y a de termes qui précèdent.* Donc

1°. On peut trouver un terme quelconque d'une progression, sans calculer tous les intermédiaires. C'est ainsi que le 100° terme est ici $= 1 + 3 \times 99$ ou 298.

2°. Pour insérer entre 4 et 32, six moyens proportionnels

par différence, c'est-à-dire *pour lier ces deux nombres par* 6, *intermédiaires, qui forment une progression composée de* 8 *termes*, je remarque que le dernier terme 32 de la progression étant égal au premier 4 augmenté de la raison prise 7 fois, 32 — 4 ou 28, est 7 fois la raison inconnue; donc la raison $= \frac{28}{7} = 4$; et l'on a la progression : 4.8.12.16.20.24.28.32.

.Pour insérer, entre deux nombres donnés, des moyens proportionnels arithmétiques ou par différence, *on divisera la différence de ces quantités par le nombre de moyens plus un; le quotient sera la raison.*

De même, pour insérer huit moyens entre 4 et 11, on trouve la raison $= \dfrac{11 - 4}{9} = \dfrac{7}{9}$; la progression est

$$\div 4.4\tfrac{7}{9}.5\tfrac{5}{9}.6\tfrac{3}{9}.7\tfrac{1}{9}.7\tfrac{8}{9}.8\tfrac{6}{9}.9\tfrac{4}{9}.10\tfrac{2}{9}.11.$$

86. *Une progression géométrique*, ou *par quotient*, est une suite de termes dont chacun contient celui qui le précède, ou s'y trouve contenu, le même nombre de fois. Telle est la suite $\div 3 : 6 : 12 : 24 : 48 : 96\dots$; la *raison* ou le *quotient* est 2.

Le second terme est égal au premier multiplié par la raison; le troisième est égal au second multiplié par la raison, et par conséquent au premier multiplié par le carré de la raison; de même, le quatrième est le produit du premier par le cube de la raison, etc. En général, *un terme quelconque d'une progression par quotient est le produit du premier, par la raison élevée à une puissance marquée par le nombre des termes qui précèdent.* On peut donc,

1°. Calculer la valeur d'un terme, sans être obligé de passer par tous ceux qui le précèdent. Le dixième terme de notre progression ci-dessus est $3 \times 2^9 = 3 \times 512 = 1536$.

2°. Pour insérer 8 moyens proportionnels géométriques entre 3 et 1536, je remarque que la progression doit avoir 10 termes, et que le dernier terme 1536 étant égal au premier 3, multiplié par la raison élevée à la puissance 9 : si l'on divise 1536 par 3, le quotient 512 est la neuvième puissance de la raison, d'où la raison $= \sqrt[9]{512} = 2$ (p. 93). Donc, *pour in-*

sérer entre deux nombres donnés des moyens proportionnels géométriques, il faut prendre leur quotient, et en extraire une racine d'un degré égal au nombre des moyens plus un : cette racine sera la raison.

Pour insérer quatre moyens entre 8 et 64, il faudrait extraire la racine cinquième de $\frac{64}{8}$ ou $\sqrt[5]{8}$, quantité irrationnelle (n° 63); on ne peut donc assigner exactement ces moyens; mais on en approche autant qu'on veut. La raison est $\sqrt[5]{8} = 1,5157$; ainsi la progression cherchée est

$$\div 8 : 12,1257 : 18,3792 : 27,8576 : 42,2243 : 64.$$

Voyez à ce sujet n° 153, 10°.

Des Logarithmes.

87. Remarquons que les théorèmes relatifs aux progressions par différence deviennent ceux qui se rapportent aux progressions par quotient, en changeant l'addition en multiplication, la soustraction en division, la multiplication en élévation de puissances, et la division en extraction de racines. C'est sur cette observation qu'est fondée la théorie des Logarithmes.

Concevons deux progressions, l'une par quotient, l'autre par différence, dont les termes se répondent deux à deux, telles que

$$\div 1 : 3 : 9 : 27 : 81 : 243 : 729 : 2187\ldots\ \textit{Nombres.}$$
$$\div 0 . 2 . 4 . 6 . 8 . 10 . 12 . 14 \ldots\ \textit{Logarithmes.}$$

Chaque terme de la seconde est appelé le *Logarithme* du nombre correspondant de la première; o est le logarithme de 1, 2 l'est de 3, 4 de 9; 6 est le logarithme de 27, etc. *Les logarithmes sont donc des nombres en progression par différence, qui répondent, terme à terme, à d'autres nombres en progression par quotient.*

Comme les logarithmes n'offrent d'utilité qu'en vertu de propriétés qui supposent que ces progressions commencent, l'une par 1, l'autre par 0, nous ne nous occuperons que de celles qui remplissent cette condition.

Il suit de ce qu'on a dit (nᵒˢ 85 et 86), et de ce que nos progressions commencent, l'une par un, l'autre par zéro, qu'un terme quelconque est formé de la raison, autant de fois facteur pour la première, et autant de fois ajoutée, pour la seconde, qu'il y a de termes avant lui. Les sixièmes termes, par exemple, sont 243, 5ᵉ puissance de la raison 3, et 10 qui est 5 fois la raison 2. Ainsi *la raison est autant de fois facteur dans un nombre qu'elle est de fois ajoutée dans son logarithme.*

Si l'on multiplié entre eux deux termes de la progression par quotient, tels que 9 et 243, la raison 3 sera 7 fois facteur dans le produit (page 79), parce qu'elle l'est 2 fois dans 9, et 5 fois dans 243 : le produit 9 × 243, ou 2187, sera donc le huitième terme de la première progression. Mais si l'on ajoute les termes 4 et 10 correspondans dans la progression par différence, la raison 2 sera aussi 7 fois ajoutée dans la somme 14, donc le produit 2187 et la somme 14 seront des termes correspondans, ou 14 est le logarithme de 2187 ; donc *la somme des logarithmes de deux nombres est le logarithme de leur produit.* Pour multiplier 9 par 27, par exemple, il suffit d'ajouter les logarithmes 4 et 6 qui répondent à ces facteurs, et de chercher le *nombre* 243, qui répond à la somme 10 prise parmi les *logarithmes ;* 243 est le produit cherché.

Il suit de là que le double du logarithme d'un nombre est le logarithme du carré de ce nombre ; le triple est le logarithme du cube ; et, en général ; *en multipliant le logarithme d'un nombre par un facteur quelconque, on aura le logarithme d'une puissance de ce nombre marquée par ce facteur.* Pour 9³, on triple le 4, qui répond au nombre 9 et en est le logarithme ; 3 × 4 = 12 répond à 729 = 9³.

Les inverses de ces opérations sont faciles à démontrer ; car le logarithme du quotient plus celui du diviseur devant donner celui du dividende, il s'ensuit que *le logarithme du quotient de deux nombres est la différence des logarithmes de ces nombres.* Pour diviser 243 par 27, retranchez 6 de 10, la différence 4 est le logarithme de 9; ainsi 9 est le quotient demandé.

De même aussi, *le logarithme de la racine quelconque d'un nombre, est le quotient du logarithme de ce nombre divisé par le degré de cette racine.* $\sqrt[3]{729}$ s'obtient en prenant le tiers de 12, et cherchant 4 parmi les logarithmes. Le nombre correspondant 9 est la racine cherchée.

88. Si, au lieu de prendre 3 pour raison de la progression par le quotient, on eût choisi une quantité beaucoup plus petite, ces propriétés auraient encore subsisté : les quantités dont cette progression serait composée auraient été plus près les unes des autres, et l'on y aurait trouvé, par approximation, les nombres 1, 2, 3, 4, 5... Concevons donc qu'on ait formé une progression, dont le quotient eût été assez petit pour qu'on y ait trouvé, à très peu près, tous les nombres entiers, et qu'on en ait composé une table, dans laquelle on aurait inscrit ces nombres et leurs logarithmes, en supprimant d'ailleurs tous les autres termes intermédiaires : les principes qu'on vient de démontrer auraient également été vrais. Supposons cette table formée : on voit que

1°. Pour multiplier des nombres entiers donnés, il suffit de prendre dans la table leurs logarithmes, de les ajouter et de chercher la somme parmi les logarithmes : le nombre correspondant est le produit cherché (*).

2°. Pour diviser deux nombres, on retranchera le logarithme du diviseur de celui du dividende; on cherchera le reste parmi les logarithmes : le nombre correspondant sera le quotient demandé (**).

(*) On demande, par exemple, le produit 47 × 863; la table donne les logarithmes de ces nombres; on les ajoute, comme on le voit ci-contre; on cherche la somme parmi les logarithmes, et la table donne 40561 pour le nombre correspondant, qui est le produit demandé.

$$\begin{aligned} log. \ 47 &= 1,6720970 \\ log. \ 863 &= 2,9360108 \\ \hline Somme &= 4,6081087 \end{aligned}$$

(**) Si l'on veut diviser 40561 par 863, la table fera connaître les loga-

3°. Pour faire une règle de trois, on ajoutera les logarithmes des moyens; on en retranchera celui de l'extrême connu : le nombre répondant au résultat sera l'inconnue (*).

4°. Pour obtenir le logarithme d'une fraction, on retranchera le logarithme du dénominateur de celui du numérateur : le reste sera le logarithme demandé. Les tables ne contiennent que les logarithmes des nombres entiers; ce théorème en étend l'usage aux fractions (n° 91, I.) (**).

5°. Pour élever un nombre à une puissance, on multipliera son logarithme par le degré de la puissance, on cherchera le produit parmi les logarithmes; il répondra à la puissance demandée (***).

6°. Pour extraire une racine d'un nombre, on divisera le logarithme de ce nombre par le degré de la racine, et l'on cher-

---

rithmes de ces deux nombres; et, les retranchant, on cherchera la différence parmi les logarithmes des tables : le nombre 47 qui y correspond sera le quotient.

(*) Pour la proportion 153 : 459 :: 17 : x, après avoir pris les logarithmes de ces trois nombres, on retranchera celui du premier terme 153 de la somme des deux autres; et observez que cette double opération peut être

$$\begin{aligned} log\ 17 &= 1,2304489 \\ log\ 459 &= 2,6618127 \\ -\ log\ 153 &= 2,1846914 \\ \hline &\quad 1,7075702 \end{aligned}$$

faite d'un seul trait. On peut aussi ajouter le complément arithmétique du logarithme de 153 (voyez n° 10), au lieu de retrancher ce log. Le résultat cherché dans la table parmi les log. répond à 51, qui est le quatrième terme inconnu.

(**) Pour avoir le log de $3\frac{5}{7}$ ou $\frac{26}{7}$, on re-tranchera le log 7 du log 26. Pour obtenir le produit de $3\frac{5}{7}$ par $2\frac{2}{13}$, ou de $\frac{26}{7}$ par $\frac{28}{13}$, il faudra ajouter les logarithmes de ces deux

$$\begin{aligned} log\ 26 &= 1,4149734 \\ log\ 28 &= 1,4471580 \\ -\ log\ 7 &= 0,8450980 \\ -\ log\ 13 &= 1,1139434 \\ \hline &\quad 0,9030900 \end{aligned}$$

fractions, ou log 26 — log 7 + log 28 — log 13. On voit ce calcul effectué ici d'un seul coup. Le résultat est log 8 : donc 8 est le produit demandé, ce qui est d'ailleurs visible.

(***) La puissance cinquième de 17 se trouve en répétant 5 fois log 17, et cherchant le produit dans la colonne des logarithmes; il répond au nombre cherché $17^5 = 1\ 419\ 857$.

$$\begin{aligned} log\ 17 &= 1,2304489 \\ &\qquad\qquad\ 5 \\ \hline &\quad 6,1522445 \end{aligned}$$

chera le quotient parmi les logarithmes; le nombre qui s'y rapporte sera la racine cherchée (*).

On voit donc que les calculs les plus compliqués sont rendus très simples : les multiplications et divisions sont remplacées par des additions et soustractions; les élévations de puissances et les extractions de racines sont réduites à des multiplications et des divisions. Ces admirables propriétés des logarithmes en rendent l'usage si important, que c'est un devoir de consacrer la mémoire du célèbre géomètre écossais NÉPER, qui en est l'inventeur.

89. *Formation des tables.* Il s'agit maintenant d'expliquer comment on peut obtenir les logarithmes de tous les nombres entiers. Jusqu'ici, nos progressions par différence et par quotient sont quelconques l'une et l'autre; ainsi, *un même nombre a une infinité de logarithmes.* Nous verrons bientôt la raison qui a fait préférer les séries suivantes.

$$\div\ 1 : 10 : 100 : 1000 : 10\,000 : \ldots\ldots\ldots\ldots\ Nombres.$$
$$\div\ 0\ .\ 1\ .\ 2\ .\ 3\ .\ 4\ \ldots\ldots\ldots\ldots\ Logarithmes.$$

0, 1, 2.... sont les logarithmes de 1, 10, 100..., il s'agit de trouver ceux de 2, 3, 4...., qui sont visiblement compris entre 0 et 1 ; ceux de 11, 12...99 sont entre 1 et 2, etc. On ne peut obtenir ces logarithmes que par approximation; on se contente ordinairement de 7 décimales.

Observons que si, dans une progression, telle que $\div\ 0.2.4.6.8.10\ldots$ on omet un terme sur 2 consécutifs, ou 2 sur 3...., on formera d'autres progressions....$\div\ 0.4.8.\ 12\ldots$; ou $\div\ 0.6.12\ldots$ On peut de même imaginer que les progressions que nous avons prises font seulement partie de deux autres dont les termes étaient beaucoup plus voisins, et dont on avait omis un certain nombre d'entre eux.

(*) La $\sqrt[5]{1419857}$ s'obtient en divisant par 5 le log du nombre proposé, et cherchant le quotient parmi les log de la table. Le nombre correspondant est 17, racine cherchée.

Ainsi, concevons qu'on ait inséré entre 1 et 10 un très grand nombre de moyens proportionnels par quotient; comme on monte alors de 1 à 10 par des degrés très serrés, il arrivera que, parmi ces moyens, on rencontrera les nombres 2, 3, 4...., à un dix-millionnième près. Cela posé, si l'on insère un pareil nombre de moyens par différence entre 0 et 1, ceux de ces moyens qui occuperont le même rang que 2, 3, 4...., seront les logarithmes de ces nombres. On raisonnera de même de 10 à 100, etc.

Il est vrai que, pour insérer un grand nombre de moyens par quotient, il faudrait extraire une racine d'un degré très élevé (86); mais on évite cette difficulté à l'aide de diverses racines carrées successives. Par exemple, cherchons le logarithme de 3; le moyen par quotient entre 1 et 10 est.... 3,16227766, et par différence entre 0 et 1 est 0,5; 0,5 est donc le logarithme de 3,1622......, nombre déjà voisin de 3. Une pareille opération pour 1 et 3,1622..... d'une part, et pour 0 et 0,5 de l'autre, donne 0,25 pour le logarithme de 1,77827941. De même entre 1,7782....., et 3,1622...... d'une part, et entre 0,25 et 0,5 de l'autre, on trouve pour moyens 2,37137370 et 0,375. En continuant de resserrer ainsi ces limites, on trouvera 0,30102999 et 0,47712125 pour logarithmes de 2 et 3.

« Ces calculs sont très pénibles; il est vrai qu'on n'est obligé de les pratiquer que pour les nombres premiers, puisque les autres logarithmes s'en déduisent. Mais, malgré cela, il en reste assez pour lasser la patience. Aussi n'avons-nous présenté ce procédé que comme un moyen de concevoir la formation des tables, nous réservant d'en donner de plus expéditifs (575).

90. Il est aisé maintenant d'expliquer pourquoi on a attribué la préférence aux deux progressions adoptées. Tout logarithme est formé d'une partie entière, qu'on nomme *Caractéristique*, et d'une fraction décimale : or,

1°. Les nombres compris entre 1, 10, 100...., ont leurs logarithmes respectivement compris entre 0, 1, 2...., c'est-à-dire que *le logarithme de tout nombre a pour caractéristique autant d'unités que le nombre a de chiffres entiers moins un*; ce qui permet de fixer ce nombre de chiffres, lorsque la caractéristique est donnée, et réciproquement. Le nombre 543,21 a deux unités entières à son logarithme : et 3,47712125 est le logarithme d'un nombre dont la partie entière a quatre chiffres. On évite souvent de charger les tables de cette caractéristique qui y est inutile.

2°. Lorsqu'on veut multiplier ou diviser un nombre par 10, 100, 1000....., il faut ajouter ou ôter à son logarithme 1, 2, 3...., unités; d'où il suit qu'augmenter ou diminuer la caractéristique de 1, 2, 3...., c'est multiplier ou diviser le nombre correspondant par 10, 100...., c'est reculer la virgule de 1, 2, 3.... rangs à droite ou à gauche. Les logarithmes des nombres 3,4578, 34,578, 345,78, ont la même partie décimale; seulement les caractéristiques sont respectivement 0, 1, 2....

Tels sont les avantages que présente le système de logarithmes de Briggs, qui l'ont fait préférer dans la composition des tables. Nous l'indiquerons à l'avenir par le signe log; ainsi log 5 désignera le logarithme tabulaire de 5, c'est-à-dire le logarithme pris dans l'hypothèse de deux progressions du n° 89.

91. *Usage des tables.* Il faut avoir des tables de logarithmes entre les mains pour en concevoir l'usage; celles de Callet, de Borda et Delambre, sont les plus usitées. Nous n'entreprendrons pas ici d'expliquer leur usage; mais il est quelques points qui tiennent à la doctrine même, et qu'il est bon d'éclaircir.

I. Les log. des nombres < 1 présentent une difficulté : en général (n° 88, 4°.) il faut retrancher le log. du dénominateur de celui du numérateur pour avoir le log d'une fraction : mais, lorsque celle-ci est moindre que 1, la soustraction devient impossible. Par exemple, pour multiplier 5 par $\frac{3}{4}$, comme cela équivaut à diviser 5 par $\frac{4}{3}$, il est indifférent d'ajouter log $\frac{3}{4}$ à log 5, ou de retrancher log $\frac{4}{3}$ de log 5; c'est alors cette dernière opération qu'on préfère. On voit donc qu'il faut soustraire le log. du numérateur de celui du dénominateur, mais qu'on doit employer ce log. en sens inverse ; c'est-à-dire le soustraire s'il fallait l'ajouter, et réciproquement. On donne le nom de

Logarithmes négatifs à ces valeurs ; on les distingue par le signe —
qu'on place devant.

Un peu d'attention suffit pour éviter les erreurs. Voici divers
exemples propres à faciliter l'intelligence de ces calculs.

$$1°. \quad x = \frac{42,212 \times \frac{5}{3}}{0,04}$$

$\log 5 =$	$0,6989700$
$-\log 3 =$	$0,4771213$
$\log \frac{5}{3} =$	$-0,2218487$
$\log 42,212 =$	$1,6254359$
	$1,4035872$

$\log 100 =$	$2,0000000$
$-\log 4 =$	$0,6020600$
$\log 0,04 =$	$-1,3979400$
	$1,4035872$
$\log x =$	$2,8015272$
$x =$	$633,18$

2°. $x = \sqrt{\frac{5}{7}}$; on ôte log 5 de log 7, et
on prend la moitié. Pour trouver le nom-
bre qui répond à ce résultat qui est un
logarithme négatif, on le retranche de 1,
ce qui rend le nombre 10 fois trop grand ;
on a $+0,9269360$, qui répond à 8,45154 ;
donc $x = 0,845154$.

$\log 7 =$	$0,8450980$
$-\log 5 =$	$0,6989700$
$\log \frac{5}{7} =$	$-0,1461280$
$\log x =$	$-0,0730640$
compl. $=$	$0,9269360$

3°. $x = \dfrac{\sqrt[3]{0,00027}}{32,41}$; on prend le tiers
de log 100000 — log 27, etc. On retranche
log x de 3, ce qui rend le nombre 1000 fois
trop grand ; il vient $+0,2997756$, qui
répond à 1,9942 : donc $x = 0,0019942$.

$\log 100000 =$	$5,0000000$
$\log 27 =$	$1,4313638$
$\log 0,00027 =$	$-3,5686362$
le tiers $=$	$-1,1895454$
$\log 32,41 =$	$-1,5106790$
$\log x =$	$-2,7002244$
compl. $=$	$0,2997756$

II. Il est préférable d'employer les
logarithmes dont la *caractéristique seule
est négative*. Ainsi, dans le deuxième
calcul log $\frac{5}{7} =$ log 5 — log 7 ; on rendra
la soustraction possible, en ajoutant 1 à
la caractéristique de log 5 : mais il faudra
ôter de la différence cette unité ajoutée,

$1 + \log 5 =$	$1,6989700$
$\log 7 =$	$0,8450980$
$\log \frac{5}{7} =$	$\overline{1},8538720$
ou $-2 +$	$1,8538720$
$\log x =$	$\overline{1},9269360$

et l'on aura log $\frac{5}{7} = -1 + 0,8538720$, qu'on écrit $\overline{1},8538720$.
La caractéristique est alors seule négative, et il faudra, comme
ci-dessus, y avoir égard dans les calculs subséquens. Ici, où l'on
doit prendre la moitié, pour éviter les fractions à la caractéristique, on y ajoute 1, et elle devient —2, et aussi 1 au chiffre
8 des dixièmes, qui devient 18 : ces deux additions de l'unité

positive et négative n'altèrent pas le logarithme; la moitié est comme ci-dessus, $\log x = \overline{1},9269360$.

Observez donc, lorsqu'il faudra diviser un log à caractéristique négative, d'y ajouter assez d'unités pour qu'elle devienne un multiple du diviseur, et d'ajouter autant d'unités de dixaines au chiffre suivant, qui est la première des figures décimales. La première et la troisième opération sont exécutées ici d'après ces principes, et l'on peut reconnaître que les calculs sont devenus plus faciles et plus prompts.

$$\log 3 = 0,4771213$$
$$\log 42,212 = 1,6254359$$
$$\cdots - \log 5 = 0,6989700$$
$$- \log 0,04 = \overline{2},6020600$$
$$\log x = 2,8015272$$

$$\log 0,00027 = \quad \overline{4},4313638$$

On ajoute 2 à la caract.

pour prendre le tiers........ $= \overline{2},8104546$

$$- \log 32,41 = -1,5106790$$

$$\log x = \overline{3},2997756$$

4°. On peut, au lieu de soustraire des logarithmes (10), ajouter leurs complémens arithmétiques. Dans la première opération, pour $\log \frac{3}{5}$, on ajoute au log 3 le complément de log 5. L'avantage qu'on en retire est à peu près nul, attendu qu'on peut faire, d'un seul trait, toutes ces additions et soustractions.

$$\log 3 = 0,4771213$$
$$C^t \log 5 = 1,3010300$$
$$\log 42,212 = 1,6254359$$
$$C^t \log 0,04 = 1,3979400$$
$$\log x = 2,8015272$$

5°. Lorsqu'on veut exécuter un calcul par log., il convient de simplifier avant tout les expressions : ainsi le premier exemple se réduit à $x = \frac{1}{2} \times 3 \times 422,12 = 1,5 \times 422,12$.

III. Pour obtenir les log des entiers compris entre deux nombres quelconques, tels que 10 et 20, il faut concevoir qu'on a inséré un assez grand nombre de moyens par quotient, pour que parmi ces moyens, très peu différens les uns des autres, il y en ait qu'on puisse regarder, par approximation, comme égaux à 11, 12, 13...., c'est-à-dire que ces moyens ne doivent différer de 11, 12, 13.... que dans l'ordre des décimales négligées.

Dans une progression géométrique, telle que 2 : 8 : 32 : 128...., dont la raison est 4, on a $32 = 8 + 8.3$, $128 = 32 + 32.3....$ Ainsi l'excès d'un terme sur celui qui le précède est le produit de celui-ci multiplié par la raison — 1 : l'un de ces facteurs croît avec le rang du terme, l'autre est constant : cet excès croît donc sans cesse, et il y a moins d'entiers compris entre 8 et 32, qu'entre 32 et 128.... Pour obtenir les log. de ces entiers intermédiaires, il faudrait y insérer des moyens géométriques en quantités suffisantes, et aussi des moyens arithmétiques en égal nombre entre les deux termes correspondans de la progression des log. La différence constante de celle-ci sera donc partagée entre un plus grand nombre de termes à mesure que l'entier croîtra; ce qui démontre que *plus un nombre est grand, et moins son logarithme diffère de celui qui le suit dans la table.* Aussi voyons-nous que les log de 1, 10, 100.... étant 0, 1, 2...., les neuf nombres de 1 à 10 se partagent entre eux, quoique inégalement, une unité entre leurs log.; et que les 90 nombres de 10 à 100, les 900 de 100 à 1000.....se partagent aussi une seule unité.

La différence entre les log. ne tarde même pas à devenir assez petite pour n'affecter que les deux ou trois dernières décimales, et à être la même dans une certaine étendue de la table. Par exemple, en se bornant à sept figures seulement, 79 est l'excès de tous les log. des nombres, depuis 54700 jusqu'à 55300 environ. La différence n'est pourtant pas constante, et si l'on conservait un plus grand nombre de décimales, on la verrait varier sans cesse.

Ainsi, quoiqu'il soit faux de dire que *les nombres croissent proportionnellement à leurs logarithmes*, on voit qu'on peut le supposer sans erreur, du moins pour de grands nombres, et dans une petite étendue. Cela posé, soit demandé *le log d'un nombre qui excède les limites des tables*, tel que 5487343, par exemple, dans celles de Callet, qui ne vont que jusqu'à 108 mille. En négligeant 43, on cherche le log. de 54873, qu'on trouve être 7393587, et qui ne diffère de celui de 54874 que de 79; puisque une unité de différence entre les nombres, répond à 79 de différence entre les log., on posera cette proportion :

Si 1 diff. entre les nombres, donne 79 diff. entre les log, combien 0,43, diff. entre les nombres, donnera-t-il de diff. entre les logarithmes ? ou 1 : 79 :: 0,43 : x = 34.

Ainsi 34 est l'excès du log de 54873,43 sur celui de 54873; en ajoutant 34 à ce dernier, on a 7393621, et il ne s'agit plus, pour avoir le log. cherché, que de mettre la caractéristique, d'après la place que la virgule occupe dans le nombre proposé : ainsi (n° 90)

log 54,873̄43=1,7393621, log 0,5487343=1̄,7393621, etc.

Il est inutile de remarquer que dans notre proportion 79 et 34 tiennent lieu de 0,0000079 et 0,0000034. D'ailleurs les tables de Callet offrent à chaque différence logarithmique la valeur de 1, 2, 3 ... 9 dixièmes de cette différence, en sorte que le quatrième terme de la proportion est de suite calculé.

IV. Pour *trouver le nombre qui répond à* 1,7393621, on voit d'abord que ce logarithme, abstraction de la caractéristique, tombe entre les nombres 5487300 et 5487400, et que la différence entre le log proposé et celui de 5487300 est 34; ainsi on fera la proportion suivante, $79 : 1 :: 34 : x = \frac{34}{79}$, inverse de celle qu'on vient d'employer : on trouve $x = 0,43$; ainsi le log proposé est celui du nombre 0,5487343.

Voici des règles conjointes où les log simplifient le calcul.

I. La toise ou pied anglais vaut 0,938293 toise ou pied français, en trouver la valeur en mètre ?

1 toise angl. = 0,938293 franc...............	log =	1̄,9723383
1 toise franç. = 1,949 mètre................	log =	0,2898199
x mètres = 1 toise angl.................		

$x = 1^m 828766 = 1$ toise angl. .... log = 0,2621582
On trouve de même 1 pied angl. = 0^{m}304794........ log = 1̄,4840134

II. Un centimètre cube d'eau pèse un gramme; combien de livres pèse un pied cube d'eau ?

29,17386 pieds cub. = 1000 déc. cubes	log =	− 1,4649939
1 décim. cube = 1000 cent. cubes.......	log =	+ 3,0000000
1 centim. cube = 1 gramm. p. 69.		
1000 grammes = 2^{tt},04288.........	log =	+ 0,3102421
x livres = 1 pied cube.		

29,17386 × x = 1000 × 2,04288   log x = + 1,8452482
x = 70^{tt},0242 = poids d'un pied cube d'eau pure.

III. Dans un pays où la longueur du pied est de 13 pouces de Paris, et où la perche vaut 20 pieds, on demande combien cette perche vaut de centiares, et combien l'arpent de ce pays vaut d'ares ?

$$
\begin{array}{ll}
1 \text{ are} = 26,3245 \text{ toises car.} & 169 \ldots\ldots\ldots\ 2,2278867 \\
1 \quad\ = 36 \text{ pieds carrés} & 400 \ldots\ldots\ldots\ 2,6020600 \\
1 \quad\ = 12 \times 12 \text{ pouces carrés} & 26,3245 \ldots\ldots\ -1,4203600 \\
13 \times 13 = 1 \text{ pied carré} & 36 \ldots\ldots\ldots\ -1,5563025 \\
20 \times 20 = 1 \text{ perche carrée} & 144 \ldots\ldots\ldots\ -2,1583625 \\
1 \quad\ = x \text{ ares.} &
\end{array}
$$

$$
\begin{array}{ll}
13^2.20^2 = 26,3245 \times 36 \times 12^2.x & x \ldots\ldots\ldots\ 1,6949217 \\
169.400 = 26,3245 \times 36 \times 144.x & x = 0,4954 \text{ ares.}
\end{array}
$$

Ainsi la perche vaut 49,54 centiares ; l'arpent 49,54 ares.

IV. Pour montrer comment on a pu calculer les nombres qui composent le tableau suivant, nous choisirons cet exemple. En partant de la longueur du *mètre légal,* qui est de 443^u,296 de la toise du Pérou, et sachant que l'ancien boisseau était une capacité de 655,78 pouces cubes, on demande combien le boisseau vaut de décalitres.

$$
\begin{array}{ll}
x \text{ décal.} = 1 \text{ boisseau} & 100 \ldots\ldots\ldots\ 2, \\
1 = 655,78 \text{ pouces cu.} & 1728 \ldots\ldots\ldots\ 3,2375437 \\
1 = 1728 \text{ lignes cubes} & 655,78 \ldots\ldots\ldots\ 2,8167582 \\
(443,296)^3 = 1 \text{ mètre cube} & (443,296)^3 \ldots\ldots\ -7,9400814 \\
1 = 1000 \text{ décim. cubes} & x \ldots\ldots\ldots\ 0,1142205 \\
1 = \text{litre} & x = 1,30083 \\
10 = 1 \text{ décalitre} & 1 \text{ boisseau vaut } 1,30083 \text{ décal.}
\end{array}
$$

$$(443,296)^3.x = 100.1728.655,78$$

Un mètre $= 0,5130740740$ toise $= a$.............. log $a = \overline{1},71018007$
Un mètre $= 3$ pi. o po. 11 li.,296 $= 3$ pi. ,078444 $= b$. log $b = 0,48833132$
Une toise $= 1,9490363$ mètre $= c$.............. log $c = 0,28981993$
Un pied $= 0,3248394$ mètre $= d$.............. log $d = \overline{1},51166868$
Un pouce $= 2,706995$ centimètres................ log $= 0,43248743$
Une aune $= 43$ po. 10 lig.,5 $= 1,187694$ mètre..... log $= 0,0747045$
M mètres valent $(a \times M)$ toises ou $(b \times M)$ pieds.
T toises valent $(c \times T)$ mètres, P pieds valent $(d \times P)$ mètres.

Un are $= 26,3245$ toises carrées................. log $= 1,42036014$
Un arpent de 900 t. car. (100 perches de 18 pi.) $= 34,18867$ ares.
Un hectare $= 2,924944$ arpens.............. log $= 0,46611763$
Une toise carr. $= 3,798743$ mètres carrés.......... log $= 0,57963986$
Un pied carr. $= 10,552$ décimètres carrés, 1 po. carr. $= 7,32782$ cent. carr.

Un stère $= 0,135064$ toise cube $= 29,17386$ pieds cubes.
Un stère $= 0,521$ voie $= 0,261$ corde; 1 voie $= 1,920$ stère.
Une toise cu. $= 7,403887$ mètres cubes........... log $= 0,86945979$

Un litre $= 1,2300$ litron................... log $= 0,0899051$
$= (50,4124$ pou. cu.$) = 1,07376$ pinte.. log $= 0,0309020$
Un litron $= 0,81302$ litre; une pinte $= 0,9313$ litre.
Un boisseau $= 1,3008$ décalit.; 1 hectol. $= 7,6875$ boiss.

Une livre $= 4,89506$ hectogr. $= h$.............. log $h = 0,68975788$
Un kilogram. $= 2,0428765$ livres $= l$............ log $l = 0,31024212$
L livres valent $(h \times L)$ hectogr. K kilogr. valent $(l \times K)$ livres.

80 francs $= 81$ livres tournois. Pour traduire des francs en livres, ajoutez le 80e (ou le 8e du 10e, c'est-à-dire un liard par franc). Pour changer des livres en francs, ôtez le 81e, ou le 9e du 9e.

D'après les réductions des anciennes monnaies, 5 pièces de 6 livres valent 29 fr.; 4 de 3 livres valent 11 fr.; le louis vaut 23 fr. 55, et le double louis 47 fr. 20.

Rapports approchés.

76 mètres $=$ 39 toises.	13 décimètr. $=$	4 pieds.	81 centimètr. $=$	$2\frac{1}{2}$ pieds.	
19 mètres $=$ 16 aunes.	3 décimètr. $=$	11 pouces	97 millimètres $=$ 43 lignes.		
40 hectar. $=$ 117 arpens	19 mèt. car. $=$	5 t. carr.	21 décim. car. $=$	2 pi. car.	
37 stères $=$ 5 toi.cu.	5 décim.cu. $=$ 252 po. cu.		22 centim. car. $=$	3 po car.	
13 litres $=$ 16 litrons	13 décalitres $=$	10 boiss.	27 litres	$=$ 29 pintes.	
70 kilogr. $=$ 143 livres.	11 hectogr. $=$	36 onces.	8 décigram.	$=$ 15 grains.	

4 myriamètres valent 9 lieues de 25 au degré, ou de 2283 toises $\frac{1}{2}$.

LIVRE SECOND.

ALGÈBRE ÉLÉMENTAIRE.

~~~~~~

I. CALCULS ALGÉBRIQUES.

Notions générales.

92. En Arithmétique on a pour but de combiner entre eux des nombres, selon de certaines règles : en Algèbre, ce n'est pas un résultat numérique qu'on veut obtenir, mais on cherche la manière dont chaque nombre entre dans le calcul. La solution de tous les problèmes de même nature, qui ont seulement des données différentes, exige des calculs semblables pratiqués sur ces données. Par exemple, l'intérêt d'un capital se trouve en multipliant ce capital par le temps écoulé et par le 100e de l'intérêt que rapportent 100 francs dans l'unité de temps (n° 150). L'Algèbre s'occupe de la recherche des calculs à faire dans chaque problème, et pour y parvenir, on y représente les données par des lettres $a, b, c....,$ propres à désigner tous les nombres, afin de reconnaître dans le résultat, à travers toutes les réductions et les modifications, la manière dont chacune s'y comporte.

Cherchons, par exemple, le nombre dont le triple est égal à 100, plus la moitié de ce nombre; nous raisonnerons ainsi :

3 *fois l'inconnue égale* 100 *plus la moitié*
de l'inconnue . . . . $3x = 100 + \frac{1}{2}x$

Retranchant de part et d'autre la moitié de
l'inconnue, on a

3 *fois l'inconnue moins sa moitié égale* 100, $3x - \frac{1}{2}x = 100$
ou $\frac{5}{2}$ *fois l'inconnue égale* 100 . . . . $\frac{5}{2}x = 100$

Enfin (5) divisant des deux côtés par $\frac{5}{2}$,

L'inconnue égale $\frac{2}{5}$ *de* 100 *ou égale* 40 . . . . $x = \frac{2}{5}100 = 40$

L'algébriste représente l'inconnue par x, et à l'aide des signes,
exprime les parties de ce raisonnement, comme on le voit ci-
contre. Et s'il met a au lieu du nombre 100, il aura

$$3x = a + \frac{1}{2}x, \; 3x - \frac{1}{2}x = a, \text{ou} \; \frac{5}{2}x = a, \; x = \frac{2}{5}a.$$

Ainsi, l'inconnue dont le triple est égal à sa moitié, plus une
quantité donnée, est les $\frac{2}{3}$ de cette quantité, quelle qu'elle soit
(*voy.* p. 143).

La manière de démontrer les théorèmes peut encore différer
beaucoup en Algèbre et en Arithmétique. Veut-on prouver une
proposition? On prendra en Arithmétique un exemple numérique quelconque, et on procédera de manière à conclure la proposition, non-seulement pour l'exemple individuel sur lequel
on a opéré, mais encore pour tout autre. On fera donc un *raisonnement général sur un exemple particulier*. En Algèbre, au
contraire, on prendra un exemple formé de symboles assez généraux pour représenter tous les nombres, on pourra raisonner d'une manière qui soit particulière, et souvent les combinaisons seront purement mécaniques. C'est ce que la suite ex-
pliquera mieux (n° 106).

93. Convenons donc de représenter les quantités connues par
des lettres $a, b, c...$; ce sont les nombres donnés qui servent de
base aux raisonnemens, et de la grandeur desquels nous vou-
lons rester maîtres de disposer ensuite. Si s est la somme des
quatre nombres a, b, c et d, nous écrirons $s = a + b + c + d$.
$s = a + a + a + a$, se réduit à $s = 4 \times a$, ou simplement
$= 4a$, en ôtant le signe de la multiplication qui devient inutile.

Le chiffre 4 se nomme *Coefficient* (*). Si le nombre a doit être répété 2, 5, 7.... n fois, on écrira $2a$, $5a$, $7a$.... na. De même on désigne par a^2, a^5, a^7.... a^n que a est 2, 5, 7... n fois facteur, savoir, aa, $aaaaa$, etc.

On nomme *Terme* toute quantité séparée d'une autre par les signes $+$ ou $-$; le *binome* a deux termes, tels sont $a+b$, $ac-4ab$; le *trinome* trois, tels que $a+b-c$, $ad-4ab-2bc$; le *polynome* enfin a plusieurs termes.

Le trinome $a-b-c$ désigne qu'après avoir ôté b de a, il faudra encore retrancher c du reste; ce qui revient à $a-(b+c)$; $a-b-b$ est visiblement égal à $a-2b$; de même.......... $a-b-3b-2b=a-6b$.

De la Réduction, l'Addition et la Soustraction.

94. On appelle *Réduction* l'opération algébrique qui tend à réunir plusieurs termes en un seul; mais il faut pour cela que ces termes ne diffèrent que par les coefficiens, et qu'ils soient formés des mêmes lettres affectées des mêmes exposans. $3a-2ab-b$, $3a^2-2a$, $5a^3b^2+2a^2b^3-3b^2$, sont des quantités irréductibles. On verra aisément que

$$3abc^2 - abc^2 - bc^3 + 2bc^3 + a^2d^2 = 2abc^2 + bc^3 + a^2d^2,$$
$$2a - 3b + a - c + 3b = 3a - c,$$
$$3b + 2ac - 5b - 3ac + ac + d = d - 2b.$$

En général, *on ne prend d'abord que deux termes semblables, et la réduction ne frappe que sur leurs coefficiens, c'est-à-dire qu'on ajoute ces coefficiens lorsque leurs signes sont les mêmes, et qu'on les retranche s'il sont différens : on donne ensuite au résultat le signe commun dans le premier cas, et le signe du plus*

(*) On doit bien se garder de confondre les exposans avec les coefficiens, a^4, par exemple, avec $4a$: les exposans indiquent la multiplication réitérée d'une quantité par elle-même; les coefficiens en marquent l'addition, $a^4 = a.a.a.a$, $4a = a+a+a+a$: si a représente le nombre 5, $a^4 = 625$, et $4a = 20$.

grand coefficient dans le second. Les lettres et leurs exposans demeurent d'ailleurs les mêmes.

On doit attribuer le facteur 1 aux termes qui n'ont pas de coefficient (n°. 54); b et ac équivalent à $1b$ et $1ac$.

A'proprement parler, il n'y a en Algèbre ni addition ni soustraction, mais bien une réduction lorsqu'elle est possible : l'addition et la soustraction restent encore à exécuter dans $a + b$ et $a — b$.

Ainsi, pour faire l'addition ci-contre, on n'éprouvera d'autre embarras que celui de la réduction, après avoir attribué le signe $+$ au premier terme de chaque trinome.

$$\begin{array}{r} 3a^2 + 5bc — 2c^2 \\ 7a^2 — 3bc + 4d \\ a^2 — 4bc + 2c^2 \\ \hline 11a^2 — 2bc + 4d \end{array}$$

95. Proposons-nous de soustraire $b — c$ de a ; il est certain qu'on ne changera pas la différence cherchée, en ajoutant c à ces deux nombres ; ainsi $b — c$ deviendra b ; a sera changé en $a + c$; soustrayant b de $a + c$, on a

$$a — (b — c) = a + c — b.$$

On voit en effet (n° 4) que si l'on ajoute $a + c — b$ à $b — c$, on retrouve a. Donc, *pour soustraire un polynome il faut en changer tous les signes, et réduire, s'il y a lieu.* Par exemple,

$$\begin{array}{r} 4ab . — 3bc \\ —(2ab — 6bc) \\ \hline 4ab — 3bc \\ — 2ab . + 6bc \\ \hline 2ab + 3bc \end{array} \qquad \begin{array}{r} 4ab — 3c^2 + bc \\ —(ab — c^2 — 2bc) \\ \hline 4ab — 3c^2 + bc \\ — ab + c^2 + 2bc \\ \hline 3ab — 2c^2 + 3bc \end{array} \qquad \begin{array}{r} 5a^2 — 3ac \\ —(2a^2 — 3ac) \\ \hline 5a^2 — 3ac \\ — 2a^2 + 3ac \\ \hline 3a^2 \end{array}$$

On remarquera que, si le premier terme ne porte aucun signe, il faut lui attribuer le signe $+$, afin de rendre applicable la règle ci-dessus à ce terme comme aux autres. C'est ce qu'on fera aussi dans la multiplication et la division, d'après le même motif.

De la Multiplication.

96. La multiplication des monomes ne donne lieu à aucune difficulté : car soit $4ab \times 5ac$, en changeant l'ordre des facteurs,

on a $4.5.ab.cd$ ou $20\,abcd$. S'il y a des exposans, comme $a^2 \times a^3$, en revenant aux principes, on trouve $aa \times aaa$ ou $aaaaa = a^5$, de sorte qu'on a ajouté les exposans 2 et 3 : de même $8a^2b^3 \times 4a^5b = 32a^7b^4$. En général, *pour multiplier des monomes, on multipliera leurs coefficiens, on ajoutera les exposans qui affectent les mêmes lettres; enfin, on écrira à la suite les unes des autres les lettres différentes. On attribue l'exposant* 1 *aux lettres qui n'en ont pas.*

$$\begin{array}{r} a + b \\ c + d \\ \hline ac + bc \\ + ad + bd \end{array}$$

Multiplions maintenant $a + b$ par $c + d$, ce qu'on indique par $(a + b) \times (c + d)$. Il est évident que pour répéter $a + b$ autant de fois qu'il y a d'unités dans $c + d$, il faut prendre $a + b$, c fois, puis d fois, et ajouter. Mais pour prendre c fois $a + b$, il faut multiplier séparément a et b par c, de sorte que $(a + b) \times c = ac + bc$, $(a + b) \times d = ad + bd$, ce qui donne le produit $ac + bc + ad + bd$.

$$\begin{array}{r} a - b \\ c \\ \hline ac - bc \end{array}$$

Multiplions $a - b$ par c. En prenant le produit ac de a par c, on est supposé avoir ajouté c fois a; mais il fallait multiplier, non pas a, mais $a - b$ par c; chaque fois qu'on a ajouté a, on a pris une quantité trop grande de b unités, de sorte que le produit ac doit être diminué de b pris autant de fois qu'on a répété a, ou c fois. Otons donc bc de ac, et nous aurons $(a - b) \times c = ac - bc$.

$$\begin{array}{r} a - b \\ c - d \\ \hline ac - bc \\ - ad + bd \end{array}$$

Pour multiplier $a - b$ par $c - d$, on fait d'abord le calcul précédent; mais au lieu de répéter $a - b$, c fois, il ne fallait prendre $a - b$ que $(c - d)$ fois : on a donc pris d fois de trop $(a - b)$; ainsi, du produit précédent $ac - bc$, il faut retrancher celui de $a - b$ par d, ou $ad - bd$, ce qui donne (n° 95) $(a - b) \times (c - d) = ac - bc - ad + bd$.

La multiplication de tout polynome peut toujours être ramenée à ce dernier cas, en représentant par a et c les sommes des termes positifs de chaque facteur, et par b et d celle des négatifs; on retombe ensuite sur le premier cas, quand il s'agit d'assigner les valeurs de ac, de bc.... En observant ce qui vient d'être développé, on voit que chaque terme du multiplicande à été multiplié séparément par chacun de ceux du multiplicateur : en outre, quand les deux facteurs partiels monomes ont eu des signes différens, leur produit a reçu le signe —, tandis que dans le cas contraire on a mis le signe +.

Concluons de là que *le produit de deux polynomes se trouve en multipliant chaque terme de l'un par tous ceux de l'autre, d'après la règle donnée pour les monomes ; puis on prend chaque produit partiel négativement lorsque ses facteurs ont des signes contraires, et positivement lorsqu'ils sont de même signe* (tous deux + ou tous deux —) (*). On doit affecter du signe + le premier terme, lorsqu'il n'en porte aucun, comme n° 95.

97. Voici quelques exemples de la multiplication des polynomes :

$$
\begin{array}{c}
a + 3c - d \\
2a - d \\
\hline
2a^2 + 6ac - 2ad \\
- ad - 3cd + d^2 \\
\hline
2a^2 + 6ac - 3ad \\
- 3cd + d^2
\end{array}
\qquad
\begin{array}{c}
2a + bc - 2b^2 \\
2a - bc + 2b^2 \\
\hline
4a^2 + 2abc - 4ab^2 \\
- 2abc - b^2c^2 + 2b^3c \\
+ 4ab^2 + 2b^3c - 4b^4 \\
\hline
4a^2 - b^2c^2 + 4b^3c - 4b^4
\end{array}
$$

$$
\begin{array}{c}
a + b \\
a + b \\
\hline
a^2 + ab \\
+ ab + b^2 \\
\hline
a^2 + 2ab + b^2
\end{array}
\qquad
\begin{array}{c}
a^2 + 2ab + b^2 \\
a + b \\
\hline
a^3 + 2a^2b + ab^2 \\
+ a^2b + 2ab^2 + b^3 \\
\hline
a^3 + 3a^2b + 3ab^2 + b^3
\end{array}
\qquad
\begin{array}{c}
a + b \\
a - b \\
\hline
a^2 + ab \\
- ab - b^2 \\
\hline
a^2 - b^2
\end{array}
$$

(*) On a coutume de dire que la multiplication comporte quatre règles, pour les coefficiens, les lettres, les exposans et les signes. Les premières ont été données pour les monomes ; la quatrième s'énonce ainsi

$$+ \times + = +, \quad + \times - = - \times + = -, \quad - \times - = +.$$

Il semble alors étrange aux oreilles peu faites au langage algébrique d'entendre dire que — × — donne + ; l'espèce de doute qu'on éprouve tient au vice du langage ; car il est absurde de prétendre multiplier un signe par un autre : il ne faut pas attacher un sens rigoureux aux expressions dont on se sert, qui ne sont obscures que parce qu'on sacrifie la correction de l'énoncé au besoin de l'abréger pour en faciliter l'application. Ce n'est donc pas — qu'on multiplie par —, pas même —b par —d, mais bien a—b par c—d ; et la logique la plus exacte conduit au théorème que nous avons donné. En un mot, on ne doit pas appeler le principe dont il s'agit, *la Règle des signes*, mais bien *la Règle de la multiplication des polynomes*.

Ces exemples nous fournissent des remarques intéressantes.

1°. Le carré de $(a + b)$ est $a^2 + 2ab + b^2$. (*Voyez* n° 61.)

2°. Le cube est $a^3 + 3a^2b + 3ab^2 + b^3$. (*Voyez* n° 67.)

3°. De $(a + b)(a - b) = a^2 - b^2$, on conclut que *la somme de deux quantités multipliée par leur différence, donne pour produit la différence de leurs carrés*; $(7 + 5) \times (7 - 5) = 7^2 - 5^2$, ou $12 \times 2 = 49 - 25 = 24$.

Coupons a en deux parties quelconques; si $\frac{1}{2} a - x$ désigne l'une, l'autre est $\frac{1}{2} a + x$, et le produit est $\frac{1}{4} a^2 - x^2$; cette quantité est $< \frac{1}{4} a^2$, tant que x n'est pas nul. Donc, *si l'on fait croître depuis zéro l'une des parties d'un nombre a, l'autre diminue et le produit augmente ; mais dès que la première partie devient $\frac{1}{2}$ à, le produit est le carré de cette moitié, et atteint sa plus grande valeur, en sorte qu'il décroît lorsque la première partie continue de croître.*

Ces théorèmes servent surtout à abréger les calculs : ainsi, dans le second exemple du n° 97, on reconnaît aisément qu'on cherche le produit de $2a + (bc - 2b^2)$ par $2a - (bc - 2b^2)$: ainsi on doit trouver la différence des carrés de $2a$ et $(bc - 2b^2)$, ou $4a^2 - (bc - 2b^2)^2$: or la première de nos règles donne $(bc - 2b^2)^2 = b^2c^2 - 4b^3c + 4b^4$; le produit cherché est donc $4a^2 - b^2c^2 + 4b^3c - 4b^4$.

4°. Il est facile d'obtenir la forme du produit de m facteurs binomes $(x + a)(x + b)(x + c)\ldots$; en effet, pour deux ou trois facteurs, on obtient le produit

$$
\begin{array}{c|c}
\begin{aligned} x^2 + a\ x + ab \\ + b\ x \end{aligned} &
\begin{aligned} x^3 + a\ x^2 + ab\ x + abc \\ + b\ x^2 + ac\ x \\ + c\ x^2 + bc\ x \end{aligned}
\end{array}
$$

Or, il suit du procédé même de la multiplication, que,

1°. Les divers termes du produit ne peuvent éprouver de réduction entre eux; en sorte que les lettres a, b, $c\ldots$ *n'ont ni coefficiens numériques, ni exposans.*

2°. Le premier terme est le produit de tous les premiers termes, et le dernier est le produit de tous les seconds termes des facteurs : entre ces extrêmes, les exposans de x vont en décroissant d'une unité de terme en terme, et le produit a, en général, la forme

$$x^m + Ax^{m-1} + Bx^{m-2} + Cx^{m-3}\dots + abcd\dots$$

3°. Tous les termes doivent être composés du même nombre m de facteurs, en sorte que le cœfficient A de x^{m-1} ne doit pas contenir les lettres $a, b, c\dots$ multipliées entre elles; que celui B de x^{m-2} doit être formé de produits 2 à 2 de ces lettres, ou $ab, ac, bc\dots$

4°. Si la lettre a entre d'une manière quelconque dans l'un des cœfficiens $A, B\dots$, toutes les autres lettres $b, c\dots$ doivent y entrer de la même manière, puisque le produit ne doit pas changer en mettant a pour b et b pour a, etc.; donc (v. n° 480)

A est la somme de tous les seconds termes des binomes;

B est celle de tous leurs produits différens 2 à 2;

C celle de leurs produits différens 3 à 3, etc.;

Le dernier terme est le produit de tous les seconds termes.

On ne doit pas négliger les simplifications lorsqu'elles sont possibles. Ainsi, pour $(4ab - 2ac)(6ab - 3ac)$, on voit que le premier facteur équivaut à $2a(2b - c)$, et le second à $3a(2b-c)$; le produit est donc $6a^2(2b-c)^2$ ou $6a^2(4b^2-4bc+c^2)$.

Il y a quelquefois de l'avantage à décomposer les produits en facteurs (la division nous apprendra bientôt à faire ces sortes de décompositions): ainsi, pour $3y^2z + 3yz^2 + py + pz$, on reconnaît que les deux premiers termes équivalent à $3yz(y+z)$, et les deux autres à $p(y+z)$; donc on a $(3yz+p) \times (y+z)$.

De la Division.

98. Soit a le dividende, m le diviseur, q le quotient et r le reste, r étant $< m$, toute division donne l'équ. (n° 16)

$$a = mq + r.$$

Pour diviser un monome par un autre, comme on peut, sans changer le quotient, diviser par un même nombre le dividende et le diviseur (n°s 15 et 13), *on supprimera les lettres communes à ces deux termes, on soustraira les exposans qui affectent les*

mêmes lettres, enfin on divisera les coefficiens entre eux. On
voit d'ailleurs que cette règle est l'inverse de celle de la multiplication (n° 96). . .

$$\frac{12a^3b^2c}{3ab} = 4a^2bc ; \quad \frac{15a^3b^5}{5a^2b^2} = 3ab^3 ; \quad \frac{8a^2b^2c}{4ab^2} = 2ac ;$$

b^2 disparaît dans le troisième exemple, parce que les deux termes
ont b^2 pour facteur commun.

$$\frac{3abc}{3abc} = 1 ; \quad \frac{4ac^3de^3}{8bd^3e} = \frac{ac^3e^2}{2bd^2} ;$$

on ne peut pousser le calcul plus loin, et il restera à diviser
ac^3e^2 par $2bd^2$, quand on connaîtra les valeurs numériques
de a, b, c, d, e.

Soit proposé de diviser

$$20ab^5 + 4a^6 - 25a^2b^4 - 4b^6 \text{ par } 2b^3 + 2a^3 - 5ab^2.$$

Le quotient, multiplié par le diviseur, devra reproduire
le dividende : si l'on connaissait un terme du produit
$20ab^5 + 4a^6 - \ldots$ qui résultât *sans réduction* de la multiplication
d'un terme donné du diviseur par un terme du quotient, une
simple division donnerait celui-ci. Or, on sait que les termes
où une lettre quelconque, telle que a, a le plus haut exposant
dans les deux facteurs, donnent au produit un terme qui ne se
réduit avec aucun autre, puisque cette même lettre a y porte égale-
lement le plus haut exposant. Les termes $4a^6$ d'une part, et $2a^3$
de l'autre, étant dans ce cas, $4a^6$ est le produit exact du terme $2a^3$
par le terme du quotient où a est affecté du plus haut exposant ;
ainsi ce terme est $\dfrac{4a^6}{2a^3}$ ou $2a^3$. Si l'on multiplie tout le diviseur

par $2a^3$, et qu'on retranche du dividende, le reste sera le produit du diviseur par les autres parties du quotient. On est donc
conduit à diviser ce reste par le diviseur, afin d'obtenir ces
parties, ce qui exige qu'on reproduise le même raisonnement,
et qu'on divise encore par $2a^3$ le terme du reste où la lettre a
porte le plus haut exposant.

Pour éviter l'embarras de démêler parmi les termes du dividende, celui où a porte le plus haut exposant, ainsi que dans les restes successifs ; il est convenable d'*ordonner* le dividende et le diviseur ; c'est-à-dire de placer, comme on le voit ici, au premier rang, le terme où a porte le plus haut exposant ; au second rang, le terme où a a l'exposant immédiatement moindre, et ainsi de suite.

$$
\begin{array}{l|l}
4a^6 - 25a^2b^4 + 20ab^5 - 4b^6 & 2a^3 - 5ab^2 + 2b^3 \\
- 4a^6 + 10a^4b^2 - 4a^3b^3 & \overline{2a^3 + 5ab^2 - 2b^3} \\
\end{array}
$$

1er reste.... $10a^4b^2 - 25a^2b^4 - 4a^3b^3 + 20ab^5 - 4b^6$

$ -10a^4b^2 + 25a^2b^4 - 10ab^5$

2e reste.................... $- 4a^3b^3 + 10ab^5 - 4b^6$

$ + 4a^3b^3 - 10ab^5 + 4b^6$

3e reste.......................... 0

On voit qu'après avoir divisé $4a^6$ par $2a^3$, on a multiplié tout le diviseur par le quotient partiel $2a^3$, et retranché le produit du dividende, ce qui a donné un premier reste. On a divisé de nouveau par $2a^3$ le terme $10a^4b^2$; où la lettre a porte dans le reste, le plus fort exposant, ce qui donne $+5ab^2$ pour second terme du quotient. On a ensuite multiplié le diviseur par ce terme $+5ab^2$; on a retranché du premier reste, ce qui a donné un second reste. Enfin, $-4a^3b^3 : 2a^3 = -2b^3$ a complété le quotient, parce qu'on n'a plus trouvé de reste.

Lorsqu'on est conduit, comme ci-dessus, à diviser des termes qui ont pour signes, l'un $+$, l'autre $-$, on donne au quotient le signe $-$, afin que, dans la multiplication, on reproduise le premier terme du dividende avec son signe. Si les termes à diviser eussent été négatifs l'un et l'autre, le quotient aurait eu le signe $+$. Il faut prendre ceci simplement comme un fait de calcul, sans chercher à expliquer ce que peut signifier la division de deux termes qui ne sont pas positifs ensemble ; en effet, il ne s'agit ici que de trouver un système de termes qui, multiplié par le diviseur, d'après les règles connues, reproduise le dividende.

Concluons de là que, *pour diviser deux polynomes, on les ordonnera par rapport à une même lettre, on divisera le premier terme du dividende par le premier du diviseur, et l'on aura un terme du quotient ; on multipliera ce terme par le diviseur, et on retranchera du dividende : puis l'on traitera le reste de la même manière. On pratiquera, pour les divisions partielles, la règle des signes de la multiplication.* Enfin, on poussera l'opération jusqu'à ce que la lettre suivant laquelle on a ordonné ait dans le reste un exposant moindre que dans le diviseur.

Il est bien entendu qu'on pourrait ordonner par rapport à b, ou toute autre lettre commune aux deux facteurs, et même dire du plus petit exposant d'une lettre tout ce que nous avons dit du plus grand.

99. Nous mettrons ici deux autres exemples de division.

$$
\begin{array}{l}
\quad\quad 6a^4+4a^3b-9a^2b^2-3ab^3+2b^4 \\
\quad\quad \underline{-6a^4-6a^3b+3a^2b^2} \\
1^{er}\ reste\ldots\ -2a^3b-6a^2b^2-3ab^3+2b^4 \\
\quad\quad\quad\quad\ \underline{+2a^3b+2a^2b^2-\ ab^3} \\
2^e\ reste\ldots\ldots\ -4a^2b^2-4ab^3+2b^4 \\
\quad\quad\quad\quad\quad\ \underline{+4a^2b^2+4ab^3-2b^4} \\
3^e\ reste\ldots\ldots\ldots\ 0
\end{array}
\quad\Bigg\{
\begin{array}{l}
2a^2+2ab-\ b^2 \\
\overline{3a^2-\ ab-2b^2}
\end{array}
$$

$$
\begin{array}{l}
\quad\quad a^5\ -b^5 \\
\quad\quad \underline{-a^5+a^4b} \\
1^{er}\ reste.\ \ a^4b-b^5 \\
\quad\quad \underline{-a^4b+a^3b^2} \\
2^e\ reste\ldots\ \ a^3b^2-b^5 \\
\quad\quad\quad\ \underline{-a^3b^2+a^2b^3} \\
3^e\ reste\ldots\ldots\ a^2b^3-b^5 \\
\quad\quad\quad\quad\ \underline{-a^2b^3+ab^4} \\
4^e\ reste\ldots\ldots\ ab^4-\ b^5 \\
\quad\quad\quad\quad\ \underline{-ab^4+\ b^5} \\
5^e\ reste\ldots\ldots\ 0
\end{array}
\quad\Bigg\{
\begin{array}{l}
a-b \\
\overline{a^4+a^3b+a^2b^2+ab^3+b^4}
\end{array}
$$

En suivant avec attention la marche de la dernière division, on voit que si l'on divise a^m-b^m par $a-b$, les exposans de a doivent diminuer, et ceux de b croître d'une unité dans chaque reste et dans chaque quotient; les restes sont donc des binomes dont le 1er terme est successivement $a^{m-1}b$, $a^{m-2}b^2$.... Lorsqu'on arrive au reste $ab^{m-1}-b^m$, la division par $(a-b)$ donne le quotient exact b^{m-1}, en sorte que a^m-b^m est divisible sans reste par $(a-b)$, et l'on a

$$
\frac{a^m-b^m}{a-b}=a^{m-1}+a^{m-2}b+a^{m-3}b^2+\ldots\ldots+b^{m-1}.
$$

Si $b = 1$, $\dfrac{a^m - 1}{a - 1} = a^{m-1} + a^{m-2} + a^{m-3} + \ldots x + 1$.

Au reste, il est facile de prouver la vérité de ces équations en multipliant les seconds membres par les dénominateurs $a - b$, $a - 1$, parce qu'on reproduit *identiquement* les numérateurs $a^m - b^m$, $a^m - 1$.

Quand on divise a par $1 - x$, l'opération n'a pas de fin, et l'on trouve ce quotient indéfini

$$\frac{a}{1 - x} = a(1 + x + x^2 + x^3 + \ldots).$$

On peut donc regarder le 1er membre comme la somme des termes du 2e; cette fraction est la somme d'une progression par quotient, qui s'étend à l'infini, dont a est le 1er terme et x la raison. Si l'on a, par exemple, $\div 2 : \frac{2}{3} : \frac{2}{9} : \frac{2}{27} \ldots$ savoir $a = 2$ et $x = \frac{1}{3}$, $1 - x = \frac{2}{3}$, on trouve $2 : \frac{2}{3}$ ou 3, pour la somme de cette suite prolongée à l'infini. De même $\frac{1}{2}(1 + \frac{2}{3} + (\frac{2}{3})^2 \ldots) = \frac{3}{2}$, parce que $a = \frac{1}{2}$, $x = \frac{2}{3}$. Enfin, $\frac{2}{3}(1 - \frac{1}{2} + \frac{1}{4} - \frac{1}{8} \ldots) = \frac{4}{9}$, en faisant $a = \frac{2}{3}$; $x = -\frac{1}{2}$.

La fraction décimale périodique $0,(54)$ revient à $\frac{54}{100} + \frac{54}{10000} + \ldots$ ou $\frac{54}{100}[1 + \frac{1}{100} + (\frac{1}{100})^2 \ldots] = \frac{54}{99}$, en faisant $a = \frac{54}{100}$; $x = \frac{1}{100}$. En général, si p est la période composée de n chiffres, cette fraction est comme n° 53,

$$\frac{p}{10^n} + \frac{p}{10^{2n}} + \ldots = \frac{p}{10^n - 1} = \frac{p}{999 \ldots}.$$

Faisons $a = 1$ et $x = \frac{3}{2}$; il vient $- 2 = 1 + \frac{3}{2} + \frac{9}{4} + \ldots$ On ne conçoit pas d'abord comment, en ajoutant des termes sans cesse croissans et positifs, on pourra trouver $- 2$ pour somme. Mais en poussant la division de a par $1 - x$, jusqu'à 4 termes seulement, on a le reste ax^4, en sorte que le quotient exact est $a\left(1 + x + x^2 + x^3 + \dfrac{x^4}{1 - x}\right)$, cette dernière fraction représentant la somme de tous les autres termes jusqu'à l'infini. Mais cette fraction devient $- \frac{81}{8}$, en faisant $a = 1$ et $x = \frac{3}{2}$; ainsi, lorsqu'on n'a égard qu'aux premiers termes, ceux

qu'on néglige forment une somme négative plus grande que la partie qu'on prend : les deux parties réunies sont ici :.......
$1 + \frac{3}{2} + \frac{9}{4} + \frac{27}{8} - \frac{81}{8}$ qui se réduit au 1er membre $- 2$.

Ce paradoxe vient donc de ce qu'on ne peut regarder les n premiers termes comme une partie plus ou moins grande de la somme, qu'autant que $\dfrac{ax^n}{1-x}$ va sans cesse en diminuant, à mesure que le nombre n des termes conservés s'accroît ; il faut donc que $x < 1$. On dit qu'une série est *convergente* quand les termes vont ainsi en décroissant de plus en plus. (*Voy.* n° 488.)

100. On rencontre une difficulté sur laquelle il est bon d'être prévenu : lorsqu'il y a plusieurs termes où la lettre suivant laquelle on a ordonné porte le même exposant, quel est celui qui doit être écrit le premier, et que devient alors la démonstration que nous avons donnée ? Avec une légère attention, on verra qu'il suffit de mettre dans les termes dont il s'agit, la lettre avec son exposant en facteur commun, et, entre des parenthèses, la quantité qu'elle multiplie. On doit regarder alors cet assemblage comme ne formant qu'un seul terme. Si l'on a, par exemple, $4a^4b^2 - 4a^4bc + a^4c^2$, on écrira $a^4(4b^2 - 4bc + c^2)$, qu'on regardera comme n'étant qu'un seul terme.

Un exemple fera voir plus clairement la marche qu'on doit suivre.

Effectuons la division par $(x - a)$ du polynome

$$kx^m + px^{m-1} + qx^{m-2} + rx^{m-3} + \dots + tx + u ;$$

on trouve pour premiers termes du quotient

$$kx^{m-1} + (a + p)x^{m-2} + (a^2 + pa + q)x^{m-3} + \dots.$$

Observons que chaque division par x abaisse de 1 l'exposant de cette lettre dans le 1er terme du reste, dont le coefficient

se traduit ensuite au quotient. Après quoi, la multiplication par $(x - a)$ produit deux termes, dont l'un détruit le
dividende partiel, et l'autre s'ajoute au terme qui suit dans le
polynome donné, pour former le 1er terme du nouveau reste.
La marche du calcul démontre que les coefficiens de x dans
les 4e, 5e.... termes du quotient, qu'enfin le dernier terme,
sont

$$ka^3 + pa^2 + qa + r,$$
$$ka^4 + pa^3 + qa^2 + ra + s \text{, etc.,}$$
$$ka^{m-1} + pa^{m-2} + qa^{m-3} + ra^{m-4} + \ldots + t,$$

et le reste est $ka^m + pa^{m-1} + qa^{m-2} \ldots + ta + u,$

ou le polynome donné, dans lequel x est remplacé par a. Cette
conséquence peut être aisément vérifiée en multipliant ce quotient par $(x - a)$, et ajoutant ce reste; on retrouve le dividende.
Cette proposition sera de nouveau démontrée n° 500.

Des Fractions et Communs diviseurs.

101. Tout ce qui a été dit (page 46) sur les fractions numériques, doit se dire aussi des algébriques. Ainsi

1°. $\frac{a}{b}$ désigne que l'unité est partagée en b parties, et qu'on

en prend a; en sorte que le produit $\frac{a}{b} \times b$ est le numérateur a
(n° 37);

2°. Quel que soit m, on a $\frac{a}{b} = \frac{am}{bm}$ (n° 38);

3°. $\frac{a}{b} \pm \frac{c}{d} = \frac{ad \pm bc}{bd}$ (n° 39); $\frac{a}{m} \pm 1 = \frac{a \pm m}{m}$. Le signe $\pm$
s'énonce *plus ou moins*; il indique qu'on doit prendre le signe
supérieur dans les deux membres, ou, si l'on veut, l'inférieur
dans l'un et l'autre.

4°. $\frac{a}{b} \times c = \frac{ac}{b}$, $\quad \frac{a}{mb} \times b = \frac{a}{m}$, $\quad \frac{a}{b} \times \frac{c}{d} = \frac{ac}{bd}$,

$$\left(a + \frac{b}{c}\right)\left(m + \frac{p}{q}\right) = \frac{(ac+b) \times (mq+p)}{cq}, \text{ (n}^{os} \text{ 40, 41);}$$

$$5^{\circ}. \quad \frac{a}{b} : c = \frac{a}{bc}, \quad \frac{am}{b} : m = \frac{a}{b}, \quad \frac{a}{b} : \frac{c}{d} = \frac{ad}{bc},$$

$$\left(a + \frac{b}{c}\right) : \left(m + \frac{p}{q}\right) = \frac{q(ac + b)}{c(mq + p)} \quad (\text{n}^{\text{os}} \ 41, \ 42).$$

102. Cherchons *le plus grand commun diviseur* D de deux polynomes A et B : on nomme ainsi une expression qui divise exactement ces polynomes, et telle, que les deux quotiens n'admettent plus aucun diviseur commun.

I. *Si l'on multiplie ou divise* A *par une quantité qui soit première avec* B, *le plus grand commun diviseur demeurera le même.* Car soient A et B de la forme $A = Dx$, $B = Dy$, x et y étant premiers entre eux ; il est visible que D sera encore le plus grand diviseur commun, si l'on supprime x, ou y, ou seulement quelqu'un de leurs facteurs, comme aussi si l'on multiplie A par une quantité z qui soit première avec B.

II. *Si un polynome* A, *ordonné par rapport à* a, *est divisible par une quantité* F *indépendante de* a, *les coefficiens de chaque puissance de cette lettre* a *doivent en particulier être divisibles par* F. En effet, soit $Ma^m + Ha^h + \dots$, le quotient de A divisé par F, on a donc $A = FMa^m + FHa^h + \dots$; or F ne contenant pas a, il ne peut s'opérer de réduction d'un terme à l'autre. Donc chaque coefficient conserve le facteur F.

Voici l'usage de ces deux remarques. Si, par la méthode que nous allons exposer, on cherche le plus grand commun diviseur entre deux quelconques des coefficiens de A, puis entre ce diviseur et quelque autre coefficient de A, et ainsi de suite pour tous les coefficiens, il est clair que si A a un facteur F indépendant de a, comme il devra l'être de chaque terme en particulier, on obtiendra ainsi ce diviseur commun F indépendant de a, et l'on aura $A = FA'$, A' étant un polynome connu, qui n'admettra plus de facteur sans a. Le même calcul mettra en évidence dans B le facteur F' indépendant de a, s'il en existe un, et l'on aura $B = F'B'$.

Or, le plus grand diviseur K, entre F et F' est *le facteur indépendant de* a, qui est commun entre A et B : c'est-à-dire que si le plus grand commun diviseur cherché entre A et B, est le produit QK de deux facteurs, l'un Q contenant a, l'autre K sans a, on sera parvenu à connaître ce dernier ; et il ne restera plus qu'à trouver Q, qui ne peut être divisible par un facteur indépendant de a. Une fois K connu, on aura donc $F = K\alpha$, $F' = K\beta$, d'où $A = KA'\alpha, B = KB'\beta$; ôtant le facteur K, Q sera le plus grand commun diviseur entre $A'\alpha$ et $B'\beta$, où plutôt entre A' et B', puisqu'on peut supprimer α et β (I).

Concluons de là, qu'après avoir trouvé les facteurs F et F' indépendans de a, ou communs à tous les termes, l'un de A, l'autre de B, on supprimera ces facteurs, ce qui rendra les polynomes plus simples, tels que A' et B' : mais on mettra à part le facteur K, commun à F et F' ; on cherchera le plus grand commun diviseur Q entre A' et B', et on le multipliera par K ; KQ sera celui qu'on demande.

103. Procédons maintenant à la recherche du facteur Q dépendant de a, et raisonnons comme n° 28. Si A' est divisible par B', B' sera visiblement le plus grand diviseur cherché ; mais si la division donne le reste R et le quotient q, on aura

$$A' = B'q + R, \text{ d'où } \frac{A'}{D} = \frac{B'q}{D} + \frac{R}{D},$$

en divisant toute l'équation par un facteur quelconque D de A' et de B'. Il en résulte que R doit être divisible par D, en sorte que tout diviseur de (A' et B') l'est aussi de (B' et R). La réciproque ayant lieu, ces deux systèmes ont précisément tous les mêmes diviseurs l'un que l'autre ; la question est ainsi réduite à trouver le plus grand commun diviseur de B' et R. Le raisonnement se continue de proche en proche, et l'on arrive à la conséquence énoncée page 36.

Comme le quotient q doit nécessairement être entier, il ne suffit pas ici de procéder comme on l'a fait sur les nombres. Après avoir ordonné les polynomes, ils deviendront

$$A'\ldots\ldots Ma^m + M'a^{m'} + \ldots\ldots$$
$$B'\ldots Na^n + N'a^{n'} + \ldots\ldots$$

On divisera le premier terme Ma^m par le premier Na^n; or si N contient quelque facteur a qui ne divise pas M, le quotient n'est pas entier. Pour éviter cette difficulté, comme on admet qu'on a délivré B' de tous les facteurs communs indépendans de a, a n'est pas diviseur de B', et l'on a le droit de multiplier A' en totalité par a : alors M deviendra Ma divisible par N. Ainsi les deux premiers termes seront toujours réduits à l'état convenable pour que la division soit possible, parce qu'on aura ôté de N, ou introduit dans M, les facteurs qui s'opposaient à la division exacte. On aura soin de faire une semblable opération sur chacune des divisions subséquentes qu'exige le théorème, afin de rendre tous les quotiens entiers.

Soient, par exemple, les polynomes

$$36abcd - 120abcd + 100b^2cd, \text{ et } 36a^3c - 6a^2bc - 90ab^2c.$$

Le commun diviseur entre $120abcd$ et $100b^2cd$ est $20bcd$; entre $20bcd$ et $36a^2cd$, il est $4cd$. On obtient de même $6ac$ pour facteur commun de tous les termes du second polynome. Supprimant ces facteurs, les proposés se réduisent à

$$9a^2 - 30ab + 25b^2 \text{ et } 6a^2 - ab - 15b^2.$$

Mais comme $4cd$ et $6ac$ ont $2c$ pour diviseur, on réservera $2c$ pour multiplier le commun diviseur entre les polynomes réduits : $2c$ est *le facteur indépendant* de a. Voici la fin du calcul :

$$
\begin{array}{l|l|l}
\begin{array}{l}
9a^2 - 30ab + 25b^2 \\
\underline{18a^2 - 60ab + 50b^2} \\
\text{Reste} - 57ab + 95b^2 \\
\text{ou } - 19b(3a - 5b)
\end{array}
&
\begin{array}{l}
6a^2 - ab - 15b^2 \\
\text{1er quot. } 3 \\
\text{2e Reste } 9ab - 15b^2 \\
\qquad\qquad 0
\end{array}
&
\begin{array}{l}
3a - 5b \text{ comm. divis.} \\
\overline{2a + 3b}
\end{array}
\end{array}
$$

On voit que la division de $9a^2$ par $6a^2$ ne pouvant se faire exactement, il a fallu multiplier la totalité du dividende par 2; après quoi le quotient 3 a conduit au reste $- 57ab + 95b^2$, et la question s'est réduite à trouver le plus grand facteur commun entre ce binome et le diviseur; il faut donc réitérer les calculs de préparation sur l'un et l'autre. Or, on trouve que le binome a $-19b$ pour facteur, qu'il faut supprimer; et, comme la division par

$(3a-5b)$ réussit, le plus grand diviseur commun cherché est $2c\,(3a-5b)$ ou $6ac-10bc$.

Soit proposé de réduire à sa plus simple expression la fraction $\dfrac{6a^3-6a^2y+2ay^2-2y^3}{12a^2-15ay+3y^2}$: ces polynomes ont respectivement 2 et 3 pour facteurs qu'on peut ôter sans changer le plus grand facteur commun des deux termes : le diviseur sera réduit à $4a^2-5ay+y^2$, et le premier terme du dividende à $3a^3$. Pour rendre la division exacte, il faudra multiplier par 4, c'est-à-dire doubler le numérateur; ainsi il faut chercher le plus grand commun diviseur de $12a^3-12a^2y+4ay^2-4y^3$ et $4a^2-5ay+y^2$.

Une première division donne le quotient $3a$ et le reste $3a^2y+ay^2-4y^3$. Pour rendre de nouveau la division possible, on multipliera ce reste par 4; on pourra aussi supprimer le facteur y; et le dividende deviendra $12a^2+4ay-16y^2$.

Une seconde division conduit au reste $19ay-19y^2$, qui doit être pris pour diviseur de $4a^2-5ay+y^2$. On supprimera les facteurs 19 et y dans ce diviseur, qui devient $a-y$, et qui divise exactement; $a-y$ est donc le plus grand commun diviseur cherché. La fraction proposée se réduit à $\dfrac{6a^2+2y^2}{12a-3y}$.

Voici le calcul.

$$
\begin{array}{l}
12a^3-12a^2y+4ay^2-4y^3 \\
3a^2y+ay^2-4y^3 \\
12a^2+4ay-16y^2 \\
19ay-19y^2
\end{array}
\left\{
\begin{array}{l}
\dfrac{4a^2-5ay+y^2}{3a+3} \\
-ay+y^2 \\
\hline
0
\end{array}
\right.
\left\{
\begin{array}{l}
19ay-19y^2 \\
\underline{a-y \quad \text{comm. divis.}} \\
4a-y
\end{array}
\right.
$$

En cherchant le plus grand diviseur des deux termes, qui est $2a^2+2ab-b^2$, on verra de même que la fraction

$$\frac{4a^4-4a^2b^2+4ab^3-b^4}{6a^4+4a^3b-9a^2b^2-3ab^3+2b^4}=\frac{2a^2-2ab+b^2}{3a^2-ab-2b^2},$$

Pour la fraction $\dfrac{54a^2b-24b^3}{45a^3b+3a^2b^2-9ab^3+6b^4}$, le facteur commun indépendant de a est $3b$; en le supprimant dans les deux termes, ainsi que 2 au numérateur, on est conduit à chercher le plus grand commun diviseur entre $9a^2-4b^2$ et............ $15a^3+a^2b-3ab^2+2b^3$. On trouve qu'il est $3a+2b$; ainsi

$3b\,(3a + 2b)$ est celui qu'on cherche, et la fraction se réduit à

$$\frac{6a - 4b}{5a^2 - 3ab + b^2}.$$

On ne doit pas oublier qu'ici, comme au nº 100, il faut regarder les termes qui contiennent une même puissance de la lettre par rapport à laquelle on ordonne, comme ne faisant qu'un seul terme. C'est ce qui a lieu pour la fraction

$$\frac{a^2\,(b^2 - c^2) - ab\,(2b^2 + bc - c^2) + b^3\,(b + c)}{a^3\,(b^2 + 2bc + c^2) - a^2b\,(2b^2 + 3bc + c^2) + ab^3\,(b + c)}.$$

La considération des coefficiens $(b + c)$, $(2b^2 + bc - c^2)$, $(b^2 - c^2)$, etc., fait bientôt reconnaître que $(b + c)$ est un facteur commun indépendant de a. En le supprimant, on cherche le plus grand diviseur entre

$$a^2\,(b - c) - ab\,(2b - c) + b^3$$

$$\text{et } a^3\,(b + c) - a^2b\,(2b + c) + ab^3,$$

qu'on trouve, par le calcul, être $a - b$; ainsi, celui des deux termes de la fraction proposée est $a\,(b + c) - b\,(b + c)$; elle se réduit à $\dfrac{a\,(b - c) - b^2}{a^2\,(b + c) - ab^2}.$

II. ÉQUATIONS DU PREMIER DEGRÉ.

Premier Degré à une seule inconnue.

104. Le degré d'une équation est marqué par la plus haute puissance de l'inconnue qu'elle renferme : x, y, z.......... désigneront les inconnues; a, b, c.... les données. Ainsi, $ax + b = cx$ est du premier degré; $ax^2 + dx = c$ est du second; $x^3 + qx^2 = r$ est du troisième, etc.

Pour résoudre un problème proposé, il faut d'abord exprimer, par une équation, les conditions qui lient les données aux inconnues : cette traduction du problème en langage algébrique une fois faite, il faut *résoudre* l'équation, c'est-à-dire dégager l'inconnue de tout ce qui l'affecte, et l'amener à la forme $x = A$; A est la valeur cherchée.

Par exemple, un père a 4 fois l'âge de son fils, la somme des deux âges est 45 ans : quel est l'âge de chacun ? Soit x l'âge du fils, $4x$ sera celui du père ; ainsi, $x + 4x$ doit faire 45 ans, d'où $5x = 45$. Telle est l'équ. qui, dans notre problème, exprime la liaison de l'inconnue aux quantités données 5 et 45. Il faut maintenant résoudre cette équ., ce qui se fait en divisant le produit 45 par 5 ; le quotient 9 est l'autre facteur (n° 5) ; $x = 9$ donne 9 ans pour l'âge du fils, et 36 ans pour celui du père.

On voit ici bien distinctement les deux difficultés qu'offre tout problème : 1°. *poser l'équation*, 2°. *la résoudre*. Nous traiterons ces deux sujets, en commençant par le second.

105. L'inconnue ne peut être engagée dans une équ. du premier degré, que par addition, soustraction, multiplication et division. Voici les règles qu'il faut pratiquer pour la dégager.

I. *Si l'inconnue a quelques coéfficiens fractionnaires, multipliez toute l'équation par le nombre qui serait dénominateur commun* (n° 38, 1°. et 2°.). Cette opération, sans altérer l'équ., fera disparaître les diviseurs. Cela revient à réduire tout au même dénominateur, puis à le supprimer. Soit, par exemple,

$$\tfrac{2}{3}x + \tfrac{1}{2}x - 20 - \tfrac{1}{6}x = \tfrac{3}{4}x - \tfrac{1}{12}x - 8.$$

En multipliant tout par 12, cette équation devient

$$8x + 6x - 240 - 2x = 9x - x - 96,$$

qui se réduit à $12x - 240 = 8x - 96$.

II. *On réunira tous les termes inconnus dans l'un des membres, et les quantités connues dans l'autre, en donnant un signe contraire aux termes qui changent de membre ; c'est ce qu'on appelle transposer.* Ainsi notre exemple deviendra..........
$12x - 8x = 240 - 96$, ou $4x = 144$. On voit en effet qu'en effaçant 240 du premier membre $12x - 240$, ce qui le réduit à $12x$, on l'augmente de 240 ; pour ne point troubler l'égalité, il faut donc ajouter 240 au second membre. Pareillement, en supprimant $8x$, on diminue de $8x$ le second membre ; il faut donc aussi retrancher $8x$ du premier.

III. L'équation, d'après ces deux règles, sera amenée à la forme $ax = b$; b est le produit de a multiplié par x (n° 5); en divisant b par a, le quotient donnera donc x; ainsi $x = \dfrac{b}{a}$.

Donc, pour dégager l'inconnue de son coefficient, il faut diviser toute l'équ. par ce coefficient.

C'est ainsi que l'équ. $4x = 144$, donne $x = \dfrac{144}{4} = 36$; ce nombre résout l'équ. que nous nous étions proposée ci-dessus, c'est-à-dire que les deux membres seront égaux, si l'on met partout 36 pour x; c'est ce qu'on vérifie aisément, car on a $24 + 18 = 30 - 6 - 27 - 3 - 8 = 16$.

IV. *Une équ. du premier degré n'admet qu'une solution*; car on peut toujours la mettre sous la forme (n° 107) $ax + b = cx + d$; or, si x pouvait avoir deux valeurs α et β, on aurait les équations

$$a\alpha + b = c\alpha + d, \quad a\beta + b = c\beta + d,$$

et retranchant, on trouverait $a(\alpha - \beta) = c(\alpha - \beta)$; équ. qui revient à $(a - c)(\alpha - \beta) = 0$, et ne peut être satisfaite à moins qu'on ait $\alpha = \beta$, puisque a et c sont donnés et inégaux.

Voici plusieurs exemples de ces diverses règles :

1°. $\dfrac{ax}{b} + \dfrac{cx}{f} + m = px + \dfrac{cx}{f} + n$; supprimant la fraction $\dfrac{cx}{f}$ commune aux deux membres, on a $\dfrac{ax}{b} + m = px + n$; multipliant tout par b, il vient $ax + bm = bpx + bn$; transposant bm et bpx, on a $ax - bpx = bn - bm$, ou $x(a - bp) = b(n - m)$; en divisant par $a - bp$, il vient enfin

$$x = \frac{b(n - m)}{a - bp}.$$

2°. $\dfrac{6}{5}x - 90 + \dfrac{4}{3}x = \dfrac{4}{3}x - 82$; transposant, on trouve $\dfrac{6}{5}x + \dfrac{4}{3}x - \dfrac{4}{3}x = 90 - 82$, qui se réduit à $\dfrac{6}{5}x = 8$; multipliant l'équation par 15, on obtient $18x - 10x = 8 \times 15$, ou $8x = 8.15$; et enfin $x = 15$.

3°. $\frac{2}{7}x + 9 = \frac{1}{3}x - 10$ donne $9 + 10 = \frac{1}{3}x - \frac{2}{7}x$, et multipliant par 21; il vient $19 \times 21 = 7x - 6x$, d'où $x = 19.21 = 399$.

4°. Enfin l'équation $\frac{2}{9}x - 40 - \frac{1}{4}x = 60 - \frac{7}{5}x$ donne . . . $\frac{2}{9}x - \frac{1}{4}x + \frac{7}{5}x = 100$; on multiplie par $9 \times 4 \times 5$, ou 180, et l'on obtient $40x - 45x + 252x = 180 \times 100$, ou $247x = 18000$; donc $x = \frac{18000}{247} = 72,8745$.

106. Venons-en maintenant à la principale difficulté, qui consiste à poser le problème en équ. Pour cela, on examinera attentivement l'état de la question pour en bien comprendre le sens; et donnant, au hasard, une valeur à l'inconnue, on soumettra ce nombre à tous les calculs nécessaires pour s'assurer s'il convient ou non. On connaîtra ainsi la suite des opérations numériques qu'il faut faire subir au nombre cherché, lorsqu'il est trouvé, pour vérifier s'il convient en effet au problème. Enfin on fera, à l'aide des signes algébriques, sur x représentant l'inconnue, toutes ces mêmes opérations; et l'équ. sera posée.

I. Soit, par exemple, demandé quelle était la dette d'un homme qui, après en avoir acquitté la moitié une première fois, le tiers une seconde, le douzième une autre fois, se trouve ne plus devoir que 630 fr.

Supposons que cet homme devait 1200 fr.; la moitié est 600; le tiers, 400; le douzième, 100 : il a donc payé 1100 fr.; mais il redoit encore 630; donc il devait en tout $1100 + 630$, ou 1730 fr., et non pas 1200 fr., comme on l'a supposé. Ainsi, cette hypothèse est fausse; mais il en résulte une suite de calculs qu'on pratiquera aisément sur x, et qui donnera

$$x = \frac{x}{2} + \frac{x}{3} + \frac{x}{12} + 630.$$

Le reste n'a plus de difficulté; en multipliant par 12, on a $12x = 6x + 4x + x + 7560 = 11x + 7560$; d'où $x = 7560$ fr.; c'est le nombre cherché, ainsi qu'on peut s'en assurer.

Notre règle, pour poser un problème en équation, consiste donc à *faire subir à x toutes les opérations qu'on fera sur le nombre cherché, lorsque après l'avoir trouvé, on voudra vérifier s'il répond en effet à la question.*

La valeur arbitraire attribuée à l'inconnue ne sert qu'à mettre ces calculs en évidence, et l'usage apprend bientôt à s'en passer. Voici divers autres problèmes.

II. Quel est le nombre dont le tiers et le quart ajoutés ensemble font 63. Soit x ce nombre, $\frac{1}{3}x$ en sera le tiers, $\frac{1}{4}x$ le quart; donc $\frac{1}{3}x + \frac{1}{4}x = \frac{x}{3} + \frac{x}{4} = 63$; cette équation se réduit à $7x = 12.63$, d'où $x = \dfrac{12.63}{7} = 12.9 = 108$.

Remarquons que, pour obtenir le nombre dont le cinquième et le sixième ajoutés forment 22, il faut recommencer de nouveau à poser l'équ., puis la résoudre; on a ainsi $\frac{x}{5} + \frac{x}{6} = 22$; d'où $11x = 30.22$ et $x = 30.2 = 60$.

Si donc on veut résoudre à la fois ces deux problèmes, et tous ceux qui n'en diffèrent que par des valeurs numériques, il faut remplacer ces nombres par des signes a, b, c..... propres à représenter toutes valeurs, puis résoudre cette question : Quel est le nombre qui, divisé par a et b, donne s pour somme des quotiens? On trouve

$$\frac{x}{a} + \frac{x}{b} = s, \text{ d'où } x = \frac{abs}{a+b}.$$

Cette expression n'est pas, à proprement parler, la valeur de l'inconnue dans nos problèmes; mais elle offre le tableau des calculs qui les résolvent tous. On donne le nom de *formule* à cette expression. Cette *formule* montre qu'on a l'inconnue en multipliant les trois nombres que renferme la question, et divisant ce produit abs par la somme $a+b$ des deux diviseurs; ou plutôt notre formule n'est qu'une manière abrégée d'écrire cet énoncé. L'algèbre n'est donc qu'une langue destinée à exprimer les raisonnemens, et qu'il faut savoir lire et écrire.

Tel est l'avantage qu'offre cette formule, que l'algébriste le plus expert et l'arithméticien le moins intelligent peuvent maintenant résoudre l'un et l'autre problème. Mais ce dernier n'y parviendra qu'en s'abandonnant à une routine aveugle;

d'ailleurs les diverses questions exigent des formules différentes, et l'algébriste a seul le secret de les obtenir. On voit par là pourquoi quelques personnes calculent souvent avec une facilité surprenante sans comprendre ce qu'elles font, quoiqu'elles sachent trouver exactement les résultats.

III. La somme des âges de deux frères est 57 ans, l'aîné a 7 ans de plus que l'autre : on demande l'âge de chacun. Soit x l'âge du plus jeune, $x + 7$ est celui de l'aîné; il faut donc que x ajouté à $x + 7$ donne 57; d'où $2x + 7 = 57$ et $x = 25$: le plus jeune a 25 ans, l'aîné 32 ans.

En examinant l'énoncé de cette question, il sera facile de reconnaître qu'elle renferme des circonstances inutiles : elle se réduit visiblement à la recherche de deux nombres dont la somme est 57 et la différence 7. En général, il convient de dépouiller les questions de tout appareil étranger, qui ne peut qu'obscurcir les idées, et faire perdre la liaison des quantités. C'est un tact particulier qu'on doit à l'exercice; ni maîtres, ni livres, ne peuvent donner la sagacité nécessaire pour démêler, dans l'énoncé, ce qui est indispensable ou inutile.

Pour généraliser le problème précédent, cherchons *les deux nombres qui ont s pour somme et d pour différence*. Soit x le plus petit; $x + d$ est le plus grand; donc ajoutant $x + (x + d) = s$; d'où $2x = s - d$, et $x = \frac{1}{2}(s - d)$. C'est le plus petit des nombres cherchés; le plus grand est $x + d$, ou . . . . $\frac{1}{2}(s - d) + d = \frac{1}{2}(s + d)$. Donc . . . .

$$x = \tfrac{1}{2}(s - d), \quad x + d = \tfrac{1}{2}(s + d)$$

sont les nombres qui répondent à la question. *On prendra la moitié de la somme et la moitié de la différence données ; on aura le plus grand en ajoutant ces deux moitiés, et le plus petit en les retranchant l'une de l'autre.*

Une maison composée de deux étages a 15 mètres de haut : le premier est plus élevé que le second de 1 mètre : on demande la hauteur de chaque étage. $7\frac{1}{2}$ et $\frac{1}{2}$ sont les moitiés des nombres donnés : ainsi $7\frac{1}{2} + \frac{1}{2}$, ou 8 mètres, est la hauteur du premier étage ; $7\frac{1}{2} - \frac{1}{2}$, ou 7 mètres, est celle du second.

IV. Partager un nombre a en deux parties qui soient entre elles comme m est à n. x étant l'une des parties, pour avoir l'autre, on pose la proportion $m : n :: x : \dfrac{nx}{m}$; la somme de ces parties étant a, on a $x + \dfrac{nx}{m} = a$; d'où $x = \dfrac{ma}{m+n}$.

Pour partager a en trois parties qui soient entre elles $:: m : n : p$, x étant l'une, $\dfrac{nx}{m}$ et $\dfrac{px}{m}$ seront les deux autres : donc $x + \dfrac{nx}{m} + \dfrac{px}{m} = a$, d'où $x = \dfrac{ma}{m+n+p}$. (*Voyez* la règle de société, n° 79.)

V. Un père a 40 ans, son fils en a 12 ; on demande dans quel temps le père aura le triple de l'âge du fils. Dans x années, le père aura $40 + x$ ans, et le fils $12 + x$; or, $40 + x$ doit être le triple de $12 + x$; ainsi,

$$40 + x = 36 + 3x ; \text{ d'où } x = 2.$$

VI. Plusieurs associés, que je nommerai A, B, C...., font un bénéfice ; et conformément à leurs conventions, A prend sur la masse commune 10 louis, et le 6ᵉ du reste ; B prend à son tour 20 louis, et le 6ᵉ du reste ; C en prend 30, et le 6ᵉ du reste..., ainsi de suite jusqu'au dernier qui prend ce qui reste. Le partage fait, chacun a une somme égale ; on demande la masse, le nombre des associés et la part de chacun.

Quoiqu'il y ait ici trois inconnues, un peu d'attention fait reconnaître que si la masse x était trouvée, en effectuant le partage, on aurait bientôt les deux autres ; ainsi, le problème peut être traité comme s'il n'y avait qu'une inconnue x.

Puisque A prend 10 louis, il reste $x-10$, dont le 6ᵉ est $\dfrac{x-10}{6}$; sa part est donc $10 + \dfrac{x-10}{6}$, ou $\dfrac{x+50}{6}$.

B prend 20 ; le reste est $x - \dfrac{x+50}{6} - 20 = \dfrac{5x-170}{6}$, dont le 6ᵉ est $\dfrac{5x-170}{36}$; la part de B est donc $20 + \dfrac{5x-170}{36}$ ou

$\dfrac{5x + 550}{36}$. Puisque ces deux parts doivent être égales, on a

$\dfrac{x + 50}{6} = \dfrac{5x + 550}{36}$; ou $6x + 300 = 5x + 550$; d'où $x = 250$.

La masse étant formée de 250 louis, la part de chacun est

$\dfrac{x + 50}{6}$ ou 50; divisant 250 par 50, on trouve 5 pour le nombre des associés.

VII. Avec un nombre a de cartes, on forme b tas, composés chacun de c points: la première des cartes de chaque tas est comptée pour 11 points, si elle est un as, 10 si elle est une figure ou un dix.... etc. Les autres cartes du même tas ne valent qu'un point. Ces tas formés, on vous remet d cartes qui restent, et l'on demande la somme x des points formés par les seules cartes qui commencent chacun des tas.

Le nombre des points de chaque tas, multiplié par celui des tas, ou bc, est le nombre total des points; si de ce nombre on retranche les cartes qui ne comptent que pour un point, le reste sera $= x$. Or, le nombre de ces cartes est $a - d -$ le nombre b des cartes qui comptent pour plus d'un point. Ainsi, $x = bc - (a - d - b)$ ou $x = b(c + 1) + d - a$.

Si l'on a 32 cartes, qu'on fasse trois tas de 12 points, on aura $x = d + 7$.

VIII. Lorsqu'on a obtenu une formule qui exprime en lettres l'inconnue d'un problème, en regardant à son tour cette inconnue comme donnée, et quelqu'une des données comme inconnue, il suffit de résoudre la même équation par rapport à cette dernière, pour obtenir la solution du nouveau problème auquel ce changement d'inconnue donne lieu. En général, *dans toute équation on peut prendre pour inconnue celle qu'on veut des lettres qui y entrent.* Il n'est donc plus nécessaire de distinguer les élémens d'un problème en données et inconnues: on exprime par une équation la relation de ces diverses quantités, et l'on regarde ensuite comme inconnue celle de ces lettres qu'on juge à propos. Cette remarque tend à faciliter la résolution des problèmes où l'inconnue est engagée d'une manière embarrassante. Voici un exemple assez compliqué auquel ces considérations peuvent s'appliquer.

La Mécanique enseigne que les temps t, t', des oscillations de deux pendules sont comme les racines carrées de leurs longueurs l, l', comptées du point de suspension au centre d'oscillation, ou $t : t' :: \sqrt{l} : \sqrt{l'}$; connaissant trois de ces quantités, on tire la 4e de l'équation $l't^2 = lt'^2$. Mais un pendule fait d'autant plus de vibrations qu'il va plus vite ; les nombres n et n', d'oscillations faites dans la même durée quelconque par les deux pendules l et l', sont donc en raison inverse des temps de chacune, $t : t' :: n' : n$; donc

$$n' : n :: \sqrt{l} : \sqrt{l'}, \quad n'\sqrt{l'} = n\sqrt{l}.$$

Or, l'expérience apprend qu'à Paris, dans le vide, le pendule à secondes (celui qui bat 60 coups par minute, ou 86400 coups par 24 heures moyennes), a pour longueur

$$l = 0,9938265 \text{ mètres}, \quad \log l = \bar{1},9973106,$$
$$\text{ou } l = 36,713285 \text{ pouces}, \quad \log l = 1,5648232.$$

Il est donc bien facile d'évaluer la quotité n' d'oscillations faites dans un temps donné par un pendule connu, ou réciproquement de trouver la longueur l' d'un pendule, connaissant le nombre n' de ses vibrations dans une durée déterminée. Car le second membre de notre équation est connu, et il ne s'agit que de trouver l'un des nombres l' ou n'. Le calcul des log. facilite l'opération.

Par exemple, quelle est la longueur d'un pendule qui bat 100 000 oscillations en 24 heures ? On a l'équ. $l' = \dfrac{ln^2}{n'^2}$, où $n = 86400$, $n' = 100\,000$; le calcul ci-contre donne l' en mètres ; c'est la longueur du pendule qui bat les secondes,

$$\log n = 4,9365137$$
$$\text{double} = 9,8730274$$
$$\log l = \bar{1},9973106$$
$$- 10$$
$$\log l' = \bar{1},8703380$$
$$l' = 0^m,7418873$$

quand on divise le jour en 10 heures, l'heure en 100′, la minute en 100″.

IX. A et B se sont mis au jeu chacun avec une somme égale :

la perte de A est 12 fr.; celle de B, 57 fr.; par là, B n'a plus que le quart de ce qui reste à A. Combien chacun avait-il avant le jeu? Réponse, 72 fr.

X. Si l'on doublait le nombre de mes écus, dit un homme, j'en donnerais 8; on accomplit ce souhait trois fois consécutives, et il ne lui reste rien : combien cet homme avait-il d'écus? Réponse, 7.

XI. Quel est le nombre qui, divisé par a et b, donne deux quotiens qui ont d pour différence? On trouve $x = \dfrac{abd}{b-a}$.

XII. Trouver un nombre dont le produit de ses m parties égales soit le même que celui de ses $m + 1$ parties égales (le produit des 3 tiers égal, par exemple, à celui des 4 quarts). On a

$$x = \frac{(m+1)^{m+1}}{m^m}.$$

XIII. Un chasseur promet à un autre de lui donner b fr. toutes les fois qu'il manquera une pièce de gibier, pourvu que celui-ci donne c fr. chaque fois qu'il l'atteindra. Après n coups de fusil, ou les deux chasseurs ne se doivent rien, ou le premier doit d au second, ou le contraire a lieu : on demande une formule propre à ces trois cas, et qui fasse connaître le nombre x de coups manqués. Le gain est c fois le nombre $n - x$ des coups heureux; la perte est b fois x; d'où $bx - c(n-x) = \pm d$.

On trouve $x = \dfrac{cn \pm d}{b+c}$, d est nul dans le 1er cas; on prend le signe supérieur dans le 2e, et l'inférieur dans le 3e.

XIV. Une fontaine emplit un réservoir en un nombre d'heures désigné par h; une autre peut le remplir en h' heures; on demande combien ces fontaines mettraient de temps en coulant ensemble? Réponse, $x = \dfrac{hh'}{h+h'}$. On résoudra facilement le problème pour plus de deux fontaines, même en admettant que le réservoir se vide. (*Voy.* VI, p. 102.)

Remarques sur les Équations du premier degré.

107. Les formules algébriques ne peuvent offrir d'idée nette à l'esprit qu'autant qu'elles représentent une suite de calculs numériques, dont l'exécution est possible. Ainsi la quantité isolée $b - a$ ne peut signifier qu'une chose absurde lorsque a est $> b$. Il convient donc de reprendre les calculs précédens, parce qu'ils offrent quelquefois cette difficulté.

Toute équation du premier degré peut être ramenée à avoir ses signes tous positifs, telle que (*)

$$ax + b = cx + d \ldots \ldots (\text{1}).$$

Retranchons $cx + b$ de part et d'autre, il viendra $ax - cx = d - b$,

d'où
$$x = \frac{d - b}{a - c} \ldots \ldots (2).$$

Cela posé, il se présente trois cas : 1°. ou $d > b$ et $a > c$; 2°. ou l'une de ces conditions a seule lieu; 3°. ou enfin $b > d$ et $c > a$. Dans le premier cas, la valeur (2) résout le problème; dans les deux derniers, on ne sait plus quel sens on doit attacher à la valeur de x, et c'est ce qu'il faut examiner.

Dans le deuxième cas, l'une des soustractions $d - b$, $a - c$, est impossible : soit, par exemple, $b > d$ et $a > c$; il est clair que la proposée (1) est absurde, puisque les deux termes ax et b du premier membre sont respectivement plus grands que ceux cx et d du second. Ainsi, lorsque cette difficulté se présentera, on sera assuré que le problème est absurde, puisque l'équ. n'en est que la traduction fidèle en langage algébrique.

Le troisième cas a lieu lorsque $b > d$ et $c > a$; alors on a deux soustractions impossibles : mais nous avons ôté $cx + b$ des deux membres de l'équation (1) afin de la résoudre; ce qui était

---

(*) On changera les termes négatifs de membre, ce qui sera toujours possible, puisque rien n'empêche d'ajouter aux deux membres une même quantité. On ne pourrait pas la soustraire dans tous les cas, puisqu'il faudrait que les deux membres fussent plus grands que cette quantité soustractive.

manifestement impossible, puisque chacun est $< cx + b$. Ce calcul étant vicieux, nous ôterons $ax + d$ de part et d'autre, et il viendra $b - d = cx - ax$, d'où

$$x = \frac{b - d}{c - a} \dots (3).$$

Cette valeur, comparée à (2), n'en diffère que parce que les signes sont changés haut et bas ; elle ne présente plus d'obscurité. On voit donc que lorsque ce troisième cas se rencontre, il annonce qu'au lieu de passer tous les termes inconnus dans le premier membre, il aurait fallu les mettre dans le second : et il n'est pas nécessaire, pour rectifier cette erreur, de recommencer les calculs ; il suffit de changer les signes haut et bas.

Un des principaux avantages qu'on se propose en Algèbre est d'obtenir des formules propres à tous les cas d'une même question, quels que soient les nombres qu'elle renferme (p. 148 et 151). Or, nous remplirons ici ce but en convenant de *pratiquer sur les quantités négatives isolées les mêmes calculs que si elles étaient accompagnées d'autres grandeurs.* Par exemple, si l'on avait $m + d - b$ et $b > d$, on écrirait $m - (b - d)$; lorsque m n'existera pas, nous convenons d'écrire encore $d - b = -(b - d)$, quand b sera $> d$.

La valeur de x, dans le second cas, devient $x = -\dfrac{b - d}{a - c}$, et nous dirons que *toute solution négative dénote une absurdité.*

Pareillement, pour diviser le polynome $- a^4 + 3a^2 b^2 +$ etc., par $- a^2 + b^2 +$ etc., on divisera d'abord le premier terme $- a^4$ par $- a^2$, et l'on sait (n° 98) que le quotient a^2 a le signe $+$. Nous en dirons autant de ces quantités isolées $- a^4$, $- a^2$; de sorte que dans le troisième cas, la valeur de x aura la forme $\dfrac{-(b - d)}{-(c - a)}$, qui se réduit à $\dfrac{b - d}{c - a}$, comme elle doit être (3).

108. Cette convention, qui n'entraîne aucun inconvénient, réunit donc tous les cas dans la formule (2). Mais on ne doit pas oublier que les quantités négatives isolées $- b$, $\dfrac{-m}{-n}$, ne

sont que des êtres de convention, des *symboles*, qui n'ont aucune existence par eux-mêmes, et qu'on ne les emploie comme s'ils en avaient une, que parce qu'on est assuré de remplir un but important, sans qu'il en puisse résulter d'inconvénient. En effet, de deux choses l'une : ou le résultat aura le signe —, et l'on en conclura que le problème est absurde, le — n'étant qu'un symbole qui annonce cette absurdité; ou le résultat aura le signe +, et il est prouvé qu'alors il est ce qu'il doit être, quoique provenu de la division de deux quantités négatives. Concluons de là que :

1°. *On a le droit de changer tous les signes d'une équation, et de la multiplier par une quantité négative.* En effet, si l'on est dans le premier de nos trois cas, l'équation deviendra, il est vrai, absurde d'exacte qu'elle était; mais la division des quantités négatives rétablira les choses dans leur état primitif. Dans le deuxième cas, l'absurdité du problème sera encore manifestée par une valeur négative; et enfin, s'il s'agit du troisième, le changement de signes aura rectifié le vice du calcul.

2°. Lorsque l'équation sera absurde, on pourra encore tirer parti de la solution négative obtenue dans le deuxième cas; car, mettant $-x$ pour x, l'équ. proposée devient $-ax+b=-cx+d$, d'où $x = \dfrac{b-d}{a-c}$, valeur égale à (2), mais positive. Si donc on modifie la question, de manière que cette équ. lui convienne, ce second problème, qui aura avec le premier une ressemblance marquée, ne sera pas absurde, et, au signe près, il aura même solution.

Présentons, par exemple, le problème V comme il suit : un père a 42 ans, son fils en a 12, *dans combien d'années* l'âge du fils sera-t-il le quart de celui du père? On a $42+x=4\,(12+x)$, d'où $x = -2$; ainsi, ce problème est absurde. Mais si l'on met $-x$ pour x, l'équ. devient $42-x=4\,(12-x)$, et les conditions qui y correspondent changent le problème en celui-ci : un père a 42 ans, son fils en a 12, *combien d'années se sont écoulées* depuis l'époque où l'âge du fils était le quart de celui du père? On a $x = 2$.

Quel est le nombre x qui, divisé par a, donne s pour somme du dividende x, du diviseur a, et du quotient?

On a $a + x + \dfrac{x}{a} = s$, d'où $x = \dfrac{a(s-a)}{a+1}$. Or, si $a > s$, x est négatif, et la question est absurde; ce qui était d'ailleurs visible d'avance : par exemple, $a = 11$, $s = 5$, donnent $x = -5\frac{1}{2}$. Mais changeant x en $-x$ dans l'équ., on trouve $11 - x - \frac{1}{11}x = 5$; de sorte que $x = 5\frac{1}{2}$ est le nombre qui, joint au 11e de $5\frac{1}{2}$, et retranché de 11, donne 5 pour reste. Sous cet énoncé, le problème a cessé d'être absurde.

Quel est le nombre dont le tiers et le cinquième ajoutés, diminués de 7, donnent ce même nombre? On a $\frac{1}{3}x + \frac{1}{5}x - 7 = x$; d'où $x = -15$. La question est absurde; mais remplaçant x par $-x$ dans l'équ. (ou plutôt -7 par $+7$), on verra que 15 est le nombre dont le tiers et le cinquième ajoutés à 7, forment 15.

109. L'équation (2) présente encore deux singularités. Si $a = c$, on a $x = \dfrac{d-b}{0}$; mais la proposée devient dans ce cas $ax + b = ax + d$, d'où $b = d$; ainsi tant que b est différent de d, le problème est absurde, et n'est plus de nature à être modifié comme ci-dessus. En faisant décroître n, la fraction $\dfrac{m}{n}$ augmente; pour $n = \frac{1}{2}, \frac{1}{100}, \frac{1}{1000}$, les résultats deviennent 2, 100, 1000 fois plus grands. La limite est l'*infini*, qui répond à $n = 0$; on voit donc que *le problème est absurde quand la solution est infinie ;* ce qu'on désigne par le signe $x = \infty$.

Mais si $a = c$ et $b = d$, alors $x = \frac{0}{0}$; et la proposée devient $ax + b = ax + b$; les deux membres sont égaux quel que soit x, qui est absolument arbitraire. Ainsi, *le problème est indéterminé, ou reçoit une infinité de solutions, lorsqu'on trouve* $x = \frac{0}{0}$ *dans l'équ.* (1). *Voy.* n° 114.

Premier Degré à plusieurs inconnues.

110. Lorsqu'on a un nombre égal d'inconnues et d'équations, pour obtenir les valeurs de ces inconnues, on peut opérer de trois manières.

I. On tirera de chaque équation la valeur d'une inconnue comme si le reste était connu; on égalera ces valeurs deux à deux, et l'on formera ainsi autant d'équ. moins une, qu'on en avait d'abord; en répétant ce calcul; on *éliminera* chaque fois une inconnue; puis; lorsqu'on aura obtenu la valeur de la dernière, on remontera de proche en proche pour avoir celles des autres.

Ainsi, pour $5x - 3y = 1$, $7y - 4x = 13$, on tirera

$$\text{de la première.....} \quad x = \frac{3y + 1}{5},$$

$$\text{et de la seconde....} \quad x = \frac{7y - 13}{4};$$

égalant ces valeurs, on a $\dfrac{3y + 1}{5} = \dfrac{7y - 13}{4}$, équation qui ne renferme plus qu'une inconnue y, et d'où l'on tire $12y + 4 = 35y - 65$; puis; $35y - 12y = 65 + 4$; ou $23y = 69$; enfin, $y = 3$: remontant à la première des valeurs de x, il vient

$$x = \frac{3.3 + 1}{5} = 2.$$

Pareillement
$$2x + 5y - 3z = 3,$$
$$3x - 4y + z = -2,$$
$$5x - y + 2z = 9,$$

donnent $z = \dfrac{2x + 5y - 3}{3} = 4y - 3x - 2 = \dfrac{9 + y - 5x}{2}$.

Chassant les dénominateurs (105, I), on trouve:

$$2x + 5y - 3 = 12y - 9x - 6,$$
$$8y - 6x - 4 = 9 + y - 5x,$$

ou $\quad 7y - 11x = 3; \quad 7y - x = 13$;

on en tire $7y = 3 + 11x = 13 + x$, d'où $x = 1$; et remontant aux valeurs de y et z ci-dessus, on trouve enfin

$$y = \frac{3 + 11}{7} = 2; \quad z = \frac{2 + 2.5 - 3}{3} = 3.$$

II. La méthode des *substitutions* consiste à tirer, comme ci-dessus, la valeur de l'une des inconnues; puis à la substituer dans les autres équ. : on a ainsi une équ. et une inconnue de moins, et l'on réitère le même procédé.

Soient $3x + 2y = 12$, $2z + y = 5$, $x + y + 3z = 8$; la seconde donne $y = 5 - 2z$; en substituant dans les deux autres, elles deviennent $3x - 4z = 2$, $x + z = 3$.

Celle-ci donne $x = 3 - z$, ce qui change la précédente en $9 - 3z - 4z = 2$; d'où $z = 1$, et par suite, $x = 3 - z = 2$, $y = 5 - 2z = 3$.

III. Le premier procédé, quoique plus simple que les autres, est rarement employé à cause de sa longueur : le second ne sert guère que quand toutes les inconnues n'entrent pas dans les équ.; venons maintenant à celui qui est le plus usité. Prenons

$$ax + by = c, \quad a'x + b'y = c' \quad \dots \quad (A).$$

Supposons que a et a' soient égaux; en soustrayant l'une de ces équ. de l'autre, x disparaîtra; si a et a' étaient de signes contraires, il faudrait ajouter les équ. Mais lorsque a et a' ne sont pas égaux, on multipliera la première par a', la seconde par a, et notre condition sera remplie, puisque aa' sera le coefficient commun de x.(*) On obtiendra donc, en retranchant ces produits l'un de l'autre, $a'by - ab'y = a'c - ac'$. De même, éliminons y, en multipliant la première équation par b' et la seconde par b, puis retranchant les produits, d'où $a'bx - ab'x = bc' - b'c$. Donc enfin on a

$$x = \frac{bc' - b'c}{a'b - ab'}, \quad y = \frac{a'c - ac'}{a'b - ab'} \quad \dots \dots (B).$$

111. En traitant de la même manière les équations

$$\left. \begin{array}{c} ax + by + cz = d \\ a'x + b'y + c'z = d' \\ a''x + b''y + c''z = d'' \end{array} \right\} (C),$$

qui sont les plus générales à trois inconnues, on trouverait les valeurs de x, y et z. Mais ce calcul ne permettrait pas de découvrir la loi des résultats sans recourir à l'induction ; c'est pourquoi nous le présenterons d'une manière un peu différente. Multiplions la première par k, la deuxième par k', et de la somme de ces produits retranchons la troisième ; il viendra

$$(ka + k'a' - a'') x + (kb + k'b' - b'') y$$
$$+ (kc + k'c' - c'') z = kd + k'd' - d''.$$

Les nombres k et k' étant arbitraires, on peut leur attribuer des valeurs propres à chasser deux inconnues, y et z, par exemple. On posera pour cela les équ.

$$kb + k'b' = b'', \quad kc + k'c' = c'' \ldots (D);$$

qui serviront à faire connaître k et k' ; et l'on aura

$$x = \frac{kd + k'd' - d''}{ka + k'a' - a''} \ldots (E).$$

Il faut ensuite déterminer k et k', et en substituer ici les valeurs ; mais on peut abréger beaucoup ce calcul. En effet, le numérateur de x se déduit du dénominateur, en changeant a, d', a'' en d, d', d'' ; et comme k et k' sont indépendans de ces quantités, la même chose aura lieu également après la substitution des valeurs de k et k'.

Il s'agit donc d'évaluer le dénominateur, puisque le numérateur s'en déduit en changeant simplement les a en d ; les formules B appliquées aux équ. D donnent

$$k = \frac{b'c'' - c'b''}{cb' - bc'}, \quad k' = \frac{cb'' - bc''}{cb' - bc'};$$

d'où $ka + k'a' - a'' = \dfrac{a(b'c'' - c'b'') + a'(cb'' - bc'')}{cb' - bc'} - a''.$

On réduira au même dénominateur, qu'on supprimera comme étant commun aux deux termes de la fraction E, et l'on aura pour le dénominateur cherché

$$K = a(b'c'' - c'b'') + a'(cb'' - bc'') + a''(bc' - cb').$$

En faisant attention à la manière dont il faut exécuter ces

multiplications; on observera que le calcul se réduit à l'opération suivante. On prendra la différence $bc-cb$, entre les deux arrangemens des lettres b et c ; puis on introduira la lettre a à toutes les places, en commençant par la première à gauche, et changeant de signe chaque fois que a changera de place ; $+ bc$ engendrera $+ abc$, $- bac$ et $+ bca$; $- cb$ donnera $- acb$, $+ cab$ et $- cba$. Enfin, on réunira ces six termes, et l'on marquera d'un trait la seconde lettre de chacun, et de deux la dernière ; le dénominateur K est donc

$$K = ab'c'' - ba'c'' + bc'a'' - ac'b'' + ca'b'' - cb'a''.$$

Pour trouver y, il faudrait égaler pareillement à zéro les coefficiens de x et z dans l'équation ci-dessus ; mais la symétrie des calculs prouve qu'il suffit de changer b en a, et réciproquement dans la valeur de x. On changerait c en a pour la valeur de z. Concluons de là que, 1°. *le dénominateur des valeurs de* x, y *et* z, *est le même* ; 2°. *le numérateur de chacune se déduit du dénominateur, en changeant les coefficiens de l'inconnue en les termes connus.* Ainsi

$$x = \frac{db'c'' - bd'c'' + bc'd'' - dc'b'' + cd'b'' - cb'd''}{K},$$

$$y = \frac{ad'c'' - da'c'' + dc'a'' - ac'd'' + ca'd'' - cd'a''}{K},$$

$$z = \frac{ab'd'' - ba'd'' + bd'a'' - ad'b'' + da'b'' - db'a''}{K}.$$

La loi que nous avons démontrée suit de la nature même du calcul ; en sorte que si l'on a quatre inconnues et quatre équ.,

$$ax + by + cz + dt = f, \quad a'x + b'y + c'z + d't = f', \text{ etc.,}$$

il suffira de chercher le dénominateur commun, et l'on en déduira chaque numérateur ; de plus, ce dénominateur sera formé suivant la même loi.

On prend donc les six arrangemens des lettres abc qui servent de dénominateur ci-dessus (en supprimant les accens), ou $abc - bac + bca -$ etc.: on fait occuper à la lettre d, dans chacun de ces termes, toutes les places, à commencer par la première à gauche; puis on change de signe chaque fois que d passe d'une place à la suivante; enfin on marque d'un trait la deuxième lettre, la troisième de deux et la dernière de trois; le dénominateur commun est

$$da'b''c'''-ad'b''c''+ab'd''c''-ab'c''d'''-db'a''c'''+bd'a''c'''-\text{etc.}\ldots$$

Voici quelques problèmes.

I. Une personne a des jetons dans ses mains; si elle en porte un de la droite dans la gauche, il y en aura un nombre égal dans chacune; mais si elle en passe deux de la gauche dans la droite, celle-ci en contiendra le double de l'autre : on demande combien chaque main en contient. On trouve

$$x-1=y+1, \text{ et } x+2=2(y-2); \text{ d'où } x=10, \text{ et } y=8.$$

II. On a acheté trois bijoux dont on demande les prix; on sait que celui du premier, plus la moitié du prix des deux autres, fait 25 louis; le prix du deuxième, plus le tiers du prix du premier et du troisième, fait 26 louis; enfin le prix du troisième, plus la moitié du prix des deux autres, fait 29 louis. On a

$$x+\tfrac{1}{2}y+\tfrac{1}{2}z=25,\ y+\tfrac{1}{3}x+\tfrac{1}{3}z=26,\ z+\tfrac{1}{2}x+\tfrac{1}{2}y=29,$$

d'où l'on tire $x=8$, $y=18$, $z=16$.

III. A, B et C ont un certain nombre d'écus; A distribuant des siens à B et C, leur en donne autant qu'ils en avaient déjà; B double à son tour ceux qui restent à A et ceux que C a entre les mains; enfin C distribuant à A et B, double pareillement les nombres qu'ils se trouvent avoir; tout cela fait, chacun en a 16; on demande combien ils en avaient d'abord. x, y et z désignant les nombres d'écus respectifs de A, B et C, avant ces distributions, on trouve ces équ.

$$x-y-z=4,\ 3y-x-z=8,\ 7z-x-y=16,$$

d'où l'on tire $x=26$, $y=14$, $z=8$.

112. Il arrive quelquefois qu'une équation ne peut exister à moins qu'elle ne se partage en deux autres; ainsi $x^2+y^2=0$, suppose $x=0$ et $y=0$, puisque deux carrés étant positifs,

l'un ne peut détruire l'autre, et rendre la somme nulle. De même $(x - 1)^2 + (y - 2)^2 = 0$, donne $x = 1$, et $y = 2$; et quoiqu'il n'y ait qu'une seule équ., c'est comme s'il y en avait deux. Il en faut dire autant de la question suivante, qui n'a qu'une seule condition. Trouver deux nombres tels, que si l'on ajoute 9 au carré de l'un et à 5 fois le carré de l'autre, le résultat soit le produit du double du second nombre, par 3 plus le double du premier. On a

$$5x^2 + y^2 + 9 = 2x(2y + 3),$$

qui revient à $\quad 4x^2 - 4xy + y^2 + x^2 - 6x + 9 = 0,$

ou $(2x - y)^2 + (x - 3)^2 = 0$; donc $2x - y = 0$, et $x - 3 = 0$; partant $x = 3$, et $y = 6$.

C'est par la même raison que l'équation $x^2 + y^2 + 1 = 0$ est absurde.

113. Voici un cas bien remarquable dans lequel une équation se partage en deux.

Supposons que les élémens d'une question soient liés par l'équation $A + \alpha = B + \beta$; *que plusieurs de ces élémens soient variables ensemble, et que l'équation doive subsister dans tous leurs états possibles de grandeur; qu'enfin quelques termes* A, B, *demeurent* CONSTANS, *tandis que les autres* α, β, *seraient variables et susceptibles de décroître ensemble autant qu'on le veut ; cette équation se partage en deux, l'une* $A = B$ *entre les termes constans ; l'autre* $\alpha = \beta$ *entre les termes variables, laquelle aura lieu pour toutes les grandeurs que la question permet d'attribuer à la fois à* α *et* β. En effet, si l'on admet que les constantes A et B ne sont pas égales, leur différence étant K, ou $A - B = \pm K$, on en tire $\beta - \alpha = \pm K$; les variables β et α conserveraient donc entre elles une différence fixe K, et ne seraient pas de nature à pouvoir être moindres que K, ce qui est contraire à l'hypothèse.

C'est ce principe qui constitue la MÉTHODE DES LIMITES, dont nous ferons un fréquent usage par la suite. *Quand on peut faire approcher une grandeur variable* A—a *d'une autre* A *qui est fixe, de manière à rendre leur différence* a *moindre que toute grandeur*

donnée, sans cependant qu'elles puissent jamais devenir rigoureusement égales, la seconde A est dite LIMITE de la première A—α. Au
reste, chaque fois que nous appliquerons ce théorème, on fera
bien de s'exercer à reproduire le raisonnement ci-dessus, afin
de répandre sur les résultats la clarté convenable; nous exhor-
tons les étudians à se soumettre à ce conseil, dont ils reconnaî-
tront l'utilité. En voici deux applications, propres à montrer la
marche du calcul et du raisonnement.

I. Soient $\sqrt{a}$ et $\sqrt{b}$ deux incommensurables, z et t leurs valeurs approchées, x et y les différences qui existent entre ces
valeurs et les radicaux; on a $z = \sqrt{a} - x$, $t = \sqrt{b} - y$;
or, les produits rationnels $z \times t$ et $t \times z$ sont égaux; donc
$\sqrt{a} \times \sqrt{b} \pm \alpha = \sqrt{b} \times \sqrt{a} \pm \beta$, en représentant par α et β
tous les termes où x et y sont facteurs dans chaque membre.
Observez que si l'on pousse davantage l'approximation, les erreurs y et x décroîtront, et cela autant qu'on voudra, sans que
cette équ. cesse d'avoir lieu; les facteurs $\sqrt{a}$, $\sqrt{b}$ demeurant
invariables, α et β décroîtront *indéfiniment* : donc l'équation se
partage en deux, $\sqrt{a} \times \sqrt{b} = \sqrt{b} \times \sqrt{a}$, et $\alpha = \beta$; c'est-
à-dire qu'*on peut aussi bien intervertir l'ordre des facteurs irra-
tionnels que celui des rationnels.*

II. Soit demandée la valeur S de la fraction décimale périodique $0,(54)$, d'après la notation du n° 51. En ne prenant que
deux fois la période, et représentant par k la valeur des fractions négligées, on a $S - k = 0,5454$; multiplions par 100, nous
aurons $100S - 100k = 54,54$; et retranchant, $99S - 99k$
$= 54 - \frac{54}{10000}$. Mais si l'on eût pris trois ou quatre fois la période, ce dernier terme fût devenu $\frac{54}{100^3}$, ou $\frac{54}{100^4}$; ainsi, on
voit qu'on peut faire décroître *indéfiniment* ce terme, en même
temps que l'erreur k, en prenant la période un plus grand nombre de fois; on peut donc donner à l'éq. la forme $99S - \alpha = 54 - \beta$;
d'où l'on tire $99S = 54$, et $S = \frac{54}{99}$, comme on le sait déjà. On a en
outre $\alpha = \beta$, quelque nombre de périodes qu'on ait considéré;
en effet, si l'on prend la période deux fois, par ex. $k = 0,0000(54)$,
d'où $100^2 k = 0,(54) = \frac{54}{99}$, et $99k = \frac{54}{10000}$, ou $\alpha = \beta$.

Soit $S = 0,(p)$, la période p étant composée de n chiffres, on a $10^n S = p$, (p), et par le même raisonnement $(10^n - 1)S = p$,

d'où $S = \dfrac{p}{10^n - 1} = \dfrac{p}{999} \ldots$, comme n° 53, 3°.

114. Les formules d'élimination (B) présentent quelques particularités qu'il convient d'examiner : tant que ces valeurs de x et y sont positives, la solution résulte de ces formules, et il n'y a ni doute ni difficulté. Mais il peut en être autrement, ce qui conduit à trois cas d'exception de nos équ. (B).

1°. x ou y peut être négatif; alors le problème, tel qu'il est proposé, est absurde, et on peut le rendre possible à l'aide d'une simple modification qu'on trouve en changeant cette inconnue de signe dans les équ. (A) : le calcul réduit en effet la question à n'avoir qu'une seule inconnue, et l'on est ramené à ce qui a été dit (n° 107).

2°. Lorsque les formules (B) sont infinies, les coefficiens ont des valeurs numériques telles, qu'il en résulte $a'b - ab' = 0$, ou $\dfrac{a'}{a} = \dfrac{b'}{b}$. Pour connaître alors la nature de la question, il faut introduire cette condition dans les équ. (A); mettons donc $\dfrac{ab'}{b}$ pour a', la seconde devient $\dfrac{ab'}{b} x + b'y = c'$; donc pour que le cas présent ait lieu, il faut que les équ. proposées soient $ax + by = c$, $b'(ax + by) = bc'$. Or, elles ne s'accordent entre elles qu'autant que $b'c = bc'$, ou $\dfrac{b'}{b} = \dfrac{c'}{c}$. Cette relation peut être satisfaite ou ne pas l'être; si elle n'a pas lieu, *le problème est absurde*, puisque les conditions de la question sont contradictoires : cette circonstance est annoncée par *des valeurs de x et y infinies*. Alors les coefficiens forment une proportion $a : a' :: b : b'$, à laquelle le rapport des termes connus c et c' ne peut faire suite.

3°. Mais si, outre la relation qui rend le dénominateur nul, ou $\dfrac{a'}{a} = \dfrac{b'}{b}$, on a encore $\dfrac{b'}{b} = \dfrac{c'}{c}$, les deux équations (A) n'équivalent plusqu'à une seule, les deux conditions de la question rentrent l'une dans l'autre; et comme on n'a qu'une équation et deux inconnues, *le problème est indéterminé* (n° 117). Cela arrive quand les coefficiens de l'équation forment trois rapports égaux entre eux $a : a' :: b : b' :: c : c'$; et attendu qu'on a aussi $a'c = ac'$, ce cas est mis en évidence par des *valeurs de* x *et* y *qui ont la forme* $\frac{0}{0}$.

Prenons pour exemple ce problème : deux courriers partent l'un de A (fig. 1), l'autre de B, et vont dans le même sens AC; le premier fait n kilomètres par heure, le second m; la distance initiale est $AB = d$; cherchons le lieu C de leur rencontre. Soient $AC = x =$ le nombre de kilom: que fera le premier courrier pour arriver en C; s'il parcourt n kilom. en 1 heure, combien mettra-t-il d'heures à parcourir x kilom.?

$n : 1 :: x : \frac{x}{n}$. De même faisant $BC = y$, $\frac{y}{m}$ est le temps qu'em-

ploie le second courrier pour arriver en C; ainsi $\frac{x}{n} = \frac{y}{m}$: de plus $AC = AB + BC$, ou $x = d + y$; donc on a les équ $mx = ny$ et $x = d + y$:

d'où
$$ x = \frac{nd}{n - m}, \qquad y = \frac{md}{n - m}; $$

le temps écoulé jusqu'à la rencontre est $\frac{x}{n} = \frac{y}{m} = \frac{d}{n - m}$.

Cela posé, si $n > m$, x et y sont positifs, et il n'y a pas de difficulté. Mais si $n < m$, le problème est absurde, puisque x et y sont négatifs : on voit en effet que le mobile A, qui est en arrière, allant moins vite, la rencontre est impossible.

Changeons x et y de signe, dans $mx = ny$ et $x = d + y$; cette dernière équ. sera seule altérée, et deviendra $y = d + x$, qui se rapporte à deux problèmes : 1°. ou le point B est en arrière de A, tel qu'en B'; 2°. ou l'on suppose que A et B ne sont pas les points de départ, et que les courriers, déjà partis depuis long-temps, sont arrivés ensemble, l'un en A, l'autre en B; on demande alors le lieu C où ils se sont déjà rencontrés; les valeurs ci-dessus de x et y changées de signes, sont les longueurs AC et BC'.

Si $m = n$, x et y sont infinis; et le problème est absurde : ce qui vient de ce que les courriers, ayant la même vitesse, ne peuvent se rencontrer. Cependant si $d = o$, x et y sont $\frac{o}{o}$, et il y a une infinité de points de rencontre; en effet les mobiles partent du même point sans jamais se séparer.

En changeant le signe de m, on traiterait le cas où les courriers vont au-devant l'un de l'autre.

Il sera facile de trouver de même en quel lieu les courriers se trouvaient écartés à une distance donnée k.

Des Inégalités.

115. Les expressions où entre le signe $>$ pour marquer quelle est la plus grande des deux quantités, sont des *inégalités*. La différence demeurant la même lorsqu'on y ajoute ou qu'on en ôte le même nombre, *on peut, sans troubler une inégalité, ajouter aux deux membres, ou en ôter des quantités égales, et par conséquent les soumettre aux mêmes calculs que les équations* (n° 105), c'est-à-dire en multiplier ou diviser tous les termes par un même nombre, et transposer quelque terme en changeant son signe. Soit $3x - 7 > x + 11$; ajoutons 7 aux deux membres, puis retranchons-en x, nous avons $3x - x > 11 + 7$, ou $2x > 18$; d'où $x > 9$. Cette question, Trouver un nombre dont le triple, diminué de 7, donne un excès qui surpasse ce nombre plus 11, a une infinité de solutions; puisque toute quantité > 9 y satisfait.

Plusieurs inégalités, renfermant x, donnent chacune une limite de cette inconnue; or, 1°. si ces limites sont dans le même sens, comme $x > 9$ et $x > 7$, alors il y a une des inégalités qui dispense d'avoir égard aux autres; 2°. si les limites sont dans des sens opposés, comme $x > 9$ et $x < 15$, alors on ne peut prendre pour x que les valeurs intermédiaires. Il se peut même que ces limites s'excluent mutuellement, comme $x > 4$ et $x < 3$, alors le problème est absurde, et renferme des conditions contradictoires.

Quel est le nombre, plus grand que 15, dont le triple, plus 1, est moindre que le double plus 20; et tel en outre que, diminué de 1 et augmenté de 3, le quotient de cette différence par cette somme surpasse $\frac{4}{5}$? Ces conditions s'écrivent ainsi :

$$x > 15, \quad 3x + 1 < 2x + 20, \quad \frac{x-1}{x+3} > \frac{4}{5}.$$

On en tire $x > 15$, $x < 19$ et $x > 17$. Il est clair que le nombre devant être compris entre 17 et 19, la 1re condition donnée est inutile; et l'on peut prendre pour x, $17\frac{1}{2}$, $17\frac{2}{3}\ldots$, et un nombre infini d'autres valeurs. Mais si x doit être entier, le problème ne comporte que cette solution $x = 18$.

Quand on a $a < b$ et $a' < b'$, on en tire visiblement

$$a + a' < b + b', \quad a - b' < b - a', \quad aa' < bb',$$

$$\frac{a}{b'} < \frac{b}{a'}, \quad a^n < b^n, \quad \sqrt[n]{a} < \sqrt[n]{b};$$

donc, *on peut ajouter, multiplier membre à membre, deux inégalités dont le signe est dans le même sens; former les puissances, extraire les racines, en conservant les mêmes signes d'inégalité : on peut soustraire ou diviser membre à membre deux inégalités dont les signes sont inverses,* en conservant le signe de l'inégalité qui a fourni les dividendes.

L'expression a non $> b$, qui désigne que a ne peut être plus grand que b, s'écrit souvent ainsi $a \overset{=}{<} b$; elle est soumise aux mêmes calculs que les inégalités simples. Par exemple, quel est le nombre dont le triple diminué de 2 ne peut être moindre que 7, et dont le décuple moins 1 ne peut surpasser 11, plus 6 fois ce nombre? Ces conditions s'écrivent ainsi :

$$3x - 2 \overset{=}{>} 7, \quad 10x - 1 \overset{=}{<} 11 + 6x,$$

d'où $3x \overset{=}{>} 7 + 2$, $10x - 6x \overset{=}{<} 11 + 1$:

ainsi $x =$ ou > 3 et $x =$ ou < 3; ou plutôt $x = 3$.

116. Nous terminerons par une remarque importante. Faisons varier x dans $a - x$; à mesure que x croît pour s'approcher

de a, $a - x$, qui est positif, diminue, et devient enfin nul lorsque $x = a$: si x continue de croître, $a - x$ devient négatif. Nous exprimerons cès circonstances en écrivant $a - x > o$, tant que $a - x$ est positif ; et $a - x < o$, dès que x surpasse a. Ce n'est pas qu'en effet il puisse y avoir des quantités moindres que zéro ; mais il est visible que si l'on convient qu'on traitera à l'avenir ces inégalités à la manière des équations, l'une donnera $a > x$ et l'autre $a < x$; et ce ne sera qu'une façon d'écrire que $a - x$ est positif dans un cas, et est négatif dans l'autre. Nous regarderons donc *les quantités négatives comme moindres que zéro, et les positives comme plus grandes que zéro* ; ce qui n'est en effet qu'une convention commode pour faciliter les calculs.

Comme $a - x > o$ donne $-x > -a$, et $a > x$, on voit qu'on n'est pas en droit de changer les signes de tous les termes d'une inégalité, à moins qu'on ne change aussi $>$ en $<$, ou réciproquement ; on ne peut pas non plus multiplier une inégalité par une valeur négative sans le même changement : ce qui établit, dans les calculs, une différence importante entre le mécanisme propre aux inégalités et celui qui convient aux équations : $1, 2, 3 \ldots$ sont des quantités croissantes ; et $-1, -2$, $-3 \ldots$ sont décroissantes ; on a $4 < 5$ et $-4 > -5$.

Des Problèmes indéterminés.

117. Lorsqu'on n'a pas un nombre égal d'équations et d'inconnues, il peut arriver deux cas.

1er CAS. *S'il y a plus d'inconnues que d'équ., le problème est indéterminé,* puisqu'on peut disposer arbitrairement de quelques inconnues, afin qu'il n'en reste plus qu'un nombre égal à celui des équ. : l'élimination fait alors connaître ces dernières inconnues. Les valeurs qui satisfont aux équ., ou au problème dont ces équ. expriment les conditions, sont donc en nombre infini. Cherchons, par exemple, deux nombres x et z, dont la somme soit 70 ; il faudra trouver deux quantités qui satisfassent à l'équation unique $x + z = 70$; d'où $x = 70 - z$. On voit que

x ne peut être connu qu'autant que z est donné; et si l'on met tour à tour $1; 2; 3\frac{1}{2}...$ pour z, on trouvera $x = 69, 68; 66\frac{1}{2}...$; donc 1 et 69, 2 et 68, $3\frac{1}{2}$ et $66\frac{1}{2}...$ remplissent la condition exigée, ainsi qu'une infinité de nombres tant entiers que fractionnaires.

Soient demandés trois nombres $x; y; z$; dont la somme soit 105; et dont les différences deux à deux soient égales : on a $x + y + z = 105$; $x - y = y - z$, c'est-à-dire trois inconnues et seulement deux équ. Ce cas revient au précédent; car, en retranchant ces équ. pour en éliminer x; il vient $y = 35$, d'où $x + z = 70$. On fera donc z ou x égal à telle grandeur qu'on voudra; l'autre inconnue s'en déduira, et ces nombres, concurremment avec $y = 35$, seront des solutions de la question.

Soit encore l'équation $x^2 - ax = y^2 - ay$; on en tire $x^2 - y^2 + ay - ax = 0$; et comme $x^2 - y^2 = (x + y)(x - y)$, il vient $(x + y)(x - y) - a(x - y) = 0$, ou.......... $(x - y)(x + y - a) = 0$. Ce produit ne peut être nul, à moins que l'un des facteurs ne le soit; on a donc, à volonté, l'une des équ. $x = y$ ou $x = a - y$. En attribuant à y toutes les valeurs possibles; il en résultera des valeurs de x qui seules satisfont au problème : il suffit que les deux inconnues soient égales, ou bien que leur somme soit $= a$, ce qui arrive d'une infinité de manières.

La *Règle d'alliage* peut rentrer dans cette théorie.

1°. Supposons qu'on mêle ensemble deux substances qui n'éprouvent pas d'action chimique; soient p et q les prix de l'unité de mesure pour chacune; le prix total du mélange est $px + qy$, en désignant par x et y les nombres d'unités mélangées. Mais le tout est composé de $x + y$ unités; donc le prix de chacune est

$$z = \frac{px + qy}{x + y}.....(F).$$

Ainsi 8 bouteilles de vin à 15^s le litre, et 12 à 10^s, font 20 bouteilles; dont le prix est $8 \times 15 + 12 \times 10 = 240^s$; donc le prix de chacune est $\frac{240}{20}$, ou 12^s.

. On a un lingot d'or formé de 4 kil. à 0,95 de fin (*), et de 5 kil. à 0,86; quel est le titre du mélange? La formule ci-dessus donne

$$z = \frac{4 \times 0,95 + 5 \times 0,86}{4 + 5} = 0,9.$$

2°. Réciproquement; si l'on demande quelle doit être la composition du mélange, la valeur moyenne étant donnée, on cherche les quantités x et y, connaissant les prix p, q et z; alors l'équ. F contient deux inconnues, et le problème est indéterminé. On a $x = \left(\dfrac{z - q}{p - z}\right) y$; ainsi on y satisfait en prenant

$$x = z - q, \quad y = p - z;$$

z est d'ailleurs intermédiaire entre p et q. On pourra, outre ces valeurs, en trouver une infinité d'autres, en les multipliant ou divisant par un même nombre quelconque : on aura par là toutes les solutions entières de la question, si l'on veut que ce facteur, et z, p et q soient entiers (n° 118).

Un boulanger, par exemple, veut faire du pain qui revienne à 8ʳ le kilogramme; combien doit-il mêler de farine de blé à 10ʳ, et de seigle à 7ʳ. le kilogramme? Après avoir écrit ces 3 nombres, comme on le voit ci-contre, on mettra 8 — 7, ou 1, à côté de 10; puis 10 — 8, ou 2; près de 7. Ainsi 1 kilogramme de farine de blé sur 2 de

Prix moyen 8 $\left\{\begin{array}{l} 10..1..\text{Blé.} \\ 7..2..\text{Seigle.} \end{array}\right.$

(*) Lorsque l'or ou l'argent contiennent 0,1 d'alliage, et que le reste est pur, on dit que le métal est à 6,9 de fin. Autrefois le degré de pureté s'estimait différemment : on partageait par la pensée le lingot d'or en 24 parties, qu'on nommait *karats*, de sorte que l'or à 21 karats contenait 3 parties d'alliage et 21 d'or pur. Le karat se divisait en 32 parties ou *grains*; ainsi on désignait par 18 karats 20 grains, 18 parties $\frac{20}{32}$ d'or pur, et 5 $\frac{12}{32}$ d'alliage. L'argent se divisait en 12 parties ou *deniers*, chacune de 24 *grains*; ainsi un lingot d'argent à 10 deniers 20 grains contenait 10 parties $\frac{20}{24}$ de métal pur et 1 $\frac{1}{6}$ d'alliage.

seigle, répondent au problème. On peut aussi prendre 2 sur 4, ou 3 sur 6, etc.

Si l'on donnait une seconde condition pour déterminer le problème, on la traduirait algébriquement, et l'on éliminerait x et y entre l'équ. (F) et cette dernière. Ainsi, lorsque la quantité $x + y$ du mélange est donnée $= m$, alors on a

$$x + y = m; \text{ et } px + qy = zm;$$

d'où
$$x = \frac{m}{p - q}(z - q), \quad y = \frac{m}{p - q}(p - z).$$

Après avoir obtenu les valeurs ci-dessus, on les multipliera donc par $\dfrac{m}{p - q}$. Dans notre exemple, si l'on veut que le mélange des farines pèse 21 kil., on multipliera les résultats obtenus 1 et 2, par $\dfrac{21}{10 - 7} = 7$; de sorte que 7 kil. de farine de blé à 10^f, mêlés à 14 de seigle à 7^f, forment 21 kil. de farine à 8^f.

De même soit demandé de former 7,54 kil. d'argent à 0,9 de fin avec de l'argent à 0,97 et 0,84. L'opération prouve qu'il faut 3^k,48 de la première, et 4^k,06 de la seconde espèce.

$$0,9 \left\{ \begin{array}{l} 0,97 \ldots 0,06 \times \dfrac{7,54}{0,13} = 3,48 \\[2mm] 0,84 \ldots 0,07 \times \dfrac{7,54}{0,13} = 4,06 \end{array} \right.$$

On appliquera facilement cette théorie au cas où l'on voudrait mêler ensemble plus de deux substances.

2e CAS. *Si l'on a, au contraire, plus d'équ. que d'inconnues, le problème est plus que déterminé*, c'est-à-dire que si l'on élimine toutes les inconnues, il restera, entre les données, un certain nombre d'équ. auxquelles elles devront satisfaire, et qu'on nomme, pour cette raison, *équations de conditions :* si elles ne sont pas satisfaites, la question est absurde; et si elles le sont, plusieurs conditions rentrent dans les autres; elles n'en forment qu'un nombre égal à celui des inconnues, et sont exprimées par autant d'équ. *distinctes*, auxquelles les proposées se réduisent.

Cherchons deux nombres x et y, dont la somme soit s, la différence d et le produit p : ou $x + y = s$, $x - y = d$ et $xy = p$. Les deux premières équations donnent (n° 106, III) $x = \frac{1}{2}(s + d)$, $y = \frac{1}{2}(s - d)$; substituant dans la troisième, on trouve $4p = s^2 - d^2$. Si les données s, d et p ne satisfont pas à cette relation, le problème est impossible; et si elle subsiste, l'une des équ. données est inutile, comme exprimant une condition qui a lieu d'elle-même, et est comprise dans les deux autres.

Quelle est la fraction qui, lorsqu'on ajoute m à son numérateur, devient $= \frac{a}{b}$, et qui est $= \frac{a'}{b'}$ lorsqu'on ajoute m' à son dénominateur? En désignant par x et y les deux termes, on a

$$\frac{x + m}{y} = \frac{a}{b}, \quad \frac{x}{y + m'} = \frac{a'}{b'}.$$

L'élimination donne

$$(ab' - a'b)\,x = a'\,(bm + am'), \quad (ab' - a'b)\,y = b\,(b'm + a'm');$$

mais x et y sont entiers; donc, ou $ab' - a'b = \pm 1$, ou bien ce binome divise les seconds membres. On a donc une condition, sans laquelle ce problème est impossible, quoiqu'on ait eu autant d'équ. que d'inconnues.

118. Cherchons tous les systèmes de valeurs *entières* de x et y qui satisfont à l'équ. indéterminée

$$ax + by = c \ldots (1),$$

a, b, c, étant des nombres donnés, positifs ou négatifs, et qu'on peut toujours rendre entiers. Du reste, a *et* b *doivent être premiers entre eux;* car s'ils avaient un facteur commun d, en divisant tout par d, on aurait $\frac{a}{d}x + \frac{b}{d}y = \frac{c}{d}$; ainsi le second membre devrait être entier, puisque le premier l'est; le problème est donc absurde quand c n'a pas aussi d pour diviseur, et s'il l'a, on peut supprimer ce facteur dans tous les termes.

Soit $x = \alpha$, $y = \beta$ une solution de l'équ. (1), ou $a\alpha + b\beta = c$; retranchant de l'équ. (1); on trouve $a(x - \alpha) = -b(y - \beta)$, et comme a et b sont premiers entre eux, $y - \beta$ doit être un multiple de a (n° 24, 4°.), tel que at; d'où

$$x = \alpha - bt, \; y = \beta + at \dots \dots (2).$$

En substituant ces valeurs dans l'équ. (1), il est visible qu'elles y satisfont, quel que soit le nombre entier t, positif ou négatif. Mais ces expressions sont les seules qui jouissent de cette propriété; car soit $x = \alpha', y = \beta'$, une autre solution, ou $a\alpha' + b\beta' = c$; en retranchant de $a\alpha + b\beta = c$, on a $a(\alpha' - \alpha) = -b(\beta' - \beta)$; donc $\beta' - \beta$ est un multiple at de a, $\beta' = \beta + at$, $\alpha' = \alpha - bt$, valeurs comprises dans la forme (2).

Il suit de là que si l'on avait l'une des solutions (α et β), on connaîtrait toutes les autres en faisant $t = -1, 0, 1, 2 \dots$ et comme les résultats α, $\alpha - b$, $\alpha - 2b \dots$, β, $\beta + a$, $\beta + 2a \dots$ sont des équidifférences, on voit que *toutes les valeurs de* x *et de* y *forment des progressions arithmétiques, dont les coefficiens réciproques* b *et* a *sont les raisons, l'un pris avec un signe contraire* (elles sont croissantes toutes deux, si a et b ont des signes différens; et l'une croissante et l'autre décroissante, dans le cas contraire).

119. La question est réduite à trouver α et β; soit $a > b$; résolvant (1) par rapport à x, il vient, en extrayant les entiers par la division de c et b par a,

$$x = \frac{c - by}{a} = k - ly + \frac{c' - b'y}{a},$$

c' et b' étant les restes. Le problème consiste donc à *trouver les valeurs de* y, *qui, substituées, rendraient cette dernière fraction entière, ou* c' − b'y *divisible par* a. Or, si b' est $= 1$, en faisant $\frac{c' - y}{a} = z$, ou $y = c' - az$, on est certain que toute valeur entière de z rendrait x et y entiers, et tout serait fini. Mais si b' n'est pas un, en posant

$$\frac{c' - b'y}{a} = z, \text{ ou } az + b'y = c',$$

il faut résoudre en nombres entiers cette équ., où $b' < a$. En résolvant par rapport à y, extrayant les entiers, et égalant la fraction à une nouvelle inconnue u, on tombe sur une autre équ. encore plus simple, entre z et u. Les cofficiens des inconnues sont les restes successifs qu'on obtient dans l'opération (n° 28) du commun diviseur entre a et b; et puisque a et b sont premiers entre eux, on est assuré d'être conduit, en dernière analyse, à un coefficient $= 1$; on retombe ainsi sur une équ. de la forme $u + mv = n$, qui rentre dans le cas de $b' = 1$. Toute valeur entière de v en donnera une entière pour u; et remontant jusqu'aux valeurs de z, de y et de x, on aura une solution, et par suite toutes les autres, dans les équ. (2).

Un exemple éclaircira ceci. L'équ. $8x - 27y = 7$ donne

$$x = \frac{7 + 27y}{8} = 3y + \frac{3y + 7}{8};$$

posons $\dfrac{3y + 7}{8} = z$, d'où $y = \dfrac{8z - 7}{3} = 2z - 2 + \dfrac{2z - 1}{3}$:

faisons $\dfrac{2z - 1}{3} = u$, d'où $z = \dfrac{3u + 1}{2} = u + \dfrac{u + 1}{2}$; enfin

égalant cette fraction à v, il vient $u = 2v - 1$. Faisons, par exemple, $v = 1$, nous aurons $u = 1, z = 2, y = 3, x = 11$; donc les formules (2) deviennent

$$x = 11 + 27t, \ y = 3 + 8t.$$

Si l'on eût pris pour v toute autre valeur entière, on serait parvenu aux mêmes valeurs, quoique différentes en apparence. Soit $v = -3$, il vient $u = -7, z = -10, y = -29, x = -97$, d'où $x = -97 + 27t, y = -29 + 8t$: mais on peut mettre $t + 4$ au lieu de t, ce qui ramène aux valeurs ci-dessus. En faisant $t = \ldots -2, -1, 0, 1, 2 \ldots$, on trouve des équidifférences croissantes, infinies dans les deux sens, dont les raisons sont 27 et 8, et dont les termes, correspondans deux à deux, sont autant de solutions de la question, et les seules qu'elle puisse comporter.

$$x = \ldots -43, -16, 11, 38, 65, 92 \ldots$$
$$y = \ldots -13, -5, 3, 11, 19, 27 \ldots$$

Comme ces calculs exigent autant de transformations, ou d'inconnues auxiliaires, qu'il y a de restes successifs dans le calcul du plus grand diviseur entre a et b, on voit que ce procédé peut être très long. En attendant que la théorie des fractions continues nous en fournisse un plus expéditif, nous indiquerons ici deux abréviations.

1°. S'il y a un commun diviseur m entre a et c, en divisant l'équation (1) par m, on a $\dfrac{ax}{m} + \dfrac{by}{m} = \dfrac{c}{m}$; or, $\dfrac{by}{m}$ doit être entier, puisque les autres termes le sont; ainsi y est divisible par m, qui est premier avec b; y est donc de la forme $y = my'$: en substituant dans (1) et divisant par m, on a à résoudre une équ. plus simple.

Soit $12x - 67y = 1000$; on fera $y = 4y'$, et divisant par 4, il vient $3x - 67y' = 250$, d'où $x = 83 + 22y' + \dfrac{1 + y'}{3}$; il est visible qu'on peut poser $y' = -1$, d'où $x = 61$, $y = -4$; et enfin, $x = 61 + 67t$, $y = -4 + 12t$.

Pour $15x + 14y = 385$, comme $385 = 11 \times 7 \times 5$, que 7 est facteur de 14, et 5 de 15, on fera $x = 7x'$, $y = 5y'$, et divisant par 35, on trouve $3x' + 2y' = 11$; d'où . . . . $y' = 5 - x' + \dfrac{1 - x'}{2}$; égalant cette fraction à z, il vient $x' = 1 - 2z$, et le calcul est terminé. $z = 0$ donne $x' = 1$, $y' = 4$, d'où $x = 7(1 + 2t)$, $y = 5(4 - 3t)$.

2°. Observez que dans toute équidifférence c, $c + b$, $c + 2b$..., si l'on divise par a les a premiers termes, *tous les restes sont différens, quand a et b sont premiers entre eux;* en effet, si deux termes pouvaient conduire au même reste, leur différence serait divisible par a (n° 16), ce qui est absurde, puisque cette différence est de la forme kb, k étant $< a$. Concluons de là que ces a restes inégaux accomplissent tous les nombres $0, 1, 2, 3...(a-1)$, mais rangés dans un ordre différent: ainsi, l'un de ces dividendes $c + lb$ donne zéro pour reste, ou est multiple de a; et $y = l$ rend $\dfrac{c + by}{a}$ un nombre entier. Or, il arrive souvent qu'en substituant $0, 1, 2, 3....$, pour y, on découvre la valeur $b < a$ qui satisfait à cette condition. Ainsi, pour que (premier exemple) $\frac{3y+7}{8}$ soit entier, on fait $y = 0, 1, 2, 3....$ les restes de $3y+7$ divisé par 8 sont $7, 2, 5, 0....$ Chaque terme de cette série se forme en ajoutant 3 au reste précédent, et supprimant 8 de la somme lorsqu'elle surpasse 8. Il est visible que $y = 3$ est la valeur cherchée. Au reste, on ne peut regarder ceci que comme un tâtonnement souvent plus long que la méthode générale.

Pour rendre entier $y = \dfrac{35 + 19x}{12} = 2 + x + \dfrac{11 + 7x}{12}$,

faisons $x = 0, 1, 2....$; cette dernière fraction conduit aux restes $11, 6, 1, 8, 3, 10, 5, 0....$ en ajoutant sans cesse 7, et ôtant 12 lorsque cela se peut; ainsi $x = 7$ donne le quotient exact $y = 14$; d'où $y = 14 + 19t$, $x = 7 + 12t$.

120. Il arrive quelquefois que la question ne peut admettre que des solutions positives; alors on ne doit plus prendre dans les formules (2) toutes les valeurs entières pour t; mais on posera $\alpha - bt > 0$, $\beta + at > 0$, d'après ce qu'on a dit p. 169; ces inégalités donneront les limites de t.

1°. Si ces limites sont dans le même sens, elles n'en donnent qu'une, et la question a une infinité de solutions croissantes ensemble; dans ce cas, a et b sont de signes contraires dans la proposée, car sans cela $ax + by$ ne pourrait constamment être $= c$. Dans le 1er problème, on a $t > -\frac{11}{27}$ et $> -\frac{3}{8}$; ainsi, on peut prendre $t = 0, 1, 2....$, mais on ne peut donner à t aucune valeur négative. Dans le 2e problème, on a $t > -\frac{6}{67}$ et $> -\frac{4}{13}$; donc $t =$ ou > 1, savoir, $t = 1, 2, 3, 4....$

2°. Si ces limites sont, l'une par excès, l'autre par défaut, on trouve quelles valeurs intermédiaires t peut recevoir, et il n'y a qu'un nombre fini de solutions : x croît quand y décroît, ce qui exige que a et b aient mêmes signes. Il pourrait même se faire que ces limites s'excluassent mutuellement, et la question serait impossible en nombres entiers et positifs. Dans le troisième exemple, on a $1 + 2t > 0$, $4 - 3t > 0$; donc $t > -\frac{1}{2}$ et $< \frac{4}{3}$; ou $t = 0$, et $= 1$; il n'y a que deux solutions.

Voici encore diverses applications de cette théorie :

Partager 117 en deux parties, dont l'une soit un multiple de 19 et l'autre de 7 ; on a 19x + 7y = 117 ; d'où $y = \dfrac{117 - 19x}{7}$;

donc $\dfrac{5 - 5x}{7}$, ou $\dfrac{5(1 - x)}{7}$ est un nombre entier. Faisons $x = 1$, d'où $y = 14$, puis $x = 1 - 7t$ et $y = 14 + 19t$.

Si l'on veut que les parties de 117 soient positives, il faut en outre qu'on ait $1 - 7t > 0$ et $14 + 19t > 0$; d'où $t < \frac{1}{7}$ et $> -\frac{14}{19}$. On ne peut alors satisfaire au problème que d'une manière ; $t = 0$ donne $x = 1$ et $y = 14$; de sorte que 19 et 98 sont les parties demandées.

Payer 2000 fr. en vases de deux espèces, les uns à 9 fr., les autres à 13 fr. On trouve 9x + 13y = 2000 ; d'où $x = \dfrac{2000 - 13y}{9}$; il faut rendre $\dfrac{2 - 4y}{9}$, ou $\dfrac{1 - 2y}{9}$ un nombre entier ; ainsi $y = -4$, d'où $x = 228$; puis enfin

$$x = 228 - 13t, \quad y = -4 + 9t.$$

Les valeurs négatives de y indiquent combien on reçoit de vases de la 2e espèce, en échange de ceux de la 1re, pour acquitter 2000 fr. dus. Mais si l'on veut que x et y soient positifs, il faut que l'on ait $228 - 13t > 0$ et $-4 + 9t > 0$; d'où $t < 18$ et > 0. En faisant $t = 1, 2, 3 \ldots 17$, on a, pour les 17 solutions de la question, $x = 215, 202, 189 \ldots 7$; $y = 5, 14, 23 \ldots 149$. Ainsi, on peut donner 215 vases à 9 fr., et 5 à 13 fr. ; ou, etc.

Un négociant a changé des roubles estimés 4 fr. contre des ducats de 9 fr. ; il a donné 15 fr. en sus ; on demande combien de sortes de marchés il a pu faire. On a 9y = 4x + 15 ; d'où $x = \dfrac{9y - 15}{4}$; ainsi, $\dfrac{y - 3}{4} = t$; d'où $y = 4t + 3$ et $x = 9t + 3$. Lorsqu'on veut que x et y soient positifs, les limites de t coïncident, et l'on a $t > -1$; faisant $t = 0, 1, 2 \ldots$, on a un nombre infini de solutions renfermées dans les séries $x = 3, 12, 21, \ldots,$

$y = 3, 7, 11...$; on a donc pu changer 3 roubles contre 3 ducats, ou 12 roubles contre 7 ducats, etc.

L'équ. $6x - 12y = 7$ ne peut être résolue en nombres entiers, parce que 7 n'a pas le facteur 6, commun à 6 et 12.

Il en est évidemment de même pour $2x + 3y = -10$, quand x et y doivent être positifs : au reste, le calcul le prouve, puisqu'il donne $x = 3t + 5$ et $y = -2t$; et les limites $t > \frac{5}{3}$ et < 0 sont incompatibles.

Partager en deux autres la fraction $\frac{n}{d}$, dont le dénominateur $d = ab$, est le produit de deux nombres a et b premiers entre eux; pour cela on fera $\frac{n}{d} = \frac{x}{b} + \frac{y}{a}$, et l'on devra résoudre en nombres entiers l'équation $ax + by = n$.

Ainsi, pour $\frac{58}{77}$, comme $77 = 11 \times 7$, on a $11x + 7y = 58$, d'où $x = 7t - 3$, $y = 13 - 11t$; il y a un nombre infini de solutions, quand $\frac{58}{77}$ doit être la différence des deux fractions cherchées; mais si $\frac{58}{77}$ en est la somme, il n'y a qu'une solution qui répond à $t = 1$; on a $\frac{58}{77} = \frac{4}{7} + \frac{2}{11}$.

Faire 50 s. avec des pièces de 2 s. et de 18 d. Soient x le nombre des pièces de 2 s., et y celui des pièces de $\frac{3}{2}$ s.; on a $2x + \frac{3}{2}y = 50$, ou $4x + 3y = 100$; on en tire $x = 1 + 3t$ et $y = 32 + 4t$; en faisant $t = 0, -1, -2$, jusqu'à -8, on a $x = 1, 4, 7..., y = 32, 28, 24...$ Si l'on prenait aussi les valeurs négatives de x ou de y, alors les pièces de 2 s. seraient données en échange de celles de 18 d., de manière à produire 50 s. de différence.

121. La même méthode s'applique lorsqu'il y a 3, 4.... inconnues et autant d'équ. moins une. En voici divers exemples.

Quel est le nombre N qui, divisé par 5 et par 7, donne 4 et 2 pour restes, c'est-à-dire, qui rend entières les quantités $\frac{N+4}{5}$ et $\frac{N-2}{7}$? Désignons par x et y les quotiens respectifs; nous aurons $N = 5x + 4$, $N = 7y + 2$; d'où $7y - 5x = 2$; on résout cette équation par les moyens indiqués, et l'on a $x = 7t + 1$ et $y = 5t + 1$, ce qui donne $N = 35t + 9$. Le nombre demandé est l'un de ceux-ci : 9, 44, 79... On serait parvenu plus aisément au résultat, en remarquant que $N = 4$ rend visiblement la 1re fraction un nombre entier, et que tous les nombres qui jouissent de cette propriété sont compris dans $N = 4 + 5\nu$; mais on ne doit prendre pour ν que les valeurs qui rendent aussi entière la quantité $\dfrac{N-2}{7}$ ou $\dfrac{5\nu+2}{7}$; on voit de suite que $\nu = 1$, et plus généralement $\nu = 1 + 7t$; donc, en substituant, $N = 9 + 35t$.

En comptant les feuillets d'un livre 7 à 7, il en reste 1; 10 à 10, il en reste 6; enfin 3 à 3, il ne reste rien; combien le livre a-t-il de feuillets? On suppose que ce nombre N est entre 100 et 300. Il s'agit de trouver pour N un nombre qui rende entières les fractions $\dfrac{N-1}{7}$, $\dfrac{N-6}{10}$ et $\dfrac{N}{3}$. La dernière donne $N = 3z$; les deux autres deviennent $\dfrac{3z-1}{7}$, $\dfrac{3z+6}{10}$; celle-ci exige que $z = 2 + 10\nu$; ainsi, en substituant, l'autre se change en $\dfrac{5 + 30\nu}{7}$, ou $4\nu + \dfrac{5 + 2\nu}{7}$; donc $\nu = 1 + 7t$, d'où $z = 12 + 70t$; et enfin, $N = 36 + 210t$. Par conséquent, si l'on fait $t = 0, 1, 2...$, on trouve $N = 36, 246, 456....$ Le livre a 246 feuillets.

Trouver un nombre N qui, divisé par 2, 3 et 5, donne 1, 2 et 3 pour restes. On trouve

$$N = 30t + 23 ; \text{ ainsi, } N = 23, 53, 83, 113....$$

On propose de rendre entières les trois quantités $\dfrac{121x - 41}{504}$, $\dfrac{9x + 1}{35}$ et $\dfrac{27x - 11}{16}$: voici comment on simplifiera les calculs. Comme $504 = 2^3 . 3^2 . 7$, $35 = 7.5$, $16 = 2^4$; on décompose les trois fractions en

$$\dfrac{121x - 41}{2^3}, \quad \dfrac{121x - 41}{3^2}, \quad \dfrac{121x - 41}{7}, \quad \dfrac{9x + 1}{7}, \quad \dfrac{9x + 1}{5}, \quad \dfrac{11(x - 1)}{2^4},$$

ou $\dfrac{x-1}{8}$, $\dfrac{4x-5}{9}$, $\dfrac{2x+1}{7}$, $\dfrac{2x+1}{7}$, $\dfrac{4x+1}{5}$, $\dfrac{x-1}{16}$,

en extrayant les entiers. On supprime la 3ᵉ fraction qui est la même que la quatrième, et la 1ʳᵉ qui est comprise dans la dernière, car $x-1$ ne peut être divisible par 16, sans l'être aussi par 8. Il reste donc à rendre entières les quantités

$$\frac{4x-5}{9}, \quad \frac{2x+1}{7}, \quad \frac{4x+1}{5}, \quad \frac{x-1}{16},$$

la 1ʳᵉ donne $x=-1+9t$, ce qui change la 2ᵉ en $\dfrac{18t-1}{7}$,

ou $\dfrac{4t-1}{7}$; ainsi $t=2+7t'$, et $x=17+63t'$. La 3ᵉ devient

$\dfrac{2(2+t')}{5}$, d'où $t'=-2+5t''$, et $x=-109+315t''$. Enfin

la 4ᵉ donne $\dfrac{2+11t''}{16}$, d'où $t''=10+16z$; et enfin quel que

soit l'entier z, $x=3041+5040z$.

122. Lorsqu'on n'a qu'une équ. et trois inconnues, on opère ainsi qu'il suit. Soit $5x+8y+7z=50$. En faisant $50-7z=u$, on a $5x+8y=u$, d'où l'on tire, par notre méthode, en regardant u comme donné, $x=8t-3u$ et $y=2u-5t$; remettant $50-7z$ pour u, il vient

$$x=21z+8t-150, \quad y=100-14z-5t.$$

z et t sont des nombres entiers quelconques.

III. DES PUISSANCES, DES RACINES ET DES ÉQUATIONS DU SECOND DEGRÉ.

Des Puissances et Racines des Monomes.

123. La règle (p. 81) simplifie l'élévation aux puissances, en évitant la multiplication réitérée; car soit proposé d'élever a à la puissance $m=n+p$; on a $a^m=a^n \times a^p$, de sorte qu'après

avoir formé a^n et a^p, le produit donnera a^m. De même on pourra décomposer m en trois parties $n+p+q$, d'où $a^m=a^n\times a^p\times a^q$; comme n° 96, etc.....

124. Il suit des règles de la multiplication (n° 96), que *pour élever un monome à une puissance, il faut multiplier l'exposant de chaque lettre par le degré de la puissance.* Ainsi,

$$(2ab^2)^2 = 4a^2b^4 ; \quad \left(\frac{3a^2b^3}{cd^2}\right)^5 = \frac{3^5a^{10}b^{15}}{c^5d^{10}}.$$

On tire encore de là un moyen facile de former certaines puissances des nombres; car a^m, lorsque $m=np$, revient à $a^{np}=(a^n)^p$. Si $m=npq\ldots$, on fera la puissance n de a, la puissance p de a^n, la puissance q de a^{np}. De même pour l'extraction des racines : ainsi, comme $12=3.2.2$, on trouvera $\sqrt[12]{531441}$ en prenant la racine carrée, qui est 729; puis celle de 729 qui est 27; puis enfin la racine cubique de 27 qui est $3=\sqrt[12]{531441}$. (*Voy.* n° 60.)

125. Réciproquement, *pour extraire la racine m^e d'un monome, on extraira celle de chaque facteur; cette racine se trouve en divisant chaque exposant par* m. En effet, pour que a^2b^3 soit $\sqrt[3]{(a^6b^9)}$, il suffit que a^2b^3, élevé au cube, reproduise a^6b^9; or, c'est ce qui a lieu d'après la règle qui précède, si l'on a divisé les exposans par 3.

$$\sqrt{(4a^2b^4)} = 2ab^2, \quad \sqrt[5]{\left(\frac{243a^{10}b^5}{c^5d^{10}}\right)} = \frac{3a^2b}{cd^2}.$$

Lorsque le degré de la racine est pair, on doit affecter cette racine du signe $\pm$; $\sqrt{9}=\pm 3$. Cela vient de ce qu'algébriquement parlant, pour qu'un nombre m soit racine de 9, il suffit que $m^2=9$, ce qui a lieu, que m ait le signe $+$ ou $-$ (p. 156). Si le degré de la racine est impair, le signe de la puissance est le même que celui de la racine :

$$\sqrt[3]{-27}=-3, \quad \sqrt[5]{+243}=+3.$$

126. Les expressions radicales éprouvent souvent des simplifications. Ainsi

$$\sqrt[3]{432}=2.\sqrt[3]{54}=3.\sqrt[3]{16}=6.\sqrt[3]{2};\quad \sqrt{(Nq^2)}=q\sqrt{N};$$

$$\sqrt[5]{\left(\frac{c^6d^8}{a^5}\right)}=\frac{cd}{a}\sqrt[5]{(cd^3)};\ \sqrt{(3a^2-6ab+3b^2)}=(a-b)\sqrt{3}.$$

$$\sqrt{a}+\sqrt[3]{b}+2\sqrt{a}-3\sqrt[3]{b}=3\sqrt{a}-2\sqrt[3]{b};$$

$$\sqrt[4]{x^2y}-a\sqrt[4]{x^2y}+b\sqrt[4]{x^2y}=(1-a+b)\sqrt[4]{x^2y};\ \sqrt{75}-4\sqrt{3}=\sqrt{3};$$

$$\sqrt{75a^3b^2}-4\sqrt{3a^3b^2}=ab\sqrt{3a};\quad \sqrt{27a^3b}-\sqrt{3a^3b^5}=a(3-b^2)\sqrt{3ab}.$$

$$\frac{a}{b}\sqrt[m]{\frac{c}{d}}+\frac{f}{g}\sqrt[m]{\frac{c}{d}}=\frac{ag+bf}{bg}\sqrt[m]{\frac{c}{d}}.$$

127. Nous avons vu ci-dessus que pour extraire la racine d'un produit, il faut extraire celle de chacun des facteurs; or, cela est vrai même lorsque les extractions ne se peuvent faire exactement : par exemple $\sqrt[3]{(a^2b)}=\sqrt[3]{a^2}\times\sqrt[3]{b}$, puisque le cube de cette dernière quantité se forme visiblement en élevant chaque facteur, ce qui donne a^2b. En général, de ce que la racine d'une quantité est le produit des racines de chacun de ses facteurs (125), il suit que $\sqrt[m]{a}\times\sqrt[m]{b}=\sqrt[m]{(ab)}$. Donc, *pour multiplier ou diviser deux quantités affectées du même radical, il faut faire le produit ou le quotient de ces quantités et l'affecter de ce radical.* Par exemple

$$\sqrt{6}\times\sqrt{8}=\sqrt{48}=4\sqrt{3};$$

$$\frac{\sqrt{6}}{2\sqrt{6}}=\frac{1}{2};\ \sqrt[n]{5x^2y^4}\times\sqrt[n]{20ax}=\sqrt[n]{100ax^3y^4};$$

$$\frac{\sqrt{11}}{4\sqrt{33}}=\frac{\sqrt{11}}{4\sqrt{3}.\sqrt{11}}=\frac{1}{4\sqrt{3}};\ \sqrt[n]{p}\times\sqrt[n]{-q}=\sqrt[n]{-pq};$$

$$\frac{\sqrt[n]{ax}}{\sqrt[n]{bxy}}=\sqrt[n]{\frac{a}{by}};\ a\sqrt[5]{\frac{b}{a}}=\sqrt[5]{(a^4b)};$$

$$(\sqrt{a}+\sqrt{b})^2=a+b+2\sqrt{ab};$$

$$(a+\sqrt{b})^3=a^3+3a^2\sqrt{b}+3ab+b\sqrt{b}.$$

En supprimant le radical, $(\sqrt{a^nb^m})^2=a^nb^m$.

128. Comme il n'y a pas de nombre qui, multiplié par soi-même, puisse donner un résultat négatif $-m$, $\sqrt{-m}$ repré-

sente une opération impossible : c'est ce qui lui a fait donner le nom d'*Imaginaire*; $\sqrt{m}$ est appelée *Réelle*. Nous aurons par la suite (n° 139 1°.) occasion de remarquer que ces symboles, quoique vides de sens, n'en sont pas moins importans à considérer. Ajouter, multiplier.... de semblables symboles, sont des opérations dont il est impossible de se rendre raison; cependant on convient de faire ces calculs sur les imaginaires, comme si elles étaient de véritables quantités, en les assujettissant aux mêmes règles; nous en reconnaîtrons l'utilité par la suite.

La règle n° 127 doit éprouver quelques modifications; ainsi $\sqrt{-a} \times \sqrt{-a}$, n'étant autre chose que le carré de $\sqrt{-a}$, est visiblement $-a$: or, la règle ci-dessus semblerait donner pour produit $\sqrt{+a^2}$ ou a. Mais observons que $\sqrt{a^2}$ est $\pm a$; l'incertitude du signe, en général, n'a lieu que lorsqu'on ignore si a^2 provient du carré de $+a$, ou de celui de $-a$; or, c'est ce qui ne peut exister ici, et l'on a $-a$ pour produit, à l'exclusion de $+a$.

Concluons de là que $\sqrt{-a} \times \sqrt{-a} = -a$.

De même $\sqrt{-a} \times \sqrt{-b}$ revient à
$\sqrt{a} . \sqrt{-1} \times \sqrt{b} . \sqrt{-1}$, ou $-\sqrt{(ab)}$.

On verra que $\sqrt{-a}$ a pour puissances 1°, 2°, 3°, 4°.....
$\sqrt{-a}, -a, -a\sqrt{-a}, +a^2, +a^2\sqrt{-a}, -a^3$..........
Celles de $-\sqrt{-a}$ sont $-a, +a\sqrt{-a}, a^2, -a^2\sqrt{-a}$...
Le carré de $1 + \sqrt{-1}$ se réduit à $2\sqrt{-1}$. Le cube de $-1 + \sqrt{-3}$ est 8; $\dfrac{\sqrt{-a}}{\sqrt{-b}} = \dfrac{\sqrt{a} . \sqrt{-1}}{\sqrt{b} . \sqrt{-1}} = \sqrt{\dfrac{a}{b}}$. Le produit de

$(x + a + b\sqrt{-1}) \times (x + a - b\sqrt{-1})$ est $= (x+a)^2 + b^2$, quantité *Réelle* (n° 97, 3°.).

129. Il suit de la règle (127) que pour *élever à une puissance un monome déjà affecté d'un radical, il faut élever à cette puissance chaque facteur sous le radical.* Ainsi le cube de $\sqrt{(3a^2b)}$ est $\sqrt{(27a^6b^3)}$; celui de $\sqrt{2}$ est $\sqrt{8} = 2\sqrt{2}$.

Concluons de là que lorsqu'on veut extraire une racine d'un monome déjà affecté d'un radical, il faut, s'il se peut, extraire la racine de la quantité radicale; ou, dans le cas contraire multiplier l'indice du radical par le degré de la racine à extraire.

Ainsi la racine cubique de $\sqrt[3]{a^5}$ est $\sqrt[9]{a^5}$; $\sqrt[p]{(\sqrt[m]{a^n})} = \sqrt[mp]{a^n}$,

$\sqrt[3]{\sqrt[3]{(a^2 b^4)}} = \sqrt[3]{ab^2}$.

130. *On peut donc, sans changer la valeur d'une quantité radicale, multiplier ou diviser par un même nombre les exposans et l'indice du radical,* puisque c'est d'une part élever à la puissance, et de l'autre extraire la racine;

$$\sqrt[3]{a} = \sqrt[6]{a^2}, \quad \sqrt[3]{a^3} = \sqrt[6]{a^9}, \quad \sqrt{(3a^2 b^3)} = \sqrt[4]{(9a^4 b^6)}.$$

Par là, il devient facile de multiplier et diviser les quantités affectées de radicaux différens; car il suffit de les réduire à être de même degré; on multipliera pour cela les exposans et l'indice du radical par un même nombre qu'on choisira convenablement, comme pour la réduction des fractions au même dénominateur. (38). Par exemple,

$$\sqrt{a} \cdot \sqrt[3]{b} = \sqrt[6]{a^3} \times \sqrt[6]{b^2} = \sqrt[6]{a^3 b^2},$$

$$\sqrt[m]{a^p} \cdot \sqrt[n]{b^q} = \sqrt[mn]{a^{pn} b^{qm}}, \quad \frac{\sqrt[m]{a}}{\sqrt[n]{b}} = \sqrt[mn]{\frac{a^n}{b^m}},$$

$$\frac{a}{b}\sqrt{\frac{s}{t}} : \frac{c}{d}\sqrt{\frac{y}{z}} = \frac{ad}{bc}\sqrt[mn]{\frac{s^n z^m}{t^n y^m}}.$$

Des Exposans négatifs et fractionnaires.

131. Nous avons démontré que le quotient de $\dfrac{a^m}{a^n}$ est a^{m-n}, en supposant que m soit $> n$; sans cela, $m-n$ serait un nombre négatif, tel que $-p$; et comme on ignore encore le sens qu'on doit attacher à a^{-p}, on ne pourrait multiplier a^{-p} par a^n; ainsi on ne saurait prouver que $a^n \times a^{m-n}$ doit reproduire a^m.

Mais remarquons que l'expression a^{-p} n'a aucun sens par elle-même, puisqu'on ne peut y attacher l'idée propre aux exposans (12). On est donc le maître de désigner $\dfrac{1}{a^p}$ par a^{-p}, ainsi que nous le ferons dorénavant. D'après cela, dans tous les cas, on pourra dire que $\dfrac{a^m}{a^n} = a^{m-n}$; car la chose est démontrée, si $m > n$, et elle résulte de notre hypothèse, lorsque $m < n$, puisqu'en divisant les deux termes par a^m, on a

$$\frac{a^m}{a^n} = \frac{1}{a^{n-m}} = a^{-(n-m)} = a^{-p}.$$

L'Algèbre apprend à trouver des formules qui, par leur généralité, conviennent à toutes les valeurs numériques qu'on peut imposer aux lettres : on doit donc regarder comme un grand avantage de n'avoir pas besoin de distinguer, dans une expression algébrique, qui renferme des quantités de la forme $\dfrac{a^m}{a^n}$, tous les cas qui peuvent résulter des suppositions de $m >$ ou $< n$; on mettra a^{m-n} au lieu de $\dfrac{a^m}{a^n}$, et la formule sera vraie dans toutes les hypothèses (comme au n° 108).

Il faut aussi avoir égard au cas de $m = n$; alors a^{m-n} devient a^0, symbole tout aussi insignifiant par lui-même que a^{-p}. Nous conviendrons donc de faire $a^0 = 1$, puisque alors $\dfrac{a^m}{a^n} = 1$. *L'expression* a^0 *est un symbole équivalent à l'unité.*

Ainsi, lorsque nous rencontrerons dans une formule a^0 et a^{-p}, ces expressions seront faciles à comprendre, en examinant leur origine : a^0 et a^{-p} n'ont pu provenir que d'une division $\dfrac{a^m}{a^n}$, dans laquelle on avait $m = n$ dans le premier cas, et $n = m + p$ dans le second. D'après cette convention, *on peut faire passer un facteur du dénominateur au numérateur, en donnant à son exposant un signe négatif* : ainsi

$$a^0 = b^0 = (p+q)^0 = \left(\frac{a}{b}\right)^0 = 1;$$

$$(bc)^{-p} = \frac{1}{(bc)^p}, \quad \frac{1}{a} = a^{-1},$$

$$\frac{a^m b^n}{c^p d^q} = a^m b^n c^{-p} d^{-q} ; \quad \frac{c}{f} = cf^{-1} = \frac{f^{-1}}{c^{-1}},$$

$$\frac{a^3 + b^3}{a^2 + b^2} = (a^3 + b^3)(a^2 + b^2)^{-1}.$$

Voilà donc les puissances nulles et négatives introduites dans le calcul, par une suite de principes qui ne souffrent aucune difficulté. Venons-en aux puissances fractionnaires.

132. La règle donnée pour l'extraction des racines des monomes, prouve que $\sqrt[m]{a^n} = a^{\frac{n}{m}}$; mais il faut pour cela que n soit un multiple de m, car on tomberait sur un exposant fractionnaire, dont la nature est encore ignorée, et on ne pourrait démontrer qu'en rendant $a^{\frac{n}{m}}$ m fois facteur, le produit serait a^n. On est donc ici dans le même cas que pour les exposans négatifs, et il est visible que $a^{\frac{n}{m}}$ n'ayant aucun sens par soi-même, on peut lui faire désigner $\sqrt[m]{a^n}$; par là les formules pourront convenir à tous les cas, que n soit ou non multiple de m; ce qui est conforme au génie de l'Algèbre.

Donc, lorsque nous rencontrerons $a^{\frac{n}{m}}$ dans une formule, il sera facile d'en avoir une idée nette, en observant que cette expression n'a pu provenir que de ce qu'on a voulu extraire la racine m^e de a^n. La règle donnée pour faire cette extraction est donc générale dans tous les cas.

Ainsi $\sqrt{(3a)} = (3a)^{\frac{1}{2}}$, $\sqrt{(x^2 - y^2)} = (x^2 - y^2)^{\frac{1}{2}}$

$$b^{\frac{3}{2}} = \sqrt{b^3}, \quad b^{\frac{1}{3}} = \sqrt[3]{b}, \quad c^{\frac{4}{5}} p^{\frac{1}{5}} = \sqrt[5]{(c\,p)},$$

$$\sqrt[r]{\left(\frac{a^m b^n}{c^p}\right)} = \frac{a^{\frac{m}{r}} b^{\frac{n}{r}}}{c^{\frac{p}{r}}}, \quad \sqrt[m]{\left(\frac{b^r}{c^n}\right)} = b^{\frac{r}{m}} \times c^{-\frac{n}{m}}.$$

133. a^0, a^{-p}, $a^{\frac{m}{n}}$ sont les expressions de convention attribuées

aux valeurs 1, $\dfrac{1}{a^p}$ et $\sqrt[n]{a^m}$. Mais o, $-p$ et $\dfrac{m}{n}$ ne doivent point être regardées ici comme de véritables exposans, dans le sens attaché à cette dénomination, quoique ces quantités occupent la place réservée aux exposans. Ce serait donc abuser des termes que de se croire autorisé à dire, sans démonstration, que $a^m \times a^n = a^{m+n}$; quand m et n ne sont pas tous deux entiers et positifs. Il en est de même de la division, de l'élévation aux puissances et de l'extraction des racines. Démontrons donc que *ces symboles suivent les mêmes règles que les vrais exposans entiers et positifs*; qu'on a, quels que soient m et n,

$$a^m : a^n = a^{m-n}, \quad (a^m)^p = a^{mp}, \quad \sqrt[p]{a^m} = a^{\frac{m}{p}}.$$

I. S'il s'agit d'exposans négatifs : on a (m, n et p étant positifs),

$1^o.$ $a^m \times a^{-n} = a^m \times \dfrac{1}{a^n} = \dfrac{a^m}{a^n} = a^{m-n}$;

on voit de même que $a^{-m} \times a^{-n} = a^{-m-n}$;

$2^o.$ $\dfrac{a^m}{a^{-n}} = a^m : \dfrac{1}{a^n} = a^m \times a^n = a^{m+n}$;

de même on trouve que $\dfrac{a^{-m}}{a^n} = a^{-m-n}$, et que $\dfrac{a^{-m}}{a^{-n}} = a^{n-m}$.

$3^o.$ $(a^{-n})^p = \left(\dfrac{1}{a^n}\right)^p = \dfrac{1}{a^{np}} = a^{-np}$;

$4^o.$ $\sqrt[m]{a^{-n}} = \sqrt[m]{\dfrac{1}{a^n}} = \dfrac{1}{a^{\frac{n}{m}}} = a^{-\frac{n}{m}}$.

II. Pour les exposans fractionnaires, on peut d'abord en multiplier les deux termes par un même nombre p; car

(n° 130) $a^{\frac{n}{m}} = \sqrt[m]{a^n} = \sqrt[mp]{a^{np}} = a^{\frac{np}{mp}}$. On peut donc réduire au même dénominateur les exposans des quantités qu'on veut multiplier ou diviser entre elles.

$1^o.$ Soit $a^{\frac{n}{m}} \times a^{\frac{p}{m}} = \sqrt[m]{a^n} \times \sqrt[m]{a^p} = \sqrt[m]{a^{n+p}} = a^{\frac{n+p}{m}}$;

$2^o.$ $a^{\frac{n}{m}} : a^{\frac{p}{m}} = \sqrt[m]{a^n} : \sqrt[m]{a^p} = \sqrt[m]{a^{n-p}} = a^{\frac{n-p}{m}}$;

$$3°. \left(a^{\frac{n}{m}}\right)^p = (\sqrt[m]{a^n})^p = \sqrt[m]{a^{np}} = a^{\frac{np}{m}};$$

$$4°. \sqrt[p]{a^{\frac{n}{m}}} = \sqrt[p]{(\sqrt[m]{a^n})} = \sqrt[mp]{a^n} = a^{\frac{n}{mp}}.$$

Remarquons en outre que ces calculs relatifs à l'exposant fractionnaire permettent de le supposer aussi négatif.

III. Prenons le cas des exposans irrationnels, et soit par ex. $a^{\sqrt{2}} \times a^{\sqrt{3}}$; désignons par z et z' les valeurs approchées de ces exposans, ou $z = \sqrt{2} + h$, $z' = \sqrt{3} = h'$, h et h' étant des erreurs, qu'on peut diminuer à volonté, en poussant plus loin l'approximation. Or, si l'on se contente des valeurs approchées z et z', le produit ne sera lui-même qu'approché : et en désignant par α l'erreur qui en résultera, erreur qu'on peut rendre aussi petite qu'on voudra, on aura exactement

$$a^{\sqrt{2}} \times a^{\sqrt{3}} + \alpha = a^{z+z'} = a^{\sqrt{2}+\sqrt{3}+h+h'} = a^{\sqrt{2}+\sqrt{3}} \times a^{h+h'};$$

mais plus h et h' seront petits, plus $a^{h+h'}$ approchera de 1 ; ainsi on peut donner à ce 2e membre la forme $a^{\sqrt{2}+\sqrt{3}} + \beta$, β décroissant indéfiniment avec α, h et h'. Égalant les termes constans (113), on trouve $a^{\sqrt{2}} \times a^{\sqrt{3}} = a^{\sqrt{2}+\sqrt{3}}$. On prouverait de même que les exposans irrationnels sont soumis aux mêmes règles que les entiers, dans la division et l'extraction : c'est d'ailleurs une conséquence de ce qui vient d'être démontré.

IV. Quant aux exposans imaginaires, d'après leur définition (128), les règles relatives aux quantités réelles s'appliquent à celles qui sont imaginaires lorsqu'on veut les livrer au calcul, quoique celles-ci ne soient que des êtres de raison ; ainsi il n'y a lieu à aucune démonstration.

On facilite quelquefois les calculs par ces principes ; par exemple, pour diviser $\sqrt[5]{a^3b^4}$ par $\sqrt[7]{a^2b^3}$, on écrira........

$a^{\frac{3}{5}}b^{\frac{4}{5}} : a^{\frac{2}{7}}b^{\frac{3}{7}}$, et réduisant les exposans au même dénominateur, il vient

$$a^{\frac{21}{35}}b^{\frac{28}{35}} : a^{\frac{10}{35}}b^{\frac{15}{35}} = a^{\frac{11}{35}}b^{\frac{13}{35}} = \sqrt[35]{a^{11}b^{13}}.$$

Les polynomes qui contiennent des exposans négatifs ou fractionnaires sont soumis aux règles ordinaires, et il convient d'acquérir l'exercice de ces calculs. La division suivante indique la marche à observer.

$$6a^4-23a^2\sqrt{-1}-13ab-20+22a^{-1}b\sqrt{-1}+6a^{-2}b^2 \quad \lfloor 2a^2-5\sqrt{-1}-3a^{-1}b$$
$$\underline{-6a^4+15a^2\sqrt{-1}+\ 9ab} \qquad\qquad\qquad \overline{3a^2-4\sqrt{-1}-2a^{-1}b}$$

1er reste $-\ 8a^2\sqrt{-1}-4ab-20+22a^{-1}b\sqrt{-1}+6a^{-2}b^2$
$+\ 8a^2\sqrt{-1}\quad\ \ +20-12a^{-1}b\sqrt{-1}$

2e reste, $-\ 4ab \quad +10a^{-1}b\sqrt{-1}+6a^{-2}b^2$
3e reste, 0

Observez que le quotient peut admettre des exposans négatifs pour a, et cependant être exact; or, si la division se fait exactement, il est clair que la somme des moindres exposans de a dans le quotient et le diviseur doit donner le moindre dans le dividende. Ainsi, retranchez les plus petits exposans de a dans ces deux premiers polynomes, et vous aurez le plus petit dans le quotient, si la division se fait exactement. On est donc assuré qu'on n'est pas dans ce cas, lorsque le quotient est poussé jusqu'à un exposant moindre que cette différence.

Pour trouver le plus grand commun diviseur entre......

$$90ab^{\frac{1}{3}}-195a^{-\frac{1}{2}}b^{\frac{1}{3}}+90a^{-2}b^{\frac{1}{3}},\text{ et }12ab^{\frac{2}{3}}-36a^{-\frac{1}{2}}b^{\frac{2}{3}}+27a^{-2}b^{\frac{2}{3}},$$

je mets en évidence les facteurs $15b^{\frac{1}{3}}$ et $3b^{\frac{2}{3}}$ indépendans de a, et je les supprime; sauf à multiplier par $3b^{\frac{1}{3}}$ le commun diviseur des polynomes restans; je multiplie par a^2 pour chasser les exposans négatifs, et il vient

$$6a^3-13a^{\frac{3}{2}}+6,\text{ et }4a^3-12a^{\frac{3}{2}}+9.$$

$$6a^3-13a^{\frac{3}{2}}+6\ \lfloor\ 4a^3-12a^{\frac{3}{2}}+9\ \lfloor\ 2a^{\frac{3}{2}}-3\text{ com. divis.}$$
$$12a^3-26a^{\frac{3}{2}}+12\ \lfloor\ \ 3 \qquad\qquad \lfloor\ 2a^{\frac{3}{2}}-3$$
$$\underline{-12a^3+36a^{\frac{3}{2}}-27}\ \lfloor\ \underline{-4a^3+\ 6a^{\frac{3}{2}}}$$

reste $10a^{\frac{3}{2}}-15$. $\quad$ reste $-6a^{\frac{3}{2}}+9$

ou $2a^{\frac{3}{2}}-3$ $\quad$ reste 0

Le calcul donne pour facteur $2a^{\frac{3}{2}}-3$, ainsi le commun diviseur cherché est $3b^{\frac{1}{3}}a^{-2}(2a^{\frac{3}{2}}-3)$.

Des racines carrées et cubiques des Polynomes.

134. 1°. Tout nombre composé de n chiffres est entre 10^n et 10^{n-1}; son carré est donc compris entre 10^{2n} et 10^{2n-2}, qui sont les plus petits nombres de $2n + 1$ et $2n - 1$ chiffres; donc le carré a $2n$ ou $2n - 1$ chiffres, ainsi qu'on l'a dit (62).

2°. Soient a et $a + 1$ deux nombres consécutifs; leurs carrés a^2 et $a^2 + 2a + 1$ diffèrent entre eux de $2a + 1$; ce qui est d'accord avec ce qu'on sait (n° 66, 4°.).

3°. Lorsqu'on a poussé le calcul de l'extraction jusqu'à connaître plus de la moitié des chiffres de la racine, les autres se trouvent par une simple division, ce qui abrège surtout les calculs d'approximation.

En effet, soit N le nombre dont on veut obtenir la racine, a la partie connue de cette racine, et x celle qu'on cherche; $\sqrt{N} = a + x$ donne $N = a^2 + 2ax + x^2$; transposant a^2, et divisant par $2a$, il vient $\frac{N - a^2}{2a} = x + \frac{x^2}{2a}$. Cela posé, si x est composé de n chiffres, x^2 en aura $2n$ au plus; par hypothèse a en a au moins $n + 1$, lesquels sont suivis de n zéros; on voit que a sera $> x^2$, et par conséquent $\frac{x^2}{2a} < \frac{1}{2}$; on aura donc $x = \frac{N - a^2}{2a}$, lorsqu'on ne voudra que la partie entière de $\sqrt{N}$; ce qui arrive toujours, puisque dans les approximations, et même pour les racines des fractions, les nombres doivent être préparés de manière à ce que l'extraction ne porte que sur des parties entières (n° 66, 1°.).

On divisera donc $N - a^2$, ou le reste de l'opération qui a servi à trouver a, par le double de a; et pour cela, on regardera la partie connue a de la racine comme des unités simples (en omettant les n zéros qui devraient être mis à sa droite), et l'on supprimera aussi n chiffres à la droite de N.

Ainsi, pour $\sqrt{3.37.67.98.17}$, les trois 1res tranches donnent d'abord 183 pour racine, et 278 pour reste: si donc on divise

27898 par 2 fois 183, ou 366, on aura 76 pour les deux autres chiffres de la racine, qui est 18376. . . . . .

De même, $\sqrt{2} = 1,4142$, en ne poussant l'approximation (n° 64) qu'aux 10000es : pour trouver 4 autres décimales, comme le reste est 3836, on divisera 38360000 par 2×14142 ou 28284 : le quotient est 1356; donc, etc. On trouve

$$\sqrt{2} = 1,4142135623890, \quad \sqrt{3} = 1,7320508076.$$

135. Soit proposé d'extraire la racine de

$$9a^4 - 12a^3b + 34a^2b^2 - 20ab^3 + 25b^4;$$

représentons ce polynome par X. Nous dirons, pour abréger, que le terme où la lettre a porte le plus haut exposant, est le plus grand. Soient x le plus grand terme de la racine cherchée, y la somme des autres termes; d'où (n° 97, 1°.), $X = (x + y)^2 = x^2 + 2xy + y^2$; x^2 est visiblement le plus grand terme du carré X, ainsi $x^2 = 9a^4$, ou $x = 3a^2$ pour 1er terme de la racine, et $X = 9a^4 + 6a^2y + y^2$. Otant $9a^4$ des deux membres, il vient

$$-12a^3b + 34a^2b^2 - 20ab^3 + 25b^4 = 6a^2y + y^2,$$

y est en général un polynome, aussi bien que $6a^2y$; or, y n'ayant que des termes où l'exposant de a est moindre que 2, il est clair que le plus grand terme de $(6a^2 + y) \times y$ est le produit de $6a^2$ par le plus grand terme de y; ainsi ce dernier sera le quotient de $-12a^3b$, divisé par $6a^2$ double de la racine trouvée. Il en résulte que $-2ab$ est le 2e terme de la racine.

Pour achever le calcul, faisons $3a^2 - 2ab$, ou $x - 2ab = x'$, et désignons par y' les autres termes de la racine. On a $X = x'^2 + 2x'y' + y'^2$; ôtons x'^2 de part et d'autre; x'^2 se compose de x^2, déjà ôté, puis de $-2x \times 2ab + (2ab)^2$, ou $-2ab(2x - 2ab)$. Si donc on écrit le 2e terme $-2ab$ de la racine, à côté de $6a^2$, double du 1er, et si l'on multiplie par $-2ab$, en retranchant le produit du reste ci-dessus, on aura

$$30a^2b^2 - 20ab^3 + 25b^4 = 2x'y' + y'^2;$$

si y' est un polynôme, il est aisé de voir que le plus grand terme $30a^2b^2$ est celui de $2x'y'$; c'est-à-dire est le produit du plus grand terme de $2x'$ par celui de y'. Si donc on divise $30a^2b^2$ par $6a^2$, $5b^2$ sera le 3e terme de la racine.

Faisons $3a^2 - 2ab + 5b^2$ ou $x' + 5b^2 = x''$, et désignons par y'' la somme des autres termes de la racine : on aura $X - x''^2 = 2x''y'' + y''^2$; or, pour retrancher x''^2 de X, comme on a déjà ôté x'^2, il faut, du dernier reste $30a^2b^2 - 20ab^3 + 25b^4$, ôter encore $2x'.5b^2 + (5b^2)^2$, ou $5b^2(2x' + 5b^2)$. On écrira donc $+5b^2$ à côté du double $6a^2 - 4ab$ des deux 1ers termes de la racine, et l'on multipliera par le 3e terme $5b^2$; enfin, on retranchera le produit du 2e reste. Comme ce produit et ce reste sont égaux, on a $X - x''^2 = 0$, d'où $y'' = 0$ et $x'' = \sqrt{X}$. Ainsi la racine demandée est $3a^2 - 2ab + 5b^2$.

Voici le type du calcul.

$$9a^4 - 12a^3b + 34a^2b^2 - 20ab^3 + 25b^4 \quad\big|\quad 3a^2 - 2ab + 5b^2$$
$$-9a^4$$

1er reste, $-12a^3b + 34a^2b^2 - 20ab^3 + 25b^4 \quad\big|\quad (6a^2 - 2ab) \times - 2ab$
$$+12a^3b - 4a^2b^2$$

2e reste, $\qquad +30a^2b^2 - 20ab^3 + 25b^4 \quad\big|\quad 6a^2 - 4ab + 5b^2$

3e reste . . . . 0 $\qquad\big|\quad \times 5b^2$

On voit qu'*après avoir ordonné, il faut prendre la racine du 1er terme, et continuer l'opération comme pour l'extraction numérique* (n° 62). Les exemples suivans montrent que la même marche de calculs donne la racine lorsqu'il y a des imaginaires, ou des exposans négatifs ou fractionnaires.

$$9a^4 - 12a^3\sqrt{-1} - 2a^2(2 - 3\sqrt{-2}) + 4a\sqrt{2} - 2 \quad\big|\quad 3a^2 - 2a\sqrt{-1} + \sqrt{-2}$$
$$-9a^4$$

1er reste $-12a^3\sqrt{-1} - 2a^2(2 - 3\sqrt{-2}) + 4a\sqrt{2} - 2 \quad\big|\quad (6a^2 - 2a\sqrt{-1}) - 2a\sqrt{-1}$
$$+12a^3\sqrt{-1} + 4a^2$$

2e reste, $\qquad\qquad 6a^2\sqrt{-2} + 4a\sqrt{2} - 2 \quad\big|\quad 6a^2 - 4a\sqrt{-1} + \sqrt{-2}$

3e reste . . . . 0 $\qquad\big|\quad \times + \sqrt{-2}$

$$4a^2 - 12ab^{\frac{1}{2}} + 9b + 12 - 18a^{-1}b^{\frac{1}{2}} + 9a^{-2} \quad\big|\quad 2a - 3b^{\frac{1}{2}} + 3a^{-1}$$
$$-4a^2$$

1er reste $-12ab^{\frac{1}{2}} + 9b + 12 - 18a^{-1}b^{\frac{1}{2}} + 9a^{-2} \quad\big|\quad (4a - 3b^{\frac{1}{2}}) \times - 3b^{\frac{1}{2}}$
$$+12ab^{\frac{1}{2}} - 9b$$

2e reste, $\qquad\qquad 12 - 18a^{-1}b^{\frac{1}{2}} + 9a^{-2} \quad\big|\quad 4a - 6b^{\frac{1}{2}} + 3a^{-1}$

3e reste . . . . 0 $\qquad\big|\quad \times + 3a^{-1}$

I.

13

$$x^2 - a^2$$
$$-x^2$$

1er reste $-a^2$

$$+a^2 - \tfrac{1}{4}a^4 x^{-2}$$

2^e reste, $\quad -\tfrac{1}{4}a^4 x^{-2}$

$$+\tfrac{1}{4}a^4 x^{-2} - \tfrac{1}{8}a^6 x^{-4} - \tfrac{1}{64}a^8 x^{-6}$$

3^e reste, $\qquad\qquad -\tfrac{1}{8}a^6 x^{-4}$, etc.

$$x - \tfrac{1}{2}a^2 x^{-1} - \tfrac{1}{8}a^4 x^{-3} - \ldots$$
$$(2x - \tfrac{1}{2}a^2 x^{-1}) \times -\tfrac{1}{2}a^2 x^{-1}$$
$$2x - a^2 x^{-1} - \tfrac{1}{8}a^4 x^{-3}$$
$$\times -\tfrac{1}{8}a^4 x^{-3}$$

Ce dernier exemple montre comment on doit se conduire lors-que l'extraction ne peut se faire exactement, ce qu'on reconnaît quand on trouve quelque terme de la racine où a porte un ex-posant moindre que la moitié de son plus faible exposant dans le carré. Du reste, on a ici

$$\sqrt{(x^2 - a^2)} = x - \frac{a^2}{2x} - \frac{a^4}{8x^3} - \frac{a^6}{16x^5} - \text{etc.}$$

136. Le cube de $x+y$ est $x^3 + 3x^2 y + 3xy^2 + y^3$ ($n^\circ 97, 2^\circ$.); il sera facile d'appliquer les principes précédens à la recherche de la racine cubique d'un polynome. Nous nous bornerons à l'exemple suivant :

$$8a^6 - 36a^4 b^2 + 54a^2 b^4 - 27b^6$$
$$-8a^6$$

1er reste, $-36a^4 b^2 + 54a^2 b^4 - 27b^6$

2e reste $\ldots\ldots\ldots$ 0

$2a^2 - 3b^2$ racine.

$12a^4 - 18a^2 b^2 + 9b^4$

$x - 3b^2$

Après avoir ordonné, cherché la racine 3e du 1er terme $8a^6$, qui est $2a^2$, et retranché $8a^6$, on a un 1er reste. On en divise le 1er terme $-36a^4 b^2$ par $12a^4$, triple du carré de $2a^2$; le quotient $-3b^2$ est le 2e terme de la racine. Près de $12a^4$, on écrira $-18a^2 b^2 + 9b^4$, ou le triple du produit de $-3b^2$ par le 1er terme $2a^2$, et le carré de $-3b^2$; on multipliera ce trinome par $-3b^2$, et l'on retranchera le produit du 1er reste. Le résultat étant zéro, on a de suite $2a^2 - 3b^2$ pour racine cubique exacte : s'il y avait un second reste, on opérerait de même sur ce reste.

Nous ne dirons rien ici des racines 4e, 5e... (*Voy.* $n^\circ 489$.)

Équations du second degré.

137. En passant tous les termes dans le 1er membre, réduisant en un seul tous ceux qui contiennent soit x, soit x^2, et opérant

de même sur tous les termes connus, l'équ. 2ᵉ prend
la forme $Ax^2 + Bx + C = 0$, et faisant

$$\frac{B}{A} = p \qquad \frac{C}{A} = q,$$

on a $\qquad\qquad x^2 + px + q = 0 \ldots (1)$,

*équation qui peut représenter toutes celles du second degré à
une inconnue, et dans laquelle p et q sont des nombres connus
positifs ou négatifs.*

Divisons $x^2 + px + q$ par $x - a$, a étant un nombre quelconque, il viendra le quotient $x + a + p$, et le reste $a^2 + pa + q$.
Ce reste est ou n'est pas nul, selon que a est ou n'est pas *racine*
de l'équ. proposée (on nomme *racines* les valeurs qui satisfont
à cette équ., parce qu'on les obtient par une extraction). Donc,
*tout nombre a qui est racine d'une équation du second degré,
donne un diviseur binome* $(x - a)$ *du premier membre de cette
équation,* laquelle prend alors la forme

$$(x - a)(x + a + p) = 0.$$

Or, on demande toutes les valeurs propres à rendre ce produit
nul; ainsi $x = -a - p$ jouit aussi bien de cette propriété que
$x = a$. Donc, 1°. *toute équation du second degré qui a une racine
a, en admet encore une seconde* $= -(a + p)$.

2°. *Cette équation ne peut avoir que deux racines;* cette proposition sera démontrée plus tard (n°. 492).

3°. Les deux racines étant $+ a$ et $-(a + p)$, leur somme
est $-p$, et leur produit est $-(a^2 + ap) = q$, à cause de
$a^2 + pa + q = 0$; donc, *le coefficient p du second terme en
signe contraire est la somme des deux racines, et le terme connu
q en est le produit.* Par exemple, pour $x^2 - 8x + 15 = 0$,
$x = 5$ est une racine, ainsi qu'on le reconnaît en substituant;
on trouve que le premier membre est divisible par $x - 5$; le
quotient est $x - 3$; les deux racines sont 3 et 5, dont la somme
est 8, et le produit 15.

4°. Il est facile de former une équation du second degré dont
les racines k et l soient données; on en fera la somme $k + l$, et

le produit kl, et l'on aura $x^2 - (k+l)\,x + kl = 0$. On pourra encore former le produit $(x - k).(x - l)$. Par exemple, si 5 et —7 sont les racines, on multiplie $x - 5$ par $x + 7$; ou bien on prend $5 - 7 = -2$; $5 \times -7 = -35$; et changeant le signe de la somme, $x^2 + 2x - 35 = 0$ est l'équ. cherchée.

5°. Résoudre l'équ. (1) revient à chercher deux nombres dont $-p$ soit la somme et q le produit.

6°. Il peut arriver que les racines k et l soient égales; alors les facteurs $x - k$ et $x - l$ étant égaux, $x^2 + px + q$ est le carré de l'un de ces facteurs.

138. Pour résoudre l'équ. (1), remarquons que si $x^2 + px + q$ était un carré, en extrayant la racine, on n'aurait plus qu'une équ. du 1er degré; comparons ce trinome à $(x + n)^2$ où $x^2 + 2nx + n^2$; n est arbitraire; ainsi faisons $n = \frac{1}{2}p$, pour que les deux 1ers termes soient égaux de part et d'autre.

Donc, si n^2, ou $\frac{1}{4}p^2$, se trouve $= q$, $x^2 + px + q$ est le carré de $x + \frac{1}{2}p$; ce trinome n'est un carré que dans ce cas. En remplaçant p et q par $\dfrac{B}{A}$ et $\dfrac{C}{A}$, on trouve que *pour que* $Ax^2 + Bx + C$ *soit un carré, il faut qu'on ait entre les coefficiens la relation* $B^2 - 4AC = 0$.

Dans le cas où $\frac{1}{4}p^2 = q$, la proposée revient à $(x + \frac{1}{2}p)^2 = 0$, et les deux racines sont égales à $-\frac{1}{2}p$.

Mais si cette condition n'a pas lieu, ajoutons $\frac{1}{4}p^2 - q$ aux deux nombres de l'équ. (1), il viendra

$$x^2 + px + \tfrac{1}{4}p^2 = (x + \tfrac{1}{2}p)^2 = \tfrac{1}{4}p^2 - q,$$

extrayant la racine, $x + \frac{1}{2}p = \pm \sqrt{(\frac{1}{4}p^2 - q)}$,

d'où $\qquad\qquad x = -\frac{1}{2}p \pm \sqrt{(\frac{1}{4}p^2 - q)} \dots\,(2).$

Nous avons donné (n° 125) la raison du signe $\pm$. Ainsi, *la valeur de* x *est formée de la moitié du coefficient du* 2e *terme en signe contraire, plus ou moins la racine du carré de cette moitié, ajouté au terme connu passé dans le* 2e *membre.* Dans chaque exemple on aura de suite la racine, sans s'astreindre à refaire les calculs précédens sur le trinome proposé.

Pour $x^2 - 8x + 15 = 0$, on trouve

$$x = 4 \pm \sqrt{(16 - 15)} = 4 \pm 1, \quad \text{c'est-à-dire } x = 5 \text{ et} = 3.$$

De même $x^2 + 2x = 35$ donne

$$x = -1 \pm \sqrt{(35 + 1)} = -1 \pm 6, \quad \text{ou } x = 5 \text{ et} = -7.$$

139. Le résultat (2) offre plusieurs cas. Faisons, pour abréger, $\frac{1}{4}p^2 - q = m$, d'où $q = \frac{1}{4}p^2 - m$; ce qui change $x^2 + px + q$

en $\quad x^2 + px + \frac{1}{4}p^2 - m, \quad$ ou $\quad (x + \frac{1}{2}p)^2 - m$;

c'est la quantité qu'on veut rendre nulle par la substitution de certains nombres pour x.

1°. *Si m est négatif;* comme $\frac{1}{4}p^2$ est toujours positif, ce cas n'arrive que si q est positif dans le premier membre de la proposée (1), et $> \frac{1}{4}p^2$. Mais alors la proposée revient à.... $(x + \frac{1}{2}p)^2 + m = 0$; on veut donc rendre nulle la somme de deux quantités positives, problème visiblement *absurde* : et comme on trouve alors $x = -\frac{1}{2}p \pm \sqrt{-m}$, le symbole $\sqrt{-m}$, absurde en lui-même, servira à distinguer ce cas. Donc, *le problème est absurde lorsque les racines sont imaginaires.*

Cependant nous dirons encore, dans ce cas, que la proposée a deux racines, parce qu'en assujettissant ces valeurs..... $x = -\frac{1}{2}p \pm \sqrt{-m}$, aux mêmes calculs que si elles étaient réelles, c.-à-d. les substituant pour x dans la proposée, elles y satisfont; nous ne donnons ceci que comme un fait algébrique. C'est ainsi que les valeurs négatives, quoique vides de sens en elles-mêmes, peuvent servir de solution à une équation (n° 107) sans convenir au problème, à moins qu'on n'y fasse quelque modification.

2°. *Si m est nul,* ce qui exige que q soit $= \frac{1}{4}p^2$ et positif dans le 1er membre de la proposée (1), alors $x^2 + px + q$ revient au carré de $x + \frac{1}{2}p$, et les *racines sont égales;* c'est le passage des racines imaginaires aux réelles.

3°. *Si m est positif,* q doit être négatif dans le 1er membre, à moins que q ne soit positif, et $< \frac{1}{4}p^2$; dans ce cas (n°97, 3°.)

$$(x + \frac{1}{2}p)^2 - m = (x + \frac{1}{2}p + \sqrt{m}) \times (x + \frac{1}{2}p - \sqrt{m}).$$

Tels sont les facteurs du 1er membre de la proposée (1); les racines sont $-\frac{1}{2}p+\sqrt{m}$ et $-\frac{1}{2}p-\sqrt{m}$, dont la somme est $-p$, et le produit $\frac{1}{4}p^2-m$ ou q..

4°. Si m est un carré, les deux racines sont rationnelles.

5°. Si les racines sont réelles et de même signe, il faut que $\frac{1}{2}p$ l'emporte sur le radical, qui a le signe $\pm$; ainsi $\frac{1}{2}p > \sqrt{m}$ ou $\frac{1}{4}p^2 > \frac{1}{4}p^2 - q$, ou enfin $q > 0$. Ainsi, quand q est négatif, les racines ont des signes contraires, et lorsque q est positif (et $< \frac{1}{4}p^2$), leur signe est le même, mais opposé à celui de p.

Voy. n° 108, 2°. pour l'interprétation des racines négatives.

6°. Si $q = 0$, sans recourir à la formule (2), on a

$$x^2 + px = x(x+p) = 0, \quad \text{d'où} \quad x = 0 \quad \text{et} \quad x = -p.$$

7°. Si $p = 0$, on a $x^2 + q = 0$, d'où $x = \pm\sqrt{-q}$, valeur réelle ou imaginaire, selon le signe de q.

8°. Quand la proposée a la forme $Ax^2 + Bx + C = 0$, le 1er terme ayant un coefficient A, nous avons dit qu'on le dégage en divisant tout par A; mais on peut aussi rendre ce 1er terme un carré, en multipliant l'équ. par $4A$; on a

$$4A^2x^2 + 4ABx + 4AC = 0;$$

on compare, comme ci-dessus, au carré de $2Ax + n$, on voit qu'il faut prendre $n = B$ et ajouter B^2 pour compléter le carré; donc

$$(2Ax + B)^2 = B^2 - 4AC, \quad \text{et} \quad x = \frac{-B \pm \sqrt{(B^2 - 4AC)}}{2A}.$$

C'est ainsi qu'on trouve, en résolvant par rapport à y l'équ.

$$Ay^2 + Bxy + Cx^2 + Dy + Ex + F = 0,$$

$$y = \frac{-Bx - D \pm \sqrt{[(B^2 - 4AC)x^2 + 2(BD - 2AE)x + D^2 - 4AF]}}{2A}.$$

9°. On a $Ax^2 + Bx + C = A[(x + \frac{1}{2}p)^2 - m]$, m étant négatif, nul ou positif, suivant que les racines sont imaginaires, égales ou réelles. Dans les deux 1ers cas, quelque valeur qu'on substitue pour x, le multiplicateur de A étant positif, le produit, ou $Ax^2 + Bx + C$, doit avoir le même signe que A. Mais si m est positif, soient a et b les racines réelles, on a

$$Ax^2 + Bx + C = A(x - a)(x - b),$$

et l'on voit que si l'on donne à x des valeurs plus grandes ou moindres que a et b, le signe du résultat sera le même que celui de A; mais il sera différent si x est compris entre a et b. Le trinome, qui conservait ci-dessus le même signe pour toutes les valeurs de x, change donc maintenant deux fois de signe, lorsqu'on fait passer x d'un état compris entre a et b, à un autre qui soit ou $>$ ou $<$ a et b.

On pourra s'exercer sur les exemples suivans:

1er cas. $9x^2 - 12x + 8 = 0 \dots x = \frac{2}{3} \pm \frac{2}{3}\sqrt{-1}$,

2e..... $9x^2 - 12x + 4 = 0 \dots x = \frac{2}{3}$,

3e et 4e. $\begin{cases} 9x^2 - 12x + 3 = 0 \dots x = \frac{2}{3} \pm \frac{1}{3}, \text{ ou } x = 1, \text{ et } x = \frac{1}{3}, \\ 2x^2 + 3x + 1 = 0 \dots x = -\frac{3}{4} \pm \frac{1}{4}, \text{ ou } x = -\frac{1}{2}, \text{ et } x = -1, \\ x^2 - x - 2 = 0 \dots x = \frac{1}{2} \pm \frac{3}{2}, \text{ ou } x = 2, \text{ et } x = -1; \end{cases}$

5e...... $x^2 - 5x = -6 \dots x = 3$, et $x = 2$,

7e.... $\begin{cases} x^2 - 9 = 0 \dots x = 3, \text{ et } x = -3, \\ x^2 + 9 = 0 \dots x = \pm 3\sqrt{-1}. \end{cases}$

140. I. Trouver un nombre x tel, qu'en ôtant 2 de son carré le reste soit 1. On a $x^2 - 2 = 1$, d'où $x = \pm\sqrt{3}$.

II. Partager a en deux parties telles, que m fois la 1re, multipliée par n fois la 2e, donne le produit p. On a

$$mx.n(a-x) = p, \quad \text{d'où} \quad x = \frac{1}{2}a \pm \sqrt{\left(\frac{1}{4}a^2 - \frac{p}{mn}\right)}.$$

Si l'on veut partager a en deux parties, dont le produit p soit donné, il faut faire $m = n = 1$. Comme les racines sont imaginaires lorsque $p > \frac{1}{4}a^2$, on voit que le produit ne peut surpasser le carré de la moitié de a, c.-à-d. que le carré de $\frac{1}{2}a$ est le plus grand produit possible qu'on puisse former avec les deux parties de a (n° 97, 3°.).

III. Étant donnés le produit p de deux poids et leur différence, trouver chacun d'eux. On a $xy = p$, $x - y = d$; d'où

$$x = \frac{1}{2}d \pm \sqrt{(\frac{1}{4}d^2 + p)}$$
et
$$y = -\frac{1}{2}d \pm \sqrt{(\frac{1}{4}d^2 + p)}.$$

IV. Trouver deux nombres tels, que leur somme a, et celle b de leurs cubes soient données. De $x + y = a$, $x^3 + y^3 = b$, on tire $a^3 - 3a^2x + 3ax^2 = b$, et faisant $b = af$, on a

$$x = \tfrac{1}{2} a + \sqrt{(\tfrac{1}{3} f - \tfrac{1}{12} a^2)}$$

et
$$y = \tfrac{1}{2} a - \sqrt{(\tfrac{1}{3} f - \tfrac{1}{12} a^2)}.$$

V. Quel est le nombre dont n fois la puissance p est égale à m fois la puissance $p + 2$? $x = \pm \sqrt{(n : m)}$.

VI. Plusieurs personnes sont tenues de payer les frais d'un procès, montant à 800 fr.; mais trois sont insolvables, et les autres, suppléant à leur défaut, sont contraintes de donner chacune 60 fr. outre leur part; on demande le nombre x des payans. On a $\dfrac{800}{x + 3} = \dfrac{800}{x} - 60$, d'où $x^2 + 3x = 40$ et $x = -\tfrac{3}{2} \pm \sqrt{(\tfrac{9}{4} + 40)} = -\tfrac{3}{2} \pm \tfrac{13}{2}$; ainsi, il y avait 5 payans, au lieu de 8. Il est aisé d'interpréter la racine négative $- 8$.

VII. On a deux points lumineux A et B (fig. 2), distans entre eux de $AB = a$; l'intensité de la lumière répandue par A est m fois celle de B; on demande le lieu C qui reçoit la même clarté de part et d'autre, sachant que la lumière transmise par un point lumineux décroît en raison du carré de la distance.

Soient α et β les intensités des lumières que communiquent les foyers A et B à la distance 1; $\dfrac{\alpha}{1}, \dfrac{\alpha}{4}, \dfrac{\alpha}{9} \ldots$: seront celles que reçoit le point C lorsqu'il s'écarte de A à la distance $1, 2, 3 \ldots$; ainsi, $\dfrac{\alpha}{x^2}$ est celle qui répond à l'espace $AC = x$; et comme $BC = a - x$, la lumière que B transmet à C est $\dfrac{\beta}{(a - x)^2}$; on a donc $\dfrac{\alpha}{x^2} = \dfrac{\beta}{(a - x)^2}$, d'où $\dfrac{\alpha}{\beta} = \left(\dfrac{x}{a - x}\right)^2 = m$, en posant $\alpha = m\beta$; extrayant la racine, on trouve enfin

$$x = \frac{a\sqrt{m}}{\sqrt{m} \pm 1} \text{ ou } x = \frac{a}{m - 1}(m \mp \sqrt{m}).$$

En général, on doit éviter la double irrationnalité des deux termes d'une fraction (n° 65), et surtout celle du dénominateur. Ici, on a multiplié haut et bas par $\sqrt{m} \mp 1$, ce qui a donné (n° 97, 3°.) pour dénominateur $m - 1$, et pour numérateur $a\sqrt{m}(\sqrt{m} \mp 1)$. On en dira autant des cas semblables.

VIII. Soit donnée une fraction $\frac{a}{b}$; quel est le nombre x qui, ajouté, soit au numérateur a, soit au dénominateur b, donne deux résultats dont le 1er soit k fois le 2e, ou

$$\frac{a+x}{b} = \frac{ka}{b+x}, \quad x^2 + (a+b)x = ab(k-1);$$

donc

$$x = -\tfrac{1}{2}(a+b) \pm \tfrac{1}{2}\sqrt{[(a-b)^2 + 4abk]}.$$

IV. DES RAPPORTS.

Des Proportions.

141. 1°. L'équidifférence $a.b \dot{\cdot} c.d$, équivaut à $a - b = c - d$; d'où $a + d = c + b$. Si l'équidifférence est continue, on a $: a.b.d$, d'où $2b = a + d$. (*Voy.* n° 72.)

2°. Soit la proportion $a : b :: c : d$, ou $\frac{a}{b} = \frac{c}{d}$; on a $ad = bc$,

d'où $d = \frac{bc}{a}$. Si la proportion est continue $\div a : b : d$, on a $b = \sqrt{(ad)}$. (*Voy.* n° 72.)

3°. $a^2 - b^2 = m - m^2$, ou $(a+b)(a-b) = m(1-m)$, donne la proportion $\frac{a+b}{m} = \frac{1-m}{a-b}$.

De même $1 - x^2 = a$ donne $\frac{1+x}{1} = \frac{a}{1-x}$.

4°. Ajoutons $\pm m$ aux deux membres de $\frac{a}{b} = \frac{c}{d}$; il vient $\frac{a \pm mb}{b} = \frac{c \pm md}{d}$, d'où $\frac{a \pm mb}{c \pm md} = \frac{b}{d}$. Si $m = 1$, $\frac{a \pm b}{c \pm d} = \frac{b}{d}$ (*Voy.* n° 73.)

5°. Soient $\frac{a}{b} = \frac{c}{d} = \frac{e}{f} = \dots$ une suite de rapports égaux, de sorte que $\frac{a}{b} = q$, ou $a = bq, c = dq, e = fg \dots$

En ajoutant toutes les équations on a (n° 73,3°.)

$$a + c + e\ldots = q(b + d + f + \ldots);$$

d'où

$$\frac{a + c + e + \ldots}{b + d + f + \ldots} = q = \frac{a}{b}.$$

6°. Si $a : b :: c : d$, on a

$$a^m : b^m :: c^m : d^m, \quad \overset{m}{\sqrt{}}a : \overset{m}{\sqrt{}}b :: \overset{m}{\sqrt{}}c : \overset{m}{\sqrt{}}d\ldots$$

Des Progressions arithmétiques.

142. Soit la progression $\div a.b.c\ldots\ldots i.k.l$, dont est d la raison, n le nombre des termes; on a les $(n-1)$ équ.

$$b = a + d, \quad c = b + d\ldots, \quad l = k + d;$$

en ajoutant, il vient $l = a + d(n-1)$, comme (n° 85).

Cette expression de la valeur du $n^{ième}$ terme de la progression est ce qu'on nomme le *terme général*; il représente tour à tour tous les termes, en faisant $n = 1, 2, 3\ldots$

Soit s le terme *sommatoire* de la progression, c'est-à-dire la somme de ses n premiers termes; l'on a

$$s = a + b + c + \ldots + i + k + l,$$

ou

$$s = a + (a + d) + (a + 2d)\ldots + a + (n-1)d,$$

et aussi $s = l + (l - d) + (l - 2d)\ldots + l - (n-1)d,$

en écrivant le 2e membre en sens inverse. Ajoutons ces équ.; comme les termes correspondans produisent la même somme, $2s$ est visiblement égal à $a + l$ pris autant de fois qu'il y a d'unités dans n; ainsi, $s = \frac{1}{2}n(a + l)$. On remarquera qu'en général *la somme* a + l *des extrêmes est la même que celle de deux termes qui en sont également éloignés, et le double du terme moyen lorsque le nombre des termes est impair.*

143. Reprenons ces deux équations

$$l = a + d(n-1) \text{ et } s = \frac{1}{2}n(a + l).$$

Nous pourrons en tirer deux quelconques des cinq quantités a, l, d, n et s, connaissant les trois autres.

Voici divers problèmes relatifs à cette théorie.

I. Trouver n, connaissant a, d et s? L'élimination de l donne $s = an + \frac{1}{2} dn (n-1)$; d'où

$$n = \frac{1}{2} - \frac{a}{d} \pm \sqrt{\left[\frac{2s}{d} + \left(\frac{1}{2} - \frac{a}{d}\right)^2\right]}.$$

Par exemple, un corps qui descend du repos tombe de 4 mètres et $\frac{9}{10}$ dans la 1re seconde de sa chute, du triple dans celle qui suit, du quintuple dans la suivante....; on demande combien il mettra de secondes à parcourir 400 mètres. (*Voy.* ma *Méc.*, n° 157.) La progression $\div 4,9 . 3 \times 4,9 . 5 \times 4,9 \cdots$, donne $s = 400$, $a = 4,9$, $d = 2a = 9,8$; on trouve

$$n = \sqrt{\frac{s}{a}} = \sqrt{\frac{400}{4,9}}, \text{ d'où } n = 9'',03 \text{ et } l = 83^m, 6 \text{ environ.}$$

II. Combien une horloge frappe-t-elle de coups à chaque tour du cadran? Si elle ne sonne que les heures, on a.... $1 + 2 + 3 + \ldots + 12$; d'où $s = 6 \times 13 = 78$. Si elle sonne les demies, on a $2 + 3 + 4 \ldots + 13$, et $s = 90$.

III. On a un amas de boulets de canon disposés en progression par différence, et composé de 18 rangs dont chacun contient 2 boulets de plus que le précédent; on demande combien il y en a dans le dernier rang et dans l'amas, sachant que le rang supérieur en contient 3. On a $a = 3$, $n = 18$, $d = 2$; et l'on trouve $l = 37$, $s = 360$.

IV. Entre deux nombres donnés a et l, insérer m moyens proportionnels par différence. Comme $m + 2 = n$, on a

$$l = a + d (m + 1); \text{ d'où } d = \frac{l - a}{m + 1}, \text{ comme } (\text{n° } 85).$$

Des Progressions par quotient.

144. Soit la progression $\div a : b : c : d \ldots i : l$, la raison étant q, on a les $n - 1$ équations

$$b = aq, \quad c = bq, \quad d = cq \ldots \quad l = iq;$$

or, en les multipliant et supprimant les facteurs communs, il vient $l = aq^{n-1}$, comme n° 86; c'est le *terme général*. On peut toujours donner à une progression la forme

$$\div a : aq : aq^2 : aq^3 \ldots aq^{n-1};$$

donc *les puissances entières et successives d'une même quantité* q *sont en progression par quotient.* Il en est de même de toute série de termes dont les exposans sont en progression par différence, telle que $bx^m + bx^{m+h} + bx^{m+2h} + \ldots$ Celle-ci revient à la 1re en faisant $a = bx^m$, $q = x^h$.

Ajoutant nos $n-1$ équations, il vient

$$(b + c + d \ldots + l) = (a + b + c \ldots + i)q.$$

Or, en désignant par s le *terme sommatoire*, on a

$$b + c + d \ldots + l = s - a, \quad a + b + c \ldots + i = s - l;$$

donc $\qquad s - a = (s - l)q$, ou $s = \dfrac{lq - a}{q - 1}$.

Si la progression est décroissante, tout ceci est également vrai, seulement $q < 1$. Mais à mesure que la série se prolonge, la somme s des termes que l'on considère s'approche de plus en plus de celle S de la progression entière : soit α la différence $S - s$, qui est indéfiniment décroissante; de plus le dernier terme l devient en même temps aussi petit qu'on veut, posons (n° 113);

$$\beta = \frac{lq}{1-q}, \text{ d'où } S - \alpha = \frac{a}{1-q} - \beta, \text{ et } S = \frac{a}{1-q}$$

On a donc encore, comme p. 137, la somme totale d'une progression infinie, dont le 1er terme est a, et la raison $q < 1$. Il est visible que notre raisonnement revient à avoir posé $l = 0$. comme désignant une quantité infiniment petite.

On rapporte qu'un souverain voulant récompenser Sessa, inventeur du jeu des échecs, lui accorda un présent que sa générosité trouvait trop modique : c'était autant de grains de blé qu'il y a d'unités dans la somme de la progression double $1 : 2 : 4 : 8 : 16 \ldots$ étendue jusqu'au 64e terme, attendu que l'échiquier a 64 cases. Cherchons quelle est cette somme: On a $a = 1$, $q = 2$, $n = 64$; d'où $l = 2^{63}$ et $s = 2^{64} - 1$. Cette puissauce a été calculée p. 81, et l'on trouve que $s = 18\,446\,774$ suivi de 12 autres chiffres. Or, un kilogramme de blé ordinaire contient à peu près 26150 grains, et l'on sait qu'un hectare ne produit guère que 1750 kilogrammes de froment, savoir 45 762 500 grains. En divisant s par ce nombre, on trouve que Sessa demandait le produit en blé de 403 milliards d'hectares environ, c'est-à-dire 8 fois la surface entière du globe terrestre, en y comprenant les mers, les lacs, les déserts, etc.

Les équ. $l = aq^{n-1}$, $s - a = (s - l)q$

servent à résoudre tous les problèmes où, connaissant trois des cinq nombres a, l, n, q et s, on demande les deux autres. Du reste, les calculs qu'il faut exécuter ne sont quelquefois praticables que par des méthodes qui ne sont exposées que dans ce qui suivra. Par ex., a, n et s étant donnés, on ne peut obtenir q qu'en résolvant l'équ. $aq^n - sq + s = a$, qui est du degré n. Lorsque l'exposant n est inconnu, on doit recourir à la doctrine des log. n° 147, 3°.

Des Logarithmes.

145. Faisons varier x dans l'équ. $y = a^x$, et observons les variations correspondantes de y.

1°. Si $a > 1$, en faisant $x = 0$, on a $y = 1$; $x = 1$ donne $y = a$. A mesure que x croîtra depuis o jusqu'à 1, et de là à l'infini, y croîtra de 1 vers a, et ensuite à l'infini; de sorte que quand x passe par toutes les valeurs intermédiaires, en suivant la *loi de continuité*, y croît aussi, quoique bien plus rapidement. Si l'on prend pour x des valeurs négatives, on a $y = a^{-x}$, ou (n° 131) $y = \dfrac{1}{a^x}$. Ainsi, plus x croît, et plus cette fraction y décroît; de sorte qu'à mesure que x augmente négativement, y décroît de 1 vers o; $y = 0$ répond à x infini.

2°. Si $a < 1$; on fera $a = \dfrac{1}{b}$, b sera > 1, et l'on aura $y = \dfrac{1}{b^x}$ ou $y = b^x$, suivant qu'on prendra x positif ou négatif. On retombe donc sur le même cas, avec cette différence que x est positif lorsque $y < 1$, et négatif pour $y > 1$;

3°. Si $a = 1$, on a $y = 1$ quel que soit x.

Pourvu que a soit autre que l'unité, on peut donc dire *qu'il y a toujours une valeur pour* x *qui rend* a^x *égal à un nombre donné quelconque* y. L'usage perpétuel qu'on fait des belles propriétés de l'équation $y = a^x$ exige qu'on fixe des dénominations à ses parties, afin d'éviter les circonlocutions. On nomme x le *logarithme du nombre* y ; la quantité arbitraire et invariable a est *la base*. Donc *le logarithme d'un nombre est l'exposant de la puissance à laquelle il faut élever la base pour produire ce nombre.*

Lorsqu'on écrit $x = Log.$ y, pour désigner que x est le logarithme du nombre y, ou que $y = a^x$, la base a est sous-entendue, parce qu'une fois choisie, elle est supposée demeurer fixe. Mais si on la change, on doit indiquer la nouvelle base, c.-à-d. de quel *système de logarithmes* il s'agit. C'est ainsi que $10^3 = 1000$, $2^5 = 32$ indiquent que 3 est le logarithme de 1000, et que 5 est celui de 32 ; mais la base est 10 dans le 1.er cas ; elle est 2 dans le second.

146. On tire de là plusieurs conséquences.

1°. *Dans tout système de logarithmes, celui de* 1 *est zéro, et celui de la base* a *est un.*

2°. *Si la base* a *est* > 1, *les logarithmes des nombres* > 1 *sont positifs, les autres sont négatifs. Le contraire a lieu si* $a < 1$.

3°. La base étant fixée, chaque nombre n'a qu'un seul logarithme réel ; mais ce nombre a visiblement un log. différent pour chaque valeur de la base ; en sorte que *tout nombre a une infinité de logarithmes réels*. Par ex., puisque $9^2 = 81$, $3^4 = 81$, 2 et 4 sont les log. du même nombre 81, suivant que la base est 9 ou 3.

4°. Les nombres négatifs n'ont point de logarithmes réels, puisqu'en parcourant la série de toutes les valeurs de x depuis $-\infty$ jusqu'à $+\infty$, on ne trouve pour y que des nombres positifs depuis 0 jusqu'à $+\infty$.

La composition d'une table de log. consiste à déterminer

toutes les valeurs de x qui répondent à $y = 1, 2, 3 \ldots$ dans l'équ. $y = a^x$. Si l'on suppose $a^\alpha = m$, en faisant

$$x = 0 \quad \alpha \quad 2\alpha \quad 3\alpha \quad 4\alpha \quad 5\alpha \ldots \textit{logarithmes},$$

on trouve $y = 1 \quad m \quad m^2 \quad m^3 \quad m^4 \quad m^5 \ldots \textit{nombres}$;

les log. croissent donc en progression par différence, tandis que les nombres croissent en progression par quotient; o et 1 sont les deux 1ers termes : les raisons sont les nombres arbitraires α et m. On peut donc regarder les systèmes de valeurs de x et y qui satisfont l'équ. $y = a^x$, comme classés dans ces deux progressions, ce qui met d'accord les deux définitions que nous avons données des log. (87 et 145).

Le signe *Log.* sera dorénavant employé à désigner le logarithme d'un nombre dans un système indéterminé; réservant (90) le signe *log.* pour les log. de Briggs, dont la base est 10.

147. Démontrons en Algèbre les propriétés des logarithmes.

1°. Soient x et x' les log. des nombres y et y', ou $x = Log. \, y$, $x' = Log. \, y'$: on a $a^x = y$, $a^{x'} = y'$; en multipliant et divisant ces deux équ. l'une par l'autre, on obtient

$$a^{x+x'} = yy', \quad a^{x-x'} = \frac{y}{y'}.$$

Mais il suit de la définition que les exposans $x + x'$ et $x - x'$ sont les log. de yy' et $\frac{y}{y'}$;

donc
$$Log \, y + Log \, y' = Log \, (yy'),$$
$$Log \, y - Log \, y' = Log \left(\frac{y}{y'}\right).$$

2°. Si l'on élève à la puissance m l'équ. $y = a^x$, et si l'on en extrait la racine m^e, on a $y^m = a^{mx}$, $\sqrt[m]{y} = a^{\frac{x}{m}}$: la définition donne $mx = Log \, (y^m)$, $\frac{x}{m} = Log \, \sqrt[m]{y}$; donc

$$Log \, y^m = m \, Log \, y, \quad Log \, \sqrt[m]{y} = \frac{Log \, y}{m};$$

ces résultats sont conformes à ce qu'on a vu (n° 88).

3°. Pour résoudre l'équ. $c = a^x$, dans laquelle c et a sont donnés et x inconnu, on égale les log. des deux membres et l'on en tire $Log\, c = x\, Log\, a$; une simple division donne donc

$$x = \frac{Log\, c}{Log\, a}.$$

On peut donc *trouver la valeur de l'exposant* n dans l'équ. $l = aq^{n-1}$, du n° 144, relative aux progressions par quotient:

$$Log\, l = Log\, a + (n-1)\, Log\, q, \text{ d'où } n = 1 + \frac{Log\, l - Log\, a}{Log\, q}.$$

L'inconnue étant x dans l'équ. $Aa^x + Ba^{x-b} + Ca^{x-c} \ldots = P$;

on écrit $a^x \left(A + \dfrac{B}{a^b} + \dfrac{C}{a^c} \ldots \right) = P$, ou $Qa^x = P$;

d'où $$x = \frac{\log P - \log Q}{\log a}.$$

Dans $a^z = b$, si z est dépendant de l'inconnue x, et qu'on ait $z = Ax^m + Bx^{m-1} \ldots$; comme $z = \dfrac{\log b}{\log a} =$ un nombre connu K, il reste à résoudre l'équ. du degré m, $K = Ax^m + Bx^{m-1} \ldots$ Soit, par ex., $4(\frac{2}{3})^{x^2-5x+4} = 9$; on en tire $(x^2-5x+4) \log \frac{2}{3} = \log \frac{9}{4}$; donc $x^2 - 5x + 4 = -2$, équ. du 2e degré qui donne $x = 2$, et $= 3$.

4°. Soient deux nombres y et $y + m$; la différence des log. pris dans un même système quelconque est

$$Log\,(y+m) - Log\, y = Log.\left(\frac{y+m}{y} \right) = Log\left(1 + \frac{m}{y} \right)$$

quantité qui s'approche de $Log\, 1$, ou zéro, à mesure que $\dfrac{m}{y}$ décroît, et qui est d'autant moindre que y est plus grand : donc, *les log. de deux nombres diffèrent moins quand ces nombres sont plus grands et plus voisins.* C'est ce qu'on a vu n° 91, III.

148. Lorsqu'on a calculé une table de log. pour une base quelconque a, on peut changer de système et calculer une autre table pour une nouvelle base b. Soit $c = b^x$, x est le log. de c dans le système b; prenant les log. dans le système connu a, il

vient $x = \dfrac{\text{Log } c}{\text{Log } b} = \text{Log } c \times \left(\dfrac{1}{\text{Log } b}\right)$: ainsi, *le log. d'un nombre* c,

dans le système b, *est le quotient de log* c *divisé par log* b, *ces deux log. pris dans le système connu* a. Pour avoir x, il faut

donc multiplier Log c par $\dfrac{1}{\text{Log } b}$; ce dernier facteur est constant

pour tous les nombres c, et on le nomme le *Module* ; c.-à-d. que si l'on divise les log. d'un même nombre c pris dans deux systèmes, le quotient sera invariable, quel que soit c, et sera le module, facteur constant qui ramène les premiers log. à devenir les seconds.

Lorsqu'il arrive qu'on trouve moins d'avantage à prendre la base $= 10$, qu'à préférer un autre système, il sera donc aisé, à l'aide d'une seule table de log., tels que ceux de Briggs, de calculer tout autre log. dans ce nouveau système. Par ex., le log $\frac{2}{3}$,

dans le système dont la base est $\frac{5}{7}$, est $\dfrac{Log\,\frac{2}{3}}{Log\,\frac{5}{7}} = \dfrac{Log\,2 - Log\,3}{Log\,5 - Log\,7}$:

la base est ici ce qu'on veut, et si on la prend $= 10$, tout devient connu, et l'on a $\dfrac{-0,1760912 5}{-0,1461280 4} = 1,2050476$ pour le log. cherché.

Pareillement Log $\frac{2}{3}$, dans le système $\frac{3}{2}$, est $\dfrac{\log\,\frac{2}{3}}{\log\,\frac{3}{2}} = \dfrac{\log 2 - \log 3}{\log 3 - \log 2}$

ou -1 ; ce qui est d'ailleurs évident, puisque l'équ. $y = a^x$ devient ici $\frac{2}{3} = \left(\frac{3}{2}\right)^x = \left(\frac{2}{3}\right)^{-x}$, et x est visiblement -1.

149. Il importe de s'exercer à l'usage des logarithmes dans les calculs algébriques ; voici divers exemples :

1°. $\log (a.b.c.d\ldots) = \log a + \log b + \log c + \log d\ldots$,

2°. $\log \left(\dfrac{abc}{de}\right) = \log a + \log b + \log c - \log d - \log e$,

3°. $\log(a^m.b^n.c^p\ldots) = m \log a + n \log b + p \log c\ldots$,

4°. $\log \left(\dfrac{a^m\,b^n}{c^p}\right) = m \log a + n \log b - p \log c$,

5°. $\log (a^2 - x^2) = \log (a+x) \times (a-x) = \log (a+x) + \log (a-x)$,

6°. $\log \sqrt{(a^2 - x^2)} = \frac{1}{2} \log (a+x) + \frac{1}{2} \log (a-x)$;

$7^\circ: \quad \log(a^3 \sqrt{a^3}) = \log a^3 + \dfrac{3}{4}\log a = \dfrac{15}{4}\log a,$

$8^\circ: \quad \log \sqrt[n]{(a^3 - x^3)^m} = \dfrac{m}{n}\log(a - x) + \dfrac{m}{n}\log(a^2 + ax + x^2).$ (p 186.)

En ajoutant et ôtant ax au trinome, il devient $(a+x)^2 - ax$; si l'on pose $z^2 = ax$, z sera facile à trouver par log., et l'on aura $(a+x)^2 = z^2$, ou $(a + x + z)(a + x - z)$; donc

$$\log \sqrt[n]{(a^3 - x^3)^m} = \dfrac{m}{n}\,[\,\log(a - x) + \log(a + x + z) + \log(a + x - z)\,].$$

Ce calcul résoût $a^3 - x^3$ en ses facteurs et permet l'emploi des log.

$9^\circ.\ \sqrt{(a^2 + x^2)}$, en posant $2ax = z^2$, devient $\sqrt{[(a+x)^2 - z^2]}$,

$$\log\sqrt{(a^2 + x^2)} = \dfrac{1}{2}\,[\,\log(a + x + z) + \log(a + x - z)\,].$$

$10^\circ.\quad \log \dfrac{\sqrt{(a^2 - x^2)}}{(a+x)^2} = \dfrac{1}{2}\,[\,\log(a - x) - 3\log(a + x)\,].$

$11^\circ.$ Pour insérer m moyens par quotient entre a et l, il faut faire $n = m + 2$ dans l'équ. $l = aq^{n-1}$ (n° 144), d'où l'on tire la raison $q = \sqrt[m+1]{\left(\dfrac{l}{a}\right)}$, et $\log q = \dfrac{\log l - \log a}{m + 1}$. Les divers termes $aq,\ aq^2\ldots$, ont pour log., $\log a + \log q$, $\log a + 2\log q \ldots$ Ainsi, pour insérer 11 moyens entre 1 et 2, comme ici $\log a = 0$, on trouve $\log q = \tfrac{1}{12} \times \log 2 = 0,0250858$, et $q = 1,059463$; les log. des termes consécutifs sont $2\log q$, $3\log q \ldots$, et la progression est (c'est la *génération harmonique* de Rameau)

$\div 1 : 1,059463 : 1,12246! : 1,189207 : \ldots : 1,887747:2.$

$12^\circ.$ La base du système étant a, on a $a^{\log z} = z$; car d'après la définition des log. dans l'équ. $a^y = z$, y est le log. de z.

De même $\qquad a^{h\log z} = a^{\log(z^h)} = z^h.$

$13^\circ.$ Soit x l'inconnue de l'équ. $b^{n - \frac{a}{x}} = c^{mx}.f^{x-p}$; on en tire $\left(n - \dfrac{a}{x}\right)\log b = mx.\log c + (x - p)\log f$: il reste donc à résoudre l'équ. du 2° degré

$(m\log c + \log f)x^2 - (n\log b + p\log f)x + a\log b = 0.$

14°. $c^{mx} = a.b^{nx-1}$ donne $x = \dfrac{\log a - \log b}{m \log c - n \log b}$.

15°. La population d'une ville s'accroît chaque année de $\frac{1}{30}$; combien y aura-t-il d'habitans au bout d'un siècle, le nombre étant actuellement 100000? Faisons $n = 100\,000$; au bout d'un an, la population sera $n + \frac{1}{30}n = n.\frac{31}{30} = n'$. Après l'année suivante, n' deviendra de même $n'.\frac{31}{30} = n\left(\frac{31}{30}\right)^2\ldots$ On trouve ainsi qu'au bout de 100 ans, le nombre des habitans sera

$$n\left(\tfrac{31}{30}\right)^{100} = x = 2\,654\,874,$$

comme le montre le calcul. Si l'accroissement annuel de la population est d'un

```
log 31 =  1,4913169
—log 30 =  1,4771213
         0,0142404
100 fois... 1,424044
log n =  5,000000
log x =  6.424044
```

r^e, on trouve de même que le nombre primitif n des habitans devient, après q années, $x = n\left(\dfrac{1+r}{r}\right)^q$. On peut prendre pour inconnue l'une des quantités x, n, r ou q, les autres étant données; et l'on trouve

$$\log x = \log n + q\,[\log(1+r) - \log r], \qquad \log n = \log x - q\,[\log(1+r) - \log r],$$

$$q = \frac{\log x - \log n}{\log(1+r) - \log r}, \qquad \log\left(1 + \frac{1}{r}\right) = \frac{\log x - \log n}{q}.$$

Problèmes dépendans des Proportions.

150. *Règles d'intérêt.* Soit a le capital placé durant t mois, ou t ans; i l'intérêt de 100 fr. dans un mois, ou un an. Comme le capital a et le temps t(*) sont en raison inverse (n° 77), on a ce problème : si 100 fr. rapportent i durant un mois ou un

(*) Le temps est ordinairement exprimé en jours dans le commerce; on est convenu d'y compter chaque mois pour 30 jours, et l'année pour 360 jours. L'intérêt à i *pour cent par an pour* j *jours* est alors donné par cette règle; si 100 fr. rapportent i en 360 jours, le capital c rapportera x en j jours, savoir $x = \dfrac{cji}{36000}$. On simplifie cette fraction en la divisant haut et bas par i, car ce nombre i est souvent très simple et divise 36000. De là ce théorème : l'intérêt x se trouve en *multipliant le capital par les jours, et divisant par*............................9000, 8000, 7200, 6000, 5760, etc. *si le taux pour cent est* 4, $4\frac{1}{2}$, 5, 6, $6\frac{1}{4}$, etc.

14..

an, que rapportera la somme at dans ce même temps ; règle de trois directe, qui donne pour l'intérêt cherché x,

$$x = \frac{ati}{100} = \frac{at}{r};$$

r étant *le denier* (n° 80), c.-à-d. la somme qui rapporte 1 fr. d'intérêt par mois, ou par an. La relation entre ces deux manières de stipuler le taux d'intérêt est donnée par l'équ. $ri = 100$.

Notre formule peut faire connaître l'un des nombres, a, t, x et i ou r, connaissant les trois autres. Par ex., on trouve que 10000 fr. placés à $\frac{1}{3}$ p. $\frac{o}{o}$ par mois durant 7 mois, rapportent 233,33 fr. d'intérêt ; et qu'on a dû laisser 8000 fr. placés durant $7\frac{1}{2}$ mois, pour qu'il en soit résulté 150 fr. d'intérêt à $\frac{1}{4}$ p. $\frac{o}{o}$ par mois.

Intérêt composé. Quand chaque année on laisse le capital s'accroître des intérêts échus, voici ce qui arrive. Si r fr. rapportent 1 fr. après un mois ou un an, le capital a s'est accru de $\frac{a}{r}$, et est devenu

$$a' = a + \frac{a}{r} = a\left(\frac{1+r}{r}\right) = aq,$$

en faisant pour abréger, $q = \frac{1+r}{r} = 1 + \frac{1}{r}.$

Mais ce nouveau capital a' placé durant le mois ou l'an qui suit, devient de même $a'q$, ou aq^2. Ainsi, on a successivement aq^3, $aq^4\ldots$, et après t fois l'unité de temps, *le capital accumulé avec les intérêts échus,* est

$$x = aq^t = a\left(\frac{1+r}{r}\right)^t.$$

Cette équ. donnera l'un des quatre nombres a, t, x et r ou q, les trois autres étant connus. Si l'on veut que l'intérêt soit stipulé à tant pour cent, on fera $ri = 100$, $q = 1 + 0,01 \times i$.

Par ex., un homme destine une somme de 10 000 fr. à payer un bien de 12 000 fr. ; il place à cet effet son capital à 5 pour cent par an, et y joint chaque année les intérêts échus : on demande à quel instant son but sera rempli ; on a $i = 5$, $r = 20$, $q = \frac{21}{20}$, puis

$$12\,000 = 10\,000 \times \left(\tfrac{21}{20}\right)^t, \quad \text{ou} \quad 6 = 5 \times \left(\tfrac{21}{20}\right)^t;$$

d'où l'on tire la valeur de l'exposant t, par le théorème n° 147, 3°., savoir, $t = 3$ ans et 9 mois environ.

151. *Annuités.* On nomme ainsi la rente d'un capital a, calculée de sorte qu'en payant chaque année une somme x, qui soit toujours la même, cette somme soit formée des intérêts échus et d'un à-compte sur le capital, lequel se réduisant ainsi peu à peu, soit rendu nul après un temps déterminé.

Le capital vaut aq après la 1ʳᵉ année; on paie x, et l'on ne doit plus que $a' = aq - x$. Après le 2ᵉ paiement x, a' se trouve de même réduit à $a'q - x$, ou $aq^2 - qx - x$: continuant de même à multiplier par q et à retrancher x, pour avoir ce qui reste dû après chacune des années successives, on en vient enfin à trouver que l'emprunteur doit encore après t années, lorsqu'il vient d'effectuer son t^e paiement x (n°ˢ 99, 144),

$$z = aq^t - xq^{t-1} - xq^{t-2} \ldots - x$$

ou $\quad z = aq^t - x(q^{t-1} + q^{t-2} \ldots + 1) = aq^t - x\left(\dfrac{q^t - 1}{q - 1}\right),$

ou $\quad z = (a - xr)\left(\dfrac{1 + r}{r}\right)^t + xr,$

à cause de $qr = 1 + r$. Si l'emprunteur s'est acquitté, $z = 0$, et l'on trouve

$$x = \frac{aq^t(q - 1)}{q^t - 1} = \frac{a}{r} \times \frac{(1 + r)^t}{(1 + r)^t - r^t}.$$

Du reste, on peut prendre ici pour inconnue l'une quelconque (*v.* p. 151) des quantités x, a, q, r et t, les autres étant données. Les log. sont alors d'un usage très commode, ou même indispensable. S'il faut résoudre l'équ. par rapport à l'exposant t, on trouve $q^t(x + a - aq) = x$, d'où (n° 147, 3°.)

$$t = \frac{\log x - \log(x + a - aq)}{\log q} = \frac{\log x + \log r - \log(rx - a)}{\log(1 + r) - \log r}.$$

De même, si l'on veut que l'inconnue soit x ou a, on posera

$$y = \frac{rx - a}{x};$$

d'où
$$x = \frac{a}{r - y}, \quad a = x(r - y),$$

équ. qui donneront x ou a, lorsque y sera connu. Or, substituant ci-dessus pour x cette valeur, on trouve $(1 + r)^t y = r^{t+1}$.

C'est sur cette théorie que sont établies les rentes dont le capital et les intérêts s'éteignent à la mort du prêteur, et qu'on nomme *viagères*. On suppose que le prêteur doit encore vivre t années, lorsqu'il place le capital a, et l'on demande quelle somme x on doit lui payer chaque année, pour qu'à l'expiration de ces t années il n'ait plus droit à aucune somme : cette rente est donnée par la valeur ci-dessus de x. Si, par ex., l'intérêt de 100 fr. en perpétuel est 5 (5 pour cent, ou le denier 20), on a $r = 20$; et si l'on prend $a = 100$ fr. pour capital, on obtient

$$y = 20\left(\tfrac{20}{21}\right)^t = \frac{20}{1,05^t}, \quad x = \frac{100}{20 - y}.$$

Il est vrai qu'on ne sait pas d'avance combien d'années le prêteur doit encore vivre; mais on le suppose d'après les tables de mortalité : et quoique cette présomption puisse être fautive, elle devient exacte pour un grand nombre d'individus pris ensemble, parce que les uns gagnent précisément en durée de la vie ce que les autres perdent. On sait, par expérience, quelle est la durée de vie probable d'un individu dont l'âge est connu. La 1re ligne est celle des âges, la 2e le nombre t d'années qui restent probablement à vivre : (voy. l'*Annu. du Bur. des Long.*)

Ages...1 . 5 .10.15.20 .25 .30 .35.40.45.50.55.60.65 .70 .75.80 ans.
t.....37.45$\frac{1}{2}$. 43.39.35$\frac{1}{2}$.32$\frac{1}{2}$.29$\frac{1}{2}$.26.23.20. 17.14.11.8$\frac{2}{3}$. 6$\frac{1}{2}$. 5.3$\frac{1}{2}$ ans.

C'est sur cette probabilité qu'on établit l'intérêt des rentes viagères. Ainsi un homme de 40 ans pouvant encore espérer 23 ans d'existence, $t = 23$, et l'on trouve $y = \dfrac{20}{1,05^{23}} = 6,5$ environ, d'où $x = 7,4$: le capital doit être placé en viager à 7,4 pour cent par an. Les chances réservées aux membres des sociétés connues sous le nom de *Tontines* sont aussi réglées sur le même système.

152. *Escomptes.* Soit a le capital, i l'intérêt de 100 fr.

par mois, r le denier, t le nombre de mois, $\dfrac{ati}{100}$ est l'intérêt; ainsi, pour l'*escompte en dehors*, la somme à payer pour le capital a est

$$x = a\left(1 - \frac{ti}{100}\right) = a\left(1 - \frac{t}{r}\right).$$

Pour l'escompte en dedans, il faut raisonner ainsi : puisque $100 + ti$ doit être réduit à 100, à combien a est-il réduit? d'où

$$x = \frac{100\,a}{100 + ti} = \frac{ar}{r + t}.$$

Si la somme S n'est exigible que dans t mois, et qu'on veuille avoir égard aux intérêts des intérêts durant ce temps, il faut recourir à la formule de la p. 212 ; on trouve que le capital S doit être réduit à

$$a = S\left(\frac{r}{1 + r}\right)^t = S\left(1 + \frac{1}{r}\right)^{-t} = \frac{S}{q^t}.$$

153. *Règles de fausses positions.* Soit $ax = b$ l'équation qui lie entre elles les parties d'une question ; si l'on suppose à x une valeur arbitraire s, et qu'on l'assujettisse à satisfaire aux conditions du problème, ce ne serait que par hasard qu'on trouverait $as = b$. Supposons donc qu'on ait $as = c$; en divisant terme à terme par $ax = b$, on trouve $\dfrac{s}{x} = \dfrac{c}{b}$: ainsi *le résultat qu'on obtient est à celui qu'on doit obtenir, comme le nombre supposé est à l'inconnue.*

Cherchons un nombre dont la $\frac{1}{2}$, le $\frac{1}{4}$ et le $\frac{1}{5}$ réunis fassent 456. Supposons que 200 soit ce nombre, sa moitié, son quart et son cinquième forment 190 au lieu de 456 ; ainsi 200 n'est pas le nombre cherché : on posera la proportion

$$190 : 456 :: 200 : x, \text{ d'où } x = 480.$$

Combien faudrait-il de temps pour remplir un bassin à l'aide de quatre robinets, dont l'un le remplirait en 2 heures, le 2e en 3, le 3e en 5, le 4e en 6. Supposons qu'il fallût une heure ; le premier robinet emplirait la moitié du bassin, le 2e le $\frac{1}{3}$, le 3e le

$\frac{1}{5}$, le 4e le $\frac{1}{6}$; et comme on trouve $\frac{1}{2} + \frac{1}{3} + \frac{1}{5} + \frac{1}{6} = \frac{6}{5}$, au lieu de 1, il y avait erreur à supposer une heure; on dira $\frac{6}{5} : \frac{5}{5} :: 1 : x = \frac{5^h}{6} = 50$ minutes.

Ce procédé, quoique applicable aux règles de société, d'intérêt, etc., ne l'est pas à tous les problèmes du premier degré, puisque l'équation la plus générale est $ax + b = cx + d$. Si la supposition $x = s$ ne rend pas $as + b$ égal à $cs + d$, il en résultera une erreur e; de sorte que $as + b - (cs + d) = e$; retranchant de là $ax + b - (cx + d) = 0$, on a $(a-c)(s-x) = e$. Une autre supposition s' qui entraînerait l'erreur e', donnerait $(a-c)(s'-x) = e'$: divisant ces résultats terme à terme, on a

$$\frac{s-x}{s'-x} = \frac{e}{e'}, \text{ d'où } x = \frac{es' - e's}{e - e'}.$$

Ainsi, *multipliez la 1re erreur par la 2e supposition et réciproquement; retranchez les produits en ayant égard aux signes des erreurs; divisez ensuite par la différence des erreurs, le quotient sera l'inconnue.* C'est en cela que consiste la règle de double fausse position, applicable à tous les problèmes du premier degré.

Dans notre dernière question, la supposition de $x = 1^h$, a donné $\frac{6}{5}$, et par conséquent l'erreur $+\frac{1}{5}$. En faisant $x = \frac{1}{2}^h$, on a $\frac{3}{5}$ pour résultat, et $-\frac{2}{5}$ d'erreur. J'écris ces nombres comme on le voit ci-contre, je multiplie en croix, et je retranche; j'ai $\frac{1}{10} + \frac{2}{5}$ ou $\frac{1}{2}$; la différence des erreurs est $\frac{1}{5} + \frac{2}{5}$ ou $\frac{3}{5}$; enfin je divise $\frac{1}{2}$ par $\frac{3}{5}$, et j'ai $x = \frac{5}{6}$.

Suppos.	Erreurs.
1 heure	$+\frac{1}{5}$
$\frac{1}{2}$	$-\frac{2}{5}$

Un père a 40 ans, son fils en a 12; quand l'âge du père sera-t-il triple de celui du fils (page 150)? Je suppose 5 ans : le père aura alors 45 ans, le fils 17; le triple de 17, au lieu de produire 45, donne 6 ans de plus. En supposant 1 an, l'erreur est de -2. Les produits réciproques des erreurs par les suppositions donnent 16 pour différence; divisant par la différence des erreurs, qui est 8, j'ai 2 : c'est dans 2 ans que l'âge du père sera triple de celui du fils.

Suppos.	Erreurs.
5 ans	6
1	$-$ 2
6	$+$ 10
6	$+$ 2

LIVRE TROISIÈME.

ÉLÉMENS DE GÉOMÉTRIE.

La Géométrie est la science qui apprend à mesurer l'étendue. Tout corps a trois dimensions, *Longueur, Largeur* et *Épaisseur* ou *Profondeur :* les limites qui le déterminent en sont la *Surface*. Mais les surfaces d'un corps, en se rencontrant 2 à 2, sont elles-mêmes terminées par des *Lignes;* les limites qui bornent les lignes sont des *Points*. Ce sont ces diverses limites des corps qui nous servent à reconnaître leur *Figure*.

Quoiqu'il n'y ait pas de corps sans trois dimensions, on fait souvent abstraction de l'une d'elles ou de deux : par ex., si l'on parle de la grandeur d'un champ, ou de la hauteur d'un édifice, on n'a égard qu'à une surface ou une ligne. Afin de procéder du simple au composé, par une gradation qui facilite l'étude, nous diviserons la Géométrie en trois parties : la première traitera des *Lignes,* la seconde des *Surfaces,* la troisième des *Volumes.*

I. DES LIGNES.

Mesure des Lignes et des Angles.

154. Il suit de la nature des lignes, qu'on peut les regarder comme la trace d'un point *A* (fig. 3 et 5) qui se meut vers un autre point *B* en faisant pirouétter une ligne *AB* sans qu'elle quitte les deux points *A* et *B*, s'il arrive que cette ligne

ue cesse pas de coïncider dans tous les points (fig. 5), on l'appelle *droite* ; sinon, la ligne est ou formée de lignes droites *AC CD, DB*, ou bien elle n'a aucunes parties rectilignes, et l'on dit alors qu'elle est *courbe,* comme *AMB* (fig. 3). On regarde comme évident que la *ligne droite AB* est *le plus court chemin* de *A* à *B* ; c'est la vraie mesure de la distance entre deux points *A* et *B*.

Donc, 1°. on ne peut mener qu'une seule droite d'un point à un autre, et toute droite *AB* qui a deux de ses points *A* et *B* communs avec une autre doit coïncider avec elle dans l'étendue *AB*.

2°. On doit par la pensée concevoir toute droite *BB'* (fig. 1) comme prolongée de part et d'autre à l'infini vers *C* et *C'* : il suit de la définition des lignes droites, que ce prolongement devra être tel, que si l'on joint l'un de ses points *C* à un autre *C'*, par une droite *CC'*, elle doit couvrir *AB*. Non-seulement deux droites qui ont deux points communs *B'* et *B* coïncident dans l'étendue *B'B* ; mais même leurs prolongemens en *C* et *C'* doivent aussi se confondre.

3°. Deux droites ne peuvent se couper qu'en un seul point, puisque si elles avaient deux points communs, elles coïncideraient.

On dit qu'une surface est PLANE, lorsqu'en joignant deux quelconques de ses points par une droite, elle s'y confond dans toute son étendue.

155. Lorsqu'on veut ajouter deux longueurs *AB* et *BC* (fig. 1), on porte l'une *CB* sur le prolongement de l'autre, et l'on dit alors que *AC = AB + BC*. De même, pour soustraire *BC* de *AC*, on trouve *AB = AC — BC*. Il sera aisé d'ajouter ou de soustraire un plus grand nombre de lignes ; de répéter *b* fois une longueur, ou d'en concevoir la moitié, le tiers....

156. *Mesurer une droite,* c'est chercher (n° 36) combien de fois sa longueur *A* en contient une autre *B* connue et prise pour *Unité :* et le nombre de fois qu'on trouve, ou le rapport entre *A* et *B* est la mesure cherchée.

Il arrive souvent que l'unité B n'est pas contenue un nombre exact de fois dans A : voici comment on doit s'y prendre alors pour évaluer le rapport de A à B. On *divisera* A par B, c'est-à-dire qu'on cherchera le nombre de fois que A contient B, et le reste R. On divisera de même B par R, puis R par le nouveau reste R', etc.... ce qui revient à chercher la *commune mesure* M entre A et B : alors M sera contenu un nombre exact de fois, par ex., a fois dans A, b fois dans B ou $A = aM$, $B = bM$, et $\dfrac{A}{B}$ sera égal au rapport abstrait $\dfrac{a}{b}$ (n°s 36, 71),

c.-à-d. que A est une fraction $\dfrac{a}{b}$ de l'unité B, par ex. les $\dfrac{5}{7}$, ou les $\dfrac{7}{11}$ de B, et nos lignes A et B sont entre elles comme les nombres abstraits a et b.

Mais s'il y a toujours un reste à chaque division , l'opération n'a plus de bornes, et le rapport $A : B$ ne pouvant être évalué exactement en nombres, est *incommensurable*. On se contente alors d'une approximation, ce qu'on fait en négligeant celui des restes successifs qu'on juge suffisamment petit (n° 63).

157. Nous savons donc évaluer une ligne égale à $A + B - C$, nA, $nA + mB$, $\dfrac{A}{m}$, ... n, m étant des nombres, et A, B, C des lignes données. En général, on peut toujours représenter des lignes par des nombres abstraits, en composer des formules et les assujettir aux règles ordinaires du calcul. Ainsi par la ligne A, nous entendrons le nombre de fois a entier ou fractionnaire que cette ligne contient une longueur B prise pour unité, ou le rapport entre elles, $A : B$. Réciproquement on peut représenter les nombres par des lignes.

158. Prenons dans la figure ABC (fig. 4) un point intérieur D, et menons DB et AD ; *le chemin* $AD + DB$ *est plus court que* $AC + CB$, *qui s'écarte davantage de la droite* AB. Car prolongeant AD en E, comme $AE < AC + CE$, en ajoutant EB de part et d'autre, on a $AE + EB < AC + CB$. Cette même proposition appliquée au point D de la figure AEB donne

$AD + DB < AE + EB$: donc à plus forte raison,....
$AD + DB < AC + CB$.

159. On dit qu'un contour $ACDB$ (fig. 5) est *Convexe*, lorsque toute droite IK ne peut le couper qu'en deux points I et K. *De deux chemins convexes* ACDB, AEFGB, *qui mènent de* A *à* B, *celui qui enveloppe l'autre est le plus long*, ou $ACDB > AEFGB$. Car en prolongeant EF, on a visiblement $ACDB > AIKB$; et il sera aisé de prouver de même, en prenant chaque partie, que $AIKB > AEFGB$.

160. La même chose a lieu pour des courbes convexes; par ex., ACB est $< AMB$ (fig. 3): car menons une droite EF qui *touche* ACB en un point quelconque C; on aura $EF < EMF$; ajoutant de part et d'autre $AE + BF$, il vient $AECFB < AMB$, Deux autres tangentes ik, lm donneront $AiklmB < AEFB$: et ainsi de suite. On aura par là une série de lignes brisées dont la longueur diminuera à mesure que leur système s'approchera de ACB, et qui sera $> ACB$: à plus forte raison on aura $ACB < AMB$.

161. Dans les élémens, outre la ligne droite, on considère encore la *Ligne circulaire*; c'est celle dont tous les points $ABDE$ (fig. 6) sont dans un plan et à égale distance d'un point C qu'on nomme *Centre*. Le contour de cette courbe est une *Circonférence*, et la surface qui y est renfermée se nomme *Cercle*; les droites CA, CB...., qui partent du centre et vont jusqu'à la courbe, sont des *Rayons*, qui sont tous égaux; le *Diamètre AD* est une droite qui coupe la circonf. en passant par le centre; c'est un double rayon.

Une partie AFB de la circonf. est un *Arc*, la droite AB est la *Corde* qui le soutend. La surface $AFBC$, comprise entre deux rayons et l'arc, est un *Secteur*; enfin, celle qui est renfermée entre l'arc AFB et sa corde AB est un *Segment*.

162. De là on conclut; que 1°. *un diamètre DA* (fig. 6) *est la plus grande corde*; car $BC + CA$ ou $DA > BA$.

2°. *Le diamètre coupe le cercle en deux parties égales*; car, en pliant la figure suivant DA, les deux parties ABD, AED

doivent coïncider , sans quoi tous les points ne seraient pas à la même distance du centre *C.*

3°. C'est aussi pour cette raison que deux cercles de rayons égaux doivent s'appliquer l'un sur l'autre, lorsqu'on fait coïncider les centres : deux arcs de ces cercles doivent aussi coïncider dans toute leur étendue , s'ils sont d'égale longueur.

4°. *Les arcs égaux AB , A′B′* (fig. 7) *ont des cordes égales ;* car, en faisant coïncider les arcs , les cordes se confondent aussi.

5°. *La corde croît avec l'arc ,* jusqu'à ce qu'il atteigne la demi-circonf. Soit l'arc $DBF > EGK$, et $< DBA$ (fig. 6) ; prenez l'arc $DB = EGK$, les cordes BD, EK seront égales, et il faut prouver que la corde $DF > BD$. Or,

$$IF + IC > CF \text{ ou } BC, IB + ID > BD ;$$

ajoutant ces inégalités (n° 115) , et supprimant BC de part et d'autre, il vient $IF + ID$, ou $DF > BD$.

6°. *Deux cordes égales* BD, EK *soutendent des arcs égaux ;* car, si la corde $BD = EK$, et que l'arc $BD > EGK$, en faisant croître le 2e arc jusqu'à ce qu'il égale le 1er, les cordes deviendraient alors égales (4°.); la corde EK ayant dû croître (5°.) n'était donc pas $= BD$, contre la supposition.

7°. De même, *si la corde* FD $>$ EK, l'arc FD *est aussi* $>$ EK; ou prouve que l'arc FD ne saurait être $=$ ni $<$ arc EK.

163. *Mesurer un arc* FBD (fig. 6) , c'est chercher son rapport à un autre arc connu *BD* de même rayon (n°s 36, 71); si ces arcs étaient *Rectifiés ,* c.-à-d. étendus en ligne droite, on porterait l'un sur l'autre, comme il a été dit (n° 156); mais la rectification n'est nullement nécessaire pour trouver ce rapport. On prend une ouverture de compas égale à la corde *BD* du plus petit arc , et on la porte sur l'autre arc autant de fois qu'on peut , ce qui donne le nombre de fois que l'un de ces arcs contient l'autre. S'il y a un reste, on en porte la corde sur l'arc *BD*; enfin, on continue comme pour les lignes droites. En un mot, tout se fait ici comme n° 156. Ainsi, on peut ajouter et soustraire des arcs de même rayon , trouver leur rapport , multiplier l'un d'eux par un nombre donné.... . :

164. Lorsque deux droites indéfinies AC, BC (fig. 7) se coupent en C, la quantité dont elles sont écartées l'une de l'autre, ou plutôt la surface comprise entre ces droites infiniment prolongées, est ce qu'on appelle un *Angle*; C en est le *Sommet*. On désigne un angle par la lettre placée au sommet, à moins que plusieurs angles n'aient un même sommet (comme fig. 10), car alors il faut énoncer les lettres des deux côtés de l'angle, en ayant soin de mettre celle du sommet entre les deux autres. L'angle C (fig. 7) se désigne par BCA ou ACB.

165. Deux angles ACB, $A'C'B'$ sont égaux quand ils peuvent coïncider en les posant l'un sur l'autre. Ainsi, appliquons le côté $C'B'$ sur CB, C' en C, si les angles C' et C sont égaux, le côté $A'C'$ se couchera sur AC. Décrivons des sommets comme centres, avec un même rayon quelconque, les arcs AB, $A'B'$; il est clair que ces arcs sont égaux ou inégaux avec les angles. Du reste, puisque les côtés doivent toujours être regardés comme indéfiniment prolongés, on voit que *la grandeur d'un angle ne dépend pas de la longueur de ses côtés.*

166. Pour construire un angle égal à un angle donné C (fig. 7), on tirera une ligne indéfinie $C'B'$; puis, d'un rayon quelconque et des centres C et C', on décrira les arcs AB, $A'B'$; enfin, portant l'ouverture de compas AB de B' en A', on aura (n° 162) corde $AB = A'B'$, et arc $AB = A'B'$; on mènera donc $A'C'$. Les angles C et C' seront visiblement égaux.

167. Pour ajouter deux angles C et C' (fig. 7), on fera (fig. 9) l'angle BCA égal à l'un des angles donnés, et BCD égal à l'autre; l'angle DCA sera la somme cherchée, $DCA = DCB + BCA$. De même pour retrancher l'angle DCB de DCA, on les disposera avec un côté DC et le sommet C communs; d'où $BCA = DCA - DCB$. Observez que cela se réduit à ajouter ou soustraire les arcs db, ba, da décrits du même rayon. Il sera facile de faire la multiplication d'un angle xOD (fig. 8) par un nombre donné, puisqu'il ne s'agira que d'opérer sur l'arc dx qu'il comprend : on concevra de même la division de l'angle

NOD en 2, 3… parties , où la *bisection, trisection*…, *multi-section* de cet angle (n°ˢ 464, 236 à 238).

168. *Le rapport de deux angles* BCA, DON (fig. 8) *est le même que celui des arcs* ba, dn *compris entre leurs côtés, et décrits de leurs sommets comme centre, avec le même rayon.*

1°. Si les arcs ba, dn sont commensurables, leur commune mesure dx sera contenue m fois dans ba, p fois dans dn, de sorte que $\dfrac{ba}{dn} = \dfrac{m}{p}$. Par chaque point de division x, y…, menons aux sommets O, C, des lignes Ox, Oy…; les angles proposés seront de même coupés en m et p angles égaux xOd, yOx…; donc on a $\dfrac{BCA}{DON} = \dfrac{m}{p}$. Ces deux relations donnent (*)

$$\frac{BCA}{BON} = \frac{ba}{dn} \dots\dots (A).$$

2°. Si les arcs sont incommensurables, divisons l'un d'eux nd en un nombre quelconque p de parties égales dx, xy…; et portons-les sur l'autre arc ba; soit i le point de division le plus voisin de a; menons CI. Cela posé, les arcs dn, bi étant commensurables, on a $\dfrac{ICB}{DON} = \dfrac{bi}{dn}$; l'angle $ICB = BCA + ICA$, l'arc $bi = ba + ia$; donc

$$\frac{BCA}{DON} + \frac{ICA}{DON} = \frac{ba}{dn} + \frac{ia}{dn}.$$

Or, ICA et ia varient avec le nombre p des divisions de l'arc nd, et peuvent être rendus aussi petits qu'on voudra, tandis que les autres quantités restent constantes; la 2° et la 4° frac-

---

(*) On ne doit pas oublier que l'égalité de deux rapports constitue une proportion (n° 71). En Géométrie, l'usage a prévalu de lire ainsi ces sortes d'expressions, BCA *est à* DON *comme* ba *est à* dn, et de préférer cette locution à l'équivalente, BCA *divisé par* DON *est égal à* ba *divisé par* dn. On doit en dire autant dans toute la Géométrie élémentaire.

tion sont donc indéfiniment décroissantes, et l'on a, en passant

aux limites (n° 113), $\dfrac{BCA}{DON} = \dfrac{ba}{dn}$.

169. Pour trouver le rapport de deux angles, il n'est pas nécessaire de faire sur eux l'opération analogue à celle qui a été
indiquée sur les lignes (n° 156), et qui serait ici fort embarrassante. On substitue au rapport cherché celui des arcs, qui est le
même. Concluons de là que, 1°. le rapport des surfaces des
secteurs est le même que celui des arcs.

2°. Si l'on prend pour unité d'arc, dn (fig. 8), l'arc qui est
compris entre les côtés de l'unité d'angle DON, dn et DON
étant chacun l'unité de leur espèce, notre proportion (A) donne
$BCA = ba$. Ainsi (n°ˢ 36 et 71), *tout angle a pour mesure l'arc
compris entre ses côtés et décrit de son sommet comme centre* (*).
On prend ordinairement pour unités d'angle et d'arc l'angle
droit et le quart de circonférence qu'on nomme *Quadrans*.

3°. Si du sommet C (fig. 9) des angles DCA, BCA, on décrit

deux arcs abd, $a'b'd'$, le rapport $\dfrac{BCA}{DCA}$ est $= \dfrac{ab}{ad}$, ou $= \dfrac{a'b'}{a'd'}$.

La grandeur du rayon Cb ou Cb' est donc indifférente dans la

mesure des angles ; et comme $\dfrac{ab}{a'b'} = \dfrac{ad}{a'd'}$, les arcs ab et $a'b'$ sont

entre eux comme les circonf. entières. On dit que ces arcs sont
Semblables.

(*) Ceci suppose une condition tacite ; car l'angle BCA ne peut être égal à
l'arc ba ; mais dans l'équation $BCA = ba$, ce n'est plus un angle et un arc
qui entrent, ce sont deux nombres abstraits qui indiquent combien de fois
l'angle et l'arc contiennent l'unité de leur espèce DON et dn : de sorte que
$BCA = ba$ signifie en effet la même chose que $\dfrac{BCA}{DON} = \dfrac{ba}{dn}$. C'est ce qui
a également lieu dans toute formule ; les lettres qui y entrent ne sont que
des nombres abstraits qui représentent les rapports des choses mesurées à
leur unité.

C'est aussi improprement qu'on dit qu'un arc est la mesure d'un angle,
puisqu'on ne peut établir de rapports entre deux choses hétérogènes : on doit
entendre par là que les angles croissant dans le même rapport que les arcs, le
nombre qui exprime la mesure de l'angle (n° 36), exprime aussi celle de l'arc.

170. Les angles tracés sur le papier se mesurent à l'aide du *Rapporteur* ; c'est un demi-cercle divisé en une quantité quelconque de parties égales, propres à donner le *rapport des arcs au quadrans* ; ce nombre exprime la mesure des angles, ou leur rapport à l'angle droit. Un semblable demi-cercle, porté sur un pied et pourvu d'alidades mobiles autour du centre, pour pouvoir être dirigées aux objets éloignés, se nomme *Graphomètre*, et sert de même à mesurer les angles dans l'espace. Au reste, on a construit, dans ce but, des instrumens de formes très variées, et dont nous ne donnerons pas la description, pour ne pas nous écarter de notre sujet.

On a coutume de diviser le quadrans en 90 parties ou *degrés*, chaque degré en 60 minutes, et la minute en 60 secondes; un angle, ou arc de 18 degrés 54 minutes 55 secondes, s'écrit ainsi : 18° 54′ 55″. Comme les tables et les instrumens ont été construits sur ce mode de division, nous le préférerons à celui qui est plus moderne et plus simple pour les calculs, qui consiste à partager le quart de cercle en 100 *Grades*, le grade en 100 minutes, la minute en 100 secondes. Dans ce système, 18ᵍ 54′ 55″ revient à 18ᵍ,5455 ou 0,185455 quadrans.

Maintenant que nous savons mesurer les droites, les arcs, et les angles, et que nous concevons nettement leur introduction dans les calculs, cherchons à les combiner, afin de voir la manière dont on les emploie à la formation des figures, et les conditions qui les lient.

Des Perpendiculaires et des Obliques.

171. Si l'angle $ACB = ACD$ (fig. 10), BD étant une droite, en pliant la figure suivant AC, CB se couchera sur son prolongement CD : on dit alors que AL est *Perpendiculaire* sur DB, ou que l'angle ACB est *Droit*. L'arc AB est le quart de la circonférence ou le *Quadrans* ; l'angle $FCB <$ l'angle droit ACB, est appelé *Aigu*; l'angle $ECB > ACB$ est *Obtus*.

172. *Lorsqu'une ligne* EC (fig. 10) *tombe sur une autre* BD,

les *angles adjacens* ECB, ECD *ont pour somme deux droits :* la perpend. *AC* sur *BD* rend cela évident.

Réciproquement, *si la somme de deux angles vaut deux droits, en les appliquant l'un contre l'autre, pour faire coïncider un côté et le sommet, les deux autres côtés seront en ligne droite ;* car, si cela n'était pas, et qu'on pût avoir, par ex., $DCE + FCE = 2$ droits, comme on a aussi $DCE + BCE = 2$ droits, il en résulterait $FCE = BCE$.

On appelle *Supplémens* deux angles ECB, ECD qui, ajoutés, valent deux droits; et *Complémens,* lorsque cette somme vaut un droit, tels que FCB et FCA.

Si la droite AL *est perpendiculaire sur* BD, c.-à-d. l'angle $ACD = ACB$, puisque $ACD + DCL = 2$ droits, et que ACD est droit, on a aussi $DCL = 1$ droit $= LCB$. Les quatre angles ACB, ACD, LCB, LCD sont donc égaux; si l'on plie la figure selon *BD*, CL devra tomber sur *CA*; *BD* est aussi perpendiculaire sur *AL*, et ces lignes coupent le cercle en quatre parties égales.

173. Il est visible que (fig. 10) les angles $BCF + ECF + DCE = 2$ droits lorsqu'ils sont formés d'un même côté d'une ligne *BD*. Tant de lignes qu'on voudra KC, BC, EC, IC.... qui concourent en un point C, forment des angles dont la somme est 4 droits. Les 1ers interceptent la demi-circonf., ceux-ci la circonf. entière.

174. Lorsque deux droites DB, AE (fig. 11) se coupent en C, les angles BCE, ACD, *opposés au sommet, sont égaux ;* car $ACD + ACB = 2$ droits $= BCE + ACB$, d'où $ACD = BCE$. On a de même $ACB = DCE$.

175. *Par un point on ne peut mener qu'une seule perpendiculaire à une droite ;* cela est évident si le point donné est sur la droite *DE* en C (fig. 12). Mais si ce point est au dehors en A, et que *AH* soit perpend. sur *DE*, toute autre droite *AB* ne peut l'être. En effet, si l'angle *ABC* était droit, en prenant $CH = AC$, menant BH et pliant la figure suivant *DB*, H tomberait en A, et par conséquent *CBH* sur *CBA*. Donc l'angle

CBH serait droit, comme l'est CBA par hypothèse, et ABH serait une ligne droite (n° 172), ainsi que AH, ce qui est absurde.

176. *La perpendiculaire* AC *sur* DB (fig. 12) *est plus courte que toute oblique* AB; 2°. *les obliques* AD *et* AB, *qui s'écartent également du pied* C *de la perpendiculaire, sont égales;* 3°. *l'oblique* AE, *qui s'écarte plus que* AB, *est plus longue.*

1°. Puisque $AH < AB + BH$ ou $2AB$, on a $AC < AB$. La perpend. AC mesure la *distance* du point A à la droite DE.

2°. Prenant $CD = CB$, et pliant la figure suivant AC, D tombe en B, donc $AD = AB$. La même chose arrive lorsque l'angle CAD est donné $= CAB$.

3°. Si $CE > CB$, ou si l'angle $CAE > CAB$, en menant EH, on a (n° 158) $AB + BH < AE + EH$: or, AB et BH sont des obliques égales (2°.), ainsi que AE et EH. Donc $2AB < 2AE$, ou $AB < AE$.

177. Réciproquement, la ligne AC est perpend. sur BD lorsqu'elle est la plus courte distance à BD. Car si une autre ligne AD était cette perpend., elle serait $< AC$ contre l'hypothèse. De même, si $AB = AD$, il faut que $DC = BC$, puisque sans cela AB serait $>$ ou $< AD$, suivant que BC serait $>$ ou $< DC$. Enfin si $AE > AB$ ou AD, on verra de même que CE est $> CB$ ou CD.

178. Concluons de là que, 1°. on ne peut mener trois obliques égales d'un point à une droite.

2°. Si AH (fig. 13) est perpend. au milieu C de DB, chaque point F de AH est autant éloigné de B que de D, $FB = FD$.

3°. Les points de la perpend. AH jouissent seuls de cette propriété; car prenons un point G hors de AH, il sera plus près de B que de D, parce que $GB < GF + FB$ ou $< GF + FD$, ou enfin $GB < GD$.

179. Il suffit donc (fig. 13 et 14) qu'une droite AH ait deux de ses points à égale distance de deux autres D et B, pour en conclure que tous les autres points de AH sont autant éloignés de D que de B, et que cette droite AH est perpend. sur le

15..

milieu de *DB*; car la perpend. est la seule droite qui jouisse de la propriété dont il s'agit. Ainsi, il est aisé de *mener une perpendiculaire à une droite donnée* DB *par un point connu* F, pris hors de la droite (fig. 13), ou sur la droite (fig. 14.) Du centre F, on décrira, avec un rayon quelconque, des arcs qui coupent la ligne donnée en *D* et *B*; puis de ces points comme centres et avec un rayon arbitraire, on tracera de nouveau deux arcs qui se coupent en *H*; la droite *FH* sera la perpend. demandée, puisqu'elle a deux points *F* et *H* à la même distance de *D* et *B*. Il faut observer de prendre des rayons assez grands pour que les intersections dont on vient de parler, aient lieu (n°s 176 et 192).

180. On peut aussi *mener une perpendiculaire* AH (fig. 15), *au milieu d'une droite donnée* DB. Des centres *D* et *B*, on décrira des arcs qui se couperont en *A* et en *H*, les rayons étant d'ailleurs arbitraires, mais égaux; *AH* sera la ligne demandée. Cette construction donne en outre *le milieu* C *de la droite* DB.

Étant donnés les points *G* et *B*, et la droite *AK* (fig. 13), trouver un point *F* tel, que les droites *FG*, *FB* soient également inclinées sur *AH*, ou l'angle *GFA = BFH*. En prolongeant *GF*, l'angle *AFG* où *DFC* doit être = *BFC*; ainsi la fig. étant pliée selon *AH*, *FD* doit se coucher sur *FB*, c.-à-d. que *FD*, *FB* sont des obliques égales. Donc, menez *BD* perpend. sur *AH*, prenez *CD = CB* et tirez *DG*, le point *F* sera déterminé.

Dans l'angle *A'AC* (fig. 13 *bis*) on donne les points *B* et *G*, il s'agit de tracer *BF*, *FL*, *LG* de sorte que les inclinaisons de ces droites sur chaque côté de l'angle soient égales deux à deux, où l'angle *BFC = AFL* et *ALF = GLA'*. Sur *BD* perpendiculaire à *AC*, prenez *CD = CB*; puisque l'angle *DFC = AFL = BFC*, il faut que *FD* soit le prolongement de *LF*. Ainsi, après avoir déterminé *D* comme on vient de le dire, ce point *D* peut remplacer *B* dans le problème, c.-à-d. qu'on cherche la droite *DL* qui donne l'angle *ALD = A'LG*, question qu'on vient de résoudre. Il faut donc mener *DK* perpend. sur $A'A$ prolongé, prendre $IK = ID$, et mener KG qui donne le point L, puis LD qui donne F, et enfin FB.

Pour mener de G' à B les droites $G'L'$, $L'L$, LF, FB également inclinées deux à deux sur les côtés $A''A'$, $A'A$, AC, il faut remplacer de même, 1°. le point B par D; 2°. D par K; 3°. K par K', en reproduisant sur chaque côté la même construction. Ce tracé résout complètement le problème des *bricoles* au jeu de billard.

Des Parallèles.

181. Soient deux droites BD, KL (fig. 16) perpendiculaires. Si l'on fait tourner une droite autour d'un point K, pour lui donner les positions KE, KF, KD..., les points E, F, D de rencontre avec BD s'éloigneront de plus en plus. Lorsque cette droite aura reçu la situation KC où elle cesse de couper BD, on dit que AC est parallèle à BD. On nomme *parallèles* deux droites situées sur un même plan, et qui, dans leur cours indéfini, ne se rencontrent ni d'un côté ni de l'autre.

1°. *Deux droites* CA, BD, *perpendiculaires à une même ligne* KL, *sont parallèles*, puisque, si elles se rencontraient en un point O, on aurait, de ce point, deux perpend. OL, OK abaissées sur la ligne KL (n° 175).

2°. *Deux lignes* CA, DB (fig. 17) *coupées par une sécante* HG *sont parallèles, lorsque les angles* AEF, EFD *sont égaux;* car du milieu I de EF abaissons KL perpend. sur BD, et prouvons qu'elle l'est aussi sur CA. Prenant $LS = FL$, menons SIN. En pliant la fig. selon KL, LF s'applique sur son égal SL; donc IF se couche sur IS; l'angle FIL égal à EIK, l'est aussi à LIS et à NIK: d'ailleurs $S = F$. Ainsi, détachons la fig. EIN pour la porter sur SIF, EI s'applique sur son égal IS; EN se couche sur SF, attendu que $E = F = S$; IK, IN, tombent sur IL, IF, et $L = K$. Donc les angles L et K sont droits et les lignes CA, CB sont parallèles (1°.).

Les lignes CA, DB *sont encore parallèles.*

3°. *Si les angles* CEG, BFH *sont égaux,* car étant opposés au sommet à FEA et DFE, ce cas rentre dans le précédent.

4°. *Lorsque l'angle* HFB = FEA, car HFB = DFE *donne* DFE = FEA.

5°. *Quand les angles* EFB + FEA = 2 droits, car......
EFB + EFD = 2 droits, d'où FEA = EFD.

6°. *Enfin, quand les angles* GEA + HFB = 2 droits, puisque GEA + FEA = 2 droits, d'où HFB = FEA = EFD.

On a nommé *Alternes* deux angles situés de part et d'autre de la sécante, *Internes* ou *Externes* ceux qui sont au dedans, ou en dehors des parallèles. Ainsi, les angles *AEF, EFD* (fig. 17) sont alternes-internes; *GEC, BFH* alternes-externes; on nomme encore les angles *HFB, FEA Correspondans*. Nous dirons donc que *deux droites sont parallèles, lorsque, coupées par une sécante, elles forment les angles alternes-internes, ou alternes-externes, ou correspondans, égaux; ou quand les angles internes ou externes d'un même côté valent ensemble deux droits.*

182. Les réciproques de ces propositions sont vraies:

1°. *Lorsque deux droites* CA, DB (fig. 16) *sont parallèles, toute perpendiculaire* KL *sur l'une, l'est aussi sur l'autre.* Il n'est guère d'efforts que les géomètres n'aient tentés pour parvenir à démontrer ce principe; mais aucun n'a pu y réussir: ils ont seulement dissimulé la difficulté, sans la lever (*).

(*) « La démonstration de cette proposition fort simple laisse peut-être » quelque chose à désirer du côté de la rigueur; mais le seul énoncé produit » la conviction la plus entière: il ne faut donc pas, dans l'enseignement, » insister sur ce qui peut manquer à la rigueur des preuves que l'on en donne, » et l'on doit abandonner cette discussion aux métaphysiciens géomètres, du » moins jusqu'à ce qu'elle ait été suffisamment éclaircie, pour ne laisser aucun » nuage dans l'esprit des commençans. » (LAPLACE, *Écoles normales*, t. IV, p. 43.)

Au reste, voici ce qu'on a donné de plus lumineux sur cette matière. Désignons, par le mot *angle*, l'espace indéfini compris entre les côtés prolongés. Un angle quelconque *BCA* (fig. 18) est contenu dans l'angle droit *BCD* autant de fois que l'arc *ba* l'est dans l'arc *bd*; soit *n* ce rapport, $\frac{bd}{ba} = n = \frac{BCD}{BCA}$. Prenons des parties égales quelconques *EC, EG...*, et menons les perpendiculaires *EF, GH....* sur *CD*; nous formerons ainsi des bandes *BCEF*,

Nous regarderons comme évident que toute droite autre que KC, rencontre BD, soit à droite, soit à gauche de KL perpend. à AC et BD, suivant qu'elle est située en KH au-dessus, ou en KH' au-dessous de AC; et cela quelque petit que soit l'angle HKC ou H'KC; ce qui revient à dire que *par un point K, on ne peut mener qu'une seule parallèle à une droite* BD.

2°. *Toute sécante* GH (fig. 17) *qui coupe deux parallèles* DB, CA, *forme les angles alternes-internes égaux* DFE = FEA. En effet, du milieu I de EF, abaissons LK perpend. sur BD, elle le sera aussi sur AC (1°.) : prenons LS = LF, et menons SIN. En pliant la figure suivant KL, on verra, comme ci-devant, que F tombe sur S; que les quatre angles SIL, LIF, EIK, KIN sont égaux; et que EI = IN, S = F, E = N. Or, détachons la figure EIN pour la porter sur SIF; EI coïncidera avec son égal IS; IK, IN prendront les directions IL, IF, et N tombera sur F. Donc EN tombera sur SF: ainsi l'angle S ou F est égal à E.

3°. *Les angles alternes-externes* GEC, BFH *sont aussi égaux* comme opposés aux précédens; 4°. *les angles correspondans* BFH, AEF *sont égaux*, puisque BFH = EFD = AEF (2°.); 5°. *les angles* FEA, EFB *internes d'un même côté, sont supplémens l'un de l'autre, ainsi que les angles* GEA, HFB *externes d'un même côté*. Cela se voit aisément. Donc

Lorsque deux parallèles sont coupées par une sécante, les angles sont égaux, lorsqu'ils sont de même nature; et supplémens, lorsqu'ils sont de nature différente (l'un aigu, l'autre obtus).

183. Il suit de là que, 1°. *pour mener par un point donné* C

FEGH....., toutes égales entre elles, comme on le reconnaît en pliant la figure selon EF, GH...: qu'il y ait n de ces bandes ou plus, depuis BC jusqu'à MN; comme la surface entière de l'angle droit BCD surpasse l'étendue BCMN composée de la somme de ces bandes, on a

$$BCD > BCMN, \quad \text{ou } n \times BCA > n \times BCEF,$$

partant BCA > BCEF, ce qui ne saurait être à moins que CA ne rencontre EF. Quelque petit que soit l'angle BCA, l'oblique CA doit donc couper EF perpendiculaire à CD; c. q. f. d.

(fig. 21) *une parallèle* CD *à une droite* AB, on pourra employer l'une quelconque des six propriétés précédentes. Par ex., d'un rayon quelconque CB et du centre C, on décrira un arc BI; puis du centre B l'arc CH : enfin, on prendra l'arc BI = CH, et CI sera parallèle à AB. Car, en menant la sécante BC, les angles ABC, BCI sont égaux (n° 166).

2°. *Deux droites* AC, BD (fig. 19) *parallèles à une troisième* EF *sont parallèles entre elles;* car la perpend. KI à EF l'est aussi à ses parallèles AC et BD; celles-ci ne se rencontrent donc pas (181, 1°.).

3°. *Deux angles* CAB, DEF (fig. 20) *dont les côtés sont parallèles, et l'ouverture tournée du même sens, sont égaux :* car prolongeant EF en G, les parallèles AC, ED donnent l'angle DEF = CGF comme correspondans : à cause des parallèles AB, GF, on a l'angle CGF = CAB; donc CAB = DEF. Si l'on prolonge un côté EF, les angles DEI et BAC, dont l'ouverture n'est pas tournée du même côté, ne sont plus égaux; ces angles sont supplémens l'un de l'autre.

4°. *Deux parallèles* AB, CD (fig. 21) *sont partout équidistantes;* car de deux points quelconques A et B, et du milieu E de AB, menons les perpend. AC, BD, EF sur AB, elles le seront aussi sur CD; or, pliant la figure suivant EF; EB se couchera sur son égal EA; et à cause des angles droits, BD prendra la direction AC, et FD se couchera sur FC. Ainsi, le point D tombera sur C; d'où AC = BD. (*Voy.* n° 200.)

Des Perpendiculaires et Parallèles considérées dans le cercle, et des Tangentes.

184. *Tout rayon* CD *perpendiculaire à une corde* AB, *la coupe au milieu* E, *ainsi que l'arc soutendu* ADB (fig. 22). En effet, les obliques égales AC, CB prouvent que E est le milieu de AB (n° 177); en pliant la figure suivant CD, le point A tombe en B; AD se couche sur DB, et D est le milieu de l'arc ADB.

185. *Le centre* C, *le milieu* E *de la corde et celui* D *de*

l'arc, étant en ligne droite, il s'ensuit que toute ligne *CD* qui passe par deux de ces points, passe aussi par le 3e, et est perpend à la corde *AB*. De plus, puisque par un point *C*, *E* ou *D*, on ne peut mener qu'une seule perpend. à *AB*, dès qu'une droite, passant par l'un de ces trois points, sera perpend. à *AB*, on en conclura qu'elle passe par les deux autres. Donc, *de ces quatre conditions, être perpendiculaire à une corde, passer par son milieu, par le milieu de l'arc et par le centre, deux étant supposées, les deux autres s'ensuivent nécessairement.*

On peut, au reste, démontrer directement chacun des six cas compris dans ce théorème, en le traitant comme celui qui nous a servi de base.

186. *Pour diviser un arc* ADB (fig. 22), *ou un angle* ACB *en deux parties égales*, il suffit d'abaisser la perpend. *CD* sur la corde *AB* (n° 179). Comme par le même moyen on peut de nouveau faire la bissection de chaque moitié, etc., on sait diviser un arc ou un angle en $2, 4, 8 \ldots 2^n$ parties égales. (*Voy.* n° 201, 4°.)

187. *Faire passer une circonférence de cercle par trois points donnés* N, B *et* D (fig. 23). Menons *NB* et *BD*, puis les perpend. *HE*, *IF* sur leurs milieux *E* et *F*. Chacun des points de *HE* est autant éloigné de *N* que de *B*; ces points jouissent seuls de cette propriété : ainsi tous les cercles passant par les points *N* et *B* ont leurs centres sur la perpend. *HE*; de même pour *FI* relativement à *B* et *D*. Donc le point *C* où se coupent *HE* et *FI*, est à la même distance de *N*, *B* et *D*, et remplit *seul* cette condition : ainsi *C* est le centre du *cercle unique* qui passe par les trois points.

Les perpend. *FI* et *HE* ne se rencontreraient pas si les trois points *N*, *B* et *D* étaient en ligne droite (n° 181, 1°.), et le problème serait impossible. Mais, dans tout autre cas, *FI* coupera *HE*, puisque si *FI* et *HE* étaient parallèles, les droites *BN*, *BD* qui leur sont respectivement perpendiculaires, ne feraient qu'une seule et même ligne; car sans cela on aurait deux perpendiculaires à *HE* partant de *B*, savoir *NB* et le prolongement de *BD* (n°. 182).

Observez que la perpend. abaissée sur le milieu de la corde *ND*, passe aussi par le point *C*, puisqu'il est à la même distance de *N* et de *D*, en sorte que les trois perpend. doivent concourir en *C*, et qu'on détermine ce centre en se servant de deux quelconques des trois cordes *NB*, *BD*, *ND*.

Donc, 1°. deux cercles ne peuvent avoir trois points communs sans se confondre.

2°. Il est facile de trouver le centre d'un cercle ou d'un arc donné : il suffit d'y marquer trois points *N*, *B* et *D*, et de faire la construction qu'on vient d'indiquer.

188. Une droite ne peut couper un cercle en plus de deux points, puisque s'il y avait trois points communs, en y menant des rayons, on aurait trois obliques égales (n° 178).

Une ligne *TG* (fig. 24) qui ne rencontre le cercle qu'en un point *F* s'appelle *Tangente*. *Le rayon* CF *est perpendiculaire à la tangente en* F : car tout autre point *G* de cette tangente étant hors du cercle, *CG* est $>$ *CE* $=$ *CF*; donc *CF* est la plus courte distance de *C* à *TG*, c.-à-d. que *CF* est perpend. à *TG* (n° 176).

Réciproquement, *si* TG *est perpendiculaire au rayon* CF, *cette droite* TG *est tangente au cercle*. Car toute oblique *CG* étant $>$ *CF*, tout autre point *G* de *TG* est hors du cercle.

Ainsi, pour mener une tangente en *F* au cercle *CA*, il faut mener le rayon *CF* et sa perpend. *TG* (n°s 179 et 208, I).

189. *Étant donnés deux points* (fig. 25), *l'un en* A *sur la droite* AT, *l'autre en* B, *cherchons le cercle* ABI *qui passe en* A *et* B, *et qui touche la droite* AT. *AB* étant une corde, *EF* perpend. sur le milieu de *AB* contient le centre *C*; ce centre est aussi sur *AG* perpend. à *AT*; donc il est à l'intersection *C*. Ainsi menant les perpend. *GA* à *AT*, et *FE* au milieu de *AB*, le point *C* de section sera le centre; le rayon sera *AC*.

190. *Les arcs* AD, BE (fig. 24) *compris entre deux cordes parallèles* AB, DE, *sont égaux*. Car soit le rayon *CF* perpend.

à ces deux cordes; on a (n° 184) l'arc $AF = BF$ et $DF = FE$; en soustrayant, il vient $AD = EB$. Les deux cordes peuvent encore comprendre entre elles le centre C; telles sont AB et $D'E'$; 'on a alors $AF = FB$, $D'F' = F'E'$; en soustrayant ces deux équations de la demi-circonf. $FAF'' = FBF''$, il vient $AD' = BE'$.

La même chose a encore lieu pour une corde AB et la tangente TG qui lui est parallèle; car le rayon FC mené au point de contact F, étant perpend. à la tangente, l'est aussi à AB; donc $AF = FB$.

Des Intersections de Cercles.

191. *Si deux circonférences* C, C' (fig. 27) *ont un point* A *commun sur la ligne* CC' *qui contient les centres, elles ne se rencontrent en aucun autre point:* car en un point quelconque H de l'une, menons CH et $C'H$, nous avons CC' ou $CA + AC' < CH + HC'$; ôtant les égales CA et CH, il reste $AC' < HC'$: le point H est donc hors de la circonf. C'. Si les centres sont en C et C'' d'un même côté du point commun A, on a CH ou . . . . $CA < CC'' + C''H$, et retranchant CC'', il reste $C''A < C''H$, le point H est donc hors de la circonf. C''. La perpend. AT sur CC' au point A, est tangente aux deux circonf. qui se touchent en A.

Mais si les deux cercles C *et* C' *ont en* M *un point commun* (fig. 26) *hors de la ligne qui joint les centres, ces cercles se coupent.* Menons MN perpend. sur CC'; et prenons $NI = IM$. Les obliques égales CM et CN prouvent que N est un point de la circonf. C; N est aussi sur la circonf. C', car $C'M = C'N$. Donc, ces circonf. ont un 2ᵉ point commun en N. Un 3ᵉ point commun serait impossible (n° 187).

Donc, 1°. *si les circonférences n'ont qu'un seul point commun, il est situé sur la ligne qui joint les centres, et réciproquement:* en outre, *la distance des centres est égale à la somme ou à la différence des rayons;* car on a (fig. 27) $CC' = CA + C'A$, ou $CC'' = CA - C''A$, suivant que l'un des cercles est extérieur ou intérieur à l'autre.

2°. *Si les cercles se coupent, la ligne qui joint les centres est perpendiculaire sur le milieu de la corde commune.* De plus, *la distance des centres est moindre que la somme des rayons, et plus grande que leur différence;* car on a visiblement (fig. 26) $CC' < CM + C'M$ et $CC' + C'M > CM$, ou ...... $CC' > CM - C'M$.

3°. Enfin, *si les cercles n'ont aucun point commun, la distance des centres est plus petite que la différence des rayons ou plus grande que leur somme,* suivant que les cercles sont ou ne sont pas compris l'un dans l'autre; car on a (fig. 28) $CD = DO - CA - AO$, et $CC' = CA + C'B + AB$.

On conclut de là que D étant la distance des centres, R et r les rayons, on a, lorsque les circonférences

se coupent................ $D < R + r$ et $D > R - r$

se touchent $\begin{cases} \text{extérieurement............} & D = R + r \\ \text{intérieurement............} & D = R - r \end{cases}$

n'ont aucun point commun $\begin{cases} \text{extérieurs......} & D > R + r \\ \text{intérieurs......} & D < R - r \end{cases}$
et sont l'un à l'autre

192. La réciproque de chacune de ces propositions est également vraie. Si, par ex., on a à la fois $D < R + r$ et $> R - r$, les deux circonf. se coupent; car, 1°. si elles se touchaient on aurait $D = R + r$, ou $= R - r$; et si elles n'avaient aucun point de section, D serait $> R + r$, ou $< R - r$.

De même, si $D = R + r$, les cercles se touchent extérieurement; car si cela n'est pas, il faut admettre l'une des quatre autres dispositions. Or, s'ils se coupent, on a $D < R + r$, ce qui est contraire à la supposition; 2°. s'ils se touchent intérieurement, on a $D = R - r$, ce qui ne peut être, puisque $D = R + r$, etc. (*).

(*) En général, lorsqu'on a prévu tous les cas possibles d'un système, et que chacun comporte des conditions qui ne peuvent coexister avec celles que donnent les autres cas, les réciproques ont lieu, et se démontrent comme on vient de le voir; c'est ce qu'on remarque dans la théorie des obliques, n° 177, ainsi qu'au n° 198, etc.

193. Quand on connaît les centres et les rayons de deux cercles, pour s'assurer s'ils se coupent, ou se touchent, etc., il n'est donc pas nécessaire de décrire les circonf.; il suffira d'ajouter et de soustraire les rayons, et de comparer les résultats à la distance des centres, pour décider auquel des cinq cas possibles la figure proposée se doit rapporter.

Étant donnés deux points, l'un en A (fig. 25), sur un cercle C', et l'autre en B, pour décrire une circonf. qui passe par ces points A et B et touche ce cercle C' en A, on mènera la tangente AT, et le problème sera ramené à celui du n° 189.

Des Triangles.

194. Un *Triangle* est un espace ABC (fig. 29 à 33) renfermé par trois droites AB, BC et AC qu'on nomme ses *Côtés*; il est *Scalène*, si ses côtés sont inégaux (fig. 38); *Equilatéral* s'ils sont égaux (fig. 30); *Isocèle* lorsqu'il a seulement deux côtés égaux (fig. 31). Quand il a un angle droit A, le triangle est *Rectangle* (fig. 32); le côté BC opposé à l'angle droit A est nommé *Hypoténuse*.

Le *Sommet* d'un triangle est celui de l'un quelconque de ses angles, tel que C (fig. 31); la *Base* est le côté AB opposé; la *Hauteur* est la perpend. CD menée du sommet sur la base.

195. *La somme des trois angles de tout triangle vaut deux droits.* En effet, prolongeons l'un des côtés AC (fig. 33) du triangle ABC, et menons CD parallèle à BA; l'angle DCK sera égal à son correspondant A, et l'angle BCD à son alterne interne B. Donc, les trois angles du triangle sont BCA, BCD, DCK; leur somme vaut deux droits : il est visible que, 1°. *l'angle extérieur* BCK *vaut la somme des deux intérieurs opposés* A et B.

2°. Nous représenterons dorénavant par D l'angle droit, de sorte que nous écrirons $A + B + C = 2D$. Si donc on fait (fig. 33 et 34) l'angle $KOL = C$, $LOM = B$, $MON = A$, la ligne ON sera le prolongement de OK. Deux angles d'un triangle étant donnés, il sera facile de trouver le troisième par cette construction.

3°. Deux triangles qui ont deux angles respectivement égaux, sont équiangles.

4°. Un triangle peut avoir tous ses angles aigus; mais il ne peut en avoir qu'un seul droit ou obtus.

5°. Les deux angles aigus C et B (fig. 32) d'un triangle rectangle ABC sont complémens l'un de l'autre, ou $C + B = D$.

6°. Quand la ligne BC (fig. 44) s'éloigne de la perpend. BD, en tournant autour de B, et devient BA', l'angle ABC croît et devient ABA'; donc C décroît de plus en plus pour devenir A'; l'un des angles B et C du triangle ACB a autant augmenté que l'autre a diminué pour que la somme restât de 180°.

7°. Si dans le triangle ABC (fig. 44) les angles A et C à la base sont aigus, la perpend. BD tombe dans l'intérieur; car si elle pouvait tomber en dehors, et être, par ex., telle que BA', le triangle BCA' aurait un angle droit A', et un angle obtus BCA'. On voit de même que dans le triangle BCA', où l'angle C est obtus, la perpend. BD tombe en dehors.

8°. *Les angles dont les côtés sont respectivement perpendiculaires sont égaux s'ils sont tous deux de même nature, comme* BAC et $B'A'C'$ (fig. 36); *ils sont supplémens si l'un est aigu et l'autre obtus*, tels que BAC et $C'A'D$; car, en prolongeant les côtés $A'B'$ et $A'C'$ jusqu'à leur rencontre avec AB, AC qui leur sont perpend., les triangles rectangles ADF, $A'D'F$ ont les angles A et A' égaux, comme complémens des angles égaux F.

9°. Quand les droites AB, CB (fig. 63) vont concourir au loin en B, on évalue l'angle B, sans prolonger ces lignes jusqu'à leur rencontre, soit à l'aide de la parallèle DE à BC, qui donne $B = ADE$, soit en tirant la droite quelconque AC, mesurant les angles A et C, et prenant le supplément de leur somme $A + C$. Quand B est un point visible au loin, mais inaccessible, on obtient ainsi la grandeur de l'angle B.

196. *Lorsque deux triangles* ABC, abc (fig. 39) *ont deux côtés respectivement égaux*, $AB = ab$, $BC = bc$, *et un angle compris*

inégal b $<$ ABC, *le* 3e *côté* ac *opposé au plus petit angle est*
$<$ AC. Car, appliquons les deux triangles l'un sur l'autre, en
faisant coïncider le côté ab avec son égal *AB*; comme l'angle b
$<$ *ABC*, le côté bc prendra une position telle que BC', et le
point c tombera en c'. Il se présente ici trois cas : 1°. le
point C' se trouve hors du triangle *ABC*, et l'on veut prouver
que ac ou AC' est $<$ *AC*. Or, les triangles AIC', BIC donnent
$AC' < AI + IC$, $BC < IC + BI$; ajoutant ces inégalités,
$AC' + BC < AC + BC'$, et $AC' < AC$, à cause de $BC = BC'$.

2°. Si le point C' tombe en I, en admettant que $BI = bc = BC$,
il est évident que ac ou $AI < AC$.

3°. Enfin, si le point c tombe en C' (fig. 40) au dedans du
triangle *ABC*, on a toujours $BC' = bc = BC$; or, $AC' + C'B$
$< AC + CB$ (n° 158) se réduit AC' ou ac $< AC$.

Réciproquement si deux triangles *ABC*, abc (fig. 40) ont deux
côtés égaux $AB = ab$, $BC = bc$, mais le 3e côté ac $< AC$, l'angle
opposé b est aussi $<$ *ABC*. Car les triangles ne pourraient avoir
ces deux angles égaux sans coïncider, et alors ac ne serait pas
$<$ *AC* : d'ailleurs l'angle b ne peut être $>$ *ABC*, car le côté
ac devrait être $>$ *AC*. Donc, etc.

197. Tout ceci ne suppose pas qu'on se soit assuré que les trois
cas exposés ci-dessus puissent arriver, mais il est bon de s'en convaincre. Car, puisque les trois angles de tout triangle valent
deux droits, on a $a + b + c = A + B + C$. Or, si l'on donne $b < B$,
il s'ensuit que $a + c > A + C$; ce qui ne préjuge rien sur la
grandeur relative des angles A et a: on peut donc avoir $a > A$,
ce qui donne le 1er cas de la fig. 39; ou bien $a = A$, d'où résulte
le 2e cas, où le sommet c tombe en I; enfin, si $a < A$, il faut
que $c > C$, et l'on a le cas de la fig. 40.

198. *Deux triangles* ABC, A'B'C' (fig. 37) *sont égaux lorsqu'ils ont respectivement, ou* 1° *deux côtés égaux comprenant
un angle égal*, AB = A'B', AC = A'C', A = A'. En effet, appliquons $A'B'C'$ sur *ABC*, de manière que $A'B'$ couvre son
égal *AB*; comme $A = A'$, le côté $A'C'$ tombera sur son égal
AC; et les triangles se confondront en un seul;

Ou, 2°. *un côté égal* AB=A'B', *ainsi que deux angles égaux placés de la même manière,* tels que $A = A'$, et $B = B'$; ou $A = A'$ et $C = C'$; les trois angles sont alors égaux chacun à chacun (n° 195, 3°.). En posant encore $A'B'$ sur AB, les côtés $A'C'$ et $B'C'$ devront prendre les directions AC et BC, C', tombera donc en C.

Ou, 3°. *les trois côtés respectivement égaux :* savoir, $AB = A'B'$, $AC = A'C'$, $BC = B'C'$; en effet, si l'on supposait $A >$ ou $< A'$, il en résulterait que BC est $>$ ou $< B'C'$ (n° 196).

199. *Un triangle est donc déterminé lorsqu'on en connaît* 1°. *deux côtés* m *et* n, *et l'angle* k *qu'ils forment* (fig. 29) : on fera un angle $A = k$, et sur ses côtés indéfinis AG et AH, on prendra $AB = m$ et $AC = n$; enfin, on mènera BC.

2°. *Un côté* n *et deux angles* k *et* l (fig. 35). Si les angles donnés ne sont pas adjacens au côté n, on cherchera d'abord le troisième angle (n° 195, 2°.), de sorte que les angles connus k et l puissent être regardés comme adjacens au côté donné n. Sur l'un des côtés indéfinis AH de l'angle $A=k$, on prendra $AC=n$, on mènera BC qui fasse l'angle $C = l$; ABC sera le triangle demandé.

Donc, *deux triangles rectangles sont égaux lorsqu'ils ont, outre les hypoténuses égales, un angle aigu égal.*

3°. *Un triangle est encore déterminé lorsqu'on en connaît les trois côtés* m, n *et* p; on prendra (fig. 26) $CC' = m$, puis des centres C et C' on décrira des cercles avec les rayons $CM = n$, $C'M = p$; les intersections M et N donnent les triangles égaux CMC', CNC', qui résolvent la question. Les deux cercles dont il s'agit ne se coupent qu'autant que l'un des côtés m est $> n - p$ et $< n + p$; sans cette double condition, le triangle ne peut exister.

200. *Les parties de deux parallèles* AB, CD (fig. 41), *interceptées entre deux autres parallèles* BD, AC, *sont égales;* car, en menant AD, on a deux triangles égaux ABD, ACD (outre le côté commun AD, l'angle $BAD = ADC$, $BDA = DAC$)

donc $AB = CD$. Le théorème (n° 183, 4°.) n'est qu'un cas par-ticulier de celui-ci.

Réciproquement, si $AB = CD$ et $AC = BD$, les triangles ont les trois côtés respectivement égaux, d'où résulte l'angle $DAB = ADC$, $ADB = DAC$; donc AB est parallèle à CD, et AC à BD.

Enfin, si l'on suppose AB égal et parallèle à CD, AC est aussi égal et parallèle à BD, parce que les triangles sont en-core égaux.

201. *Dans un triangle isoscèle* ABC (fig. 31), *les côtés égaux* CB, CA *sont opposés aux angles égaux* BAC = ABC. Menons CD au milieu de AB; les deux triangles BDC, ADC sont égaux, comme ayant les côtés respectifs égaux; donc $A = B$.

Réciproquement, si $A = B$, on a $AC = BC$; car, sans cela, on pourrait, sur $AC > BC$, prendre la partie $AE = BC$; il fau-drait donc que les triangles ABE, ABC fussent égaux (n° 198, 1°.), comme ayant $A = ABC$, $AE = BC$, et AB commun; ce qui serait absurde.

1°. Tout triangle équilatéral (fig. 30) a ses trois angles égaux, et chacun vaut les $\frac{2}{3}$ d'un droit, ou $\frac{2}{3} D$; les angles du triangle scalène sont inégaux.

2°. Dans un triangle isoscèle ABC (fig. 31), $ACB + 2A = 2D$; d'où $ACD = \frac{1}{2} C = D - A$, et $A = D - \frac{1}{2} C$; D étant l'angle droit, et C l'angle du sommet.

3°. *La ligne* CD *menée du sommet d'un triangle isoscèle au milieu de la base, est perpendiculaire à cette base, et coupe l'angle du sommet par moitié.*

4°. Sur le côté KI (fig. 16) d'un angle donné *IKC*, soit pris un point E quelconque et mené ED parallèle à KC; prenons $KE = EF$, et tirons KF; le triangle isoscèle KEF a l'angle $EKF = F$; mais $F = FKC$ comme alterne; ainsi, KF coupe par moitié l'angle IKC. De même $FK = FD$ donne l'angle $DKC = \frac{1}{2} FKC = \frac{1}{4} IKC$, etc.; cette construction facile sert à diviser l'angle IKC en 2, 4, 8.... 2^n parties égales.

202. *Dans tout triangle* BAC (fig. 43), *le plus grand côté est*

opposé au plus grand angle. Soit l'angle $BAC > C$; dans l'angle A, formons $DAC = C$; le triangle isocèle DAC a $DA = DC$, d'où $BA < BD + DA$ ou BC.

Réciproquement, si $BA < BC$, on doit avoir $C < BAC$; car, sans cela, C serait $>$ ou $= BAC$; cela entraînerait $BA >$ ou $= BC$, d'après la proposition directe, ce qui est contre la supposition.

203. *Construire un triangle* ABC (fig. 38) *dont on connaît deux côtés* a, c, *et l'angle* K *opposé à* a? Faites l'angle $BCA = K$; sur l'un des côtés indéfinis, prenez $CB =$ au côté adjacent donné a; le côté opposé c devra se placer comme BA pour fermer le triangle. Or, du centre B, avec le rayon $BA = c$, décrivez un cercle AA'; les points A, A' de section avec le côté AC, détermineront les triangles ABC, $A'BC$, qui satisfont tous deux à la question; on a donc, en général, deux solutions ABC, $A'BC$; mais il faut distinguer quatre cas.

1°. Si le rayon c du cercle est plus petit que la perpend. BD, $c < BD$, le cercle ne coupe pas AC, et le problème est impossible.

2°. Si ce rayon égale la perpend., $c = BD$, l'arc est tangent en un point D, et le triangle rectangle CBD satisfait seul à la question. Donc *un triangle rectangle est déterminé par deux de ses côtés; et deux triangles rectangles sont égaux, quand l'hypoténuse et un côté sont respectivement égaux.* En effet, on peut visiblement superposer ces triangles selon le côté égal BD; les hypoténuses, qui sont des obliques égales, doivent alors coïncider (n° 177).

3°. Si le rayon c est $> BD$ et $< CB = a$, les obliques $BA = BA'$ sont $< BC$, et par conséquent situées du même côté de BC (n° 177); les triangles ABC, $A'BC$ sont l'un et l'autre conformes aux conditions du problème; ce sont les deux solutions. Remarquons que A est supplément de l'angle $CA'B$, puisque le triangle isocèle ABA' a l'angle $A = BA'A$; ainsi, l'un de nos deux triangles est *acutangle*, l'autre *obtusangle*. Si l'on savait d'avance que le triangle cherché a ou n'a pas d'angle obtus, l'une de ces solutions se trouverait exclue. (*Voy.* fig. 176 et 177.)

4°. Si $c > a$, ou $BA > BC$, les points A et A' tombent des deux côtés de BC (fig. 44); on n'a donc qu'une solution ABC.

5°. Nous avons jusqu'ici supposé que l'angle donné $K = A$ soit aigu; s'il est obtus, tel que $BA'C$ (fig. 44), la même construction sert encore à donner la solution $A'BC$, qui est unique, parce que le triangle ABC ne peut convenir à la question. Observez que le côté c opposé à l'angle obtus C doit être le plus grand, et que si l'on eût donné $c < a$, le problème eût été absurde.

Deux triangles qui ont deux côtés respectivement égaux, et un angle égal opposé à l'un de ces côtés, sont donc égaux quand ils sont de même nature (l'un et l'autre rectangles, ou acutangles ou obtusangles) (*).

204. *Les cordes égales* CD, AB (fig. 45) *sont à égales distances du centre* O. Menons les perpend. OI, OK; les triangles rectangles OCI, OAK sont égaux, à cause de CI et AK qui sont des moitiés de cordes égales; donc $OI = OK$.

Réciproquement, si $OI = OK$, les triangles sont encore égaux; d'où $CD = AB$.

Si par un point donné M, intérieur ou extérieur au cercle, on veut mener une corde CD de longueur donnée, on la portera arbitrairement en AB sur la circonf.; puis, menant la perpend. OK, et traçant le cercle KI, la corde cherchée sera tangente à cette courbe. Ainsi, il restera à mener cette tangente par le point M (n° 208, II); et on aura les deux solutions du problème.

205. *De deux cordes inégales* AB, CD (fig. 42), *la plus grande* AB *est la plus proche du centre* O. Car on a l'arc

---

(*). En récapitulant tous les cas d'égalité des triangles, on peut dire que *deux triangles sont égaux lorsqu'ils ont trois des parties qui les composent respectivement égales*; mais il faut, 1°. exclure le cas de trois angles donnés; 2°. exiger que si l'on a deux angles donnés, ils soient placés de même à l'égard du côté donné; 3°. enfin sous-entendre que s'ils ont deux côtés égaux et un angle égal opposé à l'un, les triangles soient de même nature.

$AEB > CFD$ (n° 162, 5°.): prenons l'arc $AE = CD$, la corde AE sera $= CD$, et à la même distance du centre O; d'où $OL = OI$. Comme AE tombe en dessous de AB, on a $OI > OG$, et par conséquent $> OK$.

Réciproquement, si $OL > OK$, la corde CD est $< AB$; car, autrement, on aurait $CD =$ ou $> AB$, d'où l'on conclurait $OL =$ ou $< OK$, par la proposition directe (note n° 192).

206. Résolvons maintenant quelques problèmes.

I. *Inscrire un cercle* (fig. 46) *dans un triangle* ABC, c'est-à-dire *tracer une circonférence de cercle qui soit tangente aux trois côtés.* Ce problème revient à trouver un point O intérieur, qui soit à égale distance des trois côtés du triangle ABC; car, si les perpend. OE, OD, OF sont égales, le cercle décrit du centre O, avec le rayon OE, sera tangent aux trois côtés (n° 188).

Cherchons d'abord un point o à égale distance des deux côtés AC, AB; menant Ao, les perpend. égales oe, of donnent les triangles rectangles égaux Aeo, Aof (n° 203, 2°.). Donc Ao divise l'angle A en deux parties égales.

Réciproquement, si la droite Ao coupe l'angle A en deux parties égales, tout point o de cette ligne donne les deux perpendiculaires égales oe, of.

Donc, tous les points de la ligne AOD sont à égale distance de AB et de AC, et les points de cette ligne jouissent seuls de cette propriété; en sorte que AD est *le lieu* de tous les centres des cercles tangens à ces deux côtés, et que, par conséquent, le centre cherché est l'un des points de AO. Ce centre doit aussi, par la même raison, se trouver sur la droite OB, qui divise l'angle B en deux parties égales; il sera donc, à leur intersection O, qui non-seulement sera à égale distance des trois côtés du triangle, mais encore qui jouira seul de cette propriété. Menons la droite OC; elle divisera l'angle C en deux parties égales, puisque les deux triangles rectangles ECO, DCO ont l'hypoténuse commune et un côté égal, $OD = OE$.

Concluons donc de là,

1°. *Qu'on peut inscrire un cercle dans tout triangle;*

2°. Qu'on n'en peut inscrire qu'un seul;

3°. Que le centre est situé à l'intersection de deux lignes qui divisent en parties égales deux des angles du triangle;

4°. Que la droite menée de ce centre au 3° angle, le coupe pareillement en parties égales. (*Voy.* n° 376, IV.)

Soit p le contour ou *Périmètre* du triangle (fig. 46), comme on a $AF = AE$, $BF = BD$, $CE = CD$, on en tire

$$p = 2AF + 2BD + 2CD, \text{ ou } p = 2AF + 2BC; \text{ d'où}$$

$$AF = \tfrac{1}{2}p - BC = AE = \tfrac{1}{2}(AB + AC - BC).$$

Il est donc aisé de trouver les points F, E, et par suite D, puisque $CE = CD$; on pourra résoudre le problème en faisant passer une circonf. tangente aux trois côtés, en D, E, F.

II. Décrire un cercle (fig. 22) dans lequel deux droites données $AB = m$, $AD = n$, soutendent des arcs doubles l'un de l'autre? Comme le triangle ADB doit être isoscèle, après avoir tiré $AB = m$, on décrira des centres A et B, avec le rayon n, des arcs qui détermineront le point D et le triangle ABD, auquel il ne s'agira plus que de circonscrire un cercle.

III. Construire le triangle rectangle BAC (fig. 47), dont un côté AB de l'angle droit et le périmètre BE sont donnés? Puisque $BC + CA = AE$, élevons en A la perpend. $AD = AE$; nous aurons $BC = CD$, et le triangle BCD sera isoscèle; ainsi, CI perpend. au milieu de BD donnera le point C.

IV. Par un point I (fig. 33), mener dans l'angle BCA une droite AIB qui forme le triangle isoscèle ABC, savoir $AC = BC$, et l'angle $A = B$? L'angle extérieur BCK étant $= A + B$ (n° 195, 1°.) $= 2A$, si l'on mène CD qui coupe par moitié l'angle BCK, DCK sera $= A$, et CD parallèle à AB. Donc, il faut tracer CD, et par le point I mener AIB parallèle à CD.

V. Par un point donné M (fig. 45), mener CD telle, que la partie dD interceptée entre les deux circonfér. concentriques DB, db soit de longueur connue l? Si CD est la droite cherchée, toute corde $AB = CD$ est à la même distance du centre, ou $KO = OI$; $KB = ID$; $Kb = Id$, puis $Bb = Dd = l$. Qu'en un point quelconque B on porte la longueur l de B en b, entre les deux circonfér.; qu'on mène la droite bB prolongée en A; enfin, qu'on trace le cercle OIK tangent à Ab, il le sera aussi à la droite cherchée CD; il ne s'agira plus que de mener par le point M une tangente CD à ce cercle IK; ce sera la droite demandée.

VI. Construire un triangle rectangle BCD (fig. 38), dont on connaît l'hypoténuse BC, et la somme ou la différence des côtés CD, BD de l'angle droit? Soit $AD = BD = A'D$; les triangles rectangles isoscèles BAD, $BA'D$ ont les angles A et A' égaux à la moitié d'un droit (n° 195, 5°.). Dans le triangle BAC ou $BA'C$, outre BC, on connaît donc l'angle A ou A', et le côté AC ou $A'C$, et il est aisé de décrire ce triangle. Sur la base AC ou $A'C$, on tirera AB ou $A'B$ sous la direction d'un demi-angle droit; du centre C, et avec le rayon CB, on tracera un cercle qui coupera AB ou $A'B$ au sommet B (il y a en général deux points d'intersection, et par conséquent deux solutions n° 203): il restera ensuite à abaisser la perpend. BD qui terminera le triangle demandé BCD.

Mesure des angles dans le cercle.

207. Nous connaissons la mesure des angles dont le sommet est au centre (n° 169); cherchons cette mesure lorsque le sommet est situé d'une manière quelconque; et d'abord examinons le cas où l'angle est formé par deux cordes, le sommet étant sur la circonf.; on dit alors que l'angle est *Inscrit : il a pour mesure la moitié de l'arc compris entre les côtés.*

1°. Si l'un des côtés AD de l'angle GAD (fig. 48) passe par le centre C, en menant EF parallèle à AG, on a $GE = AF$ (n° 190); mais aussi $ED = AF$, à cause des angles égaux ACF et DCE; ainsi, E est le milieu de l'arc GD, et l'angle ECD ou son égal GAD (n° 182, 4°.), a pour mesure ED ou la moitié de l'arc GD.

2°. Si le centre C est entre les côtés de l'angle BAG, en menant le diamètre AD, les angles BAD, DAG ayant pour mesure les moitiés de BD et de DG, la somme, ou la moitié de l'arc BDG, est la mesure de l'angle BAG.

3°. Si le centre C est hors de l'angle, comme pour HAB, on a de même $\frac{1}{2}HD$ et $\frac{1}{2}BD$ pour mesures des angles HAD, BAD; en retranchant, on trouve $\frac{1}{2}HB$ pour mesure de l'angle HAB.

4°. Enfin, s'il s'agit de l'angle TAB, formé par une tangente AT et par une corde AB, le diamètre AD est perpend. sur AT, l'angle TAD a donc pour mesure le quadrans ou la moitié de l'arc $AHBD$; celle de BAD est $\frac{1}{2}BD$; la différence de ces arcs est $\frac{1}{2}AHB$, mesure de l'angle TAB.

Réciproquement, si un angle BAG a pour mesure $\frac{1}{2}BG$, le sommet est sur la circonf.; car, si $\frac{1}{2}BG$ pouvait mesurer l'angle BIG, on formerait l'angle BAG qui aurait même mesure, d'où $BIG = BAG$, ce qui ne se peut (n° 195, 6°.).

Prolongeons en K le côté HA de l'angle HAG; la moitié de l'arc GAH est la mesure de l'angle KAG, puisque KAG est supplément de l'angle HAG.

On verra aisément que

5°. *L'angle* BAD (fig. 49) *inscrit dans le demi-cercle, est droit,* car il a pour mesure la moitié de la demi-circonférence.

6°. Tous les angles inscrits A, C, $D\dots$ (fig. 50), qui s'appuient sur le même arc BE, ayant même mesure, sont égaux.

7°. Si un angle BAE, de grandeur fixe, se meut de manière que ses côtés passent sans cesse l'un en B, l'autre en E, le sommet prenant successivement les positions A, C, $D\dots$, décrira la circonf.

208. On résout divers problèmes à l'aide de ce théorème.

I. *Abaisser une perpendiculaire* AD (fig. 49) *à l'extrémité d'une ligne* AB *sans la prolonger.* Puisque l'angle A doit être droit, toute ligne BD doit être le diamètre d'un cercle passant en A (5°.). On décrira donc, du centre quelconque C, un cercle qui passe en A; puis par le point B où ce cercle coupe AB, on mènera le diamètre BD, qui donnera le point D; DA sera la perpend. cherchée.

II. *Par un point extérieur* D (fig. 51) *mener une tangente* AD *au cercle* CAB. Puisque l'angle *CAD*, formé par la tangente et le rayon, doit être droit, cet angle est inscrit dans le demi-cercle dont *CD* est le diamètre (5°.). On décrira donc cette circonf. *CADB*; elle coupera le cercle proposé *CAB* au point de contact *A*. On aura, outre la tangente *AD*, une autre solution *BD*, et il est prouvé que ces deux lignes satisfont seules à la question.

III. *Partager l'angle quelconque* ACB (fig. 52) *en trois parties égales.* Traçons du sommet *C* le cercle *IFAB*; concevons la ligne *AO* tracée de manière à former l'angle $O = \frac{1}{3} ACB$. L'angle *ACB* est extérieur au triangle *AOC*, d'où $3O = O + OAC$; et $OAC = 2O$. Mais menant le rayon *FC*, le triangle isocèle *FAC* donne $OAC = AFC$, angles dont la mesure est $\frac{1}{2} ABG$, savoir:

$$OAC = \tfrac{1}{2} ACB + \tfrac{1}{2} BCG, \quad \text{ou} \quad 2O = \tfrac{3}{2} O + \tfrac{1}{2} BCG,$$

ou enfin $O = BCG = FCO$, et le triangle *FCO* est isocèle; $OF =$ le rayon *FC* du cercle.

Le problème proposé consiste donc à savoir mener la droite *AO* telle, que la partie extérieure *OF* soit égale au rayon; l'angle *O* sera le tiers de l'angle *ACB*, l'arc *BG* ou *FI* le tiers de l'arc *AB*. Mais il n'appartient pas à la Géométrie élémentaire de donner des moyens de mener cette droite *AO*; comme on n'y traite que des propriétés de la ligne droite et du cercle, on n'y emploie aussi que la règle et le compas; on verra d'ailleurs des moyens d'opérer la *trisection de l'angle* (n° 464, 1), ce qu'on ne peut faire ici que par tâtonnement.

IV. Décrire un cercle qui passe en deux points donnés *B, E* (fig. 53), et qui soit tel, que les angles *O* inscrits soient égaux à un angle donné *A*; c'est ce qu'on appelle *décrire sur une droite BE, un segment capable de l'angle* A. La tangente en *E* fera aussi l'angle $BEK = A = O$ (n° 207, 4°.); si donc on mène la droite *KEI* telle que l'angle *BEK* soit $= A$, elle sera tangente. La question est donc réduite à faire passer en *B* un cercle tangent à *KI* au point *E* (n° 189). On élèvera les perpend. *CE* à *KI*, et *CG* sur le milieu de *BE*; *C* sera le centre.

Cette construction est souvent employée, surtout lorsqu'il s'agit de former un triangle dans lequel on connaît, entre autres choses, un côté et l'angle opposé, comme dans les questions suivantes.

V. Décrire un triangle BDE (fig. 54) dont on connaît la base b, la hauteur h et l'angle A du sommet. Après avoir tracé $BE = b$ et sa parallèle DD', à la distance $HG = h$ de BE, on décrira sur BE un segment capable de l'angle donné A, et les points où DD' coupera le cercle donneront pour solutions les triangles égaux BDE, $BD'E$.

VI. Soient trois points B, A, C (fig. 39) tracés sur une carte, fixer le lieu d'un quatrième point C', connaissant les angles $BC'C$ et $BC'A$. On décrira sur BC le segment capable de l'angle $BC'C$, ainsi qu'on vient de le dire; de même sur BA le segment capable de $BC'A$: le point C' sera à l'intersection des deux circonf. (*Voy.* 364, VI.) Quand l'une de ces circ. passe à la fois par les trois points ABC, selon que l'autre est ou n'est pas dans le même cas, le problème est indéterminé ou absurde.

VII. Construire un triangle ABC (fig. 46) dont on connaît la base AB, l'angle opposé C et le rayon OF du cercle inscrit. Puisque OA et OB divisent en deux parties égales les angles A et B du triangle cherché ABC; dans le triangle AOB, l'angle O, supplément de $OAF + OBF$, ou de $\frac{1}{2}(A + B)$, est $O = 2D - \frac{1}{2}(A + B)$; et comme $A + B = 2D - C$, on a $O = D + \frac{1}{2}C$. L'angle O étant connu, on déterminera le point O (probl. V), puis traçant le cercle EDF, qui touche AB en F, les tangentes AE, BD achèveront le triangle cherché.

VIII. Étant donnés un triangle $A'B'C'$ (fig. 55) et deux circonf. concentriques AO, CO, construire un triangle ABC qui ait deux sommets A et B sur la grande circonf., et l'autre C sur la petite, et qui soit équiangle avec le proposé $A = A'$, $B = B'$, $C = C'$.

L'angle A ayant pour mesure $\frac{1}{2}BD$, si de A', comme centre, et du rayon AO on décrit l'arc HI, il sera moitié de BD. On prendra donc en un lieu quelconque l'arc $BD = 2 \cdot HI$; les côtés AB et AC passeront par B et D. De plus, l'angle BCD

étant supplément de C', on aura le lieu du sommet C, en décrivant sur la corde BD un segment $BCcD$ capable de cet
angle $2D - C'$; la droite DCA donnera le point A et le triangle
cherché.

Le point c donne le triangle aBc, autre solution du problème; outre qu'on peut attribuer à la corde BD une infinité
de situations, ce qui donne autant de solutions doubles.

209. *L'angle* BAC, *dont le sommet* A *est en un lieu quelconque du plan* (fig. 56 et 57), *a pour mesure la moitié de la
somme ou de la différence des arcs* BC, DE *compris entre les
côtés, selon que le sommet* A *est au dedans ou au dehors de la
circonférence.*

Menez EF parallèle à DC. 1° Si A est situé dans la circonf.
(fig. 56), la mesure de l'angle $E = BAC$ est

$$\tfrac{1}{2}BF = \tfrac{1}{2}(BC + CF) = \tfrac{1}{2}(BC + DE).$$

2°. Si A est situé hors du cercle (fig. 57), la mesure de
l'angle $A = BEF$ est $\tfrac{1}{2}BF = \tfrac{1}{2}(CB - CF) = \tfrac{1}{2}(CB - ED)$.

Ainsi, la mesure de l'angle A est $\tfrac{1}{2}(a \pm b)$, en faisant $a = BC$,
$b = DE$. Cette formule est même générale, car $b = 0$ répond
au cas où le sommet est sur la circonf., et $b = a$ à celui où il
est au centre.

Lignes proportionnelles. Triangles semblables.

210. Soient deux droites quelconques AH, ah (fig. 58); si
sur l'une on prend des parties égales AB, BC, CD...,
et que par les points de division, on mène des parallèles Aa,
Bb, Cc... Hh, dans une direction arbitraire, les parties ab,
bc, cd.... qu'elles interceptent sur ah, sont égales entre elles.
Car si l'on mène ai, bl, cm... parallèles à AH, on aura
des triangles aib, blc, cmd... égaux entre eux, à cause de
$ai = bl = cm... = AB = BC = ...$

Il suit de là que AB sera contenu dans AH autant de fois
que ab dans ah, d'où $\dfrac{AE}{EH} = \dfrac{ae}{eh}$; $AE : EH :: ae : eh$.

211. *Deux droites* AH *et* ah (fig. 59) *sont coupées en parties proportionnelles par trois parallèles quelconques* Aa, Ee, Hh,

savoir, $\dfrac{AE}{EH} = \dfrac{ae}{eh}$; car,

1°. Si les parties AE, EH sont commensurables, en portant la commune mesure sur AH, elle sera contenue un nombre exact de fois dans AE et EH : on retombera donc dans le cas ci-dessus, parce que les parallèles à Aa, menées par les points de division, couperont ah en parties égales.

2°. Si AE et HE sont incommensurables, divisons AE en un nombre arbitraire de parties égales, et portons l'une d'elles de E vers H; soit I le point de division le plus près de H; menons Ii parallèle à Hh. Cela posé, AE et EI étant commensurables, on a $\dfrac{EI}{EA} = \dfrac{ei}{ea}$: et comme $EI = EH - HI$;

$ei = eh - hi$; il vient $\dfrac{EH}{EA} - \dfrac{HI}{EA} = \dfrac{eh}{ea} - \dfrac{hi}{ea}$. Or, les distances HI et hi peuvent être rendues aussi petites qu'on voudra, en prenant le nombre de divisions de AE de plus en plus grand, les autres termes étant constans : de sorte que les points H et h sont les limites de I et i. Puisque les 2ᵉˢ termes des deux membres décroissent indéfiniment, le principe fondamental (n° 113) donne donc encore $\dfrac{EH}{EA} = \dfrac{eh}{ea}$.

De la proportion démontrée, on tire (n° 73)

$$\frac{AE}{AH} = \frac{ae}{ah}, \text{ d'où } \frac{AH}{ah} = \frac{AE}{ae} = \frac{EH}{eh}.$$

212. *Une parallèle* EB *à la base d'un triangle* HAC (fig. 59) *coupe les côtés en parties proportionnelles*, puisque $AB = ae$, $BC = eh$; d'où

$$\frac{AE}{AB} = \frac{AH}{AC} = \frac{EH}{BC}.$$

On peut répéter sur le triangle HAC ce qu'on a dit sur la fig. 58.

Réciproquement; si l'on a $\dfrac{AE}{AB} = \dfrac{EH}{BC}$, EB est parallèle à HC;

car si cela n'était pas, menant HL parallèle à EB, on aurait $\frac{AE}{AB} = \frac{EH}{BL}$; donc $BL = BC$.

213. Il suit de là que, 1°. lorsqu'on a trois lignes m, n, p (fig. 59), pour *trouver une quatrième proportionnelle*, c.-à-d. une ligne x, telle qu'on ait $\frac{m}{n} = \frac{p}{x}$, on fera un angle quelconque HAC, on prendra sur ses côtés $AE = m$, $AB = n$, $AH = p$; puis menant EB et sa parallèle HC, AC sera la quatrième proportionnelle cherchée x.

2°. *Les lignes quelconques* AB, AC, AD, AE, AF.......
(fig. 60) *partant d'un même point* A, *sont coupées en parties proportionnelles par les parallèles* BF, bf; car en n'ayant égard qu'à AB et AC, on a $\frac{AB}{Ab} = \frac{AC}{Ac}$; de même $\frac{AC}{Ac} = \frac{AD}{Ad}$, à cause des droites AC et AD, etc. Réunissant ces proportions qui ont un rapport commun, il vient

$$\frac{AB}{Ab} = \frac{AC}{Ac} = \frac{AD}{Ad} = \frac{AE}{Ae} = \frac{AF}{Af} \ldots$$

3°. *Pour diviser une droite donnée* AF (fig. 61) *en plusieurs parties égales*, par ex. en cinq, on mènera une ligne quelconque indéfinie aF, sur laquelle on portera cinq fois l'ouverture de compas arbitraire $Fe = ed = dc = \ldots$, puis menant Aa et les (parallèles Bb, Cc, Dd, Ee, on aura ......
$AB = BC = CD = \ldots$.

4°. *Pour partager une ligne donnée* aF (fig. 62) *en parties proportionnelles à celles d'une autre droite donnée* af, on tirera la ligne quelconque AF, sur laquelle on portera $FE = fe$, $ED = ed$, $DC = dc \ldots$; puis menant Aa et les parallèles $Bb'\ldots$, on aura les points de division cherchés e', d', $c' \ldots$.

Si fa est l'une des dimensions d'une figure, et qu'on veuille que cette dimension devienne Fa', il faudra changer les parties fe, $fd \ldots$ en Fe', $Fd' \ldots$. L'échelle d'un plan étant, par ex., fa, elle est devenue Fa'. C'est à cette construction que se rapporte l'*art de réduire un plan* à une échelle donnée.

214. Deux triangles ABC, $A'B'C'$ (fig. 63) dont les angles sont respectivement égaux, sont nommés *Semblables* ou *Équiangles* : les côtés de même dénomination sont appelés *Homologues.* Soient $A = A'$, $B = B'$, $C = C'$; AB est homologue de $A'B'$; BC de $B'C'$; AC de $A'C'$. *Les côtés homologues se distinguent en ce qu'ils sont opposés aux angles égaux.*

Deux triangles semblables ont les côtés homologues proportionnels. En effet, plaçons le triangle $A'B'C'$ sur ABC, de sorte que le côté $A'C'$ tombe sur son homologue AC de A en E; $A'B'$ tombera sur AB de A en D, à cause de $A = A'$. Mais l'angle $AED = C' = C$; donc DE est parallèle à BC, et l'on a $\dfrac{AD}{AB} = \dfrac{AE}{AC}$: de plus $\dfrac{AE}{AC} = \dfrac{BF}{BC}$, en menant EF parallèle à AB; et comme $BF = DE = B'C'$, on a enfin

$$\frac{A'B'}{AB} = \frac{A'C}{AC} = \frac{B'C'}{BC}.$$

Réciproquement, deux triangles qui ont les côtés homologues proportionnels, sont semblables. En effet, si $\dfrac{A'B'}{AB} = \dfrac{A'C}{AC} = \dfrac{B'C}{BC}$; prenons $AD = A'B'$, et menons DE parallèle à BC, nous avons $\dfrac{AD}{AB} = \dfrac{AE}{AC} = \dfrac{DE}{BC}$; et à cause que $AD = A'B'$, le 1er rapport est commun aux deux proportions; les autres rapports sont donc égaux, savoir $A'C = AE$, $B'C' = DE$. Les triangles ADE, $A'B'C'$ sont égaux, et par conséquent ABC, $A'B'C'$ sont équiangles.

215. *Deux triangles* ABC, A'B'C' (fig. 63) *qui ont un angle égal* A $=$ A', *compris entre des côtés proportionnels* $\dfrac{A'B'}{AB} = \dfrac{A'C'}{AC}$, *sont semblables.* Car en appliquant $A'C'$ de A en E, $A'B'$ tombera en AD et $A'B'C'$ en ADE. Or, par hypothèse, on a $\dfrac{AD}{AB} = \dfrac{AE}{AC}$; donc DE est parallèle à BC (n° 212), et les triangles ABC et ADE ou $A'B'C'$ sont équiangles.

216. Donc (fig. 63), 1°. *deux triangles dont les côtés sont*

respectivement parallèles; sont semblables. Cela est évident pour *ABC* et *A'B'C'* (n° 183, 3°.); quant à *ABC* et *C'IH*, en prolongeant les côtés *A'* et *B'*, puis menant *A'B'* parallèle à *HI* ou *AB*, on a *I = A', H = B'* comme alternes-internes. Ainsi, *C'IH* étant équiangle à *A'B'C'*, l'est à *ABC*. *Les côtés parallèles sont homologues.*

2°. *Deux triangles* ABC, A'B'C' (fig. 64), *dont les côtés respectifs sont perpendiculaires, sont semblables;* car prolongeons les côtés *A'C', B'C'* jusqu'à leur rencontre en *F* et *E* avec *AC*, les angles *C* et *E* sont complémens; ainsi que *C'* et *E*, à cause des triangles rectangles *ECG, ECF* : donc *C = C'*. On prouve de même que *A = A', B = B'. Les côtés perpendiculaires sont homologues.*

3°. *Les lignes* AB, AC, AD... (fig. 60) *partant d'un même point* A, *coupent en parties proportionnelles deux parallèles quelconques* BF, bf; car les triangles *ABC, abc* semblables donnent $\dfrac{AC}{ac} = \dfrac{BC}{bc}$; de même *ACD, acd* donnent $\dfrac{AC}{Ac} = \dfrac{CD}{cd}$; ainsi l'on a $\dfrac{CD}{cd} = \dfrac{BC}{bc}$. On a de même $\dfrac{CD}{cd} = \dfrac{DE}{de}$....

4°. Si les lignes *Aa, Ee, Hh* (fig. 59) sont des parallèles équidistantes, *E, e* sont les milieux de *AH* et *ah*, et réciproquement. De plus, *Ee* est la moitié de (*Aa + Hh*), puisqu'en menant *AC* parallèle à *ah*, la ligne *EB = ½HC*, et *Be = Aa = Ch = ½(Aa + Ch)*.

5°. C'est sur ces principes qu'est fondée la construction des *Échelles*. Après avoir porté un nombre quelconque de parties égales sur une droite indéfinie *CI* (fig. 65), par ex., 5 de *C* en *D*, on élève par les points de division des perpend., puis on porte de même sur *CA*, 5 parties égales arbitraires *Ca, ac*...; par les points *a, c, e*...., on mène des parallèles indéfinies à *CI*; enfin, on tire les *Transversales CB, 5F*... Il suit de cette construction, que puisque *Ca, Cc, Ce*... sont $\frac{1}{5}, \frac{2}{5}, \frac{3}{5}$... de *CA*; *ab, cd, ef*... sont de même $\frac{1}{5}, \frac{2}{5}, \frac{3}{5}$... de *AB*; *eo* est $= ef + fo$ ou $\left(\frac{3}{5} + \frac{15}{5}\right)$ de *AB*, où enfin $\frac{18}{25}$ de *CD*.

On a donc ainsi partagé la ligne *CD* en 25es, ce qu'on n'aurait pu faire autrement d'une manière aussi distincte, vu la petitesse des parties. On peut se servir de cette échelle pour diviser une longueur en parties égales : on cherche combien cette longueur contient de parties de l'échelle, en portant une ouverture de compas égale sur une des parallèles indéfinies, et observant qu'elle réponde à des divisions à peu près exactes : si, par ex., elle tombe de L en o, la ligne contient 57 divisions. Pour couper Lo en 9, on calcule le 9e de 57, qui est 6, et l'on prend une longueur d'autant de parties de l'échelle que le quotient a d'unités, ou de six parties.

Cette échelle est surtout employée pour réduire les lignes d'un dessin dans un rapport donné : on a coutume de former CD et CA de dix parties, et de numéroter convenablement les transversales, afin d'en faciliter l'usage. C'est alors une *échelle de dixmes*. (*Voy.* fig. 65 *bis*.)

6°. Voici un autre moyen remarquable de sous-diviser une échelle en fractions très petites. Si les longueurs égales AB, CD (fig. 66) sont partagées, l'une en 5, l'autre en 6 parties égales aux points 1, 2, 3...11, 12.., la longueur $A11$, que nous désignerons par a, sera le 5e de AB, $a = \frac{1}{5} AB$, et $C1 = \frac{1}{6} AB$; d'où $A11. - C1 = \frac{1}{5} AB - \frac{1}{6} AB = \frac{1}{30} AB$, ou $\frac{1}{6} a$. Donc, les règles étant appliquées C en A, D en B, le n° 11 dépassera le n° 1 de $\frac{1}{6} a$, 12 dépassera 2 de $\frac{2}{6} a$, 13 de $\frac{3}{6} a$....

D'après cela, si l'on a trouvé qu'une longueur portée sur l'échelle AH s'étend du point zéro jusqu'en i, elle contient 13 parties, plus la fraction $i13$, qu'il faut évaluer. On applique la règle CD (qu'on appelle *Vernier* ou *Nonius* du nom des inventeurs) en $C'D'$ le long de AB, de manière que C' réponde en i; examinant la suite des divisions, on en reconnaît deux qui coïncident, H et 5; ainsi la division 17 dépasse 4 de $\frac{1}{6} a$, 16 dépasse 3 de $\frac{2}{6} a$...; enfin 13 dépasse C' ou i de $\frac{5}{6} a = i13$; c'est la fraction cherchée, et $13 \frac{5}{6}$ est la longueur proposée en parties de l'unité a.

On a soin de prendre les divisions serrées, afin que les fractions soient plus petites, et qu'on soit assuré que deux divisions coïncideront toujours sensiblement. Si $n - 1$ parties de AB répondent à n divisions du vernier CD, celui-ci sert à évaluer le n^e d'une division de AB; et si la coïncidence est établie à la graduation k^e du vernier, la fraction est $\dfrac{k}{n}$. L'entier est donné par le chiffre de la ligne AB, et la fraction par celui du vernier.

L'échelle de la figure 66 *bis* a 9 de ses divisions coupées en 10 sur le vernier AB, qui donne les 10es : les divisions en coïncidence sont au n° 6 du nonius, et la longueur de o à A est 57,6.

Le même principe s'applique à la division des arcs de cercle, dans les instrumens propres à mesurer les angles. Si l'on a divisé (p. 225) la circonférence en 360 parties égales ou *degrés*, et chaque degré en deux; qu'une alidade mobile autour du centre porte à son extrémité un vernier dont 30 parties interceptent 29 de ces demi-degrés; ces sous-divisions du nonius dépasseront de $\frac{1}{30}$, $\frac{2}{30}$, $\frac{3}{30}\cdots$, les demi-degrés, et donneront ainsi, à la seule inspection, des 60es de degrés ou des *minutes*. Si le zéro de l'alidade est d'abord placé (fig. 9) en a au n° o du cercle, et si elle est dirigée à un objet A, l'instrument restant ainsi fixé dans le plan des points $A\ C\ B$; qu'on fasse glisser l'alidade sur le limbe pour la diriger à l'objet B, le zéro de l'alidade sera porté sur un point b du cercle, et l'arc ab qui mesure l'angle proposé ACB sera formé, par ex., de 53 degrés et d'une fraction que le vernier servira à faire estimer en minutes. Il suffira d'examiner quelle est la division du vernier qui coïncide avec une de celles du cercle, et de compter son rang à partir de zéro. A cet effet, on grave les chiffres des divisions du vernier de 5 en 5; on lit ainsi les degrés sur le cercle et les minutes sur le vernier.

217. Soit un triangle ABC (fig. 67) rectangle en A ; si l'on abaisse sur l'hypoténuse BC la perpend. AD, les deux triangles partiels ABD, ADC seront semblables entre eux et à ABC. Car l'angle B est commun aux triangles ABD et ABC; outre l'angle droit, en D pour l'un, et en A pour l'autre : il suit donc de là que l'angle C est égal à BAD, $C = a$. De même C est commun aux triangles ADC et ABC, outre l'angle droit;

ainsi $B = B'$ Les triangles ABD et ADC ont d'ailleurs les côtés perpend. En formant des proportions avec les côtés homologues, on trouve que,

1°. *La perpendiculaire* AD *est moyenne proportionnelle entre les deux segmens de l'hypoténuse* BC. Car les triangles ABD et ADC donnent $\dfrac{BD}{AD} = \dfrac{AD}{DC}$, d'où $AD^2 = BD \times DC$.

2°. *Chaque côté* AB *de l'angle droit est moyen proportionnel entre l'hypoténuse entière* BC *et le segment* BD *correspondant.* Car les triangles ABD, ABC donnent $\dfrac{BD}{AB} = \dfrac{AB}{BC}$, ou

$AB^2 = BD \times BC$; ADC et ABC donnent $AC^2 = DC \times BC$.

3°. *Le carré de l'hypoténuse* BC *est au carré d'un des côtés* BA *de l'angle droit, comme l'hypoténuse* BC *est au segment* BD *correspondant à ce côté.* Cela suit de l'équation $AB^2 = BD \times BC$, divisée par BC^2, puisqu'on a $\dfrac{AB^2}{BC^2} = \dfrac{BD}{BC}$.

4°. *Le carré de l'hypoténuse est égal à la somme des carrés des deux autres côtés.* En effet, ajoutant les équations $AB^2 = BD \times BC$, $AC^2 = DC \times BC$, on trouve

$$AB^2 + AC^2 = BC(BD + DC) = BC^2.$$

Désignant par a, b, c les côtés opposés respectivement aux angles A, B, C, a étant l'hypoténuse, on aura

$$a^2 = b^2 + c^2.$$

Cette proposition, la 47e d'Euclide, et la plus importante de toute la Géométrie, apprend à trouver la longueur de l'un des côtés de tout triangle rectangle, connaissant les deux autres; on a en effet

$$a = \sqrt{(b^2 + c^2)}, \text{ et } b = \sqrt{(a^2 - c^2)}.$$

Rapportant donc les côtés a, b, c à une unité, on en mesurera deux (n° 156), et l'on conclura par un calcul simple le nombre d'unités du troisième. Soit, par exemple, $b = 3$, $c = 4$; on trouve $a^2 = 9 + 16 = 25$; d'où $a = 5$.

La réciproque de cette proposition résulte des deux suivantes. On peut, au reste, démontrer directement que si $AC^2 = AD^2 + DC^2$ (fig. 31), *le triangle* ADC *est rectangle*; car, menons DB perpend. sur CD, et prenons $DB = AD$; le triangle DCB est rectangle, et l'on a $CB^2 = DB^2 + DC^2$; ainsi $CB^2 = AC^2$, et les deux triangles ACD, BCD sont égaux. Donc, etc.

218. Si l'angle A (fig. 38) du triangle ABC est aigu, en abaissant la perpend. BD sur AC, on a deux triangles rectangles CBD, ABD qui donnent

$$BD^2 = BC^2 - DC^2, \quad BD^2 = AB^2 - AD^2;$$

d'où $BC^2 = AB^2 + DC^2 - AD^2$, $a^2 = c^2 + DC^2 - x^2$,

en désignant par a, b, c les trois côtés BC, AC, AB du triangle, et faisant $AD = x$. Or, $DC = AC - AD = b - x$; en substituant il vient

$$a^2 = b^2 + c^2 - 2bx.$$

Si le triangle proposé a son angle A obtus, comme cela arrive à $A'BC$, tout se passe de même, si ce n'est que........ $DC = CA' + A'D = b + x$, d'où

$$a^2 = b^2 + c^2 + 2bx.$$

Ici x désigne le segment adjacent à l'angle A qui est opposé au côté a dont on cherche la valeur.

219. Ainsi, lorsque les trois côtés d'un triangle sont donnés, il est bien aisé de juger de la nature de chacun de ses angles; on prendra les perpend. AB et AC (fig. 32) égales aux deux petits côtés b et c, et l'on mènera BC; suivant que BC sera $<$, $>$ ou $= a$, l'angle opposé au grand côté a sera aigu, obtus ou droit : dans ce dernier cas, BAC serait le triangle même.

Si les côtés sont donnés en nombres, après en avoir fait les carrés a^2, b^2 et c^2, on comparera le plus grand à la somme des deux autres, et, suivant qu'il sera égal, plus petit ou plus grand que cette somme, l'angle opposé sera droit, aigu ou obtus.

Le calcul peut même donner la longueur de la perpend. $BD = h$.
Car on tire de notre formule

$$x = AD = \tfrac{1}{2}\, b - \frac{(a+c)\,(a-c)}{2b}.$$

x devient négatif, lorsque l'angle A auquel se rapporte le segment x est obtus, comme pour le triangle $A'BC$; pour lequel $a^2 > b^2 + c^2$. La fraction prend le signe $+$ quand $a < c$, comme fig. 44.

Le second segment de la base est $CD = y = b - x$; enfin la hauteur est (*).

$$h = BD = \sqrt{(c+x)\,(c-x)}.$$

Toutes ces formules se prêtent aux log. Soient, par exemple, $a = 150.$, $b = 66$, $c = 110$; on voit que le triangle est possible (n° 193), car $150 < 110 + 66$, et $> 110 - 66$. De plus $150^2 > 110^2 + 66^2$, donc l'angle A est obtus; on trouve $AD = x = 33 - 78,78\ldots = -45,7878\ldots$ $BD = h = 100,017$.

220. *Si la ligne* AC (fig. 68) *divise en deux parties égales l'angle* A *au sommet du triangle* BAD, *les côtés* AB *et* AD *sont proportionnels aux segmens* BC *et* CD *de la base.* En effet, en prolongeant DA en E, jusqu'à la rencontre de BE parallèle à AC, on a $\dfrac{AD}{DC} = \dfrac{AE}{BC}$: or, l'angle $BAC = ABE = DAC$, de plus $E = DAC$; donc $E = ABE$. Le triangle EAB étant isocèle, on a $AE = AB$; donc $\dfrac{AD}{DC} = \dfrac{AB}{BC}$.

221. *Les parties de deux cordes* BE, DC (fig. 69) *qui se coupent en* A, *forment des produits égaux* (**) . . . .

_____

(*) On peut donc trouver la surface d'un triangle dont on connaît les trois côtés, puisqu'on a sa base b et sa hauteur h. Dans notre ex. numérique, cette aire est $= \tfrac{1}{2} 66 \times 100,017 = 3300,56$.

(**) On énonce ordinairement ainsi ce théorème et celui du n° 224 : *Les cordes se coupent en parties réciproquement proportionnelles; les sécantes sont réciproquement proportionnelles à leurs parties extérieures.* Nous avons préféré les énonciations ci-dessus, comme comprises dans une phrase plus claire et plus facile à se présenter à l'esprit.

$BA \times AE = DA \times AC$. En effet, menant BC et DE, nous avons les triangles BAC, DAE qui sont semblables à cause des angles (n° 207) inscrits au même arc; $E = C$, $B = D$. Comparant les côtés homologues, il vient $\dfrac{BA}{AC} = \dfrac{AD}{AE}$; d'où.....

$BA \times AE = DA \times AC$.

222. La perpend. AD (fig. 70) au diamètre BE se nomme une *ordonnée*.

L'ordonnée AD *est moyenne proportionnelle entre les segmens* AB, AE *du diamètre*; car $AD = AC$ dans la proportion qui précède. D'ailleurs ceci revient au n° 217, 1°., puisque (fig. 67) le triangle rectangle ABC est inscriptible au demi-cercle.

Si l'on veut donc *une ligne* x *moyenne proportionnelle entre deux lignes données* m *et* n (fig. 70), on prendra sur une droite indéfinie $AB = m$, $AE = n$; on élèvera une perpend. DC au point A, et sur le diamètre BE on tracera un cercle $BDEC$; AD sera x.

223. Il résulte aussi de la proposition (n° 217, 2°.) que (fig. 67) *la corde* AB *est moyenne proportionnelle entre le diamètre* BC *et le segment* BD *correspondant*. On a donc (fig. 71) $BA^2 = BC \times BD$ et $BE^2 = BC \times BF$, d'où $\dfrac{BA^2}{BE^2} = \dfrac{BD}{BF}$: ainsi *les carrés de deux cordes qui partent d'un même point de la circonférence sont entre eux comme les segmens du diamètre qui passe par ce point*.

224. *Toute sécante* AE, AC (fig. 72) *multipliée par sa partie extérieure* AB, AD *donne le même produit*, $AB \times AE = AD \times AC$: en menant les lignes DE, BC, on a les triangles semblables ABC, ADE; car outre l'angle commun A, ils ont $C = E$ (n° 207). Ainsi on a $\dfrac{AB}{AD} = \dfrac{AC}{AE}$, d'où $AB \times AE = AD \times AC$.

225. *La tangente* AB (fig. 73) *est moyenne proportionnelle entre une sécante quelconque* AC *et sa partie extérieure* AD. En effet, en menant BD, les triangles ABD, ABC sont semblables,

car outre l'angle A commun, on a $C = ABD$ (n° 207, 4°.); ainsi

$$\frac{AD}{AB} = \frac{AB}{AC}, \text{ ou } AB^2 = AD \times AC.$$

226. Ces théorèmes peuvent être renfermés en un seul; car, soient a et b les distances mesurées sur la droite AC (fig. 69, 72), d'un point A à la circonférence, où $AD = a$, $AC = b$; soient de même a' et b' les parties analogues pour une autre ligne ABE, ou $AB = a'$, $AE = b'$; on a $ab = a'b'$, quel que soit l'angle sous lequel les lignes se coupent; et en quelque lieu que soit le point A. Si l'on fait tourner AE autour de A, les points d'intersection B et E changeront, et lorsque la ligne AB (fig. 72) sera tangente, B et E coincideront; ainsi $a' = b'$, d'où $ab = a'^2$.

227. Voici plusieurs problèmes qu'on résout par ces divers principes.

I. *Mesurer la hauteur d'un édifice* AB (fig. 74). On plante verticalement un piquet ou *Jalon DE*; puis on dirige un rayon visuel DB au sommet B, et l'on marque le point C où il rencontre l'horizon; on a $\frac{CE}{DE} = \frac{CA}{AB}$; tout est ici connu, excepté le 4e. terme AB, qu'on détermine par le calcul (n° 72, 2°.).

On pratique cette opération plus commodément en se servant des longueurs AC et $C'E'$ de l'ombre que projettent les hauteurs AB, $D'E'$ sur l'horizon.

II. *Mener une tangente à deux cercles* (fig. 75). Soit ADD cette tangente; joignons les centres par la ligne ACC et menons les rayons CD, $C'D'$; nous avons $\frac{AC'}{AC} = \frac{C'D'}{CD}$. Mais pour une sécante AI, en mettant CI et $C'I'$ au lieu de CD et $C'D'$, on aura $\frac{AC}{AC'} = \frac{C'I'}{CI}$; donc CI est parallèle à $C'I'$.

On mènera donc deux rayons parallèles quelconques CI, $C'I'$; la droite II' ira couper CC' au point A, par lequel menant la tangente à l'un des cercles, elle le sera aussi à l'autre. Lorsque les cercles ne se coupent pas, il y a une seconde solution en A', ce qui fait quatre tangentes.

III. *Par deux points donnés* C *et* D (fig. 73), *tracer une cir-conférence qui touche la droite donnée* AB? Cette droite ne passe pas entre C et D, puisqu'elle couperait la corde CD : en joignant C et D par une droite prolongée en A jusqu'à la rencontre avec AB, AD et AC sont connus, et il s'agit de trouver AB, car il ne restera plus qu'à faire passer un cercle par trois points donnés B, C, D (n° 187). Or, AB est tangente et AC sécante (n° 225), d'où $AB^2 = AC \times AD$; on trouvera aisément (n° 222) la moyenne proportionnelle entre AC et AD.

Le problème a deux solutions, attendu qu'on peut porter la longueur AB en sens opposé; *voy.* n° 329, III, et la fig. 163, où A et B sont les points donnés et DD′ la tangente.

Si la tangente était donnée parallèle à la corde, comme fig. 24, où A, B sont les points donnés, et TG la tang.; le centre serait visiblement sur FF′ perpend. au milieu de la corde AB, et le pied F serait le point de contact. Il faudrait ensuite tracer le cercle qui passe par A, B et F.

IV. *Décrire un cercle* CAB *qui passe par un point donné* m (fig. 77), *et touche deux droites données* DA, BD. On a vu (n° 206) que le centre de ce cercle est sur CD coupant par moitié l'angle ADB. D'ailleurs la corde im perpend. sur CD est coupée en o par le milieu : ainsi on mènera cette perpend. sur CD, on prendra om = oi; et il restera à faire passer un cercle par i et m, qui touche DB ou DA.

Si le point donné est en A sur l'une des droites, le centre est à la rencontre C de DC avec AC perpend. à DA.

On sait donc tracer un cercle qui passe par trois points, ou par deux points et touche une droite, ou par un point et touche deux droites, ou enfin un cercle qui touche trois droites données (n° 206).

V. *Tracer un cercle* BiA (fig. 77) *tangent à deux droites* DA, DB, *et à un cercle* Km *donné.* Le centre C est sur CD, qui coupe en deux parties égales l'angle BDA : de ce centre inconnu C traçons un cercle HKG passant par le centre donné K; que ce centre K soit transporté en un point quelconque de HKG, le cercle CAm doit être tangent à ce cercle mobile;

Considérons celui-ci dans sa position HA, où il touche DA ; la tangente LH à l'arc HK est perpendiculaire au rayon CH, et par conséquent parallèle à DA. Donc la droite LH est connue, puisqu'elle est parallèle à DA, et distante de DA de la quantité donnée $Km = HA$. Il faut en dire autant de $L'H'$ parallèle à DB. Ainsi le cercle $HKGH'$ sera facile à décrire, puisqu'il est tangent aux droites tracées LH, $L'H'$, et passe en K : ce cercle KG a le même centre C que celui qu'on cherche ; il ne reste donc qu'à mener CK ; et Cm sera le rayon demandé.

Comme les parallèles LH, $L'H'$ peuvent être menées dans l'angle D, le problème comporte deux solutions, pourvu que la circonf. Km ne coupe DA, ni DB.

On trouve, dans le 2e *Supplément à la Géom. descr.* de M. Hachette, un grand nombre de problèmes de ce genre.

VI. Trouver un point C (fig. 92) sur la circonférence ABD, tel que les cordes BC, CD, menées à deux points donnés A et D de cette courbe, soient entre elles dans un rapport donné $= \dfrac{m}{n}$. En supposant le problème résolu, la ligne CO qui coupe en parties égales l'angle BCD (n° 220), donne $\dfrac{BC}{CD} = \dfrac{BO}{OD} = \dfrac{m}{n}$; on prendra donc le milieu A de l'arc DAB, et l'on partagera en O la corde DB dans le rapport donné ; la droite AO prolongée donnera le point C.

VII. Étant données la corde $AB = k$, et la hauteur $DE = h$ d'un segment $ABDE$ de cercle (fig. 22), trouver, par le calcul, le rayon $DC = r$? Le triangle rectangle ADE donne $AD^2 = \frac{1}{4} k^2 + h^2$; mais on tire du n° 223, $AD^2 = 2hr$; ainsi, en égalant ces deux valeurs, on trouve $r = \frac{1}{2} h + \dfrac{k^2}{8h}$. On a coutume de donner le nom de *flèche* du segment à sa hauteur DE.

Si $k = 313$ et $h = 12,32$, on trouve $r = 1000$. Cette formule peut servir à faire retrouver le centre C d'un arc tracé.

VIII. Par le point B (fig. 78) d'intersection de deux cercles, mener une droite CD qui ait une longueur donnée M. Supposons le problème résolu ; menons par le point B une ligne quelconque EF, et joignons A avec E, C, F et D; les triangles AEF, ACD ont l'angle $E = C$, comme appuyé sur le même arc BIA; de même $F = D$: ainsi $\frac{EF}{CD} = \frac{AE}{AC}$, et AC est une quatrième proportionnelle à EF, M et AE; on prendra donc $FL = M$; on mènera LK parallèle à AF, AK sera $= AC$; il ne s'agira plus que de décrire du centre A, avec ce rayon AK, un cercle qui donnera, par son intersection, le point C ou C': on a ainsi les deux solutions du problème, qui serait absurde si l'arc décrit avec le rayon AK était entièrement au dehors du cercle AE.

IX. Proposons-nous de couper une ligne CA (fig. 79) en deux parties telles, que la plus grande BC soit moyenne proportionnelle entre l'autre partie AB et la ligne entière AC; c'est ce qu'on appelle *couper la ligne* AC *en moyenne et extrême raison*. La proportion $AB : BC :: BC : AC$ ne peut faire connaître BC, parce qu'elle contient une 2e inconnue AB; mais augmentant chaque antécédent de son conséquent (n° 72, 1°.), comme $AC = AB + BC$, on a $AC : BC :: BC + AC : AC$ ou $AC^2 = BC(BC + AC)$; il s'agit donc de déterminer sur AC un point B tel, que AC soit moyen proportionnel entre BC et $BC + AC$; c'est ce qui aura lieu si l'on construit un cercle dont AC soit la tangente, $BC + AC$ la sécante entière, et BC la partie extérieure (par conséquent AC la partie interceptée dans le cercle). Élevons en A la perpendiculaire $AD = \frac{1}{2} AC$, menons l'hypoténuse DC; nous avons $AC^2 = CE \times CE'$ $= CE \times (CE + CA)$; donc CE est la longueur inconnue qu'on doit porter de C en B; B sera le point demandé. *Voy.* n° 329, VIII (*).

(*) On peut encore opérer comme il suit (fig. 76) = On a trouvé = $\times$ l^2

$$AC^2 = BC + AC \times BC = BC \times (BC + AC) = BC \times BD,$$

en prolongeant la ligne de $CD = CA$. E étant le milieu de DC, on a $BC = BE - EC$; $BD = BE + EC$; le produit change notre équ. en $AC^2 = BE^2 - EC^2$; ainsi AC, BE, BC sont les trois côtés d'un triangle

'X. *Inscrire un triangle* def *dans un autre* ABC (fig. 80), c.-à-d. le placer comme *DEF*, de sorte que *d* tombe en *D* sur le côté *AC*, etc. En supposant le problème résolu, et traçant par les points *EFB* une circonférence, ainsi que par *ADF*, on voit que le segment *FOE* est capable de l'angle donné *B*, et le segment *FOD* capable de l'angle *A* (n° 208, IV). Décrivons donc sur *fe* et *fd* des segmens capables de *B* et *A*. La base *AB* est donnée, et forme une double corde dans les deux cercles. Si donc, d'après le problème VII, on décrit en *f* la corde *ab = AB*, il ne restera plus qu'à mener les lignes *ad*, *be* prolongées en *c*, et l'on aura le triangle *abc = ABC*; par conséquent on connaîtra les points *D*, *E*, *F*, puisque *BE = be*, etc. Comme on peut mener la corde *ab* de deux manières, le problème a deux solutions.

Des Polygones.

228. On nomme *Polygone* toute figure *ABCDEF* (fig. 81) terminée par des droites. Le *Quadrilatère* a 4 côtés, le *Pentagone* 5, l'*Hexagone* 6, l'*Octogone* 8, le *Décagone* 10, le *Dodécagone* 12, le *Pentédécagone* 15, etc. Le nombre des angles est le même que celui des côtés; car tant que le polygone n'est pas fermé, chaque côté qu'on trace fait un angle de plus, et la figure a un côté de plus qu'elle n'a d'angles; enfin le côté qui ferme le polygone fait deux angles.

Une *Diagonale* est une ligne *AD* (fig. 93) qui traverse le polygone d'un angle à l'autre. La diagonale *AC* sépare le triangle *ABC* du polygone *ABCD...* de *n* côtés, et réduit la figure à *ACDEF* de *n — 1* côtés. Chaque diagonale menée de *A* sépare de même un nouveau triangle, et réduit le polygone à avoir un côté de moins; enfin, lorsqu'on n'a plus qu'un quadrilatère *ADEF*, la seule diagonale *AE* le partage en deux triangles. Ainsi il y avait d'abord autant de diagonales que de triangles

_____

rectangle *EFC*. On mènera donc *CF* égal et perpendiculaire à *AC*; tirant l'hypoténuse *EF* et la portant de *E* en *B*, on aura le point *B*. Cette construction s'applique avec élégance au théorème n° 238.

et de côtés supprimés; mais pour la figure de 4 côtés, une seule diagonale donne 2 triangles; donc *le nombre de diagonales qu'on peut mener d'un même angle* A *à tous les autres est* n — 3 ; *celui des triangles est* n — 2.

Tous les angles de l'hexagone *ABCD*.... sont *Saillans*; l'angle *A* (fig. 82) est *Rentrant* (n° 159).

229. Pour construire un polygone dont toutes les parties soient données, après avoir pris sur une droite indéfinie (fig. 81), une longueur *AB* égale à l'un des côtés, on formera en *A* et *B* deux angles *BAF*, *ABC* égaux à ceux qu'on sait devoir être adjacens à *AB*; puis on prendra sur *BC* et *AF* les longueurs données, et ainsi de suite.

Après avoir ainsi tracé les côtés *FA*, *AB*, *BC*, *CD* et *DE*, le côté *FE*, destiné à fermer l'hexagone, est déterminé, ainsi que les angles *E* et *F*. Si donc n désigne le nombre des angles d'un polygone, 2n sera celui des parties qui le composent, et 2n — 3 celui des quantités qu'il suffit de connaître pour pouvoir le construire. Il y a donc des relations qui lient entre elles ces 2n parties, de sorte qu'on puisse déterminer 2 côtés et un angle, d'après la connaissance des autres parties. Ce problème de *Polygonométrie* ne peut maintenant être résolu; mais il est facile d'assigner la relation qui existe entre les angles. (*Voyez* n° 364, VI.)

230. Si n est le nombre de côtés et *D* l'angle droit, *la somme des angles intérieurs est* 2D (n — 2), *ou* 2 *fois autant d'angles droits que le polygone a de côtés moins deux.* Car menons d'un point quelconque intérieur *O* (fig. 81), les lignes *OA*, *OB* *OC*...; elles formeront autant de triangles *OAB*, *OBC*.... qu'il y a de côtés. La somme de tous les angles est donc deux droits, répétés autant de fois qu'il y a de côtés, ou 2nD. Mais la somme des angles en *O* vaut quatre droits: donc on a 2nD — 4D. C'est aussi ce qui résulte de ce que ces angles sont la somme de ceux des (n — 2) triangles en lesquels le polygone est décomposé par ses diagonales (fig. 93).

231. Les quatre angles d'un quadrilatère valent donc quatre

droits. Si cette figure a deux de ses côtés parallèles Aa, Hh (fig. 59), on la nomme *Trapèze;* c'est un *Parallélogramme* (fig. 83.), si les quatre côtés sont parallèles deux à deux. On sait d'ailleurs (n° 200), que, la diagonale BD partage tout parallélogramme en deux triangles égaux ABD, BCD; que les angles opposés sont égaux $A = C$, $B = D$; que les côtés opposés sont égaux. Réciproquement, si $AB = DC$ et $AD = BC$, la figure $ABCD$ est un parallélogramme. Les diagonales AC, BD se coupent mutuellement en deux parties égales; cela résulte de l'égalité des triangles AOD et BOC.

Le *Rhombe* ou *Lozange* est un parallélogramme (fig. 84) dont les quatre côtés sont égaux. Il est visible que les diagonales AC et BD sont à angle droit, parce que les quatre triangles AOD, AOB, DOC et BOC sont égaux. Réciproquement, si $AO = OC$ et $DO = OB$, la figure $ABCD$ est un parallélogramme, qui devient même un rhombe, lorsque AC et BD sont à angle droit.

Enfin, si le parallélogramme $ABCD$ (fig. 85) a l'un de ses angles A droit, l'angle opposé C, qui lui est égal, sera aussi droit; il en est de même des autres B et D, puisque réunis ils valent deux droits, et qu'ils sont égaux; la figure a donc ses quatre angles droits. C'est pour cela qu'on nomme *Rectangle* le parallélogramme qui a ses angles droits. Les diagonales AC, BD sont égales.

Si $AB = AD$, le rectangle s'appelle *Carré;* le carré a donc les quatre côtés égaux et les quatre angles droits.

232. *La somme des angles extérieurs* GAB, HBC... (fig. 86), *formés en prolongeant dans un même sens les côtés d'un polygone, vaut toujours quatre angles droits.* En effet, les angles extérieurs sont supplémens des intérieurs adjacens: mais l'angle AOB est supplément des angles $OAB + OBA$; de même BOC l'est de $OBC + OCB$, etc.; donc la somme des angles en O ou quatre droits, est la somme des supplémens des angles ABC, BCD... du polygone: c. q. f. d.

233. Les polygones qui ont les côtés égaux et les angles égaux sont appelés, *Réguliers.* Un cercle qui touche tous les

côtés d'un polygone est appelé *Inscrit*; le cercle est *Circonscrit*
quand il passe par les sommets de tous les angles.

On peut toujours inscrire et circonscrire un cercle à un poly-
gone régulier ABCDEF (fig. 87). 1°. En effet, divisons les
angles *A* et *B* en deux parties égales, par les lignes *AO* et *BO*,
et du point *O* de concours menons *OC*. Le triangle *ABO* = *BOC*,
car *AB* = *BC*; le côté *OB* est commun, et l'angle *ABC* a été
divisé en deux parties égales : donc *OA* = *OC* = *OB*. On prouvera de même que *OB* = *OD* = *OC*, etc.

On voit donc que le point *O* est le centre du cercle circonscrit au polygone; que les lignes menées de ce centre aux
angles sont égales; qu'elles divisent ces angles en deux parties
égales; qu'elles forment des triangles isoscèles *AOB*, *BOC*...
Enfin que les angles *au centre* AOB, BOC.... sont égaux
entre eux.

2°. Les cordes *AB*, *BC*.... étant à la même distance du
centre *O*, les perpendulaires *OG*, *OI*... sont égales (n° 204);
si donc on décrit du centre *O* avec le rayon *OG* une circonférence, elle touchera tous les côtés du polygone en leur milieu
G, I....

234. Nous savons donc circonscrire et inscrire des circonférences à un polygone régulier donné. Le problème inverse consiste à inscrire ou circonscrire un polygone régulier d'un nombre
de côtés déterminé à une circonf. donnée : or, il s'en faut de
beaucoup qu'on sache résoudre ce problème en général. Nous
allons exposer les cas dans lesquels on peut en trouver la solution.

Avant, nous remarquerons que, lorsqu'un polygone est inscrit, il est aisé d'en circonscrire un d'un même nombre de
côtés, et réciproquement. En effet, soit *ABC*.... (fig. 88),
un polygone régulier inscrit donné; aux points *A*, *B*, *C*...
menons les tangentes *ab*, *bc*...., leur système formera le polygone circonscrit demandé; car, les triangles *aAB*, *bBC*....
sont égaux et isoscèles, parce que leurs bases *AB*, *BC*.....
sont égales, et que leurs angles adjacens ont la même mesure
(n° 207, 4°.) donc *aB* = *Bb* = *bC* = *Cc*..., l'angle *a* = *b* = *c*...

On pourrait aussi (fig. 87) mener des tangentes par les milieux g, i, k... des arcs AgB, BiC, CkD... $abcde$ formerait le polygone demandé : car les côtés étant parallèles à ceux du polygone inscrit, les angles sont égaux (n° 183, 3°.) : de plus, l'angle GOI est divisé en deux parties égales par OB, puisque B est le milieu de l'arc gi. D'un autre côté, le triangle $gOb = bOi$, et Ob coupe le même angle gOi en deux parties égales : ainsi les trois points O, B, b sont en ligne droite. Il en est de même de O, C et c, de O, D et d... On a donc $\dfrac{AB}{ab} = \dfrac{OB}{Ob}$; $\dfrac{BC}{bc} = \dfrac{OB}{Ob}$; d'où $ab = bc$, puisque $AB = BC$. Et ainsi des autres côtés.

Cette double construction serait assez pénible : il est préférable de mener une seule de ces tangentes ab (fig. 87), de la conduire jusqu'aux rayons OA, OB prolongés, puis de décrire du rayon Oa une circonférence, sur laquelle on porte ab autant de fois qu'il y a de côtés.

Réciproquement, si le polygone circonscrit $abcdef$ est donné, on mènera du centre O les lignes aO, bO..., puis par les points A, B..., où elles coupent la circonférence, on décrira les cordes AB, BC....

235. Puisque la somme des angles au centre est $4D$, chacun vaut $\dfrac{4D}{n}$ lorsque le polygone est régulier, n désignant le nombre de côtés du polygone.

L'angle au centre du triangle équilatéral est donc $\frac{4}{3}D$, celui du carré est D, du pentagone régulier $\frac{4}{5}D$, De l'hexagone $\frac{2}{3}D$, du décagone $\frac{2}{5}D$, etc.

La somme des angles à la circonférence (n° 230) est $2D(n-2)$; chacun vaut donc $\dfrac{2D(n-2)}{n}$. Ainsi l'angle du carré est droit; celui du pentagone régulier est $\frac{6}{5}D$, de l'hexagone $\frac{4}{3}D$, du décagone $\frac{8}{5}D$...

Chaque côté AB, BC... soutend un arc $\dfrac{C}{n}$, C désignant la circonférence.

236. Le côté EF de l'hexagone régulier inscrit est égal au

rayon OF (fig. 89) : car l'angle FOE est le 6ᵉ de 4 droits, ou $O = \frac{2}{3}D$; les angles égaux E et F du triangle isoscèle OFE valent ensemble $2D - \frac{2}{3}D$ ou $\frac{4}{3}D$: chacun vaut donc $\frac{2}{3}D$, et le triangle OFE a ses trois angles égaux ; d'où $FE = OF$.

Si l'on joint les angles de deux en deux, on aura le triangle BDF équilatéral inscrit : comme $EO = EF = $ le rayon R, $ODEF$ est un rhombe, les diagonales sont à angle droit (n° 234), et $IO = EI = \frac{1}{2}R$; ainsi

$$FI = \sqrt{(FO^2 - IO^2)} = \sqrt{(R^2 - \frac{1}{4}R^2)} = R\sqrt{\frac{3}{4}} ;$$

d'où $FD = R\sqrt{3}$. C'est le côté du triangle équilatéral inscrit.

En divisant en 2, 4, 8... parties égales les arcs AB, BC... on aura les polygones inscrits de 12, 24, 48... 3×2^n côtés.

237. Puisque (n° 235) l'angle au centre du carré (fig. 85) est droit, pour inscrire un carré dans un cercle $ABCD$, on mènera deux diamètres perpendiculaires AC, BD, et l'on joindra leurs extrémités. On voit, en effet, que la figure $ABCD$ a les quatre angles droits et les côtés égaux. On a

$$AD^2 = DO^2 + AO^2 = 2R^2 ; \quad \text{d'où} \quad AD = R\sqrt{2}.$$

Puisque $\dfrac{AD}{R} = \sqrt{2}$, on voit que la diagonale du carré est incommensurable avec son côté.

On sait donc inscrire les polygones de 4, 8, 16... 2^n côtés.

238. Soit AB (fig. 90) le côté du décagone régulier inscrit, l'angle O au centre est $\frac{2}{5}D$ (n° 235) ; les angles égaux OAB, OBA réunis valent $2D - \frac{2}{5}D$ ou $\frac{8}{5}D$; donc chacun vaut $\frac{4}{5}D$, c.-à-d. est double de O. Pour trouver le rapport de AB au rayon AO, divisons l'angle B en deux parties égales par la droite CB ; l'angle $ABC = O = CBO$, indique que le triangle OBC est isoscèle, d'où $OC = CB$. Mais le triangle ACB l'est aussi, à cause de $C = \frac{4}{5}D = A$; ainsi $CB = AB = OC$. Or, on a (n° 220) $\dfrac{AC}{OC} = \dfrac{AB}{OB}$, ou $\dfrac{AC}{AB} = \dfrac{AB}{AO}$, ou le côté AB moyen proportionnel entre AC et AO ; d'ailleurs, CO ou $AB < AO$ donne aussi $AC < AB$; donc (n° 227, IX),

En divisant le rayon en moyenne et extrême raison, la plus grande partie sera le côté du décagone régulier inscrit.

$AB = BF$ donne AF pour le côté du pentagone régulier inscrit. On pourra aussi inscrire les polygones réguliers de 20, 40....5×2^n côtés. Et comme les côtés de l'hexagone et du décagone sou-tendent des arcs qui sont le 6e et le 10e de la circonférence C, la différence de ces arcs, ou $\frac{1}{6} C - \frac{1}{10} C = \frac{1}{15} C$, est soutendu par le côté du polygone régulier de 15 côtés, et de là ceux de 30, 60.... 15×2^n.

239. Tels sont les polygones réguliers qu'on sait inscrire, et qu'on peut comprendre dans la formule $a \times 2^n$, a étant l'un des quatre nombres 3, 4, 5 et 15, et n zéro, ou un nombre entier et positif quelconque. Quant aux autres polygones, on se contente, faute de mieux, de diviser, en tâtonnant, la cir-conférence en un nombre convenable de parties égales. On ré-sout aussi le problème à l'aide du compas de proportion et du rapporteur ; mais comme ces instrumens sont eux-mêmes cons-truits par tâtonnement, on ne peut regarder ces procédés comme géométriques. La division de la circonférence en par-ties égales est surtout importante pour faire les instrumens propres à la mesure des angles. (Voy. la *Géom. du Compas, par Mascheroni.*) Comme la *trisection de l'angle* complèterait cette opération (n° 208, III), on s'est long-temps, mais en vain, efforcé de trouver la solution de cette question. Elle est maintenant démontrée impossible par le secours de la règle et du compas seuls (n° 464, I).

240. Nous terminerons par l'exposition de quelques pro-priétés des quadrilatères inscriptibles au cercle.

I. On a, dans le quadrilatère $ABCO$ (fig. 91), $A + C = 2$ droits, puisque les angles A et C embrassent la circonférence entière (n° 207.) ; de même $B + O = 2$ droits. Ainsi, *dans tout quadrilatère inscriptible au cercle, les angles opposés sont supplémentaires.*

Réciproquement, si $A + C = B + O = 2$ droits, le quadri-latère $ABCO$ est inscriptible au cercle, puisque si la circonférence, passant par AOC, ne passait pas en B, l'angle B ne serait pas le supplément de O (n° 209).

Donc on peut toujours circonscrire un cercle à tout rectangle $ABCD$ (fig. 85); les diagonales BD, AC sont les diamètres.

II. Dans tout quadrilatère inscrit $ABCD$ (fig. 92), le produit des diagonales égale la somme des produits des côtés opposés. Car, menons CK qui fasse l'angle $KCD = BCO$; d'où $BCK = OCD$; en ajoutant OCK aux deux membres: or, l'angle $BAC = BDC$ (n° 207); ainsi les triangles BAC et KCD sont semblables. De même l'angle $CBK = CAD$, et le triangle CBK est semblable à CAD. Donc on a

$$\frac{KD}{CD} = \frac{AB}{AC}, \quad \frac{BK}{BC} = \frac{AD}{AC},$$

d'où $KD \times AC = AB \times CD$, $BK \times AC = AD \times BC$: ajoutant ces éq., il vient enfin $AC \times BD = AB \times CD + AD \times BC$.

III. Si des points A et B (fig. 83), on abaisse sur la base DC du parallélogramme $ABCD$ les perpendiculaires AE, BF, les triangles ADC, BDC donneront (n° 218)

$$AC^2 = AD^2 + DC^2 - 2DC \times DE,$$
$$BD^2 = BC^2 + DC^2 + 2DC \times CF.$$

En ajoutant ces équ., comme $DE = CF$ et $AB = DC$, on a

$$BD^2 + AC^2 = AD^2 + BC^2 + DC^2 + AB^2.$$

Ainsi, dans tout parallélogramme, la somme des carrés des diagonales est égale à la somme des carrés des côtés. La proposition est d'ailleurs évidente pour un rectangle (n° 217, 4°).

Des Figures semblables et de la Circonférence.

241. On dit que deux polygones (fig. 93) $ABCDEF$, $abcdef$ sont semblables lorsqu'ils sont formés des triangles T et t, T' et t', T'' et t'', respectivement semblables et disposés dans le même ordre.

Sur une droite donnée ab, homologue à AB, il est aisé de décrire un polygone $abcd$ semblable à $ABCD$. On fera d'abord t semblable à T, ce qui ne présente aucune difficulté (n° 214); puis t' semblable à T', sur ac homologue à AC, etc.

242. *Les polygones semblables ont les angles égaux et les côtés homologues proportionnels.* Car les triangles semblables T et t ont l'angle $B = b$, ainsi que l'angle $BCA = bca$; de plus (n° 214), $\frac{AB}{ab} = \frac{BC}{bc} = \frac{AC}{ac}$. De même T' et t' ont l'angle $ACD = acd$; d'où l'on voit que l'angle $BCD = bcd$: en outre, $\frac{AC}{ac} = \frac{DC}{dc} = \frac{BC}{bc}$. On prouverait de même, à l'aide de T'' et t'', que l'angle $CDE = cde$, et que $\frac{CD}{cd} = \frac{DE}{de}$, etc.

Réciproquement, si les polygones ont les angles respectivement égaux, et si de plus $\frac{AB}{ab} = \frac{BC}{bc} = \frac{CD}{cd} =$ etc., *les polygones sont semblables*; car $B = b$, et les côtés qui comprennent ces angles sont proportionnels, par hypothèse; d'où il suit (n° 215) que T et t sont semblables; et de plus, $\frac{BC}{bc} = \frac{AC}{ac}$; et l'angle $BCA = bca$. Retranchant ces angles de $BCD = bcd$, il reste l'angle $ACD = acd$; et comme on suppose que $\frac{BC}{bc} = \frac{CD}{cd}$, on a $\frac{AC}{ac} = \frac{CD}{cd}$, à cause du rapport commun, $\frac{AC}{ac}$; ce qui prouve que T' est semblable à t'; et ainsi de suite.

1°. Les polygones réguliers d'un même nombre de côtés sont des figures semblables, puisque leurs angles sont respectivement égaux, ainsi que leurs côtés (n° 233).

2°. Si après avoir conduit les diagonales des angles A et a (fig. 94), on a des triangles semblables chacun à chacun, les angles sont égaux, et les côtés homologues proportionnels : donc, si l'on mène les diagonales d'un autre angle tel que E, e, les nouveaux triangles composans seront aussi semblables.

3°. Donc deux diagonales homologues quelconques, BE, be (fig. 94) sont proportionnelles à deux côtés quelconques CD, cd, savoir, $\frac{BE}{be} = \frac{CD}{cd}$

4°. Soient deux polygones semblables $ABC....$ $abc....$ (fig. 94) : si l'on prend deux côtés homologues quelconques ED, et ed, et si, de leurs extrémités, on mène les diagonales à tous les autres angles; on formera des triangles respectivement semblables, EDF à edf, EDA à eda, EBD à ebd, etc...; car les angles des polygones sont égaux, et les diagonales homologues sont proportionnelles aux côtés.

5°. *Lever un plan* n'est autre chose que construire des polygones semblables à ceux que forment, sur le terrain, les droites qui joignent des points dont la situation respective est connue. Pour cela, on mesure sur le terrain un nombre suffisant de parties; puis on décrit ensuite, sur le papier (n° 214....), d'autres triangles semblables à ceux qui composent les polygones dont il s'agit.

243. *Si, dans deux polygones semblables* (fig. 94), *on mène deux droites* GH, gh, *placées semblablement*, c.-à-d. coupant les côtés BC, bc en parties proportionnelles, ainsi que FE et fe, *les longueurs* GH, gh *seront dans les rapports des côtés, ou* $\dfrac{GH}{gh} = \dfrac{BC}{bc}$, *et feront des angles égaux avec ces côtés.* En effet, soit pris sur BC et bc des points H et h, tels qu'on ait $\dfrac{HC}{hc} = \dfrac{CB}{cb} = \dfrac{CE}{ce}$, et menons HE, he. Les triangles HCE, hce seront semblables (n° 215) puisque, l'angle $HCE = hce$. Il s'ensuit que l'angle $EHC = ehc$ et $\dfrac{EH}{eh} = \dfrac{HC}{hc} = \dfrac{BC}{bc}$.

Maintenant, en considérant les polygones semblables $ABHEF$, $abhef$, si les points G et g coupent les côtés FE et fe proportionnellement, la ligne GH jouira de la même propriété que HE. Donc, etc.

244. D'un point quelconque O (fig. 95), pris dans l'intérieur du polygone $ABC...$; menons des lignes OA, $OB...$ aux sommets $ABC...$; prenons sur ces lignes des longueurs qui leur soient proportion., c.-à-d. telles, qu'on ait $\dfrac{OA}{oa} = \dfrac{OB}{ob} = \dfrac{OC}{oc} = ...$

Les triangles OAB, Oab seront semblables, et AB parallèle à ab. En raisonnant de même pour OBC, Obc, etc.; on verra que les polygones $ABC\ldots abc\ldots$ ont les côtés parallèles et proportionnels, et par conséquent sont semblables.

De même, sur les lignes Ob, Oa, si l'on prend des parties OK, Ok proportionnelles aux côtés ae; AE, puis OF, of proportionnelles à ab, AB, etc., les polygones $KFG\ldots kfg\ldots$ seront semblables, comme formés de triangles OKI, Oki; OKF, $okf\ldots$, respectivement semblables.

245. *Les périmètres des polygones semblables sont comme leurs lignes homologues;* car (fig. 93) on a.................;

$$\frac{AB}{ab} = \frac{BC}{bc} = \frac{CD}{cd} = \ldots,$$ et le théorème (n° 73, 3°.) donne

$$\frac{AB + BC + CD + \ldots}{ab + bc + cd + \ldots} = \frac{AB}{ab} = \frac{BC}{bc} = \ldots$$

En appliquant ceci aux polygones réguliers d'un même nombre de côtés, on a $\dfrac{ABCD\ldots}{abcd\ldots} = \dfrac{AB}{ab} = \dfrac{OB}{Ob} = \dfrac{OI}{Oi}$ (fig. 96), parce que les triangles OBI, Obi sont semblables, comme ayant les angles au centre égaux (n° 235); ainsi, *les périmètres des polygones réguliers semblables sont entre eux comme les rayons des cercles inscrits et circonscrits.*

246. *La circonférence est la limite des polygones réguliers inscrits et circonscrits* (n° 113). Chaque côté AB (fig. 97) d'un polygone régulier étant plus court que l'arc ACB qu'il soutend, on voit que la circonférence *rectifiée* est plus longue que le périmètre de tout polygone inscrit. De plus, prenant C au milieu de l'arc BCA, on a la corde $AB < AC + CB$, ce qui fait voir qu'en doublant le nombre des côtés d'un polygone inscrit, le périmètre approche de plus en plus de la circonférence, sans cesser d'être plus petit qu'elle.

D'un autre côté, l'arc $CAL < CE + EL$ (n° 160) fait voir que le périmètre de tout polygone circonscrit est plus grand que la circonférence; la tangente AK est le demi-côté du polygone circonscrit d'un nombre double de côtés (n° 234); et comme KA, perpendiculaire à AO, est $<$ l'oblique KE; on a .... $AK + KC < EC$; en doublant le nombre des côtés d'un polygone circonscrit, le périmètre approche donc davantage de la longueur de la circonfér. sans cesser d'être plus grand qu'elle.

P et p étant les périmètres de polygones réguliers semblables, l'un inscrit, l'autre circonscrit, et R et r les rayons $\hat{O}C$, OI des cercles inscrits, on a $\dfrac{P}{p} = \dfrac{R}{r}$, et $P - p = \dfrac{P}{R}(R - r)$ (n° 73, 1°.).

Or, P diminue en s'approchant de la circonférence LCB...., R est constant, et $R - r$ ou CI décroît indéfiniment lorsqu'on double successivement les nombres de côtés de polygones P et p (n° 205); ce qui prouve que la différence $P - p$ entre leurs périmètres approche autant qu'on veut de zéro, c.-à-d. que ces périmètres approchent indéfiniment de la circonférence, qui est toujours comprise entre eux, et qui ne leur est jamais rigoureusement égale : donc, etc.

247. *Les circonférences sont entre elles comme leurs rayons ou leurs diamètres.* En effet (fig. 96), désignons par C et c les circonférences dont les rayons sont $BO = R$, $bO = r$; par P et p deux polygones réguliers inscrits ABC.... abc semblables, enfin par Z et z la différence entre chaque périmètre et la circonférence circonscrite, ou $C - P = Z$, $c - p = z$. On en tire

$$\frac{P}{p} \text{ ou } \frac{R}{r} = \frac{C - Z}{c - z}, \text{ d'où } \frac{C}{R} - \frac{Z}{R} = \frac{c}{r} - \frac{z}{r};$$

or, R, C, r et c restent constants, Z et z varient avec le nombre des côtés, et peuvent devenir aussi petits qu'on voudra; donc (n° 113)

$$\frac{C}{R} = \frac{c}{r}, \text{ ou } \frac{C}{c} = \frac{R}{r} = \frac{2R}{2r}.$$

248. *Trouver une ligne droite égale à une circonférence d'un rayon donné, c.-à-d. rectifier cette courbe.* Concevons deux circonférences C, c de rayons R, r : nous avons $\dfrac{C}{2R} = \dfrac{c}{2r}$; cha-

que circonférence contient donc son diamètre le même nombre de fois, que nous désignerons par π. Si l'on connaissait ce quotient constant π, on aurait donc

$$\text{circonférence } R = 2\pi R.$$

Il reste à *déterminer le rapport constant π de toute circonférence à son diamètre* Soit AB (fig. 47) le demi-côté d'un polygone régulier, C le centre; sur AC prolongé, prenons $CD = CB$, le triangle isoscèle BCD aura l'angle D moitié de BCA (n° 201,2°.). CI perpendiculaire sur BD et FI sur AD, en donnent les milieux I et F. Puisque $IF = \frac{1}{2}BA$, et $D = \frac{1}{2}BCA$; *IF est le demi-côté d'un polygone régulier de même périmètre que le premier, et dont le nombre des côtés est double.*

Cela posé, étant donnés les rayons $BC = R$, $AC = r$ des cercles circonscrits et inscrits au 1er polygone, cherchons $ID = R'$, $FD = r'$, rayons du 2e. 1°. Comme F est le milieu de DA, $DF = \frac{1}{2}(DC + CA)$; 2°. dans le triangle rectangle CID, $DI^2 = DF \times DC$; et comme $DC = BC = R$, on a enfin $r' = \frac{1}{2}(R + r)$; $R' = \sqrt{(Rr')}$. Des quatre rayons r, R, r', R', chacun des derniers se déduit des deux qui le précèdent. Un nouveau polygone de même périmètre, et qui a deux fois plus de côtés que le 2e, a ses rayons r'', R'' liés à r', R' par les mêmes équ., etc.... On formera donc, par ces calculs, une série indéfinie

$$r,\ R,\ r',\ R',\ r'',\ R'';\ r''',\ R'''.\ldots,$$

dont *chaque r est moyen par différence*, et *chaque R moyen par quotient*, entre les deux termes qui précèdent. Or, nos équ. prouvent que $r' > r$ et $R' < R$, c.-à-d. que les r vont en croissant et les R en diminuant de plus en plus; et comme le rayon d'un cercle inscrit est toujours moindre que celui d'un cercle circonscrit, ou $r < R$, il est clair que les r et les R tendent sans cesse vers l'égalité. Ainsi, en calculant de proche en proche les termes successifs de notre série, nous obtiendrons les rayons des cercles inscrits et circonscrits à une suite de polygones *isopérimètres, dont la limite est la circonférence de même contour*: on arrivera bientôt à des valeurs de ces rayons r et R, dont les premiers chiffres décimaux seront les mêmes. Cette partie commune appartiendra aussi au rayon a de la circonférence limite, qui $= 2\pi a$; divisant cette circonférence par $2a$, on aura le nombre π (*).

Par ex., le côté de l'hexagone inscrit est 1, le périmètre 6; donc $R = 1, r = \sqrt{(OB^2 - IB^2)}$, fig. 97, ou $r = \sqrt{\frac{3}{4}}$: on en tire successivement les résultats suivans :

$r = $ 0,866025	0,949469	0,954588	0,954908
$R = $ 1,000000	0,957662	0,955100	0,954940
$r' = $ 0,933013	0,953566	0,954844 *	0,954924
$R' = $ 0,965925	0,955610	0,954972	0,954932, etc.

Dès qu'on atteint un rayon commun $a = $ 0,954929, ce sera celui de la circonférence isopérimètre, ou $= 6$, savoir, $2\pi a = 6$; donc $\pi = 3,14159$. On peut obtenir ainsi telle approximation qu'on voudra. Au reste, nous exposerons des procédés plus expéditifs (n°s 320, 591). On obtient

$$\pi = 3,14159\ 26535\ 89793\ 23846\ 26433\ 83279,$$
$$\log.\ \pi = 0,49714\ 98726\ 94133\ 85435\ 12682\ 88291.$$

Si dans l'équ. circ. $R = 2\pi R$, on fait $R = \frac{1}{2}$, et $= 1$, il vient circ. $= \pi$; et $\frac{1}{2}$ circ. $= \pi$: donc *le rapport constant π de toute*

(*) Le calcul des R est assez rapide par log.; on peut encore l'abréger. Soit A la valeur de r' et $A + a$ celle de R; l'extraction de la racine (p. 194) donne

$$R' = \sqrt{(A^2 + Aa)} = A + \frac{a}{2} - \frac{a^2}{8A} + \text{etc.}$$

Lorsque les nombres r et R ont une partie commune A qui s'étend à la 1re moitié de leurs chiffres, ainsi que cela arrive au résultat marqué d'une *, a^2 ne peut avoir autant de chiffres que A, d'où $\frac{a^2}{A} < 1$; en prenant le 8e, notre 3e terme se trouvant $< \frac{1}{8}$, est négligeable dans l'ordre des décimales conservées; savoir, $R' = A + \frac{a}{2}$, ou $R' = \frac{1}{2}(r' + R)$. Donc R' est, ainsi que r', un moyen par différence entre les deux termes qui précèdent, dès qu'on est arrivé à des résultats dont la partie commune est au moins la moitié des chiffres. Alors on est dispensé d'extraire des racines pour obtenir les R successifs. (Voy. *Annales de Math.*; tom. VII.)

circonférence à son diamètre exprime aussi la circonf. dont le diamètre est un, et la demi-circonf. qui a un pour rayon.

Si on limite la valeur à $\pi = 3,142$, on trouve qu'on peut poser $\pi = \frac{22}{7} = 3\frac{1}{7}$. Ce résultat très simple, dû à Archimède, est adopté dans les arts. Adrien Métius, en prenant $3,141593$, a trouvé $\pi = \frac{355}{113}$, nombre remarquable en ce que les termes sont formés des trois premiers impairs, répétés 2 fois : $113,355$. Ce résultat ayant 6 décimales exactes, ne produit pas une erreur d'un centimètre sur une circ. de 18000 mètres de rayon (1 ligne sur 4000 toises de rayon).

Voici une rectification graphique approchée de la circonf. On a prouvé (nᵒˢ 236, 237) que le côté du carré inscrit est $R\sqrt{2}$; que celui du triangle équilatéral est $R\sqrt{3}$: la somme est $R(\sqrt{2} + \sqrt{3})$ ou $R \times 3,14627....$, égale, à un demi-centième près, à la demi-circonf. rectifiée. Ainsi, après avoir inscrit au cercle proposé, par les procédés connus, un carré et un triangle équilatéral, on ajoutera le côté de l'un au côté de l'autre, et l'on aura, à très peu près, une droite égale à la demi-circonférence.

Lorsque la circonf. C est donnée, et qu'on demande son diamètre D, de $C = \pi D$, on tire

$$D = \frac{1}{\pi}\,C = kC, \quad k = \frac{1}{\pi} = 0,31831..., \quad \log k = \overline{1},50285013.$$

L'arc ACB (fig. 97) étant le $n^{ième}$ de la circonf., ou l'angle O le $n^{ième}$ de 4 droits, a son nombre de degrés, on a la proportion $180° : \pi R :: a :$ la longueur z de l'arc ACB ; donc

$$z = \frac{\pi R a}{180} = \frac{2\pi R}{n} = kRa, \text{ et en faisant } \log k = \overline{2},24187737.$$

II. DES SURFACES.

Aires des Polygones et du Cercle.

249. Une *Aire* est l'étendue comprise entre les lignes qui terminent une figure fermée. Les aires *Équivalentes* sont celles qui

sont d'égale étendue, sans qu'elles puissent coïncider par la superposition.

Deux rectangles $AEFD$, $aefd$ (fig. 98) sont égaux lorsque leurs bases sont égales et que leurs hauteurs le sont aussi, ou $AD = ad$ et $AE = ae$: on voit en effet qu'on peut faire coïncider l'une de ces figures avec l'autre. Mais si l'on compare le parallélogramme $ABCD$ au rectangle $AEFD$, on les trouvera simplement équivalens, parce que le triangle $AEB = DFC$.

Les parallélogrammes ABCD, abcd, *qui ont des bases égales et des hauteurs égales sont équivalens*, puisqu'ils équivalent aux rectangles égaux $ADFE$, $adfe$.

Soit un triangle ABC (fig. 107); menons CD et BD parallèles à AB et AC; les deux triangles ACB, BCD sont égaux : ainsi, *tout triangle est la moitié d'un parallélogramme de même base et de même hauteur*. De sorte que tous les triangles ACB, AEB, AFB....., qui ont même base AB et leurs sommets sur CF parallèle à AB, sont égaux.

250. Comparons maintenant deux parallélogrammes quelconques.

1°. *Les rectangles de même base sont comme les hauteurs.* En effet, si les deux rectangles $ABCD = R$, $abcd = r$ (fig. 99) ont les bases AB et ab égales, et que les hauteurs $AD = H$ et $ad = h$ soient commensurables, il y aura une longueur ax contenue m fois dans H et n fois dans h, et l'on aura (n°. 156) $\frac{H}{h} = \frac{m}{n}$. En menant par les points de division x, x', y, y'... des parallèles aux bases, les rectangles R et r seront partagés, l'un en m, l'autre en n rectangles égaux, et l'on aura

$$\frac{R}{r} = \frac{m}{n}, \text{ d'où } \frac{R}{r} = \frac{H}{h}.$$

Si les hauteurs sont incommensurables, partageons de même AD en parties égales Ax', $x'y'$...; et portons l'une sur ad en xa, xy....; soit i le point de division le plus voisin de d; en menant il parallèle à dc, $\frac{al}{R} = \frac{ai}{H}$, à cause de la commensurabilité; ou $\dfrac{r}{R} + \dfrac{dl}{R} = \dfrac{h}{H} + \dfrac{id}{H}$; donc on a $\dfrac{r}{R} = \dfrac{h}{H}$, puisque dl et id sont aussi petits qu'on veut, et que r, R, h, H sont constans (n° 113).

2°. *Les rectangles sont entre eux comme les produits des bases par les hauteurs.* Car (fig. 100) soient des rectangles AC, ac dont les bases sont $AB = B$, $ab = b$: portons l'une de ces figures sur l'autre, en faisant coïncider l'un de leurs angles droits, ce qui déterminera les rectangles $AK = r$, et $AH = R'$, de même hauteur AI; R' ayant même base AB que le rectangle $AC = R$, et même hauteur AI que r, on a donc

$$\frac{R}{R'} = \frac{H}{h}, \quad \frac{R'}{r} = \frac{B}{b}, \text{ d'où } \frac{R}{r} = \frac{BH}{bh}.$$

3°. Les mêmes théorèmes ont également lieu pour les parallélogrammes, puisqu'ils sont équivalens aux rectangles de même base et de même hauteur. Donc *les parallélogrammes sont entre eux comme les produits des bases par les hauteurs.*

251. Mesurer une aire, c'est chercher le nombre de fois qu'elle contient une autre aire donnée. Prenons, pour unité de surface, le rectangle $abcd$, pour mesurer le rectangle $ABCD$ (fig. 101); puisque $\dfrac{R}{r} = \dfrac{B}{b} \times \dfrac{H}{h}$, on portera la base ab sur AB, afin de savoir combien l'une est contenue dans l'autre; on en dira autant des hauteurs ad, AD; ensuite on multipliera ces nombres de fois; puisque $3 \times 4 = 12$; R contient ici 12 fois r.

Comme les bases et les hauteurs pourraient ne pas se contenir exactement, on dit plus généralement que la mesure d'une aire $ABCD$ (fig. 100) est son rapport avec une autre $abcd$ prise pour unité (n° 36, 71); cette mesure est le produit du rapport $\dfrac{B}{b}$ des bases par celui $\dfrac{H}{h}$ des hauteurs. Il en est de même de tout parallélogramme. D'où il résulte que si l représente le nombre abstrait $\dfrac{B}{b} \times \dfrac{H}{h}$, l'aire du parallélogramme est l fois celui qui est l'unité de surface.

Si l'on prend pour unité d'aire le carré *abcd* (fig. 100) dont le côté est l'unité linéaire, on a $b = h = 1$, d'où $R = BH$. *BH* est le produit abstrait des nombres d'unités linéaires contenus dans *B* et *H*; soit encore ce produit $BH = l$, l'équ. revient à $R = l$ fois le carré pris pour unité d'aire. Ainsi, *l'aire d'un parallélogramme est le produit des nombres de fois que l'unité linéaire est contenue dans sa base et dans sa hauteur,* ce qu'on exprime d'une manière abrégée, quoique incorrecte, en disant que *l'aire d'un parallélogramme est le produit de sa base par sa hauteur.*

La mesure de l'aire *ABCD* (fig. 85) du rectangle qui a ses côtés égaux est $BC \times BC$; l'aire du carré est donc la seconde puissance de son côté. C'est pour cela que les mots *carré* et *seconde puissance* sont regardés comme synonymes.

252. Tout ce qui a été dit précédemment du produit des lignes évaluées en nombres, doit se dire aussi des rectangles qui ont leurs côtés pour facteurs. Par ex., la proposition (n° 225) peut s'énoncer ainsi : *Le carré construit sur la tangente est égal au rectangle qui a pour base la sécante entière, et pour hauteur sa partie extérieure;* et ainsi des autres.

Le caractère essentiel des démonstrations géométriques est de réunir la rigueur du raisonnement à une clarté comparable à celle des axiomes. On ne doit jamais y perdre de vue les objets comparés : ainsi ces théorèmes n'ayant été obtenus que par des calculs fondés sur la théorie des lignes proportionnelles, nous donnerons ici une démonstration directe des trois propositions fondamentales, relatives au rapport des aires. Les autres en dérivent ensuite sans effort, ainsi qu'on peut s'en convaincre en les reprenant tour à tour.

253. I. Construisons (fig. 102) sur la ligne $AC = AB + BC$ les carrés *AF* et *AI* : il est visible que l'aire $AI = AF + FI + EH + CF$, ou $= AF + FI + 2CF$, parce que les rectangles *EH* et *CF* sont égaux. Comme *AF* est le carré de *AB*, *FI* celui de *BC*, on retrouve ainsi la proposition

$$(a + b)^2 = a^2 + 2ab + b^2,$$

a et b étant des lignes, et a^2, b^2, ab des aires.

Pareillement $AF = AI + FI - 2EI$, à cause de $BD = BI - FI$ et de $EI = BI$: on retrouve donc aussi

$$(a - b)^2 = a^2 - 2ab + b^2.$$

254. II. Soit un triangle ABC (fig. 104) rectangle en A; décrivons des carrés BF, BG, AE sur ses trois côtés; puis menons les obliques AF, BE et la perpendiculaire AL sur l'hypoténuse BC. Les triangles ACF, BCE sont égaux; car leurs angles en C se composent de l'angle commun BCA, plus d'un angle droit BCF ou ACE; d'ailleurs, les côtés adjacens sont $BC = CF$, $AC = CE$, côtés des carrés. Mais ces triangles sont les moitiés des rectangles CL, AE, puisque les bases communes sont CF, EC, et que les sommets A et B sont sur les bases opposées DL, BI : donc *rectangle* $CL = AE$. On prouve de même que *rectangle* $BL = BG$, et ajoutant ces équations $BF = AE + BG$, ou $a^2 = b^2 + c^2$; c.-à-d. que *le quarré construit sur l'hypoténuse est égal à la somme des carrés construits sur les côtés de l'angle droit* (comme n° 217, 4°.).

Les rectangles CL et BF de même hauteur sont entre eux comme les bases DC et BC : ainsi $\dfrac{CL \text{ ou } CI}{BF} = \dfrac{CD}{BC}$; on a encore

$$\frac{BG}{BF} = \frac{BD}{BC}, \text{ et } \frac{AE}{BG} = \frac{CD}{BD}.$$

Ces propositions reviennent à celles du n° 217, 2°. et 3°.

III. Si le triangle ABC n'est pas rectangle (fig. 103), et que l'angle A soit aigu, faites la même construction que ci-dessus, et abaissez BK, CM perpend. sur les côtés opposés. Le même raisonnement prouvera que les triangles ACF, BCE sont égaux, ainsi que les rectangles CL, CK, dont les aires sont doubles de celles des triangles. Ainsi, *rectangle* $CL = CK = AE - AK$; *rectangle* $BL = BM = BG - AM$. Or, les triangles rectangles BAI, AOC sont semblables, à cause des deux côtés perpendiculaires qui comprennent un angle égal (n° 195, 8°.); d'où $AI : AO :: AB : AC$; et $AI \times AC = AO \times AB$; rectangle $AK = AM$. Ajoutant donc les rectang. CL et BL, il vient

$BF = AE + BG - 2AK$, ou $a^2 = b^2 + c^2 - 2b \times AI$ (comme n° 218).

Si l'angle BAC est obtus (fig. 105), la même construction donne encore le triangle $BCE = CAF$, d'où .... rectang. $CL = CK = AE + AK$: on trouve de même $BL = BG + AK$; ajoutant, il vient $BF = AE + BG + 2AK$, où $a^2 = b^2 + c^2 + 2b \times AI$ (comme n° 218).

255. *Le côté du carré équivalent à un parallélogramme est moyen proportionnel entre sa base et sa hauteur.* Car soient B la base, H la hauteur d'un parallélogramme, et x le côté du carré équivalent, on a $x^2 = BH$. D'après cela, pour *carrer* un parallélogramme ou en avoir la *quadrature* (n° 251), portez-en la base et la hauteur (fig. 67), de B en C, et de B en D, sur une droite; puis, du diamètre BC, décrivez une demi-circonférence BAC, qui coupera en A la perpendiculaire DA menée en D sur BC : la corde BA sera le côté du carré cherché (n° 223). Si la figure donnée est le rectangle CL (fig. 104), en prenant $BC = DL$, on a le carré $CI = $ rect. CL.

256. *L'aire du triangle est la moitié du produit de sa base* B *par sa hauteur* H, ou $= \frac{1}{2}HB$, d'après ce qu'on a dit (n° 249).

1°. Le carré équivalent à un triangle donné est $x^2 = \frac{1}{2}BH$; on a donc la quadrature d'un triangle, en cherchant une moyenne proportionnelle entre la hauteur et la moitié de la base, c.-à-d. en prenant (fig. 104) BD égal à la moitié de la base, et BC à la hauteur, et achevant la construction comme ci-dessus; BG est équivalent au triangle proposé.

2°. *Les triangles* ABF, BIC (fig. 112) *qui ont même hauteur, sont entre eux comme leurs bases* AF, IC.

Pour couper par une ligne BF un triangle ABC en deux parties qui aient entre elles un rapport donné, il suffit de partager (n° 213, 4°.) la base AC en deux segmens AF, FC qui soient dans ce rapport, et de tirer BF.

257. Soit un polygone $ABDE$.... (fig. 108); menons AD et sa parallèle BC, qui rencontre en C le côté ED prolongé; enfin, tirons AC. Le triangle ABD peut être remplacé par ACD, qui

lui est équivalent ; ainsi l'hexagone *ABDEFG* est équivalent au pentagone *ACEFG*.

En appliquant de nouveau cette construction à ce pentagone, on le changera en un quadrilatère, puis en un triangle, et enfin, si l'on veut, en un carré. *On sait donc réduire tout polygone à un triangle ou à un carré équivalent.*

258. L'aire d'un polygone s'obtient en le décomposant en triangles, et cherchant l'aire de chacun. *Si le polygone est régulier comme ABCD (fig. 87), l'aire est égale au périmètre, multiplié par la moitié du rayon OG du cercle inscrit,* qu'on nomme *Apothème.* Car *n* étant le nombre des côtés, on prendra *n* fois l'aire *AOB* d'un des triangles au centre, savoir,

$$n \times AB \times \tfrac{1}{2}OG = \text{périmètre} \times \tfrac{1}{2}OG.$$

259. *L'aire du trapèze* AHah *(fig. 59) est le produit de sa hauteur par la moitié de la somme de ses bases parallèles,* ou *par la ligne menée à distance égale de chacune.* En effet, menons *AC* parallèle à *ah*, puis *Ee* par le milieu de *AH* et *ah* ; *Ee* sera parallèle à *Hh* (n° 216, 4°.). Or, l'aire du parallélogramme *ACha* est le produit de sa hauteur par *Ch* ou *Be* : celle du triangle *AHC* est le produit de cette même hauteur par $\tfrac{1}{2}HC$ ou *EB*; ainsi l'aire *AHha* est le produit de la hauteur commune par *Ee*, ou par $hC + \tfrac{1}{2}HC$, ou enfin par $\tfrac{1}{2}(Aa + Hh.)$ (*Voyez*, pour l'aire du quadrilatère, n°s 318, V; et 364, VI.)

260. L'aire (fig. 87) du trapèze $ABba = \tfrac{1}{2} Gg \times (AB + ab)$. En multipliant *AB* et *ab* par le nombre des côtés des polygones réguliers *ABCD...*, *abcd...*, on obtient leurs périmètres *P* et *p*. Ainsi, la différence de leurs aires est $= \tfrac{1}{2}Gg(P + p)$. Comme *Gg* tend sans cesse vers zéro, lorsqu'on fait croître le nombre des côtés, et que $\tfrac{1}{2}(P + p)$ approche de plus en plus de la circonférence, cette différence peut être rendue aussi petite qu'on veut. Ainsi, *l'aire du cercle est la limite des aires des polygones réguliers inscrits et circonscrits* (n° 113).

L'aire C *d'un cercle de rayon R est le produit de la moitié du rayon par sa circonférence, ou du carré du rayon par le rapport* π *de la circonférence au diamètre.* En effet, soient α l'excès de l'aire du polygone circonscrit sur celle du cercle, p la circonf., et β l'excès du périmètre du polygone sur la circonf.; l'aire de ce polygone, ou $C + \alpha$, est donc (n° 258) $= \frac{1}{2} R (p + \beta)$. Comme les variables α et β décroissent indéfiniment (*), on comparera les termes constans (n° 113), et l'on aura, à cause de $p = 2\pi R$ (n° 248),

$$\text{cercle } C = \tfrac{1}{2} pR = \text{circonf.} \times \tfrac{1}{2} R = \pi R^2.$$

Soit D le diamètre, on a cercle $= \frac{1}{4} \pi D^2$, ou à peu près $= D \times \frac{7}{9} D$.

Lorsque l'aire C du cercle est donnée, le rayon

$$R = \sqrt{\frac{C}{\pi}} = \sqrt{kC}, \quad k = \frac{1}{\pi} = 0,31831, \quad \log. k = \overline{1},5028513.$$

Un rectangle qui a pour base la demi-circonférence rectifiée, et pour hauteur le rayon, est égal au cercle; on a ainsi la solution approchée du fameux problème de la *quadrature du cercle*. Pour le résoudre rigoureusement, ce qui est à peu près inutile, il faudrait trouver la valeur exacte de π.

261. *L'aire du secteur* AOBI (fig. 109) *est le produit de la moitié du rayon* AO *par l'arc* AIB. En effet, on a (n° 168)

$$\frac{AOBI}{AODI} = \frac{AIB}{AID}, \quad AOBI = \frac{\text{cercle}}{\text{circonf.}} \times AIB, \text{ ou } = \tfrac{1}{2} R \times AIB.$$

La longueur de l'arc AIB est connue (page 279): ainsi

(*) Observons qu'on aurait été conduit au même résultat, si, raisonnant d'une manière analogue, mais inexacte, on eût négligé les termes α et β, qui doivent disparaître ensuite : c'est ce qui arrive dans la méthode des *infiniment petits*, où l'on considère la circonférence comme un polygone régulier d'une infinité de côtés ; car alors C est l'aire de ce polygone, et p le périmètre, et l'on trouve $C = \dfrac{pR}{2}$. Ce procédé pourrait donc être regardé comme parfaitement rigoureux, si l'on s'assurait *a priori* que les termes ainsi négligés sont infiniment petits. Consultez, à ce sujet, les *Réflexions sur la Métaphysique du Calcul infinitésimal*, par Carnot.

$$\text{Secteur} = \frac{\pi R^2}{n} = \frac{\pi R^2 a}{360} = h R^2 a, \log h = \overline{3}, 9408473,$$

l'arc AIB étant le $n^{ième}$ de la circonf., et a son nombre de degrés.

' L'aire du segment $ALBI$ est égale à celle du secteur, moins le triangle $AOBL$ (n° 364, VII).

Aux arcs semblables et concentriques ABD, abd (fig. 142), circonscrivons des portions de polygones réguliers ; le système de ces trapèzes formera une aire dont la limite sera $ADBabd$. Il est aisé d'en conclure que l'aire $ABDabd$ comprise entre deux arcs concentriques est égale au produit de la distance Aa entre ces arcs, multipliée par la moitié de leur somme, ou par l'arc $a'b'd'$ décrit à distance égale de l'un et de l'autre (n° 259).

On peut toujours évaluer, par approximation, une aire curviligne, en la considérant comme un polygone dont les côtés sont fort petits, et la décomposant en triangles ou en trapèzes. Par ex., traçons dans l'aire $aADd$ (fig. 138) les parallèles équidistantes Aa, iI, bB, kK….. dD ; que nous désignerons par p' p''…, $p^{(n)}$, et menons une perpend. quelconque $a'd'$ sur Aa : l'aire sera ainsi coupée en trapèzes, dont les aires sont $\frac{1}{2}(p' + p'')k$, $\frac{1}{2}(p'' + p''')k$…, k étant la distance de deux parallèles. La somme est $aADd = k(\frac{1}{2}p' + p'' + p'''\ldots + \frac{1}{2}p^{(n)})$; ainsi *l'aire curviligne est le produit de la distance k entre les parallèles, par leur somme diminuée de la moitié des deux extrêmes.*

Comparaison des Surfaces.

262. Comparons les aires des polygones semblables.

I. *Les aires de deux triangles semblables* ABC, abc (fig. 110) *sont comme les carrés de leurs côtés homologues.* Car la similitude donne $\frac{AB}{ab} = \frac{AC}{ac}$; mais les perpendiculaires BD et bd aux bases AC, ac, forment les triangles semblables ABD, abd, d'où $\frac{AB}{ab} = \frac{BD}{bd}$: donc $\frac{AC}{ac} = \frac{BD}{bd}$ (ce qui est conforme au théorème 243). Multipliant les deux membres par $\dfrac{BD}{bd}$, on a

$$\frac{AC \times BD}{ac \times bd} = \frac{BD^2}{bd^2} = \frac{AB^2}{ab^2} = \ldots.$$

II. *Les aires de deux polygones semblables* ABCD, abcd, *sont comme les carrés de leurs lignes homologues* (fig. 93). Car la similitude des triangles ABC, abc (n° 241) donne la proportion $\dfrac{T}{t} = \dfrac{AB^2}{ab^2}$: on a de même $\dfrac{T'}{t'} = \dfrac{AC^2}{ac^2} = \dfrac{AB^2}{ab^2}$, etc. ; réunissant ces rapports égaux, il vient

$$\frac{T}{t} = \frac{T'}{t'} = \frac{T''}{t''} = \ldots = \frac{AB^2}{ab^2},$$

d'où (n° 73, 3°.) $\dfrac{T + T' + T'' \ldots}{t + t' + t'' \ldots} = \dfrac{AB^2}{ab^2} = \dfrac{ABCD \ldots}{abcd \ldots}$

263. Concluons de là que, 1°. si l'on construit trois polygones M, N et P (fig. 111) semblables, de figures quelconques, dont les côtés homologues soient ceux d'un triangle rectangle ABC, on aura $\dfrac{M}{AB^2} = \dfrac{N}{BC^2} = \dfrac{P}{AC^2}$, d'où $\dfrac{M}{AB^2} = \dfrac{N + P}{BC^2 + AC^2}$: or, $AB^2 = BC^2 + AC^2$; donc $M = N + P$. Cette proposition étend celle du carré de l'hypoténuse (n° 254, 2°.) à tous les polygones semblables ; de sorte qu'on peut aisément construire une figure égale à la différence des deux autres, ou à leur somme, ou à la somme de tant d'autres qu'on voudra, pourvu qu'elles soient toutes semblables.

2°. Les aires des polygones réguliers d'un même nombre de côtés sont comme les carrés des rayons des cercles inscrits et circonscrits.

3°. *Les cercles* C, c *sont comme les carrés de leurs rayons* R, r, *ou de leurs diamètres* : car soient α et β les excès des aires des polygones circonscrits sur celles des cercles C, c ; $C + \alpha$, $c + \beta$ seront les aires des polygones ;

d'où $\quad \dfrac{C + \alpha}{c + \beta} = \dfrac{R^2}{r^2}$; puis (n° 113) $\dfrac{C}{c} = \dfrac{R^2}{r^2}$.

Cela résulterait aussi de ce que $C = \pi R^2$, $c = \pi r^2$.

4°. Le cercle qui a pour diamètre l'hypoténuse d'un triangle rectangle est donc égal à la somme de ceux qui ont pour diamètres les côtés de l'angle droit; de sorte qu'il est facile de former un cercle égal à la somme ou à la différence de tant de cercles qu'on voudra.

264. *Deux triangles* ABC , abc (fig. 110), *qui ont un angle égal* A = a, *sont entre eux comme les rectangles des côtés qui comprennent cet angle.* En effet, les perpendiculaires BD, bd sur leurs bases donnent (n° 256) $\dfrac{ABC}{abc} = \dfrac{BD \times AC}{bd \times ac}$: or les triangles semblables ABD, abd donnent $\dfrac{BD}{bd} = \dfrac{AB}{ab}$;

donc $\dfrac{ABC}{abc} = \dfrac{AB \times AC}{ab \times ac}$.

On peut, à l'aide de ce théorème, résoudre les questions suivantes:

I. *Diviser un triangle* ABC (fig. 112) *en trois parties égales, par des droites* FD , FE *qui se joignent en un point donné* F *sur la base* AC. Divisons la base en trois également aux points H et I ; comme le triangle CBI est le tiers de CBA (n° 256, 2°.), l'aire inconnue $CDF = CBI$. Or, on a, $\dfrac{CDF}{CBI} = \dfrac{CD \times CF}{CB \times CI}$; donc $CD \times CF = CB \times CI$, ou $\dfrac{CD}{CB} = \dfrac{CI}{CF}$, ce qui prouve (n° 212) que DI est parallèle à BF, et que, par conséquent, il faut mener BF, puis ses parallèles HE, DI, et enfin DF, FE.

II. La même construction sert à diviser l'aire ABC (fig. 113) en 4, 5.... parties égales par des lignes FE, FE', FD', FD : il faut couper la base AC en autant de parties égales. On sait donc diviser l'héritage triangulaire ABC, en parts égales, par des sentiers qui aboutissent à un puits commun F.

III. Décrire un triangle EIK qui soit équivalent à ABC (fig. 114), dont la base soit EI et le sommet situé en un point K

de la ligne donnée NK ? Supposons d'abord que les deux triangles ABC, ADF soient équivalens ; comme

$$\frac{ABC}{ADF} = \frac{AB \times AC}{AD \times AF},$$

on a $\qquad AB \times AC = AD \times AF$, ou $\dfrac{AB}{AD} = \dfrac{AF}{AC}$:

ainsi, BF est parallèle à DC (n° 212). Donc si l'on veut construire un triangle $EGH = ABC$, dont le sommet E soit donné, la base GH étant dans la direction AH de celle du triangle donné, on mènera ED parallèle à AC, puis DC et sa parallèle BF, et l'on aura $ADF = ABC$: prenant ensuite dans la direction AC, $GH = AF$, le triangle GHE sera $= ABC$, et remplira la condition demandée. Observez que la même construction s'appliquerait encore au cas où, au lieu de donner le sommet E, on donnerait la base GH ; on pourrait même donner aussi l'angle H : autant de problèmes différens qui sont résolus par le même procédé.

En prenant EG pour base, on pourra de même transformer le triangle EGH en un autre EIL équivalent, qui aurait son sommet en I, où aurait changé le triangle ABC en EIL ; le côté EI et l'angle IEL étant donnés. Enfin LK, parallèle à EI, coupe la droite donnée NK au point K, et le triangle $EIK = EIL = ABC$ résout le problème proposé. On pourrait déterminer le point K en se donnant la longueur IK, ou l'angle EKI (n° 208, IV.), ou toute autre condition.

Des Plans et des Angles dièdres.

265. De la définition du *Plan* (n° 154), il suit que,

1°. Le plan est une surface infinie en longueur et largeur.

2°. *Trois points, ou deux droites qui se coupent, sont toujours dans un même plan, et en déterminent la position.* En effet, on peut visiblement concevoir une infinité de plans qui passent par l'une des droites, ou par la ligne qui joint deux des points donnés, puisqu'on peut faire tourner l'un de ces plans autour de cette ligne comme sur une charnière. Mais ce plan s'arrêtera dans son mouvement, si l'on fixe hors de la ligne un point par lequel il doit passer.

3°. Un triangle est toujours dans un plan.

4°. Deux parallèles déterminent un plan.

5°. Deux plans ne peuvent, sans se confondre, avoir trois points communs non en ligne droite : ainsi *l'intersection de deux plans est une droite.*

266. Faisons tourner l'angle droit PAB (fig. 115) autour de AB, jusqu'à ce que AP fasse, avec une troisième ligne AC, un angle droit PAC; on dit alors que AP est perpendiculaire au plan des deux droites AB, AC.

Si une droite AP *est perpendiculaire à deux autres* AB, AC, *qui se croisent en* A, *elle l'est aussi à toute ligne* AI *tracée par ce point dans le plan* BAC *des deux premières.* En effet, évaluons l'angle PAI : pour cela, joignons les trois points P, C, B quelconques, mais tels néanmoins que $AB = AC$. Les lignes PB, PC seront égales, à cause du triangle $PAC = PAB$. Au milieu O de la base BC des triangles isoscèles PBC, ABC, menons PO, AO, qui seront perpendiculaires sur cette base BC (n° 201, 3°.) ; les triangles rectangles PCO, PAC, ACO donnent

$$PC^2 = PO^2 + CO^2 = AP^2 + AC^2, \quad AC^2 = CO^2 + AO^2,$$

éliminant AC^2, il vient $PO^2 = AP^2 + AO^2$; ce qui prouve que le triangle APO est rectangle (p. 258).

Les triangles rectangles POI, APO, AOI donnent

$$PI^2 = PO^2 + OI^2, \quad PO^2 = AP^2 + AO^2, \quad OI^2 = AI^2 - AO^2,$$

d'où $PI^2 = AI^2 + AP^2$; ainsi l'angle PAI est droit; PA est perpendiculaire à toute droite AI, tracée dans le plan MN.

On conclut de là que, 1°. *les obliques* PC, PB (fig. 115), *qui s'écartent également de la perpendiculaire* AP, *sont égales, et réciproquement.* Cela suit du triangle $PAC = PAB$.

Les pieds B, E, D, C des obliques égales PB, PE... (fig. 116), étant sur une circonférence dont le centre est en A, on voit que, *pour abaisser d'un point* P *hors d'un plan* MN *une perpendiculaire à ce plan,* on marquera trois points E, B, C sur ce plan, à égales distances de P; le centre A du cercle passant par ces trois points sera le pied de la perpendiculaire.

2°. *Si l'on fait tourner un angle droit* PAB (fig. 116) *autour de son côté* AP, *l'autre côté* AB *décrira un plan perpendiculaire à* AP: car menant en A le plan MN perpendiculaire à AP, s'il ne contenait pas la droite AB dans toutes ses positions; que l'une fût, par ex., AD hors de MN, le plan DAP qui couperait MN selon CA perpendiculaire à AP, donnerait, dans ce plan DAP, deux perpendiculaires CA, DA à AP.

3°. *Par un point* C *ou* A (fig. 116), *on peut toujours mener un plan* MN *perpendiculaire à une droite* AP, *et l'on n'en peut mener qu'un seul.* Car, soit menée CA perpendiculaire sur AP; en faisant tourner l'angle droit PAC autour de AP, CA décrira le plan MN dont il s'agit.

4°. *D'un point* A *ou* P (fig. 116), *on ne peut mener qu'une seule perpendiculaire* AP *à un plan* MN; *elle est la plus courte distance du point* P *au plan* : *plus une oblique s'écarte de* AP, *plus elle est longue.* Comme les obliques égales s'écartent également de la perpendiculaire, on peut en effet ramener ces diverses lignes à être dans le même plan. Si l'on admet, par ex., que $AI > AC$, on prendra $AE = AC$ dans le plan PAI, et puisque $PI > PE = PC$, on en tire $PI > PC$.

5°. *Deux plans* MN, mn (fig. 117) *perpendiculaires à une même droite* AP *ne peuvent se rencontrer*; car s'ils n'étaient pas parallèles, en joignant un point quelconque O de leur ligne d'intersection avec les pieds A et P, les lignes AO, PO seraient deux perpendiculaires abaissées d'un point O sur la même ligne AP; ce qui est absurde (n° 175).

6°. *Pour mener d'un point* P (fig. 115) *une ligne* PO, *perpendiculaire à une droite* BC, située dans un plan quelconque MN, on mènera PA perpendiculaire sur ce plan MN; puis du pied A de celle-ci, on abaissera AO perpendiculaire sur BC; enfin, joignant les points O et P, PO sera la perpendiculaire demandée. Il suffit, pour s'en convaincre, de prendre sur BC, $OB = OC$, de mener AB et AC, puis de répéter la démonstration ci-dessus.

Remarquez que le plan PAO est perpendiculaire sur BC, ce qui donne aussi le moyen de *mener, par un point donné* P*, un plan perpendiculaire à une droite.* BC.

267. *Lorsque deux droites* PA, QO (fig. 118) *sont parallèles, le plan* MN *perpendiculaire à l'une* PA*, l'est aussi à l'autre* QO; car, menant dans le plan MN la droite AO et sa perpendiculaire BO, ici, comme fig. 115, BO est perpendiculaire au plan PAO, et par conséquent à QO, qui est dans ce plan PAO (n° 266). Mais en outre, à cause des parallèles PA, QO l'angle PAO étant droit, QOA l'est aussi; en sorte que QO est perpendiculaire sur AO et BO, c.-à-d., sur le plan AOB ou MN.

Réciproquement, deux droites AP, QO, *perpendiculaires au même plan* MN, *sont parallèles entre elles;* car, sans cela, on pourrait mener en A une parallèle à QO, autre que AP; cette parallèle serait, aussi bien que AP, perpendiculaire au plan MN, ce qui serait absurde (n° 266, 4°.).

Donc, *deux lignes* Aa *et* Bb (fig. 119), *parallèles à une troisième* Cc, *sont parallèles entre elles;* car, en menant un plan perpendiculaire à Cc, il le serait aussi à ses parallèles Aa et Bb, en vertu de notre proposition : il suit de sa réciproque, que Aa est parallèle à Bb.

268. *Les intersections* Kl, ki (fig. 117) *de deux plans parallèles* MN, mn *par un même plan* kKI *sont parallèles;* car d'une part elles sont dans un même plan, et de l'autre elles ne peuvent se rencontrer.

Donc, 1°. *la ligne* AP, *perpendiculaire au plan* MN, *l'est aussi à tout autre plan parallèle* mn; car, en menant par AP un plan quelconque $BCcb$, les intersections BC, bc étant parallèles, l'angle bPA est droit. Ainsi AP est perpend. à toute ligne bc tracée par le point P dans le plan mn.

2°. *Les parallèles* Ii, Kk, *interceptées entre deux plans parallèles* MN, mn, *sont égales;* car le plan $IKki$ de ces lignes donne les parallèles IK, ik; ainsi la figure Ik est un parallélogramme, d'où $Ii = Kk$.

Donc *deux plans parallèles sont partout à égale distance l'un de l'autre.*

269. *Si la droite* Cc (fig. 119) *est parallèle à la ligne* Aa, *elle l'est aussi à tout plan* AabB *qui passe par* Aa : puisque *Cc* est entièrement comprise dans le plan *Ac* des deux parallèles; si *Cc* pouvait rencontrer le plan *Ab*, ce ne serait que dans l'un des points de *Aa*, qui ne serait pas parallèle à *Cc*.

Étant données deux droites *ab*, *Cc* non parallèles, et qui ne se coupent pas, on peut toujours faire passer par l'une un plan parallèle à l'autre, et l'on n'en peut mener qu'un seul ; car, par un point quelconque *a* ou *b*, menons *aA* ou *bB* parallèle à *cC*, le plan *Ab* sera celui qu'on demande.

270. L'inclinaison de deux plans *Ab*, *Ac* (fig. 119), qui se coupent, ou la quantité plus ou moins grande dont ils sont écartés l'un de l'autre, est ce qu'on appelle un angle *Dièdre :* nous le désignerons par *baAc*, en mettant les lettres *aA*, qui marquent l'intersection, entre celles *b, c*, qui se rapportent aux deux faces.

Les angles rectilignes bac, BAC, *qui résultent de l'intersection d'un angle dièdre par deux plans parallèles quelconques sont égaux.* En effet, *ab* et *AB* sont parallèles (n° 268), ainsi que *ac* et *AC*; prenons, sur ces droites, des parties égales *ab = AB*, *ac = AC*; menons *Cc*, *Bb*, *cb* et *CB*. La figure *Ab* donne (n° 200) *Bb* égale et parallèle à *Aa* : de même la fig. *Ac* donne *Cc* égale et parallèle à *Aa*. Ainsi, *Bb* est égale et parallèle à *Cc*, et la fig. *Cb* est un parallélogramme. On en conclut *CB = cb*, et par conséquent le triangle *bac = BAC*, et enfin, l'angle *bac = BAC*.

Concluons de là que, 1°. *si deux angles* bac, BAC *dans l'espace ont les côtés parallèles et l'ouverture tournée dans le même sens, ces angles sont égaux.* Si l'ouverture est tournée en sens contraire, ces angles sont supplémens, comme n° 183, 3°.

2°. *Les plans de ces angles sont parallèles.* En effet, ayant abaissé au sommet *a* une perpend. *aI* sur le plan *bac*, et mené par le point *I*, où elle rencontre le plan *BAC*, et dans ce plan les parallèles *IK, IL* à *AB* et *AC*, elles seront parallèles à *ab* et *ac* (n° 267). Or, les angles *Iab, Iac* sont droits et égaux à *aIK, aIL*. Ainsi *aI* est perpend. au plan *KIL* (n° 266). Donc les deux plans *bac, BAC* sont perpend. à une même droite (n° 266, 5°.).

3°. Les triangles *bac, BAC* qui joignent les extrémités de trois droites égales et parallèles dans l'espace, sont égaux; les plans de ces triangles sont parallèles.

271. Soient deux angles dièdres *BAPC, bapc.* (fig. 120), coupés par des plans *BAC, bac* perpend. à leurs *arètes* AP, ap; *les angles dièdres sont dans le même rapport que les angles rectilignes* BAC, bac, *résultant de cette section, et dont les côtés sont des perpend. menées, dans chaque face, en un point de leurs arètes* AP, ap.

En effet, 1°. en quelque point *A* de l'arète *AP* que la section perpend. soit faite, l'angle *BAC* sera le même (n° 270).

2°. Si les angles *BAC, bac* sont égaux, les angles dièdres le sont aussi, puisque ceux-ci coïncident en appliquant l'un sur l'autre les angles *BAC, bac.*

3°. Si *BAC* et *bac* ont une commune mesure *CAx*, en la portant sur *CAB* et *cab* autant de fois qu'elle peut y être contenue, et menant des plans par les arètes *AP, ap* et les lignes de division *Ax, Ax'...,* chaque angle dièdre contiendra l'angle dièdre *CAPx,* autant de fois que *CAx* est contenu dans *CAB* et *cab.* D'où il suit que les angles dièdres sont entre eux dans le rapport de *CAB* à *cab.*

4°. Si les angles *CAB, cab* sont incommensurables, on prouvera aisément (comme n° 168, 2°.) que cette proportion a encore lieu.

Concluons donc (n°s 36, 71) qu'*un angle dièdre a pour mesure l'angle rectiligne qui résulte de l'intersection de cet angle dièdre par un plan perpendiculaire à son arète :* puisqu'après avoir pris *cab* pour unité d'angle, on peut prendre l'angle dièdre *cpab* qui lui correspond pour unité des angles dièdres, comme n° 169; de sorte qu'en dernière analyse, les arcs de cercle servent aussi de mesure aux angles dièdres.

Dans la rencontre des plans entre eux, on trouve les mêmes
théorèmes que pour celle des lignes. Ainsi, les angles adjacens
de deux plans qui se coupent valent deux droits, et leurs angles opposés au sommet sont égaux. Deux plans parallèles,
coupés par un plan sécant, forment les angles correspondans,
alternes-internes, alternes-externes, égaux; et réciproquement, etc....

272. Les plans sont dits perpend., lorsque leur angle dièdre
est mesuré par un angle droit.

La droite AB (fig. 121) *étant perpend. au plan* MN, *tout plan*
PQ *qui passe par cette ligne est perpend. à* MN; car, en
menant dans le plan *MN* la droite *AC* perpendiculaire sur *RP*,
l'angle *BAC* est droit (n°. 266). Donc, 1°. *pour élever en* A *la*
perpend. AB *au plan* MN, appliquez sur ce plan le côté *PR*
d'un angle droit *PAB*, et faites tourner cet angle autour de *PR*
jusqu'à ce que le plan *PQ* devienne perpend. à *MN*.

2°. *Par une droite, telle que* PQ *ou* AB (fig. 122), *on ne*
peut mener qu'un seul plan perpend. à MN; ce plan *ABQP*
est déterminé par une perpend. *AP* à *MN*.

3°. La *Projection* A d'un point *P* sur un plan *MN* est le
pied de la perpend. *AP*, abaissée du point *P* sur ce plan.

La projection *AB* d'une ligne *PQ*, est la suite des pieds
de toutes les perpendiculaires abaissées des divers points de la
ligne sur le plan. Si cette ligne est droite, le système de toutes
ces perpend. formera un plan *PABQ*, perpend. à *MN* : l'intersection *AB* de ces deux plans est la projection de la ligne
PQ; projection qui est une droite déterminée par celles *A* et *B*
de deux points *P* et *Q*.

L'angle qu'une ligne droite fait avec sa projection sur un
plan est ce qu'on appelle l'inclinaison de la droite sur le plan.
Les lignes *AB*, *AO*.... (fig. 115) sont les projections sur le
plan *MN* des droites *PB*, *PO*...; et les angles qu'elles forment
avec ce plan sont *PBA*, *POA*...

273. *Si les plans* PQ *et* MN (fig. 121) *sont perpend. entre*
eux, et qu'on mène dans l'un PQ, *la perpend.* AB *sur leur in-*

tersection PR, *elle le sera à l'autre plan* MN. Car, si l'on mène dans ce plan MN, AC perpendiculaire sur PR, l'angle BAC sera droit, puisqu'il mesure celui des plans : ainsi AB sera perpendiculaire sur PR et sur AC (n° 266).

Réciproquement, si les plans PQ et MN sont perpend., et que, par un point A de leur intersection PR, on élève la perpendiculaire AB au plan MN, elle sera dans le plan PQ; car, si elle n'y était pas, en menant, dans ce plan PQ, une perpend. à PR en A, elle serait une 2ᵉ perpend., en ce point, au plan MN.

Donc, si deux plans PQ, RS (fig. 123) sont perpend. à un 3ᵉ MN, leur intersection AB est perpend. à MN : car si par le point A on veut élever une perpend. à ce plan MN, elle doit être située à la fois dans les deux plans PQ, RS.

274. *La plus courte distance* Oo (fig. 119) *de deux droites* aob, AC, *qui ne se coupent pas, est la ligne perpend. sur l'une et l'autre.* Car faisons passer par ab un plan bac parallèle à AC, et par AC un plan BAC parallèle à ab (n° 269) : la plus courte distance cherchée sera visiblement celle des plans parallèles bac, BAC (n° 268, 2°.). Par ab, on mènera un plan baIK perpend. au plan BAC; l'intersection IK coupera AC en un point O; enfin élevant Oo perpend. sur le plan BAC, Oo sera la ligne cherchée.

275. *Deux droites* AB, CD (fig. 124) *sont coupées en parties proportionnelles par trois plans parallèles* RS, PQ, MN. En effet, menons AD, et tirons les droites BD, EF, FG, AC; EF sera parallèle à BD (n° 268), ainsi que AC à FG. On aura donc,

$$\frac{AE}{EB} = \frac{AF}{FD}, \text{ et } \frac{AF}{FD} = \frac{CG}{GD}; \text{ d'où } \frac{AE}{EB} = \frac{CG}{GD}.$$

Des Angles polyèdres.

276. Lorsque divers plans (fig. 125) ont pour intersections successives, deux à deux, des droites SA, SB, SC..., qui se réunissent en un même point S, l'espace indéfini renfermé entre ces plans est ce qu'on nomme *Angle polyèdre* ou *Angle*

solide. Chacun des angles ASB, BSC.... qui le composent sont des *Angles plans.*

Et si cet espace est limité par un plan $ABCDE$, le corps $SABCDE$ s'appelle une *Pyramide.*

Si le polygone $ABCDE$, qui sert de base à une pyramide, est régulier, et de plus, si la perpendiculaire SH, abaissée du sommet S passe par le centre H du polygone, la pyramide est dite régulière.

Du reste, on distingue les pyramides, ainsi que les angles polyèdres, par le nombre de faces qui composent l'angle S : un angle *Trièdre* a trois faces; un angle *Hexaèdre* en a six, etc.

277. *Tant de lignes* SA, SB.... *qu'on voudra* (fig. 125), *partant d'un point* S, *sont coupées en parties proportionnelles par deux plans parallèles* AC, ac; *ou les arêtes d'une pyramide* SAC *sont coupées proportionnellement par un plan* ac *parallèle à sa base.* Car les parallèles AB, ab, BC, bc... donnent

$$\frac{SA}{Sa} = \frac{SB}{Sb} = \frac{AB}{ab}; \quad \frac{SB}{Sb} = \frac{SC}{Sc} = \frac{BC}{bc}, \text{ etc.};$$

et comme ces proportions s'enchaînent par un rapport commun, on trouve $\dfrac{SA}{Sa} = \dfrac{SB}{Sb} = \dfrac{SC}{Sc} = \dots$

La réciproque se démontre aisément.

278. *Le polygone* abc..., *qui résulte de la section d'une pyramide par un plan* ac *parallèle à sa base* AC, *est semblable à cette base.* Car on a aussi $\dfrac{AB}{ab} = \dfrac{BC}{bc} = \dfrac{CD}{cd} = \dots$; et comme d'ailleurs les côtés des polygones ABC..., abc... étant parallèles, les angles A et a, B et b... sont égaux (n° 270), on en conclut que ces polygones sont semblables. *Ces polygones sont entre eux comme les carrés des distances au sommet;* car, en menant la perpend. SH sur ABC..., elle coupera abc... en h, et l'on aura $\dfrac{AB^2}{ab^2} = \dfrac{ABCD\dots}{abcd\dots}$ (n° 262); mais $\dfrac{AB}{ab} = \dfrac{SB}{Sb} = \dfrac{SH}{Sh}$, donc....

279. *Dans tout angle trièdre* S (fig. 126), *l'un quelconque des angles plans est plus petit que la somme des deux autres:* il n'y a lieu à démontrer la proposition qu'à l'égard du plus grand angle plan ASE. Prenons donc, dans cette face, l'angle $DSE = FSE$; puis menant la droite quelconque AB, prenons sur l'arête SF une partie $SC = SD$. Les triangles DSB, CSB sont égaux, et donnent $BD = BC$; et comme $BA < BC + CA$, on en tire $AD < AC$. Ainsi les triangles ASC, ASD ont l'angle $ASD < ASC$ (n° 196), et par conséquent l'angle

$$BSA < BSC + CSA.$$

280. *Un angle polyèdre* S (fig. 128) *a la somme des angles plans qui le composent moindre que quatre angles droits.* En effet, puisque l'angle polyèdre S est convexe, on peut toujours le couper par un plan qui donne une base $ABCDE$, et forme la pyramide SAD. Des angles de cette base menons les lignes OA, OB, OC... à un point O intérieur et arbitraire: elle aura autant de triangles qu'il y en a pour former l'angle S; et la somme des angles de ces divers triangles sera de part et d'autre la même.

Cela posé, on a l'angle plan $ABC < ABS + SBC$; on en doit dire autant des autres angles trièdres C, D...; d'où il suit que la somme des angles du polygone ABC... est plus petite que la somme des angles à la base dans les triangles SAB, SBC... Donc la somme des angles plans en S est, pour compenser, plus petite que la somme des angles en O.

On ne peut donc former, avec des polygones réguliers égaux, plus de cinq polyèdres; car, 1°. chaque angle de l'hexagone régulier valant $\frac{4}{3}$ d'un droit (n° 235), ou $\frac{4}{3}D$, trois de ces angles font $4D$, et ne peuvent être employés à former un angle polyèdre. A plus forte raison, ne pourrait-on pas employer quatre hexagones réguliers, ou des heptagones, etc.

2°. On ne peut, avec 4, 5... pentagones réguliers, composer un angle polyèdre, non plus qu'avec 4, 5... carrés, ou 6, 7... triangles équilatéraux; car chacun des angles vaut respectivement $\frac{6}{5}D$, $1D$, $\frac{2}{3}D$.

3°. Ainsi, le corps, dont il s'agit, ne peut avoir ses angles polyèdres formés que de trois pentagones réguliers, trois carrés, 5, 4, ou 3 triangles. (Voyez *la Géométrie de M. Legendre,* app. aux livres VI et VII : on y démontre qu'on peut en effet former ainsi les polyèdres réguliers à 12, 6, 20, 8 et 4 faces.)

281. *Deux angles trièdres* S *et* s *(fig. 126), formés d'angles plans respectivement égaux* ESF = esf, FSG = fsg, ESG = esg, *ont leurs angles dièdres égaux.* Car, si l'on prend deux arêtes égales SB, sb, et qu'on leur mène les plans BAC, bac perpend., on aura visiblement les triangles rectangles égaux $SBC = sbc$ et $SBA = sba$; d'où $SC = sc$, $SA = sa$; donc le triangle $SCA = sca$, et par suite le triangle $BAC = bac$. Ainsi l'angle $ABC = abc$, ou plutôt l'angle dièdre $ABSC = absc$. Il en est de même des deux autres angles dièdres.

1°. *Si les angles plans égaux sont disposés dans le même ordre,* comme fig. 126, en appliquant la face asb sur son égale ASB, sbc se placera sur SBC, sc sur SC, et bca sur BCA : ainsi *les corps coïncideront.*

2°. Mais si les angles plans égaux ne sont pas disposés dans le même ordre (fig. 127), $ASB = A'S'B'$, $ASC = A'S'C'$ et $BSC = B'S'C'$; alors les angles dièdres sont encore égaux, mais ils ne peuvent plus coïncider. Pour appliquer le triangle $A'B'C'$ sur son égal ABC, il faut renverser le corps $S'A'C'B'$, placer $B'C'$ sur BC, $A'B'$ sur AB et $A'C'$ sur AC; l'un des corps se trouve situé en dessus de la base ABC, l'autre est en dessous. (fig. 129). Les corps sont alors *Symétriques (voy.* n° 300); car les perpend. SB, $S'B$ sur le plan de la base commune ABC sont égales.

3°. Il est visible qu'on pourra encore faire coïncider les angles trièdres S et s (fig. 126), s'ils ont un angle dièdre égal formé par deux angles plans égaux et semblablement placés.

4°. *Si les angles polyèdres* S *et* S' *(fig. 125) sont formés d'angles dièdres égaux et d'angles plans égaux, chacun à chacun, et disposés dans le même ordre, ils seront égaux.* Car menons des plans par l'une des arêtes SB et par toutes les au→

tres; ils formeront les angles trièdres $ESAB$, $ESBD$.... Opérons de même sur S': l'angle dièdre $ESAB = E'S'A'B'$, donne l'angle plan $ESB = E'S'B'$, et l'angle dièdre $AESB = A'E'S'B'$; mais, par supposition, l'angle dièdre $AESD = A'E'S'D'$; retranchant, il vient $BESD = B'E'S'D'$. Donc l'angle dièdre $BESD = B'E'S'D'$ et ainsi des autres.

Surfaces des corps.

282. On nomme *Prisme* (fig. 131.) le corps engendré par le mouvement d'une droite Aa, qui se meut parallèlement, son extrémité A décrivant un polygone quelconque $ABCDE$, et sa longueur Aa restant la même. Si l'*Arète* Aa est perpend. au plan de la *Base* ABC..., on dit que le prisme est *Droit*.

. Comme Aa est égale et parallèle à Bb, Ba est un parallélogramme (n° 200); il en est de même de Cb...; donc *toutes les faces latérales d'un prisme sont des parallélogrammes*. Une partie quelconque Aa' de l'arète Aa engendre aussi des parallélogrammes Ba', Cb'..., de sorte que le polygone $a'b'c'$..., décrit par le point a', ayant ses côtés égaux et parallèles à la base ABC....., ces polygones sont égaux, et leurs plans sont parallèles (n° 270, 2°.). Donc, *toute section faite dans un prisme par un plan parallèle à la base est égale à cette base: les bases opposées* ABC..., abc..... *sont donc égales et parallèles*. La distance de ces bases est la *Hauteur*.

283. *L'aire d'un prisme est le produit d'une arète* Aa (fig. 132) *par le périmètre d'une section* $a'b'c'$... *qui lui est perpend.* Il est visible que, les deux bases exceptées, l'aire du prisme est la somme des aires des parallélogrammes qui le composent. Si le prisme est droit, l'aire est le produit du contour de sa base par une de ses arètes. En coupant le prisme Ac par un plan $a'b'c'$... perpend. à l'arète Aa, et plaçant la partie supérieure $a'c$ sous l'inférieure Ac', de sorte que abc... coïncide avec ABC..., le prisme deviendra droit. Donc, etc.

284. Supposons que la base du prisme soit un parallélogramme $ABCD$ (fig. 134); outre les faces AC, ac égales et

parallèles, on a encore la face Ab égale et parallèle à Dc, puis-que les côtés des angles aAB, dDC sont égaux et parallèles (n° 270). De même pour les faces Bc, Ad: c'est ce qui a fait donner le nom de *Parallélépipède* au prisme dont la base est un parallélogramme, puisque *les six faces sont égales et paral-lèles deux à deux*, en sorte que l'on peut prendre l'une quel-conque pour base.

Réciproquement, le corps formé de six faces parallèles deux à deux est un parallélépipède; car les plans AC, ac étant pa-rallèles, AB est parallèle à ab (n° 268); Aa l'est à Bb; la face Ab est donc un parallélogramme: de même pour Bc, Ad...; donc le polyèdre peut être considéré comme engendré par le mouvement de Aa glissant parallèlement sur les côtés de $ABCD$.

Un prisme est déterminé lorsque la base ABC... (fig. 132) et l'arête génératrice Aa sont données de grandeur et de posi-tion; donc un parallélépipède l'est (fig. 134), lorsqu'on connaît l'un de ses angles trièdres A et les longueurs des arêtes Aa, AB et AD qui le forment.

Si l'arête Aa est perpend. à la base (fig. 133), et si cette base est un rectangle, le parallélépipède est *Rectangle*: tous les angles y sont droits; chaque arête est perpend. aux plans qui la terminent; car on sait que trois droites Aa, AD et AB étant perpend. entre elles, chacune l'est au plan des deux autres (n° 266); si en outre les arêtes sont égales, le prisme est nommé *Cube*.

285. Le plan $DdbB$ (fig. 134) qui passe par deux arêtes opposées, donne un parallélogramme dont *les diagonales* Db, Bd *se coupent en deux parties égales* (n° 231); les quatre dia-gonales Db, Bd, Ac, aC se coupent donc au même point O; car Bd coupe Db en son milieu O, et Ac doit aussi couper Db en deux parties égales.

286. Lorsqu'une courbe quelconque $ACDB$ (fig. 144) tourne autour d'un axe AB, elle engendre une *Surface de révolution*. Le caractère distinctif de ces surfaces consiste en ce que, quelle

que soit la courbe génératrice $ACDB$, *tout plan perpend. à l'axe donne pour une intersection une circonf. de cercle.* Car la droite DI perpend. à AB, décrira dans son mouvement un plan perpend. à l'axe (n° 266, 2°.); de plus, le point D conservera toujours la même distance DI à cet axe.

287. Le *Cylindre* est un corps engendré par une ligne indéfinie Aa (fig. 135) qui se meut parallèlement en glissant sur une courbe quelconque $ABCD$. Nous regarderons ici le cylindre comme terminé par deux bases parallèles $ABCD$, $abcd$; la *Hauteur* est la distance entre les bases.

Inscrivons et circonscrivons des polygones à la base du cylindre : la génératrice, en glissant sur leur contour, décrira deux prismes, dont le cylindre est visiblement la limite (*), comme sa base est la limite de leurs bases. Il est aisé de conclure de là que,

1°. Toute section faite dans un cylindre parallèlement à la base donne une courbe égale à celle de la base.

2°. *L'aire d'un cylindre droit* Ac (fig. 136) *est le produit du périmètre de sa base par sa hauteur.* En effet, soit C le contour de la base, α l'excès du périmètre du polygone circonscrit sur C, en sorte que ce périmètre $= C + \alpha$; $Aa = H$; enfin S l'aire du cylindre, et β l'excès de l'aire du prisme circonscrit sur S, on aura $S + \beta = H(C + \alpha)$, d'où (n° 113), $S = H.C.$

3°. Si le cylindre est oblique Ac (fig. 135), la section $a'b'c'd'$ perpend. à la génératrice forme deux corps Ac', $a'c$ qui rapprochés par leurs bases ac et AC, qu'on fait coïncider, donnent un cylindre droit. Ainsi, l'aire du cylindre oblique est le produit de sa génératrice Aa par le contour d'une section $a'b'c'd'$ perpend.

4°. Le rectangle qui a pour hauteur la génératrice d'un cy-

_____

(*) Cette proposition repose sur celle-ci, qui est analogue à celle du n° 159, et que nous regardons comme évidente, d'après l'idée que nous nous formons de l'étendue des aires : l'aire d'une figure plane est moindre que celle de toute surface terminée au même contour; et de deux surfaces convexes terminées à ce contour, la plus grande est celle qui enveloppe l'autre.

lindre droit, et pour base le contour de sa base rectifiée, est égal à l'aire de ce cylindre. C'est ce que Monge nomme le *Développement* de cette surface. Lorsque le cylindre est oblique, la section perpend. à l'arête se développe suivant une ligne droite $a'd'$ (fig. 138), à laquelle toutes les génératrices sont perpend. Si donc on élève en divers points a', b', c', d', des perpend. sur lesquelles on portera en dessus et en dessous des parties $a'a$, $a'A$, $b'b$, $b'B$, ... respectivement égales aux portions de chaque génératrice, tant en dessus qu'en dessous de la section $a'b'c'd'$ (fig. 135); on aura l'aire aD, terminée par deux courbes parallèles $abcd$, $ABCD$, et qui sera le développement de la surface du cylindre.

5°. On ne considère dans les élémens de Géométrie que les cylindres dont la base est circulaire : l'*Axe* est la droite parallèle à la génératrice et qui passe par le centre de la base. Le *Cylindre droit* peut donc être regardé comme engendré par la révolution d'un rectangle $AOoa$ qui tourne autour d'un de ses côtés Oo. Toute section faite parallèlement à la base, dans ce corps de révolution, est un cercle (1°. et n° 286) égal à cette base. L'aire est $S = 2\pi RH$; H étant la hauteur et R le rayon de la base (n° 248).

288. L'aire d'une pyramide s'obtient en ajoutant les aires des triangles qui la composent : *si la pyramide est régulière, l'aire est le produit du demi-contour de sa base par la perpendiculaire menée du sommet sur un de ses côtés*, parce que ces triangles sont égaux, et ont pour hauteur commune cette perpend., qu'on appelle *Apothème*.

289. On nomme *Cône* le corps engendré par une droite indéfinie AS (fig. 139) assujettie à passer toujours par un point fixe S, qui est le *Sommet*, et à glisser sur une courbe donnée quelconque $ABCD$. Cette surface est formée de deux *Nappes* opposées, réunies en S. Nous ne traiterons ici que du cas où la base est circulaire : l'*Axe* est la ligne menée du sommet S au centre de la base; la *Hauteur* est la perpendiculaire menée du sommet sur cette base. Quand cette perpend. se confond avec

l'axe, on dit que le cône est *Droit* (fig. 140); on peut le concevoir engendré par un triangle rectangle *ASO* qui tourne sur un côté *SO* de l'angle droit. *Toute section parallèle à la base d'un cône droit est un cercle* (n° 286).

290. Si l'on inscrit et circonscrit des polygones réguliers au cercle de la base d'un cône droit (fig. 140), en menant des lignes de leurs angles au sommet *S*, on formera des pyramides régulières, l'une inscrite, l'autre circonscrite au cône, qui sera visiblement leur limite. Il suit de là, que

1°. *L'aire du cône droit* SAC *est le produit de la circonf.* C *de sa base, par la moitié de sa génératrice* SA. En effet, soit α l'excès du périmètre du polygone circonscrit sur la circonf. *C*; la pyramide circonscrite a pour aire $\frac{1}{2} A(C + \alpha)$, en désignant par *A* l'apothème *SA* qui est la génératrice. Mais soit *S* l'aire du cône et β l'excès de celle de la pyramide sur *S*; on aura $S + \beta = \frac{1}{2} A(C + \alpha)$, d'où (n° 113) $S = \frac{1}{2} A.C$; on a donc $S = \pi AR$, *R* étant le rayon de la base.

2°. Si, avec un rayon *SA* = la génératrice *A*, l'on décrit un arc *ABD* (fig. 142) d'une longueur égale à la circonf. de la base, le secteur *ASD* aura la même aire que le cône (n° 261). Ce sera son développement; les génératrices seront les divers rayons de ce secteur.

3°. *Le cône tronqué* ADda (fig. 141 et 142) *a pour aire le produit de son côté* Aa, *par la moitié de la somme des circonférences* AC, ac *des bases, ou par la circonférence* a'd' *menée à distances égales de ces bases.* En effet, les sections *ad*, *a'd'* sont des cercles (n° 286); l'aire du tronc *ADad* est la différence des aires des cônes *SAD*, *sad*. Si d'un même centre *S* (fig. 142), avec les rayons *SA*, *sa* des génératrices de ces cônes, on décrit des arcs *AD*, *ad*; qu'on prenne *ABD* égal à la circonf. *AC* de la base inférieure, qu'on mène les rayons *SA*, *SD*, l'arc *abd* sera égal à la circonf. supérieure *ac*; car d'une part $\dfrac{SA}{Sa} = \dfrac{ABD}{abd}$,

où $= \dfrac{\text{circ. } AC}{abd}$: de l'autre (fig. 141), ce même rapport.

$\dfrac{SA}{Sa} = \dfrac{ABD}{abd} = \dfrac{\text{circ. } AC}{\text{circ. } ac}$; donc $abd =$ circ. ac. Il s'ensuit que les aires des secteurs $SABD$, $Sabd$ sont équivalentes à celles des deux cônes, et que l'aire $AabdDB$ l'est à celle du tronc dont elle est le développement. Donc (n° 261) cette aire $= Aa \times a'b'd' = Aa \times \frac{1}{2} (ad + AD)$.

291. La *Sphère* est un corps (fig. 143) engendré par la révolution d'un demi-cercle ADB sur un diamètre AB. Dans cette révolution, un arc quelconque DF ou DE engendre une *Zone*; AD décrit une *Calotte* ou *Zone à une Base*; le secteur ACD produit le *Secteur sphérique*; enfin, le segment ADI engendre le *Segment sphérique*.

Il suit de là que la surface de la sphère a tous ses points à égale distance du centre C, et que si l'on fait tourner le cercle générateur $ADEBG$, autour d'un autre diamètre quelconque DH, il produira la même sphère. Par conséquent, tout plan qui passe par le centre coupe la sphère suivant le cercle gén érateur qu'on nomme un *Grand cercle de la sphère*.

Un plan quelconque coupe la sphère suivant un cercle; car, soit DG (fig. 143) ce plan; menant le diamètre AB perpend., on peut supposer que la sphère a été engendrée autour de cet *Axe de révolution* (n° 286). Le diamètre du cercle est la corde DG; c'est pour cela qu'on nomme *Petits cercles de la sphère* ceux dont le plan ne passe pas par le centre. La base d'un segment sphérique est un petit cercle.

292. Le plan qui n'a qu'un point commun avec la sphère s'appelle *Tangent* : toute droite menée du centre C (fig. 143) à ce plan, étant plus longue que le rayon CA mené au point de contact, puisqu'elle ne peut atteindre ce plan qu'en sortant de la sphère; ce rayon est perpendiculaire au plan tangent (n° 266, 4°.). Réciproquement, si la ligne CA est la plus courte ligne qu'on puisse mener du centre à un plan, il n'aura que le point A commun avec la sphère et lui sera tangent, puisque toute autre ligne menée du centre C étant $> CA$, devra sortir de la sphère.

Faisons tourner une tangente quelconque AT, ainsi que le cercle ADB, autour du diamètre AB, AT engendrera le plan tangent à la sphère.

293. Lorsqu'un polygone $ABDI$... (fig. 145) tourne autour d'un axe AO, chaque côté DI engendre un tronc de cône dont l'aire (n° 290, 3°.) est $DI \times$ circ. KL; K étant le milieu de DI, et KL perpend. sur l'axe AO. Il est donc bien facile d'avoir l'aire engendrée par $ABDI$...

Mais si le polygone est régulier, cette aire devient plus aisée à obtenir; en effet, soit inscrit un cercle; et mené DG parallèle à l'axe AO de révolution, puis le rayon KC : les triangles DIG, LKC ayant leurs côtés perpend., donnent

$$\frac{DI}{DG} = \frac{KC}{KL} \text{ ou} = \frac{\text{circ.} KC}{\text{circ.} KL};$$

d'où l'on tire l'aire du tronc de cône engendré par $HDIM = DI \times$ circ. $KL = DG \times$ circ. KC. Cette aire est le produit de la circonf. du cercle inscrit par la hauteur DG ou HM de ce tronc.

Il est visible que la même chose a lieu pour le cylindre engendré par le côté IP parallèle à AQ. Quant au cône que décrit BA, son aire (n° 290, 1°.) est $\frac{1}{2} BA \times$ circ. BN; et les triangles semblables ABN, QCA donnent de même... $QA \times$ circ. $BN = AN \times$ circ. QC. Il en résulte que la somme des aires engendrées par la révolution de plusieurs côtés de polygone régulier, est égale à la circonf. inscrite multipliée par la somme des hauteurs.

Il suffit, pour notre démonstration, que la portion de polygone générateur soit circonscriptible au cercle : or, la calotte ou la zone sphérique est visiblement la limite de l'aire engendrée par une semblable partie de polygone; d'où il est facile de conclure que, 1°. *l'aire de la calotte ou de la zone sphérique est le produit de sa hauteur par la circonférence d'un grand cercle.* Soit R le rayon de la sphère (fig. 143), X la hauteur de la calotte engendrée par DA, ou de la zone décrite par l'arc FD ou FE; on a (n° 248)

surface de la zone $= 2\pi RX$;

20.

2°. Ainsi, en prenant le diamètre AB pour la hauteur X, on trouve que *l'aire de la sphère est le produit de son diamètre par la circonférence d'un grand cercle*, ou *quadruple de l'aire d'un grand cercle* ; donc

$$\text{surface de la sphère} = 2R \times \text{circ. } R = 4\pi R^2.$$

ou environ $= D \times (3 + \frac{1}{7}) D$, D étant le diamètre.

3°. Pour trouver le rayon de la sphère dont l'aire A est donnée, on évaluera $R = \sqrt{\dfrac{A}{4\pi}} = \sqrt{0{,}079578\ldots A}$.

4°. Menons les tangentes DE, DG, GF, EF (fig. 146) perpend. et parallèles au diamètre AB ; le carré EG engendrera, dans sa révolution autour de AB, le cylindre circonscrit à la sphère. L'aire $a'e'f'b'$ de la zone produite par un arc quelconque $b'f'$ est égale à celle du cylindre $aee'e''a''$, puisque leur valeur est la même, $= dg \times$ circ. AC. Il en serait de même du cylindre entier par le rapport de la sphère ; de sorte que *l'aire de la sphère est égale à celle du cylindre circonscrit ; et si l'on y comprend les bases, l'aire de la sphère est les $\frac{2}{3}$ de celle du cylindre,* puisque les deux bases étant des grands cercles, l'aire entière du cylindre en vaut 6, et celle de la sphère 4.

5°. Le triangle équilatéral HIK (fig. 146), dans sa révolution autour de HB, engendre le cône circonscrit à la sphère. La droite IC coupe par moitié l'angle HIB, qui est les $\frac{2}{3}$ d'un droit (n° 201, 1°.) ; l'arc Bi est donc le 6ᵉ de la circonf., et la corde Bi est le côté de l'hexagone $= CB = R$; le triangle BIi est isocèle, $Ii = Bi = R$ et $IC = 2R$). Ainsi, dans le triangle CIB, on a $IB^2 = IC^2 - CB^2 = 3R^2$; $IB = R\sqrt{3}$, circ. $IB = 2\pi R\sqrt{3}$ (n° 248) ; enfin, l'aire du cône (n° 290) est $6\pi R^2$, ou 6 fois l'un des grands cercles, et double de sa base qui est $3\pi R^2$: l'aire totale du cône est $9\pi R^2$. *En y comprenant les bases, l'aire du cylindre est 6 grands cercles, celle du cône 9, et celle de la sphère 4 ;* c.-à-d. que *l'aire du cylindre est moyenne proportionnelle entre les aires de la sphère et du cône circonscrit.*

Cette proposition se vérifie de même pour le cône et le cylindre inscrits à la sphère, ou engendrés par le carré et le triangle équilatéral inscrits au cercle générateur; l'aire totale du cylindre $= 3\pi R^2$, celle du cône $= \frac{9}{4}\pi R^2$, et celle de la sphère $4\pi R^2$.

Des Corps semblables et symétriques.

294. On dit que deux tétraèdres sont *semblables*, quand ils ont deux faces semblables, placées de la même manière, et formant un angle dièdre égal. Tels sont les deux tétraèdres S et S' (fig. 147), lorsque $S'A'C'$ est semblable à SAC, $B'S'A'$ à BSA, et l'angle dièdre $B'S'A'C' = BSAC$.

Les arêtes homologues des tétraèdres semblables sont proportionnelles, toutes les faces sont semblables, les angles dièdres sont respectivement égaux, ainsi que les angles trièdres homologues. En effet, plaçons le triangle $C'S'A'$ sur CSA, en faisant coïncider les angles égaux S et S', $A'C'$ tombera en ac parallèlement à AC, à cause des angles égaux $S'A'C'$ et SAC. De plus, la face $B'S'A'$ se couchera sur BSA, en vertu de l'égalité des angles dièdres; enfin, l'angle $B'S'A'$ étant $= BSA$, $S'B'$ tombera sur Sb, et $B'A'$ suivant ab parallèle à AB. Le tétraèdre S' sera donc placé en $Sabc$; les plans ABC, abc sont parallèles, et les angles dièdres homologues sont égaux (n° 270). On voit donc,

1°. Qu'un tétraèdre $SABC$ coupé par un plan abc parallèle à l'une de ses faces ABC, forme un tétraèdre semblable au premier;

2°. Que les faces ABC, abc sont semblables, puisque le plan abc est parallèle à ABC (n°s 277, 270);

3°. De même pour SBC; sbc.

Réciproquement, si les arêtes homologues de deux tétraèdres sont proportionnelles, ou si les quatre triangles sont respectivement semblables (l'une des conditions emporte l'autre), les angles plans en S et S' étant égaux, les angles dièdres le sont aussi (n° 281); donc les tétraèdres sont semblables.

295. Deux polyèdres sont dits semblables lorsqu'en menant de deux angles solides homologues des diagonales à tous les autres

angles, les corps sont décomposés en tétraèdres semblables et disposés dans le même ordre.

Toute pyramide SAC (fig. 125) *coupée par un plan ac parallèle à sa base, donne une autre pyramide Sac semblable à SAC, leurs arètes sont proportionnelles, les angles dièdres et polyèdres respectifs sont égaux.* En effet, les tétraèdres $SABE$ *sabe* semblables, donnent les triangles SEB, *seb* semblables, et l'angle dièdre $ASEB = aSeb$; mais comme l'angle dièdre $ASED = aSed$, en retranchant, on trouve que l'angle dièdre $BESD = beSd$. Donc les tétraèdres $SBED$, *sbed* sont semblables, etc. (nᵒˢ 277, 281).

Réciproquement, les pyramides S'A'B'C'...., SABC......, formées de faces semblables et disposées dans le même ordre sont semblables; car les angles trièdres qui composent les bases étant formés d'angles plans égaux, sont égaux; donc les angles dièdres homologues le sont aussi (nᵒ 281). D'ailleurs les angles plans égaux en S et S' permettent de faire coïncider S'A'D' en Sad. Enfin, les arètes étant proportionnelles par supposition, les plans AD, *ad* sont parallèles.

296. Soient la pyramide SAC (fig. 125) et le corps $S'A'C'$ formé de tétraèdres $S'A'B'E'$, $S'E'B'D'$, $S'B'C'D'$ semblables à $SABE$, $SEBD$...; le polyèdre $S'A'C'$ sera une pyramide semblable à SAC; car, puisque les angles AEB, BED, AED sont dans un même plan et égaux à $A'E'B'$, $B'E'D'$, $A'E'D'$,

on a
$$AED = AEB + BED,$$
d'où
$$A'E'D' = A'E'B' + B'E'D';$$

ce qui prouve que ces derniers angles sont aussi dans le même plan, puisque, s'ils formaient un angle trièdre, on aurait (nᵒ 279) $A'E'D' < A'E'B' + B'E'D'$. On voit que ce plan passe aussi par $B'C'D'$.

Il suit de là que, 1º. deux polyèdres semblables sont décomposés en pyramides semblables par les plans qui passent suivant les diagonales menées de deux angles polyèdres homologues à tous les autres.

2º. Si d'un point intérieur quelconque, on mène des lignes à

tous les angles, et qu'on les prolonge proportionnellement à
leur longueur, les plans menés par les extrémités de ces lignes
seront parallèles aux faces du polyèdre proposé, et en formeront un autre qui lui sera semblable. On trouve ici l'analogue
du théorème 244.

297. *Deux polyèdres semblables ont leurs faces semblables,*
leurs arètes homologues proportionnelles, leurs angles dièdres
égaux, ainsi que leurs angles polyèdres. Pour s'en convaincre,
il suffit de mener, de deux angles homologues (fig. 148), les
diagonales qui décomposent les corps en pyramides semblables ;
les angles polyèdres et dièdres de ces pyramides seront égaux,
leurs faces seront semblables : or les faces des polyèdres servent
de bases à ces pyramides, dont les angles dièdres et polyèdres
constituent, par leur système, ceux des corps proposés.

Réciproquement, si deux polyèdres ont les faces semblables
et disposées dans le même ordre, et les angles dièdres égaux,
ils sont semblables; car les angles polyèdres sont égaux, comme
décomposables en angles trièdres égaux (n° 281). Faisons donc
coïncider l'un de ces angles polyèdres avec son homologue, les
autres faces seront respectivement parallèles. De plus, la similitude des faces donne les lignes homologues proportionnelles ;
leurs aires sont donc entre elles comme les carrés de ces lignes ;
ce qui prouve que les diagonales de l'un des corps sont le prolongement de celles de l'autre (n° 278) : ces corps sont donc
formés de pyramides semblables.

298. Les lignes qui joignent quatre angles polyèdres homologues *ABCD, abcd* (fig. 148) de deux corps semblables étant
proportionnelles, forment des tétraèdres semblables (n° 294).
Il en résulte que si des angles *ABC, abc* de triangles homologues, on mène des lignes à tous les angles *DEF..., def...*
de deux polyèdres semblables; les tétraèdres ainsi formés seront
semblables; ceci est analogue au n° 242, 4°.

Réciproquement, deux polyèdres sont semblables, lorsque
leurs angles étant joints aux trois angles homologues *ABC, abc*,
les tétraèdres ainsi formés sont respectivement semblables. En

effet, si les tétraèdres $DABC$, $dabc$ sont semblables, ainsi que $EABC$, $eabc$ les angles dièdres $DACB$, $EACB$ seront égaux à $dacb$, $eacb$: ainsi l'angle dièdre $DACE = dace$. D'ailleurs les faces DAC, dac de nos tétraèdres sont semblables ainsi que EAC, eac: donc les tétraèdres $EACD$, $eacd$ sont semblables, et on a $\dfrac{DE}{de} = \dfrac{AC}{ac}$ (n° 294).

Soient F, f, I, i des angles homologues; on aura de même $\dfrac{FE}{fe} = \dfrac{AC}{ac}$ et $\dfrac{DF}{df} = \dfrac{AC}{ac}$: ainsi, *les corps ont leurs lignes homologues proportionnelles, et les triangles* DFE, *dfe homologues sont semblables :* de plus, *leurs angles dièdres sont égaux,* puisque IDF est semblable à idf, IFE à ife, d'où l'angle $IFD = ifd$, $IFE = ife$, $DFE = dfe$. En outre, si les points $DIFE$ sont dans le même plan, l'équation..... $IFE = IFD + DFE$ se change en $ife = ifd + dfe$: d'où il suit que les points e, f, i étant aussi dans un même plan, *les faces des polyèdres sont semblables :* enfin *les angles polyèdres sont égaux,* comme composés d'angles trièdres égaux (281, 4°.). Ainsi les corps sont semblables (n° 297).

299. Lorsque deux polyèdres sont semblables, les aires de leurs faces sont comme les carrés des lignes homologues de ces polyèdres; mais comme ces lignes sont proportionnelles, on a une suite de rapports égaux, formés par les faces homologues, d'où l'on conclut (comme n° 262, II) que *les aires totales des polyèdres semblables sont entre elles comme les carrés de leurs arètes homologues.*

On verra aisément que les surfaces de cônes ou de cylindres semblables, c.-à-d. engendrées par deux triangles ou deux rectangles semblables, sont entre elles comme les carrés de leurs génératrices. En effet les circonf. C et c des bases sont proportionnelles aux génératrices A et a; les aires S et s le sont à $C \times A$ et $c \times a$ (n°s 287, 5°. et 290, 1°.),

d'où $\dfrac{S}{s} = \dfrac{C.A}{c.a}$, $\dfrac{C}{c} = \dfrac{A}{a}$; donc $\dfrac{S}{s} = \dfrac{A^2}{a^2}$.

De même *les aires des sphères sont comme les carrés de leurs rayons, puisqu'elles valent quatre grands cercles.*

300. Lorsque deux polyèdres sont tels, qu'on peut les placer l'un en dessus, l'autre en dessous d'un plan MN (fig. 149), de sorte que les sommets des angles polyèdres $A, a, B, b...$ soient, deux à deux, à égale distance de ce plan, et sur une perpend. $Aa, Bb, ...$ à ce plan, ces deux polyèdres sont appelés *Symétriques.* B étant un angle polyèdre du premier corps, en menant BQb perpend. au plan MN, et prenant $QB = Qb$, b sera l'angle homologue du second polyèdre.

Les polyèdres symétriques ont toutes leurs parties constituantes égales. Pour le prouver, plions le trapèze $ABPQ$ suivant PQ, les lignes AP, aP égales et perpend. sur MN coïncideront, ainsi que BQ et bQ; d'où $AB = ab$: donc *les lignes homologues sont égales.* D, d, C, c étant des angles polyèdres symétriques, on aura $BC = bc$, $Ac = ac$; ainsi, le triangle $ABC = abc$; *les triangles homologues sont donc égaux.* De plus, le triangle $ADC = adc$, $BDC = bdc$: ainsi l'angle $DCB = dcb$, $ACD = acd$, $ACB = acb$. Or,

1°. Si les plans de ces triangles forment en C et c des angles trièdres, ils seront égaux: *donc les angles dièdres et trièdres homologues sont égaux. Il en est de même des angles polyèdres,* puisqu'ils sont formés d'angles trièdres égaux disposés dans le même ordre.

2°. Si les points $ABCD$ sont dans le même plan, comme l'angle $DCB = ACD + ACB$, on a $dcb = acd + acb$; d'où il suit que les points $abcd$ sont aussi dans le même plan (n° 279): donc *les faces homologues sont égales,* comme formées de triangles égaux semblablement placés.

301. *Tout parallélépipède* ACc (fig. 150) *est formé de deux prismes triangulaires symétriques* ABd, BCd; *les angles dièdres opposés sont égaux, et les angles trièdres opposés sont symétriques.* En effet, les deux corps Aabd, Ccbd sont visiblement des prismes (n° 282); la base BDC ou bdc de l'un sera égale à ABD. Rapprochons ces prismes triangulaires, en faisant coïn-

cider bdc avec ABD, savoir, bc avec AD, et dc avec AB ; $Ccbd$
prendra la situation $AEHI$. Or, les perpend. aF, Cf sur les
bases sont égales (n° 268,2°.) ; on a de plus $Aa = Cc$, et l'angle
$AaF = cCf$; ainsi, le triangle $AaF = Ccf$, d'où $AF = cf$. Par
une raison semblable, $fb = DF$; ainsi les triangles égaux ADF,
bcf coïncident, et le point f tombant en F, fC se porte en FE
sur le prolongement FE de aF. Donc le sommet E où C est
symétrique de a : on verra de même que I ou B l'est de d, et H
ou D l'est de b.

III. DES VOLUMES.

302. *Former un prisme droit équivalent à un prisme oblique*
AD (fig. 151), *la génératrice conservant la même longueur* AC.
Prolongeons les arêtes CA, DB, menons-leur un plan quelconque MN perp. ; enfin prenons $Pp = BD$, menons le plan
op parallèle à MN, on aura ainsi le prisme droit Op. Appliquons les prismes tronqués $BAOP$, $DCop$, de manière à coucher la base op sur OP qui lui est égale : les génératrices étant
perpend. aux bases, et de plus égales (puisque $DB = Pp$ donne
$PB = pD$, et ainsi des autres), les prismes coïncideront,
ou $oD = OB$. Retranchant la partie commune Ap, il reste le
prisme oblique AD équivalent au prisme droit Op.

303. On peut toujours disposer deux prismes symétriques,
AD, ad (fig. 151) relativement à un plan MN, en sorte que
ce plan soit perpend. aux génératrices. Prolongeons l'arête DB
en Pd ; puis, à partir du point P de rencontre avec un plan
quelconque MN perpend., prenons $Pb = PB$, $Pd = PD$, ou
$BD = bd$. En raisonnant de même pour chaque arête, on formera le prisme ad symétrique à AD.

Les prismes symétriques AD, ad sont équivalens. Car prenons $Pp = Pp' = BD$, et menons les plans op, $o'p'$ parallèles
à MN : les prismes $OPop$, $OPo'p'$ sont droits et équivalens
aux proposés (n° 302). De plus, ils sont égaux entre eux,
puisqu'en les appliquant de sorte que la base $o'p'$ de l'un

tombe sur celle OP de l'autre qui lui est égale, il y aura coïncidence.

304. *Deux parallélépipèdes de même hauteur et de même base sont équivalens.* Pour le démontrer, rapprochons ces corps de manière à faire coïncider leurs bases inférieures; les supérieures seront situées dans le même plan : il se présentera deux cas.

1°. Si les faces latérales FG, EK (fig. 152) sont dans un même plan, les triangles égaux EGH, FIK servent de bases à deux prismes superposables EHM, FIN. Donc, en retranchant tour à tour ces prismes du corps entier EN, il restera les parallélépipèdes équivalens $EFIM$, $EHNL$.

2°. Si les faces ont une disposition quelconque, les bases supérieures AC, ac (fig. 153) seront des parallélogrammes égaux à ceux des bases inférieures, en sorte que les lignes AB, DC, ab, dc seront égales et parallèles; de même pour AD, BC, ad, bc. Prolongeons ces lignes, nous aurons le parallélogramme $A'C'$ égal à AC et à ac. Or, concevons le parallélépipède qui aurait pour base supérieure $A'C'$, et la même base inférieure que les proposés; ce corps sera équivalent à chacun de ceux-ci, puisqu'il sera, relativement à eux, dans l'état examiné ci-dessus. Les proposés sont donc équivalens.

305. Il est facile de *changer un parallélépipède donné en un autre rectangulaire équivalent :* de chaque angle de la base inférieure $ABCD$ (fig. 154), élevons des perpendiculaires à son plan : on aura un parallélépipède droit $ABEI$ équivalent au proposé, qu'il était inutile de tracer dans la fig. Puis, menant AF, BG, perpend. sur AB dans la base AC, on formera sur AG le parallélépipède rectangle $ABHK$ équivalent à $ABEI$, puisqu'il a même base AM et même hauteur AF.

306. *Deux parallélépipèdes rectangles de même base sont entre eux comme leurs hauteurs.* Si ces hauteurs ont une commune mesure, on coupera les corps en tranches égales, et l'on raisonnera comme pour les rectangles (n° 250, 1°., fig. 99). On démontrera de même le théorème pour le cas où les hauteurs sont incommensurables.

Les parallélépipèdes rectangles P *et* p *de même hauteur, sont entre eux comme leurs bases.* En effet, plaçons ces corps de manière à faire coïncider l'un de leurs angles polyèdres et leur arête égale. Les bases seront disposées comme AC (fig. 100.) pour P, et AK pour p; or, prolongeons IK en H; le parallélépipède Q construit sur la base AH et de même hauteur, peut être regardé comme ayant AI pour hauteur, et la face AB pour base : comparé à P, il donne donc $\dfrac{P}{Q} = \dfrac{AD}{AI}$. Mais si l'on prend la face AI pour base des parallélépipèdes Q et p, leurs hauteurs seront AB et AL; d'où $\dfrac{Q}{p} = \dfrac{AB}{AL}$. En multipliant ces proportions, il vient $\dfrac{P}{p} = \dfrac{AD \times AB}{AI \times AL} = \dfrac{AC}{AK}$.

Enfin, *les parallélépipèdes rectangles* P *et* p *sont entre eux comme les produits de leurs bases par leurs hauteurs.* Car si les bases sont AC et AK, et les hauteurs H et h, en prolongeant les faces de celui qui a une hauteur moindre, tel que p, jusqu'à la base supérieure de l'autre, on formera un parallélépipède R, qui aura même hauteur H que l'un P, et même base AK que l'autre p; on aura donc d'une part $\dfrac{R}{p} = \dfrac{H}{h}$, et $\dfrac{P}{R} = \dfrac{AC}{AK}$ de l'autre; d'où $\dfrac{P}{p} = \dfrac{AC \times H}{AK \times h}$.

En désignant par H, I, K les arêtes qui forment un angle trièdre de P, et par h, i, k celles de p, on a $\dfrac{P}{p} = \dfrac{H.I.K}{h.i.k}$. On voit donc que pour mesurer le volume d'un parallélép. rect. P, c.-à-d. pour trouver son rapport avec un autre p pris pour unité (nᵒˢ 36, 71), on cherchera les rapports $\dfrac{H}{h}$, $\dfrac{I}{i}$, $\dfrac{K}{k}$ entre les arêtes respectives qui forment un angle trièdre, et l'on multipliera ces trois nombres. Représentons par l le produit de ces trois rapports; l est un nombre abstrait, et le parallélépipède qu'il s'agit de mesurer a pour volume l fois celui du parallélépipède pris pour unité.

Le volume d'un parallélépipède est le produit de sa base par sa hauteur, quand on prend, pour unité de volume, le cube qui a pour côté l'unité linéaire : car h, i et k seront $= 1$, et l'on aura $H.I.K$ pour le volume de P; H, I et K sont des nombres abstraits, qui marquent combien les arêtes de notre parallélépipède P contiennent de fois l'unité linéaire; soit l leur produit $H.I.K$, l'équ. $P = H.I.K$ revient à $P = l$ fois le cube pris pour unité de volume.

Lorsque $H = I = K$, on a $P = H^3$; de là la dénomination de *Cube* donnée aux troisièmes puissances.

307. Donc, *le volume d'un prisme est le produit de sa base par sa hauteur :* car, 1°. s'il s'agit d'un parallélépipède quelconque, il est équivalent à celui qui est rectangle de même hauteur et de base équivalente (n° 304).

2°. Si le prisme est triangulaire, comme $ABDabd$ (fig. 150), en formant le parallélépipède Ac, le volume de notre prisme est égal à son symétrique $BDCbdc$ (n° 303) : donc, chacun de ces prismes a pour volume le produit de sa hauteur par la moitié de la base AC, ou plutôt par sa base ABD.

3°. Enfin, si l'on fait passer des plans par la génératrice Aa (fig. 131) du prisme Ad et par toutes les autres, il sera décomposé en prismes triangulaires de même hauteur; la somme de leurs volumes sera donc le produit de cette hauteur par la somme des bases, ou par $ABCDE$.

On voit aussi que les volumes des prismes de même base sont comme les hauteurs, ou de même hauteur, sont comme leurs bases.

308. *Le volume* V *d'un cylindre est le produit de sa hauteur* H *par l'aire* B *de sa base.* En effet, désignons par β l'excès de la base du prisme circonscrit sur celle du cylindre, et par α l'excès du volume de ce prisme sur celui V du cylindre : $B + \beta$ sera la base du prisme, $V + \alpha$ son volume; d'où $V + \alpha = (B + \beta)H$; donc $V = BH$, puisque le volume du cylindre est la limite de celui du prisme (n° 113).

309. *Les pyramides de même hauteur et dont les bases sont*

équivalentes, sont égales en volume. Pour le prouver, coupons un tétraèdre par des plans parallèles à sa base et équidistans. Soit *ACcbaB* (fig. 155) l'une des tranches : menons par les points *A*, *C*, *a*, *c* des parallèles à l'arète *Bb*; nous formerons deux prismes, l'un *BDFcba* intérieur, l'autre *BACebi* extérieur au tronc : la différence de ces prismes est le prisme *DCea*, qui a même hauteur, et dont la base *CFDA* est la différence entre les bases *ABC*, *abc*.

En opérant de même pour chaque tranche, on aura une série de prismes d'égale hauteur, tels que *De*. Or, il est visible qu'en partant de la base du tétraèdre, chaque prisme intérieur *DFbB* est égal au prisme extérieur de la tranche suivante; ainsi, en prenant la différence entre tous les prismes intérieurs et tous les extérieurs, il ne reste que les prismes *DCea*, depuis la 1re tranche *MN* : cette différence est donc un prisme de même hauteur que les tranches, et qui a pour base celle *BMN* du tétraèdre. Plus les tranches sont nombreuses, et plus la hauteur devient petite; on peut donc rendre aussi petite qu'on voudra la différence entre les prismes intérieurs et extérieurs, et, à plus forte raison, entre les prismes intérieurs et le tétraèdre.

Il est évident que ce raisonnement peut se faire également pour toute pyramide à base quelconque.

Cela posé, soient maintenant deux pyramides *P* et *p* de même hauteur, dont les bases équivalentes reposent sur le même plan : coupons-les par une série de plans parallèles à ces bases et équidistans, puis formons pour chacune les prismes intérieurs. Soient α et β les excès des pyramides sur la somme des prismes intérieurs, dont les volumes sont $P-\alpha$ et $p-\beta$. Or, chaque plan parallèle aux bases des pyramides donne des sections équivalentes, puisque ces sections sont entre elles comme les bases (n° 278) : donc, les prismes intérieurs sont égaux deux à deux, d'où $P-\alpha=p-\beta$, et (n° 113) $P=p$.

Le même théorème a lieu pour deux troncs formés dans nos pyramides par deux plans parallèles.

310. *Un tétraèdre* DABC (fig. 156) *est le tiers d'un prisme*

de même base et de même hauteur: car, sur les trois arêtes formons le prisme AE; en ôtant le tétraèdre $D'ABC$, il reste la pyramide quadrangulaire $DACEF$. Le plan CDF forme deux tétraèdres: l'un $FDEC$, qui est égal au proposé, comme ayant même hauteur et la base $FDE = ABC$; l'autre...... $DACF = DFCE$, par la même raison, attendu que le triangle $AFC = EFC$. Nos trois tétraèdres étant équivalens, chacun est le tiers du prisme.

Donc, *le volume de toute pyramide est le produit du tiers de sa base par sa hauteur*, puisqu'elle est décomposable en tétraèdres.

Et comme le cône est la limite des pyramides circonscrites, *le volume du cône est le tiers de sa base multipliée par sa hauteur, ou le tiers du cylindre de même base et de même hauteur.*

On aura le volume d'un polyèdre quelconque en le décomposant en pyramides.

311. *Le volume du tronc du prisme triang.* $ABEF$ (fig. 157) *est le produit de la base par le tiers des trois hauteurs des angles trièdres* F, D, E. *de la base supérieure.* En effet, faisons les mêmes sections sur ce tronc $ABEF$ qu'au n° 310; le plan ADC donne le tétraèdre $D'ABC$; le plan DCF coupe la pyramide quadrangulaire $DACEF$ en deux tétraèdres $DFCA$, $DFCE$. Or, on peut, sans changer les bases AFC, EFC, mettre les sommets de ceux-ci en B; puisque DB est parallèle au plan ACE (n° 269): Donc on aura les tétraèdres $BCAF$, $BCEF$: ce dernier peut même prendre CEA pour base, puisque les triangles CEF et CEA sont équivalens. Le tronc de prisme est donc formé des trois tétraèdres $D'ABC$, $FABC$, $EABC$, qui ont même base inférieure ABC, et leurs sommets aux trois angles trièdres FDE de la base supérieure; donc, etc... Ce théorème sert à trouver le volume du prisme tronqué à base quelconque.

312. *Le volume d'un tronc de pyramide quelconque est composé de trois pyramides de même hauteur que le tronc, dont les bases sont la base inférieure du tronc, la supérieure et une moyenne proportionnelle entre ces deux aires.* Soient une py-

ramide et un tétraèdre de même hauteur, de bases équivalentes, posés sur le même plan ; leurs volumes sont égaux. Un plan parallèle aux bases forme deux troncs, et coupe le tétraèdre et la pyramide suivant un triangle et un polygone qui sont équivalens, puisqu'ils sont proportionnels aux bases (278) : donc la pyramide et le tétraèdre retranchés étant égaux, les troncs le seront aussi. Il reste à démontrer le théorème pour le tronc de tétraèdre $ABFE$ (fig. 158).

Le plan ADC donne les deux corps $DABC$ et $DACEF$: le plan DFC forme les tétraèdres $DFEC$ et $DFAC$; or menant DG parallèle à AF, ce dernier pourra avoir son sommet en G, au lieu de D, et deviendra $FAGC$. Ces trois tétraèdres ont même hauteur que le tronc; leurs bases sont ABC, DFE, AGC. Cela posé, on a (n° 256, 2°.) $\dfrac{ABC}{AGC} = \dfrac{AB}{AG}$, $\dfrac{AGC}{FDE} = \dfrac{AC}{FE}$: or les seconds membres sont égaux à cause des triangles semblables FDE, ABC; donc $\dfrac{ABC}{AGC} = \dfrac{AGC}{FDE}$. Donc, etc.

Soient A et B les bases d'un tronc de pyramide, H sa hauteur; on a pour le volume $\frac{1}{3}H(A + B + \sqrt{AB})$.

Il est visible que ce théorème a également lieu pour le tronc de cône. Soient R et r les rayons des bases, $A = \pi R^2$, $B = \pi r^2$, le volume du tronc de cône $= \frac{1}{3}\pi H(R^2 + r^2 + Rr)$.

313. Menons les tangentes AE, EF, FD (fig. 137) aux extrémités des quarts de cercle AB, BD; puis IK, ik, GH, AD, parallèles à EF; et CE, CF. Le cercle qui a pour rayon l'hypoténuse Ca, a pour aire la somme des cercles dont les rayons sont les côtés ab et bC du triangle abC (n° 263, 4°.). D'ailleurs $Ca = bI$, $bC = be$, puisque le triangle CEB est isoscèle : donc

cerc. $bI = $ cerc. $ba + $ cerc. be.

Si l'on fait tourner la figure autour de l'axe CB, elle engendrera un cylindre $AEFD$, une demi-sphère ABD, et un cône CEF; et si l'on construit sur les cercles dont on vient de parler trois cylindres dont la hauteur soit quelconque Ii, l'équation précédente donnera cyl. $bI = $ cyl. $ba + $ cyl. be. Le 1er de ces cylindres est une tranche de celui qui est circonscrit à la sphère; le 2ᵉ est intérieur à la tranche sphérique; le 3ᵉ est extérieur à la tranche conique; et si l'on conçoit une série de plans équidistans dans l'étendue quelconque *IKHG*, on aura autant d'équ. analogues à la précédente, dont la somme donnera

cyl. GIKH = *som. cyl. int. à la sphère* + *som. cyl. ext. au cône.*

Cela posé, concevons, outre les cylindres intérieurs à la sphère, ceux qui sont extérieurs, comme on l'a fait pour la pyramide (n° 309). Le même raisonnement prouve que la différence entre tous les cylindres intérieurs et extérieurs se réduit à la différence entre le 1ᵉʳ intérieur et le dernier extérieur, ou à cyl. *fg* — cyl. *ab*, c.-à-d. à une couronne cylindrique, dont la base est la différence des cercles qui ont *fg* et *ba* pour rayons, et dont *Ii* est la hauteur : d'où l'on conclut que cette différence peut être diminuée indéfiniment, et qu'il en est de même pour la différence α entre les cylindres intérieurs et les tranches sphériques correspondantes.

On prouve de même pour le cône *CEF*, que la différence β entre les cylindres extérieurs au cône et la tranche conique *ee′l′l*, est indéfiniment décroissante. Ainsi l'équ. ci-dessus revient à

cyl. *GIKH* = tranch. sph. *gaa′h* + α + tronc cône *ee′l′l* — β;

d'où (n° 113) tranch. sph. *gaa′h* = cyl. *GIKH* — tronc cône *ee′l′l*.

Donc *la tranche d'une sphère a pour volume celle du cylindre circonscrit, moins celle du cône, compris entre les mêmes plans parallèles :* en sorte que *le volume* Ggal *, extérieur à la tranche sphérique* gaa′h *et renfermé dans le cylindre circonscrit, est égal à la tranche conique* ee′l′l.

1°. Si les plans forment des tranches depuis *EF* jusqu'à *AD*, on voit que l'hémisphère *ABD* = cyl. *EFDA* — cône *CEF*. Or, ce cône est le tiers de ce cylindre (n° 310); donc l'hémisphère est les $\frac{2}{3}$ de celui-ci, ou *la sphère est les deux tiers du cylindre circonscrit*, ou $\frac{2}{3}$ cercle *ABD* × 2*AE*, ou enfin *le produit du tiers du rayon par sa surface* qui égale quatre grands cercles. Soit *R* le rayon *AC*, *D* le diamètre *AD*, la surface vaut $4\pi R^2$; ou πD^2, d'où *le volume* V *de la sphère* $= \frac{4}{3}\pi R^3 = \frac{1}{6}\pi D^3(^*) = 0{,}5236\,D^3$.

Si l'on ne veut qu'une solution approchée, on prend $V = \frac{1}{2}D^3$.

2°. Le rayon de la sphère, dont le volume V est donné, est

$$R = \sqrt{\frac{3V}{4\pi}} = \sqrt{kV}, \quad \log k = \overline{1}{,}3779114.$$

(*) L'importance de cette théorie rend utiles les développemens qui snivent. Faisons tourner autour du diamètre AQ (fig. 145) le polygone régulier circonscrit $ABDI\ldots$; imaginons un système de pyramides tronquées, circonscrites à chaque tronc de cône, formant un polyèdre circonscrit à la sphère. Il est évident que le volume de ces troncs de pyramides a pour limite le volume des cônes, et par conséquent celui de la sphère, ou du segment sphérique correspondant. Du centre C, menons à chaque angle polyèdre des lignes ; nous aurons un autre système de pyramides, dont la hauteur commune sera le rayon KC. Le volume entier sera donc le produit du tiers de ce rayon par la surface des bases ou la surface du polyèdre.

Cela posé, soient R le rayon DC (fig. 143), α l'excès de l'aire du polyèdre sur celle A de la sphère ou de la calotte sphérique DAG, β l'excès du volume du polyèdre sur celui V de la sphère ou du secteur $CDAG$: on a $\frac{1}{3}R(A+\alpha)$ pour le volume du polyèdre; donc $V+\beta = \frac{1}{3}R(A+\alpha)$; d'où (n° 113) $V = \frac{1}{3}AR$. Donc, etc.

En général, puisque tout polyèdre circonscrit à la sphère a pour volume le produit du tiers du rayon par sa surface, il est à celui de la sphère dans le même rapport que leurs aires. Donc *les volumes de deux polyèdres quelconques circonscrits sont entre eux comme leurs surfaces.* La méthode des limites (n° 113) permet de généraliser ce théorème, et de l'étendre aussi à tout système formé de portions courbes et planes de surfaces circonscrites à la sphère.

C'est ainsi que *le volume de la sphère est les* $\frac{2}{3}$ *de celui du cylindre circonscrit*, puisque la surface de l'une est les $\frac{2}{3}$ de celle de l'autre (n° 293, 4°.). C'est, au reste, ce qui résulte de ce que ces volumes sont les produits d'un grand cercle multiplié par $\frac{4}{3}$ du rayon pour la sphère, et par le diamètre pour le cylindre. En comparant le cylindre et le cône circonscrits à la sphère, on trouve que le premier de ces volumes est moyen proportionnel entre les deux autres, puisque ces volumes sont comme leurs aires (n° 293, 5°.). Il en faut dire autant de ces mêmes corps inscrits à la sphère.

3°. Représentant par h la hauteur bf de la tranche sphérique $gha'a$ (fig. 137), et observant que $BE = BC = R$, $Cb = be$, et $Cf = fl$, le volume (n° 312) du tronc du cône $ll'e'e = \frac{1}{3}\pi h \times (Cb^2 + Cf^2 + Cb \times Cf)$. Or, on a bf, ou $h = Cb - Cf$; dont le carré $h^2 = Cb^2 + Cf^2 - 2Cb \times Cf$ donne $Cb \times Cf = \frac{1}{2}(Cb^2 + Cf^2 - h^2)$: ainsi,

$$\text{tronc cône} = \frac{1}{2}\pi h(Cb^2 + Cf^2) - \frac{1}{6}\pi h^3.$$

En retranchant du cylindre $GIKH = h \times \pi BC^2$, on trouve pour la tranche sphérique $\frac{1}{2}\pi h(2BC^2 - Cb^2 - Cf^2) + \frac{1}{6}\pi h^3$. Mais r et r' désignant les rayons fg et bc des deux bases, on a dans le triangle Cba, $BC^2 - Cb^2 = r'^2$; de même $BC^2 - Cf^2 = r^2$; donc *la tranche sphérique* $= \frac{1}{2}\pi h(r^2 + r'^2) + \frac{1}{6}\pi h^3$:

ou *le volume de la tranche sphérique est le produit de la hauteur par la demi-somme des deux bases, plus une sphère qui a cette hauteur pour diamètre.*

4°. Si le segment n'a qu'une base $r' = 0$, on a $\frac{1}{2}\pi h r^2 + \frac{1}{6}\pi h^3$, et observant que dans le triangle Cab, $r^2 = R^2 - (R - h)^2$, d'où $r^2 = 2Rh - h^2$, on trouve

$$\text{segment sphérique} = \frac{1}{3}\pi h^2 (3R - h).$$

5°. Ajoutons au segment sphérique Bab le cône..........
$Cab = \frac{1}{3}Cb \times \text{cerc. } ab$; or $Cb = R - h$, $ab^2 = Ca^2 - Cb^2 = 2Rh - h^2$;

ainsi, le cône $Cab = \frac{1}{3}\pi h \times (2R - h)(R - h)$.

On a secteur sphérique $= \frac{2}{3}\pi R^2 h$.

Donc le volume du secteur sphérique $CaBa'$ *est le produit du tiers du rayon par l'aire de la calotte qui lui sert de base, h désignant la hauteur Bb de cette calotte.*

314. *Les volumes de deux pyramides sont entre eux comme les produits des hauteurs par les aires des bases* (n° 310). Mais si ces pyramides SAC, Sac (fig. 125) sont semblables, on a $\frac{ABC....}{abc....} = \frac{SH^2}{Sh^2}$ (n° 278); multipliant de part et d'autre par $\frac{SH}{Sh}$, il vient $\frac{SABC....}{Sabc....} = \frac{SH^3}{Sh^3}$.

315. *Les volumes des polyèdres semblables sont entre eux comme les cubes de leurs lignes homologues.* En effet, comme deux polyèdres semblables P, p sont décomposables (n° 296) en pyramides semblables $S, s, S', s' ..$, en désignant par A, a, A', a' des lignes homologues de ces pyramides, on a $\dfrac{S}{s} = \dfrac{A^3}{a^3}, \dfrac{S'}{s'} = \dfrac{A'^3}{a'^3} \ldots$ D'ailleurs tous ces rapports sont égaux, puisqu'en vertu de la similitude supposée, on a $\dfrac{A}{a} = \dfrac{A'}{a'} = \ldots$

Donc $\dfrac{S}{s} = \dfrac{S'}{s'} = \dfrac{S''}{s''} = \ldots = \dfrac{A^3}{a^3}$; d'où (n° 73, 3°.)

$$\frac{S + S' + S'' + \ldots}{s + s' + s'' + \ldots} = \frac{P}{p} = \frac{A^3}{a^3}.$$

Il sera aisé de voir que *les volumes des sphères sont entre eux comme les cubes de leurs rayons ;* que ceux des cylindres droits et des cônes droits semblables (c.-à-d. engendrés par des rectangles ou des triangles rectangles semblables), sont entre eux comme les cubes des longueurs de leurs génératrices, ou de leurs hauteurs, ou enfin des rayons de leurs bases.

Les polyèdres symétriques ont leurs volumes égaux , puisqu'il est évident qu'on peut les décomposer en tétraèdres symétriques, et que ceux-ci ont des bases et des hauteurs égales.

LIVRE QUATRIÈME.

GÉOMÉTRIE ANALYTIQUE.

I. APPLICATION DE L'ALGÈBRE A LA GÉOMÉTRIE ÉLÉMENTAIRE.

Quelques Problèmes sur les lignes.

316. TANT que l'Algèbre et la Géométrie ont été séparées, leurs progrès ont été lents et leurs usages bornés; mais lorsque ces deux sciences se sont réunies, elles se sont prêté des forces mutuelles, et ont marché ensemble d'un pas rapide vers la perfection. C'est à Viète et à Descartes qu'on doit l'application de l'Algèbre à la Géométrie, application qui est devenue la clef des plus grandes découvertes dans toutes les branches des Mathématiques. (LA GRANGE, *Écol. Normal.*, t. IV, p. 401.)

C'est donc en introduisant dans les formules algébriques les grandeurs qui composent les parties d'une figure, que nous transporterons dans la Géométrie toutes les ressources de l'Algèbre, et nous parviendrons sans peine à des résultats qu'il serait difficile d'obtenir par la Géométrie seule. Celle-ci a l'avantage de ne jamais faire perdre de vue l'objet principal, et d'éclairer la route entière qui conduit des premiers axiomes à leurs dernières conséquences (*voy.* n° 252); mais l'Algèbre a bien plus de ressources.

Ces réflexions conduisent à préférer dans la Géométrie élémentaire les méthodes directes, celles qui ne reposent sur aucun principe étranger, et permettent, pour ainsi dire, d'isoler chaque théorème, en le présentant comme une vérité aussi claire que l'axiome d'où il est déduit. Mais, lorsque les questions deviennent plus compliquées, cette méthode, qu'on nomme *Synthèse*, perd la clarté, qui est son plus précieux avantage; l'*Analyse* reprend toute sa supériorité, et, par sa féconde influence, généralise les résultats, simplifie les recherches, et lorsqu'elle est employée avec adresse, donne à ses artifices une élégance et même une clarté à laquelle le mécanisme du calcul semblait s'opposer. Les problèmes suivans serviront de preuve à ces assertions.

317. *Mesurer la distance d'un point inaccessible* D *à un autre point* A (fig. 159). On prendra sur l'alignement AD une partie quelconque AC, et formant un triangle arbitraire ABC, on en mesurera les côtés $AB = c$, $AC = b$, $BC = a$ (*); puis marquant sur BC un point E quelconque, on dirigera vers D le rayon visuel FD; soient $AD = x$, $EC = g$, $FA = d$. La parallèle EG à AB donne

$$1^o. \quad \frac{BC}{EC} = \frac{CA}{CG} = \frac{AB}{EG}, \text{ ou } \frac{a}{g} = \frac{b}{CG} = \frac{c}{EG};$$

donc

$$CG = \frac{bg}{a}, \quad EG = \frac{cg}{a}.$$

$$2^o. \quad \frac{DA}{FA} = \frac{DG}{EG}, \text{ ou } \frac{x}{d} = \frac{DG}{EG}.$$

Or, on a $DG = DA - GA = DA - (CA - CG)$,

où $DG = x - b + \frac{bg}{a}$; en divisant cette valeur par celle de EG,

on trouve

$$\frac{x}{d} = \frac{ax - ab + bg}{cg};$$

d'où

$$x = bd\left(\frac{g - a}{cg - ad}\right).$$

S'il arrive que $BF = AF$, ce qu'on est le maître de supposer, comme $c = 2d$, la solution se réduit à $x = b . \frac{g - a}{2g - a}$.

(*) Dorénavant nous désignerons les angles des triangles par A, B, C, et par a, b, c, les côtés qui sont respectivement opposés.

· Il ne s'agira plus que de mettre pour a, b, c, d et g leurs valeurs numériques, ou le nombre de fois que ces lignes contiennent leur unité, pour trouver x exprimé en nombres.

318. *Quelle est la relation qui lie les côtés* a , h *et* c *d'un triangle* BAC (fig. 92) *inscrit à un cercle de rayon* R? Menons le diamètre BD, et les lignes AD, DC; le quadrilatère $ABDC$ donne (n° 240, II) $2Rb = c \times CD + a \times AD$. Des triangles rectangles BCD, BAD, nous tirons $CD = \sqrt{(4R^2 - a^2)}$, $AD = \sqrt{(4R^2 - c^2)}$; donc

$$2Rb = c\sqrt{(4R^2 - a^2)} + a\sqrt{(4R^2 - c^2)};$$

équation cherchée, qui donne l'une des quantités a, b, c et R, connaissant les trois autres.

I. Étant données les cordes de deux arcs AB, BC, on a donc b, ou la corde AC d'un arc ABC égal à leur somme.

Si les arcs AB et BC sont égaux, on a $a = c$, d'où

$$Rb = a\sqrt{(4R^2 - a^2)},$$

équ. qui donne la corde b d'un arc, connaissant celle a d'un arc moitié moindre.

II. *Trouver le rayon* R *du cercle circonscrit au triangle* ABC. Élevons notre équ. au carré, l'un des radicaux disparaîtra; transposons ensuite les termes rationnels, et carrons de nouveau pour chasser l'autre radical, nous trouvons

$$R = \frac{abc}{\sqrt{4a^2c^2 - (a^2 + c^2 - b^2)^2}}.$$

Cette formule ne se prête pas au calcul des log : mais le radical affecte la différence de deux carrés, qui $= (2ac + a^2 + c^2 - b^2) \times (2ac - a^2 - c^2 + b^2)$, ou $[(a+c)^2 - b^2] \times [b^2 - (a-c)^2]$; chaque facteur souffre la même décomposition, et l'on a

$$R = \frac{abc}{\sqrt{(a + b + c)(b + c - a)(a + c - b)(a + b - c)}},$$

ou $$R = \frac{\frac{1}{4}abc}{\sqrt{p \cdot (p - a)(p - b)(p - c)}},$$

en faisant, pour abréger, le périmètre $2p = a + b + c$.

III. *Trouver l'aire z d'un triangle, connaissant les trois côtés* a, b, c (n° 218, fig. 176) le segment $AD = x = \dfrac{b^2 + c^2 - a^2}{2b}$;

or, le triangle ABD donne $BD = \sqrt{(c^2 - x^2)}$; $z = \frac{1}{2}b \times BD$ devient donc $z = \frac{1}{4}\sqrt{[4b^2c^2 - (b^2 + c^2 - a^2)^2]}$,

ou
$$z = \sqrt{p \cdot (p-a)(p-b)(p-c)}.$$

On a donc, pour le rayon du cercle circonscrit, $4Rz = abc$.

IV. *Trouver le rayon* r *du cercle circonscrit au triangle.* Les aires (fig. 46) des triangles AOB, AOC, BOC étant $\frac{1}{2}cr$, $\frac{1}{2}br$, $\frac{1}{2}ar$, la somme, est $z = pr$, d'où (*voy.* n° 364, IX)

$$r = \frac{z}{p} = \sqrt{\frac{(p-a)(p-b)(p-c)}{p}}.$$

V. *Évaluer l'aire d'un quadrilatère* $ABCC'$ (fig. 39); menons la diagonale $AC = b$, et prenons-la pour base des deux triangles ABC, $AC'C$; h et h' étant les hauteurs, l'aire demandée est $\frac{1}{2}b(h + h')$.

On peut encore opérer comme il suit. Soit $ABCD$ (fig. 174); abaissez les perp. $DE = h$, $CF = h'$ sur la base $AB = a$, faites $AE = b$, $BF = b'$, d'où (n° 259) l'aire $CFED = \ldots\ldots\ldots$ $\frac{1}{2}(h + h') \times (a - b - b')$. De plus $ADE = \frac{1}{2}bh$, $CBF = \frac{1}{2}b'h'$: vous trouvez enfin, pour la somme de ces aires,

$$ABCD = \tfrac{1}{2}(a - b)h' + \tfrac{1}{2}(a - b')h.$$

Cette équ., facile à appliquer, ne convient plus dès que l'une des perpend. tombe hors du quadrilatère. Ainsi (fig. 175), il faudrait changer b en $-b$ et b' en $-b'$. (*Voy.* n°s 337 et 364, VI.)

VI. *Mener* EF *perpend. à la base* AC *du triangle* ABC (fig. 171), *telle que les triangles* AEF, ABC *soient dans le rapport donné de* m à n. Soient b et x les bases AC, AE; h et y les hauteurs BD, EF; les aires sont $\frac{1}{2}bh$, $\frac{1}{2}xy$, d'où $\dfrac{xy}{bh} = \dfrac{m}{n}$. D'ailleurs les triangles semblables AEF, ABD donnent $\dfrac{y}{h} = \dfrac{x}{k}$, en faisant $AD = k$; donc, éliminant y, $x = \sqrt{\left(\dfrac{kbm}{n}\right)}$. Si l'on avait $x > k$ ou AD, le point E devrait être situé vers H, au-delà de D, et la perpend. à AC séparerait un triangle qui n'est plus contenu dans ABC : ce cas arrive quand $bm > kn$, ou

$$\frac{m}{n} > \frac{k}{b} = \frac{AD}{AC}.$$

319. Connaissant le côté $AB = a$ (fig. 97) d'un polygone régulier inscrit, cherchons celui $AC = x$ d'un polygone régulier dont le nombre des côtés est double. CO, perpend. sur AB, donne (n° 223) $AC^2 = CI \times 2CO$. Représentant par z le rayon OI du cercle inscrit au polygone donné, on a $CI = R - z$, et $OI^2 = AO^2 - AI^2$: donc

$$x^2 = 2R(R - z), \text{ et } z^2 = R^2 - \tfrac{1}{4}a^2.$$

En faisant, par ex., $a = R$, on a $R\sqrt{(2 - \sqrt{3})}$ pour le côté du dodécagone inscrit. De même $a = R\sqrt{3}$ (n° 236) donne $x = R$ pour le côté de l'hexagone, etc.

On peut aussi trouver le côté $EF = y$ d'un polygone régulier circonscrit, connaissant celui $AB = a$, qui est inscrit d'un même nombre de côtés. Car les triangles AOI, EOC donnent

$$\frac{OI}{OC} = \frac{AI}{EC}, \text{ ou } \frac{z}{R} = \frac{a}{y}:$$

donc
$$y = \frac{aR}{z} \text{ et } z^2 = R^2 - \tfrac{1}{4}a^2.$$

320. C'est ainsi que $a = R\sqrt{2}$ donne $z = \tfrac{1}{2}R\sqrt{2}$ et $y = 2R$ pour le côté du carré circonscrit (n° 237); $a = R\sqrt{3}$ donne, pour le côté du triangle équilatéral circonscrit, $y = 2R\sqrt{3}$, ou le double du côté du triangle inscrit.

Il est facile de déduire de ces formules *le rapport approché π de la circonférence au diamètre,* ou la demi-circonférence π du cercle, dont le rayon est l'unité (n° 248). Pour cela, posons $R = 1$, nos équ. deviendront

$$x = \sqrt{(2 - 2z)}, \quad z = \sqrt{(1 - \tfrac{1}{4}a^2)}, \quad y = \frac{a}{z}.$$

Faisant $a = 1$, on a, pour le côté du dodécagone inscrit $x = \sqrt{(2 - \sqrt{3})} = 0,517638$. Si de nouveau on fait $a = 0,517638$, on trouvera $x=0{,}261053..$ pour le côté du polygone régulier inscrit de 24 côtés; et ainsi de suite.

Quatre opérations semblables donneront, par ex., $0{,}065438..$ pour le côté du polygone régulier de 96 côtés; en mettant cette valeur pour a dans z et y, on a le côté du polygone régulier circonscrit semblable; et multipliant par 48, on a, pour les demi-périmètres de ces polygones, 3,1392 et 3,1410. Comme la demi-circonf. π est comprise entre ces longueurs, on aura donc $\pi = 3{,}14...$, en ne prenant que les décimales communes.

Pour obtenir une plus grande approximation, comme la circonférence approche d'autant plus des périmètres des polygones, que l'on multiplie davantage les côtés (n° 246), il faudra recourir à des polygones d'un plus grand nombre de côtés. Soit, en général calculé le côté a d'un polygone inscrit d'un nombre n de côtés; on aura, pour les demi-périmètres de ce polygone et de celui qui est circonscrit semblable,

$$\tfrac{1}{2}an \quad \text{et} \quad \frac{\tfrac{1}{2}an}{\sqrt{\left[(1 + \tfrac{1}{2}a)\,(1 - \tfrac{1}{2}a)\right]}} :$$

on en déduit enfin le nombre π donné p. 278.

Constructions géométriques.

321. L'art de résoudre les problèmes de Géométrie consiste, comme on a pu le remarquer (n°ˢ 208, 227...), à les supposer résolus, à rapprocher les propriétés de la figure de celles qu'on connaît et qui sont analogues; à trouver ainsi la loi à laquelle les parties du système sont soumises, et à en conclure les inconnues. Ces procédés exigent beaucoup d'exercice et d'adresse, et l'on ne peut donner de règles générales pour ces combinaisons. L'emploi de l'Algèbre, lorsque le choix des inconnues est fait avec adresse, conduit souvent à des solutions plus élégantes; on sait mieux reconnaître leur nombre, et l'on juge facilement si le problème est possible ou non, déterminé ou indéterminé.

Concevons qu'après avoir résolu un problème de Géométrie, on ait construit la figure qui en règle les parties, qu'on ait désigné par des lettres les longueurs des diverses lignes qui la composent, et qu'en faisant usage des principes connus, on les ait liées par des équ.; le calcul conduira bientôt à la valeur des inconnues. Cela posé, si toutes les lignes de la figure sont exprimées par des nombres, l'Arithmétique donnera numériquement ces dernières. Mais il est remarquable qu'on peut assigner ces longueurs cherchées, même sans le secours des nombres, à l'aide de procédés géométriques, qui auront d'autant plus d'élégance, qu'ils rendront la figure moins confuse. C'est ce qu'on appelle *construire* la valeur de l'inconnue.

322. Remarquons, avant tout, que le calcul dont il vient d'être question ne peut avoir pour élémens que des rapports de lignes; en sorte que la ligne A ne peut y être introduite qu'en ayant égard à son rapport avec une autre ligne B, qu'on peut prendre pour unité (n° 156). Alors $\dfrac{A}{B}$ représente un nombre abstrait, auquel on peut substituer celui de deux autres grandeurs quelconques a et b, pourvu qu'on ait $\dfrac{A}{B} = \dfrac{a}{b}$.

Il n'entre donc, dans les calculs, que des expressions telles que $\dfrac{a}{b}$, $\dfrac{c}{d}$.... Or, il suit des règles mêmes du calcul, que toutes combinaisons de ces élémens par voie de multiplication, division, réduction au même dénominateur, etc., doit conduire à un résultat *homogène*, c.-à-d. *dont les termes renferment tous le même nombre de facteurs*. Ainsi, les lettres a, b, c.... qui entrent dans une formule peuvent y désigner des lignes au lieu de nombres, et doivent alors être homogènes: s'il n'en est pas ainsi, quelqu'une de ces lignes, telles que r, a dû être prise pour l'unité, qui n'est d'ailleurs qu'une longueur arbitraire et connue (n° 36). Dans ce cas, on peut rétablir le facteur r partout où il a dû disparaître, lorsqu'on a posé $r = 1$, c.-à-d., *introduire r et des puissances convenables de r dans les divers termes, afin qu'ils redeviennent homogènes*. Pour que les quantités

$$\frac{2a^4c + ab^3 - d}{b^4 + a^3 - c}, \quad \frac{a - b}{1 + ab}, \quad \sqrt{\left(\frac{1 \pm a}{2}\right)}$$

représentent des lignes, elles doivent revenir à

$$\frac{2a^4c + ab^3r - dr^4}{b^4 + a^3r - cr^3}, \quad \frac{(a - b)r^2}{r^2 + ab}, \quad \sqrt{\left(\frac{r^2 \pm ar}{2}\right)}.$$

En effet, par ex., $x = \sqrt{\left(\frac{1 \pm a}{2}\right)}$, en faisant évanouir le radical, devient $2x^2 = 1 \pm a$, qui, en restituant des puissances convenables de r, devient $2x^2 = r^2 \pm ar$. Mise sous cette forme, on peut prendre dans l'expression pour unité tout autre signe que r, et même une longueur qui n'y entre pas.

Lorsqu'une formule sera *homogène*, nous en évaluerons le *degré* par le nombre des facteurs de l'un de ses termes, si elle est entière; on retranchera le degré du dénominateur de celui du numérateur, si elle est fractionnaire; enfin, on divisera le degré de la fraction par l'ordre du radical qui l'affecte, si elle est irrationnelle. Concluons de là qu'en général, pour qu'une fraction rationnelle représente une ligne, c.-à-d. *soit linéaire, il faut que chaque terme du numérateur ait un facteur de plus que dans le dénominateur; et s'il entre un radical, il doit affecter une quantité de même degré que lui*: le radical carré précédera une fraction du second degré, etc.; les formules de *première dimension*, c.-à-d. du 1er degré, sont constructibles par une ligne; celles de *seconde dimension* par une aire; enfin celles de *troisième dimension* représentent un volume: et si elles ne sont pas homogènes, on les rend telles en distribuant des puissances convenables de la ligne r qui y a été prise pour unité.

323. Toute *fraction monome linéaire* ne peut être que de la forme $x = \dfrac{ab}{c}$, $x = \dfrac{abc}{de}$, $x = \dfrac{abcd}{efg}$ ....; celle-ci, par ex., équivaut à $\dfrac{a}{e} \times \dfrac{b}{f} \times \dfrac{c}{g} \times d$; de sorte qu'on voit que la ligne

d doit être prise autant de fois qu'il y a d'unités dans le produit des rapports $\frac{a}{e}$, $\frac{b}{f}$, $\frac{c}{g}$.

1°. La construction de $x = \dfrac{ab}{c}$ n'offre pas de difficulté; x est une quatrième proportionnelle à c, a et b. On sait la trouver (n° 213, fig. 59); on pourrait même faire usage des théorèmes (n°s 221 et 224).

2°. Pour $x = \dfrac{abc}{de}$, on cherchera une ligne $k = \dfrac{ab}{d}$, et l'on aura $x = \dfrac{kc}{e}$; ainsi deux 4es proportionnelles donneront x.

3°. De même $x = \dfrac{abcd}{efg}$ se construit en faisant $k = \dfrac{ab}{e}$, $l = \dfrac{cd}{f}$, et l'on a $x = \dfrac{kl}{g}$. Il faut trois constructions.

Et ainsi de suite.

324. Pour la *fraction polynome* $x = \dfrac{abc + def - ghi}{lm}$, dont le dénominateur est monome, on écrit $x = \dfrac{abc}{lm} + \dfrac{def}{lm} - \dfrac{ghi}{lm}$; on construit chaque fraction à part, et l'on a trois lignes à ajouter ou à soustraire.

Cependant si l'on a $x = \dfrac{a^2 - b^2}{c}$, il sera plus court de faire $x = \dfrac{(a + b)(a - b)}{c}$; c.-à-d. de chercher une 4e proportionnelle aux lignes c, $a + b$ et $a - b$.

325. On rend le dénominateur monome, lorsqu'il ne l'est pas, en l'égalant à un seul terme de même dimension, et dont on prend à volonté tous les facteurs, excepté l'un y qui y est inconnu, et qu'on détermine ainsi qu'il vient d'être dit. Par ex., pour $x = \dfrac{abc + def}{db + cd}$, on fera $ab + cd = ay$;

d'où $x = \dfrac{abc}{ay} + \dfrac{def}{ay} = \dfrac{bc}{y} + \dfrac{def}{ay}$, et $y = b + \dfrac{cd}{a}$.

Cette dernière équ. donne y; la 1re fait connaître x.

Pour $x = \dfrac{abc^2 + q^3h - m^3p}{q^2i - klq + cmd}$, on fera le dénominateur

$q^2i - klq + cmd = q^2y$; d'où l'on tire $y = i - \dfrac{kl}{q} + \dfrac{cmd}{q^2}$; une fois y connu, on a

$$x = \frac{abc^2}{q^2y} + \frac{qh}{y} - \frac{m^3p}{q^2y}.$$

Le choix des facteurs de l'inconnue y se fait quelquefois de manière à rendre les constructions plus simples; un peu d'adresse et d'exercice facilitent l'application du principe général : ainsi $x = \dfrac{abc^2 - a^2b^2}{abc + c^3}$ devient $x = \dfrac{m(c - m)}{c + m}$, en faisant $m = \dfrac{ab}{c}$.

326. Les *Constructions radicales* se ramènent à la forme

$$\sqrt{(ab)} \quad \text{ou} \quad \sqrt{(a^2 \pm b^2)} :$$

$\sqrt{(ab)}$ est une moyenne proportionnelle entre a et b; on la construit comme il a été dit (n° 222, fig. 70); on pourrait aussi la trouver à l'aide des théorèmes (n°s 223, 225).

Quant à $\sqrt{(a^2 \pm b^2)}$, c'est un côté d'un triangle rectangle dont a et b sont les autres côtés. Pour $\sqrt{(a^2 + b^2)}$, on prendra (fig. 67) $AB = a$, $AC = b$ sur deux lignes indéfinies AB, BC à angle droit; l'hypoténuse BC est $\sqrt{(a^2 + b^2)}$. De même, pour $\sqrt{(a^2 - b^2)}$, on tracera, comme ci-dessus, les lignes AB et AC; on prendra $AB = b$; puis du centre B avec le rayon $BC = a$, on marquera le point C, AC sera $\sqrt{(a^2 - b^2)}$. Ou autrement, sur la ligne $BC = a$ comme diamètre, on décrira le demi-cercle ABC; puis du centre B avec le rayon $AB = b$, on marquera le point A; AC sera $\sqrt{(a^2 - b^2)}$.

327. Pour construire toute quantité affectée d'un radical carré, comme elle doit avoir deux dimensions, on l'égalera à un produit ay; a étant une quantité qu'on choisira à volonté; et y une inconnue; on aura alors $x = \sqrt{(ay)}$. La valeur de y se déduira aisément; elle sera une fraction qu'on construira par les principes ci-dessus.

Soit, par ex., $x = \sqrt{\left(\dfrac{ab^2 + cd^2}{b + c}\right)}$; on fera $\dfrac{ab^2 + cd^2}{b + c} = ay$,

d'où $y = \dfrac{b^2}{b + c} + \dfrac{cd^2}{a(b + c)}$; on construira y par une 3e et deux 4es proportionnelles : enfin on aura $x = \sqrt{(ay)}$.

Au reste, le procédé général se simplifie souvent avec un peu d'adresse; ainsi, pour $\sqrt{(ac + bd)}$, on fera $bd = ay$; d'où $y = \dfrac{bd}{a}$ et $x = \sqrt{[a(c + y)]}$. De même $x = \sqrt{(ab + bc)}$ devient $x = \sqrt{[(a + c)b]}$. *Voy.* aussi (n° 329, V) la construction de $\sqrt{\left(\dfrac{nk^2}{m}\right)}$, etc.

328. Quoiqu'on puisse construire par cette voie $x = \sqrt{(a^2 \pm b^2)}$, cependant la construction du triangle rectangle donne une solution plus simple : c'est pourquoi il arrive souvent qu'on ramène à cette forme les quantités radicales. Ainsi, $x = \sqrt{(a^2 \pm bc)}$ devient $x = \sqrt{(a^2 \pm y^2)}$, en faisant $y^2 = bc$; d'où $y = \sqrt{(bc)}$.

De même $x = \sqrt{(a^2 + b^2 + c^2 + d^2 \ldots)}$ se construit ainsi. On fait $y = \sqrt{(a^2 + b^2)}$; sur les côtés AB, BC de l'angle droit B (fig. 160), on prend $AB = a$, $BC = b$; l'hypoténuse AC est y. On a $x = \sqrt{(y^2 + c^2 + d^2 + \ldots)}$; on fait $y' = \sqrt{(y^2 + c^2)}$: ainsi, sur DC perpend. à AC, on prend $CD = c$; et AD est y'; d'où $x = \sqrt{(y'^2 + d^2 + \ldots)}$, et ainsi de suite. La dernière hypoténuse AF est x. (*Voy.* pour la construction de $\sqrt{n}$ et $\sqrt{\dfrac{m}{n}}$, n° 329; IX et V.)

Pour $x = \sqrt{(ac - fg + mq + rd)}$, on fera indifféremment ou $ac - fg + mq + rd = ay$, d'où $y = c - \dfrac{fg}{a} + \dfrac{mq}{a} + \dfrac{rd}{a}$, et $x = \sqrt{(ay)}$;

ou bien $ac = y^2$, $fg = z^2$, $mq = t^2$, $rd = u^2$, d'où $x = \sqrt{(y^2 + t^2 + u^2 - z^2)}$; et la construction précédente, convenablement modifiée, donnera x.

Enfin, si l'on a $x = \sqrt{\left(a^2 - f^2 \dfrac{c^2 + d^2}{ab + cd}\right)}$, on fera.....

$y^2 = f^2 \dfrac{c^2 + d^2}{ab + cd}$, d'où $x = \sqrt{(a^2 - y^2)}$: il ne restera plus qu'à

obtenir y. On fera $c^2 + d^2 = z^2$ et $ab + cd = t^2$; z et t se trou-

veront aisément, et l'on aura $y = \dfrac{fz}{t}$.

329. Appliquons ces principes à quelques exemples.

I. *Partager une longueur* AC (fig. 161) *en deux parties* CB, AB, *qui soient entre elles dans le rapport donné de* m *à* n. Soient $AC = a$, $CB = x$; on a $AB = a - x$, et d'après la condition prescrite, $\dfrac{x}{a - x} = \dfrac{m}{n}$; d'où $x = \dfrac{am}{m + n}$. Sur une ligne quelconque EC, on prendra $CD = m$, $ED = n$, si m et n sont des lignes; si ce sont des nombres, on portera une ouverture de compas arbitraire m fois de C en D, et n fois de D en E. On mènera AE et sa parallèle BD; B sera le point cherché.

II. Étant données deux parallèles BC, DE (fig. 162), et un point A, mener par ce point une oblique AI, telle, que la partie IK comprise entre les parallèles soit de longueur donnée $= c$. Menons AG perpend. sur DE, et faisons $AG = a$, $FG = b$, l'inconnue $GI = x$; on a $\dfrac{AI}{AG} = \dfrac{IK}{FG}$, ou $\dfrac{AI}{a} = \dfrac{c}{b}$; puis

$AI^2 = a^2 + x^2$; donc $x = \pm \dfrac{a}{b}\sqrt{(c^2 - b^2)}$. On voit d'abord que le problème est impossible quand b est $> c$, ou $FG > IK$. Pour construire cette valeur, du centre F, on décrira l'arc HH' avec le rayon c; GH sera $\sqrt{(c^2 - b^2)}$; AI parallèle à FH sera la ligne cherchée, puisqu'on voit que IG est 4e proportionnelle à b, a et GH.

Il y a une seconde solution en AI'; c'est ce qu'indique le double signe de la valeur de x (*voy.* n° 338).

III. *Étant donnés deux points* A *et* B (fig. 163), *et une droite* DD', *décrire un cercle qui passe par ces deux points et soit tangent à la droite.* Il suffit de trouver le point D du contact. Soit donc prolongée la ligne AB en C; et fait $CD = x$, $CI = a$,

$IB = b$, I étant le milieu de AB. La tangente CD donne (n° 225) $x^2 = CA \times CB = (a - b)(a + b)$; d'où $x = \sqrt{(a^2 - b^2)}$. Sur l'hypoténuse CI on tracera le triangle rectangle IEC, dont b et x sont les côtés de l'angle droit, en décrivant le demi-cercle CEI, prenant $EI = AI$; CE sera $x = CD$. Il y a une 2° solution en D', à cause de la valeur négative de x (n° 338).

IV. Deux parallèles AE'', BF (fig. 164) et leur perpend. AB étant données, mener une sécante EF, telle que AC, moitié de AB, soit moyenne proportionnelle entre les segmens AE, BF. Soient $AE = x$, $BF = y$, $AC = a$: on a $a^2 = xy$: le problème est donc *Indéterminé* (n° 117), et le nombre des solutions infini. Parmi les diverses manières de les obtenir, la suivante est assez élégante.

Soit $CD = r$, D étant le point de rencontre de la ligne cherchée EF, avec CD perpendiculaire sur AB en son milieu C; II' perpend. à CD donne les deux triangles égaux EDI, $I'DF$; ainsi $y = r + IE$, $x = r - IE$, d'où $x + y = 2r$. Éliminant y de $a^2 = xy$, on a $x^2 - 2rx = - a^2$; r est ici arbitraire, et l'on a $x = r \pm \sqrt{(r^2 - a^2)}$. On devra donc prendre le point D, tel que r soit $> a$, ou $CD > AC$: le cercle décrit du centre D avec le rayon r donne $EI = \sqrt{(r^2 - a^2)}$; donc les points E et F d'intersection satisfont à la condition, ainsi que E' et F'. Chaque centre D donne ainsi deux solutions EF, $E'F'$.

V. Par le point A (fig. 165); *mener une corde* BAD *dont les segmens* BA, AD *aient entre eux un rapport donné* $= \dfrac{m}{n}$. Menons le diamètre HAG; soit $CH = r$, $CA = b$, $AD = x$: on a $HA \times AG = BA \times AD$, d'où $r^2 - b^2 = x \times BA$; mais, par condition, $BA = \dfrac{mx}{n}$; donc $\dfrac{mx^2}{n} = r^2 - b^2$. Faisons $r^2 - b^2 = k^2$, nous aurons $x = \sqrt{\dfrac{nk^2}{m}}$, quantité facile à construire. On pourrait lui donner la forme $x = \dfrac{k}{m}\sqrt{(mn)}$, et il faudrait trouver une moyenne et une 4° proportionnelle; mais on doit préférer le procédé suivant. Remplaçons le rapport de $\frac{m}{n}$ par celui des deux carrés : sur une ligne indéfinie (fig. 166), prenons DF et FE, tels qu'on ait $\frac{FE}{DF} = \frac{n}{m}$; décrivons le demi-cercle DAE, puis menons AF perpend. sur DE, et les cordes AD, AE ; nous aurons $\frac{AE^2}{AD^2} = \frac{FE}{DF} = \frac{n}{m}$ (n° 254); ainsi $x = \frac{k \times AE}{AD}$: prenons donc $AB = k$ sur AD, prolongé s'il est nécessaire ; BC parallèle à DE, donnera $AC = x$ (n° 213).

VI. *Un polygone étant donné, en construire un semblable ; les aires étant dans le rapport connu de* m *à* n. Nommons A l'un des côtés du polygone donné, x son homologue inconnu ; les aires étant :: m : n d'une part, et aussi :: A^2 : x^2 de l'autre (n° 262) ; on a $\frac{A^2}{x^2} = \frac{m}{n}$, d'où $x = A\sqrt{\frac{n}{m}}$. On vient de construire cette expression (fig. 166) ; ainsi x est une longueur connue. Il ne reste plus qu'à former, sur le côté x homologue à A, une figure semblable à la proposée (n° 241). La même construction s'applique aussi aux cercles (n° 263, 3°.) ; m et n sont ici des lignes ou des nombres donnés.

Pour trouver le rapport de deux figures données semblables, ABC... &; abc... (fig. 93.), on prend sur les côtés d'un angle droit DAE (fig. 166) des parties AB, AC égales à deux lignes homologues des figures proposées : la droite BC est coupée par sa perpend. AG en deux segmens BG, CG, qui ont le même rapport que ces figures.

VII. *Cherchons une figure* X *semblable à une autre* P *et égale à une troisième* Q. P et Q sont donnés ; prenons un côté A de P, et soit x son homologue inconnu, on a $\frac{P}{X} = \frac{A^2}{x^2}$, d'où $\frac{P}{Q} = \frac{A^2}{x^2}$, puisque $X = Q$. Soient M et N les côtés de deux carrés équivalens à P et Q (n° 257), ou deux carrés M^2 et N^2

qui aient même rapport que ceux-ci (fig. 166); il en résultera
$\frac{M}{N} = \frac{A}{x}$; ainsi x est 4e proportionnelle à M, N et A.

VIII. *Trouver deux lignes* x *et* y, *qui aient même rapport que deux parallélogrammes donnés.* Les bases étant B, b, les hauteurs H, h, on doit avoir $\frac{x}{y} = \frac{BH}{bh}$. Si l'on donne y, une construction facile (n° 323) fera connaître x. Mais si ces deux lignes sont inconnues, l'une est arbitraire; et l'on peut prendre $y = b$, d'où $x = \frac{BH}{h}$; x est alors une 4e proportionnelle à h, H et B. Ce problème revient à *construire un rectangle* hx, *dont on a la hauteur* h, *et dont l'aire équivaut à celle d'un rectangle donné* BH.

IX. *Pour construire* $\sqrt{n}$, on peut prendre une moyenne proportionnelle (n° 222) entre n et 1. On remarque (n°^{s} 236, 237) que si l'on décrit le cercle qui a l'unité pour rayon, en y inscrivant un carré et un triangle équilatéral, leurs côtés sont $\sqrt{2}$ et $\sqrt{3}$. Quant à $\sqrt{5}$, $\sqrt{6}$…, la construction (n° 328) s'applique à cette recherche; car, sur l'angle droit CBA (fig. 160); prenons $AB = 2$, $CB = 1$, on aura $AC = \sqrt{5}$. De même $CD = 1$, donne $AD = \sqrt{6}$, etc.

330. L'équation du second degré $x^2 + px = q$ suppose une ligne r prise pour unité (n° 322); il faudrait donc remplacer q par qr, ou plutôt par m^2, en faisant $m^2 = qr$. Les racines de $x^2 + px = m^2$ sont $x = -\frac{p}{2} \pm \sqrt{(m^2 + \frac{1}{4}p^2)}$; on les construit aisément d'après les procédés généraux que nous avons indiqués; mais il est plus élégant d'opérer comme il suit.

1°. Si l'on a $x^2 - px = -m^2$, comme $m^2 = x(p - x)$, m est moyen proportionnel entre x et $p - x$. Si donc on élève (fig. 167) $AD = m$ perpend. sur $AB = p$, puis si l'on décrit la demi-circonférence AEB sur le diamètre AB, DE parallèle à AB donne les points E, E', pour lesquels la perpend. EF ou $E'F'$ est moyenne proportionnelle entre les segmens du diamètre. Les deux racines sont donc $x = AF$ et $x = AF'$.

2°. Si l'on a $x^2 - px = m^2$, comme m est moyenne proportionnelle entre x et $x - p$, avec le rayon $AD = \frac{1}{2}p$ (fig. 79), on décrira le cercle AEE', puis prenant sur la tangente une longueur $AC = m$, la sécante CE' passant par le centre, donne $x = CE'$ et $= -CE$, puisque $m^2 = CE \times CE'$.

3°. Si l'on a $x^2 + px = \pm m^2$, on fera la même construction que dans les cas précédens; seulement les racines sont changées de signe, puisqu'il suffit de changer x en $-x$; pour retomber sur les équ. déjà traitées.

X. Soit proposé, par ex., de mener par le point A la corde BD (fig. 165), dont la longueur soit donnée $= c$. Conservant la notation du problème V, nous avons encore $r^2 - b^2$, ou $k^2 = x \times BA$, par condition; $BA = c - x$; donc $k^2 = (c-x)x$.

XI. Étant données deux lignes $DC = a$, $AC = b$ (fig. 76), former sur AC un segment $CB = x$, tel qu'on ait $BC^2 = AB \times DC$, ou $x^2 = a \times AB$. Comme $AB = b - x$, on a $x^2 + ax = ab$. Sur le diamètre AD, soit décrit un cercle DFA, et abaissée la perpend. $FC = m$; on a $m^2 = ab$, d'où $x(x + a) = m^2$. Ainsi on élèvera (fig. 79) sur $AC = m$ une perpend. $AD = \frac{1}{2}a$; du centre D on décrira le cercle EAE', et on mènera la sécante $E'C$, EC sera x, et $E'C = x + a$.

On peut encore prendre le milieu E de DC, (fig. 76). Alors

$$BC = x = BE - EC, \quad BD = x + a = BE + EC.$$

Le produit est $x(x + a)$, ou $m^2 = BE^2 - DE^2 = FC^2$; savoir, $BE = FE$.

Lorsque $DC = AC$, la proposée devient $BC^2 = AB \times AC$, et B coupe AC en *moyenne et extrême raison*, problème qui est un cas particulier du précédent. On retrouve alors les constructions de la page 264.

331. *Pour construire les formules de deux dimensions*, on les réduit à deux facteurs BH (comme n° 327), l'un est la base, l'autre la hauteur du rectangle, dont l'aire a pour valeur l'expression proposée. Ainsi, pour $x = \sqrt{cd(a^2 - b^2)}$, on fera $a^2 - b^2 = B^2$, $cd = H^2$; B et H seront des lignes faciles à trouver, et l'on aura $x = BH$, rectangle connu.

Mais si l'on veut que l'aire cherchée soit un parallélogramme ou un triangle, etc., comme la base et la hauteur ne suffisent plus pour déterminer la figure, le problème admet une infinité de solutions, et n'est déterminé que si l'on donne une autre condition, telle qu'un angle, ou le rapport des côtés, etc.

Pour former un triangle équivalent à un cercle dont le rayon est $R = a\sqrt{\dfrac{m}{n}}$, on prendra le diamètre $2R$ pour base, et la hauteur sera une ligne h égale à la demi-circonférence, ou $h = \pi R = \dfrac{22}{7} a\sqrt{\dfrac{m}{n}}$. Ces valeurs se construisent par la fig. 166, et il reste ensuite à tracer un triangle dont on prend un angle à volonté.

332. *Toute formule à trois dimensions* se réduit à un produit de trois facteurs, $x = ABC$, qui sont les dimensions d'un parallélépipède rectangle, dont le volume est x. On peut aussi construire cette expression par un cube, ce qui constitue la *Cubature* des corps, ou par des tétraèdres, des cylindres, etc.

Sur les Signes des quantités dans l'Algèbre appliquée à la Géométrie.

333. Lorsque deux figures ne diffèrent l'une de l'autre que par la grandeur de leurs parties, qui y sont d'ailleurs disposées dans le même ordre, on dit que ces figures sont *Directes*. Si les quantités $a, b, c, d \ldots x$, qui composent la 1re, sont liées par une équ. $X = 0$, elle a également lieu pour la 2e. Mais si les deux figures diffèrent en outre par la disposition de quelques-unes de leurs parties, de sorte, par ex., qu'on ait $x = a - b$ dans la 1re, et $x = b - a$ dans la 2e, on dit alors qu'elles sont *Indirectes* (*). L'équ. $X = 0$, qui a eu lieu pour l'une, peut

---

(*) *Carnot*, qui est l'auteur de cette théorie, qu'il a développée dans sa *Géométrie de position*, nomme *corrélatives directes* les figures directes, et *corrélatives inverses* les figures indirectes. Consultez cet excellent ouvrage.

avoir besoin de quelques modifications pour devenir applicable à l'autre ; c'est ce qu'il s'agit d'examiner.

En nommant x le segment CD (fig. 176 et 177) formé par la perpend. BD sur la base AC du triangle ABC, et a, b, c les côtés opposés aux angles A, B, C, on a (page 258)

$$BD^2 = c^2 — AD^2 = a^2 — x^2, \quad c^2 = a^2 + AD^2 — x^2 \ldots (1).$$

Mettant pour AD sa valeur $AC — CD = b — x$ (fig. 176), ou $AC + CD = b + x$ (fig. 177), on a

$$c^2 = a^2 + b^2 — 2bx, \quad \text{ou } c^2 = a^2 + b^2 + 2bx \ldots (2).$$

Les figures 176 et 177 sont indirectes, puisque $x = b — AD$ dans l'une, est $x = AD — b$ dans l'autre : chacune des formules (2) n'est directement applicable qu'à l'une des fig. Mais la formule (1) appartenant à l'une et à l'autre, la substitution de la valeur de AD y a seule introduit des différences qui, ne provenant que du signe de x, montrent que l'une de ces équ. (2) doit se déduire de l'autre en changeant x en — x.

334. En général, si, entre les quantités a, b, c... x qui composent deux figures indirectes, on a les équ. $X = 0$ pour l'une, et $X' = 0$ pour l'autre, il faut qu'il y ait au moins une ligne, telle que a, qui soit la somme dans la 1re fig., et la différence dans la 2e, de deux autres b et x ; de sorte que $a = b — x$ pour l'une, et $a = b + x$ pour l'autre. Or, on peut toujours concevoir une troisième équ. $Y = 0$, vraie pour l'une et l'autre, et telle qu'on en déduise $X = 0$, ou $X' = 0$, suivant qu'on y mettra $b + x$, où $b — x$ pour a.

Or, ces valeurs de a ne différant que par le signe de x, X et X' doivent se déduire l'une de l'autre en changeant x en — x. S'il y avait plusieurs quantités indirectes, il faudrait en dire autant de chacune d'elles. Indiquons les moyens de reconnaître ces quantités. Si l'on fait varier la position des points de la 2e fig., pour la rendre directe avec la 1re, en comparant les deux valeurs $x = b — a$ et $a — b$, on voit que a a dû devenir $> b$, de $< b$ qu'il était ; et comme la variation s'est faite en suivant la loi de continuité, il faut qu'on ait eu $a = b$: ainsi x a dû devenir nul.

Par èx., si C (fig. 176) se meut vers D et dépasse ce point, afin que la fig. soit rendue directe avec 177, CD ou x a été nul lorsque C a passé sur D.

x peut être $= \dfrac{K}{a-b}$ pour l'une des fig., et $= \dfrac{K}{b-a}$ pour l'autre; alors x aurait passé par l'infini. *C'est donc le propre des quantités indirectes de ne pouvoir être rendues directes par le mouvement continu des parties de l'une, sans se trouver dans l'intervalle devenir zéro ou infini.*

Lors donc qu'on a une équ. $X = 0$, *entre les lignes* a, b, c...x *d'une figure, pour obtenir celle* $X' = 0$, *qui convient à une figure indirecte, il faut simplement changer le signe des quantités indirectes : on reconnaît celles-ci en faisant mouvoir les lignes de l'une des figures pour la rendre directe avec l'autre ; on distingue alors quelles sont celles des lignes* a, b, c...x *qui passent par zéro ou par l'infini ; ces dernières peuvent seules être indirectes.*

Mais ce caractère peut s'offrir sans que, pour cela, les lignes qui le présentent soient indirectes ; il faut en outre que les relations qu'on tire des deux figures, à l'aide des théorèmes connus, servent, par leur comparaison, à distinguer les quantités indirectes, pour leur attribuer ensuite des signes contraires. C'est ainsi qu'après avoir reconnu que $CD = x$ devient zéro (fig. 176), quand C coïncide avec D, on doit ensuite tirer les valeurs de CD, qui sont $AC - AD$ (fig. 176), et $AD - AC$ (fig. 177); ce qui montre que x a un signe différent.

335. Appliquons cette théorie. Dans le triangle ABC (fig. 172), menons, par un point donné D, une droite DF, et cherchons le rapport a des deux triangles ABC, AEF. Faisons $BC = a$, $AC = b$, $AB = c$; menons DI parallèle à AC, et soient $AI = d$, $DI = f$, $AF = x$. Le rapport a est $= \dfrac{AE \times AF}{AC \times AB}$ (n° 264). Or, les triangles semblables AEF, DIF donnent

$$AE = \frac{fx}{x+d}, \text{ d'où}$$

$$abc(x+d) = fx^2 \dots (A)$$

Cette équ. suppose que le point D est dans l'angle IAC; mais si ce point est en D' dans l'intérieur du triangle, on aura une figure indirecte à la 1re. Faisons mouvoir D vers D', DI deviendra $D'I$, sans que a, b, c, ni f aient passé par o ou ∞ : AI devenant AI', a pu seul être indirect, et l'est en effet, puisque $AI = IB - AB$ et $AI' = AB - I'B$. Notre équ. n'est donc applicable à ce cas qu'après avoir changé d en $-d$, savoir $abc\,(x - d) = fx^2$.

Et si D' se transporte en D'', $D'I$ passera par zéro pour être $D''I$; on s'assure ensuite que $D'I$ est indirect, et que f doit être changé de signe, tandis que a, b, c, d restent comme ils étaient; d'où $abc\,(d - x) = fx^2$. Ce cas, comparé au 1er, a comporté deux indirectes d et f. FF l'est pareillement; mais cette ligne n'étant pas exprimée par l'une des lettres du calcul, il n'a pas été nécessaire d'y avoir égard.

Enfin, si la droite DF doit couper l'angle $F'AE'$ (fig. 173), il est aisé de voir, en faisant tourner DF pour devenir DE', que AF deviendra AF' en passant par zéro, et qu'il faut changer x en $-x$ dans l'équ. (A), ce qui la change en la précédente.

Il est d'ailleurs facile de traiter directement chaque cas, et d'arriver aux équ. correspondantes : la théorie que nous exposons est précisément destinée à éviter de recommencer ainsi les calculs, et à prouver que l'une des équ. renferme toutes les autres, et qu'on peut en déduire celles-ci par de simples changemens de signes. Conformément à l'esprit de l'Algèbre, une même équ. renfermera donc tous les cas; il ne faut que savoir interpréter cette langue pour en conclure toutes les circonstances que peut offrir la question.

336. Comme toute équ. doit donner la valeur de l'une des lettres qui y entrent, il se peut que précisément cette lettre soit celle qui a dû subir le changement de signe pour pouvoir s'appliquer à la figure proposée; alors on en tire une valeur négative, telle que $x = -a$, dont il est aisé de comprendre le sens. En effet, pour obtenir l'équ. $X = o$, on a dû supposer le problème résolu, et construire une figure d'après l'état hypo-

thétique des données et de l'inconnue. La solution négative qu'on obtient annonce que la figure supposée ne peut s'accorder avec la question, et qu'en formant cette figure et la prenant pour base des raisonnemens, on a introduit des conditions contradictoires. Si l'on change x en $-x$, l'équ. $X' = 0$ n'appartiendra plus qu'à une figure indirecte; c'est à celle-ci, et non à la figure supposée, que convient la solution $x = a$. On devra donc faire mouvoir les points de cette dernière, jusqu'à ce que $X' = 0$ convienne, en faisant, bien entendu, passer par 0 ou ∞ quelques lettres. Alors c'est à la figure ainsi modifiée que convient la solution $x = a$.

Appliquons ces considérations à divers exemples.

I. Étant donné un point D (fig. 172) hors du triangle ABC, mener la droite DF telle, que les deux triangles AEF, ABC soient dans un rapport donné a. D étant supposé dans l'angle IAC, on a trouvé l'équ. (A), page 343, d'où l'on tire deux solutions, l'une positive, qui détermine le point F; l'autre négative, et qui se rapporte à la fig. 173, où DF' coupe l'angle $F'AE'$; cela suit de ce qui a été dit pour les cas où x est changé en $-x$ (*).

Par le point D, *mener* DF *qui sépare, dans l'angle indéfini* CAB, *un triangle* AEF *égal à un carré donné* q^2. Fermons, par une droite quelconque BC, le triangle ABC, dont nous ferons l'aire $= r^2$, carré connu (n° 256); on suppose $r >$ ou $= q$. Par condition, q et r sont données. Voilà donc notre rapport connu $a = \dfrac{q^2}{r^2}$, et nous retombons sur le 1er problème (**).

(*) Voici divers problèmes de même nature. *Séparer d'un triangle donné* ABC, *un triangle* AEF, *qui soit à* ABC *dans le rapport connu de* m *à* n:

1°. *Par une ligne menée du sommet* B, *ou d'un point* F *de la base* fig. 112 (voy. n° 256 et page 289);

2°. *Par une parallèle à la base* (voy. page 338);

3°. *Par une ligne* EF *perpendiculaire à la base* AC, fig. 171, page 328.

(**) Si, par le point donné, on mène une droite qui coupe un polygone quelconque, et en sépare une portion égale à un carré t^2, en prolongeant les deux côtés coupés par cette droite jusqu'à leur rencontre, l'aire extérieure au

II. Étant donnée une corde AD (fig. 168), du point O, extrémité du diamètre OB, qui lui est perpend., mener une droite OE telle, que la partie FE, comprise entre la corde et l'arc, soit de longueur donnée m. Soient $AB = a$, $BO = b$, $FE = m$ et $OF = x$; nous aurons $OF \times FE = AF \times FD$, ou $mx = (a + BF)(a - BF)$: or, $BF^2 = x^2 - b^2$; donc $mx = a^2 + b^2 - x^2$, d'où

$$x = -\tfrac{1}{2}m \pm \sqrt{(a^2 + b^2 + \tfrac{1}{4}m^2)}.$$

L'une de ces solutions est positive; elle n'offre aucune difficulté, et se construit aisément: pour interpréter l'autre, changeant x en $-x$, nous aurons $mx = x^2 - a^2 - b^2 = BF^2 - a^2$; ce qui suppose $BF > a$ ou BD. Faisons donc tourner OF jusqu'en OF'; on voit qu'alors a, b, x sont demeurés directs; mais lorsque OF passe en D, FE et FD sont rendus nuls; de plus $FD = BD - BF$ et $F'D = BF' - BD$: donc $F'D$ est indirect à FD. Il en est de même de $F'E' = m$; car on a (n° 221) $FE = \dfrac{AF \times FD}{FO}$, où FD est indirecte. Donc la solution qui convient à $F'O$ se trouve en changeant ici m en $-m$, ou, ce qui revient au même, x en $-x$.

La question admet donc deux solutions à droite de OB (et par conséquent deux à gauche); l'une est donnée par la racine positive, l'autre par la racine négative (*). Du reste il pourrait arriver que la question proposée n'admît pas les solutions

---

polygone, et comprise dans cet angle, étant désignée par A, celle qui est séparée de ce même angle est $t^2 + A$. Si donc on veut *séparer d'un polygone donné une aire t^2 connue*, il suffira de prolonger deux côtés quelconques, et de séparer de l'angle qu'ils forment, l'aire $t^2 + A$. On aura soin de comparer ainsi tous les côtés, deux à deux, pour obtenir toutes les solutions, en négligeant celles où la sécante se trouve ne couper l'un des côtés qu'à son prolongement. On pourrait encore, au lieu de donner t^2, *prescrire que la partie séparée du polygone fût à son aire dans le rapport donné de* m *à* n.

(*) Cet exemple prouve que le nombre des solutions d'une question n'est pas toujours donné par le degré de l'inconnue; pour n'en omettre aucune, il faut faire varier la figure, la comparer avec toutes ses indirectes, en laissant toujours les données fixes.

indirectes; c'est ce qui a lieu lorsque le problème exige que FE soit pris dans le cercle, et non au dehors : alors les solutions négatives deviennent insignifiantes; on en a vu des exemples n° 330.

III. Quel est le segment sphérique aBa' (fig. 137) dont le volume est égal à celui du cône $aCa'b$? On a vu, p. 323, que le secteur $CaBa' = \frac{2}{3}\pi r^2 h$, en faisant la flèche $Bb = h$; d'ailleurs le cône $aCa' = \frac{1}{3}Cb \times$ cercle $ab = \frac{1}{3}(r-h)\pi k^2$, en faisant la demi-corde $ab = k$. La condition imposée revient à dire que le cône est la moitié du secteur, d'où $(r-h)k^2 = r^2 h$; mais ab est moyen proportionnel entre les segmens du diamètre, ou $k^2 = h(2r-h)$; ainsi $(2r-h)(r-h) = r^2$, ou $h^2 - 3rh + r^2 = 0$, et . . . . . . $h = \frac{1}{2}r(3\pm\sqrt{5})$. De ces deux solutions, celle qui répond à $+\sqrt{5}$ est insignifiante, puisqu'il faut visiblement que h soit $< 2r$.

337. Il est un genre de problèmes qui se rapportent à cette théorie, et qui méritent de nous arrêter.

Supposons qu'il faille déterminer, d'après des conditions données, un point B (fig. 169) sur une ligne fixe CB : on prend un point arbitraire A, qu'on nomme *Origine*, et l'on cherche la distance $AB = x$ entre ces deux points. Il peut arriver alors que l'équ. $X = 0$, qui renferme les conditions du problème, admette une solution négative $x = -a$; il s'agit d'expliquer ce résultat.

On a vu que $x = a$ répond au problème proposé, en y supposant cependant que x devienne indirecte : or, si le point B se meut vers C pour se placer en B', AB sera nul lorsque B tombera sur A; ensuite AB deviendra indirecte; car $AB = CB - CA$, et $AB' = CA - CB'$. Si donc rien n'indique, dans le problème, que le point cherché soit situé à droite de l'origine A, il est clair que la distance $x = a$, portée de A en B', c.-à-d. à gauche, y satisfait. On voit même que la solution négative $x = -a$ indique, dans $X = 0$, une absurdité, qui provient de ce que, pour obtenir cette équ., on a supposé le point cherché placé en B, à droite de l'origine; position contradictoire à celle que la question comporte, puisqu'on a donné à la figure hypothétique; d'après laquelle on a obtenu l'équ. $X = o$, une forme indirecte de celle qu'elle devait affecter réellement. Cette erreur est rectifiée en plaçant B à gauche de A, en B'.

338. On doit conclure de là que *toutes les fois que le but d'un problème est de trouver, sur une ligne fixe, la distance d'un point inconnu à l'origine, il faut supprimer le signe des solutions négatives que donne le calcul, et en porter les valeurs en sens opposé à celui où on les avait placées pour obtenir l'équation.*

C'est ce qu'on a pù remarquer dans le problème (n° 329, II), où l'on a porté aussi l'inconnue GI (fig. 162) de G en I'. De même pour le problème III, on a pris $CD' = CD$ (fig. 163), et D' a été un nouveau point de contact du cercle cherché avec la droite DD', etc.

Résolvons encore ce problème.

Sur une ligne AC (fig. 169), quel est le point B' dont les distances aux points fixes A et C forment un produit donné $= m^2$? Soit $AC = a$, $CB' = x$; on a $AB' = a - x$, d'où

$$x(a - x) = m^2, \text{ et } x = \tfrac{1}{2}a \pm \sqrt{(\tfrac{1}{4}a^2 - m^2)}.$$

Il sera facile de construire cette solution, qui est double (n° 330). Si $m > \tfrac{1}{2}a$, x devient imaginaire; mais il ne faut pas en conclure qu'il y ait absurdité dans la question; car l'erreur peut provenir de ce qu'on a attribué au point cherché B' une position qui ne lui convenait pas. Plaçons-le donc en B, hors de l'espace AC, alors $CB = x$ donne $AB = x - a$, puis

$$x(x - a) = m^2, \text{ et } x = \tfrac{1}{2}a \pm \sqrt{(\tfrac{1}{4}a^2 + m^2)}.$$

Il en résulte que, 1°. si la question exige que le point demandé soit situé hors de AC, elle n'est jamais absurde, et ses deux solutions sont l'une en B, l'autre en E; celle-là provient de la racine positive, et celle-ci de la négative, ou $EC = AB$.

2°. Si la question exige que le point soit situé entre A et C, elle est absurde, à moins que m ne soit $< \tfrac{1}{2}AC$, c.-à-d. que le plus grand rectangle qu'on puisse faire avec les deux parties de AC est le carré de sa moitié (n° 97, 3°.). On remarquera surtout que l'absurdité indiquée par le symbole imaginaire résulte précisément d'une erreur de position du point B, analogue à celle qui conduit ordinairement aux solutions négatives; ce qui jette un grand jour sur la théorie que nous avons développée.

3°. Enfin, si la question laisse la liberté de placer le point cherché entre A et C, ou en dehors, elle admet 2 ou 4 solutions, suivant que $\frac{1}{2}a$ est $<$ ou $>m$. Dans ce dernier cas, le nombre des solutions n'est point donné par le secours de l'Algèbre seule, ou plutôt l'Algèbre donne en effet tout ce qu'elle doit donner, puisqu'elle ne rend que ce qu'on lui a confié. Le problème II, p. 346, est dans le même cas.

339. Dans tout problème de Géométrie, il y a, comme on voit, deux choses à remarquer.

1°. *Toute équ. n'est vraie que pour la fig. d'où on l'a tirée, et qui doit y demeurer annexée; si l'on veut l'appliquer à une autre fig. indirecte à la 1ʳᵉ, on devra y changer les signes de certaines lettres désignant les données.*

2°. *Quand l'inconnue x est négative, l'équ. d'où elle est déduite est défectueuse en tant qu'on l'applique à la fig. directe; il faut y changer la distribution des parties, pour l'amener à donner une valeur de x positive. Par ex. si la longueur x est comptée sur une ligne fixe, elle devra être portée en sens contraire à celui qu'on a supposé.*

340. Pour déterminer la situation d'un point M sur un plan (fig. 170), on a coutume d'employer le procédé suivant. On trace deux droites quelconques Ax, Ay, et par le point M on mène les parallèles MQ, MP à ces lignes. Soient $MQ = x = AP$, qu'on nomme l'*abscisse*; $MP = y = AQ$, qui est l'*ordonnée* du point M. Si ces longueurs sont données, le lieu du point M sera connu, puisqu'en prenant $AP = x$, $AQ = y$, chacune des lignes PM, QM, parallèles à Ay, Ax, devra contenir ce point; il sera donc à leur intersection. Si $y = 0$, le point est situé sur Ax; il est sur Ay lorsque $x = 0$; enfin, pour le point A, x et y sont nuls; Ax et Ay sont appelés *les axes*; A est l'*origine*, l'x et l'y sont les *coordonnées* de M.

Il est vrai que rien ne disant *à priori*, si le point est placé dans l'angle yAx, plutôt que dans ceux yAx', $y'Ax$, ou $y'Ax'$, la longueur x aurait pu être portée en AP', et de même y en AQ; de sorte que les quatre points M, N, M', N', satisfaisant aux conditions données, il y aurait indécision entre eux : mais il suit de ce qu'on a dit ci-dessus, que, 1°. si le *point est inconnu*, le calcul le déterminera en donnant ses coordonnées x et y, et selon les signes, on assignera sa position. Nous supposerons dorénavant que les x positives sont comptées de A vers la droite, et les y positives de A vers la partie supérieure. Ainsi, pour les points situés dans

L'angle yAx,	*tel que* M,	x *et* y *sont positifs.*
L'angle yAx',	*tel que* N,	x *est négatif et* y *positif.*
L'angle y'Ax,	*tel que* M',	x *est positif et* y *négatif.*
L'angle x'Ay',	*tel que* N',	x *et* y *sont négatifs.*

2°. *Si le point est donné*, l'équ. tirée de sa situation supposée n'aura besoin d'être modifiée, quant à certains signes, qu'autant qu'on ferait varier la position de ce point; et pour éviter la nécessité de conserver la fig. annexée à l'équ. qui en est résultée, on suppose ordinairement au point quelconque donné la situation M dans l'angle yAx, afin que cette fig. s'offre d'elle-même : on distingue aisément ensuite, quand on veut appliquer la formule à un ex. proposé, s'il y a lieu de changer les signes des coordonnées x et y de quelque point donné.

L'angle xAy des coordonnées est le plus souvent *droit*; alors les lignes x et y étant perpendiculaires aux axes, sont les distances du point M à ces droites, ce qui simplifie le discours et facilite les constructions.

II. TRIGONOMÉTRIE RECTILIGNE.

Des Sinus, Cosinus, Tangentes, etc.

341. Jusqu'ici nous avons plutôt évalué les inconnues en lignes qu'en nombres; cependant on sent que l'exactitude des

solutions graphiques, dépendant de la perfection des instrumens et de l'adresse avec laquelle on les emploie, pour obtenir des approximations aussi grandes qu'on veut, on doit préférer l'usage des nombres. Comme on décompose toutes les figures rectilignes en triangles, les opérations *géodésiques* les plus compliquées se réduisent, en dernière analyse, à des résolutions de triangles, c'est-à-dire à la recherche de la valeur *numérique* des diverses parties qui les composent. La *Trigonométrie* est la doctrine qui enseigne ces sortes de calculs.

Il est nécessaire de trouver des équ. qui lient les angles d'un triangle à ses côtés, afin que plusieurs de ces parties étant données, on puisse trouver les autres. L'introduction des angles dans le calcul exige quelques précautions, parce qu'ils ne peuvent être rapportés à la même unité que les lignes. On a remarqué que l'angle BCA (fig. 178) serait déterminé, si la position d'un point quelconque du côté BC l'était par rapport au côté AC. Décrivons du sommet C, avec un rayon quelconque CK, l'arc KG; l'abscisse CI et l'ordonnée IK rectangulaires déterminent le point K, et par conséquent l'angle C; même une de ces longueurs suffit, parce que le rayon est connu.

L'abscisse CD (fig. 179) d'un point quelconque B de la circonférence s'appelle le *Cosinus* de l'arc AB; l'ordonnée BD en est le *Sinus;* on définit ainsi ces lignes: *le sinus d'un arc est la perpendiculaire abaissée de l'une des extrémités de l'arc sur le rayon qui passe par l'autre extrémité; le cosinus est la distance du pied du sinus au centre.*

342. Si l'on eût élevé HG (fig. 178) perpendiculaire sur CA, et par conséquent tangente en G, l'une des longueurs GH et CH aurait aussi déterminé l'angle C et l'arc KG: on nomme HG la *Tangente* et CH la *Sécante* de cet arc; ce ne sont plus, comme en Géométrie, des lignes indéfinies. *La tangente* AT *d'un arc* AB (fig. 179) *est la partie qu'interceptent, sur la tangente menée à l'une des extrémités de cet arc, les deux rayons qui le terminent; la sécante* CT *est le rayon prolongé jusqu'à la tangente.*

Lorsque l'arc EB, complément de AB, est déterminé, AB l'est également; on peut donc fixer la grandeur d'un arc AB, en donnant le sinus GB, la tangente EM, ou la sécante CM du complément BE; c'est ce qu'on nomme le *Cosinus*, la *Cotangente* et la *Cosécante* de l'arc AB, ou le sinus, la tangente et la sécante du complément de cet arc.

343. Le rayon étant donné, la grandeur d'un angle ou d'un arc dépend de celle de son sinus, ou son cosinus, ou sa tangente, ou sa sécante, ou sa cotangente, ou sa cosécante, qu'on désigne par *Sin*, *Cos*, *Tang*, *Séc*, *Cot*, *Coséc*. Nous pourrons donc, dans les calculs, introduire les arcs et les angles, en nous servant de la même unité que pour les lignes droites, but que nous nous étions proposé. Mais, avant de faire usage de ces considérations, comparons ces *lignes trigonométriques* entre elles, et cherchons les équ. qui les lient, puisqu'il est évident *qu'une seule étant connue, les autres en dépendent.*

Le triangle rectangle BCD (fig. 179) donne $CD^2 + BD^2 = CB^2$: CD est le cosinus, DB le sinus de l'arc $AB = a$; CB est le rayon R; donc

$$\sin^2 a + \cos^2 a = R^2 \dots (1).$$

Le triangle rectangle CAT donne $CT^2 = CA^2 + AT^2$.

$$\sec^2 a = \tang^2 a + R^2 \dots (2).$$

Les triangles semblables CBD, CTA donnent

$$\frac{CD}{BD} = \frac{CA}{AT} \quad \text{et} \quad \frac{CD}{CA} = \frac{CB}{CT},$$

ou

$$\tang a = \frac{R \sin a}{\cos a} \dots (3),$$

$$\sec a = \frac{R^2}{\cos a} \dots (4).$$

Cette dernière formule prouve que *le rayon est moyen proportionnel entre le cosinus et la sécante*; du reste, les équ. (1), (2) et (3), suffisant pour exprimer que les triangles CBD, CTA sont rectangles et semblables, la 4ᵉ est une conséquence des trois autres. Ainsi, on ne doit pas regarder ces quatre relations comme distinctes ; elles n'équivalent qu'à trois. On peut même s'en convaincre directement en déduisant l'une quelconque des autres par l'élimination.

344. Ces formules doivent aussi avoir lieu entre le sinus, le cosinus, la tangente et la sécante de l'arc EB complément de AB. On peut donc y changer le sinus en cosinus, la tangente en cotangente, etc. ; mais les triangles semblables CBD (ou CBG), et CME, donnent directement ces nouvelles relations ;

on a $$\frac{CG}{CE} = \frac{GB}{EM}, \quad \frac{CG}{CB} = \frac{CE}{CM}; \quad \text{d'où}$$

$$\cot a = \frac{R \cos a}{\sin a} \ldots (5); \quad \text{et} \quad \cosec\, a = \frac{R^2}{\sin a} \ldots (6).$$

En multipliant les formules 3 et 5, ou comparant les deux triangles CTA et CME, on trouve que *le rayon est moyen proportionnel entre la tangente et la cotangente*, ou

$$\tang\, a \times \cot a = R^2 \ldots (7).$$

Enfin, le triangle rectangle CME donne

$$CM^2 = CE^2 + EM^2 ; \quad \text{ou} \quad \cosec^2 a = R^2 + \cot^2 a \ldots (8).$$

345. Ces 8 équ., qui n'en forment que 5 distinctes, servent à trouver les quantités $\sin a$, $\cos a$, $\tang\, a$, $\cot a$, $\sec a$, $\cosec\, a$, lorsque l'une est connue. Il suffit d'un calcul simple pour éliminer. Par ex., (1) donne le sinus quand le cosinus est connu, et réciproquement ; car

$$\sin a = \sqrt{(R^2 - \cos^2 a)}, \text{ et } \cos a = \sqrt{(R^2 - \sin^2 a)};$$

de même, (2) donne la tangente quand on a la sécante, etc....

346. Parmi ces combinaisons, nous distinguerons la suivante à cause de son utilité. Cherchons le cosinus, étant donnée la tangente. De (4), on tire $\cos a = \dfrac{R^2}{\sec a}$; et comme (2) donne $\sec a = \sqrt{(R^2 + \tang^2 a)}$, on en conclut

$$\cos a = \frac{R^2}{\sqrt{(R^2 + \tang^2 a)}} \ldots (9);$$

enfin, (3) donnant $R \sin a = \cos a \times \tang\, a$, on a

$$\sin a = \frac{R \, \text{tang} \, a}{\sqrt{(R^2 + \text{tang}^2 a)}} \dots (10).$$

On appelle AD le *sinus-verse* de l'arc AB; d'où

$$\text{sin-verse} \, a = R - \cos a.$$

347. Par $\sin a$, $\cos a \dots$, il faut entendre le sinus, cosinus... d'un arc dont la longueur est a, le rayon étant fixé $= R$; or, cette longueur dépend du rapport de l'arc a, avec le quadrans, et sa détermination semble exiger un calcul; mais lorsqu'on emploie les arcs pour mesurer des angles, le rayon est tout-à-fait arbitraire; les arcs semblables étant proportionnels aux rayons (n° 169, 3°.), ce n'est plus la longueur absolue a de l'arc qui entre dans les calculs, mais son rapport avec le rayon. Les sinus croissent aussi proportionnellement aux rayons, l'angle demeurant le même (fig. 178), puisqu'on a $\frac{KI}{CK} = \frac{BA}{CB}$. Le rapport du sinus au rayon s'appelle le *Sinus naturel*; il a pour valeur le sinus de l'arc semblable pris dans le cercle dont le rayon est *un*, puisque $\sin a$ et $\frac{\sin a}{R}$ sont alors équivalens.

Concluons de là que, 1°. lorsque le rayon sera ainsi arbitraire, ce qui arrive la plupart du temps, nous ferons $R = 1$, pour simplifier les formules; d'où

$$\sin^2 a + \cos^2 a = 1, \quad \text{tang}^2 a + 1 = \text{séc}^2 a, \quad \text{tang} \, a . \cot a = 1,$$

$$\text{tang} \, a = \frac{\sin a}{\cos a}, \quad \text{séc} \, a = \frac{1}{\cos a}, \quad \cot a = \frac{\cos a}{\sin a}, \quad \text{etc.}$$

2°. Mais la supposition $R = 1$ rendant les calculs propres aux cas seulement où le rayon est arbitraire, si l'on veut rétablir les formules dans l'état plus général où le rayon R est déterminé, on y remplacera $\sin a$, $\cos a \dots$, par $\frac{\sin a}{R}$, $\frac{\cos a}{R} \dots$, ou plutôt on y distribuera des puissances convenables de R, de manière à produire l'homogénéité (n° 322).

3°. Lorsqu'on connaîtra la valeur numérique $\sin a$ du sinus d'un arc a, pris pour un rayon R; on aura celle du sinus de l'arc

a' semblable, dans le cercle dont le rayon est R', en multipliant par le rapport du 2e rayon R' au 1er R; car

$$\frac{\sin a}{R} = \frac{\sin a'}{R'} \text{ donne } \sin a' = \frac{R'}{R} \times \sin a.$$

4°. *Dans la mesure des angles, on n'emploie pas la longueur absolue des arcs, mais leur rapport aux quadrans;* ainsi, par $\sin a$, on entend le sinus d'un arc dont a est le nombre de degrés. (*Voyez* n° 170.)

348. L'arc de cercle de rayon R dont la longueur est a, ayant pour graduation $(a°)$, exprimée en degrés et fractions décimales, ou (a') en minutes, ou (a'') en secondes, cherchons des relations entre ces quantités. Le rayon étant 1, la longueur de la demi-circonf. est (page 278)

$$\pi = 3,14159\,26536; \quad L\pi = 0,49714\,98727;$$

π est la longueur de 180° ou de 10800', ou de 648000''; on a 180° : π :: $(a°)$: a, d'où $\pi(a°) = 180.a$; de même $\pi(a') = 10800.a$, $\pi(a'') = 648000.a$; donc en divisant par π, et posant

$$\mu = 57°,29578, \quad \mu' = 3437',746, \quad \mu'' = 206264'',8,$$

on a $\quad R(a°) = \mu a, \quad R(a') = \mu'a, \quad R(a'') = \mu''a.$

Ces équ. donnent la longueur a d'un arc de rayon R, dont on connaît la graduation, et réciproquement.

Si l'on fait $a = R$, on a $(a°) = \mu$; μ est donc le *nombre de degrés de l'arc égal au rayon*; μ', μ'' sont les nombres de minutes ou de secondes de cet arc. Courbons le rayon sur la circonférence, il y occupera une longueur de $(a°)$ degrés, ou de (a') minutes, ou de (a'') secondes. Prenons ensuite un arc d'un degré, ou $(a°) = 1$; le rayon R étant 1; nous avons

$$\mu = \frac{1}{\text{arc } 1°}; \text{ de même } \mu' = \frac{1}{\text{arc } 1'} = \frac{1}{\sin 1'}, \mu'' = \frac{1}{\text{arc } 1''} = \frac{1}{\sin 1''},$$

attendu que les arcs de 1' et de 1'' étant très petits, on peut, sans erreur sensible, les remplacer par leurs sinus (n° 362). On conclut de là que lorsqu'il entre, dans une expression analytique, un arc de cercle déterminé par sa longueur a, le rayon

*étant un, pour y introduire à la place le nombre de secondes (a″)
de cet arc, il suffit de remplacer a par (a″) sin 1″, ou par (a′) sin 1′
si l'on veut exprimer l'arc en minutes.* On trouve

Log μ = 1,75812 26324   compl. = $\overline{2}$,24187 73676.
Log μ' = 3,53627 38828   compl. = $\overline{4}$,46372 61172 = L sin 1′.
Log μ'' = 5,31442 51332   compl. = $\overline{6}$,68557 48668 = L sin 1″.

349. Jusqu'ici notre arc AB est $<$ 1 quadrans (fig. 179);
faisons mouvoir le point B de A vers $EHA'K$... pour lui faire
décrire le cercle entier, et suivons les variations qu'éprouvent
le sinus et le cosinus. En A le sinus $=$ o, le cosinus $=R$.
A mesure que l'arc AB croît, le sinus augmente, le cosinus
diminue, jusqu'en E; le quadrans AE a R pour sinus et o pour
cosinus.

Passé 45 degrés sexagésimaux, un arc, tel que 53°, ayant pour
complément 37°, le sinus de l'un est le cosinus de l'autre : ayant
donc une table de sinus et de cosinus, étendue jusqu'à 45°, la
colonne des cosinus est aussi celle des sinus des arcs complé-
mentaires, qui sont $>$ 45°; on a même soin d'y indiquer ces
complémens.

Au-delà de $AE=$ 90°, le sinus décroît, le cosinus augmente,
on voit que, pour AEH; les triangles égaux $HIC=BDC$ ont
$HI=BD$; ainsi, *le sinus d'un arc est le même que celui de son
supplément.* La même chose a lieu pour le cosinus, car $IC=CD$;
seulement, lorsque l'arc est $>$ 1ⁱ le cosinus est négatif (n° 340).
Pour la demi-circonf. AEA', le sinus $=$ o, le cosinus $= - R$.

Nous voyons donc que passé 90°, les sinus et cosinus se reproduisent; pour 137° le sinus est le même que celui de 43°,
qui en est le supplément : on peut même préférer le cosinus de
47° qui lui équivaut; sin 137° $=$ sin 43° $=$ cos 47°. On voit qu'*il
suffit d'ôter 9 aux dixaines et de changer le sinus en cosinus,
lorsque l'arc passe 90°.* Cette remarque est surtout utile lorsque
l'arc est accompagné de minutes et secondes; de même

$$\cos 137° \ 17' \ 32'' = - \sin 47° \ 17' \ 32''.$$

Quant aux autres lignes trigonométriques, on pourrait suivre
de même sur la figure leurs variations et leurs signes; mais il est

préférable de recourir aux formules 3, 4, 5, 6, puisque l'on vient de reconnaître les signes du sinus et du cosinus. On verra donc que

$$\sin 0 = 0, \cos 0 = R, \text{ donnent } \tang 0 = 0, \sec 0 = R, \cot 0 = \infty,$$
$$\sin 1^q = R, \cos 1^q = 0. \ldots \ldots \tang 1^q = \infty = \sec 1^q, \cot 1^q = 0.$$

Dans le premier quadrans $\tang a$, $\sec a$ croissent avec a; $\cot a$ décroît : tout est positif.

Dans le second quadrans, $\tang a$, $\sec a$ décroissent, $\cot a$ croît avec l'arc a; $\tang a$ et $\cot a$ sont négatifs. On voit, comme ci-dessus, que $\tang 137° = — \cot 47°$, $\cot 137° = — \tang 47°$.

Dans les deux autres quadrans, le sinus et le cosinus reprenant les mêmes valeurs, on voit que *tout arc plus grand que le quadrans a pour sinus, cosinus, tangente.... la même valeur, en ôtant 180° autant de fois qu'il est possible*; seulement il faut avoir égard aux signes; ceux du sinus et du cosinus sont connus et servent à déterminer les autres. Ainsi

$$\sin 257° = — \sin 77°, \quad \tang 643° = \tang 103° = — \cot 13°.$$

Ces diverses propositions s'expriment ainsi : pour l'arc

1 quad. $+ a$.... le sin $=$ cos a, le cos $= —$ sin a, la tang $= —$ cot a.
2 quad. $+ a$.... le sin $= —$ sin a; le cos $= —$ cos a, la tang $=$ tang a.
3 quad. $+ a$.... le sin $= —$ cos a, le cos $=$, sin a, la tang $= —$ cot a.

Si l'arc passe 4 quadrans, ou 360°, il faut d'abord en retrancher toutes les circonférences. On voit maintenant pourquoi les tables de sinus, cos..., ne s'étendent pas au-delà du quadrans, ni même du demi-quadrans.

350. Lorsque l'arc est déterminé, son sinus, sa tangente, son cosinus... le sont; mais l'inverse n'est point vrai; ainsi, le sinus BD (fig. 179) appartient non-seulement à l'arc AB, mais aussi à son supplément AH, et à ces arcs AB et AH, augmentés d'un nombre quelconque de circonférences. Tous ces arcs ne donnent que deux angles supplémens l'un de l'autre. On fera le même raisonnement pour les cos... On doit donc s'attendre à trouver deux angles pour solution, toutes les fois que le calcul aura déterminé le sin ou le cos...; il reste ensuite à négliger, s'il y a lieu, celle qui ne convient pas au problème.

351. En regardant l'arc AF comme étant de signe contraire à AB, on voit que (page 350)

$$\sin(-a) = -\sin a, \quad \cos(-a) = \cos a, \quad \tang(-a) = -\tang a \ldots$$

Formules générales.

352. La résolution des triangles est renfermée dans un nombre convenable d'équ. entre les côtés et les angles.

En prolongeant BD (fig. 179), on a $BD = \frac{1}{2} BF$; ainsi le sinus d'un arc est la moitié de la corde d'un arc double.

Si BF est égal au rayon, il sera le côté de l'hexagone régulier inscrit (236); BAF sera le sixième de la circonf., et BA sera le tiers de AE. Le sinus du tiers du quadrans est donc la moitié du rayon. Les formules 1, 3, 5, donnent

$$\sin \tfrac{1}{3}q = \tfrac{1}{2} R, \quad \cos \tfrac{1}{3}q = \tfrac{1}{2} R \sqrt{3}, \quad \tang \tfrac{1}{3}q = \frac{R}{\sqrt{3}}, \quad \cot \tfrac{1}{3}q = R\sqrt{3};$$

on connaît aussi $\sin \tfrac{2}{3}q$, puisque $\cos \tfrac{2}{3}q = \sin \tfrac{1}{3}q$: d'où

$$\sin \tfrac{2}{3}q = \tfrac{1}{2} R\sqrt{3}, \quad \cos \tfrac{2}{3}q = \tfrac{1}{2} R, \quad \tang \tfrac{2}{3}q = R\sqrt{3}, \quad \cot \tfrac{2}{3}q = \frac{R}{\sqrt{3}}.$$

353. Lorsque l'arc AB (fig. 179) est de $45°$, ou la moitié de AE; le triangle CTA est isocèle; ainsi on a $AT = AC$, ou la tangente de $45°$ est égale au rayon. Donc

$$\tang 45° = \quad R = \cot 45°, \quad \cos 45° = \tfrac{1}{2} R\sqrt{2} = \quad \sin 45°;$$
$$\tang 135° = -R = \cot 135°, \quad \sin 135° = \tfrac{1}{2} R\sqrt{2} = -\cos 135°.$$

354. Soit CAB (fig. 178) un triangle rectangle en A; si d'un angle aigu C, avec le rayon $CK = 1$, on décrit l'arc KG, et si l'on mène le sinus KI et la tangente HG, CI sera le cosinus de C; or les triangles semblables CKI, CHG, CAB donnent

$$\frac{CK}{CI} = \frac{CB}{CA}, \quad \frac{CK}{KI} = \frac{CB}{BA}, \quad \text{et} \quad \frac{CG}{GH} = \frac{CA}{AB};$$

d'où $\quad CA = CB \times \cos C, \quad BA = CB \times \sin C,$

et $\qquad\qquad BA = CA \times \tang C.$

Celle-ci est le quotient de la 2ᵉ divisée par la 1ʳᵉ.

Donc, 1°. *Un côté de l'angle droit est le produit de l'hypoténuse par le cosinus de l'angle aigu compris* .... *(A)*.

2°. *Un côté de l'angle droit est le produit de l'autre côté par la tangente de l'angle aigu adjacent à celui-ci* ...... *(B)*.

Nous représenterons les angles par A, B et C, et les côtés qui leur sont respectivement opposés par a, b et c. Ainsi, a étant l'hypoténuse, $A = 90°$, on a

$$b = a \cos C, \quad c = a \cos B = a \sin C \ldots \ldots (A),$$
$$- c = b \tang C. \ldots \ldots \ldots \ldots \ldots \ldots (B).$$

355. Si de l'angle B (fig. 176) du triangle quelconque ABC, on abaisse la perpendiculaire BD, l'angle B sera coupé en deux angles, qui seront les complémens respectifs de A et C. Nos théorèmes ci-dessus donnent $BD = AB \times \sin A$, $BD = BC \times \sin C$; d'où $c \sin A = a \sin C$; donc

$$\frac{\sin A}{a} = \frac{\sin B}{b} = \frac{\sin C}{c} \ldots (C),$$

puisqu'on peut abaisser la perpendiculaire de l'angle C ou A. Ainsi, *tout triangle a les sinus de ses angles proportionnels aux côtés opposés.*

En désignant par x le segment DA (218), on a $a^2 = b^2 + c^2 - 2bx$, mais le triangle rectangle BDA donne $DA = BA \times \cos A$, ou $x = c \cos A$; donc

$$a^2 = b^2 + c^2 - 2bc \cos A \ldots (D).$$

Si la perpendiculaire BD (fig. 177) tombe hors du triangle, il faut $+ 2bx$ au lieu de $- 2bx$. Mais comme alors l'angle BCA est obtus, le cosinus devenant négatif, le signe de $- 2bc \cos A$ redevient positif, et se rétablit de lui-même; donc notre formule s'applique à tous les cas (339).

Les équ. A et B servent à résoudre les triangles rectangles; C et D servent pour les triangles obliquangles. (*Voy.* n° 363.)

356. Soient deux arcs (fig. 180) $AB = \alpha$, $BD = \beta$; cherchons les sinus et cosinus de leur somme AD, et de leur différence AK; connaissant les sinus et cosinus de α et β. Menons la corde DK au milieu I de laquelle le rayon CB est perpendiculaire; puis les parallèles EI, KH à AC, et les perpendiculaires DP, IG,

et KO; DP est le sinus de $AD = \alpha + \beta$; KO est celui de $AK = \alpha - \beta$; les cosinus sont CP et CO : ces quatre quantités sont les inconnues du problème.

On voit que $DE = EH$; DE et IG ont donc pour somme $IG + DE$, ou. . . . . $DP = \sin(\alpha + \beta)$, et pour différence $IG - DE = HP$, ou $KO = \sin(\alpha - \beta)$, de même EI étant la moitié de HK, on a $PG = GO = EI$; ainsi CG et EI ont pour somme. . . . . $CO = \cos(\alpha - \beta)$, et pour différence. . . . . $CP = \cos(\alpha + \beta)$;

donc $\sin(\alpha \pm \beta) = IG \pm DE$; $\cos(\alpha \pm \beta) = CG \mp EI$.

Il ne reste plus pour obtenir IG, DE, CG, EI, qu'à appliquer l'équ. A aux triangles rectangles CIG, DEI, où l'angle $EDI = \alpha$. Il vient $IG = CI \times \sin\alpha$, $DE = DI\cos\alpha$; or, $DI = \sin\beta$ et $CI = \cos\beta$; ainsi, on a

$$IG = CI \times \sin\alpha = \sin\alpha\cos\beta,$$
$$DE = DI \times \cos\alpha = \sin\beta\cos\alpha;$$

on a de même $CG = CI \times \cos\alpha = \cos\alpha\cos\beta$,

$$EI = DI \times \sin\alpha = \sin\alpha\sin\beta;$$

d'où $\sin(\alpha \pm \beta) = \sin\alpha\cos\beta \pm \sin\beta\cos\alpha$ . . . . (E),

$\cos(\alpha \pm \beta) = \cos\alpha\cos\beta \mp \sin\alpha\sin\beta$ . . . . (F).

Ces quatre formules sont d'un usage très fréquent. Si le rayon, au lieu d'être $= 1$, était R, on mettrait simplement R pour diviseur de seconds membres (347, 2°.).

357. Faisons $\alpha = \beta$ dans ces formules; en prenant le signe supérieur on trouve

$$\sin(2\alpha) = 2\sin\alpha\cos\alpha \ldots \ldots \ldots (G),$$
$$\cos(2\alpha) = \cos^2\alpha - \sin^2\alpha \ldots \ldots \ldots (H)$$
$$= 2\cos^2\alpha - 1 = 1 - 2\sin^2\alpha,$$

à cause de $\sin^2\alpha = 1 - \cos^2\alpha$. Telles sont les valeurs du sinus et du cosinus du double de l'arc α (*).

358. Si l'on regarde dans ces équations $\sin\alpha$ et $\cos\alpha$ comme

(*) Pour avoir les sinus et cosinus de 3α, on fait $\beta = 2\alpha$, ce qui donne

inconnus, et $\sin 2\alpha$, $\cos 2\alpha$ comme donnés, il faudra éliminer entre elles. Mais comme le calcul serait compliqué, on préfère employer, au lieu de la 1re, $1 = \cos^2\alpha + \sin^2\alpha$; alors en ajoutant H, ou en soustrayant, on obtient de suite

$$2\cos^2\alpha = 1 + \cos 2\alpha, \quad 2\sin^2\alpha = 1 - \cos 2\alpha.$$

Si donc on change ici 2α en α, ce qui est permis, on a

$$\cos\tfrac{1}{2}\alpha = \sqrt{\left(\frac{1+\cos\alpha}{2}\right)}, \quad \sin\tfrac{1}{2}\alpha = \sqrt{\left(\frac{1-\cos\alpha}{2}\right)} \dots (I),$$

équ. qui donnent les sin. et cos. de la moitié d'un arc. La formule de la page 354 devient ainsi propre au calcul des log.

$$\text{sin-verse } a = 2\sin^2\tfrac{1}{2}a = 1 - \cos a.$$

359. Divisons l'une par l'autre les formules E et F, il vient

$$\frac{\sin(\alpha\pm\beta)}{\cos(\alpha\pm\beta)} = \frac{\sin\alpha\cos\beta\pm\sin\beta\cos\alpha}{\cos\alpha\cos\beta\mp\sin\alpha\sin\beta}.$$

Or, si l'on divise les deux termes du 2^e membre par $\cos\alpha$, $\cos\beta$, en remarquant que $\tan\alpha = \dfrac{\sin\alpha}{\cos\alpha}$, on obtient (*)

$\sin 3\alpha = \sin\alpha\cos 2\alpha + \sin 2\alpha\cos\alpha$, $\cos 3\alpha =$ etc.; mais il faut mettre pour $\sin 2\alpha$ et $\cos 2\alpha$ leurs valeurs, et il vient,

$$\sin 3\alpha = 3\sin\alpha - 4\sin^3\alpha, \quad \cos 3\alpha = 4\cos^3\alpha - 3\cos\alpha.$$

Il est aisé de voir qu'en résolvant ces équ. par rapport à $\sin\alpha$ et $\cos\alpha$, on aurait les sinus et cosinus du tiers; on obtiendrait de même ceux de 4α et $\tfrac{1}{4}\alpha$, etc. (*Voy.* ci-après, n° 358.)

(*) On a de même $\cot(\alpha\pm\beta) = \dfrac{\cot\alpha\cot\beta\mp 1}{\cot\beta\pm\cot\alpha}$.

Si l'on fait $\alpha = 45°$, comme $\tan 45° = 1$, il vient

$$\tan(45°\pm\beta) = \frac{1\pm\tan\beta}{1\mp\tan\beta}.$$

De même les formules E et F donnent

$$\frac{\sin(\alpha+\beta)}{\sin(\alpha-\beta)} = \frac{\cot\beta+\cot\alpha}{\cot\beta-\cot\alpha} = \frac{\tan\alpha+\tan\beta}{\tan\alpha-\tan\beta},$$

$$\frac{\sin(\alpha\pm\beta)}{\cos(\alpha\mp\beta)} = \frac{\cot\beta\pm\cot\alpha}{\pm 1+\cot\alpha\cot\beta} = \frac{\tan\alpha\pm\tan\beta}{1\pm\tan\alpha\tan\beta},$$

$$\frac{\cos(\alpha+\beta)}{\cos(\alpha-\beta)} = \frac{\cot\beta-\tan\alpha}{\cot\beta+\tan\alpha} = \frac{1-\tan\alpha\tan\beta}{1+\tan\alpha\tan\beta}.$$

$$\text{tang}\,(\alpha \pm \beta) = \frac{\text{tang}\,\alpha \pm \text{tang}\,\beta}{1 \mp \text{tang}\,\alpha\,\text{tang}\,\beta}\ldots (K);$$

qui donne la tangente de la somme et de la différence de deux arcs. Si $\alpha = \beta$, on a celle du double,

$$\text{tang}\,2\alpha = \frac{2\text{tang}\,\alpha}{1 - \text{tang}^2\,\alpha}. \ldots (L);$$

en divisant l'une par l'autre les équ. (I), il vient

$$\text{tang}\,\tfrac{1}{2}\alpha = \sqrt{\left(\frac{1 - \cos\alpha}{1 + \cos\alpha}\right)} = \frac{1 - \cos\alpha}{\sin\alpha}. \ldots (M).$$

360. Ajoutons et soustrayons les équ. E; il vient (*)

$$\sin\,(\alpha + \beta) + \sin\,(\alpha - \beta) = 2\sin\alpha\,.\,\cos\beta,$$
$$\sin\,(\alpha + \beta) - \sin\,(\alpha - \beta) = 2\cos\alpha\,.\,\sin\beta.$$

(*) Le même calcul sur les équ. E et F, combinées deux à deux, donne diverses autres formules de peu d'usage, si ce n'est lorsqu'on veut remplacer des sommes et différences de sin et cos par des produits et des quotiens, pour pouvoir faciliter le calcul logarithmique. (Voy. *Introd. d'Euler à l'Anal. des inf.*)

$$\sin A \pm \sin B = 2\sin\tfrac{1}{2}(A \pm B)\,.\,\cos\tfrac{1}{2}(A \mp B),$$

$$\cos A + \cos B = 2\cos\tfrac{1}{2}(A + B)\,.\,\cos\tfrac{1}{2}(A - B),$$

$$\cos B - \cos A = 2\sin\tfrac{1}{2}(A + B)\,.\,\sin\tfrac{1}{2}(A - B);$$

faisant $A = 90°$ dans la 1re, et $B = 0$ dans les deux autres,

$$1 + \sin B = 2\sin\left(45° + \tfrac{1}{2}B\right)\cos\left(45° - \tfrac{1}{2}B\right) = 2\sin^2\left(45° + \tfrac{1}{2}B\right);$$

$$1 - \sin B = 2\cos^2\left(45° + \tfrac{1}{2}B\right) = 2\sin^2\left(45° - \tfrac{1}{2}B\right);$$

$$1 + \cos A = 2\cos^2\tfrac{1}{2}A;\ldots \quad 1 - \cos A = 2\sin^2\tfrac{1}{2}A.$$

Faisant dans (M), $\alpha = 90° + \alpha$, on a $\text{tang}\left(45° + \tfrac{1}{2}\alpha\right) = \dfrac{1 + \sin\alpha}{\cos\alpha}$.

Multipliant entre elles les équ. E, F, et réduisant

$$\sin^2 A - \sin^2 B = \cos^2 B - \cos^2 A = \sin\,(A + B) \times \sin\,(A - B),$$
$$\cos^2 A - \sin^2 B = \cos\,(A + B) \times \cos\,(A - B).$$

Divisons ces formules l'une par l'autre, et faisons, pour abréger, $\alpha + \beta = C$, et $\alpha - \beta = B$; d'où l'on tire (p. 149)

$$\alpha = \tfrac{1}{2}(C+B), \quad \beta = \tfrac{1}{2}(C-B).$$

Donc $\dfrac{\sin C + \sin B}{\sin C - \sin B} = \dfrac{\sin \alpha}{\cos \alpha} \cdot \dfrac{\cos \beta}{\sin \beta} = \dfrac{\tang \alpha}{\tang \beta} = \dfrac{\tang \tfrac{1}{2}(C+B)}{\tang \tfrac{1}{2}(C-B)}.$

On a vu (n° 355, fig. 176), $\dfrac{\sin C}{\sin B} = \dfrac{c}{b}$, d'où l'on tire (n° 73, 2°.)

$$\frac{\sin C + \sin B}{\sin C - \sin B} = \frac{c+b}{c-b};$$

d'une autre part $A+B+C=180°$ donne $\tfrac{1}{2}(C+B)=90°-\tfrac{1}{2}A$, puis $\tang \tfrac{1}{2}(C+B) = \cot \tfrac{1}{2}A$: donc enfin

$$\frac{c+b}{c-b} = \frac{\cot \tfrac{1}{2}A}{\tang \tfrac{1}{2}(C-B)} \quad \ldots \quad (N).$$

Effectuant diverses divisions, on obtient

$$\frac{\sin A + \sin B}{\cos A + \cos B} = \tang \tfrac{1}{2}(A+B); \quad \frac{\sin A - \sin B}{\cos B - \cos A} = \cot \tfrac{1}{2}(A+B);$$

$$\frac{\sin A + \sin B}{\cos B - \cos A} = \cot \tfrac{1}{2}(A-B); \quad \frac{\sin A - \sin B}{\cos A + \cos B} = \tang \tfrac{1}{2}(A-B);$$

$$\frac{\cos A + \cos B}{\cos A - \cos B} = -\cot \tfrac{1}{2}(A+B) \times \cot \tfrac{1}{2}(A-B).$$

$$\frac{1 + \sin B}{1 - \sin B} = \tang^2 \left(45° + \tfrac{1}{2}B\right); \quad \frac{1 + \cos A}{1 - \cos A} = \cot^2 \tfrac{1}{2}A;$$

$$\frac{1 + \sin B}{1 + \cos A} = \frac{\sin^2 \left(45° + \tfrac{1}{2}B\right)}{\cos^2 \tfrac{1}{2}A}; \quad \frac{1 - \sin B}{1 - \cos B} = \frac{\sin^2 \left(45° - \tfrac{1}{2}B\right)}{\sin^2 \tfrac{1}{2}B};$$

$$\tang A \pm \tang B = \frac{\sin A}{\cos A} \pm \frac{\sin B}{\cos B} = \frac{\sin A . \cos B \pm \sin B . \cos A}{\cos A . \cos B};$$

$$\tang A \pm \tang B = \frac{\sin(A \pm B)}{\cos A . \cos B}; \quad \cot A \pm \cot B = \frac{\sin(B \pm A)}{\sin A . \sin B};$$

$$\tang A \pm \cot B = \frac{\pm \cos(A \mp B)}{\cos A . \sin B}; \quad \cot A \pm \tang B = \frac{\cos(A \mp B)}{\sin A . \cos B}.$$

Formation des Tables de sinus, cosinus....

361. Jusqu'ici ces formules sont stériles pour nous; et afin de les faire servir à résoudre des triangles, il faut d'abord connaître les sinus des angles donnés pour en introduire les valeurs dans nos équ.; ou bien, si elles sont destinées à faire connaître des angles, il faut assigner l'arc, le sinus étant donné. Il est donc nécessaire de former une table de sinus, cosinus..., qui donne ces lignes, lorsqu'on connaît les arcs, et réciproquement.

Concevons donc qu'ayant divisé le quadrans en degrés, minutes..., et le rayon en un nombre arbitraire de parties égales, on soit parvenu à trouver combien chaque sin., cos.... contient de ces parties ou unités, et qu'on ait inscrit ces nombres près de chaque arc; on aura formé une table contenant, dans une 1re colonne, les graduations des arcs; dans une 2e les sinus, dans une 3e les cos... Il suit des équ. 1, 3, 5 que, quand on a les sinus, un calcul très simple donne les cos., tang....; ainsi, la recherche des sinus doit d'abord nous occuper, et l'on a vu (349) qu'il n'est nécessaire d'en pousser le calcul que jusqu'à 45°, parce qu'au-delà de cet arc les valeurs se reproduisent. Ainsi, il s'agit de calculer les sinus pour tous les arcs $< 45°$, le quadrans étant partagé en degrés, minutes...

La 1re équ. du n° 360, et celle qu'on obtient de même en ajoutant les équ. F, deviennent, en posant $\alpha = mx$, $\beta = x$.

$$\sin (m + 1) x = 2\cos x . \sin mx - \sin (m - 1) x,$$
$$\cos (m + 1) x = 2\cos x . \cos mx - \cos (m - 1) x.$$

Si les arcs procèdent dans l'ordre x, $2x$, $3x$ .... $(m - 1) x$, mx, $(m + 1) x$...., x est *le plus petit arc de la table*, et il suit de nos équ. que si z et y sont les sin. ou cos. de deux arcs successifs $(m - 1) x$ et mx, le sin. ou cos. de l'arc suivant $(m + 1) x$, est $= 2py - z$. Donc, *chacun des termes de la série des sinus et de celle des cosinus dépend des deux termes qui le précèdent, et s'obtient en multipliant ceux-ci par $2p$ et $- 1$, et ajoutant.* (*Voy.* n°s 542 et 595.)

362. Prenons l'arc $AC = CB = AL$ (fig. 97), et menons la corde AB et les tangentes LE, CE ; nous avons (160)

$$\text{corde } AB < \text{arc } AB, \quad LEC > \text{arc } LAC ;$$

d'où AI ou sin $AC <$ arc AC, EC ou tang $AC >$ arc AC.

L'arc $< 90°$ a sa longueur comprise entre celles de son sin et de sa tang ; et comme l'éq. 3, page 352, donne $\dfrac{\sin x}{\tan x} = \dfrac{\cos x}{R}$,

dont le 2ᵉ membre approche sans cesse de 1, à mesure que x décroît ; le 1ᵉʳ *a aussi 1 pour limite,* c.-à-d. que *le sinus, l'arc et la tangente tendent sans cesse vers l'égalité,* l'arc restant intermédiaire.

Ce principe sert à *calculer le sinus du plus petit arc de la table ;* car tang $x = \dfrac{\sin x}{\cos x} > x$ donne sin $x > x \cos x$.

Mais de $1 > \cos x$ on tire cos $x > \cos^2 x = 1 - \sin^2 x$, et *à fortiori,* cos $x > 1 - x^2$, puisque sin $x < x$ donne $\sin^2 x < x^2$. Donc, en substituant dans notre 1ʳᵉ inégalité,

$$\sin x > x - x^3, \quad \text{et} \quad < x.$$

Qu'on parte de $\pi = 3{,}1415926536$ et log $\pi = 0{,}49714987$ pour calculer x, qui est une fraction déterminée de la demi-circ. π, et par suite $x - x^3$; comme sin x est compris entre ces deux limites, les décimales communes seront une valeur approchée de sin x, le rayon étant 1 ; et si x est pris assez petit, comme sin x, x et tang x diffèrent de moins en moins, l'approximation pourra être étendue à tel ordre qu'on voudra ; sin $x = a$. D'ailleurs, on a

$$\cos x = \sqrt{1 - \sin^2 x} = \sqrt{(1 + a)(1 - a)} = p ;$$

donc le facteur $2p$ est connu ; et partant de sin $0 = 0$, sin $x = a$, d'une part, de cos $0x = 1$, cos $x = p$ de l'autre, par la loi $2py - z$, on calculera de proche en proche les sin et cos $2x$, $3x$, $4x \ldots$

Par ex., si $x = 30'$, le 180ᵉ du quadrans est $x = 0{,}008726646$ $x^3 = 0{,}0000006646$, $x - x^3 = 0{,}008725980$; ainsi sin $30' = 0{,}008726$. Si la table doit procéder de minute en minute, avec 6 déci-

males, tous les sinus d'arcs $< 30'$ sont censés égaux à l'arc ; sin $1'$, $2'$, $3'$, sont $\frac{1}{30}$, $\frac{2}{30}$, $\frac{3}{30}$.... de 0,008726. D'où l'on voit qu'il faudra d'abord faire croître les arcs de 30' en 30', sauf à les rapprocher ensuite, ce qui sera très facile : on trouve.....
$$p = \cos 30' = \sqrt{1,008726 \times 0,991274}, \text{ ou } 0,999962 = 1 - 0,000038.$$
Le facteur $2p$ est $2 - 0,000076$; ainsi il est aisé de calculer les autres nombres de la table.

En général, pour qu'on soit en droit de prendre $x = \sin x$, il faut que x^3 n'ait pas de chiffre siguificatif dans les décimales qu'on doit conserver. En veut-on 8, par ex.? il faudra que les 8 1ers chiffres de x^3 soient des zéro ; et sans calculer x^3, on voit qu'on devra descendre à l'arc de 10'.

Du reste, il faut prendre plus de décimales qu'on n'en veut conserver, afin d'éviter que les erreurs s'accumulent et que les derniers chiffres soient défectueux. On a soin de vérifier, d'espace en espace, les résultats obtenus, soit par les formules des $\sin(\alpha \pm \beta)$ et $\sin 2\alpha$, soit en calculant d'avance, par le même procédé, les sinus de degré en degré ou autrement. Nous donnerons des moyens plus rapides d'arriver aux valeurs des sin, cos... ; mais celui-ci suffit à notre objet.

Au lieu de composer la table avec les valeurs ainsi obtenues, on préfère, pour la commodité des calculs, y inscrire leurs log. Comme les sinus sont plus petits que le rayon, il convient de partager le rayon en assez d'unités pour que le sinus du plus petit arc de la table soit > 1, afin d'éviter les log négatifs (n° 91). Dans les tables de Callet, les arcs procèdent de 10″ en 10″, et le rayon a 10 pour log (ou $R = 10$ milliards).

Lorsqu'on veut procéder au calcul d'une formule où le rayon est pris $= 1$, il faut donc restituer les puissances de R, que la supposition de $R = 1$ a fait disparaître (p. 354) ; ensuite on recourt aux tables dans lesquelles log $R = 10$. On peut aussi laisser $R = 1$ dans la formule, *et retrancher 10 de tous les log, sin, cos*..., ce qui introduit des caractéristiques négatives. Par ex., log sin 10° $= \overline{1},2396$... au lieu de 9,2396... ; log tang 1° $= \overline{2},2419$... au lieu de 8,2419... Ces parties négatives ne sont pas un inconvénient, et on s'habitue aisément à les employer. (*Voy.* page 120.)

Résolution des Triangles.

363. I. TRIANGLES RECTANGLES. Les deux équ. A, B, résolvent tous les triangles rectangles, car elles comprennent les côtés b, c, l'hypoténuse a et l'angle C : de ces 4 quantités, deux étant données, on peut trouver les deux autres. En éliminant C, on obtient même l'équ. $a^2 = b^2 + c^2$, si souvent employée. Faisons le rayon $= R$ (n° 347), dans les équ. A (on a $\log R = 10$),

$$Rb = a \cos C \ldots (1),$$
$$Rc = b \tang C \ldots (2),$$
$$a^2 = b^2 + c^2 \ldots (3);$$

on ne peut rencontrer que les deux cas suivans (*) :

1°. *Étant donnés un angle aigu* C *et un côté*, les deux autres angles sont connus, puisque $A = 90°$, $B = 90 - C$; les deux côtés inconnus s'obtiennent ainsi :

Connaissant l'hypoténuse a, l'équ. (1) donne le côté b.

Si l'on connaît le côté b, (2) donne c, (1) l'hypoténuse a.

Soient, par ex., $C = 33°30'$, $b = 45^m,54$, les équ. (1) et (2) prescrivent le calcul suivant :

$$
\begin{array}{ll}
\log b = \text{ } 1,6583930 & \ldots \ldots \ldots 1,6583930 \\
\log R = 10,0000000 & \log \tang C = \text{ } 9,8207829 \\
- \log \cos C = \text{ } 9,9211066 & - \log R = 10,0000000 \\
\log a = \text{ } 1,7372864 & \log c = \text{ } 1,4791759
\end{array}
$$

Donc $a = 54^m,612$ et $c = 30^m,142$.

Cette opération peut servir à trouver la hauteur $AB' = c$, d'un édifice (fig. 181), dont le pied A est accessible.

Le calcul se vérifie en changeant d'inconnues. (*Voy.* pag. 151.)

(*) Pour résoudre un triangle proposé, placez au sommet les lettres A, B, C, en les distribuant aux angles qui s'accordent avec les lettres dont on se sert dans le texte pour désigner les parties connues ou inconnues, et recourant au cas dont il est question : a, b, c sont les côtés respectivement opposés aux angles A, B, C ; et si le triangle est rectangle, A marque l'angle droit. L'équ. dont il s'agit s'applique ensuite directement.

2°. *Étant donnés deux côtés :*

Si l'on connaît b et c, l'équ. (2) donne l'angle C; l'hypoténuse a résulte ensuite de l'équ. (1). On peut aussi tirer a de l'équ. (3), mais elle ne se prête pas au calcul logarithmique.

Si l'on a l'hypoténuse a et le côté b, l'équ. (1) donne l'angle C; le côté c résulte de l'éq. (3), ou

$$c = \sqrt{(a^2 - b^2)} = \sqrt{(a+b)(a-b)}.$$

II. **TRIANGLES OBLIQUANGLES.** Il y a 4 cas à traiter.

1°. *Étant donnés un côté a et deux angles* B, C, le 3ᵉ angle A est connu, et l'on emploie l'équ. *C*, n° 355.

$$b = \frac{a \sin B}{\sin A}, \quad c = \frac{a \sin C}{\sin A} \dots (4).$$

Soient, par ex., $a = 28^m,852$, $A = 37°29'$, $C = 72°9'$; d'où l'on conclut $B = 70°22'$: on a

$$
\begin{array}{ll}
\log a = 1,4601759. \dots \dots \dots & 1,4601759 \\
\log \sin B = 9,9739873 & \log \sin C = 9,9785741 \\
-\log \sin A = 9,7842824 \dots \dots & -\;9,7842824 \\
\log b = 1,6498808 \dots & \log c = 1,6544676
\end{array}
$$

Donc $b = 44^m,656$ et $c = 45^m,130$. Ce calcul sert à *mesurer la distance* AC, *de* C *à un point* A *inaccessible, mais visible* (fig. 181); il donne aussi *la hauteur* AB′ *et la distance* AC *d'un édifice dont le pied est inaccessible et invisible;* car, mesurant une base horizontale BC et les angles $B'CB$, $B'BC$, qu'elle fait avec les lignes dirigées vers le sommet B', on calculera $B'C$; alors, dans le triangle rectangle $AB'C$, on connaîtra $B'C$ et l'angle ACB', qu'on peut mesurer sans voir le pied A, attendu que la droite AC est horizontale. On obtiendra donc AB' et AC.

2°. *Étant donnés deux côtés* c, a, *et un angle* A *opposé à l'un d'eux*, l'équ. (4) donne $\sin C = \dfrac{c \sin A}{a}$. Or, la valeur de $\sin C$ répond à deux angles C supplémentaires, et l'on a deux solutions (les triangles ABC, fig. 176 et 177).

Il est vrai qu'une seule est souvent admissible, ainsi qu'on l'a vu (n° 198); mais, de lui-même, le calcul conduit à reconnaître ce cas, sans y avoir égard spécialement ; on forme la somme $A + C$, pour les deux valeurs de C, que donne le calcul, dans le but d'en tirer l'angle supplémentaire B. Or,

Si A est obtus, on ne peut adopter la valeur de $C > 90°$, puisque $A + C$ serait $> 180°$. Il n'y a donc qu'une solution, encore faudrait-il que a fût $> c$, puisque si l'on avait $a < c$, notre équ. donnerait $\sin A < \sin C$, d'où l'angle aigu supplément de A moindre que l'angle aigu C, savoir, $180° - A < C$, et par conséquent $A + C > 180°$. Ainsi l'absurdité serait mise en évidence.

Si A est aigu, et qu'on ait $a =$ ou $> c$, notre équ. donne $\sin C =$ ou $< \sin A$; ainsi le calcul conduira à une valeur de l'angle aigu $C < A$, dont le supplément $180° - C$ ne saurait convenir ici, puisqu'en ajoutant A, la somme est $180° + A - C > 180°$. Ainsi le problème a toujours une solution, et une seule.

Enfin, si A est aigu, et que a soit $< c$, tirons du triangle rectangle ABD la perpendiculaire $BD = p = \dfrac{c \sin A}{R}$; d'où $\sin C = \dfrac{Rp}{a}$. Or, si $a < p$, on a $\sin C > R$, ce qui est absurde ; si $a = p$, on a $\sin C = R$, $C = 90°$; le triangle rectangle BDA convient seul ; enfin, quand $a > p$, on se trouve dans *le seul cas qui admette les deux solutions.*

Tout cela s'accorde avec ce qu'on connaît (n° 203, fig. 38).

Voici le tableau des divers cas :

Si $A =$ ou $> 90°$; une seule solution, B et C sont aigus, $a > c$;

Si $A < 90°$ avec $\begin{cases} a < c \sin A, \text{ problème impossible} ; \\ a = c \sin A, \text{ un seul triangle rectangle, } B \text{ et } C \text{ sont aigus} ; \\ a > c \sin A \text{ et } > c, \text{ un seul triangle, } C \text{ est aigu} ; \\ a > c \sin A \text{ et } < c, \text{ deux solutions, } C \text{ a deux valeurs supplémentaires.} \end{cases}$

3°. *Étant donnés deux côtés* b *et* c, *et l'angle compris* A ; en faisant $n = \frac{1}{2}(C - B)$, la formule N (n° 360) devient

$$\tan n = \frac{c - b}{c + b} \cot \frac{1}{2} A \dots (5) ;$$

équ. qui fait connaître l'angle $n < 90°$; or, $A + B + C = 180°$, donne $\frac{1}{2}(C+B)=90°-\frac{1}{2}A$, valeur connue que nous représenterons par m; ainsi nous aurons

$$\frac{1}{2}(C+B)=m, \quad \frac{1}{2}(C-B)=n\ldots\ (6);$$

d'où $C=m+n$, $B=m-n$. Il ne restera plus qu'à trouver le côté a par le procédé ci-dessus.

On peut encore poser $\tan\varphi=\frac{c}{b}$, équat. qui donnera l'arc auxiliaire φ; or, par l'équ. K,

$$\tan(\varphi-45°)=\frac{\tan\varphi-1}{1+\tan\varphi}=\frac{c-b}{c+b}.$$

Donc l'éq. N donne

$$\tan\tfrac{1}{2}(C-B)=\tan(\varphi-45°).\cot\tfrac{1}{2}A.$$

Ce mode de solution est utile lorsque les côtés b et c, au lieu d'être connus en nombres, sont des expressions monomes composées, ou données par les log. de b et c.

On peut déterminer directement ce côté a sans chercher préalablement les angles, et le faire servir, au contraire, à trouver ceux-ci. En effet, reprenons la formule D, ajoutons et soustrayons $2bc$, puis mettons pour $1-\cos A$ sa valeur $2\sin^2\frac{1}{2}A$ (n°. 358, I); il vient

$$a^2=(b-c)^2+2bc(1-\cos A)=(b-c)^2\left[1+\frac{4bc\sin^2\frac{1}{2}A}{(b-c)^2}\right].$$

Cela posé, on cherchera l'angle φ qui a $\dfrac{4bc\sin^2\frac{1}{2}A}{(b-c)^2}$ pour carré de sa tangente, ce qui est toujours possible, puisqu'il y a des tangentes de toutes les grandeurs : la valeur de a deviendra $(b-c)\sqrt{(1+\tan^2\varphi)}$, ou $(b-c)\sec\varphi$, ou enfin, en rendant la formule propre au cas où le rayon est R,

$$a=\frac{R(b-c)}{\cos\varphi}, \quad \tan\varphi=\frac{2\sin\frac{1}{2}A}{b-c}\sqrt{(bc)}.\ -\ (7).$$

Le calcul logarithmique pourra aisément s'appliquer : on aura d'abord $\tan\varphi$, et par suite $\cos\varphi$, puis a. Voici un ex. auquel nous appliquerons ces deux procédés. Soient $c=87,812$ mètres,

$b = 71,577$ mètres, $A = 40° 56'$; d'où $c + b = 159,389$ et $c - b = 16,235.$

<table>
<tr><td colspan="2">Premier procédé.</td><td colspan="2">Deuxième procédé.</td></tr>
<tr><td>cot $\frac{1}{2} A$ ...</td><td>10,4280331</td><td>c ...</td><td>1,9435539</td></tr>
<tr><td>$(c - b)$ ...</td><td>1,2104523</td><td>b ...</td><td>1,8547735</td></tr>
<tr><td>$(c + b)$ ...</td><td>—2,2024585</td><td>bc ...</td><td>3,7983274</td></tr>
<tr><td>tang n ...</td><td>9,4360269</td><td>moitié ...</td><td>1,8991637</td></tr>
<tr><td>$m =$</td><td>69°32'</td><td>2 ...</td><td>0,3010300</td></tr>
<tr><td>$n =$</td><td>15.16</td><td>sin $\frac{1}{2} A$ ...</td><td>9,5436489</td></tr>
<tr><td>$m + n =$</td><td>84.48 = C</td><td>$(c - b)$ ...</td><td>—1,2104523</td></tr>
<tr><td>$m - n =$</td><td>54.16 = B</td><td>tang φ ...</td><td>10,5333903</td></tr>
<tr><td>c ...</td><td>1,9435539</td><td>$\varphi =$</td><td>73°40'43"</td></tr>
<tr><td>sin A ...</td><td>9,8163609</td><td>$R(c - b)$ ...</td><td>11,2104523</td></tr>
<tr><td>sin C ...</td><td>—9,9982689</td><td>cos φ ...</td><td>—9,4487449</td></tr>
<tr><td>a ...</td><td>1,7617059</td><td>a ...</td><td>1,7617074</td></tr>
</table>

Donc $a = 57^m,770.$

S'il arrive que b diffère beaucoup de c, l'arc φ est très petit, et cos φ presque $= 1$; le calcul n'a plus alors assez de précision (*). Mais cos $A = 2 \cos^2 \frac{1}{2} A - 1$ change l'équ. D en

$$a^2 = (b + c)^2 - 4bc \cos^2 \tfrac{1}{2} A = (b + c)^2 \left(1 - \frac{4bc \cos^2 \frac{1}{2} A}{(b + c)^2} \right).$$

Cette dernière fraction est < 1, puisque sans cela a serait imaginaire; on peut donc en supposer la racine égale au sinus d'un arc φ, savoir;

$$\sin \varphi = \frac{2 \cos \frac{1}{2} A}{b + c} \sqrt{(bc)}, \quad a = (b + c) \cos \varphi.$$

4°. *Étant donnés trois côtés.* Pour obtenir l'un des angles, tel A, il faut encore recourir à l'équ. D.

$$\cos A = \frac{b^2 + c^2 - a^2}{2bc}.$$

_____

(*) Il ne faut jamais employer de cos ni de cot d'arcs très petits, ou voisins de 180°; non plus que de sin et tang d'arcs voisins de 90° ou 270°; parce qu'alors ces lignes changent très peu pour de petites variations de l'arc. C'est ce qu'on voit d'après les tables de log. Pour que le calcul fût exact, il faudrait donc que les log. fussent approchés à un plus grand nombre de décimales.

Or, cette expression présente le même inconvénient que dans le cas précédent, parce qu'elle ne se prête pas au calcul logarithmique. Mais si l'on met pour cos A cette valeur dans $\sin^2 \frac{1}{2} A = \frac{1}{2}(1 - \cos A)$, on trouve

$$\sin^2 \tfrac{1}{2} A = \frac{a^2 - (b - c)^2}{4bc} ;$$

et comme le numérat. est la différence de deux carrés (n° 97, 3°.), il vient, en rétablissant le rayon R,

$$\sin \tfrac{1}{2} A = R \sqrt{\frac{(a + c - b)(a + b - c)}{4bc}} \ldots (8)$$

Cette équation remplit déjà le but proposé; mais elle devient encore plus simple en représentant le périmètre du triangle par $2p = a + b + c$; car on obtient (p. 327)

$$\sin \tfrac{1}{2} A = R \sqrt{\frac{(p - b)(p - c)}{bc}} \ldots (9).$$

En se servant de l'équ. $\cos^2 \frac{1}{2} A = \frac{1}{2}(1 + \cos A)$, on trouve de même

$$\cos \tfrac{1}{2} A = R \sqrt{\frac{p(p - a)}{bc}}.$$

On emploie celle de ces deux équ. qu'on veut, à moins que $\frac{1}{2} A$ ne soit très petit ou voisin de 90°. (*Voyez* la note précédente.)

$\frac{1}{2} A$ doit être $< 90°$, et la question n'a qu'une solution (n° 350).

Soient, par ex., $c = 103,357$ mètres, $b = 106,836$ mètres, et $a = 142,985$ mètres; d'où $2p = 353,178$ mètres, et $p - b = 69,753$ mètres, $p - c = 73,232$ mètres, $p - a = 33,604$ mètres. Donc

$p-b\ldots$	$\overline{1},8435629$	$p-a\ldots$	$\overline{1},5263910$
$p-c\ldots$	$\overline{1},8647009$	$p-c\ldots$	$\overline{1},8647009$
$b\ldots$	$-2,0287176$	$a\ldots$	$-2,1552906$
$c\ldots$	$-2,0143399$	$c\ldots$	$-2,0143399$
	$\overline{1},6652063$		$\overline{1},2214614$
moitié$\ldots$	$\overline{1},8326031 = \sin \frac{1}{2} A$		$\overline{1},6107307 = \sin \frac{1}{2} B$
$\frac{1}{2} A = 42° 51' 30''$,	$A = 85° 43'$,	$\frac{1}{2} B = 24° 5'$,	$B = 48° 10.$

On trouvera de même $C = 46°7'$, et le calcul se vérifie par la condition $A + B + C = 180°$.

III. *Si le triangle est isocèle.* A étant l'angle du sommet, a la base, on fera $b = c$ dans l'équ. 8 ou 9, et l'on aura

$$\sin \tfrac{1}{2} A = \frac{aR}{2b} = \frac{(p - b)R}{b} \ldots \text{ (10) ;}$$

équ. qui fait connaître l'une des trois quantités a, b et A.

Observez que si l'on donne un des angles, on connaît les deux autres par l'équ. $B = C = 90° - \tfrac{1}{2} A$. (*Voy.* n° 201, 2°.)

Problèmes de Trigonométrie.

364. La plupart des questions d'arpentage se réduisent à des résolutions de triangles. Nous offrirons ici quelques-uns de ces problèmes, qui sont d'un usage fréquent.

I. *Trouver la distance* AC (fig. 182), *entre deux points l'un et l'autre inaccessible.* On mesurera une base quelconque BD, et les angles ABC, CBD, ADC, ADB, que font avec elle les rayons dirigés de ses extrémités B et D vers A et C : on résoudra les triangles ABD et CDB (n° 363, 1°.) ; ce qui donnera *les distances* AB, BC, *du point* B *aux points inaccessibles* A *et* C ; et comme on connaît, dans le triangle ACB, deux côtés AB, BC, et l'angle compris, on aura enfin AC.

II. *Réduire un angle, un point ou une distance à l'horizon.* Il est rare que les signaux soient dans un plan horizontal ; alors ce ne sont pas les angles, les points et les distances observés, qu'il faut porter dans le tracé du plan, mais bien leurs *Projections horizontales* (n° 272). Ainsi, lorsque le signal, vu de B et de C (fig. 181) est le sommet B' d'un édifice ou d'une montagne, il faut substituer A à B', l'angle CAB à CBB', l'angle ACB à $B'CB$...

Regardons comme connues, par l'observation ou par le calcul, toutes les parties du triangle $B'CB$; comme CA est horizontal, on pourra mesurer l'angle ACB' (même lorsque A ne sera pas visible) ; puis résolvant le triangle rectangle CAB', on aura

CA, et la hauteur AB'. Celle-ci, et l'hypoténuse $B'B$, serviront à trouver AB dans le triangle rectangle $B·A·B'$. Ainsi on connaîtra les trois côtés du triangle horizontal CBA, et par suite les angles qui le forment, et la position du point A.

Soit BC (fig. 178) une longueur mesurée sur un terrain en pente; il ne faudra porter dans le plan que la projection AC sur l'horizon, ou $a \cos C$. Le plus souvent C n'est que d'un petit nombre de degrés, et la réduction $x = a \cos C$ manque de précision. ($V.$ la note du bas de la p. 371.) On préfère calculer l'excès de a sur x, ou $e = a - a \cos C$; or (n⁰ 358) $1 - \cos C = 2 \sin^2 \frac{1}{2} C$, donc $e = 2a \sin^2 \frac{1}{2} C = \frac{1}{2} a C^2$, en remplaçant le sin par l'arc qui est très petit: introduisant son nombre C' de minutes, ou $C = C' \sin 1'$ (n⁰ 348), on trouve $e = \frac{1}{2} a C'^2 \sin^2 1'$, et la longueur a réduite à l'horizon est $x = a - \frac{1}{2} a C'^2 \sin^2 1'$.

III. *Évaluer une hauteur verticale $BD = x$* (fig. 177)? Si le pied D de cette verticale est accessible, on mesurera une distance horizontale AD, ainsi que l'angle A, et le triangle rectangle ABD donnera $x = AD \tan A$.

Si le pied D est inaccessible, on mesurera une distance AC dirigée vers D, ainsi que les angles A et C; et l'on aura......
$x = AD \tan A$, $x = DC \tan C$; tirant les valeurs de AD, DC, et les retranchant on a

$$AC = \frac{x}{\tan A} - \frac{x}{\tan C}, \quad x = \frac{AC . \sin A \sin C}{\sin (C - A)}.$$

IV. *Un triangle* ABC (fig. 182) *étant donné, trouver le lieu d'un point* D, *en connaissant les angles* ADC $= \beta$ *et* ADB $= \gamma$. Soient a, b, c les côtés, A, B, C les angles donnés du triangle ABC, et les angles inconnus $ABD = x$, $ACD = y$. Les triangles ACD et ABD donnent (équ. C, n⁰ 355),

$$DA = \frac{b \sin y}{\sin \beta} = \frac{c \sin x}{\sin \gamma}.$$

Soit déterminé un angle φ, tel que sa tangente soit $= \frac{c \sin \beta}{b \sin \gamma}$; on aura tang $\varphi = \frac{\sin y}{\sin x}$, d'où l'on tire   (n⁰ 73)

$$\frac{1 + \tan \varphi}{1 - \tan \varphi} = \frac{\sin x + \sin y}{\sin x - \sin y};$$

ou plutôt (n°^{s} 359, 360) $\tan (45° + \varphi) = \dfrac{\tan \frac{1}{2}(x+y)}{\tan \frac{1}{2}(x-y)}$. Faisons

pour abréger $m = \frac{1}{2}(x + y)$, $n = \frac{1}{2}(x - y)$; m est connu,

puisque $x + y$ est (n° 231) $360°$ moins $A + CDB$,

$$x + y = 360° - (A + \beta + \gamma) = 2m.$$

On a donc $\qquad \tan \varphi = \dfrac{c \sin \beta}{b \sin \gamma}, \qquad x = m + n,$

$$\tan n = \tan m . \cot (45° + \varphi), \quad y = m - n.$$

La 1re donne φ, la 3e n; d'où l'on tire x, y et la position du point D. On pourra même calculer AD, CD et BD. Quand $\tan n$ est négatif, n prend un signe contraire dans les valeurs de x et y. Si les points A, B, C, D ne sont pas dans un même plan horizontal, il faut préalablement les y réduire (*).

Nous avons résolu ce problème graphiquement (n° 208, VI).

V. *Trouver l'aire z d'un triangle* ABC (fig. 176), *connaissant*

1°. *Les trois côtés* (voy. p. 328);

2°. *Deux côtés et l'angle compris;* dans le triangle BCD, on a $BD = a \sin C$; ainsi, $z = \frac{1}{2} b \times BD$ devient $z = \frac{1}{2} ab . \sin C$.

3°. *Un côté* b *et les angles;* comme $a = \dfrac{b \sin A}{\sin B}$, en mettant

cette valeur dans l'équ. qui précède, il vient $z = \frac{1}{2} b^2 \dfrac{\sin A . \sin C}{\sin B}$.

VI. *Trouver l'aire d'un quadrilatère* ABCD (fig. 182), *dont on connaît les diagonales* AD=D, BC=D' *et l'angle* AOB=θ, *qu'elles forment entre elles.* Cherchons séparément l'aire de chacun des quatre triangles, d'après l'équ. (2°.); nous avons, en ajoutant et désignant par a, b, c, d, les segmens AO, OD,

(*) L'équ. que nous venons de traiter a la forme $A \sin x = B \sin y$, et on connaît la somme $x + y = 2m$. Le problème que nous venons de résoudre revient, comme on voit, à *trouver deux arcs* x *et* y, *lorsqu'on connaît leur somme et le rapport de leurs sinus;* le calcul est rendu propre aux usages logarithmiques. Ainsi on sait résoudre l'équ. $A \sin x = B \sin (2m - x)$.

OB, OC des diagonales, $z = \frac{1}{2}(ac + ad + bd + bc)\sin\theta$. Or, ce quadrinome revient à $(a + b).(c + d) = D \times D'$; donc $z = \frac{1}{2}DD'\sin\theta$.

Concluons de là que *les aires de deux quadrilatères sont équivalentes lorsque leurs diagonales sont égales et se coupent sous le même angle.* (*Voy.* p. 328.)

VII. Soient A le côté d'un polygone régulier (fig. 87), n le nombre des côtés, a le nombre de degrés de l'angle central $AOB = 2.AOG = \dfrac{360°}{n} = a$; le triangle AGO donne

$$GO = AG.\text{tang } OAG = \frac{1}{2}A.\cot\left(\frac{1}{2}a\right);$$

le triangle $AOB = AG \times GO$; répété n fois, il produit

l'aire du polygone régulier $= \frac{1}{4}nA^2.\cot\left(\frac{1}{2}a\right)$.

Le triangle $AOB = R\sin AOG \times R\cos AOG = \frac{1}{2}R^2\sin 2AOG$, ou $AOB = \frac{1}{2}R^2\sin a$. En retranchant cette aire de celle du secteur $AOB = \dfrac{\pi R^2 a}{360°}$ (n° 261), il reste, a désignant le nombre de degrés de l'angle AOB,

$$\text{aire du segment} = \frac{1}{2}R^2\left(\frac{\pi a}{180} - \sin a\right).$$

VIII. *Trouver l'aire d'une zone sphérique* $gaa'h$ (fig. 137)? Cette aire $=$ circ. $CB \times fb$, (n° 293); or R étant le rayon CB, on a

1°. circ. $CB = 2\pi R$, 2°. $Cb = R\sin a$, 3°. $Cf = R\sin a'$,

a et a' étant les *latitudes* des points a et g exprimées en degrés, savoir $a = Aa$, $a' = Ag$: donc

$$fb = Cb - Cf = R(\sin a - \sin a'),$$

et d'après les équ. du bas de la page 362,

aire zone sphér. $= 4\pi R^2\sin\frac{1}{2}(a - a')\cos\frac{1}{2}(a + a')$.

On prend a' négatif quand le point f est situé de l'autre côté de l'équateur, c.-à-d. quand l'équateur est compris entre les cercles et les bases.

IX. Soit r le rayon OF (fig. 46) du cercle inscrit au triangle

ABC; dans le triangle AOF, l'angle OAF est moitié de $CAB = A$; $OF = AF$. tang $\frac{1}{2}A$, ou $r = (p-a)$ tang $\frac{1}{2}A$, p étant le demi-périmètre de ABC (n° 206, I); c'est une valeur plus simple que celle du n° 317. On y a vu que l'aire z de ABC est pr; on a donc $z = p(p-a)$ tang $\frac{1}{2}A$. Ces équ. peuvent servir à trouver un angle et un côté du triangle, connaissant z ou r, etc...

X. Soit la corde $AD = k$ (fig. 142); l'arc $ABD = a$ qu'elle soutend, R le rayon SA; le triangle rectangle SAb' donne $Ab' = R \sin \frac{1}{2}a$, d'où $k = 2R \sin \frac{1}{2}a$. *Cette équ. donne la graduation à d'un arc, connaissant sa corde* k *, ou réciproquement.* Quant à la longueur de cet arc, *voy.* n° 348.

Voici un usage important de cette formule. On ne peut se servir du *rapporteur* (p. 225) pour former un angle d'un nombre de degrés donné, que lorsqu'on ne veut pas une grande exactitude. Prenez un rayon arbitraire SA, dont la longueur R soit mesurée sur une échelle de parties égales très serrées (p. 254); notre équ. donne les parties que contient la corde k. Portant donc sur l'arc ABD une ouverture $AD = k$, menant SA et SD, l'angle ASD sera celui qu'on demande. L'erreur de cette construction est comprise dans la seule épaisseur des traits. Nous avons publié, sous le titre de *Goniométrie,* une table très exacte des longueurs des cordes.

XI. Soit un quadrilatère $ABCD$ (fig. 174); désignons par a, b, c et d les côtés, et par (ab), (bc)..., les angles formés par les côtés a et b, b et c.... En projetant AD, DC et BC sur AB, on a $AE = d \cos(ad)$, $EF = c \cos(ac)$, $FB = b \cos(ab)$; et comme $AB = a = AE + EF + FB$, on obtient

$$a = b \cos(ab) + c \cos(ac) + d \cos(ad) :$$
de même $\quad b = a \cos(ab) + c \cos(bc) + d \cos(bd),$
$$c = a \cos(ac) + b \cos(bc) + d \cos(cd),$$
$$d = a \cos(ad) + b \cos(bd) + c \cos(cd),$$

en remarquant que les projections, qui sont soustractives, ont pour facteurs des cosinus négatifs. (*Voy.* p. 350 et 357.)

Multiplions ces équ. respectives par a, b, c, d, puis du 1ᵉʳ produit retranchons la somme des trois autres; il viendra

$$a^2 = b^2 + c^2 + d^2 - 2[bc \cos(bc) + bd \cos(bd) + cd \cos(cd)];$$

on aurait aussi

$$c^2 = a^2 + b^2 + d^2 - 2[ab \cos(ab) + ad \cos(ad) + bd \cos(bd)],$$

et ainsi des autres côtés.

Le même calcul s'applique au pentagone, etc. En général, *dans tout polygone plan, le carré d'un côté quelconque est égal à la somme des carrés des autres côtés, moins deux fois les produits deux à deux de ceux-ci, par le cosinus de l'angle qu'ils comprennent.*

365. Les lignes trigonométriques servent souvent à faire des transformations qui rendent les formules propres aux log. ou à résoudre des équ. En voici quelques exemples.

I. Trouver par log. la somme de plusieurs quantités? soit $y = A(a + b)$. On suppose que a et b sont des expressions algébriques assez compliquées pour que l'emploi des log. puisse avoir de l'avantage. Posons

$$\tan z = \frac{b}{a} \ldots \ldots (1),$$

et éliminons a; il vient

$$y = Ab\left(\frac{1}{\tan z} + 1\right) = Ab\left(\frac{\cos z + \sin z}{\sin z}\right).$$

mais $\sin 45° = \sqrt{\frac{1}{2}}$, donne $\sin 45°. \sqrt{2} = \cos 45°. \sqrt{2} = 1$; en multipliant le numérateur par ces 1ᵉʳˢ membres, on a

$$y = \frac{Ab\sqrt{2}}{\sin z}(\sin z . \cos 45° + \cos z . \sin 45°)$$

$$y = Ab\sqrt{2} . \frac{\sin(z + 45°)}{\sin z} \ldots \ldots (2);$$

(1) fait connaître l'arc z, et (2) donne y.

Pour $x = A(a + b + c)$, on fait ci-dessus $A = 1$, et on a $y = a + b$, d'où $x = A(y + c)$, expression qu'on traite par la même méthode. (*Voy.* la fin du n° 586.)

II. Résoudre par log. une équ. du 2e degré?

1er CAS. Soit $x^2 + px = q$, q étant positif. On a

$$x = -\tfrac{1}{2}p \pm \sqrt{\tfrac{1}{4}p^2 + q} = -\tfrac{1}{2}p\left(1 \pm \sqrt{1 + \frac{4q}{p^2}}\right).$$

Soit posé $\qquad\qquad \tan \varphi = \dfrac{2\sqrt{q}}{p} \ldots (1)$;

cette équ. fera connaître l'arc φ: éliminant p,

$$x = -\frac{\sqrt{q}}{\tan \varphi}\,(1 \pm \sec \varphi) = -\sqrt{q}\left(\frac{\cos \varphi \pm 1}{\sin \varphi}\right).$$

Si l'on prend le signe $-$, l'équ. M, p. 362, donne

$$x = \sqrt{q} \cdot \tan \tfrac{1}{2}\varphi \ldots (2).$$

Pour le signe $+$, comme $\tan \tfrac{1}{2}\varphi = \dfrac{\sin \varphi}{1 + \cos \varphi}$, on a (*)

$$x = -\sqrt{q} \cdot \cot \tfrac{1}{2}\varphi \ldots (3).$$

2e CAS. Soit $x^2 + px + q = 0$, q étant toujours positif; posons

$$\sin \varphi = \frac{2\sqrt{q}}{p} \ldots (4),$$

ce qui suppose que $p > 2\sqrt{q}$, ou $\tfrac{1}{4}p^2 > q$, condition nécessaire pour que les racines soient réelles (n° 139). En changeant q en $-q$ dans la 1re valeur de x ci-dessus et éliminant p, il vient

$$x = -\frac{\sqrt{q}}{\sin \varphi}\,(1 \pm \cos \varphi) = -\sqrt{q} \cdot \tan \tfrac{1}{2}\varphi \ldots (5).$$

Lorsqu'on prend le signe $-$; le $+$ donne (*)

$$x = -\sqrt{q} \cot \tfrac{1}{2}\varphi \ldots (6).$$

Dans ces deux cas, lorsque p est négatif, on en porte la valeur avec son signe dans les expressions (1) ou (4), ce qui les rend négatives, puis on obéit à la règle du n° 349; ou bien on prend p positif et on change de signe les deux racines.

_____

(*) Chacune des équ. (1) et (4) donne pour φ deux valeurs, qui, introduites dans l'une des deux formules 2 et 3, ou 5 et 6, suffit pour donner les deux racines.

III Résoudre l'équ. $c \sin x + n \cos x = b$?

Posons
$$\tan \varphi = \frac{c}{n} \dots \ (1);$$

éliminant c, il vient

$$b = n \, (\tan \varphi \cos x + \sin x) = n \left(\frac{\sin \varphi \cos x + \sin x \cos \varphi}{\cos \varphi} \right),$$

d'où
$$\sin (\varphi + x) = \frac{b \cos \varphi}{n} \dots \ (2);$$

l'équ. (1) fait connaître l'arc φ, (2) donne l'arc $\varphi + x$, et par suite l'inconnue x (*).

IV. Résoudre (**) l'équ. $\sin (x + k) = m \sin (x + l)$?

posons
$$x + \tfrac{1}{2}(k + l) = y:$$

d'où
$$\frac{\sin \left[y + \tfrac{1}{2}(k - l) \right]}{\sin \left[y - \tfrac{1}{2}(k - l) \right]} = m = \frac{\tan y - \tan \tfrac{1}{2}(l - k)}{\tan y + \tan \tfrac{1}{2}(l - k)},$$

d'après l'équ. E. On en tire

$$\tan y = \frac{1 + m}{1 - m} \tan \tfrac{1}{2} (l - k).$$

Cette équ. donne y, et l'on trouve ensuite x. Si l'on pose

$$m = \tan \varphi \text{ d'où } \frac{1 + m}{1 - m} = \frac{1 + \tan \varphi}{1 - \tan \varphi} = \tan (45° - \varphi),$$

on a
$$\tan y = \tan (45° - \varphi) . \tan \tfrac{1}{2}(l - k).$$

(*) Soit proposé cette question : construire un triangle ABC (fig. 171) avec les côtés donnés $AC = b$, $AB = c$, faisant un angle inconnu $A = x$, qui soit tel, que le segment CD soit égal à la perpend. FE menée du point donné F, $AF = n$. On a $FE = n \sin x = CD$, $AD = c \cos x$, et l'équ. $AD + DC = b$ devient celle que nous venons de résoudre.

(**) Dans le triangle ABC (fig. 4), on connaît la base $AB = c$, et le rapport $a : b = m$ des deux autres côtés AC, BC; on demande de construire ce triangle sachant que si des angles inconnus A, B, on retranche les angles donnés $CAD = k$, $CBD = l$, il en résultera un triangle isocèle ABD. L'inconnue est l'angle $x = DAB = DBA$; la proportionnalité des sinus des angles $CAB = x + k$, et $CBA = x + l$, aux côtés opposés b et a, dont le rapport est connu $= m$, donne l'équ. ci-dessus, d'où il s'agit de tirer x.

III. ÉQUATIONS DE LA LIGNE DROITE ET DU CERCLE.

Équation de la Ligne droite.

366. *On nomme équ. d'une ligne* BMZ (fig. 183), *la relation qui a lieu entre les coordonnées* x *et* y *de chacun de ses points;* en sorte que si l'on conçoit que l'ordonnée *PM* se meut parallèlement en glissant le long de *Ax*, et que sa longueur varie en même temps que celle de l'abscisse, de manière que cette équ. entre x et y soit toujours satisfaite, l'extrémité M de l'ordonnée décrira la courbe.

On peut envisager l'équ. de la courbe comme renfermant deux inconnues x et y, dont l'une est arbitraire. Qu'on prenne pour x une valeur quelconque a; s'il en résulte pour y le nombre réel b, le point dont les coordonnées sont a et b, que nous désignerons par le point $(a; b)$, sera un de ceux de la courbe. De même si $x = a'$ donne $y = b'$, etc. Notre équ. indéterminée fera ainsi connaître une infinité de points dont le système est la courbe même; et l'on peut employer ce procédé pour en trouver divers points, s'assurer de la figure qu'elle affecte et des particularités que présente son cours. C'est ce qu'on verra souvent par la suite.

Par ex., $y = b$ est visiblement l'équ. d'une droite *MN* (fig. 170), parallèle à l'axe *Ax*, *AQ* étant $= b$; $y = 0$ est l'équ. de l'axe des x. De même $x = a$ est celle de *PM*, parallèle à l'axe *Ay*, *AP* étant $= a$; et $x = 0$ est l'équ. de cet axe même.

367. Cherchons l'équ. d'une droite quelconque.

1°. Si elle passe par l'origine, telle que *AN* (fig. 184), de quelque point *D, N...*, qu'on abaisse les ordonnées *DC, PN...*, on aura toujours $\frac{DC}{AC} = \frac{PN}{AP} = ...$ Soit donc a *le rapport constant de chaque abcisse à son ordonnée*, l'équ. de la droite *AN* est

$$y = ax.$$

Lorsque les coordonnées sont rectangulaires, dans l'un quel-conque de ces triangles, on a (n° 354), $PN = AP$ tang A. On voit que a *désigne la tangente de l'angle que la droite fait avec l'axe des x.* Plus l'angle NAP croît, plus a augmente; si la droite, telle que AN', fait un angle obtus avec les x positifs, a devient négatif, et l'équ. prend la forme $y = - ax$; ici a est la tangente de l'angle $N'AE$. On voit en effet qu'alors les abs-cisses positives répondent à des ordonnées négatives, et réci-proquement.

Mais si l'angle yAx n'est pas droit, le triangle NAP donne $\dfrac{\sin NAP}{\sin ANP} = \dfrac{y}{x} = a$; donc alors a *est le rapport des sinus des angles que la droite fait avec les x et les y* : rapport qui doit être affecté du signe —, quand la droite est située comme AN'.

2°. Si la droite, telle que BM, ne passe pas par l'origine, en faisant $AB = b = $ l'ordonnée à l'origine, et menant AN pa-rallèle à BM, l'ordonnée PM, ou y, se compose de $MN = b$ et de $PN = ax$; donc on a

$$y = ax + b;$$

b serait négatif, si la droite était telle que $B'M'$.

368. Les quantités x et y, qui entrent dans l'équ. d'une droite, sont appelées *Variables*; a et b sont des *Constantes*; mais on sent que a et b pourraient varier eux-mêmes, et c'est ce qui arrive lorsqu'on fait prendre à la droite BM une autre position. $y = ax + b$ appartient à toutes les droites, qui se distinguent entre elles par les valeurs de a et b.

L'équ. la plus générale du 1er degré, $Ay + Bx + C = o$, équivaut à $y = -\dfrac{B}{A} x - \dfrac{C}{A}$, qu'on peut écrire $y = ax + b$. Prenons $AB = b$ (fig. 184), et menons BM de sorte que $a = $ tang BEA, ou $= \dfrac{\sin NAP}{\sin ANP}$, selon que les coordonnées sont ou ne sont pas rectangles; la ligne BM aura $y = ax + b$ pour équ.; on voit donc que *toute équ. du 1er degré appartient à une droite, qu'on sait décrire.*

On peut aussi la tracer en déterminant deux de ses points.

Puisqu'en B l'abscisse est nulle, *en faisant* x = o, *on doit trouver l'ordonnée à l'origine; de même* y = o *donne le point* E *où la ligne coupe l'axe des* x. Ceci est général, quelle que soit la ligne, droite ou courbe. On peut donc se servir de ce théorème pour tracer facilement la droite. x = o donne y = b = AB; de même y = o donne $x = -\dfrac{b}{a} = AE$. Par les points E et B, ainsi déterminés, on mènera EB qui sera la ligne cherchée.

Cependant si la ligne passait par l'origine, ou y = ax, ce procédé ne donnerait que ce seul point; mais on ferait x = 1 = CA, et on en conclurait y = a = CD. Il sera bon de s'exercer à décrire les droites qui répondent à des équ. données, telles que 2y + x = 2, y = — 3 + x, y = — x — 1, etc...., afin de reconnaître la disposition d'une droite, d'après l'équ. qui lui appartient.

369. *Trouver l'équ. d'une droite qui passe par deux points donnés.* Soient (x', y') le 1er point, et (x'', y'') le 2e point; l'équ. de la ligne est y = ax + b. a et b sont inconnus; or, puisque la droite passe par le point (x', y'), si l'on fait x = x', on devra trouver y = y'; partant

$$y = ax + b \text{ devient } y' = ax' + b;$$

retranchant pour éliminer b, on trouve

$$y - y' = a(x - x') \dots (1).$$

C'est l'équ. qui appartient à toutes les droites qui passent par le point (x', y'), et qui ne sont distinguées entre elles que par la valeur de a, c.-à-d. par leur direction.

Mais si notre droite passe aussi par le point (x'', y''), on trouve de même y'' — y' = a(x'' — x'), d'où l'on tire

$$a = \frac{y'' - y'}{x'' - x'} \text{ et } y - y' = \frac{y'' - y'}{x'' - x'}(x - x').$$

370. *Trouver l'angle que forment deux droites entre elles,* ces droites étant données par leurs équ. y = ax + b, y = a'x + b'.

Soient BC la 1re (fig. 185), a l'angle B qu'elle fait avec Ax, DC la 2e, a' l'angle qu'elle, ou sa parallèle BE, fait avec Ax, $EBx = a'$; ainsi $a = $ tang a, $a' = $ tang a'; l'angle cherché est $V = a - a'$. Or on a (359)

$$\text{tang } V = \frac{\text{tang } a - \text{tang } a'}{1 + \text{tang } a \text{ tang } a'} = \frac{a - a'}{1 + aa'} \quad \ldots (2)$$

Si $a = a'$, les deux droites sont parallèles, puisque $V = 0$, ce qui est d'ailleurs visible. Si $aa' + 1 = 0$, tang $V = \infty$, ainsi l'angle V est droit : donc la condition, pour que deux droites soient parallèles ou perpendiculaires, est

$$a = a' \ldots (3), \quad \text{ou } aa' + 1 = 0 \ldots (4).$$

371. *Par un point donné, mener une droite qui soit parallèle ou perpendiculaire à une autre droite, ou qui fasse avec elle un angle connu.* Soient $y = ax + b$ l'équ. de la droite donnée, $y = a'x + b'$ celle de la droite inconnue; il faut déterminer a' et b'. D'abord, puisque celle-ci passe par le point donné (x', y') on a l'équ. $(y - y') = a' (x - x')$; il reste à trouver a'.

1°. Si la 2e droite est *parallèle* à la 1re, on a $a = a'$; l'équ. (1) est celle qu'on demande.

2°. Si elle doit être *perpendiculaire*, $aa' + 1 = 0$; d'où

$$a' = -\frac{1}{a}, \quad y - y' = -\frac{1}{a}(x - x') \ldots (5).$$

3°. Si les droites font entre elles un angle V dont la tang soit donnée $= m$, on fait $m = $ tang V, dans l'équ. (2), et l'on a

$$a' = \frac{a - m}{am + 1}, \quad y - y' = \frac{a - m}{am + 1}(x - x') \ldots (6).$$

Par ex., si $m = 1$, on a l'équ. d'une droite inclinée de 45° sur la proposée,

$$(a + 1).(y - y') = (a - 1)(x - x').$$

372. *Trouver le point de rencontre de deux droites données.* Soient $y = ax + b$, $y = a'x + b'$ leurs équ. L'x peut bien être le même pour ces lignes dans toute leur étendue; mais

l'y diffère. Le point où elles se coupent est le seul pour lequel x et y soient les mêmes. Si donc on élimine ces variables, on aura les coordonnées du point de rencontre : ce calcul est facile; il donne

$$x = \frac{b' - b}{a - a'}, \quad y = \frac{ab' - a'b}{a - a'}.$$

En général, si l'on élimine x et y entre les équ. de deux lignes courbes, on obtiendra les coordonnées de leurs points d'intersection; c'est même pour cela qu'en faisant $y = o$, ou $x = o$, on trouve les points où la ligne coupe les axes des x ou des y, car ces équ. sont celles de ces axes.

373. *Trouver la distance entre deux points donnés.* Soient (x', y'), (x'', y'') ces deux points situés en M et N (fig. 186); menons MR parallèle à Ax, et le triangle rectangle NMR donnera $MN^2 = MR^2 + RN^2$: or, on a

$$NR = NQ - MP = y'' - y', \quad MR = AQ - AP = x'' - x';$$

ainsi la distance cherchée $MN = \delta$ est

$$\delta = \sqrt{(x'' - x')^2 + (y'' - y')^2} \ldots (7).$$

La distance AM du point M à l'origine est $\delta = \sqrt{(x'^2 + y'^2)}$.

Si les deux points devaient être situés sur une droite BN donnée par son équ. $y = ax + b$, x', y', x'', y'' devraient satisfaire à cette équ., d'où $y' = ax' + b$, $y'' = ax'' + b$, et par conséquent $\delta = (x'' - x') \sqrt{(1 + a^2)}$.

374. *Trouver la distance d'un point à une ligne donnée.* Soient $y = ax + b$, l'équ. de la droite BC (fig. 187), M ou M' (x', y') le point. Il faut 1°. abaisser la perpendiculaire MM' sur BC; 2°. chercher le point N de rencontre de ces lignes; 3°. mesurer la distance MN ou $M'N = \delta$. Pratiquons ces opérations en analyse. 1°. L'équ. de la droite indéfinie MM' qui passe par le point (x', y'), et qui est perpendiculaire à BC, est (5), n° 371; 2°. on éliminera x et y entre les équ. des deux droites, et on aura les coordonnées du point N d'intersection; 3°. enfin, on mettra ces valeurs pour x'', y'', dans la formule (7).

Mais puisqu'on cherche $x - x'$ et $y - y'$, le calcul se simplifie en préparant ainsi l'équ. $y = ax + b$:

$$y - y' = a(x - x') + b + ax' - y', \quad y - y' = -\frac{1}{a}(x - x');$$

d'où $x - x' = \dfrac{a(y' - ax' - b)}{1 + a^2}$, $y - y' = -\dfrac{y' - ax' - b}{1 + a^2}$;

la somme des carrés de ces quantités est $\left(\dfrac{y' - ax' - b}{1 + a^2}\right)^2 (1 + a^2)$,

donc on a
$$\delta = \frac{y' - ax' - b}{\sqrt{(1 + a^2)}},$$

pour la distance cherchée, ou la longueur MN ou $M'N$ de la perpendiculaire (*).

375. En général, les problèmes relatifs à la ligne droite sont de deux sortes :

1°. Ou, une droite étant donnée, on cherche celui de ses points (x', y') qui satisfait à une condition exigée. a et b sont connus dans $y' = ax' + b$; de plus, la condition à laquelle le point doit satisfaire étant traduite algébriquement, on a une seconde relation entre x' et y'. L'élimination fait donc connaître ces coordonnées. On pourrait avoir plusieurs droites et plusieurs conditions données; mais les choses auraient encore lieu d'une manière analogue.

2°. Ou l'on cherche une droite qui satisfasse, par sa position, à de certaines conditions; alors a et b sont inconnus dans $y = ax + b$, et le problème consiste à les déterminer. Or, les conditions données, traduites en analyse, conduiront à des équ. qui feront connaître a et b; elles ne pourront être qu'au

---

(*) $\sqrt{(1 + a^2)}$ comporte $\pm$; mais il faut préférer le signe qui rend δ positif (n° 168). Or, l'ordonnée du point R ou R' de BC, qui a x' pour abscisse, étant $y = ax' + b$, suivant que le point donné sera en M ou en M', c.-à-d., en dessus ou en dessous de la ligne, on aura $y' >$ ou $< ax' + b$: donc, dans le 2e cas, on prendra $\delta = \dfrac{ax' + b - y'}{\sqrt{(1 + a^2)}}$.

nombre de deux; à moins qu'elles ne comportent elles-mêmes de nouvelles inconnues.

376. Voici plusieurs exemples où ces principes sont appliqués.

I. *Partager en deux parties égales l'angle que forment entre elles deux droites données* AB, AC (fig. 188). Traçons deux axes rectangulaires Ax', Ay, par le point A de concours des lignes; leurs équ. sont $y = ax$, $y = bx$, a et b étant donnés. Soit $y = kx$ celle de la droite cherchée AD; il s'agit de trouver k.

L'angle DAB a pour tangente $\dfrac{a-k}{1+ak}$ (n° 371); celle de l'angle

DAC est $\dfrac{k-b}{1+bk}$; donc $\dfrac{a-k}{1+ak} = \dfrac{k-b}{1+bk}$; d'où

$$k^2 - \frac{2(ab-1)}{a+b}k - 1 = 0.$$

On tire de là la valeur de k, et on la substitue dans $y = kx$. Comme il y a deux racines réelles, k' et k'', le dernier terme -1 est leur produit, ou $k'k'' + 1 = 0$; ce qui apprend que les deux lignes AD, AE, ainsi obtenues, sont à angle droit (n° 370).

Si les axes ne passaient pas par l'origine A, l'équ. cherchée serait $y - y' = k(x - x')$, k ayant la valeur ci-dessus, et x', y' étant les coordonnées du point de concours.

Quand l'une des droites AC est l'axe des x, $b = 0$, et on a simplement $k^2 + \dfrac{2k}{a} = 1$.

II. Étant données les droites AB, Ax (fig. 189), quel est le point D (x', y') tel, que, CD étant parallèle à Ax, on ait $AC = CD$? Prenons A pour origine, Ax pour axe des x; soient $AI = m$, $y = ax$ l'équ. de AB; enfin menons AD, et supposons que $y = kx$ en soit l'équ.; a est donné, et il faut trouver m, x' et y', ou, si l'on veut, x' et k.

On a $CD = AE - AI = x' - m$, et, par condition,

$$AC^2 = m^2 + y'^2 = (x' - m)^2; \text{ donc } y'^2 = x'^2 - 2mx'.$$

Or, le point C est sur AB, et D sur AD; donc $y' = am$ et $y' = kx'$. Éliminant m et y', il vient $ak^2 + 2k = a$, équ. qui prouve (probl. I) que AD coupe par moitié l'angle $BAE : x'$, ne restant pas dans le calcul, est arbitraire; ainsi, tous les points de AD satisfont à la question, qui a une infinité de solutions.

III. Trouver les équ. des perpendiculaires AF, CE, BD (fig. 190) menées de chaque angle du triangle ABC sur le côté opposé, la base $AC = b$ étant prise pour axe des x et l'origine en A; le sommet $B (x', y')$ détermine le triangle.

La droite AB a pour équ. $y = ax$, a étant $\dfrac{y'}{x'}$, parce qu'elle passe en B. Il est aisé d'avoir de même celle de la droite BC, menée par $B (x', y')$, et $C(b, o)$; on a donc, pour les équ. de AB et BC,

$$ y = \frac{y'}{x'} x \; , \; y = \frac{y'}{x' - b} (x - b). $$

De plus CE passe en $C(b, o)$, AF par l'origine; leurs équ. sont donc de la forme $y = A (x - b), y = Bx$; la condition d'être perpendiculaires aux précédentes donne (n° 370)

$$ \frac{Ay'}{x'} + 1 = 0, \; \frac{By'}{x' - b} + 1 = 0; $$

donc les équ. des perpendiculaires sont

$$ y = - \frac{x'}{y'} (x - b), \; y = - \frac{x' - b}{y'} x. $$

Pour trouver le point O où elles se coupent, il faut éliminer x et y; on trouve $x = x' = $ l'abscisse AD du sommet; ainsi ce point O est sur l'ordonnée BD. Donc *les perpendiculaires abaissées des trois angles d'un triangle sur les côtés opposés se coupent en un même point.* En décrivant sur AC la demi-circonf. $AEFC$, et par les points F, E d'intersection, menant AF et CE, puis enfin, par le point O de concours, traçant BD, on aura les trois perpendiculaires.

IV. *Trouver un cercle tangent aux trois côtés d'un triangle* ABC (fig. 190). Cherchons d'abord un point $O (\alpha, \beta)$, qui soit à égale distance de AB et AC; en conservant la notation précédente, l'équ. de AB est $y = \dfrac{y'}{x'}\, x$; donc les longueurs OE, OD des perpendiculaires sont (n° 374)

$$OE = \frac{\alpha y' - \beta x'}{V(x'^2 + y'^2)} = \frac{\alpha y' - \beta x'}{\pm c}, \quad OD = \beta.$$

On a $AB = c$, et l'on met $\pm$, parce que le point inconnu $O\,(\alpha, \beta)$ peut être en dessus ou en dessous de AB. α et β sont déterminés par $OE = OD$, ou $\alpha y' = \beta\,(x' \pm c)$, équ. unique; ce qui prouve qu'il y a une infinité de points O, à égale distance de AB et AC; lesquels, étant sur la ligne dont l'équ. est $y = \left(\dfrac{y'}{x' \pm c}\right) x$, sont situés sur deux droites, qui passent par le sommet A, et font, avec la base AC, des angles dont les tang. sont $\dfrac{y'}{x' \pm c}$. Comme le produit de ces tang. se réduit à -1, à cause de $x'^2 + y'^2 = c^2$, ces deux droites sont perp. entre elles : il s'agit de trouver la position de l'une, AO (fig. 46).

Comme tang $BAC = \dfrac{y'}{x'}$, on a $\cos A = \dfrac{x'}{V(x'^2 + y'^2)} = \dfrac{x'}{c}$; d'où tang $\frac{1}{2} A = \sqrt{\dfrac{c - x'}{c + x'}} = \dfrac{y'}{x' + c}$ (M, n° 359, et en multipliant haut et bas par $c + x'$) : donc $OAB = \frac{1}{2} BAC$, ce qu'on sait d'ailleurs (n° 206). Si l'on mène OA et sa perp., coupant par moitié l'angle BAC et son supplément, le centre cherché sera sur ces lignes. En traçant CO, qui divise par moitié l'angle C, et sa perpend., puis faisant la même chose pour B, les intersections de ces six droites, combinées deux à deux, donneront quatre points qui seront les centres des cercles tangens cherchés : l'un est inscrit au triangle, les trois autres sont tracés extérieurement.

Au lieu de faire les trois perpend. OD, OE, OF égales entre elles, on pourrait se proposer de trouver le point O par la condition que les rapports de ces longueurs fussent donnés.

V. Par le point M (fig. 191), tracer NQ, qui coupe l'angle NBx, et forme le triangle BNQ dont l'aire soit donnée. Bx et By étant les axes, les données sont tang $NBx = a$ et le point

$M(\alpha, \beta)$; l'inconnue est $BQ = z$. L'équ. de NQ, qui passe en $Q(z, o)$, est $y = A(x - z)$; cette droite passe aussi en $M(\alpha, \beta)$; d'où $A = \dfrac{\beta}{\alpha - z}$. L'équ. de BN est $y = ax$. Éliminant x pour avoir l'y du point commun N, il vient $(A - a)\, y = Aaz$; d'où

$$y = \frac{Aaz}{A - a} = \frac{\beta az}{\beta - a\alpha + az}.$$

Or, menons AM parallèle à BN, et faisons $AB = m$. L'équ. de AM, qui passe en $M(\alpha, \beta)$, est $y - \beta = a(x - \alpha)$: pour le point A, $y = o$; d'où $am = a\alpha - \beta$. Introduisant ci-dessus am pour $a\alpha - \beta$, il vient $y = ND = \dfrac{\beta z}{z - m}$.

Cela posé, quelle que soit l'aire donnée, on pourra toujours la transformer en un rectangle, dont la hauteur serait $PM = \beta$ et dont k serait la base. On devra donc avoir $k\beta = \frac{1}{2} zy$, ou $z^2 - 2kz + 2km = o$; ce qui donne deux solutions faciles à construire (n° 330) : la seconde a lieu quand la droite NQ coupe le supplément de l'angle NBQ. (*Voy.* n° 334.)

On pourra s'exercer sur les problèmes suivans.

VI. Étant données les équ. de deux droites AB, AC (fig 188), prendre des parties égales AB, AC, calculer la longueur BD de la moitié de la corde BC, et en conclure l'angle BAC. La formule doit s'accorder avec (2), n° 370.

VII. Dans la même circonstance, chercher l'équ. de la corde BC, et celle de sa perpend. AD, dont la direction doit s'accorder avec le problème I.

VIII. Les perpend. DO, FO, EO (fig. 192), élevées sur le milieu des côtés d'un triangle ABC, concourent en un même point O. En général, si D et F sont situés d'une manière quelconque sur les côtés AB et BC, mais divisent ces côtés proportionnellement (la droite DF est parallèle à AC), toutes les perpend. DO, FO se coupent en des points O situés sur une même droite qui passe par le sommet B.

IX. Trouver les équ. des lignes CD, AF, BE (fig. 192) menées des milieux des côtés du triangle ABC aux angles opposés ; prouver qu'elles concourent en un même point G, qui est aux $\frac{2}{3}$ de chacune, à partir du sommet de l'angle.

Plus généralement, si sur deux côtés AB, BC d'un triangle, on prend des parties quelconques AD, CF proportionnelles à ces côtés, les droites CD et AF se coupent en un point G, situé sur la ligne menée de l'angle B au milieu E, du côté opposé.

Consultez le *Recueil des Propositions* de M. *Puissant*.

Du Cercle.

377. La distance R d'un point $M(x, y)$ à l'origine C (fig. 193) est $R = \sqrt{(x^2 + y^2)}$; ainsi l'équ. du cercle est

$$x^2 + y^2 = R^2 \dots (1),$$

puisque, pour tous ces points, la distance R est constante.

Le même raisonnement (équ. 7, p. 385) prouve que

$$(x - \alpha)^2 + (y - \beta)^2 = R^2 \dots (2),$$

est l'équ. d'un cercle dont le centre a pour coordonnées α et β. Quand l'origine est à l'extrémité O du diamètre $\alpha = R$, $\beta = 0$, et l'on a $(x - R)^2 + y^2 = R^2$, où plutôt

$$y^2 = 2Rx - x^2.$$

Si les x et y font un angle γ, le triangle CPM a l'angle $P = 180° - \gamma$, et la distance constante $CM = R$ de tous les points du cercle au centre C, pris pour origine, est donnée par l'équ. D (n° 355) : l'équ. est donc

$$x^2 + y^2 + 2xy \cos \gamma = R^2 \dots (3).$$

Il est bon de s'exercer à reconnaître la figure d'une courbe et ses propriétés d'après son équ. : bien que ces choses soient connues pour le cercle, nous allons, profitant d'un exemple aussi simple, montrer le parti qu'on peut tirer des équations des courbes pour atteindre à ce but.

378. Comme $y = \pm \sqrt{(R^2 - x^2)}$, à chaque abscisse (fig. 193) répondent deux ordonnées égales et de signes contraires ; de sorte que la courbe est coupée par Ox en deux parties qui coïncident

lorsqu'on plie la figure suivant Ox. La même chose a lieu pour Dy. En faisant $x = 0$, on a $y = \pm R$, et les points y et D de la courbe; plus x croît, plus $\sqrt{(R^2 - x^2)}$, ou y, décroît jusqu'à $x = R$, d'où $y = 0$: ainsi, la courbe yMA s'abaisse sur l'axe des x qu'elle rencontre en A. Elle ne s'étend pas au-delà de A, car y devient imaginaire. De ces notions résulte la figure de la courbe.

Toute droite OM menée par le point $O(-R, 0)$ a pour équ. $y = a(x + R)$; de même pour $A(+R, 0)$ $y = a'(x - R)$ est l'équ. de MA. Le point M de rencontre de ces lignes a pour coordonnées

$$x = \frac{a' + a}{a' - a} R, \ y = \frac{2aa'R}{a' - a}.$$

Pour que ce point soit situé sur la circonf., il faut que l'équ. $x^2 + y^2 = R^2$ soit satisfaite par ces valeurs. Ainsi $aa'(1 + aa') = 0$ est l'équ. de condition qui exprime que les deux cordes se coupent sur la circonf. On en tire $a = 0$, ou $a' = 0$, ou enfin $1 + aa' = 0$: les deux 1ers expriment que, lorsqu'une des cordes est couchée sur le diamètre, la condition est satisfaite, ce qui n'apprend rien : l'autre $1 + aa' = 0$ indique que l'une des cordes ayant une direction quelconque, si l'autre lui est perpénd., le point d'intersection sera sur la circonférence.

Comme $y^2 = R^2 - x^2 = (R + x) \times (R - x)$
et que $R + x = OP, R - x = AP$,
PM est moyen proportionnel entre OP et PA.

La longueur de la corde AM est $\sqrt{[y^2 + (R^2 - x^2)^2]}$; ainsi $AM^2 = 2R^2 - 2Rx = 2R(R - x)$; AM est donc moyen proportionnel entre AP et le diamètre AO.

379. Pour obtenir les intersections d'une droite MN et d'un cercle NKI (fig. 194), on élimine x et y entre les équ. $y = ax + b$, et $x^2 + y^2 = R^2$, de ces lignes; il vient

$$x = -\frac{ab \pm \sqrt{[R^2(1 + a^2) - b^2]}}{1 + a^2} = -\frac{a\delta \pm \sqrt{R^2 - \delta^2}}{\sqrt{(1 + a^2)}},$$

en faisant $\delta = \dfrac{b}{\sqrt{(1 + a^2)}} = $ la distance de la droite au centre

du cercle dont il s'agit (n° 374). Il se présente trois cas.

1°. Si le radical est imaginaire, ou $\delta > R$, la droite ne rencontre pas la circonf.

2°. Si le radical est réel, ou $\delta < R$, le cercle est coupé en deux points ; et comme on peut prendre l'axe des x parallèle à la sécante MN, ou $a = 0$, on trouve $x = \pm \sqrt{(R^2 - b^2)}$; le signe $\pm$ prouve que le rayon perpend. à une corde la coupe en deux parties égales.

3°. Enfin, si le radical est nul, on a $\delta = R$; la droite coupe la circonf. en un seul point, ou plutôt elle est tangente. Soient x', y' les coordonnées du point T de contact ; on trouve

$$x' = \frac{-ab}{1 + a^2}, \quad y' = ax' + b ;$$

d'où $\qquad a = -\dfrac{x'}{y'}, \quad b = \dfrac{x'^2 + y'^2}{y'} = \dfrac{R^2}{y'}.$

Or le rayon CT (fig. 194) mené au point de contact $T(x' ; y')$

ayant pour équ. $y = a'x$, on trouve $a' = \dfrac{y'}{x'}$; d'où $aa' = -1$:

ce qui signifie (n° 370) que ce rayon est perpend. à la tangente. $y = ax + b$ devient

$$yy' + xx' = R^2 \ldots (1) ;$$

c'est l'équation de la tang. au cercle en un point quelconque (x', y') de cette courbe.

Si par un point extérieur $M (\alpha, \beta)$, on veut mener une tang MT, il faut trouver les coordonnées x', y' du point T de contact : elles doivent satisfaire aux équ. du cercle, et α, β, à celle de la tangente ; donc

$$x'^2 + y'^2 = R^2, \quad \beta y' + \alpha x' = R^2 \ldots (2).$$

L'élimination conduit à des équ. du 2e degré en x' et y', en sorte qu'il y a deux points de contact T et T', et par conséquent deux tang. MT, MT' menées par le point donné M. Mais, au lieu d'effectuer ce calcul, observons que nos deux équ. n'ont lieu ensemble, il est vrai, que pour les coordonnées constantes x', y' du point de contact, mais que, si l'on ne prend que la seconde, x' et y' deviennent des variables; d'ailleurs, $\beta y + \alpha x = R^2$ est l'équ. de la droite TT' qui passe par les deux points de contact, puisque leurs coordonnées x' et y' y satisfont. Il est aisé de tracer cette droite (n° 368), et d'en tirer les points de contact et les tangentes.

$y = 0$ donne l'abscisse du point B, où la corde TT' coupe l'axe des x, $CB = \dfrac{R^2}{\alpha}$: comme cette valeur est indépendante de β ou PM, il s'ensuit que si le point M se meut le long de PM, les tang. changent de situation; la corde TT' tourne autour du point fixe B. (*Voy.* 413 et 464, IV.)

On peut aussi présenter le calcul de manière à retrouver le procédé géométrique (n° 208, II). Pour cela, retranchons nos équ. (2), et ne considérons que cette seule différence : x' et y' sont des variables, et les coordonnées du point T ou T' de contact doivent satisfaire à l'équ. $y^2 - \beta y + x^2 - \alpha x = 0$, qu'on peut écrire

$$(y - \tfrac{1}{2}\beta)^2 + (x - \tfrac{1}{2}\alpha)^2 = \tfrac{1}{4}(\alpha^2 + \beta^2).$$

La courbe à laquelle appartient cette équ. passe donc par les deux points de contact. Or, cette courbe est un cercle dont le centre est en m $(\tfrac{1}{2}\alpha, \tfrac{1}{2}\beta)$, et le rayon $= \sqrt{(\tfrac{1}{4}\alpha^2 + \tfrac{1}{4}\beta^2)}$. Si donc on prend $Cp = \tfrac{1}{2}CP$, $pm = \tfrac{1}{2}PM$, m sera le centre, et Cm sera le rayon d'un cercle qui passera par les points de contact cherchés T et T'.

380. Soient deux cercles C et C' (fig. 26), l'origine en C; $CC' = a$ sur l'axe des x; leurs équations sont $x^2 + y^2 = R^2$ pour C, et $(x - a)^2 + y^2 = R'^2$ pour C'. En éliminant x et y, on a pour les points d'intersection

$$x = \frac{a^2 + R^2 - R'^2}{2a} \; ; \quad y = \pm \frac{\sqrt{[4a^2 R^2 - (a^2 + R^2 - R'^2)^2]}}{2a}.$$

L'abscisse étant simple et l'ordonnée double, la ligne CC', qui joint les centres, est perpend. sur le milieu de la corde MN.

Il est aisé de tirer de ces équ. les conditions relatives aux cas où les cercles se coupent ou se touchent (n° 191) : en effet, le radical traité comme p. 327, devient

$$= (a + R + R') (a + R - R') (R + R' - a) (R' + a - R).$$

Admettons que R soit $=$ ou $> R'$; les deux 1ers facteurs seront positifs, et il reste à analyser les cas que peuvent offrir $R + R' - a$ et $R' + a - R$.

1°. Si les signes sont les mêmes, ils ne peuvent être $-$; car on ne peut avoir ensemble $a > R + R'$ et $< R - R'$; ainsi, dès que le radical est réel, les circonf. se coupent en deux points, et l'on a $a < R + R'$, et $> R - R'$.

2°. Si l'un de nos deux facteurs est nul, $a = R + R'$, ou $a = R - R'$; d'où $y = o$, $x = R$, les cercles n'ont donc qu'un point commun sur la ligne qui joint les centres : c'est le cas du contact.

3°. Enfin, si les signes sont contraires, savoir :

$$a > R + R' \quad \text{et} \quad R - R', \quad \text{ou} \quad a < R - R' \quad \text{et} \quad R + R';$$

comme la 1re condition comprend la 2e, il s'ensuit que les cercles n'ont aucun point commun, quand

$$a > R + R', \quad \text{ou} < R - R'.$$

381. Voici quelques autres problèmes à résoudre.

I. Étant donnés une droite et un cercle, mener une tangente parallèle à cette droite.

II. Mener une tangente à deux cercles donnés.

III. Tracer une circonf. tangente à un cercle et à deux droites données (le centre est sur la ligne qui divise l'angle donné en deux parties égales).

Transformation de coordonnées.

382. L'équ. d'une courbe est quelquefois si composée, qu'il est difficile d'en déduire les propriétés; mais il se peut que cette complication tienne aux axes coordonnés auxquels la courbe est rapportée. On a vu, par ex., que le cercle a pour équations

$$(y - \beta)^2 + (x - \alpha)^2 = R^2, \quad y^2 = 2Rx - x^2, \quad x^2 + y^2 = R^2;$$

celle-ci n'est plus simple que parce que l'origine est au centre.
Il convient donc de savoir transformer l'équ. d'une courbe,
de manière à la rapporter à d'autres axes, afin de simplifier les
calculs.

Les axes coordonnés étant Ax, Ay (fig. 195), sous un angle
A quelconque, supposons qu'on veuille prendre d'autres *axes*
$A'x'$, $A'y'$ *parallèles aux* 1ers. Soient $AB = a$, $BA' = b$, les
coordonnées de la nouvelle origine; $AP = x$, $PM = y$, celles
d'un point M; $A'C = x'$, $CM = y'$, les nouvelles coordonnées.
On a $AP = BP + AB$, $PM = MC + CP$, ou

$$x = x' + a, \quad y = y' + b \ldots (A).$$

Ces valeurs, substituées dans l'équ. en x et y d'une courbe, la
traduiront en x' et y', et l'origine sera transportée en $A'(a, b)$.
a et b doivent d'ailleurs avoir des signes dépendans de la position de la nouvelle origine A' relativement à A; en sorte que,
si elle était située en D, a serait positif et b négatif, et il faudrait faire $x = x' + a$, et $y = y' - b$, etc.

383. Supposons que *les axes primitifs* Ax, Ay, *étant rectan-*
gulaires (fig. 196); on veuille, sans changer l'origine A, en
prendre d'autres, tels que Ax', Ay'. Désignons par (xx') l'angle
xAx' que forment les axes de x et x'; de même par (xy')
l'angle xAy'. Pour un point quelconque M, $AP = x$, $PM = y$,
$AL = x'$, $ML = y'$; il s'agit d'exprimer x et y en x', y', et
les angles donnés (xx'), (xy'), qui déterminent la position de
nouveaux axes. On a $x = AK + LI$, ainsi *l'abscisse* x *est la*
projection sur l'axe des x *de la portion de polygone* ALM;
de même $y = LK + IM$. Or, les triangles AKL, LIM donnent (n° 354, A)

$$AK = x' \cos (xx'), \quad KL = x' \sin (xx'),$$
$$LI = y' \cos (xy'), \quad MI = y' \sin (xy');$$

Donc
$$\left. \begin{array}{l} x = x' \cos (xx') + y' \cos (xy') \\ y = x' \sin (xx') + y' \sin (xy') \end{array} \right\} \ldots (B).$$

Si les nouveaux axes sont aussi à angle droit (fig. 197),
$(xy') = 90° + (xx')$; d'où

$$x = x' \cos (xx') - y' \sin (xx') \atop y = x' \sin (xx') + y' \cos (xx')\Big\} \ldots (C).$$

C'est ce que donnent directement des triangles AKL, LIM;

car $\qquad AK = x' \cos(xx'), \quad KL = x' \sin(xx'),$

$\qquad\qquad LI = y' \sin(xx'), \quad IM = y' \cos(xx');$

et de plus $x = AK - IL, y = LK + MI.$

384. Supposons enfin (fig. 196) *que les axes* Ax, Ay *aient une inclinaison quelconque, ainsi que* Ax', Ay'. Pour passer des 1ers aux 2es, résolvons les triangles obliquangles ALK, LMI; il vient (n° 355),

$$\frac{AK}{AL} = \frac{\sin ALK}{\sin AKL}, \quad \text{d'où} \quad AK = \frac{x' \sin (x'y)}{\sin (xy)}$$

$$KL = \frac{x' \sin (xx')}{\sin (xy)}, \quad LI = \frac{y' \sin (yy')}{\sin (xy)}, \quad IM = \frac{y' \sin (xy')}{\sin (xy)};$$

d'où
$$x = \frac{x' \sin (x'y) + y' \sin (yy')}{\sin (xy)} \atop y = \frac{x' \sin (xx') + y' \sin (xy')}{\sin (xy)}\Bigg\} \ldots (D).$$

Quand les axes primitifs Ax, Ay *sont obliques, et que les transformés* Ax', Ay' *sont rectangles* (fig. 197), il suffit de poser ici $(x'y') = 90°$, ou $(x'y)$ complément de (yy'); d'où

$$x = \frac{x' \sin (x'y) - y' \cos (x'y)}{\sin (xy)} \atop y = \frac{x' \sin (xx') + y' \cos (xx')}{\sin (xy)}\Bigg\} \ldots (E).$$

Nous avons supposé partout que l'axe des x' *est situé en dessus de celui des* x, etc., ce qui pourrait ne pas exister dans un cas auquel on voudrait appliquer ces formules; il faudrait alors modifier les signes des sin. et cos. d'après la règle des indirectes (n° 339), en comparant la disposition des axes, dans l'application qu'on veut faire, avec celle des fig. 196 et 197. Par ex., si l'axe des x' est au-dessous de Ax, on fera sin (xx') négatif, cos (xx') positif. (*)

385. Jusqu'ici nous n'avons déterminé la position d'un point sur un plan que par ses distances à deux axes; mais il y a bien des manières différentes de la fixer, ce qui fournit autant de systèmes coordonnés. Supposons, par ex., qu'on connaisse les distances r et r' d'un point à deux autres donnés; en décrivant de ceux-ci comme centres des circonf. avec les rayons r et r', ce point sera situé à l'intersection. On n'emploie guère ce système coordonné, non plus que beaucoup d'autres, parce qu'ils donnent lieu à des calculs compliqués. (Voy. *Géométrie de position,* par Carnot, p. 423.)

Arrêtons-nous aux *coordonnées polaires;* elles sont d'un fréquent usage, parce qu'elles donnent lieu à une analyse facile. La position d'un point M (fig. 199) est donnée par sa distance $AM = r$ à un point fixe A, qu'on nomme *Pôle*, et par l'angle $MAP = \theta$ que fait cette ligne AM avec une ligne fixe donnée Ax; AM est le *Rayon vecteur* du point M.

L'équ. polaire d'une courbe est la relation entre r et θ, pour chacun de ses points. Si le rayon AM tourne autour de A, et que sa longueur varie à mesure qu'il tourne, c.-à-d. avec θ, de manière que l'équ. entre r et θ soit toujours satisfaite, l'extrémité M du rayon vecteur décrira la courbe MN.

Le triangle rectangle AMP, où $AP = x$, $PM = y$, donne

$$x = r \cos \theta, \quad y = r \sin \theta, \quad x^2 + y^2 = r^2.$$

Ainsi pour passer d'un système de coordonnées x et y aux polaires r et θ, il faudra d'abord transformer l'équ. en coordonnées rectangles, si elles sont obliques; prendre pour origine le point A, qui doit être le pôle: enfin la droite Ax, à partir de laquelle

---

(*) Au reste, il est toujours plus court et moins sujet à erreur de tirer directement les formules de transformation de la figure même qu'on considère, en reproduisant sur cette figure les opérations ci-dessus, c.-à-d. en projetant les longueurs x' et y' sur chacun des axes x et y qu'on veut transformer, ces projections étant faites dans les directions de ces derniers axes.

on compte les arcs θ, devra être l'axe des x. Ensuite on mettra $r \cos \theta$ et $r \sin \theta$ pour x et y.

Réciproquement, si l'on a l'équ. en r et θ d'une courbe, en éliminant ces variables à l'aide des relations précédentes, on la traduira en coordonnées rectangulaires x et y.

Prenons pour ex. l'équ. (2) (n° 377), du cercle dont le centre C (fig. 198) a pour coordonnées α et β; elle devient, par nos valeurs de x et y.

$$r^2 - 2r\,(\alpha \cos \theta + \beta \sin \theta) + \alpha^2 + \beta^2 - R^2 = 0.$$

1°. Pour chaque rayon vecteur r, la distance de l'origine A à la courbe est double, AM et AN.

2°. Le produit des deux racines de r est (n° 137, 3°.),

$$AM \times AN = \alpha^2 + \beta^2 - R^2,$$

quantité indépendante de θ; donc, si d'un point fixe A, on mène des droites quelconques, le produit $AM \times AN$ des deux rayons vecteurs est constant pour toutes les sécantes (n°s 221 et 224).

3°. Mettons le pôle en un point B du diamètre BCx, $\beta = 0$, ce qui n'ôte rien à la généralité; d'où

$$r = \alpha \cos \theta \pm \sqrt{(R^2 - \alpha^2 \sin^2 \theta)};$$

α est la distance BC du pôle au centre. La différence de ces racines est la corde $MN = 2\sqrt{(R^2 - \alpha^2 \sin^2 \theta)}$, dont θ est la direction. On connaît donc la position d'une corde qui, menée par un point donné B, a une longueur connue m, puisque $\alpha \sin \theta = \sqrt{(R^2 - \frac{1}{4} m^2)}$.

4°. Que la sécante BM tourne autour de B; par la variation de θ, le rayon vecteur touchera le cercle quand la corde MN sera nulle, ou $R = \pm \alpha \sin \theta$; alors $r = \alpha \cos \theta$, d'où $\tan \theta = \dfrac{R}{r}$.

Cette équ. fixe la direction de la tangente BT, menée par un point extérieur B. La somme des carrés de nos équations est $R^2 + r^2 = \alpha^2$; d'où $r^2 = \alpha^2 - R^2 = (\alpha + R)\,(\alpha - R)$, produit des deux longueurs prises sur tout autre rayon vecteur (n° 225).

5°. β étant toujours nul, si notre dernier terme est zéro, ou $\alpha^2 = R^2$, le pôle est à l'extrémité I du diamètre, et la corde est $IL = 2R\cos\theta$; soit un 2ᵉ cercle IK qui toucherait le 1ᵉʳ au pôle, pour le même rayon vecteur, la corde $IK = 2R'\cos\theta$; donc $\dfrac{IL}{IK} = \dfrac{R}{R'}$, *ou les cordes sont entre elles comme les rayons.*

6°. Enfin, si le pôle est au centre, $\alpha = \beta = o$; d'où $r = R$, quel que soit θ, ce qui est évident.

IV. SECTIONS CONIQUES.

De l'Ellipse.

386. On donne ce nom à une courbe ABO (fig. 206), telle, que, pour chaque point M, les *rayons vecteurs* ou distances $MF = z$, $MF' = z'$ à deux points fixes donnés F et F', qu'on nomme *Foyers*, ont une somme constante $z + z' = AO = 2a$. Pour trouver l'équ. de l'ellipse, prenons le milieu C de FF' pour origine des coordonnées, AO pour axe des x, la perpend. BC pour axe des y; on est assuré d'avance, par sa génération, que la courbe doit être symétrique, par rapport à ces axes, et que l'équ. sera fort simple. On doit, en général, préférer le système de coordonnées, qui est propre à faciliter les calculs et à donner des équ. moins composées.

Soit $FC = c$, x et y les coordonnées de M; on a dans les triangles FMP, $F'MP$, $z^2 = y^2 + FP^2$, $z'^2 = y^2 + F'P^2$, ou
$$z^2 = y^2 + (x-c)^2, \quad z'^2 = y^2 + (x+c)^2, \quad z + z' = 2a.$$

En soustrayant les deux 1ᵉˢ, il vient
$$z'^2 - z^2 = (z' + z)(z' - z) = 2a(z' - z) = 4cx$$

Ainsi, $FM = z = a - \dfrac{cx}{a}$, $F'M = z' = a + \dfrac{cx}{a} \dots$ (1).

Substituant dans la valeur de z^2 ou z'^2 ci-dessus, on trouve
$$a^2 + \frac{c^2 x^2}{a^2} = y^2 + x^2 + c^2 \dots (2).$$

Faisant $x = o$, il vient pour l'ordonnée BC à l'origine. ...

$y^2 = a^2 - c^2$; si l'on représente cette ordonnée par b, on a donc $b^2 = a^2 - c^2$; éliminant c^2, on trouve enfin pour l'*équ.* *de l'ellipse,*

$$a^2 y^2 + b^2 x^2 = a^2 b^2 \ldots (3).$$

387. En résolvant, on a $\quad y = \pm \dfrac{b}{a} \sqrt{a^2 - x^2}$.

Puisque chaque abscisse x donne deux ordonnées y égales et de signes contraires, l'ellipse est telle que $ABOD$ (fig. 203) symétrique par rapport à l'axe AO; elle l'est aussi relativement à BD, puisque $+ x$ et $- x$ donnent la même valeur de y. Ainsi, lorsqu'on plie la figure selon AO ou BD, les parties de la courbe se superposent et coïncident.

y est imaginaire quand $x > \pm a$, x l'est pour $y > \pm b$, donc la courbe est fermée. $BC = b$ est la plus grande ordonnée, $CO = a$ la plus grande abscisse; AO est ce qu'on nomme *le grand axe*, BD est *le petit axe; A* et O sont *les sommets, C le centre.* Ainsi, *l'ellipse est une courbe fermée, telle, que la somme des rayons vecteurs menés des deux foyers à un même point quelconque est constamment égale au grand axe; cet axe est la longueur de la droite qui, passant par les foyers, traverse la courbe de part en part; les extrémités de cette ligne sont les sommets, le milieu est le centre.*

388. Comparons deux ordonnées y, y' d'une même ellipse, qui ont x, x' pour abscisses (fig. 203); les équ. $a^2 y^2 = b^2 (a^2 - x^2)$, $a^2 y'^2 = b^2 (a^2 - x'^2)$ donnent le quotient

$$\frac{y^2}{y'^2} = \frac{a^2 - x^2}{a^2 - x'^2} = \frac{(a + x)(a - x)}{(a + x')(a - x')};$$

or, $CP = x$, $AP = a + x$, $PO = a - x$; ainsi *les carrés des ordonnées sont entre eux comme les produits des distances du pied de ces ordonnées aux deux sommets.*

En changeant x en y, et y en x, l'équ. (3) se change en $b^2 y^2 + a^2 x^2 = a^2 b^2$; ainsi elle conserve la même forme, qu'on prenne AO ou BD pour axe des x.

389. Le cercle ANO décrit du centre C avec le rayon a

(fig. 203), à pour équ. $Y = \frac{a}{b}\sqrt{(a^2 - x^2)}$, où $Y = PN$: com-

parant cette ordonnée à PM (n° 387), on a $\frac{y}{Y} = \frac{b}{a}$. Ainsi le

rapport des ordonnées du cercle et de l'ellipse, qui répondent à une même abscisse, est constant et égal à celui des axes ; y est donc toujours $< Y$: le cercle renferme l'ellipse. Celui qu'on décrit avec le rayon BC y est au contraire renfermé.

– Cette propriété fournit une construction fort simple de l'ellipse. Après avoir tracé les axes donnés AO, BD, et les circonf. inscrite et circonscrite (dont les rayons sont b et a), on mène un rayon quelconque CN, et par les points Q et N, où cette droite coupe les circonf., on trace les parallèles aux axes, QM, NP ; leur section M est un point de l'ellipse ; car on a

$$\frac{PM}{PN} = \frac{CQ}{CN}, \quad \text{ou} \quad \frac{PM}{Y} = \frac{b}{a}; \quad \text{d'où} \quad PM = y.$$

390. La définition de l'ellipse donne un autre procédé pour décrire cette courbe (fig. 206). Après avoir tracé les deux axes AO, BC, du point B comme centre, et avec le rayon CO, décrivez un arc de cercle qui coupera AO en F et F' : ce seront les foyers, à cause de l'équ. $b^2 = a^2 - c^2$ (n° 386). Du centre F et avec un rayon égal à une portion quelconque de AO, telle que KO, tracez un arc vers M ; puis du centre F', avec le reste AK du grand axe, tracez un 2° arc, qui coupera le 1er en M ; ce sera un point de la courbe, car $FM + F'M = AO$: on aura de la sorte quatre points de l'ellipse avec les deux mêmes rayons, en décrivant les arcs des deux côtés des axes. Le même procédé fera connaître autant de points qu'on voudra de la courbe.

Lorsque l'ellipse a de grandes dimensions, on fixe aux foyers F et F' les deux bouts d'un fil long de AO, puis on fait glisser sur ce fil, toujours tendu, un stylet M qui trace la courbe.

391. A mesure que les deux foyers s'éloignent l'un de l'autre, ou que b diminue par rapport à a, l'ellipse s'allonge et s'aplatit davantage ; au contraire, si les foyers se rapprochent, elle s'ar-

rondit; enfin, si ces points se confondent, où $a = b$; on a . . . . . $y^2 + x^2 = a^2$, et la courbe devient circulaire. *On peut donc regarder le cercle comme une ellipse dont les axes sont égaux.*

Les équ. (1) montrent que *les rayons vecteurs de l'ellipse sont rationnels par rapport aux abscisses* x. La distance $FC = c$ est ce qu'on nomme l'*Excentricité*; z et z' deviennent *maximum* ou *minimum* pour $x = \pm a$, savoir, $z = a \pm c$; ainsi, de tous les points de l'ellipse, O est le plus voisin, et A le plus éloigné du foyer F. L'extrémité B du petit axe est à la *moyenne distance*, car $x = 0$, donne $z = z' = a = BF$.

On nomme *Paramètre* la double ordonnée qui passe par le foyer; on l'obtient en faisant $x = c$, où $x^2 = a^2 - b^2$, dans l'équ. (3), et on trouve $y = \pm \dfrac{b^2}{a}$; $p = \dfrac{2b^2}{a} = \dfrac{4b^2}{2a}$. est, donc le

paramètre: c'est une *troisième proportionnelle du grand et du petit axe.*

Pour transporter l'origine au sommet A, il faut changer x en $x - a$ dans l'équ. (3), et l'on trouve $a^2 y^2 = b^2 (2ax - x^2)$.

392. Rapportons l'ellipse à des coordonnées polaires, le pôle étant à l'un des foyers F; changeons x en $x' + c$ dans la valeur (1) de FM, et ensuite x' en $z \cos\theta$, θ étant l'angle MFO; il vient

$$z = \frac{a^2 - c^2}{a + c\cos\theta} = \frac{a(1 - e^2)}{1 + e\cos\theta}.$$

On désigne par e *le rapport de l'excentricité au demi-grand axe*, $c = ae$; le pôle est en F, et les arcs θ sont comptés, à partir du sommet voisin O, dans le sens OMB. Si l'origine est à l'autre foyer F', et les arcs θ comptés dans le même sens, il faut changer ici e en $-e$.

De l'Hyperbole.

393. Cette courbe jouit de la propriété que la différence des rayons vecteurs $F'M - FM$ (fig. 207) est une quantité constante $AO = 2a = z' - z$. En plaçant l'origine au milieu C de

FF', etc..., et reproduisant le calcul du n° 386, on a de même $z'^2 - z^2 = 2a(z' + z) = 4cx$; ainsi

$$FM = z = \frac{cx}{a} - a, \quad F'M = z = \frac{cx}{a} + a \dots (4).$$

Substituant, etc..., puis faisant $c^2 = a^2 + b^2$, il vient

$$a^2 y^2 - b^2 x^2 = - a^2 b^2.$$

On trouvera, comme n° 387, que l'hyperbole est symétrique, par rapport aux axes FF' et Cy; car on a

$$y = \pm \frac{b}{a} \sqrt{x^2 - a^2}.$$

Plus x croît, tant positivement que négativement, et plus y augmente; mais on ne peut prendre $x < \pm a$; y est nul pour $x = a$: donc la courbe ne s'étend pas entre les deux sommets A et O; partant de ces points, elle forme deux branches opposées par leurs convexités et indéfiniment étendues, ouvertes l'une à droite, l'autre à gauche. Le point C est le *centre*, $AO = 2a$ le *premier axe*; l'ordonnée à l'origine est imaginaire, $x = o$ donne $y = \pm b\sqrt{-1}$. Si l'on rend cette quantité réelle en changeant le signe sous le radical, la longueur b qu'on obtient, ou *l'ordonnée centrale rendue réelle*, est ce qu'on nomme le *demi second axe*, qui n'est plus, comme pour l'ellipse, une des dimensions de la courbe.

394. Les ordonnées y et y' (fig. 204), qui répondent aux abscisses x et x', donnent, comme n° 388,

$$\frac{y^2}{y'^2} = \frac{x^2 - a^2}{x'^2 - a^2} = \frac{(x+a)(x-a)}{(x'+a)(x'-a)} = \frac{OP \cdot AP}{OP' \cdot AP'}.$$

On a encore *les carrés des ordonnées proportionnels aux produits des distances de leurs pieds aux deux sommets.*

Quand $a = b$, on a $y^2 = x^2 - a^2$: l'hyperbole est dite *équilatère*.

En changeant x en y, et y en x, l'éq. devient $b^2 y^2 - a^2 x^2 = a^2 b^2$. La forme est la même, au signe près du 2e membre; les x sont comptées sur BD et les y sur CP: l'hyperbole est dite rapportée au centre et au 2e axe (comme fig. 222). —

Changeant x en $x+a$, l'origine vient au sommet A, et l'équ. de l'hyperbole est $a^2 y^2 = b^2 (2ax + x^2)$.

395. Si l'on décrit une ellipse $ABOD$ (fig. 204) sur les mêmes axes, elle sera comprise entre les deux sommets et allongée dans le sens des x ou des y, suivant que a sera $>$ ou $< b$; ce sera un cercle si l'hyperbole est équilatère. Ces courbes ont des propriétés analogues, dont on peut voir les détails dans la *Géométrie de position* de Carnot, p. 143.

396. La définition de l'hyperbole donne un procédé pour décrire cette courbe. Après avoir tracé les axes $F'F$, Cy (fig. 207), et marqué les foyers F, F', on décrira vers M un arc de cercle du centre F, avec un rayon quelconque AG; puis du centre F', avec le rayon OG on décrira un 2e arc; le point M de section sera sur la courbe, puisqu'on a $F'M - FM = AO$. On aura, avec les mêmes rayons, quatre points de l'hyperbole; puis autant de points qu'on voudra en changeant de rayons.

Les équ. (4) montrent que *les rayons vecteurs de l'hyperbole sont rationnels par rapport aux abscisses.*

Le paramètre, ou la double-ordonnée passant par les foyers, conserve la même valeur que pour l'ellipse, $p = \dfrac{2b^2}{a}$.

En raisonnant comme n° 392, on obtient pour l'éq. polaire de l'hyperbole, le pôle étant en F (fig. 207), et faisant l'angle $AFM = \theta$ et $c = ae$,

$$z = \frac{c^2 - a^2}{a + c \cos \theta} = \frac{a(e^2 - 1)}{1 + e \cos \theta}$$

397. En comparant les équ. de l'ellipse et de l'hyperbole, on observe que l'une se change en l'autre, lorsqu'on y remplace b par $b\sqrt{-1}$. Cet artifice de calcul servira à traduire les formules obtenues pour l'une de ces courbes en celles qui conviennent à l'autre.

De la Parabole.

398. Étant donnés un point fixe ou foyer F (fig. 205) et une droite quelconque QQ', la parabole est une courbe dont chaque

point M est à la même distance de F que de QQ', qu'on nomme *directrice*. Prenons pour axe des x, FD perpend. sur QQ', pour origine le milieu A de $FD = p$, et pour axe des y la parallèle AB à QQ'; A est visiblement un point de la courbe. On a $AP = x$, $PM = y$, $QM = DP$, ou $z = \frac{1}{2}p + x$; dans le triangle FMP, $FM^2 = z^2 = y^2 + (x - \frac{1}{2}p)^2$; donc en égalant les valeurs de z, etc., on a $y^2 = 2px$, pour l'*équ. de la parabole*, courbe qui est symétrique par rapport à l'axe des x seulement.

Il résulte de la génération de cette courbe, que *l'ellipse dont le grand axe devient infini se change en une parabole.*

Deux points (x, x'), (y, y') d'une parabole donnent

$$y^2 = 2px, \quad y'^2 = 2px'; \quad \frac{y^2}{y'^2} = \frac{x}{x'}$$

Les carrés des ordonnées sont entre eux comme les abscisses correspondantes.

Si la constante $2p$, qu'on nomme *paramètre*, est inconnue, et qu'on ait un point de la courbe, on voit que $2p$ est 3e proportionnelle à l'abscisse et à l'ordonnée de ce point.

Pour tracer la parabole, dont on a le paramètre $AB = 2p$ (fig. 202), comme y est moyenne proportionnelle entre AB et x, on décrira un cercle BCP qui passe en B, et dont le centre soit en un point quelconque de AO; AC sera l'y qui répond à l'abscisse AP: ainsi les parallèles CM, PM aux axes coordonnés, détermineront un point M de la parabole. On en obtiendra de même autant d'autres qu'on voudra.

Si l'on fait $x = \frac{1}{2}p = AE$ (fig. 205), on a $y = \pm p$; ainsi le paramètre $2p$ est encore, dans la parabole, la double ordonnée passant par le foyer.

399. La génération de la courbe donne un moyen simple pour la tracer. On a vu que $z = \frac{1}{2}p + x$; ainsi le *rayon vecteur est encore rationnel.* Prenez sur l'axe Ax (fig. 205), à partir du sommet A, des distances $AD = AF = \frac{1}{2}p$, F sera le foyer, la perpend. QQ' à Ax sera la directrice; et il s'agit de trouver tous les points M qui sont à égale distance de l'un

et de l'autre. Menez une ordonnée indéfinie quelconque MM', puis du foyer F pour centre, avec PD pour rayon, tracez un arc qui coupera cette droite en deux points M et M' : ces points sont sur la courbe.

Pour avoir l'équ. polaire de la parabole, prenons le foyer F pour pôle, et portons-y l'origine, en faisant $x = x + \frac{1}{2}p$ dans $z = \frac{1}{2}p + x$; enfin, posons FP, ou $x = -z\cos\theta$, l'angle θ étant AFM compté du sommet; il vient $z = \dfrac{p}{1 + \cos\theta}$.

Des Sections d'un cône droit par un plan.

400. On demande l'équ. de la courbe AMO (fig. 200), intersection d'un cône droit IDB par un plan quelconque OA.

Si par l'axe BK on fait passer un plan BDI perpend. au plan coupant (il le sera à la base, n°. 272), l'intersection de ces plans sera la droite AO, projection de l'axe du cône sur le plan coupant; c'est ce qu'on nomme l'*Axe* de la section conique. Par un point quelconque P de cet axe, menons un plan parallèle à la base DI; ses intersections, avec le cône et le plan coupant, seront le cercle FMG et la droite PM, laquelle étant perpend. (n°. 273.) sur FG et AO, est une ordonnée commune aux deux courbes.

Cela posé, soient $AP = x$, $PM = y$; cherchons une relation entre x, y, et les données du problème, qui sont l'angle $BAO = \alpha$, l'angle $DBI = \beta$ et $AB = c$. La propriété du cercle donne $y^2 = FP \times PG$; trouvons FP et PG.

Dans les triangles AFP, POG et ABO, on a (C, n° 355)

$$\frac{\sin\alpha}{\sin F} = \frac{FP}{x}, \quad \frac{\sin O}{\sin G} \text{ ou } \frac{\sin(\alpha+\beta)}{\sin F} = \frac{PG}{PO} = \frac{PG}{AO - x},$$

$$\frac{\sin O}{AB} \text{ ou } \frac{\sin(\alpha+\beta)}{c} = \frac{\sin\beta}{AO}; \quad \text{d'où} \quad AO = \frac{c\sin\beta}{\sin(\alpha+\beta)}.$$

Or, dans le triangle BHF, l'angle F est complément de $\frac{1}{2}\beta$; donc

$$FP = \frac{x\sin\alpha}{\cos\frac{1}{2}\beta}, \quad PG = \frac{\sin(\alpha+\beta)}{\cos\frac{1}{2}\beta}\left(\frac{c\sin\beta}{\sin(\alpha+\beta)} - x\right).$$

et l'on a, pour l'équation demandée,

$$y^2 = \frac{\sin \alpha}{\cos^2 \frac{1}{2}\beta} \left[cx \sin \beta - x^2 \sin (\alpha + \beta) \right] \dots (A).$$

Pour obtenir toutes les sections du cône, il suffit de faire prendre au plan coupant toutes les positions possibles, c'est-à-dire de faire tourner la droite AO autour du point A dans le plan BID, et de changer aussi $AB = c$. Il se présente trois cas.

1°. Lorsque $\alpha + \beta = 180°$, le plan coupant est parallèle à la génératrice BI (fig. 201), et la courbe s'étend à l'infini; en faisant $\sin (\alpha + \beta) = 0$, notre équ. devient (à cause de G, n° 357)

$$y^2 = \frac{\sin^2 \beta}{\cos^2 \frac{1}{2}\beta} . cx = 4cx \sin^2 \tfrac{1}{2}\beta \dots (B).$$

c'est celle d'une *parabole* (*)

2°. Tant que $\alpha + \beta < 180°$, le plan coupant rencontre toutes les génératrices d'un même côté du sommet; la courbe est fermée : (A) en est l'équation.

3°. Enfin, lorsque $\alpha + \beta > 180°$, le plan coupant rencontre les deux nappes de la surface de part et d'autre du sommet; la courbe a donc deux branches étendues à l'infini $M'AN'$; $LO'Q$ (fig. 200), dont la courbure est opposée. Or, $\alpha + \beta > 180°$ change le sinus de signe, et l'on a

$$y^2 = \frac{\sin \alpha}{\cos^2 \frac{1}{2}\beta} \left[cx \sin \beta + x^2 \sin (\alpha + \beta) \right] \dots (C).$$

Dans ces deux derniers cas, si l'on représente par $2a$ *la distance* AO *entre les sommets*, et par K un coefficient constant, on a

$$2a = \frac{c \sin \beta}{\sin (\alpha + \beta)}, \quad K = \frac{\sin \alpha \sin (\alpha + \beta)}{\cos^2 \frac{1}{2}\beta} \dots (D).$$

(*) On aurait pu refaire les raisonnemens précédens; FP (fig. 201) conserve la valeur ci-dessus, en y faisant $\sin \alpha = \sin \beta$; donc $FP = \dfrac{x \sin \beta}{\cos \frac{1}{2}\beta}$: de plus, AL parallèle à FG donne le triangle ABL, dans lequel on a

$$\frac{\sin \beta}{\sin BAL}, \text{ ou } \frac{\sin \beta}{\cos \frac{1}{2}\beta} = \frac{AL}{BL} = \frac{PG}{c}, \text{ etc.}$$

Les équ. A et C deviennent $y^2 = K(2a\,x \mp x^2)$, qui sont celles de l'*ellipse* et de l'*hyperbole* rapportées au sommet (n°s 391 et 394).

L'équ. générale des sections coniques, l'origine étant au sommet, est donc $y^2 = mx + nx^2$. Elle appartient

1°. A la *parabole*, lorsque $n = 0$, $(m = 2p)$;

2°. A l'*ellipse*, quand $n = -\dfrac{b^2}{a^2}$, et $m = \dfrac{2b^2}{a}$;

3°. Enfin à l'*hyperbole*, lorsque $n = \dfrac{b^2}{a^2}$, $m = \dfrac{2b^2}{a}$.

401. Il n'y a rien à changer à tout ce qui vient d'être dit, lorsqu'on fait varier β et c, c.-à-d. les dimensions du cône et la distance AB. On ne peut faire $\beta = 0$, ou $\beta = 180°$; car il n'y aurait plus de cône; et $c = 0$ suppose que le plan coupant passe par le sommet. L'intersection est alors *un point* lorsque $\alpha + \beta < 180°$; *une droite* quand $\alpha + \beta = 180°$ (le plan est tangent au cône); enfin *deux droites* quand $\alpha + \beta > 180°$. Le calcul comprend aussi ces trois cas; car en faisant $c = 0$ dans (A), puis sin $(\alpha + \beta)$ positif, nul et négatif, on trouve

$$y^2 + Kx^2 = 0, \quad y = 0, \quad y^2 = Kx^2.$$

La 1re équ. ne peut être satisfaite qu'autant (n°. 112) que $x = 0$, et $y = 0$, ainsi elle représente *un point*; la seconde est celle d'*une droite*; la troisième, enfin, donne $y = \pm x\sqrt{K}$ qui représente *deux droites*.

Donc, quels que soient le cône et la position du plan coupant, l'équ. (A) est celle des *six sections coniques*; c étant $= 0$, on a les trois sections qui passent par le sommet; et lorsque c n'est point nul, cette équ. *représente une ellipse, une hyperbole ou une parabole, suivant que le coefficient de* x^2 *est négatif, positif ou nul*.

402. Étant donnée l'équ. d'une ellipse, d'une hyperbole, ou d'une parabole rapportée à son sommet, ainsi qu'un cône droit quelconque, il est facile de placer cette courbe sur le cône, c.-à-d. de trouver la situation du plan coupant qui la reproduirait; car, dans les deux derniers cas, on connaît a, K et β, et il s'agit de trouver c et l'angle α, en recourant aux équ. D. Or

la 1re fait connaître c, quand on a tiré α de la 2me; celle-ci devient

$$2K \cos^2 \tfrac{1}{2} \beta = 2 \sin^2 \alpha \cos \beta + 2 \sin \alpha \cos \alpha \sin \beta$$
$$= (1 - \cos 2\alpha) \cos \beta + \sin 2\alpha \sin \beta.$$

Cette équ. de la forme $b = n \sin 2\alpha - c \cos 2\alpha$, a été résolue p. 380.

Et si l'équ. donnée est celle d'une parabole $y^2 = 2px$, l'équ. B donne $p = 2c \sin^2 \tfrac{1}{2} \beta$; d'où l'on tire c, et par suite la position du plan coupant (fig. 201).

Méthode des Tangentes.

403. Si par deux points M et Q (fig. 208) d'une courbe quelconque BMQ, on mène une sécante SMQ, et qu'on fasse varier la position de Q sur la courbe, M restant fixe, la sécante prendra diverses inclinaisons. Si l'on rapproche Q de M jusqu'à faire coïncider ces deux points, la sécante SQ deviendra TM: cette droite se nomme *Tangente; c'est une sécante dont on a fait coïncider les points d'intersection.*

L'équ. de toute droite qui passe en un point M (x', y') est

$$y - y' = A (x - x') \dots (1).$$

Pour déterminer la tangente TM, il suffit d'assigner à $A = $ tang T la valeur qui convient à l'inclinaison de cette droite; il faut pour cela exprimer en analyse les conditions qui lui servent de définition.

Désignons par $x' + h$ et $y' + k$ les coordonnées du 2e point Q d'intersection de la sécante SM, ou $MR = h$, $QR = k$; la tang. de l'angle QMR est $\frac{k}{h} = $ tang S. En changeant x' et y' en $x' + h$, et $y' + k$ dans l'équ. de la courbe, et réduisant, il sera facile d'en tirer $\frac{k}{h}$, qui est la valeur de tang S. Or, tang T est visiblement *la limite de* tang S, lorsqu'on fait varier le point Q pour l'approcher de M; en sorte que si l'on pose tang T ou $A = $ tang $S + \alpha$, α pourra décroître indéfiniment. Si donc la valeur $\frac{k}{h}$ de tang S a la forme $p + \beta$, p étant une quantité invariable, et β une expression en h et k susceptible de devenir, avec ces variables, aussi petit qu'on veut, l'équ. $A = p + β + α$ se partagera (n° 113) en deux autres, dont l'une $A = p$ dé-terminera A. A est donc ce que devient $p + β$, lorsque β est nul, c.-à-d. que A *est ce que devient le rapport* $k : h$, *quand on y pose k et h nuls.*

Concluons de là qu'*il faudra substituer* $y' + k$ *et* $x' + h$ *pour* x' *et* y' *dans l'équ. de la courbe, et en tirer le rapport* $k : h$, *puis y faire k et h nuls*; on obtiendra ainsi la limite de ce rapport, ou A, et par suite l'équ. (1) de la tangente. (*Voy.* p. 426.)

La droite indéfinie MN, perpend. à la tang. au point M de contact, est la *Normale*; l'équ. est facile à déduire de celle de la tang.; puisque ces droites passent par le point M (x', y'); et de plus sont perpend. L'équ. de la normale est (n° 371)

$$y - y' = - \frac{1}{A} (x - x') \dots (2).$$

Les longueurs TP, PN, comprises entre les pieds T, P et N de la tangente, de l'ordonnée et de la normale, sont la *sous-tangente* et la *sous-normale*. En faisant $y = 0$ dans nos équ., on obtient pour x les abscisses AT et AN des points T et N.

sous-tang. $T P$ ou $x' - x = \frac{y'}{A}$. . . (3).

sous-norm. PN ou $x - x' = Ay'$ . . . (4).

Il pourrait arriver que la tangente et la normale n'eussent pas la même disposition que dans notre figure, et que la sous-tangente fût $x - x'$, et la sous-normale $x' - x$, mais alors le signe négatif qui affecterait les valeurs (3) et (4) indiquerait cette circonstance (n° 339).

Les longueurs MT et MN sont appelées aussi, l'une *Tangente*, l'autre *Normale*.

404. Appliquons ces théorèmes à la *parabole* (fig. 205); dont l'équ. est $y^2 = 2px$; on a $y'^2 = 2px'$, $(y' + k)^2 = 2p (x' + h)$, qu'on réduit à

$2ky' + k^2 = 2ph$; d'où $\frac{k}{h} = \tan g. S = \frac{2p}{2y' + k}$.

Faisant k nul, on a $A =$ tang. $T = \dfrac{p}{y'}$.

1°. Équ. de la *tangente* . . . . . . $yy' = p(x + x')$.

2°. Équ. de la *normale* . . . . . . $(y - y')p + (x - x')y' = 0$.

3°. Longueur de la *sous-tang.* $TP = 2x'$.

4°. Longueur de la *sous-norm.* $PN = p$.

Donc *la sous-tangente est double de l'abscisse*, le sommet A est au milieu de TP, le pied T de la tang. *est à gauche du sommet*, et *la sous-normale est constante et égale au demi-paramètre*, double de la distance focale AF.

La norm. $MN = \sqrt{(PM^2 + PN^2)} = \sqrt{(y'^2 + p^2)} = \sqrt{p(2x' + p)}$.

405. Cherchons l'angle $TMF = V$ (fig. 205) que fait le rayon vecteur avec la tangente : ce rayon passe par les points $M(x', y')$ et $F(\tfrac{1}{2}p, 0)$; on a donc $y - y' = A'(x - x')$;

d'où
$$A' = \frac{- y'}{\tfrac{1}{2}p - x'}.$$

D'après la valeur de A pour la tangente TM, on a

$$\text{tang } V = \frac{A' - A}{1 + AA'} = \frac{y'^2 + \tfrac{1}{2}p^2 - px'}{\tfrac{1}{2}py' + x'y'} = \frac{p}{y'},$$

à cause de $y'^2 = 2px'$, et en supprimant le facteur commun $\tfrac{1}{2}p + x'$. Ainsi tang $V = A =$ tang T, *le triangle* TMF *est isoscèle*. Tous les rayons lumineux et sonores SM, qui sont parallèles à l'axe, se réfléchissent à leur rencontre M avec la courbe, et vont au foyer F. De plus, *la tangente* TM *coupe l'angle* QMF *par moitié*, et est perpend. sur le milieu de QF; enfin, $FM = FT$, ce qui offre un nouveau moyen de mener la tang TM.

406. Faisons varier le point de contact $M(x', y')$, et plaçons-le successivement en tous les lieux de la courbe; puis observons les diverses positions qu'affecte la tang., lesquelles dépendent de son équ., c.-à-d. de l'inclinaison tang $T = \dfrac{p}{y'}$, et de l'ordonnée à l'origine, $Ai = \dfrac{px'}{y'} = \tfrac{1}{2}y'$. Il est aisé de voir

que, 1°. au sommet A, x' et y' étant nuls, l'axe des y est tangent; 2°. à mesure que le point de contact M s'éloigne, x' et y' croissent, ainsi que Ai, qui est constamment la demi-ordonnée y', tandis que l'angle T diminue.

La tangente prend toutes les inclinaisons; ainsi *il y a toujours une tangente parallèle à toute droite donnée*: mais, plus l'angle T est petit, plus le contact M et le pied T s'éloignent du sommet. La parallèle à l'axe répond à une distance infinie.

Étant donc donnée une direction, ou A, on tire aisément $y' = \dfrac{p}{A}$, et le point de contact. Par exemple, si A est 1, on a $y' = p$; d'où $x' = \frac{1}{2}p$; le foyer F répond au point G pour lequel la tang. est inclinée de $45°$ sur l'axe, dans toute parabole.

407. L'équ. $yy' = p(x + x')$ peut servir à mener une tang., sans connaître le point M de contact (x', y'), pourvu qu'on donne certaines conditions. Si l'on veut, par ex., qu'elle passe par un point donné $I(\alpha, \beta)$, notre équ. devient $\beta y' = p(\alpha + x')$; éliminant avec $y'^2 = 2px'$, on aura deux valeurs de x' et y', deux points M de contact, et deux tangentes.

Mais l'équ. $\beta y = p(\alpha + x)$ étant satisfaite par les coordonnées des deux points de contact, est l'équation de la corde qui les joint. $y = 0$ donne l'abscisse $x = -\alpha$ du point de section avec l'axe, point commun à toutes les cordes semblables, quel que soit I, pourvu que son abscisse α demeure la même. Ainsi le point I décrivant une parallèle aux y, les deux tangentes, les points de contact, les cordes qui les unissent, varient; le point seul de section de ces cordes avec l'axe reste le même, et la corde tourne autour de ce point, qui est tantôt à droite, tantôt à gauche du sommet, selon que l'abscisse de I est à gauche ou à droite du sommet A.

IM étant la tangente cherchée, qui doit être perpend. sur le milieu de QF, I est à la même distance de F et de Q; le cercle décrit du centre I avec le rayon IF passe par le point Q de la directrice, lequel devient ainsi connu. QM parallèle aux x donne ensuite M, où bien on mène IM perpend. sur QF, et la tangente est tracée. Il ne faut pas craindre que le cercle ne coupe pas la directrice dès que I est extérieur à la courbe; car le problème est alors possible, et le point Q doit exister: on a un 2ᵉ point Q et une 2ᵉ tangente.

408. Appliquons les mêmes principes à l'*Ellipse*. Changeons x et y en $x' + h$, et $y' + k$ dans l'équ. de cette courbe; il vient

$$a^2 y'^2 + b^2 x'^2 = a^2 b^2, \quad a^2 (y' + k)^2 + b^2 (x' + h)^2 = a^2 b^2;$$

d'où $\quad k(2y' + k)a^2 + h(2x' + h)b^2 = 0; \quad \dfrac{k}{h} = -\dfrac{b^2}{a^2} \cdot \dfrac{2x' + h}{2y' + k}$

C'est la valeur de tang S, lorsqu'on veut l'équ. de la sécante en deux points donnés. Pour la tang., on fera h et k nuls, et on aura $A = -\dfrac{b^2 x'}{a^2 y'}$. Il ne reste qu'à substituer dans les équations du n° 403; on a (fig. 210)

1°. Équ. de la *tangente*, $\quad a^2 y y' + b^2 x x' = a^2 b^2$;

2°. Équ. de la *normale*, $\quad y - y' = \dfrac{a^2 y'}{b^2 x'} (x - x')$;

3°. Pour la *sous-tangente*, $\quad TP = \dfrac{a^2 - x'^2}{x'}$;

4°. Pour la *sous-normale*, $\quad PN = \dfrac{b^2 x'}{a^2}$.

1°. La valeur de A ne change pas, lorsque x' et y' prennent des signes contraires; ainsi les tangentes en M et M' sont parallèles (fig. 209).

2°. En faisant $y = 0$ dans l'équation de la tangente, on a $CT = x = \dfrac{a^2}{x'}$; $a > x'$ donne $CT > a$: CT est indépendant de b; ainsi toutes les ellipses décrites avec le même axe AO, ont un même pied T pour la tang TM, $TQ\ldots$, l'abscisse $x' = CP$ demeurant la même. Ainsi, décrivons un cercle AQO sur le diamètre AO, prolongeons l'ordonnée PM en Q, menons la tang TQ, et nous aurons le point T. C'est un moyen facile de tracer la tangente à l'ellipse.

3°. $y = o$ dans l'équ. de la norm. donne $x = CN = \dfrac{a^2 - b^2}{a^2} x'$ (fig. 210); ainsi N et M sont situés du même côté de Cy.

409. Par les points O et A $(\pm a, o)$ menez des droites quelconques ON, AN (fig. 209); leurs équ. sont

$$y = \alpha (x - a), \quad y' = \alpha' (x + a),$$

Le point N de rencontre a pour coordonnées,

$$x = a . \frac{\alpha + \alpha'}{\alpha - \alpha'}, \quad y = \frac{2 a \alpha \alpha'}{\alpha - \alpha'}.$$

Ce point N n'est déterminé qu'autant qu'on fixe les tang. α; α' des directions de AN et NO; mais si elles sont arbitraires, on peut en disposer de manière que l'intersection N soit sur l'ellipse; on dit alors que ces lignes sont des *cordes supplémentaires*. Dans ce cas, nos valeurs de x et y doivent satisfaire à l'équ. $a^2 y^2 + b^2 x^2 = a^2 b^2$, ce qui donne $a^2 \alpha^2 \alpha'^2 + b^2 \alpha \alpha' = o$, où $\alpha \alpha' (a^2 \alpha \alpha' + b^2) = o$. On exprime donc que les cordes se coupent sur l'ellipse, en faisant α ou α' nul (ce qui n'apprend rien), ou $\alpha \alpha' = -\dfrac{b^2}{a^2}$. Ce signe — provient de ce que α et α' sont de signes contraires; car, si NAO est aigu, NOx doit être obtus. Traçons un cercle sur le grand axe; l'angle $AN'O$ étant droit, ANO est obtus. Les cordes supplémentaires du petit axe forment entre elles un angle aigu; ce qu'on démontre de même.

On prouve ces propriétés par l'analyse, ainsi qu'il suit. L'angle $\theta = N$ des deux cordes supplémentaires est donné par

$$\tan \theta = \frac{\alpha - \alpha'}{1 + \alpha \alpha'} = \frac{a^2 \alpha^2 + b^2}{\alpha (a^2 - b^2)},$$

en éliminant α'. Si $a = b$, tang θ est ∞, ou $\theta = 90°$; *le cercle a seul des cordes supplémentaires rectangles, et toutes le sont.* Quand $a > b$, α et tang θ ont même signe: donc les angles ANO, NOx sont obtus ensemble. Si a et b croissent proportionnellement, l'angle θ ne varie pas: ainsi, les directions ON, AN sont constantes, ou *les ellipses dont les axes sont*

dans le même rapport ont les cordes supplémentaires paral-
lèles.

Si θ est donné, α résulte de l'équ. du 2e degré.

$$a^2\alpha^2 - (a^2 - b^2)\,\alpha\,\text{tang}\,\theta + b^2 = 0.$$

Il y a donc deux systèmes de cordes supplémentaires qui for-
ment entre elles un angle donné θ; et ces cordes sont aisées à
construire : les deux valeurs de α ont même signe, à cause du dernier terme $+ b^2$. Les grandeurs de θ sont égales, quand on a
$(a^2 - b^2)^2\,\text{tang}^2\,\theta = 4a^2b^2$; d'où $\text{tang}\,\theta = \dfrac{2ab}{a^2 - b^2}$; puis $\alpha = \dfrac{b}{a}$.

Cette solution sépare les racines réelles des imaginaires (n° 139,
2°.); ainsi *les cordes supplémentaires qui concourent à l'extré-*
mité B du petit axe, se coupent sous le plus grand angle obtus.
Si AN est couché sur AO, l'autre corde est à angle droit;
AN tournant autour de A, l'angle N devient obtus, et
s'accroît jusqu'à ce que les cordes passent en B. Passé ce
terme, AN continuant de tourner, l'angle N diminue et reprend
les mêmes grandeurs.

Pour obtenir graphiquement les cordes supplémentaires qui
font un angle donné, il faut tracer sur AO un segment de cercle
capable de cet angle; l'ellipse est coupée en deux points qui
sont les solutions cherchées.

410. Toute ligne CM menée par le centre C (fig. 209), a
pour équ. $y = A'x$; si de plus on veut qu'elle passe par le
point $M(x', y')$; il faut que $y' = A'x'$; pour la tangente en M,
$A = -\dfrac{b^2x'}{a^2y'}$; d'où $AA' = -\dfrac{b^2}{a^2} = \alpha\alpha'$. Si donc on mène une
corde AN, parallèle à la ligne CM, qui va du centre au point
de tangence, on a $A' = \alpha'$, d'où $A = \alpha$; et la tangente TM
est parallèle à la corde supplémentaire NO, ce qui fournit encore un moyen très simple de mener une tangente à l'ellipse.

411. Faisons décrire la courbe au point de contact $M(x', y')$,
et suivons la tang. dans toutes les positions qu'elle affecte. En O,
$x' = a$, $y' = 0$; l'équ. de TM devient $x = a$; ainsi la tang. est parall.
aux y. A mesure que le point de contact s'élève sur la courbe,

x' décroît et y' croît; donc $A = -\dfrac{b^2 x'}{a^2 y'}$ décroît, et $CT = \dfrac{a^2}{x'}$ croît; ainsi le point T s'éloigne sans cesse, et l'angle MTC diminue jusqu'à ce qu'en B la tangente devienne parallèle au grand axe. La symétrie de la courbe dispense de poursuivre plus loin cet examen: donc, *il n'y a point d'inclinaison donnée qui ne puisse convenir à l'une des tangentes de l'ellipse.*

On obtient le point de l'ellipse où une droite doit la toucher, son inclinaison étant donnée, en cherchant x' et y', lorsque A est connu; on a pour cela les équ.

$$a^2 y'^2 + b^2 x'^2 = a^2 b^2, \quad A a^2 y' + b^2 x' = 0.$$

On peut également résoudre un grand nombre de problèmes relatifs à la tangente, et qu'on traiterait par une analyse semblable.

Cherchons les segmens OH, AK (fig. 210) formés par une tangente quelconque KH sur les tangentes menées aux sommets. On a $a^2 y y' + b^2 x x' = a^2 b^2$; faisant $x = \pm a$, les y sont nos deux segmens, savoir

$$OH = b^2 . \frac{a - x'}{a y'}, \quad OK = b^2 . \frac{a + x'}{a y'}$$

Le produit de ces deux quantités se réduit à b^2; donc le produit des segmens OH, AK, formés par une tangente quelconque KH, est constamment égal au carré du demi petit axe, quelle que soit la direction de cette tangente KH. Nous verrons (p. 434) que les lignes AK et OH peuvent être deux tangentes parallèles quelconques, pourvu qu'au lieu de b^2 on prenne le carré de la longueur Cy, qui leur est parallèle.

412. Cherchons l'inclinaison des rayons vecteurs sur la tang. (fig. 210). Soient $CF = \alpha$, les angles $FMT = V$, $F'MT = V'$. Toute droite qui passe en $F(\alpha, o)$, a pour équ. $y = A'(x - \alpha)$; d'où $A' = \dfrac{y}{x - \alpha}$, pour le rayon vecteur FM, qui passe par le point donné $M(x', y')$. Mais pour l'inclinaison de la tangente,

$$A = -\frac{b^2 x'}{a^2 y'}; \quad a^2 = a^2 - b^2 \text{ donne tang } V = \frac{A - A'}{1 + AA'} = \frac{b^2}{a y'}.$$

En changeant α en $-\alpha$, on a pour tang V' une valeur égale avec un signe contraire; on en conclut que les angles V et V' sont supplémens l'un de l'autre (n° 349). L'angle FMT est aigu et supplément de l'angle obtus $F'MT$, ou plutôt les angles aigus $F'MI$ et FMT sont égaux.

Ainsi, *les rayons vecteurs de l'ellipse, menés au point de contact, sont également inclinés sur la tangente et sur la normale.* Donc, tous les rayons lumineux ou sonores $F'M$, qui partent du foyer F', doivent, à leur rencontre en M avec l'ellipse, se réfléchir à l'autre foyer F. En prolongeant $F'M$, la tang TM divise en deux parties égales l'angle FMG, et la normale l'angle $F'MF$.

413. On peut se servir de cette propriété pour mener une tang. ou une normale en un point donné M de l'ellipse (fig. 210); car, prenant sur le prolongement de $F'M$, $MG = FM$, TM sera perpend. sur le milieu de FG.

Pour mener la tangente TM par un point extérieur donné I, cherchons le point M de contact. Supposons le problème résolu; alors I étant à égale distance de F et de G, le cercle FG, qui passe en F, et dont I est le centre, passe aussi en G; mais $F'G = F'M + MF = AO$; donc le point G est aussi sur le cercle décrit du centre F' avec le rayon AO.

Une fois ces deux cercles tracés, le point G est connu; on mène $F'G$, et l'on a le point M de contact. Il est d'ailleurs certain que les deux cercles doivent se couper, puisque, sans cela, le point G n'existerait pas, et le problème serait absurde; ce qui ne peut être, tant que le point I est extérieur à l'ellipse : on a même deux points G, et partant deux tangentes.

On peut encore traiter le problème comme n°s 379, 3°., et 407; les coordonnées α, β du point extérieur K (fig. 251) devant satisfaire aux équ. de la tang MK et de l'ellipse, on a

$$a^2 \beta y' + b^2 \alpha x' = a^2 b^2, \quad a^2 y'^2 + b^2 x'^2 = a^2 b^2;$$

l'élimination donnerait pour x' et y' des valeurs du 2e degré.

Ainsi, par le point K, on peut mener deux tangentes MK, NK. $a^2\beta y + b^2 ax = a^2 b^2$ est l'équ. de la droite MN qui joint les points de contact, puisqu'elle est satisfaite par $x = x'$ et $y = y'$. Il est donc facile de tracer cette droite et d'en conclure ces points, et enfin les tang.; la figure 251 ne suppose pas les coordonnées rectangulaires.

Comme $y = 0$ donne $\alpha x = a^2$, équ. indépendante de b et β, CE est constant, quelque part qu'on prenne le point K; pourvu que $CA = \alpha$ et le grand axe $2a$ restent les mêmes. Donc, si K se meut sur BB' parallèle aux y, les tangentes et les cordes varient, mais le point E reste fixe, même quand le 2ᵉ axe $2b$ change; en sorte que E a la même position que pour le cercle décrit du centre C avec le rayon a; Le point E, dont l'abscisse est $x = a^2 : \alpha$, est situé au dedans ou au dehors de l'ellipse, suivant que α est $>$ ou $< a$; c.-à-d. suivant que la droite BB' est en dehors de la courbe, ou la coupe.

414. Venons-en maintenant à l'*hyperbole* : on pourrait ici refaire tous les calculs qu'on vient d'appliquer à l'ellipse; mais il suffit de changer dans ceux-ci b en $b\sqrt{-1}$ (nᵒ. 397). On trouve alors les résultats suivans:

1ᵒ. Pour l'inclinaison et l'équ. de la tangente,

$$A = \frac{b^2 x'}{a^2 y'}, \quad a^2 yy' - b^2 xx' = -a^2 b^2.$$

La tangente TM (fig. 207) fait avec l'axe des x un angle aigu; elle est parallèle à celle qu'on mènerait au point M'.

On aura de même l'équ. de la normale.

2ᵒ. $CT = \dfrac{a^2}{x'}$, les points M et T tombent du même côté de l'axe Cy; comme x' est $> a$, T est compris entre C et le sommet A.

$$\text{Sous-tang} = \frac{x'^2 - a^2}{x'},$$

$$\text{Sous-normale} = \frac{b^2 x'}{a^2}.$$

3ᵒ. Pour les deux cordes supplémentaires ON et AN (fig. 211), on a $\alpha\alpha' = \dfrac{b^2}{a^2}$; les deux angles formés avec l'axe des x sont ensemble aigus ou obtus. L'équ. de AN est $y = \alpha(x - a)$; passant par le point $N(x', y')$, on a pour la corde AN, $\alpha = \dfrac{y'}{x' - a}$; donc α et y' sont de même signe, puisque $x' > a$. Ainsi les angles des cordes supplémentaires avec l'axe des x sont aigus quand N est placé comme dans la figure. Ils sont obtus pour la branche supérieure à gauche, etc... Pour la ligne CM et la tang. TM, en M, on a $AA' = \dfrac{b^2}{a^2}$; on conclut donc que le procédé (n° 410), pour mener une tangente à l'ellipse, est applicable ici. On mène au point M de contact la ligne CM; puis la corde ON parallèle à CM; et sa corde supplémentaire NA; celle-ci est parallèle à la tangente TM.

On trouve, comme (n° 409) pour l'angle $\theta = ONA$ des cordes suppl., tang $\theta = \dfrac{a^2\alpha^2 - b^2}{\alpha(a^2 + b^2)}$; or (n° 415) $\alpha > \dfrac{b}{a}$, ou $a^2\alpha^2 > b^2$; ainsi tang θ est positif et l'angle θ est aigu. Si les axes varient dans le même rapport, θ demeure constant.

Quand θ est connu et qu'on cherche α, il faut résoudre l'équ. du 2e degré $a^2\alpha^2 - \alpha(a^2 + b^2)$ tang $\theta = b^2$, dont les racines ne sont jamais imaginaires et ont des signes différens. L'angle θ n'a pas ici de limites comme dans le cas de l'ellipse. On peut construire les deux solutions en décrivant sur AO un segment capable de l'angle donné θ, que doivent faire les cordes supplémentaires, et menant des droites de chaque point de section aux deux sommets. Plus α décroît, c.-à-d. plus AN s'abaisse sur Ax, plus θ diminue, en passant par toutes les grandeurs de 90° à zéro.

4°. Les angles formés par les rayons vecteurs et la tangente conservent la même valeur $\dfrac{b^2}{\alpha y}$; *leurs inclinaisons sur la tangente sont donc les mêmes, ainsi que sur la normale;* TM divise $F'MF$ (fig. 207) en deux parties égales; on construit donc la tangente par le même procédé que pour l'ellipse (n° 412).

Si le point donné est sur la courbe en M, on prend $MG = MF$, et l'on abaisse MT perpend. sur le milieu de FG.

Si le point donné est en I hors de la courbe, du centre I on décrit le cercle FG; puis du centre F', avec un rayon $F'G = F'M - FM = AQ$, on trace un 2ᵉ cercle, *qui coupe* le 1ᵉʳ en deux points; G étant connu, $F'G$ prolongé en M donne le point de contact M. Du reste, les conséquences du n°. 413 ont également lieu ici.

415. Faisons parcourir au point de contact M (fig. 212) les divers points de la courbe. En A ($x' = a$, $y' = o$), l'équ. de la tang. devient $x = a$; ainsi DD' tangente au sommet est parallèle aux y. A mesure que le point M s'élève sur la courbe, pour connaître les positions successives de la tangente, il faut en déterminer le pied T et les diverses inclinaisons; mais on ne peut déduire ces angles de la valeur $A = \dfrac{b^2 x'}{a^2 y'}$, parce que x' et y' croissent ensemble. Pour lever cette difficulté, mettons pour ay' sa valeur $\pm b\sqrt{(x'^2 - a^2)}$, et divisons haut et bas par bx'; il vient

$$A = \frac{\pm b}{a\sqrt{\left(1 - \dfrac{a^2}{x'^2}\right)}}, \quad CT = \frac{a^2}{x'}$$

Or, plus x' croît et plus A et CT décroissent; en sorte que, d'une part, le pied T de la tangente approche sans cesse du centre C sans y atteindre, et de l'autre, l'angle T diminue en même temps. Mais cette diminution de T n'a pas lieu indéfiniment; car le radical approche de plus en plus de *un* et ne peut dépasser ce terme, qu'il n'atteint même qu'à $x = \infty$; alors $A = \pm \dfrac{b}{a}$ et $CT = o$. Du reste, il est inutile de continuer le mouvement du point M sur les autres parties de la courbe, à cause de la symétrie.

Pour construire ces expressions, portons au sommet A les ordonnées $AD = AD' = b$, traçons CD et CD'; ces droites ont pour équ. $y = \pm \dfrac{b}{a} x$; elles sont *les limites de toutes les tangentes, et ne rencontrent la courbe qu'à l'infini* : cette courbe est entièrement renfermée dans l'angle QCQ' et son opposé.

La tangente fait avec le 1er axe un angle compris entre DCA et un droit ; on ne peut donc mener une tangente parallèle à une droite donnée CI, passant en C, qu'autant que CI est dans l'angle DCH.

416. Quand deux courbes s'étendent à l'infini, on dit que l'une est ASYMPTOTE de l'autre, si *elle s'en approche de plus en plus, et si l'on peut s'éloigner assez pour que leur distance soit moindre que toute quantité donnée.* L'équ. de l'hyperbole est

$$y = \pm \frac{b}{a} \sqrt{x^2 - a^2} = \pm \frac{b}{a} x \left(1 - \frac{a^2}{2x^2} - \frac{a^4}{8x^4} \cdots \right),$$

en développant $\sqrt{(x^2 - a^2)}$ (p. 194) : le 1er terme excepté, x n'entre qu'au dénominateur ; ainsi tous ces termes décroissent indéfiniment quand x augmente. L'équ. $Y = \pm \frac{b}{a} x$ appartient donc à deux droites CQ, CQ' (fig. 212), dont l'ordonnée $PQ > PM$ donne la différence MQ aussi petite qu'on veut. Ces droites, que nous savons être *les limites des tangentes*, sont donc aussi les asymptotes de l'hyperbole.

Si l'hyperbole est équilatère, $a = b$; les asymptotes sont à angle droit.

On trouvera que la propriété démontrée à la fin du n° 411 subsiste aussi pour l'hyperbole.

417. Éliminons y entre l'équation de l'hyperbole et celle $y = kx \pm l$ d'une droite quelconque, pour avoir les points de section : nous trouvons

$$(a^2k^2 - b^2) x^2 + 2a^2klx + a^2(l^2 + b^2) = 0.$$

Cette équ. du 2e degré se réduit au 1er quand $a^2k^2 = b^2$, ou $k = \pm \frac{b}{a}$, d'où $x = -\frac{l^2 + b^2}{2kl}$. Une parallèle aux asymptotes ne coupe donc la courbe qu'en un point. (Le 2e point de section est à l'infini.) Pour l'asymptote même, $l = 0$, et les deux sections sont à l'infini. En général, on a

$$x = - \frac{a^2 kl \pm ab \sqrt{(l^2 + b^2 - a^2 k^2)}}{a^2 k^2 - b^2};$$

et comme $y = kx + l$, le radical est le même pour x et y. Pour que la droite coupe l'hyperbole, x et y doivent être réels ; distinguons trois cas, selon que

$$a^2 k^2 =, < \text{ ou} > l^2 + b^2.$$

Dans le 1er cas, la droite n'a qu'un point commun avec l'hyperbole ; l'équ. du 2e degré devenant un carré, la droite touche la courbe. (*Voy.* n° 424.) On peut tirer de là un moyen de mener une tangente par un point extérieur $I(x', y')$ (fig. 207) ; car $y - y' = k(x - x')$ devant aussi être l'équ. de la droite, on voit que $l = y' - kx'$, qui, avec l'équ. $a^2 k^2 = l^2 + b^2$, détermine k et l.

Dans le 2e cas, il y a deux points de section. Posons

$$a^2 k^2 = l^2 + b^2 - \alpha^2 ; \text{ d'où } x = - a \frac{akl \pm b\alpha}{l^2 - \alpha^2};$$

et si la droite passe au centre, $l = 0$,

$$x = \pm \frac{ab}{\alpha}, \quad y = \pm \frac{kab}{\alpha}, \quad k = \frac{\sqrt{(b^2 - \alpha^2)}}{a} < \frac{b}{a}.$$

Toute droite MM' (fig. 207), qui passe par le centre C, et est dans l'angle asymptotique, coupe la courbe en deux points opposés M et M', dont les abscisses sont égales en signes contraires ; il en est de même des ordonnées, et de CM et CM'.

Dans le 3e cas, la droite ne coupe pas la courbe. Si $l = 0$, on a $ak > b$, la droite passe par le centre et est dans l'angle QCH (fig. 212) ; elle est parallèle à deux tangentes ; tandis qu'au contraire toute ligne qui est dans l'angle QCQ' coupe la courbe et n'a aucune tangente parallèle.

418. Rapportons l'hyperbole aux asymptotes Cb', Cb (fig. 213), pour axes des x' et y' ; menons MP parallèle à Cb ; $CP = x'$, $PM = y'$. L'angle $xCb = \alpha$ a pour tangente $\frac{b}{a}$ (n° 415) ; d'où, en faisant pour abréger,

$$2m = \sqrt{(a^2 + b^2)},$$

$$\cos \alpha = \frac{a}{\sqrt{(a^2 + b^2)}} = \frac{a}{2m}, \quad \sin \alpha = \frac{b}{\sqrt{(a^2 \mp b^2)}} = \frac{b}{2m};$$

les formules générales (B, n° 383) deviennent

$$2mx = a(y' + x'), \quad 2my = b(y' - x').$$

Au sommet A, où $y = 0$, on a $x' = y'$, $CD = DA$; $CBAD$ est donc un losange, ce qui suit aussi de ce que l'ang. $DAC = DCA$. Substituons ces valeurs d'x et y dans $a^2y^2 - b^2x^2 = -a^2b^2$; il vient $x'y' = m^2$ pour l'équ. demandée. En faisant $x' = y'$, on a $CD = m = \frac{1}{2}\sqrt{(a^2 + b^2)}$. Si l'on compte les x et y positifs, selon Cb et CH', l'équ. est $xy = -m^2$.

On nomme m^2 *la puissance de l'hyperbole*; si elle est équilatère, $CBAD$ est un carré $= m^2 = \frac{1}{2}a^2$.

De $xy = m^2$ on tire que y décroît quand x augmente, et réciproquement; ce qui prouve que les axes sont en effet des asymptotes.

Nous avons trouvé que $a = 2m\cos\alpha$, $b = 2m\sin\alpha$; ce sont les axes de l'hyperbole qui sont ainsi connus, lorsqu'elle est rapportée à ses asymptotes. Les diagonales CA, DB, du losange $CDAB$, résolvent d'ailleurs le problème; car $2m\sin\alpha = b$, $DL = CD\sin\alpha = m\sin\alpha$, donnent $BD = b$.

419. Multiplions l'équ. $xy = m^2$ par $\sin 2\alpha$; il vient

$$xy \sin bCb' = 2m^2 \sin\alpha \cos\alpha;$$

le 1.er membre (p. 375, V) exprime *l'aire du parallélogramme* $CPMQ$, *qui est par conséquent constante, quelque part qu'on prenne le point* M *sur la courbe*; d'ailleurs le 2.e membre $= \frac{1}{2}ab$; ainsi, *l'aire* $CPMQ$ *est la moitié du rectangle des demi-axes*; ce qui suit aussi de ce que $CA = a$, $BD = b$ et $CBAD = CQMP$.

420. Une semblable transformation pourrait donner l'équ. de la tang. TM au point $M(x', y')$, rapportée aux asymptotes; mais on la trouve directement par ce calcul. Cette équ. est (n° 367)

$$y - y' = A(x - x'),$$

A étant $\dfrac{\sin STH}{\sin TSC}$: changeons, comme n° 403, x' et y' en $x' + h$ et $y' + k$, dans l'équ. $x'y' = m^2$,

$$(x' + h)(y' + k) = m^2; \text{ d'où } \frac{k}{h} = -\frac{y' + k}{x'}.$$

Telle est la valeur de A pour la sécante MN; la limite se rapporte à la tangente; d'où $A = -\dfrac{y'}{x'}$; donc enfin, l'équ. cherchée est

$$x'y + y'x = 2m^2.$$

Faisant $y = 0$, on trouve $x = \dfrac{2m^2}{y'} = 2x'$, abscisse CT du pied T de la tangente, et qui est double de CP; prenant donc $TP = CP$, menant TM, on a la tangente. Comme triangle $SMQ = MTP$, le point M de contact est au milieu de ST.

Puisque $CT = 2x'$ et $CS = 2y'$, l'aire $CST = 2x'y' \sin 2x$ (p. 375), où $= ab$; l'aire CST est donc constante quel que soit le point M; elle égale le rectangle des demi-axes; les quatre triangles TMP, CMP, CMQ, SMQ, sont équivalens.

421. L'équ. d'une sécante bb' est $y = Kx + L$; $y = 0$ donne le point b' de section par l'asymptote, $Cb' = -L : K$. Éliminant x et y avec $xy = m^2$, on a les points N, N' de section avec la courbe; d'où $Kx^2 + Lx = m^2$. Or, (n° 137, 3°.) $-L : K$ est la somme des racines $= Ca' + aN = Cb'$, ou $= Ca' + a'b'$; donc $aN = a'b'$, et les triangles Nab, $N'a'b'$ sont égaux; d'où $bN = b'N'$. Toute sécante a des portions égales comprises entre l'hyperbole et l'asymptote.

On tire de là un procédé facile pour décrire la courbe, lorsqu'on a un de ses points, N et ses asymptotes. *Par ce point menez une droite quelconque bb', prenez $b'N' = bN$, N' sera un 2e point de la courbe.* En répétant cette construction, on obtient autant de points qu'on veut.

Les abscisses aN, Ca' de N et N', étant x', x'', résolvant les triangles abN, $bN'O$, on trouve

$$Nb = x' \cdot \frac{\sin a}{\sin b}, \quad N'b = Nb' = x'' \cdot \frac{\sin a}{\sin b};$$

multipliant ces équ. il vient

$$bN \times Nb' = x'x''. \frac{\sin^2 a}{\sin^2 b} = -\frac{m^2}{K}. \frac{\sin^2 a}{\sin^2 b},$$

à cause du dernier terme de l'équ. $Kx^2 + Lx = m^2$. Or, ce produit est indépendant de L, et toute parallèle à notre sécante l'eût pareillement donné. Donc, *deux sécantes ont même valeur pour le produit* $bN \times b'N$, *que le carré de la demi-tangente* SM, *lorsque ces trois droites sont parallèles.*

422. Le procédé du n° 403, pour trouver A dans l'équ. (1), s'applique à toute équ., quel que soit l'angle des coordonnées ; en suivant attentivement ce qu'on y prescrit, on voit qu'il faut changer x en $x' + h$, y en $y' + k$, dans la proposée, ce qui donne deux sortes de termes ; 1°. ceux qui n'ont ni h ni k, et qui, restant quand ces accroissemens sont nuls, recomposent l'équ. de la courbe et s'entre-détruisent ; 2°. des termes dont h ou k sont facteurs, qui sont destinés à donner leur rapport $k : h$, auquel on substitue A, en faisant h et k nuls.

Mais il est clair que les termes qui disparaissent de ce rapport sont ceux où h et k entraient à une dimension supérieure à la 1re. Donc, si, supprimant les raisonnemens, on s'en tient au matériel du calcul, on voit qu'il faut 1°. *changer* x *en* $x'+h$, y *en* $y' + k$, *et développer* ; 2°. *supprimer tous les termes où* h *et* k *entrent à une dimension supérieure à la* 1re, *ainsi que ceux où* h *et* k *ne sont pas*; ceux-ci reproduisant la proposée, s'entre-détruisent ; enfin, *faisant* $k = Ah$ (h *est facteur commun et s'en va*), *on en tire* A. Substituant dans les équ. du n° 403, on a celles de la tangente et de la normale....

Ainsi, pour $y^2 + 2xy = 2y + x$, on trouve d'abord

$$2y'k + 2x'k + 2y'h = 2k + h,$$

puis

$$2y'A + 2x'A + 2y' = 2A + 1;$$

d'où

$$A = \frac{-y' + \frac{1}{2}}{y' + x' - 1}.$$

Par ex., le point $(1, 1)$ est sur la courbe, puisque ces coordonnées, mises pour x et y, satisfont à la proposée ; on trouve

$A = -\frac{1}{2}$, et l'équ. de la tang., en ce point de la courbe, est

$$y - 1 = -\frac{1}{2}(x - 1), \text{ ou } 2y + x = 3.$$

Prenons encore l'équ. $y^2 = mx + nx^2$, qui appartient à nos trois courbes, suivant les valeurs qu'ont m et n (n°. 400), on trouve

$$2y'k = mh + 2nhx', \quad 2Ay' = m + 2nx',$$

d'où
$$A = \frac{\frac{1}{2}m + nx'}{y'}.$$

423. Quand la tangente est parallèle aux x, il est clair que dès que la branche de courbe est entièrement au-dessous ou au-dessus de la tangente, l'y du point de contact est $>$ ou $<$ que les y voisines. Ainsi l'équ. $A = 0$ doit donner l'y qui est *un maximum* ou *un minimum*; et on la trouve en éliminant x et y entre $A = 0$ et la proposée. $A = \infty$ donne les tangentes parallèles aux y, c.-à-d. les limites de la courbe dans le sens des x.

Soit, par ex., l'équ. $y^2 - xy + \frac{1}{2}x^2 - x + \frac{1}{2} = 0$, pour laquelle on trouve $A = \frac{y - x + 1}{2y - x}$; posant $y - x + 1 = 0$, et éliminant avec la proposée, on obtient $x = 3$ et 1, et $y = 2$ et 0, coordonnées des points où la tangente est parallèle aux x; 2 est la plus grande ordonnée, 0 la plus petite; la courbe ne passe pas au-dessous de l'axe des x, qu'elle touche au point $(1, 0)$; $2y - x = 0$ donne $x = 2 \pm \sqrt{2}$, $y = 1 \pm \sqrt{\frac{1}{2}}$, coordonnées des limites latérales (n°. 454, fig. 230).

424. Étant données l'équ. d'une courbe du 2ᵉ degré, et celle $y = ax + b$ d'une droite, pour trouver les points de section, il faut éliminer y, ce qui conduira à une équ. du 2ᵉ degré en x, dont les racines sont les abscisses des deux points cherchés. Suivant que ces racines, de la forme $x = M + \sqrt{N}$, sont réelles ou imaginaires, la droite a deux points communs avec la courbe, ou ne la coupe pas: mais *si les racines de x sont égales, la droite touche la courbe*. En effet, si a et b sont indéterminés, la droite variant, M et N changeront, et il est évident que les points de section se rapprocheront à mesure que N

décroîtra ; enfin, N étant nul, ces points coïncideront. Ex. :

$$3y = 4x + 2, \quad y^2 - 2xy + 2x^2 + 4x - 5y + 4 = 0 ;$$

l'élimination de y donne $x^2 - 2x + 1 = 0 = (x - 1)^2$; ainsi la droite touche la courbe au point pour lequel $x = 1, y = 2.$

Lorsqu'en faisant $y = 0$, dans une équ., on trouve $(x - x')^2 = 0$, on doit en conclure que la courbe touche l'axe des x au point $(x', 0)$. *Voy.* (fig. 226 et 230, nᵒˢ 443 et 454.)

Du Centre et des Diamètres.

425. Le *Centre* d'une courbe est un point C.(fig. 214 et 215), qui jouit de la propriété *de couper en deux parties égales toutes les cordes*, telles que MM', menées par ce point. Mettons l'origine en C ; menons PM, $P'M'$ parallèles à l'axe Cy ; les triangles CPM, $CP'M'$ sont égaux à cause de $CM = CM'$; d'où $CP = CP'$, $PM = P'M'$. Donc, lorsque l'origine est au centre de la courbe, les ordonnées et les abscisses sont deux à deux égales et de signes contraires. La réciproque a visiblement lieu.

L'angle yCx des coordonnées est ici quelconque.

Donc, pour qu'une courbe ait le centre à l'origine, il est nécessaire, et il suffit, que son équ. ne soit point altérée lorsqu'on y change x en $-x$, et y en $-y$.

Appliquons ce précepte à l'équ. générale du 2ᵉ degré

$$Ay^2 + Bxy + Cx^2 + Dy + Ex + F = 0. \quad (1).$$

Il est manifeste qu'*afin que la courbe ait l'origine pour centre, il faut que son équ. ne contienne pas les termes* Dy *et* Ex ; elle sera de la forme $Ay^2 + Bxy + Cx^2 + F = 0$. C'est pour cela que, par anticipation, nous avons donné le nom de centre au milieu de l'axe de l'ellipse et de l'hyperbole ; et il devient prouvé que toute corde qui passe par ce point y est coupée en deux parties égales.

Mais une courbe pourrait avoir un centre qui ne fût pas situé à l'origine ; alors il faudrait qu'on pût l'y transporter ; on changerait x en $x' + a$, y en $y' + b$; et l'on déterminerait les coordonnées arbitraires a et b de la nouvelle origine, de manière à chasser les termes de 1er degré en x' et y'. Faisons ce calcul pour l'équ. (1) : nous égalerons ces termes à zéro ; et il viendra

$$Bb + 2Ca + E = 0, \quad Ba + 2Ab + D = 0 \dots (2);$$

d'où

$$a = \frac{2AE - BD}{B^2 - 4AC}, \quad b = \frac{2CD - BE}{B^2 - 4AC} \dots (3);$$

et la transformée est $Ay'^2 + Bx'y' + Cx'^2 + Q = 0$; Q désignant le terme tout constant. La courbe du 2e degré a donc un centre toutes les fois que ce calcul est possible, et *elle n'en a qu'un seul*; mais elle n'en a point dans le cas contraire, qui a lieu lorsque $B^2 - 4AC = 0$; les équ. (2) sont alors contradictoires (n° 114, 2°.). Cependant, si l'un des numérateurs de a ou b était en même temps $= 0$, l'autre le serait aussi; il y aurait une infinité de centres; et les équ. (2) rentreraient l'une dans l'autre (n° 114, 3°.).

En général, si a et b représentent des coordonnées variables, les équ. (2) appartiennent à deux droites, dont l'intersection donne le centre; elles sont parallèles lorsqu'il n'y a point de centre, et elles coïncident lorsqu'il y en a une infinité; les centres sont tous les points de cette droite. Ces cas particuliers s'éclairciront bientôt (n° 458).

Donc *la parabole n'a point de centre*, puisque $B^2 - 4AC$ devient $0 - 4 \times 0 = 0$, pour l'équ. $y^2 = 2px$.

426. On dit qu'une ligne est *Diamètre* d'une courbe *lorsqu'elle coupe en deux parties égales toutes les cordes parallèles* menées dans une direction déterminée.

Lorsque deux droites sont réciproquement des diamètres l'une par rapport à l'autre, on les nomme *Diamètres conjugués*. Les axes de l'ellipse et de l'hyperbole sont, par ex., des diamètres conjugués.

427. Pour que l'axe des x soit diamètre, les cordes étant parallèles à l'axe des y, il faut que chaque abscisse donne deux valeurs égales et de signes contraires pour y; ainsi, en résolvant par rapport à y les équ. du 2e degré, qui jouissent de cette pro-

priété, il faut qu'on ait $y = \pm \sqrt{K}$, K contenant x. En faisant le calcul sur l'équ. (1), il est visible que cette condition n'a lieu qu'autant que cette équ. est privée des termes Bxy et Dy.

Les diamètres passent tous par le centre, lorsque la courbe en a un; car ce point coupe en deux parties égales la corde parallèle aux y, aussi bien que toutes les autres cordes.

De même, pour que l'axe des y soit diamètre par rapport à celui des x, il faut que l'équ. de la courbe ne contienne ni Bxy ni Ex. Donc, pour que les deux axes des x et y soient diamètres conjugués, il faut que l'équ. soit privée à la fois des termes Bxy, Dy et Ex, c.-à-d. qu'elle ait la forme

$$Ay^2 + Bx^2 = Q \ldots (4).$$

Ainsi, l'origine est au centre; *l'ellipse et l'hyperbole peuvent avoir des diamètres conjugués, mais la parabole n'en a point.* Tout cela est indépendant de l'angle des coordonnées. Donc

1°. Soit BB' (fig. 214 et 215) un diamètre de l'ellipse ou de l'hyperbole; on a vu (n°s 408, 1°. et 414, 1°.) que les tangentes IG et HK en B et B' sont parallèles; de plus, elles le sont aussi au diamètre conjugué Cy, puisque les cordes qui lui sont parallèles sont coupées au milieu par BB', et qu'à mesure que ces cordes s'approchent de B ou B', les deux extrémités se rapprochent; enfin, les deux points de section se réunissent en B, et la double ordonnée devient nulle. Ainsi, pour que la courbe soit rapportée à ses diamètres conjugués, *l'axe Cy des ordonnées doit être parallèle à la tangente menée au point B ou B', où l'axe Cx des abscisses rencontre la courbe.*

2°. Toute ligne CB, menée par le centre C, est un diamètre dont le conjugué est parallèle à la tangente en B; cela résulte de ce que l'équ. de la courbe rapportée à ce système d'axes, a alors nécessairement la forme (4). Ainsi, *dans l'ellipse et l'hyperbole, il y a une infinité de diamètres conjugués.*

3°. Quand AO (fig. 209, 211) est le 1er axe de l'ellipse ou de l'hyperbole, il y a toujours deux cordes supplémentaires, ON, AN parallèles aux diamètres conjugués; et la relation

$a^2aa' \pm b^2 = 0$, donnée (n°s 409, 414) pour l'inclinaison de ces cordes sur l'axe AO, convient aussi à celle de ces diamètres. Ils conservent des directions parallèles dans toutes les ellipses ou hyperboles dont les axes a et b ont même rapport.

4°. Le problème qui consiste à *trouver des diamètres conjugués qui font un angle donné* θ a été résolu pour les cordes supplémentaires (n° 409); θ a une limite. Cet angle ne peut être droit que pour les axes; dans le cercle, tous les diamètres conjugués sont rectangulaires. Le problème proposé revient à former le triangle ONA, connaissant la base AO et l'angle opposé $N = \theta$; on décrira donc sur AO un segment de cercle capable de l'angle θ, et les deux points de section avec la courbe donneront les positions du sommet N. (*Voy.* n° 431, 4°., et n° 433.)

5°. Si le diamètre conjugué Cy rencontre aussi la courbe, ce qui a lieu pour l'ellipse (fig. 214), on verra de même que IK et GH, tangentes en D et D', sont parallèles au 1er diamètre BB'. Le parallélogramme $GIKH$ est appelé *Circonscrit* à la courbe. Mais Cy (fig. 215) ne rencontre pas l'hyperbole, puisque cette droite est tracée hors de l'angle des asymptotes (n° 417, 3e cas). Le 1er diamètre coupe donc la courbe, mais le 2e ne la rencontre pas.

428. Soient Cx et Cy (fig. 214) les diamètres conjugués d'une ellipse; on nomme BB' et DD' leurs *Longueurs*. Faisons $CB = a'$ et $CD = b'$. Or $y = 0$ donne $x = a'$; $x = 0$ donne $y = b'$; ces conditions étant introduites dans l'équ. (4), on a

$$Ba'^2 = Q, \quad Ab'^2 = Q; \quad \text{d'où} \quad B = \frac{Q}{a'^2}, \quad A = \frac{Q}{b'^2},$$

ce qui change cette équ. en

$$a'^2y^2 + b'^2x^2 = a'^2b'^2 \dots (5);$$

qui est celle de l'ellipse rapportée à ses diamètres conjugués.

429. Soient pareillement Cx et Cy (fig. 215) les diamètres conjugués de l'hyperbole; $CB = a'$ donne $Ba'^2 = Q$, car $y = 0$ répond à $x = a'$. De plus Cy ne coupant pas la courbe, si l'on connaissait l'équ. rapportée aux diamètres Cx, Cy, et qu'on

voulût trouver le point où Cy rencontre la courbe, $x = 0$ donnerait une valeur imaginaire pour y; mais (par les mêmes motifs qu'au n° 393), changeons le signe sous le radical, cette valeur deviendra réelle; représentons-la par b'; alors $x = 0$ devra donner $y^2 = - b'^2$, d'où $- Ab'^2 = Q$, b' ou *la demi-longueur du second diamètre étant l'ordonnée oblique qui répond au centre, mais rendue réelle.* Les équations

$$Ba'^2 = Q, \quad - Ab'^2 = Q, \text{ donnent } B = \frac{Q}{a'^2}, \quad A = -\frac{Q}{b'^2},$$

et en substituant dans (4), on obtient pour l'équ. de l'hyperbole rapportée à ses diamètres conjugués,

$$a'^2 y^2 - b'^2 x^2 = - a'^2 b'^2 \ldots (6),$$

Si l'on prend $CD = CD' = b'$, les parallèles GH, IK à Cx forment le parallélogramme $GIKH$ *inscrit* dans l'hyperbole.

Les équ. (5) et (6) pouvant se déduire l'une de l'autre en mettant $b' \sqrt{-1}$ pour b', il en sera de même des résultats de calculs, qu'on est ainsi dispensé de faire pour l'hyperbole.

430. En changeant x en y et y en x, l'équ. de l'ellipse conserve sa forme; toutes les constructions qu'on fera sur l'un des diamètres seront donc applicables à l'autre. Si l'on compte les x sur le 2° diamètre de l'hyperbole, l'équ. devient

$$b'^2 y^2 - a'^2 x^2 = a'^2 b'^2.$$

431. Puisque les équ. de l'ellipse et de l'hyperbole rapportées aux axes et aux diamètres sont de même forme, il est inutile de reproduire ici les calculs déjà effectués pour les axes, et l'on peut en déduire que

1°. Les carrés des ordonnées PM (fig. 214 et 215) sont proportionnels aux produits des distances PB, PB', de leur pied P aux extrémités B et B' du diamètre (n°ˢ 388 et 394).

2°. Deux ellipses qui ont l'une pour axes, et l'autre pour diamètres conjugués $2a'$ et $2b'$, ont même équ.; ainsi, pour chaque abscisse, l'ordonnée est d'égale longueur, mais sous des directions différentes. Donc, pour tracer une ellipse, lorsqu'on connaît les directions et les longueurs des conjugués CB, CD (fig. 216), on prendra sur la perpendiculaire à BB', $CK = CK' = CD$; puis, à l'aide de la propriété des foyers ou autrement, on décrira l'ellipse $BKB'K'$ sur les axes BB' et KK'; enfin on inclinera chaque ordonnée PN; suivant PM, parallèle à CD. Si $a' = b'$, $BKB'K'$ est un cercle.

Cette construction s'applique visiblement à l'hyperbole; on verra qu'il en est de même de la parabole.

3°. L'inclinaison d'une tangente en un point quelconque (x', y') et l'équ. de cette ligne, sont pour

l'ellipse, $A = -\dfrac{b'^2 x'}{a'^2 y'}$, $\quad a'^2 yy' + b'^2 xx' = a'^2 b'^2$,

l'hyperbole, $A = \dfrac{b'^2 x'}{a'^2 y'}$, $\quad a'^2 yy' - b'^2 xx' = -a'^2 b'^2$.

A n'est plus la tangente de l'angle que cette droite fait avec l'axe des x, mais bien le rapport des sinus des angles qu'elle fait avec les deux diamètres conjugués (n° 367).

4°. En ayant égard à la même distinction, on pourra voir que le calcul fait (n° 409) pour les cordes supplémentaires s'applique ici, et que le procédé qu'on en déduit pour mener une tangente a encore lieu. Soit donc menée du centre C (fig. 217) au point de contact M la ligne CM et la corde parallèle $B'N$; la tangente TM sera parallèle à la corde BN.

Quand l'ellipse et le point M de contact sont donnés, il est aisé de tracer la tangente; car on trouve d'abord le centre C en menant deux cordes parallèles quelconques, et prenant le milieu de la corde BB' qui les coupe par moitié; notre construction s'applique ensuite.

5°. D'un point K (fig. 251), hors de l'ellipse, pris sur une droite donnée BB', menons les tangentes KM, KN, puis le diamètre DD' parallèle à BB', et son conjugué CA. L'analyse du n° 413 peut être reproduite ici; ainsi, l'équ. de la corde MN, qui joint les points de contact M et N est........ $a'^2 \beta y + b'^2 \alpha x = a'^2 b'^2$; ce qui permet de construire cette corde, donne les points M et N; et enfin les deux tangentes. De plus si le point K se meut sur BB', la corde MN et les tangentes varient, mais le point E reste fixe : on a, pour son abscisse, $ax = a'^2$; elle est indépendante de b' et β.

6°. La propriété démontrée à la fin du n° 411 subsiste visiblement, lorsque l'ellipse est rapportée à ses diamètres conjugués, ce qui justifie ce qu'on dit que OH, AK (fig. 210) peuvent être deux tangentes parallèles quelconques. (*Voy.* p. 417.)

Toutes ces constructions ont également lieu pour l'hyperbole.

432. Cherchons maintenant les relations qui existent entre les demi-axes a, b, et les demi-diamètres conjugués a', b'. Reprenons les équ. de la courbe rapportée aux axes et aux diamètres conjugués, et ramenons l'une d'elles à l'autre, à l'aide d'une transformation de coordonnées. Commençons par l'ellipse.

La courbe est rapportée aux axes rectangles CA, CM (fig. 214), et il s'agit de changer les x et y en coordonnées obliques x', y', comptées sur les diamètres conjugués CB, CD; on sait qu'il faut substituer, pour x et y, les valeurs (B, n° 383) dans l'équ.

$$a^2 y^2 + b^2 x^2 = a^2 b^2;$$

savoir $x = x' \cos \alpha + y' \cos \beta$, $y = x' \sin \alpha + y' \sin \beta$,

α, β étant les angles que font avec les x les nouveaux axes CB, CD des x' et y', on obtient

$$(a^2 \sin^2 \alpha + b^2 \cos^2 \alpha) x'^2 + (a^2 \sin^2 \beta + b^2 \cos^2 \beta) y'^2$$
$$+ (a^2 \sin \alpha \sin \beta + b^2 \cos \alpha \cos \beta) 2x'y' = a^2 b^2.$$

Mais on veut que les nouveaux axes soient des diamètres conjugués, c.-à-d. que la transformée soit $a'^2 y'^2 + b'^2 x'^2 = a'^2 b'^2$; le coefficient du terme en $x'y'$ doit donc être nul,

$$a^2 \sin \alpha \sin \beta + b^2 \cos \alpha \cos \beta = 0, \text{ ou tang } \alpha \text{ tang } \beta = -\frac{b^2}{a^2} \dots (1),$$

en divisant par $\cos \alpha$ et $\cos \beta$. De plus faisons successivement y' et x' nuls, pour trouver les longueurs a', b' des diamètres, il viendra

$$(a^2 \sin^2 \alpha + b^2 \cos^2 \alpha) a'^2 = a^2 b^2 \dots (2);$$
$$(a^2 \sin^2 \beta + b^2 \cos^2 \beta) b'^2 = a^2 b^2 \dots (3).$$

Or en éliminant cos α, ou sin α, de la 1re, à l'aide de l'équ. $\sin^2 \alpha + \cos^2 \alpha = 1$; on a

$$a'^2 (a^2 - b^2) \sin^2 \alpha = b^2 (a^2 - a'^2),$$
$$a'^2 (a^2 - b^2) \cos^2 \alpha = a^2 (a'^2 - b^2).$$

Donc en divisant, $\quad \tan^2 \alpha = \dfrac{b^2 (a^2 - a'^2)}{a^2 (a'^2 - b^2)}.$

L'équ. (3) donne de même (en changeant a' en b')

$$\tan^2 \beta = \dfrac{b^2 (a^2 - b'^2)}{a^2 (b'^2 - b^2)}.$$

Substituons dans l'équ. (1) carrée, chassons les dénom. et supprimons les facteurs communs a^4 et b^4,

$$(a^2 - a'^2) (a^2 - b'^2) = (a'^2 - b^2) (b'^2 - b^2);$$

d'où $\quad a^4 - b^4 = a^2 (a'^2 + b'^2) - b^2 (a'^2 + b'^2).$

Toute l'équ. est divisible par $a^2 - b^2$; donc enfin

$$a^2 + b^2 = a'^2 + b'^2 \ldots (4).$$

Multipliant les équ. (2) et (3), on trouve

$$a^4 b^4 = a'^2 b'^2 (a^4 \sin^2 \alpha \sin^2 \beta + b^4 \cos^2 \alpha \cos^2 \beta,$$
$$+ a^2 b^2 (\sin^2 \alpha \cos^2 \beta + \sin^2 \beta \cos^2 \alpha).$$

Retranchant de la parenthèse le carré de la 1re équ. (1), puis divisant par $a^2 b^2$, il vient

$$a^2 b^2 = a'^2 b'^2 (\sin^2 \alpha \cos^2 \beta + \sin^2 \beta \cos^2 \alpha - 2 \sin \alpha \cos \alpha \sin \beta \cos \beta).$$

Ce dernier facteur est le carré de $\sin \beta \cos \alpha - \sin \alpha \cos \beta$, ou $\sin (\beta - \alpha)$; donc

$$a'b' \sin (\beta - \alpha) = ab \ldots (5).$$

Ainsi les trois équ. données par la question, qui étaient 1, 2 et 3, reviennent à 1, 4 et 5, savoir

$$a^2 + b^2 = a'^2 + b'^2 \ldots (4),$$
$$ab = a'b' \sin (\beta - \alpha) \ldots (5),$$
$$a^2 \tan \alpha \tan \beta + b^2 = 0 \ldots (6).$$

Observez que $\beta - \alpha$ est l'angle $DCB = \theta$ que font les diamètres

28.

conjugués; ces lignes étant parallèles à deux cordes supplémentaires, l'équ. (6) résulte aussi de ce qu'on a vu n° 409. Au reste, en éliminant a et b, à l'aide des équ. (4) et (5), on trouve que (6) revient à

$$o = a'^2 \sin \alpha \cos \alpha + b'^2 \sin \beta \cos \beta = a'^2 \sin 2\alpha + b'^2 \sin 2\beta \dots (7).$$

L'équ. (4) prouve que, *dans l'ellipse, la somme des carrés des diamètres conjugués est égale à la somme des carrés des axes.*

Puisque $a'b' \sin \theta$ est (n° 364, V, 2°.) la surface du parallélogramme $CDBK$, la 5e équ. montre que *le parallélogramme circonscrit à l'ellipse a pour aire le rectangle des axes;* ainsi, l'aire $IKHG$ est constante, quelle que soit la position des diamètres conjugués.

Posons $a' = b'$, pour obtenir *les diamètres conjugés égaux.* L'équ. (7) donne $\sin 2\alpha = -\sin 2\beta$; ces diamètres sont donc également inclinés sur le grand axe, de part et d'autre du petit. L'équ. (6) devient $-a^2 \tang^2 \alpha + b^2 = o$;

d'où $\qquad \tang \alpha = \pm \dfrac{b}{a} = \dfrac{BC}{AC}$ (fig. 218).

L'ellipse a donc deux diamètres conjugués égaux, parallèles aux cordes supplémentaires qui joignent les extrémités des axes. Ce sont les diamètres qui font le plus grand angle obtus. Soit CM l'un d'eux; le triangle CPM donne

$$x^2 + y^2 = a'^2 = \tfrac{1}{2}(a^2 + b^2) \quad (\text{équ. } 4):$$

éliminant y^2 de l'équ. $a^2 y^2 + b^2 x^2 = a^2 b^2$, on a $x^2 = \tfrac{1}{2} a^2$, résultat indépendant de b. Ainsi, *les extrémités des diamètres conjugués égaux de toutes les ellipses décrites sur le même grand axe 2a, ont même abscisse $\tfrac{1}{2} a\sqrt{2}$.*

433. Quant à l'équ. qui fixe la position des diamètres conjugués, inclinés sous l'angle θ, elle a été donnée n° 409,

$$a^2 \tang^2 \alpha - (a^2 - b^2) \tang \alpha \, \tang \theta + b^2 = o \dots (8).$$

Les cinq équ. 4, 5, 6; 7, 8, qui n'en forment que quatre distinctes, entre les 7 quantités a, b, a', b', α, α' et θ, servent à en trouver 4, lorsqu'on connaît les 3 autres.

Ainsi, dans ce problème, (consultez le n° 427, 4°.), *trouver les axes, étant donnés deux diamètres conjugués en grandeur et en direction*, on connaît a', b', et θ. Multiplions (5) par ± 2; et ajoutons à (4), nous avons

$$(a \pm b)^2 = a'^2 \pm 2a'b' \sin \theta + b'^2.$$

Cette équ., comparée à D, n° 355, montre que $a+b$ et $a-b$ sont un côté dans deux triangles, dont l'angle opposé est $90° + \theta$ pour l'un, $90° - \theta$ pour l'autre, et a', b' les deux autres côtés.

434. Pour l'hyperbole, sans refaire ces calculs, il suffit de changer b et b', en $b\sqrt{-1}$ et $b'\sqrt{-1}$, et l'on a

$$a'^2 - b'^2 = a^2 - b^2, \quad a'b' \sin \theta = ab,$$
$$a'^2 \sin 2\alpha = b'^2 \sin 2\beta, \quad \text{ou} \quad a^2 \tan \alpha \tan \beta = b^2,$$
$$a^2 \tan^2\alpha - (a^2 + b^2) \tan \alpha \tan \theta = b^2;$$

qui servent aux mêmes usages que pour l'ellipse. On voit donc que, *dans l'hyperbole, la différence des carrés des diamètres conjugués est égale à la différence des carrés des axes, et que le parallélogramme inscrit à l'hyperbole est constant et égal au rectangle des axes.*

Si $a' = b'$, on a $a = b$, et réciproquement: l'hyperbole équilatère a donc seule des diamètres conjugués égaux, et tous le sont deux à deux. On a encore $\tan \alpha \tan \beta = 1$: que CA (fig. 213) soit le 1.er axe, CM et Cy' deux diamètres conjugués égaux; on a $\tan MCA = \cot y''CA = \tan y'Cy$; ou $y'Cy = x'Cx$; et comme l'asymptote SC fait l'angle SCA de 45°, on a $SCM = SCy'$: ainsi, *l'asymptote coupe par moitié les angles de tous les diamètres conjugués de l'hyperbole équilatère.*

435. Les triangles $Q\hat{S}M$, CMP (fig. 213) sont équivalens (n° 420), et l'aire $CPMQ = CMS = \frac{1}{2} ab$: or (page 375) $CMS = \frac{1}{2} SM.CM \sin \theta$, θ étant l'angle CMS des diamètres conjugués; ou $ab = a' \times SM \sin \theta = a'b' \sin \theta$ (n° 434); donc $SM = b'$. *Quel que soit le diamètre* CM, *la longueur et la direction de son conjugué est* ST. Les diagonales HI et GK (fig. 215) du parallélogramme inscrit sont les asymptotes.

436. Le calcul du n° 416 fait sur l'équ. $a'^2 y^2 - b'^2 x^2 = -a'^2 b'^2$

donne $y = \pm \dfrac{b'}{a'} x$ pour équ. des asymptotes, quand les diamètres conjugués sont pris pour axes. Nous pouvons en déduire de nouveau divers théorèmes.

Faisons $x = a' = CM$ (fig. 213); il vient $y = b' = MS = MT$; ainsi M est le milieu de ST (n° 420), et les asymptotes sont déterminées par les extrémités S, T des diamètres conjugués (n° 435).

Pour toute abscisse, il y a deux ordonnées égales et opposées, quand Cy' est parallèle à la tang ST, Cx' coupe donc bb' et NN' par moitié; d'où $bN = b'N'$: et puisque la direction ST est quelconque, toute corde jouit de la même propriété (n° 421).

437. La parabole n'ayant pas de diamètres conjugués, rapportons-la à ses diamètres simples. Pour transporter l'origine A en un point quelconque (a, b), et changer en outre la direction des coordonnées, il faut (n° 383), dans $y^2 - 2px = 0$, faire

$$x = a + cx' + c'y', \quad y = b + sx' + s'y',$$

s et s' désignant les sinus de α et β, c et c' leurs cos.: ce qui donne

$$b^2 - 2pa + 2x'(bs - pc) + 2y'(bs' - pc') + 2ss'x'y' + s^2x'^2 + s'^2y'^2 = 0.$$

Mais, pour que l'axe des x' soit diamètre par rapport à celui des y', il faut (n° 427) que les termes $2ss'x'y'$ et $2y'(bs' - pc')$ disparaissent: donc $ss' = 0$ et $bs' - pc' = 0$. La 1re équ. donne $s = 0$, $c = 1$; la 2e revient à b tang $\theta = p$, θ étant l'angle des x' et y'; elle détermine cet angle, ou la direction de l'axe y': a et b sont arbitraires. Donc *les parallèles QS à l'axe* Ax *sont les seuls diamètres, et le sont tous* (fig. 205). L'équ. transformée est

$$s'^2y'^2 - 2px' + b^2 - 2pa = 0.$$

Mais il suit de la définition (n° 426) que, si une ligne est diamètre relativement à une autre, toute parallèle à cette dernière peut être prise pour axe des y: plaçons l'origine au point M, où l'axe des x' coupe la courbe, nous aurons $b^2 - 2pa = 0$, d'où

$$y'^2 = \frac{2px'}{s'^2} = 2p'x',$$

en faisant $\frac{p}{s'^2} = p'$. Comme tang $\theta = \frac{p}{b}$, la tangente MT à l'origine M est l'axe des y' (n° 404); $2p'$ est ce qu'on nomme le *Paramètre* du diamètre MS; mais

$$\sin \theta = \frac{p}{\sqrt{(p^2 + b^2)}} = \frac{\sqrt{p}}{\sqrt{(p + 2a)}};$$

donc (n° 398) $\qquad 2p' = \frac{2p}{\sin^2 \theta} = 2(p + 2a) = 4MF.$

Ainsi, *le paramètre est le quadruple de là distance de l'origine au foyer.* Réunissons les équ.

$$b \tang \theta = p, \quad p' = p + 2a, \quad b^2 = 2pa.$$

On voit que, lorsqu'on connaît deux des quantités p, p', a, b, et θ, on peut trouver les trois autres (sauf les exceptions analytiques) et construire la courbe; elle a pour équ. $y'^2 = 2p'x'$.

438. De ce que les équ. aux axes et aux diamètres sont de même forme, on peut tirer les conclusions suivantes.

1°. La construction donnée pour l'ellipse (n° 431, 2°.) s'applique à la parabole, lorsqu'on connaît un diamètre et son paramètre $2p'$.

2°. L'équ. de la tangente en un point quelconque (x', y') est $yy' = p'(x + x')$; l'inclinaison sur le diamètre est donnée par $\frac{p'}{y'}$, qui est le rapport des sinus des angles que la tang. fait avec les axes. Si la tangente doit être menée par un point extérieur, la construction et les propriétés données n° 407 ont encore lieu.

3°. La sous-tangente est encore double de l'abscisse; ainsi l'on mènera aisément la tangente en un point donné, connaissant un diamètre.

Si l'on a une parabole tracée MAM' (fig. 205), on pourra déterminer un diamètre, l'axe, le sommet, les tangentes, etc.; car, en menant deux cordes parallèles quelconques, et joignant leurs milieux, on aura un diamètre MS: traçant ensuite la corde MM' perpend. à MS, et AN parallèlement par le milieu P, on aura le sommet A....

On remarquera que $2p' = \dfrac{y'^2}{x'}$; ainsi le paramètre est une troisième proportionnelle à une abscisse et son ordonnée. On décrira
donc facilement une parabole, connaissant la direction d'un
diamètre MS sur Mt, et un point de la courbe : car les coordonnées x', y' de ce point font connaître le paramètre $2p'$,
en sorte qu'on a l'équ. $y^2 = 2p'x$, et qu'on retombe sur ce qu'on
a vu.

Discussion des Équations du second degré.

439. Soit demandé de construire les courbes dont l'équ. est

$$Ay^2 + Bxy + Cx^2 + Dy + Ex + F = 0 \ldots \quad (a);$$

les coefficiens A, B.... sont donnés en grandeurs et en signes.
Les coordonnées seront supposées rectangulaires, attendu que,
sans changer le degré de l'équ., on peut toujours les ramener à
cet état par une transformation (E, n° 384). Comme les courbes ont des formes et des propriétés très différentes, suivant
qu'elles ont ou n'ont pas de centre, nous distinguerons les trois
cas de $B^2 - 4AC$ nul, négatif ou positif. Pour abréger, nous
ferons, par la suite, $B^2 - 4AC = m$.

1er CAS, $B^2 - 4AC = m = 0$.

440. La courbe dont il s'agit étant MDM' (fig. 237), n'a pas
de centre ; Ax et Ay sont les axes. Rapportons cette courbe à
d'autres axes Ax', Ay', aussi à angle droit, et cherchons si
l'on peut prendre ces axes tels, que l'équ. devienne de la forme

$$ay'^2 + dy' + ex' + F = 0 \ldots \quad (b).$$

La même courbe MDM' a pour équ. (a) et (b), les axes étant
différens, si l'on peut, par une transformation de coordonnées,
réduire l'une à devenir identique avec l'autre. L'angle xAx'
des deux axes étant θ, passons de cette dernière à l'autre,
c.-à-d. du système $y'Ax'$ à yAx, à l'aide des équ. (C, n° 383),
où nous ferons négatif cet angle θ des deux axes x et x', parce
que celui x de la transformée (a) est en dessous de celui x' de

l'équ. (b) que nous regardons comme donnée, pour un instant. Faisons donc dans l'équ. (b)

$$y' = y \cos \theta - x \sin \theta, \quad x' = y \sin \theta + x \cos \theta \dots \text{(c)}.$$

Puisque le résultat de cette substitution doit être identique avec (a), et que le nombre constant F est le même des deux parts, il faut que les coefficiens soient respectivement égaux. Comparons donc, terme à terme, le résultat avec (a); nous aurons

$$a \cos^2 \theta = A; \quad a \sin^2 \theta = C \dots \text{(1)},$$
$$- 2a \sin \theta \cos \theta = B \dots \text{(2)},$$
$$d \cos \theta + e \sin \theta = D; \quad e \cos \theta - d \sin \theta = E \dots \text{(3)}.$$

Nous trouvons ainsi 5 équ. pour déterminer les 4 inconnues a, e, d, θ; mais en vertu de la condition $B^2 = 4AC$, (2) rentre dans les relations (1); en sorte que ces 3 équ. n'équivalent qu'à 2, propres à déterminer a et θ, et que le calcul ci-dessus n'est possible que dans le cas de $m = 0$. Ajoutant les deux 1res, il vient

$$a = A + C;$$

d'où $\sin \theta = \sqrt{\dfrac{C}{a}}$, $\cos \theta = \sqrt{\dfrac{A}{a}}$, $\tan g \theta = \sqrt{\dfrac{C}{A}}$, $\sin 2\theta = -\dfrac{B}{a}$.

Éliminant ensuite d et e entre les équ. (3), on a

$$d = D \cos \theta - E \sin \theta, \quad e = D \sin \theta + E \cos \theta \dots \text{(4)},$$

ou $d = \dfrac{D\sqrt{A} - E\sqrt{C}}{\sqrt{a}}$, $e = \dfrac{D\sqrt{C} + E\sqrt{A}}{\sqrt{a}} \dots \text{(5)}.$

La condition $B^2 = 4AC$ rend (n° 138) les trois 1ers termes de l'équ. (a) réductibles au carré d'un binôme, ou $(ky + lx)^2$; alors A et C sont des carrés positifs, dont les racines k et l sont réelles. L'infini, ou l'imaginaire, ne peut donc jamais s'introduire dans ces résultats: ce qui prouve que, dans le cas de $m = 0$, on pourra toujours, par une transformation d'axes, réduire la proposée (a) à la forme (b).

Si A ou C était nul, comme $B^2 = 4AC$, B le serait aussi; la proposée serait donc sous la forme (b), et il n'y aurait pas lieu à changer d'axes : et si l'on avait à la fois A et C nuls, l'équ. (a) serait privée de ses trois premiers termes; c.-à-d. serait au 1er degré.

Dans toute équ. proposée où $m = o$, on fera donc le calcul ci-dessus, ou plutôt on posera de suite la transformée (b), après en avoir trouvé les coefficiens à l'aide de nos équ., et construit le nouvel axe Ax' (fig. 237), d'après la valeur de θ, savoir :

$$\tan \theta = \sqrt{\frac{C}{A}}, \quad \sin 2\theta = -\frac{B}{A+C} \cdots (6).$$

Le signe de $\sin 2\theta$ est contraire à celui de B, ce qui apprend si l'angle 2θ est $> 180°$, c.-à-d. si θ, ou $x'Ax$ étant $>$ qu'un quadrans, l'axe Ax' est au-dessous de Ax. De là résulte le signe du radical qui entre dans les équ. (5), $\sqrt{a}$ conservant toujours le signe $+$. Du reste, ces coefficiens sont compliqués de l'irrationnalité $\sqrt{a}$.

Soit, par ex., $2y^2 - 2xy + \frac{1}{2}x^2 - y - 2x + 5 = o$;

multipliant par 2, pour mettre en évidence le carré parfait, nous avons $A = 4$, $B = -4$, $C = 1$......; d'où $a = 5$, $\tan \theta = \frac{1}{2}$, $\sin 2\theta = \frac{4}{5}$. On prend les radicaux positifs, et l'on trouve $d = o$, $e = -2\sqrt{5}$; d'où $5y'^2 - 2x'\sqrt{5} + 10 = o$. Telle est l'équ. qu'il s'agit de construire, l'axe des x' étant tel, que l'angle xAx' ait $\frac{1}{2}$ pour tangente (on prendra AE quelconque et sa perpend. iE, moitié de AE, fig. 237).

441. Le calcul précédent réduit donc, en général, la proposée à la forme (b), qu'il s'agit maintenant de construire sur les axes rectangulaires Ax', Ay' (fig. 237). Transportons l'origine en un point (h, k); ces deux lettres désignent des arbitraires. En changeant y' et x', en $y' + k$ et $x' + h$, dans l'équ. (b), elle devient

$$ay'^2 + (2ak + d)y' + ex' + (ak^2 + dk + eh + F) = o.$$

Pour déterminer h et k, chassons le terme en y' et le terme constant (la nouvelle origine sera un point de la courbe); posons donc

$$2ak + d = o, \quad ak^2 + dk + eh + F = o;$$

d'où $k = -\dfrac{d}{2a}$, $h = \dfrac{d^2 - 4aF}{4ae} = \dfrac{ak^2 - F}{e} \ldots$ (6).

Telles sont les coordonnées de la nouvelle origine, qui est un des points de la courbe (*) : la transformée est $ay'^2 + ex' = 0$, qui, comparée à $y'^2 = 2px'$, est l'équ. D'UNE PARABOLE rapportée à son axe (**), et tournée dans un sens ou dans le sens contraire, selon que e est positif ou négatif.

Soit l'équ. $2y^2 + 5y - 4x = \tfrac{7}{8}$; on trouve $k = -\tfrac{5}{4}$, $h = -1$; on prendra $AB = -1$, $BC = -\tfrac{5}{4}$ (fig. 224); l'origine est portée de A en C, et l'équ. devient $y'^2 = 2x'$. La parabole a son sommet en C, et le paramètre est 2.

L'équ. $y^2 - 2y + x = 0$, donne $y'^2 = -x$, $AB = BC = 1$ (fig. 225), l'origine passe de A en C, et la parabole est ouverte dans le sens des x négatifs.

Reprenons enfin l'exemple du n° 440, déjà réduit à $5y'^2 - 2x'\sqrt{5} + 10 = 0$, les axes étant Ax', Ay' (fig. 237); nous trouvons $k = 0$, $h = \sqrt{5}$; le sommet, ou la nouvelle origine est en M', prenant $AM' = \sqrt{5}$: l'équ. devient $y'^2 = 2x'\sqrt{\tfrac{1}{5}}$; le paramètre est $\sqrt{\tfrac{4}{5}}$.

442. Il est un cas où notre calcul ne peut se faire, celui où $e = 0$; car h n'entre plus dans le calcul, et demeure arbitraire, en sorte qu'on a deux équ. pour déterminer la seule quantité k. Posant alors seulement $2ak + d = 0$, nous avons, dans cette circonstance,

$$ay'^2 + ak^2 + dk + F = 0, \quad \text{ou} \quad 4a^2y'^2 = d^2 - 4aF.$$

La nouvelle origine est l'un quelconque des points de la parallèle aux x', qui a pour équ. $y' = k$.

(*) Dans les fig. suivantes, A désigne la 1re origine des coordonnées, C la nouvelle.

(**) Observez que si l'équ. (b) était la proposée, et que les axes n'y fussent pas rectangulaires, il ne serait pas nécessaire de les amener à cet état par une 1re transformation, et que les équ. (b) pourraient être appliquées pour transporter l'origine; la parabole serait seulement rapportée à l'un de ses diamètres, comme n° 437; on pourrait alors aussi aisément la construire que si elle l'était à son axe.

1°. Si $d^2 - 4aF > 0$, on a $2ay' = \pm \sqrt{(d^2 - 4aF)}$, équ. qui donne *deux droites parallèles* aux x', et placées à égales distances de cet axe. Telle est, par ex., l'équ. $y'^2 + 4y' + 3 = 0$.

2°. Si $d^2 - 4aF = 0$, on a $y' = 0$, équ. de l'axe des x'; l'équ. (*b*) est donc celle *d'une droite* parallèle aux x'. L'équation $y'^2 + 4y' + 4 = 0$ est dans ce cas.

3°. Si $d^2 - 4aF < 0$, la proposée ne représente *rien*, puisqu'on la ramène à $y^2 + n^2 = 0$, qui est visiblement absurde. C'est ce qui arrive pour l'équ. $y'^2 + 4y' + 5 = 0$.

L'équ. (*b*) devient $ay'^2 + dy' + F = 0$, dans le cas de $e = 0$; on peut lui donner la forme

$$(2ay' + d)^2 - d^2 + 4aF = 0.$$

Ainsi, le 1er membre est plus grand ou plus petit qu'un carré, ou même est un carré exact, selon que $4aF$ est $>$, $<$ ou $= d^2$. On peut aisément voir que l'équ. (*a*) offre la même particularité, et a, dans ce cas, la forme $(ky + lx + c)^2 + Q = 0$, qui est absurde si Q est positif, du 1er degré si $Q = 0$, et enfin qui donne deux droites parallèles si Q est négatif. (*Voy.* p. 463.)

443. Il est donc prouvé que *si* m $= 0$, *l'équ. du 2e degré est celle d'une parabole;* mais que des cas particuliers donnent *une droite, deux parallèles,* ou même *rien.*

Quant à l'équ. $cx^2 + dy + ex + F = 0$, comme elle revient à (*b*), où x est changé en y, et y en x, la courbe est la même, rapportée à l'axe des y: on peut au reste transporter l'origine comme ci-dessus. Par exemple, l'équ. $x^2 + 3y = 2x - 1$, en prenant $AC = 1 = h$ (fig. 226), et portant l'origine de A en C, devient $x'^2 + 3y' = 0$. La parabole est ouverte du côté des y négatifs, et l'axe des y' est celui de la courbe.

On trouve que, 1°. l'équ. $x^2 - 6x + 10 = 0$ ne représente rien; 2°. $x^2 - 6x + 9 = 0$ est l'équ. d'une parallèle aux y; 3°. $x^2 - 8x + 7 = 0$ revient à $x' = \pm 3$, pour $h = 4$; on a deux parallèles aux y.

2ᵉ CAS. $B^2 - 4AC = m$ négatif.

444. La courbe a un centre, auquel nous commencerons par transporter l'origine; car on ne peut plus ici réduire la proposée à la forme (b). Faisons donc le calcul du n° 425, et l'équ: (a) sera ramenée à la forme

$$A y^2 + B x y + C x^2 + Q = 0 \dots \dots (f).$$

Cherchons à la dégager du terme xy, c.-à-d. à la transformer en

$$q y'^2 + p x'^2 + Q = 0 \dots \dots (g).$$

Substituons donc, dans cette dernière, les valeurs (c) de y' et x', et comparons, terme à terme, le résultat à l'équ. (f), pour exprimer l'identité; il viendra

$$q \cos^2 \theta + p \sin^2 \theta = A \dots (1),$$
$$q \sin^2 \theta + p \cos^2 \theta = C \dots (2),$$
$$2 \sin \theta . \cos \theta . (p - q) = B \dots (3).$$

Ces trois équ. servent à déterminer les trois inconnues θ, p et q. La somme des deux 1ʳᵉˢ devient $p + q = A + C$; formant ensuite $B^2 - 4AC$, ou m, en carrant la 3ᵉ et retranchant quatre fois le produit des deux autres, il vient

$$m = -4pq(\sin^4\theta + 2\sin^2\theta . \cos^2\theta + \cos^4\theta) = -4pq(\sin^2\theta + \cos^2\theta)^2,$$

ou $m = -4pq$. Les inconnues p et q, ayant $A + C$ pour somme et $-\frac{1}{4}m$ pour produit, sont les racines de l'équ. du 2ᵉ degré,

$$z^2 - (A + C) z = \tfrac{1}{4} m \dots \dots (i);$$

d'où

$$p \text{ et } q = \tfrac{1}{2}(A + C) \pm \tfrac{1}{2} \sqrt{B^2 + (A - C)^2}.$$

Ces racines p et q sont visiblement toujours réelles.

La différence entre les équ. (1) et (2) est

$$(q - p)(\cos^2 \theta - \sin^2 \theta) = (q - p) \cos 2\theta = A - C;$$

en recourant à l'équ. (3), on trouve donc

$$\sin 2\theta = \frac{-B}{q - p}, \quad \cos 2\theta = \frac{A - C}{q - p}, \quad \tan 2\theta = \frac{-B}{A - C}.$$

Cette dernière valeur, facile à construire, donne 2θ, et, par suite, l'angle θ d'inclinaison de l'axe des x' sur celui des x : le signe de tang 2θ apprendra si 2θ est $>$ ou $<$ 90°; mais, dans tous les cas, θ est $<$ 90°, et l'axe des x' tombe en dessus de celui des x. D'ailleurs, sin 2θ est toujours positif; ainsi $p - q$ doit être de même signe que B : donc q est *la plus grande des deux racines de* z, *si* B *est négatif, et la plus petite, si* B *est positif.* On saura ainsi distinguer entre elles les racines qu'il faut préférer pour p et q.

Soit, par ex., l'équ. $5y^2 + 2xy + 5x^2 + 2y - 2x = \frac{3}{2}$; en transportant l'origine au centre (n° 425), point dont les coordonnées sont $h = \frac{1}{4}$, $k = -\frac{1}{4}$, la proposée devient.... $5y^2 + 2xy + 5x^2 = 2$; on a ensuite, pour l'équation (i), $z^2 - 10z + 24 = 0$; d'où $z = 5 \pm 1$; ainsi, B étant positif, $q = 4$, $p = 6$, puis $4y'^2 + 6x'^2 = 2$, équ. qui reste à construire, les axes des x' et y' étant déterminés par tang $2\theta = \infty$, d'où $2\theta = 90°$, c.-à-d. que l'axe des x' fait un angle de 45° avec celui des x en-dessus duquel il est placé. Ces constructions sont sans difficulté.

445. Ce calcul ne peut présenter aucun cas d'exception. Il est à observer que m est négatif dans le cas actuel; savoir, $B^2 = 4AC - m$: le radical des valeurs de z se réduit à $\sqrt{(A + C)^2 - m}$, qui est $< A + C$. Ces valeurs de p et q sont donc de même signe que $A + C$, en sorte qu'on peut regarder comme positifs p et q dans l'équ. (g), qu'il s'agit maintenant de discuter. Nous examinerons successivement trois cas, selon que Q est nul, positif ou négatif.

1°. Si $Q = 0$, on a $qy'^2 + px'^2 = 0$; équ. qui ne peut subsister que si, à la fois, $x' = 0$, $y' = 0$. On a donc *un point*, qui est l'origine des x' et y'. L'équ. $y^2 - 4xy + 5x^2 + 2x + 1 = 0$ est dans ce cas; le point est $(-1, -2)$, ainsi qu'on le reconnaît par le calcul, qui transforme d'abord la proposée en $y^2 - 4xy + 5x^2 = 0$, puis donne $z = 3 \pm 2\sqrt{2}$, tang $2\theta = -1$, $2\theta = 135°$, enfin $(3 + 2\sqrt{2})y'^2 + (3 - 2\sqrt{2})x'^2 = 0$.

2°. *Si* Q *est positif,* la proposée ne représente *rien,* puisque l'équ. (g) est absurde, trois quantités positives ne pouvant s'entre-détruire. C'est ce qui arrive dans l'ex. précédent ; quand on met, au lieu du dernier terme 1, une valeur $>$ 1.

3°. *Si Q est négatif,* la transformée (g) devient $qy'^2 + px'^2 = Q$. En faisant tour à tour x' et y' nuls, pour obtenir les points où la courbe coupe les nouveaux axes, on obtient

$$y' = \sqrt{\frac{Q}{q}} = b, \quad x' = \sqrt{\frac{Q}{p}} = a ;$$

d'où $q = \frac{Q}{b^2}$, $p = \frac{Q}{a^2}$, puis $a^2 y'^2 + b^2 x'^2 = a^2 b^2$. La courbe est donc UNE ELLIPSE, rapportée à son centre et à ses axes $2a$ et $2b$.

Si, dans l'ex. précédent, on met $-$ 1 au dernier terme, on trouve d'abord $y^2 - 4xy + 5x^2 = 2$, les mêmes valeurs de z et de θ, puis l'équ.

$$(3 + 2\sqrt{2})y'^2 + (3 - 2\sqrt{2})x'^2 = 2,$$

qui appartient à une ellipse dont les axes sont $\sqrt{8(3 \mp 2\sqrt{2})}$.

446. Concluons de cette théorie que l'équ. générale du 2e degré appartient à *l'ellipse, toutes les fois que* m *est négatif;* mais qu'on trouve deux cas particuliers, qui donnent l'un *rien,* l'autre *un point.* Lorsque $m < 0$, les valeurs de z sont de même signe ; elles deviennent égales dans le cas du cercle, puisqu'il faut que $p = q$. En général, les coordonnées étant à angle droit, si $p = q$ dans (g), on a $y'^2 + x'^2 = \frac{Q}{p}$, équ. d'un cercle dont le rayon est $\sqrt{\frac{Q}{p}}$; et *réciproquement, une équ. du* 2e *degré ne peut appartenir au cercle que si elle est privée du terme* xy, *et si les coefficiens de* x^2 *et* y^2 *sont égaux, quand les axes sont rectangulaires.* En effet, puisque le cercle a un centre, on peut y placer l'origine, ce qui met l'équ. sous la forme (f) ; d'un autre côté, on sait que cette équ. doit être $y^2 + x^2 = r^2$, quel que soit l'axe des x ; il est donc visible qu'il faut qu'on ait $B = 0$ et $A = C$. L'équ. $2y^2 + 2x^2 - 4y - 4x + 1 = 0$, est

celle d'un cercle, dont le rayon est $\sqrt{\frac{3}{2}}$, et le centre est au point (1, 1).

3e CAS. $B^2 - 4AC = m$ positif.

447. Tous les calculs du n° 444 conviennent encore ici, en sorte qu'il faut reproduire la même transformation et les mêmes valeurs de θ et z; seulement, comme $B^2 = m + 4AC$, m étant positif, le radical est $> A + C$, et les deux racines de z sont de signes contraires, en sorte que dans la transformée (g) on peut donner le signe $+$ à q, et le $-$ à p; savoir :

$$q y'^2 - p x'^2 + Q = 0 \dots \dots (l).$$

Analysons les cas de Q nul, positif et négatif.

1°. *Si* $Q = 0$, on a $q y'^2 = p x'^2$, d'où $y' = \pm x' \sqrt{\frac{p}{q}}$; il est évident qu'on obtient *deux droites*, CD, CE (fig. 220), qui se croisent à la nouvelle origine, l'axe des x' coupant par moitié l'angle DCE qu'elles font entre elles. L'ordonnée $\pm \sqrt{\frac{p}{q}}$, qui répond à $x' = 1$, sert à construire ces droites; elle est la tangente des angles DCx', ECx'.

Par ex., l'équ. $y^2 - 6xy + x^2 + 2y - 6x + 1 = 0$, en transportant l'origine au point (0, -1), qui est le centre, devient $y^2 - 6xy + x^2 = 0$: on trouve $z^2 - 2z = 8$; d'où $z = 1 \pm 3$; savoir, $q = 4$, $p = -2$ et $y'^2 - \frac{1}{2} x'^2 = 0$; d'où $y' = \pm x' \sqrt{\frac{1}{2}}$: enfin, $\theta = 45°$. Ces constructions n'offrent aucune difficulté.

2°. *Si* Q *est positif*, l'équ. (l) devient $q y'^2 - p x'^2 = - Q$: posant $x' = 0$, on a $y' = \sqrt{\frac{Q}{q}} \sqrt{-1}$; on fait $\sqrt{\frac{Q}{q}} = b$, puis on pose $y' = 0$, et l'on a

$$x' = \sqrt{\frac{Q}{p}} = a, \qquad \sqrt{\frac{Q}{q}} = b;$$

ce sont les demi-axes D'UNE HYPERBOLE, ainsi qu'il suit du calcul de la substitution des valeurs $p = \frac{Q}{a^2}$, $q = \frac{Q}{b^2}$, qui donne $a^2 y'^2 - b^2 x'^2 = - a^2 b^2$. On a un exemple de ce cas en remplaçant $+1$, dans le dernier terme de l'équ. précédente, par 5;

les váleurs de z, θ sont les mêmes, et l'on a $y'^2 - \frac{1}{2}x'^2 = -1$; les axes sont $b = 1, a = \sqrt{2}$.

3°. *Si* Q *est négatif*, on a $qy'^2 - px'^2 = Q$; un calcul semblable, ou seulement le changement de x en y, et y en x, prouve qu'on a une hyperbole dont les axes sont l'inverse des précédens. Qu'on change $+1$ en -3, dans le dernier terme de l'exemple ci-dessus, et l'on trouvera $y'^2 - \frac{1}{2}x'^2 = 1$; les axes sont $a = 1, b = \sqrt{2}$; la courbe coupe le second des axes coordonnés (celui des y').

448. Faisons varier Q dans l'équ. (l). Q étant positif, on a l'hyperbole MAN, LOI (fig. 223); et il suit des valeurs des axes a et b, qu'en prenant $AD = AD' = \sqrt{\dfrac{p}{q}}$, et l'abscisse $CA = 1$ (ou $AD = b$ et $AC = a$), les droites CD et CD' sont les asymptotes de toutes les hyperboles, qu'on obtient à mesure que Q s'accroît; seulement le sommet A s'éloigne de plus en plus, et la courbe s'ouvre sans cesse davantage. Si $Q = 0$, on a les asymptotes mêmes, $qy'^2 - px'^2 = 0$. Enfin, si Q devient négatif, on obtient l'hyperbole $M'A'N'$, $I'O'L'$, tracée entre les mêmes asymptotes, mais dans les autres angles, les sommets A', O' s'éloignant à mesure que Q augmente.

449. Ainsi *l'équ. générale du 2° degré appartient à l'hyperbole, toutes les fois que* m *est positif*; mais, dans un cas particulier, on trouve *deux droites qui se croisent*. Les valeurs de z sont alors de signes différens; et lorsque, abstraction de ce signe, elles sont égales, $C = -A$, l'hyperbole est équilatère. Comme $B^2 - 4AC$ est toujours positif dès que A et C ont des signes différens, on est alors dans le cas de l'hyperbole, quelles que soient les grandeurs de $A, B, C \ldots$. La même chose a lieu si A ou C est nul, c.-à-d. si la proposée est privée de l'un des carrés x^2 et y^2, et même si ces carrés manquent l'un et l'autre. Dans ces divers cas, la marche des calculs est toujours la même: mais comme dans le dernier elle devient très simple, nous l'exposerons ici. Soit proposée l'équ.

$$Bxy + Dy + Ex + F = 0;$$

on transporte l'origine au centre, en faisant $Bk + E = 0$, $Bh + D = 0$; d'où

$$k = -\frac{E}{B}, \quad h = -\frac{D}{B}, \quad x'y' = \frac{Q}{B^2},$$

en posant $Q = DE - BF$. Ces expressions ne sont sujettes à aucune exception. Ainsi l'équ. proposée est celle d'une *hyperbole rapportée à des axes parallèles aux asymptotes*. L'hyperbole est équilatère quand les xy sont rectangulaires (n° 416). Si CD' (fig. 223) est l'axe des x', CD celui des y', la courbe est tracée dans les angles DCD', ECE', si Q est positif; telle est MAN, LOI; elle est $M'A'N', I'O'L'$ quand Q est négatif. Si $Q = 0$, l'équ. proposée appartient aux asymptotes mêmes.

Ainsi, pour l'équ. $xy - 2x + y + m = 4$, les axes étant Ax, Ay, on a $k = 2, h = -1$; on fera $AB = 1$ (fig. 227), $BC = 2$; Cx', Cy' seront les asymptotes de l'hyperbole $x'y' = 2 - m$, qui sera MN, OP, si $m < 2$; $M'N', O'P'$, si $m > 2$; enfin, $m = 2$ donne les droites Cx', Cy'.

450. Il convient de remarquer que, dans les cas de $m >$ ou < 0, si la proposée est privée du terme en xy, le calcul de la discussion est très simple, et se réduit à transporter l'origine au centre; il n'est pas même nécessaire de rendre les coordonnées rectangulaires quand elles ne le sont pas, et l'équ. est alors rapportée aux diamètres conjugués, au lieu de l'être aux axes. En effet, soit la proposée

$$Ay^2 + Cx^2 + Dy + Ex + F = 0;$$

le centre est au point $\left(-\dfrac{E}{2C}, -\dfrac{D}{2A}\right)$, c'est-à-dire qu'on a (*)

$$2Ch + E = 0, \quad 2Ak + D = 0, \quad Ay'^2 + Cx'^2 + Q = 0,$$

(*) Les coordonnées du centre s'obtiennent aisément à l'aide du théorème (504), qui apprend à chasser le 2e terme d'un polynome. Si l'on multiplie respectivement les équ. qui suivent par h et k, et qu'on ajoute, on trouve $Ak^2 + Ch^2 = -\frac{1}{2}(Dk + Eh)$, qui sert à réduire la valeur de Q, ainsi qu'on l'indique plus bas.

en faisant $Q = Ak^2 + Ch^2 + Dk + Eh + F = F - \dfrac{AE^2 + CD^2}{4AC}$.

451. Voici divers exemples de ces calculs.

Les équ. $2y^2 + 3x^2 - 3x - 2y + 2 = 0$, $4y^2 + 2x^2 - 3x + 2 = 0$ ne représentent rien ; la 1re a pour centre $(\frac{1}{2}, \frac{1}{2})$, et se réduit à $2y'^2 + 3x'^2 + \frac{3}{4} = 0$; la 2e a le centre au point $(\frac{3}{4}, 0)$, et donne $4y'^2 + 2x'^2 + \frac{7}{8} = 0$.

L'équ. $y^2 + 2x^2 - 2y + 4x + 3 = 0$ appartient au point $(-1, +1)$.

L'équ. $\frac{3}{2}y^2 + 3x^2 - 12x + 3 = 0$ donne $h = 2$; $k = 0$, puis $\frac{3}{2}y'^2 + 3x'^2 = 9$: les demi-axes de l'ellipse sont $a = \sqrt{3}$, $b = \sqrt{6}$; on prend $AC = 2$ (fig. 219) ; et l'on trace l'ellipse $DFEO$, en formant $DC = \sqrt{3}$, $CO = \sqrt{6}$. Si les coordonnées étaient obliques, ces longueurs seraient celles des demi-diamètres conjugués.

Pour $y^2 + 2x^2 - 2y = 0$, on a une ellipse tangente à l'axe des x, dont le centre est sur l'axe des y au point $(0, 1)$; on a $a = \frac{1}{2}\sqrt{2}$, $b = 1$.

L'équ. $y^2 - 4x^2 + 4y + 12x - 5 = 0$ devient $y' = \pm 2x'$, en transportant l'origine de A en C (fig. 220), $AB = \frac{3}{2}$, $BC = -2$; on prend $y' = 2$ et $x' = \pm 1$, et l'on trace CD et CE.

Pour $2y^2 - 3x^2 - 2y - 3x + \frac{1}{2} = 0$, le centre est au point $(-\frac{1}{2}, \frac{1}{2})$, et l'on a $2y'^2 - 3x'^2 = -\frac{3}{4}$. On prendra $AB = \frac{1}{2} = BC$ (fig. 221), et l'on décrira l'hyperbole, dont $a = \frac{1}{2}$, $b = \sqrt{\frac{3}{8}}$ sont les axes ou les diamètres conjugués, selon que les coordonnées sont rectangles ou obliques.

L'équ. $y^2 - 2x^2 - 2y + 9 = 0$ donne $y^2 - 2x^2 + 8 = 0$, hyperbole pour laquelle $k = 1$, $h = 0$, $a = 2$, $b = 2\sqrt{2}$.

Enfin $3y^2 - 2x^2 + 2x + 3y = \frac{1}{2}$, donne $AB = h = \frac{1}{2}$ (fig. 222), $BC = k = -\frac{1}{2}$; d'où $3y'^2 - 2x'^2 = \frac{3}{4}$, équ. qu'il est aisé de rapprocher de celle de la fig. 221 ; seulement la courbe est placée différemment.

452. Il résulte, de cette exposition, que l'équ. générale du 2e degré présente trois cas : le 1er où $m = 0$, qui donne une *parabole*, outre les cas particuliers *d'une droite*, *de deux parallèles*, et *de rien* ; le 2e où m est négatif, qui donne *une ellipse*, outre les cas particuliers *d'un point* et *de rien* ; le 3e enfin où m

est positif, qui répond à *l'hyperbole*, rapportée soit au 1er, soit au 2° axe, outre un cas qui donne *deux droites non parallèles*. Comme les sections d'un cône par un plan sont précisément une parabole, une ellipse ou une hyperbole ; et que, lorsque la section se fait par le sommet, on a une droite, un point, ou deux droites croisées ; de nos huit cas, six sont des sections coniques : ce qui fait dire que *toutes les équ. du second degré appartiennent aux sections d'un cône par un plan*. Partout où un plan et un cône existent, il ne peut pas arriver qu'il n'y ait pas intersection, ou qu'on ait deux parallèles ; d'où l'on voit que ce théorème souffre deux exceptions.

En faisant mouvoir le plan coupant parallèlement à lui-même, lorsqu'il passe par le sommet, l'ellipse devient un point, la parabole une droite, l'hyperbole deux droites croisées ; c'est ce qui a fait considérer le point comme une sorte d'ellipse dont les axes sont nuls ; une droite, comme une sorte de parabole ; deux droites croisées, comme une hyperbole (n° 401) : ces considérations n'intéressent en rien la théorie.

Dans la discussion présentée n° 439, nous avons dit que si les axes coordonnés étaient obliques, il faudrait d'abord les transformer en rectangulaires ; mais il est plus simple de traiter le problème ainsi qu'il suit.

L'origine étant au centre, l'équ. de la courbe est

$$Ay^2 + Bxy + Cx^2 + Q = 0.$$

Concevons un cercle qui ait le rayon r, et dont le centre soit à l'origine ; γ étant l'angle des coordonnées, l'équ. de ce cercle est (n° 377)

$$x^2 + y^2 + 2xy \cos \gamma = r^2.$$

Il y aura, en général, quatre points de section avec notre courbe, et il est évident qu'on peut les unir deux à deux par des droites, qui en seront des diamètres (n° 427). Soit $y = Mx$ l'équ. d'une de ces lignes ; il s'agit d'abord de déterminer M. En substituant Mx pour y dans nos équ., puis éliminant x^2 entre les résultats, et ordonnant par rapport à M, il vient

$$(Ar^2 + Q)M^2 + (Br^2 + 2Q \cos \gamma)M + Cr^2 + Q = 0.$$

Si r est donné, cette équ. fera connaître les deux valeurs de M, qui déterminent nos deux diamètres, et par suite les quatre intersections de notre courbe par le cercle. Quand les racines de M seront imaginaires, le rayon r aura été pris trop grand ou trop petit pour que les deux courbes se coupent; enfin, si les racines sont égales, les deux diamètres se réduiront à un, les intersections seront réunies deux à deux en une seule, et le cercle touchera la courbe, cas qu'il importe d'examiner avec soin. La tangente menée au point de contact, touchant aussi le cercle, est perpend. au rayon r, propriété qui n'appartient qu'aux diamètres principaux de la courbe; r représente donc, dans le cas des racines égales, les longueurs de ces deux demi-axes, dont M donne la direction. Or, on a vu (n° 138) que cette dernière condition est exprimée par l'équ.

$$(\tfrac{1}{2} Br^2 + Q \cos \gamma)^2 - (Ar^2 + Q)(Cr^2 + Q) = 0,$$

ou $(B^2 - 4AC)r^4 - 4Qr^2(A + C - B \cos \gamma) = 4Q^2 \sin^2 \gamma \dots (1)$: notre équ. en M est alors équivalente à un carré exact; en la résolvant, le radical disparaît, et l'on a

$$(Ar^2 + Q) M + \tfrac{1}{2} Br^2 + Q \cos \gamma = 0 \dots (2).$$

L'équ. (1), qu'on résout à la manière du 2e degré, donne r^2 : le 1er terme n'en disparaît jamais, attendu qu'on suppose ici que la courbe a un centre situé à l'origine. On peut encore éliminer r^2 entre 1 et 2. Enfin, on construira l'équ. $y = Mx$, où M est connu, et l'on aura la direction des axes.

Ce calcul s'applique au cas où les coordonnées sont à angle droit, en faisant $\cos \gamma = 0$. L'équ. (2) donne

$$r^2 = \frac{-2QM}{2AM + B}, \text{ d'où } M^2 - \frac{2(A - C)}{B} M = 1,$$

faisant, pour abréger $\dfrac{A - C}{B} = \alpha$; on en tire $M = \alpha \pm \sqrt{1 + \alpha^2}$: de là cette construction (fig. 236). Sur Ax, prenez $AD = 1$, puis élevez l'ordonnée $DI = \alpha$; AI sera $\sqrt{1 + \alpha^2}$. Du centre I tracez le cercle KAK' qui donne DK et DK' pour valeurs de M; ce sont les tangentes des inclinaisons des deux axes principaux sur Ax. Ces axes ont donc les directions AK, AK'; ces deux droites sont perpendiculaires d'après la construction, ce qu'on sait d'ailleurs; le terme constant 1 de notre équ. du 2e degré en M prouve la même chose.

On substitue ensuite dans r^2 ces valeurs de M, d'où

$$r^2 = \frac{2Q \times A + C \pm \sqrt{B^2 + (A - C)^2}}{B^2 - 4AC}.$$

Le radical revient à $\sqrt{B^2 - 4AC + (A + C)^2}$. Si $B^2 - 4AC$ est négatif, le radical est $< A + C$; les deux valeurs de r^2 sont, ou positives, et l'on a une ellipse; ou négatives, et l'on n'a *rien*; ou nulles, lorsque $Q = 0$, et l'on a *un point*. Quand $B^2 - 4AC$ est positif, l'une des valeurs de r^2 a le signe $+$, l'autre $-$; on a une *hyperbole*, dont le 2e axe s'obtient en changeant r^2 en $-r^2$. Cependant si $Q = 0$, on a *deux droites*, savoir AK et AK'.

Dans l'exemple page 446, $5y^2 + 2xy + 5x^2 = 2$, on trouve aisément que $M = -1$ et 1, c.-à-d. que les axes font avec les x des angles de $135°$ et $45°$. Ensuite $r^2 = \frac{1}{2}$ et $\frac{1}{3}$ sont les carrés des demi-axes. Tout ceci s'accorde avec ce qu'on a vu.

453. Souvent on a plutôt pour objet de connaître la nature et la forme de la courbe dont on a l'équ., que de la construire rigoureusement; le procédé suivant a l'avantage de donner avec rapidité ces circonstances, et n'a pas, comme le précédent, l'inconvénient d'introduire des irrationnels dans les coefficiens.

Comme il suit de ce qui précède, que les lignes comprises dans l'équ. générale (a) sont connues d'avance, il ne faut, pour les distinguer entre elles, que trouver un caractère propre à chacune : ce caractère est tiré des limites de la courbe, qui sont très différentes dans les cas de l'ellipse, de la parabole et de l'hyperbole. Pour obtenir ces limites, résolvons l'équ. (a) par rapport à y; nous aurons une expression de cette forme,

$$y = \alpha x + \beta \pm \sqrt{(mx^2 + nx + p)} \ldots \ (1);$$

α, β, m, n et p sont des constantes connues. (*Voy.* p. 198.) Chaque valeur de x répond à deux points de la courbe, tant que le radical est réel; s'il est imaginaire, la courbe n'a aucun point corréspondant à l'abscisse dont il s'agit ; enfin, si le radical est nul, on n'a qu'un point de la courbe. Les limites sont donc relatives à l'étendue où le radical passe de l'état réel à l'imaginaire. Comme en prenant pour x des valeurs suffisamment grandes, positives ou négatives, le trinome $mx^2 + nx + p$ reçoit le signe (139, 9°.) du plus grand terme mx^2, si m est négatif, pour ces valeurs le radical devient imaginaire, de sorte que la courbe est alors limitée dans les deux sens. Elle serait illimitée, si m était positif ; enfin, m nul réduirait le radical à $\sqrt{(nx + p)}$, et l'on voit que la courbe serait limitée seulement dans un sens, puisque le signe de nx change avec x.

La nature de nos courbes dépend donc du signe de m, ce qui nous force encore de distinguer trois cas dans notre analyse générale, suivant que m ou $B^2 - 4AC$ est négatif, positif ou nul.

Mais, avant tout, remarquons que, pour construire les ordonnées PM, PM' (fig. 228 et 229), qui répondent à une abscisse $AP = x'$, il faut d'abord porter parallèlement à l'axe des y (dont la direction est donnée et quelconque) $PN = \alpha x' + \beta$; puis, pour ajouter et soustraire la partie radicale $NM = NM' = \sqrt{(mx'^2 + nx' + p)}$, on en portera la valeur, de part et d'autre de N, en M et en M', et N est le milieu de MM'. Tous les points N qui satisfont à l'équ.

$$y = \alpha x + \beta \ldots (2).$$

coupent donc les cordes parallèles à Ay en deux parties égales ; ainsi, on tracera la droite BN, qui est un *Diamètre* de la courbe (n° 426).

Aux points D et D' d'intersection de la courbe avec son diamètre, les équ. (1) et (2) ont lieu ensemble (n° 372), et ces points sont donnés par les racines de l'équ.

$$mx^2 + nx + p = 0 \ldots (3).$$

On voit de plus que les ordonnées ED, $E'D'$ correspondantes sont tangentes à la courbe, puisque, le radical étant nul, la proposée est le carré de $y - \alpha x - \beta = 0$; ainsi les points d'intersection sont réunis en un seul, aux points D et D' (n° 424).

1er CAS. *Courbes limitées en tous sens*, m *négatif*.

454. 1°. *Si les racines de l'équ.* (3) *sont réelles*, en les désignant par a et b, et prenant $AE = a$, $AE' = b$ (fig. 228), on aura les tangentes et les points d'intersection cherchés D, D': le radical de (1) prendra la forme $\sqrt{[-m(x-a)(x-b)]}$: il n'est réel qu'autant que les facteurs $x-a$, $x-b$ sont de signes contraires, de sorte que x est compris entre a et b. La courbe ne s'étend donc qu'entre les limites EF, $E'F'$; elle forme un contour fermé; c'est une *Ellipse*.

Remarquons que, pour obtenir E, E', on a tiré de (3) des racines de la forme $x = h \pm \sqrt{f}$; on a donc porté $AK = h$, puis $KE' = KE = \sqrt{f}$. Donc C est le milieu du diamètre DD', ou le centre de l'ellipse (n° 427): ainsi l'on obtiendra le conjugué en cherchant l'ordonnée centrale CO, à partir du diamètre, c.-à-d. la valeur que prend $\sqrt{(mx^2 + nx + p)}$ lorsqu'on fait $x = h$. La courbe étant rapportée à ses diamètres conjugués, il sera facile de la décrire.

Par exemple, $3y^2 - 6xy + 9x^2 - 2y - 6x + \frac{7}{3} = 0$ donne $y = x + \frac{1}{3} \pm \sqrt{(-2x^2 + \frac{2}{3}x - \frac{2}{3})}$; on prend $AB = \frac{1}{3}$ (fig. 228), et l'on mène le diamètre BN, dont l'équ. est $y = x + \frac{1}{3}$; lorsque l'angle yAx est droit, BN fait avec Ax un angle de 45°. En égalant le radical à zéro, on a $x^2 - \frac{4}{3}x = -\frac{1}{3}$; d'où $x = \frac{2}{3} \mp \frac{1}{3}$: donc $AK = \frac{2}{3}$, $KE = KE' = \frac{1}{3}$ donnent le centre C et les points D, D' d'intersection de la courbe avec le diamètre BN. De plus, EF, $E'F'$ sont tangentes et limites, puisque le radical peut être mis sous la forme $\sqrt{[-2(x-1)(x-\frac{1}{3})]}$; d'où l'on voit que y n'est réel qu'autant que x est $> \frac{1}{3}$ et < 1.

En faisant $x = \frac{2}{3}$ sous le radical, il devient $\sqrt{\frac{2}{9}} = CO$; c'est l'un des demi-diamètres conjugués; l'autre est CD: il est donc facile de tracer la courbe (n° 431, 2°.). On trouve $y = 1 \pm \sqrt{\frac{1}{3}}$ pour la plus grande et la plus petite ordonnée, n° 423.

Pareillement $y^2 - xy + \frac{1}{2}x^2 - x + \frac{1}{2} = 0$ donne l'ellipse $DOD'O'$ (fig. 230); $AK = 2$, $EK = E'K = \sqrt{2}$, $CK = 1$; C est le centre. $y = 0$ donne $x^2 - 2x + 1 = 0$; carré de $x-1$: donc, si l'on prend $AI = 1$, la courbe est tangente en I à Ax;

$OO' = 2b' = \sqrt{2}$: la plus grande et la plus petite ordonnée sont 2 et o.

Il est inutile de dire que, dans les constructions, il faut surtout avoir égard aux signes; ainsi, pour

$$4y^2 + 8xy + 8x^2 + 12x + 8y + 1 = 0,$$

on a $\qquad y = -x - 1 \pm \sqrt{(-x^2 - x + \frac{3}{4})}$;

on construit le diamètre BD (fig. 231), dont l'équation est $y = -x - 1$; de $x^2 + x = \frac{3}{4}$, on tire $x = -\frac{1}{2} \pm 1$, on prend $AK = -\frac{1}{2}$, et $KE = KD' = 1$, ce qui donne les limites tangentes ED, $E'D'$ de l'ellipse : C en est le centre, et l'on trouve $b' = 1$.

2°. *Si les racines de l'équation* (3) *sont égales*, a étant leur valeur, le radical équivaut à $\sqrt{-m(x-a)^2}$; ainsi, (1) devient $y = ax + \beta \pm (x - a)\sqrt{-m}$: on ne peut donc rendre y réel qu'en prenant $x = a$, d'où $y = aa + \beta$.

Ainsi, on n'a qu'*un point*; ses coordonnées sont connues.

Il est aisé de voir qu'en effet la proposée équivaut ici à $(y - ax - \beta)^2 + (x - a)^2 m = 0$; et comme la somme de deux quantités positives ne peut être nulle, à moins que chacune ne le soit en particulier, la proposée se partage d'elle-même en deux autres (n° 112). L'équat. $y^2 - xy + \frac{5}{4}x^2 - 2x + 1 = 0$ donne le point dont les coordonnées sont $x = 1$, et $y = \frac{1}{2}$. L'équ. $x^2 + y^2 = 0$ donne l'origine.

3°. *Si les racines de l'équation* (3) *sont imaginaires*, par aucune valeur de x, le trinome $-mx^2 + nx + p$ ne peut changer de signe (n°.139, 9°.); ce signe demeure toujours le même que celui de son plus grand terme $-mx^2$; .... $\sqrt{(-mx^2 + nx + p)}$ étant sans cesse imaginaire, la proposée *ne représente rien*. En effet, cette équ. revient alors à $(y - ax - \beta)^2 + (mx^2 - nx - p) = 0$, dont les deux parties sont positives et ne peuvent s'entre-détruire; par-conséquent il est absurde de supposer leur somme $= 0$, puisque la seconde ne peut être rendue nulle, comme on l'a fait précédemment.

C'est ce qui arrive pour $y^2 - 2xy + 2x^2 - 2x + 4 = 0$.

Pour que m ou $B^2 - 4AC$ soit négatif, il faut que les trois

1ers termes de la proposée (3), $Ay^2 + Bxy + Cx^2$ forment une quantité plus grande qu'un carré parfait. Dans le 1er exemple ci-dessus, page 456, ces termes sont

$$3(y^2 - 2xy + 3x^2) = 3[(y-x)^2 + 2x^2].$$

2e Cas. *Courbes illimitées en tous sens, m positif.*

455. Ici $Ay^2 + Bxy + Cx^2$ est moindre qu'un carré.

1°. *Quand les racines de l'équation* (3) *sont réelles,* $a = AE$, $b = AE'$ (fig. 229) donnent, comme ci-dessus, les points D et D' d'intersection de la courbe et du diamètre BN, et les tangentes EF, $E'F'$; puis le radical prenant le forme.........
$\sqrt{m(x-a)(x-b)}$, n'est réel qu'autant que $x-a$ et $x-b$ sont de même signe, c.-à-d. que x est $>$ ou $< a$ et b; x ne peut donc recevoir de valeurs entre $a = AE$ et $b = AE'$, et la courbe s'étend à l'infini de part et d'autre des limites EF, $E'F'$; ainsi, elle est une *hyperbole*.

Pour obtenir le diamètre conjugué de DD', comme le centre C est au milieu de DD', on fera $x = AK = h$ sous le radical, on rendra le résultat réel (n° 429), et l'on aura ainsi b'. On tire ensuite la position des asymptotes (n° 436). Nous allons au reste donner bientôt (n° 457) un moyen plus facile de déterminer ces droites.

Soit par ex., $y^2 - 2xy - x^2 - 2y + 8x - 3 = 0$; on en tire $y = x + 1 \pm \sqrt{(2x^2 - 6x + 4)}$. On trace d'abord le diamètre BN, ($y = x + 1$), $2x^2 - 6x + 4 = 0$ donne $x = \frac{3}{2} \pm \frac{1}{2}$, et le radical devient $\sqrt{2(x-1)(x-2)}$; on prend $AK = \frac{3}{2}$, $EK = E'K = \frac{1}{2}$; on a les limites EF, $E'F'$ tangentes en D et D'; et comme x est > 2 ou < 1, on obtient l'hyperbole MM'.

Pour trouver le diamètre conjugué de DD', on fait $x = AK = \frac{3}{2}$ dans $\sqrt{(2x^2 - 6x + 4)}$, et l'on rend réel; on a $b' = \sqrt{\frac{1}{2}}$. En prenant $D'F' = D'H = \sqrt{\frac{1}{2}}$, on forme le parallélogramme inscrit, dont les diagonales GF', FH sont les asymptotes de notre courbe.

2°. *Lorsque les facteurs de* $mx^2 + nx + p$ *sont imaginaires,* la courbe ne coupe pas son diamètre BN (fig. 232) : de plus, ce trinome doit toujours conserver le même signe que $+ mx^2$, quelque valeur qu'on attribue à x (n° 139, 9°.); donc chaque abscisse donne toujours des ordonnées réelles, la courbe s'étend à l'infini de part et d'autre, et elle est une *hyperbole* disposée comme on le voit fig. 232.

Quant aux diamètres conjugués, le centre est sur BN qui ne coupe pas la courbe; or, si l'origine était au centre, les abscisses égales et de signe contraire (n° 425) répondraient à des ordonnées égales; ainsi, le radical devrait être de la forme $\sqrt{(mx'^2 + p)}$; si donc on veut transporter l'origine au centre, il faut faire $x = x' + h$; h étant tel, que le 2ᵉ terme de $mx^2 + nx + p$ disparaisse (n° 504); h est l'abscisse du centre; on trouve $h = -\dfrac{n}{2m}$, la même valeur que ci-devant. Ainsi, on prend $AK = h$, l'ordonnée KC donne le centre C: faisant ensuite $x = h$ dans $\sqrt{(mx^2 + nx + p)}$, il devient $= DC = a'$. Pour obtenir b', il faut chercher les points de rencontre de BN avec la courbe; en prenant la partie imaginaire des racines de $mx^2 + nx + p = 0$, et la rendant réelle, on a $KO = KO'$ pour les abscisses des extrémités E, E', du diamètre conjugué prises à partir de celle du centre.

Comme les parallèles FH, GI au diamètre BN sont tangentes à la courbe en D et D', les ordonnées $O'F$, IH déterminent aussi le parallélogramme inscrit, et les asymptotes IF, GH.

Soit par exemple $y^2 + 2xy - 2y - x = 0$; on en tire $y = -x + 1 \pm \sqrt{(x^2 - x + 1)}$; le diamètre BN (fig. 232) a pour équat. $y = -x + 1$; comme $x^2 - x + 1 = 0$ donne $x = \frac{1}{2} \pm \frac{1}{2}\sqrt{-3}$, la courbe ne coupe pas BN; de plus, $x^2 - x + 1$ étant toujours positif, y est aussi toujours réel; ainsi, on a l'hyperbole de la figure 232.

Pour trouver les diamètres conjugués, on construit. . . . . $x = \frac{1}{2} \pm \frac{1}{2}\sqrt{3}$, $AK = \frac{1}{2}$, $KO = \frac{1}{2}\sqrt{3} = KO'$ donnent le centre C, et le 2ᵉ diamètre EE'; de plus, en faisant $x = \frac{1}{2}$ dans $\sqrt{(x^2 - x + 1)}$, on a $a' = \frac{1}{2}\sqrt{3}$.

3°. *Si les racines de l'équation* (3) *sont égales*, le radical équivaut à $\sqrt{m(x-a)^2}$, et l'équation (1) devient.........

$$y = \alpha x + \beta \pm (x-a)\sqrt{m},$$

savoir

$$y = x(\alpha \pm \sqrt{m}) + \beta \pm a\sqrt{m};$$

on a donc *deux droites qui se coupent* au point du diamètre pour lequel $x = a$, et qu'il est aisé de construire, puisqu'on a leurs équat.; on obtient un 2e point de chacune en posant $x = 0$, d'où $y = \beta \pm a\sqrt{m}$; c.-à-d. qu'il faut porter $a\sqrt{m}$ sur l'axe des y au-dessus et au-dessous du point où cet axe coupe le diamètre. Les droites menées par ces points et par le 1er, qui leur est commun, sont celles dont il s'agit.

Il est clair qu'en transposant et carrant; on a.

$$(y - \alpha x - \beta)^2 - m(x-a)^2 = 0.$$

Ainsi, la proposée est décomposable en deux facteurs rationnels par rapport à x et y, et du premier degré, qu'on peut égaler à zéro indépendamment l'un de l'autre: c'est ce fait analytique qui explique l'existence de deux droites dans le cas présent.

Soit, par ex., $4y^2 - 8xy + x^2 + 4y + 2x - 2 = 0$; on trouve $y = x - \frac{1}{2} \pm \frac{1}{2}\sqrt{(3x^2 - 6x + 3)}$; or, $3x^2 - 6x + 3 = 0$ donne $x = 1$; le diamètre (fig. 233) BN, $(y = x - \frac{1}{2})$ est donc coupé en un seul point N pour lequel $DA = 1$; et comme la proposée revient à $y = x - \frac{1}{2} \pm \frac{1}{2}(x-1)\sqrt{3}$, on a deux droites. $x = 0$ donne $y = -\frac{1}{2} \pm \frac{1}{2}\sqrt{3}$; on prend $BE = BE' = \frac{1}{2}\sqrt{3}$, et l'on trace les lignes EN, $E'N$.

Soit proposée l'équat. $y^2 - 2xy - 3x^2 - 4k^2 = 0$; on en tire $y = x \pm 2\sqrt{(x^2 + k^2)}$; $y = x$ donne le diamètre BN (fig. 234); et l'on voit qu'il n'est pas coupé par la courbe, et qu'on a l'hyperbole MO, $M'O'$. Le centre est en C; on prend $CO = CO' = 2k$; OO' est le 1er diamètre, puis $CE = CE' = k$ donne le 2e, DD', et les asymptotes HF, IG. A mesure que k décroîtra, la courbe se rapprochera du centre et des asymptotes qui ne changeront pas; $k = 0$ donne ces droites mêmes. Enfin, si k^2 prend un signe contraire, l'hyperbole GD', ID est tracée dans l'autre angle entre les mêmes asymptotes, et s'en éloigne à mesure que k croît.

· 456. Quand $A = 0$, la proposée manque du terme en y^2 et l'on ne peut plus opérer comme n° 453, mais si l'on change x en y, et y en x, ce qui ne produit qu'une inversion dans les axes, on pourra appliquer nos calculs; il suffira donc d'y changer C en A, D en E : $B^2 - 4AC$ se réduit à B^2, m est positif, et l'on a encore une hyperbole. Au reste, pour discuter l'équat. privée du terme Ay^2, il est préférable de la résoudre par rapport à x, et d'opérer sur l'axe des x d'une manière analogue à ce qu'on a fait pour celui des y.

Par ex., pour l'équ. $x^2 - 2xy + 2x - 3y + c = 0$ (fig. 235), on a $x = y - 1 \pm \sqrt{(y^2 + y - c + 1)}$; la droite DD' ($y = x + 1$) est diamètre, c.-à-d. coupe en deux parties égales toutes les cordes parallèles aux x. L'équation $y^2 + y = c - 1$, donne... $y = -\frac{1}{2} \pm \sqrt{(c - \frac{3}{4})}$; si donc $c > \frac{3}{4}$, on prendra $AK = \frac{1}{2}$, $KE = KE' = \sqrt{(c - \frac{3}{4})}$, et l'on aura en D et D' les points où l'hyperbole MD, $M'D'$ coupe le diamètre DD'. En faisant $y = -\frac{1}{2}$ dans $\sqrt{(y^2 + y - c + 1)}$, et rendant réel, on a $\sqrt{(c - \frac{3}{4})}$ ce qui donne le conjugué de DD'; et les asymptotes $F'G$ et FH, dont la seconde est parallèle aux y.

Si $c = \frac{3}{4}$, on a les asymptotes mêmes; et si $c < \frac{3}{4}$, on a encore une hyperbole entre les mêmes asymptotes; mais elle est tracée en HN et $F'N'$ dans les deux autres angles.

457. Dans l'équat. générale (1) (n° 453), le radical affecte la quantité $m\left(x^2 + \frac{nx}{m} + \frac{p}{n}\right)$; ajoutant et ôtant $\frac{n^2}{4m^2}$, pour compléter le carré (n° 138), on a

$$y = \alpha x + \beta \pm \frac{1}{2\sqrt{m}} \sqrt{(2mx + n)^2 + 4mp - n^2};$$

le radical est de la forme $\sqrt{(z^2 - l)}$; en le développant par l'extraction (page 194), on verra, comme n° 416, qu'on a une suite de termes où $2mx + n$ est au dénominateur et qui décroissent quand x croît, le seul 1er terme excepté. En négligeant donc l, on a les équ. des asymptotes de notre hyperbole

$$Y = \alpha x + \beta \pm \frac{2mx + n}{2\sqrt{m}} \dots (4);$$

donc, *après avoir résolu la proposée, complétez le carré sous le radical où vous négligerez les termes constans, et vous aurez les équations des asymptotes.*

Il est facile de construire ces équ.; les droites se croisent au point $\left(-\dfrac{n}{2m},\ \beta-\dfrac{an}{2m}\right)$, qui est le centre, et l'on a un 2e point, en faisant $x=0$, ce qui donne les ordonnées à l'origine $\beta\pm\dfrac{n}{2\sqrt{m}}$; on portera $\dfrac{n}{2\sqrt{m}}$ sur l'axe des y en dessus et en dessous du point de section de cet axe par le diamètre.

Dans le 1er ex., p. 458, $y=x+1\pm\sqrt{(2x^2-6x+4)}$; ajoutant et ôtant $\frac{9}{2}$ sous le radical, il devient $\sqrt{[2(x-\frac{3}{2})^2-\frac{1}{2}]}$; négligeant $\frac{1}{2}$, on a, pour équation des asymptotes (fig. 229), $Y=x+1\pm(2x-3)\sqrt{\frac{1}{2}}$. Faisant x nul, on trouve $Y=1\pm3\sqrt{\frac{1}{2}}$; il faut porter $3\sqrt{\frac{1}{2}}$ de B en i et i'; Ci et Ci' sont les asymptotes.

Pour l'équ. page 460, on a $y=x\pm2\sqrt{(x^2+k^2)}$; on néglige k^2, et il vient, pour équ. des asymptotes, $Y=x\pm2x$.

Si la proposée n'a point de terme en x^2, $y^2+Bxy+Dy\ldots=0$, on a $a=-\frac{1}{2}B$, $m=\frac{1}{4}B^2$; le coefficient de x dans (4) est $a\pm\sqrt{m}=-\frac{1}{2}B\pm\frac{1}{2}B$; comme l'une de ces valeurs est zéro, on voit que *si l'équation est privée du terme en* x², *l'une des asymptotes est parallèle aux* x; elle est l'axe même des x, quand le centre est sur cet axe. Il faut en dire autant de l'axe des y, quand le terme en y^2 manque. (*Voyez* fig. 232 et 235.)

Si l'équ. est privée à la fois de x^2 et de y^2, $xy+Dy+Ex+F=0$, on a

$$y=-\frac{Ex+F}{x+D}=-E+\frac{DE-F}{x+D},$$

en faisant la division. Si $x=\infty$, on a $Y=-E$, équ. de l'une des asymptotes, puisque le rapport de y à Y approche indéfiniment de 1; celle de l'autre asymptote est $x+D=0$, puisque alors $y=\infty$. Les deux droites sont donc des parallèles aux axes, et l'on en connaît la position (n° 449).

3e. CAS. *Courbes illimitées d'un seul côté,* m $=0$.

458. Lorsque $m=0$, ou $B^2-4AC=0$, les trois 1ers termes

de la proposée, ou $Ay^2+Bxy+Cx^2$, forment un carré (n° 138) : le radical de l'équ. (1) se réduit à $\sqrt{(nx+p)}$. Après avoir tracé (fig. 237) le diamètre BN ($y = ax + \beta$), on trouve son point D d'intersection avec la courbe et sa tangente EF, en faisant $nx + p = 0$. Soit $x = a =$ la racine AE de cette équ., le radical devient $\sqrt{n(x-a)}$, et n'est réel que quand n et $x - a$ sont de même signe ; donc x est $> a$, et la courbe est située comme DM, lorsque n est positif ; si n est négatif, x est $< a$, et l'on a DM'. La courbe qui s'étend à l'infini d'un seul côté est donc *une parabole.*

On peut aisément en déduire le paramètre de ce diamètre, à l'aide d'un seul point de la courbe, et soumettre la courbe à une description rigoureuse (n° 438).

Soit l'équ. $y^2 - xy + \frac{1}{4} x^2 - 2y - x + 5 = 0$; on en tire $y = \frac{1}{2} x + 1 \pm \sqrt{(2x - 4)}$; on prend $AE = 2$ (fig. 237), EF est limite, et la courbe est située comme DM.

Pour $y^2 - xy + \frac{1}{4} x^2 - 2y + 3x - 3 = 0$, on obtient le même diamètre ; et comme le radical est $\sqrt{(- 2x + 4)}$, on a la courbe DM'.

Si m *et* n *sont nuls à la fois,* l'équ. devient $y = ax + \beta \pm \sqrt{p}$.

1°. Si p est positif, on a *deux droites parallèles,* qu'on trace en portant $\sqrt{p}$ en BD et BD' sur l'axe des y (fig. 238), de part et d'autre du point B où le diamètre BN rencontre cet axe... $(y + x)^2 - 2y - 2x = 1$, donne $y = - x + 1 \pm \sqrt{2}$; on prend $AB = AN = 1$, BN est le diamètre ; puis........ $BD = BD' = \sqrt{2} = BN$; et l'on mène DE, $D'E'$ parallèles à BN.

2°. Si p est nul, $y = ax + \beta$; on n'a qu'*une droite :* telle est l'équ. $(y + x)^2 - 2y - 2x + 1 = 0$, représentée par BN (fig. 238).

3°. Si p est négatif, l'imaginaire subsiste toujours, et *il n'y a pas de ligne.* Telle est l'équ. $(y + x)^2 - 2y - 2x + 2 = 0$.

En un mot, $(y + x)^2 - 2y - 2x + 1 = k$ donne.........., $y = - x + 1 \pm \sqrt{k}$; on prend $AB = AN = 1$, et l'on trace BN, puis $BD = D'B = \sqrt{k}$. Or, plus k diminue, plus les parallèles se rapprochent du diamètre BN, avec lequel elles se confondent enfin lorsque $k = 0$; si k est négatif, l'équ. ne représente plus rien.

Quelque point G qu'on prenne sur BN (fig. 238), il doit couper au milieu la partie IM d'une droite quelconque; BN est *le lieu d'une infinité de centres* (n° 425).

Quand m et n sont nuls ensemble, la proposée revient à $(y - ax - \beta)^2 - p = 0$. 1°. quand p est positif, elle est le produit de $y - ax - \beta + \sqrt{p}$ par $y - ax - \beta - \sqrt{p}$, où x a même coefficient; on y satisfait donc en égalant à zéro l'un indépendamment de l'autre; 2°. si p est nul, la proposée est le carré de $y - ax - \beta$; nos deux facteurs sont égaux; 3°. enfin, si p est négatif, on veut rendre nulle la somme de deux quantités positives, dont l'une $+p$ ne peut être zéro, et l'équ. est absurde. Telles sont les causes qui expliquent l'existence de nos trois cas particuliers.

459. Il résulte de cette analyse que,

I. Si m ou $B^2 - 4AC$ est négatif, $Ay^2 + Byx + Cx^2$ est plus grand qu'un carré, C doit être positif; la courbe est fermée; elle est *une ellipse*, ou *un cercle*, ou *un point*, ou *rien*.

II. Si m ou $B^2 - 4AC$ est positif, $Ay^2 + Bxy + Cx^2$ est moindre qu'un carré; la courbe est formée de deux parties illimitées; elle est *une hyperbole*, ou *deux droites qui se croisent*. On est dans ce cas, si C est négatif, ou s'il manque x^2 ou y^2, xy restant.

III. Si m ou $B^2 - 4AC = 0$, $Ay^2 + Bxy + Cx^2$ est un carré; la courbe s'étend à l'infini d'un seul côté; elle est *une parabole, une droite, deux parallèles* ou *rien* : quand xy manque; avec un des carrés x^2 ou y^2, on tombe dans ce cas.

460. On peut composer à volonté une équ. du 2ᵉ degré, qui rentre dans celle qu'on voudra de ces circonstances. Il suffira de recourir à l'équ. (1), et d'y déterminer arbitrairement les constantes a, β, m,... ayant soin de composer le radical de sorte qu'il satisfasse aux conditions requises; ainsi m sera négatif pour une ellipse, et $mx^2 + nx + p = 0$ aura ses racines réelles: m sera positif pour une hyperbole, et suivant que

l'équ. précédente a ses racines réelles, ou imaginaires, cette courbe coupera ou ne coupera pas son diamètre, etc. On peut enfin se donner des conditions qui déterminent toutes les constantes α, β.... Voici un ex. de ce calcul.

L'hyperbole ponctuée (fig. 234) a l'origine C au centre, le diamètre BN fait avec les x un angle de $45°$; $CE = 1$ donne GE tangente et limite de la courbe; enfin, le diamètre conjugué est $CO = \sqrt{2}$: trouver l'équ. de cette hyperbole? Elle est visiblement $y = x \pm \sqrt{m(x^2 - 1)}$, et il reste à déterminer m. Mais, $x = 0$ donne le radical imaginaire; et, changeant le $-$ en $+$, il faut qu'il soit $\sqrt{2}$; donc $\sqrt{m} = \sqrt{2}$, et... $y^2 - 2xy - x^2 = -2$ est l'équ. demandée.

Si l'on veut que l'équ. soit celle d'un point, une ou deux droites, ou rien, on peut opérer de même; mais il est plus simple de se conduire comme il suit. L et M étant de la forme $ky + lx + g$, on a

1°. Pour un point, $L^2 + M^2 = 0$ (p. 457);

2°. Pour une droite, $L^2 = 0$ (p. 463);

3°. Pour deux droites, $LM = 0$ (p. 460); et si l'on veut que ces lignes soient parallèles, le rapport des constantes k et l doit être le même dans L et M (p. 463);

4°. Pour que l'équation ne représente rien, N doit être un nombre positif quelconque dans $L^2 + M^2 + N = 0$ (p. 457)...

461. Après avoir discuté l'équ. (1), les coordonnées étant rectangulaires, on peut se proposer de la construire exactement, sans recourir à la théorie (n° 439), mais en rapportant la courbe à un système de diamètres. Prenons pour axes des x' une parallèle au diamètre $y = \alpha x + \beta$, sans changer l'origine, ni l'axe des y. Comme tang. $(xx') = \alpha$, on a $\cos(xx') = \dfrac{1}{\sqrt{1 + \alpha^2}} = k$, $\sin(xx') = \alpha k$, $(xy') = 90°$, et les équ. B (n° 383) deviennent $x = kx'$, $y = \alpha kx' + y'$; la transformée de (1) est

$$y' = \beta \pm \sqrt{(mk^2 x'^2 + nkx' + p)}.$$

1°. Si la courbe a un centre, portons-y l'origine; et l'équ. étant ainsi rapportée à des diamètres conjugués, recevra la forme (n°. 427) $y = \sqrt{(Q + Cx^2)}$: il suffit donc de chasser les termes β et nkx'. Posons $y' = y'' + \beta$, $x' = x'' - \dfrac{n}{2km}$; ces 2es termes sont les x' et y' du centre, et l'on trouve

$$y''^2 - mk^2x''^2 = p - \frac{n^2}{4m}.$$

Telle est l'équ. de la courbe proposée, réduite à ses diamètres conjugués. Rien n'est donc plus facile que de construire cette ligne (n° 431, 2°.).

Pour l'équation $y = x + 1 \pm \sqrt{(-2x^2 + 6x - 4)}$, on a $a = 1$, $k = \frac{1}{2}\sqrt{2}$, $m = -2\ldots$, et l'on obtient, pour transformée, $y''^2 + x''^2 = \frac{1}{2}$; ainsi, après avoir tracé le diamètre BN, $y = x + 1$ (fig. 228), porté l'origine au centre C, comme on l'a vu (n° 454), il restera à décrire une ellipse, dont les demi-diamètres CO, CD, sont égaux à $\sqrt{\frac{1}{2}}$.

2°. S'il n'y a pas de centre, $m = 0$, et le radical devient $\sqrt{(nkx' + p)}$: chassant les termes constans β et p, l'origine sera portée au point où la courbe est coupée par son diamètre ; savoir,

$y' = y'' + \beta$, $x' = x'' - \dfrac{p}{nk}$; d'où $y''^2 = nkx''$. Après avoir décrit le diamètre $y = ax + \beta$, l'origine étant prise au point où il coupe la parabole, l'axe des y'' étant parallèle aux y, et l'axe des x le diamètre, la courbe sera facile à tracer (n° 438).

Pour $y = \frac{1}{2}x + 1 \pm \sqrt{(2x - 4)}$, on a (fig. 237) $a = \frac{1}{2}$, $k = \sqrt{\frac{4}{5}}$, DN et DF étant les axes, on a l'équ. $y''^2 = 4x''\sqrt{\frac{1}{5}}$.

V. PROBLÈMES D'ANALYSE GÉOMÉTRIQUE.

De la Génération des Courbes.

462. I. Quelle est la courbe qui résulte de l'intersection continuelle de deux droites AM, BM (fig. 239) qui tournent autour de A et B, et sont toujours à angle droit en M ? Prenons les *Génératrices* dans une de leurs positions AM, MB : l'origine étant au milieu C de AB, et $AC = r$; les lignes AM et MB

qui passent, l'une en $A(-r, o)$, et l'autre en $B(r, o)$, ont pour équ.

$$y = a(x + r), \quad y = a'(x - r) \ldots \ldots (1),$$

de plus on a $\quad aa' + 1 = o \ldots \ldots \ldots, \ldots (2),$

puisque ces droites sont perpend. : les valeurs de a et a', qui ne satisfont pas à cette condition, répondent à des droites AN et BN, qui ne sont pas génératrices. Si l'on met $-\dfrac{1}{a}$ pour a', les équ. (1), qui sont celles de toutes les droites passant en A et B, appartiendront à deux génératrices, dont les directions dépendront de la valeur de a qu'on voudra prendre ; la coexistence de ces équ. fera que x et y seront les coordonnées CP, PM, du point de section de ces droites. En éliminant a de ces équations, x et y seront donc les coordonnées du point d'intersection de deux génératrices quelconques, puisqu'elles ne sont distinguées entre elles que par a, qui n'y entrera plus.

Ainsi, l'élimination de a et a' entre les équ. 1 et 2, donne l'équ. de la courbe cherchée : $a = \dfrac{y}{x + r}$, $a' = \dfrac{y}{x - r}$ changent (2) en $y^2 + x^2 = r^2$: on a un cercle dont le diamètre est AB.

II. Si les deux génératrices AM, MB (fig. 240) étaient assujetties à former un angle donné AMB, dont la tangente fût t, l'équation (2) serait remplacée par $t = \dfrac{a' - a}{1 + aa'}$: on aurait $(x^2 + y^2 - r^2) t = 2ry$. En discutant (n° 450) cette équ., où $AC = CB = r$, on verra que la courbe est un cercle dont le rayon est $OB = \sqrt{\left(r^2 + \dfrac{r^2}{t^2}\right)}$, $CO = \dfrac{r}{t}$ donne le centre O.

En général, au lieu de supposer la courbe décrite par un point qui se meut d'une manière déterminée, on peut la considérer comme engendrée par l'intersection continuelle de deux lignes (droites ou courbes) données, mais variables dans leurs positions ou leurs formes, suivant une loi connue. On prendra ces génératrices dans l'une des positions convenables, et l'on

aura leurs équ., telles que $M = 0$, $N = 0$: de plus, le changement que ces deux lignes éprouvent tient à celui de deux
constantes qui y entrent; mais sont assujetties, dans leurs variations, à une condition donnée $P = 0$. En faisant de nouveau le raisonnement ci-dessus, on prouvera que, si l'on élimine
ces deux constantes entre ces trois équ., on aura pour résultat
l'équ. de la courbe engendrée. · ·

S'il y avait trois constantes variables, outre $P = 0$, on devrait avoir une autre équation de condition $Q = 0$; il faudrait
éliminer ces trois constantes entre les quatre équ. $M = 0$, $N = 0$,
$P = 0$, $Q = 0$. Et ainsi de suite..., de manière à avoir toujours une équ. de plus qu'il n'y a de quantités à éliminer.

S'il y avait moins d'équ. qu'il n'en faut, l'équ. finale serait encore celle de la courbe cherchée; mais il y aurait un ou plusieurs
paramètres variables: le problème serait indéterminé, et l'on y sa-
tisferait par une série de courbes. Lorsqu'il y a autant d'équ.
que de constantes, il en résulte des valeurs de x et y en nombre
fini : on n'a plus que divers points; et s'il y a plus d'équ. encore, le problème est absurde. Tout ceci sera éclairci par des
exemples. · ·

III. Étant données les droites DN, Dx (fig. 241) et un point
fixe A sur l'une, cherchons la courbe dont chaque point M est
tel, que la distance MA est égale à la perpend. PN sur Dx.
Concevons cette courbe comme engendrée par l'intersection continuelle d'une droite mobile PN, perpend. à Dx, par un cercle KL,
dont le centre est fixe en A; le rayon et la droite variant d'ailleurs; de sorte que la condition donnée $AM = PN$ soit toujours remplie.

L'origine étant en A, $AM = \alpha$, $AP = \beta$, $AD = p$, $t = \text{tang} EDA$;
les équ. du cercle LK et de la droite PN sont

$$x^2 + y^2 = \alpha^2; \quad x = \beta \dots (1).$$

L'équation de la droite DN, qui passe en $D(-p, 0)$, est
$y = t(x + p)$; l'équation de condition $MA = NP$ devient
$\alpha = t(\beta + p)$. Lorsque l'on fait varier la droite et le cercle,
α et β changent seuls; il faut donc les éliminer à l'aide des
équ. (1), ce qui donne

$$y^2 + x^2(1 - t^2) - 2t^2px - t^2p^2 = 0.$$

1°. Si $t = 1$, l'angle donné $E'DA = 45°$, et l'équ. devient $y^2 = 2px + p^2$, qui est celle d'une *parabole* $E'S$, dont l'origine est au foyer A, le sommet en S, $2AS = AE' = p$.

2°. Si $t < 1$, l'angle EDA est $< 45°$, on a une *ellipse* dont le centre C et les axes a et b sont tels, que

$$AC = \frac{pt^2}{1 - t^2}, \quad a = \frac{pt}{1 - t^2}, \quad b = \frac{pt}{\sqrt{(1 - t^2)}}.$$

Si DE est parallèle à DA, on a un *cercle*, ce qui résulte aussi de ce que, par la génération, PN est constant.

3°. Enfin, si $t > 1$, ou EDA, changé en IDA, $> 45°$, on a une *hyperbole*.

Cette propriété pourrait donner un moyen facile de tracer nos trois courbes; elles touchent toutes la droite donnée DE, DE',.... en son point de section avec AE (n° 424).

IV. Imaginons que la ligne AB (fig. 242) d'une longueur donnée se meuve dans l'angle BCA, de manière que ses extrémités A et B restent toujours sur les côtés de cet angle : trouver la courbe décrite par un point M donné sur cette ligne AB. Soient $b = AM$, $a = MB$, AC, CB les axes coordonnés; s le sinus et c le cosinus de l'angle ACB qu'ils forment entre eux; la courbe peut être considérée comme produite par la section continuelle des deux droites mobiles AB, PM, dont les équ. sont $y = ax + \beta$, $x = \gamma$; d'où $PM = a\gamma + \beta$, $CP = \gamma$. Il s'agit de trouver l'équ. de condition entre α, β et γ. Or, le triangle PMB donne (D; n° 355); en faisant $PB = z$, $a^2 = z^2 + PM^2 - 2cz \cdot PM$; d'ailleurs les parallèles AC, PM donnent $bz = a \times CP$: donc on a

$$bz = a\gamma, \quad a^2 = z^2 + (a\gamma + \beta)^2 - 2cz(a\gamma + \beta).$$

Il reste à éliminer z, α, β et γ. Mettons y pour $a\gamma + \beta$, nous aurons $bz = ax$, $a^2 = z^2 + y^2 - 2cyz$; enfin, chassant z, $a^2b^2 = b^2y^2 + a^2x^2 - 2abcxy$ est l'équ. demandée, qui appartient à une *ellipse* (n° 454) dont C est le centre.

Lorsque l'angle ACB est droit, tout le calcul se simplifie beaucoup; on a l'équ. $b^2y^2 + a^2x^2 = a^2b^2$, qui est celle de l'ellipse rapportée à son centre et à ses axes $2a$; $2b$. Il en résulte un nouveau moyen très facile de tracer une ellipse. Après avoir décrit des lignes indéfinies Cy, Cx, à angle droit, on portera, sur une règle $M'B$, des parties égales aux demi-axes $AM = b$, $BM = a$, puis on présentera cette règle sur l'angle droit yCx, de manière que les points A et B soient sur les côtés de cet angle. Dans cette position et toutes celles de même nature, le point M sera l'un de ceux de l'ellipse; on marquera ces divers points, et l'on tracera la courbe qui les joint.

Si le point décrivant est situé en M' sur le prolongement de AB, la même analyse conduit au même résultat, au signe près du terme $-2abcxy$. Ainsi, en prenant $BM' = a$, $AM' = b$, AB est la différence des demi-axes, au lieu d'en être la somme, et la construction demeure la même.

V. Si, du foyer F' d'une ellipse (fig. 210), on abaisse une perpendic. sur chaque tangente, quelle est la courbe qui passe par tous les points I de rencontre de ces tangentes et de leurs perpendiculaires? $a^2yy' + b^2xx' = a^2b^2$ est l'équ. de la tangente au point (x', y') (n° 408). La droite, qui passe par le foyer $(-a, 0)$, a pour équ. $y = \beta(x + a)$; pour qu'elle soit perp. à la tangente, il faut (n° 370) que β satisfasse à l'équation $b^2x'\beta - a^2y' = 0$: les équ. des génératrices sont donc

$$a^2yy' + b^2xx' = a^2b^2, \quad b^2x'y = a^2y'(x + a).$$

Lorsque le point de tangence varie, ces lignes changent de position avec x' et y'; l'équ. de condition est celle qui exprime que ce point est sur l'ellipse, $a^2y'^2 + b^2x'^2 = a^2b^2$. Il reste à éliminer x' et y' entre nos trois équ. On tire des 1ʳᵉˢ x' et y', et l'on substitue dans la 3ᵉ; on trouve

$$b^2y^2 + a^2(x + a)^2 = [y^2 + x(x + a)]^2.$$

En développant, on a

$$y^4 + y^2[2x(x + a) - b^2] + (x + a)^2(x^2 - a^2) = 0;$$

or; $-b^2 = a^2 - a^2$ (n° 386): le second terme devient donc

$y^2 [(x+a)^2 + x^2 - a^2]$; de sorte qu'en réunissant les termes affectés de $x^2 - a^2$, on a

$$(y^2 + x^2 - a^2) [y^2 + (x + a)^2] = 0.$$

Le second facteur est visiblement étranger à la question (n° 22.), puisqu'il donne le foyer; l'autre donne *le cercle circonscrit à l'ellipse;* c'est la courbe cherchée.

1°. b n'entrant pas ici, le cercle inscrit dans l'hyperbole résout la question proposée pour cette courbe (n° 397).

2°. Ce cercle est commun à toutes les ellipses décrites sur le grand axe, et même au cercle qui se reproduit ainsi lui-même.

3°. Comme $y^2 + x^2 = a^2$ est indépendant de a, on trouve le même cercle en opérant sur l'un et l'autre foyer.

VI. Pour résoudre le même problème pour la parabole (fig. 205), on verra aisément qu'il faut éliminer x' et y' entre

$$yy' = p(x + x'), \quad py = -y'(x - \tfrac{1}{2}p), \quad y'^2 = 2px'.$$

Il vient $2py^2 = (2py^2 + 2x^2 - px)(p - 2x)$, ou en réduisant, $x[4y^2 + (2x - p)^2] = 0$. Le 2e facteur donne le foyer; il faut le supprimer : le 1er, $x = 0$, donne l'axe des y; c'est le lieu des pieds des perpend. (i, fig. 205., p. 412).

VII. La parabole NAK (fig. 243) étant donnée, trouver le lieu de tous les points M, tels qu'en menant les deux tangentes NM et KM, l'angle qu'elle formeront soit toujours égal à un angle donné M.

Les tang. à la parabole aux points (x', y'), (x'', y''), ont pour équ. (n°. 404)

$$yy' = p(x + x'), \quad yy'' = p(x + x'').$$

L'angle KMN, que forment entre elles ces droites (n° 370), a pour tang, $t = \dfrac{p(y'' - y')}{y'y'' + p^2}$. Lorsqu'on change les points K et N de contact, cet angle doit rester le même; t est constant; mais x', y', x'', y'' varient; il faut les éliminer, et l'on a pour cela, outre les trois équations précédentes, $y'^2 = 2px'$, $y''^2 = 2px''$. x' et x'' tirées de celles-ci, changent les deux premières en

$$y'^2 - 2yy' + 2px = 0, \quad y''^2 - 2yy' + 2px = 0.$$

Ainsi, des deux racines de la 1re de ces équ., l'une est y', et l'autre y''; donc $y'y'' = 2px$, d'où $t = \dfrac{y'' - y'}{2x + p}$: de plus...

$y' = y \pm \sqrt{(y^2 - 2px)}$ donne $y'' - y' = 2$ fois le radical; ainsi, l'équ. cherchée est

$$y^2 - t^2 x^2 - px\,(2 + t^2) - \tfrac{1}{4}\,t^2 p^2 = 0\,,$$

c'est celle d'une hyperbole; et comme t n'entre qu'au carré, l'une des branches est décrite par le sommet M' de l'angle obtus $K'M'N$, et l'autre par celui M de son supplément NMK. On trouvera aisément le centre C et les axes de la courbe.

Si l'angle donné M était droit, ou $t = \infty$, on aurait (n° 398) $2x + p = 0$; en sorte que si de chaque point de la directrice on mène deux tangentes à la parabole, elles font toujours entre elles un angle droit.

VIII. Il arrive souvent que l'équ. même de la courbe est donnée, ou presque exprimée dans sa définition, plutôt que par sa génération : ceci mérite à peine de nous arrêter. En voici un exemple : Quelle est la courbe dont chaque ordonnée est la moyenne proportionnelle entre celles de deux droites données, correspondant à la même abscisse ? Il est clair que $y = ax + b$, $y = a'x + b'$ étant les équ. des droites données, celle de la courbe est

$$y^2 = (ax + b)\,(a'x + b'), \quad \text{ou} \quad y^2 - aa'x^2 - x\,(a'b + ab') = bb'.$$

1°. Si l'une des droites est parallèle aux x, $a' = 0$ donne $y^2 = ab'x + bb'$, qui appartient à une parabole qu'on décrira aisément. Quand $a = 0$, $y^2 = bb'$ donne deux droites parallèles, une droite ou rien, suivant les grandeurs et les signes de b et b'. En faisant abstraction du signe des ordonnées des droites, outre notre parabole, on en a encore une deuxième égale et opposée, et qui a même sommet.

2°. Si a et a' sont de signes contraires, on a une ellipse; lorsque $aa' = -1$, les lignes données sont perpend., et l'on a un cercle (on a aussi un point, ou rien).

3°. Enfin, si a et a' sont de même signe, on a une hyperbole : quand $a = a'$, l'une des asymptotes est parallèle aux

droites données, d'où l'on peut conclure l'autre (n° 450 et 457).
On peut aussi avoir deux droites qui se croisent.

Dans ces deux derniers cas, en faisant abstraction des signes
des ordonnées, on a à la fois l'ellipse et l'hyperbole décrites
sur les mêmes axes, comme fig. 218.

On pourrait varier beaucoup ces problèmes. M. Puissant en
a mis plusieurs dans son *Recueil de diverses propositions de
Géométrie*. En voici quelques autres :

IX. Deux angles de 45°, BAC, BDC (fig. 244) étant donnés
de position, les faire tourner autour de leurs sommets fixes A
et D, de sorte que deux côtés AB, BD se coupent toujours sur
BE parallèle à AD. Quelle est la courbe décrite par le point C
d'intersection des deux autres côtés AC, DC?

On peut prendre les angles mobiles quelconques, ainsi que
la droite BE.

X. Soit un point M (fig. 245) tel, que ses distances AM,
BM, à deux points fixes A et B, soient entre elles dans un
rapport donné; quelle est la courbe dont tous les points jouissent de cette propriété?

En quel lieu de cette courbe AM sera-t-elle tangente? Comment déterminer le point M, tel que les distances MA, MB,
MD à trois points fixes A, B et D aient entre elles des rapports
connus?

XI. Un cercle et une droite étant donnés, trouver le lieu
de tous les centres des cercles tangens à l'un et à l'autre.

Le même problème pour deux cercles donnés.

XII. Les côtés d'un angle droit glissent sur une ellipse ou
une hyperbole, à laquelle ils demeurent sans cesse tangens;
quelle est la courbe décrite par le sommet (fig. 243)?

On peut prendre aussi l'angle quelconque, comme au problème VII.

XIII. Deux droites AF, CD (fig. 192) tournent autour des
extrémités A et C de la base d'un triangle donné ABC; trouver
le lieu BE de tous leurs points G d'intersection, en supposant que D et F sont, dans leur mouvement, à la même distance
de la base. (*Voy.* n° 376, VIII.)

Problèmes qui passent le second degré.

463. Nous avons construit, page 339, les racines des équ. du 2ᵉ degré. L'exemple suivant montre ce qu'il faut faire lorsqu'on est conduit par la résolution d'un problème déterminé à une équ. où l'inconnue est élevée au-delà du 2ᵉ degré. Soit

$$x^4 - pqx^2 + p^2rx + p^2m^2 = 0.$$

Si l'on fait $x^2 = py$, on a $y^2 - qy + rx + m^2 = 0$; la proposée provenant de l'élimination de y entre celles-ci, si l'on construit les sections coniques qui s'y rapportent, les abscisses des points d'intersection seront les racines cherchées : ce sont ici deux paraboles. La proposée aura ses quatre racines réelles, quand les deux courbes se couperont en quatre points; il n'y aura que deux points d'intersection s'il n'y a que deux racines réelles : elles seront toutes quatre imaginaires, s'il n'y a aucun point commun entre les courbes. Au cas qu'il y eût quelques racines égales, les deux courbes se toucheraient, etc.

Mais comme l'une des deux courbes est arbitraire, il convient toujours de préférer le cercle comme plus aisé à décrire. Après avoir tracé les deux axes rectangulaires Ax, Ay (fig. 246); on décrira l'hyperbole $xy = pm$ entre ses asymptotes; éliminant pm, la proposée devient l'équ. d'un cercle facile à décrire :

$$x^2 + y^2 + \frac{pry}{m} = pq.$$

Prenez $AC = \frac{pr}{2m}$; du centre C, avec le rayon $\sqrt{\left(pq + \frac{p^2r^2}{4m^2}\right)}$, tracez un cercle; l'hyperbole sera coupée en des points M, M', N, N', dont les abscisses AP, AP', AQ, AQ', seront les 4 racines x cherchées; deux sont positives dans la fig.; les deux autres négatives. Il pourrait n'y avoir aucun point d'intersection, ou seulement deux.

De même, pour $x^4 - p^2x^2 + p^2qx + p^3r = 0$, on prendra $x^2 = py$; d'où $y^2 - py + qx + pr = 0$; ajoutant $x^2 - py = 0$, il vient

$$y^2 + x^2 - 2py + qx + pr = 0, \quad x^2 = py,$$

équ. d'un cercle et d'une parabole faciles à décrire.

Pour $x^3 \pm a^2x - a^2q = 0$, multipliez par x; faites $x^2 = ay$; d'où $y^2 \pm ay - qx = 0$; ajoutez la précédente, il vient

$$y^2 + x^2 = qx, \quad \text{ou} \quad y^2 + x^2 = 2ay + qx,$$

suivant que la proposée contient $+ a^2$ ou $- a^2$. On construit le cercle que cette équ. représente; les abscisses des points communs avec la parabole, $x^2 = ay$, sont les racines cherchées; $x = 0$ répond à la racine introduite.

Pour $x^3 - 3a^2x = 2a^3$, le même calcul donne

$$x^2 = ay, \quad y^2 + x^2 = 4ay + 2ax.$$

Soit décrite la parabole MA (fig. 247) dont le paramètre est a, et le cercle CAM; dont le centre est $C\,(a, 2a)$, et le rayon $AC = a\sqrt{5}$, le point M d'intersection a pour abscisse $x = AP$; c'est la seule racine réelle.

On peut, par cette construction, obtenir la valeur de $\sqrt[3]{a}$.

Étant données deux droites a et b, trouver entre elles deux moyennes proportionnelles x et y, $\div a : x : y : b$. Puisque $x^2 = ay$, $y^2 = bx$, en construisant deux paraboles, dont a et b soient les paramètres, qui aient l'origine pour sommet commun, et dont les axes respectifs soient ceux des y et des x; on aura, pour l'abscisse x et l'ordonnée y de leur point commun, les lignes demandées.

Mais les constructions sont plus simples en employant le cercle au lieu de l'une des deux paraboles. Ajoutons nos équ., il vient $x^2 + y^2 - ay - bx = 0$, et l'on retombe sur la fig. 247, où $BC = \frac{1}{2}a$, $AB = \frac{1}{2}b$.

Lorsque $b = 2a$, on a $x^3 = 2a^3$; ce qui résout le célèbre problème de *la duplication du cube*. Si l'on fait $b = \frac{m}{n}a$, comme on a $x^3 = \frac{m}{n}a^3$, on peut aussi former un cube x^3 qui soit à un cube donné $a^3 :: m : n$.

En général, ces constructions peuvent être variées de bien des manières; car, puisqu'elles dépendent de deux courbes dont on a les équ., en multipliant ces équ. par des indéterminées et les ajoutant, on obtient différentes courbes propres à la résolution du problème.

464. Au reste, il peut arriver qu'une question proposée comme déterminée ne le soit pas (*voy.* n°. 376, II), ou même qu'on puisse en faciliter la solution, lorsqu'elle est déterminée, en la faisant dépendre d'une autre question qui ne le soit pas. L'analyse indique d'elle-même ces modifications; c'est ce qui va être éclairci par les questions suivantes.

I. Étant donnés deux points A et B (fig. 248), trouver un 3e point M, tel, qu'en menant AM et MB, l'angle MAB soit la moitié de MBA. Faisons $AB = m$; les équ. de AM, MB sont $y = ax$, $y = -a'(x - m)$, l'origine étant en A : or, a et a' sont des tang. d'angles doubles l'un de l'autre; donc

$$a' = \frac{2a}{1 - a^2}, \quad (L, 359).$$

Éliminons a et a' entre ces trois équ., et faisons abstraction de $y = 0$, qui n'apprend rien; il vient

$$y^2 - 3x^2 + 2mx = 0.$$

On voit que la question est indéterminée, et qu'on y satisfait en prenant pour M chaque point de l'hyperbole que nous allons construire. Faisons $AC = CD = \frac{1}{3}m = \frac{1}{3}AB$; C sera le centre, A et D les sommets; les asymptotes CG, CH, font avec AB un angle égal aux deux tiers d'un droit, $\sqrt{3}$ en étant la tangente (n° 352); cette courbe MD sera celle dont il s'agit.

Si l'on veut partager un arc de cercle AEB, ou un angle AKB, en trois parties égales, on prendra le tiers AC de sa corde AB; construisant l'hyperbole ci-dessus, l'intersection avec l'arc donnera (n° 208) le tiers EB de l'arc, ou le tiers EKB de l'angle.

Pour résoudre le problème de *la trisection de l'angle*, nous l'avons d'abord présenté sous une forme indéterminée, et même plus générale, puisque nous aurions pu de même trouver le point d'un arc d'ellipse AEB, ou de toute autre courbe qui remplit une condition analogue.

II. Mener une droite DD', $y = ax + b$ (fig. 249), de manière que la somme des perpend. MD, $M'D'$, abaissées de deux

points donnés M et M', soit égale à une longueur connue$=m$.
Il s'agit de déterminer a et b par la condition $MD + M'D' = m$.

La distance du point M (x', y') à cette ligne (n° 374) est
$\dfrac{ax' - y' + b}{\sqrt{(1 + a^2)}}$; en raisonnant de même pour M' (x'', y''), on a

$$(ax' - y' + b) + (ax'' - y'' + b) = m \sqrt{(1 + a^2)}\ldots(1).$$

Cette équ. ne pouvant faire connaître que a ou b, le problème
est indéterminé : si l'on met $y - ax$ pour b dans (1), on a

$$y - \tfrac{1}{2}(y' + y'') = a\left[x - \tfrac{1}{2}(x' + x'')\right] + \tfrac{1}{2} m \sqrt{(1 + a^2)};$$

c'est l'équ. de la droite cherchée. Transportons l'origine au milieu de MM' en $C\left[\tfrac{1}{2}(x' + x''), \tfrac{1}{2}(y' + y'')\right]$, on a

$$y = ax + \tfrac{1}{2} m \sqrt{(1 + a^2)}\ldots\ldots (2).$$

La direction de la droite est restée arbitraire ; seulement on
voit que, lorsqu'on a choisi a à volonté, l'ordonnée à l'origine
est $\tfrac{1}{2} m \sqrt{(1 + a^2)}$; ainsi (n° 374) la distance $FC = \tfrac{1}{2} m$, ce
qui fournit cette construction. Du centre C des moyennes dis-
tances aux axes, on décrira un cercle avec le rayon $\tfrac{1}{2} m$: toute
tangente à ce cercle satisfera seule à la condition exigée. C'est
ce que rend évidente la propriété connue du trapèze $MDD'M'$
(n° 216, 4°.).

Si l'on eût donné trois points, il aurait suffi d'ajouter
$ax''' - y''' + b$ au 1er membre de (1) : en général, pour n points,
il faudrait remplacer m dans (2) par $\dfrac{m}{n}$. Donc la somme des
perpendiculaires menées de n points sur la droite DD' est $= m$,
quand DD' est tangent au cercle FC décrit du centre des
moyennes distances avec un rayon $FC =$ la n^e partie de m.

III. Étant données deux droites AP, AD (fig. 250); cherchons un point M, tel que les perpend. MP, MD soient entre
elles dans un rapport donné $= n : m$. Prenons AP pour axe
des x, A pour origine ; $AP = x'$, $PM = y'$; enfin $y = ax$
pour l'équ. de AD. La perp. (n° 374) $MD = \dfrac{y' - ax'}{\sqrt{(1 + a^2)}} = \dfrac{my'}{n}$ par
condition ; d'où

$$y' = \frac{anx'}{n - m\sqrt{(1 + a^2)}}.$$

Donc, tous les points d'une droite AM passant en A, satisfont à la question. Prenons des parties $AC = m$, $AB = n$ sur les perpend. aux droites données, et menons des parallèles BM, CM, à ces droites; M sera l'un des points de la ligne cherchée, puisqu'il satisfait à la condition : cette ligne est donc AM.

Si l'on voulait obtenir sur une courbe MN les points M et N, qui jouissent de la propriété assignée, il faudrait construire la droite AM, et prendre ses points d'intersection M et N avec la courbe.

Le point M pourrait être situé au-dessous de AD; alors $\sqrt{(1+a^2)}$ ayant un signe contraire, il faudra prendre $AC' = m$ en sens opposé de AC, et la section de BM avec $C'x$.

IV. D'un point K (fig. 251) menons deux tang. KM, KN à l'ellipse donnée CMN, et la corde MN qui joint les points de contact. Si l'on fait parcourir au point K une droite quelconque AB donnée, les points M, N varieront ainsi que MN; on demande la courbe qui est le lieu des intersections successives de ces cordes MN.

Menons, par le centre C, CD parallèle à AB, et CA diamètre conjugué de Cy; prenons ces lignes pour axes. En partant de l'équ. de la tang. à l'ellipse, et exprimant qu'elle passe par un point donné K (α, β), on a prouvé (413) qu'il y a deux tang., et que la corde MN, qui joint les points de contact, a pour équ. $a^2\beta y + b^2\alpha x = a^2 b^2$. Si l'on place le point K en B, l'équ. de la nouvelle corde mn sera la même en changeant β en β'. Le point de section de ces cordes se trouve en éliminant x et y entre leurs équations. En les retranchant, il vient $a^2 y (\beta - \beta') = 0$, ou $y = 0$. Il est donc prouvé que le point de section est sur l'axe des x, et cela, quels que soient β, β'; d'où résulte que toutes ces cordes se coupent en un seul point. La même propriété a lieu pour l'hyperbole et la parabole. (Voy. nos 407, 413).

De quelques autres Courbes.

465. Lorsqu'on donne divers points $F, G, M, Z \ldots$ (fig. 183), il y a une infinité de courbes qui les unissent; cependant, parmi celles qu'on peut choisir, il en est une qu'on préfère, comme étant plus simple que les autres; c'est celle dont l'équation est $y = A + Bx + Cx^2 +$ etc., et qu'on nomme *Parabole*, par analogie avec la courbe que nous connaissons sous ce nom. Après avoir tracé deux axes Ax; Ay, et marqué les coordonnées $AD, DF, AC, CG \ldots$ des points connus, on comprendra dans l'équ. autant de termes qu'il y a de ces points, et il s'agira d'en déterminer les coefficiens $A, B \ldots$ par les conditions données, savoir, que 1°. $x = AD = \alpha$ donne $y = DF = a$; d'où $a = A + B\alpha + C\alpha^2 + \ldots$; 2°. de même $x = \beta$, donne $y = b$; $b = A + B\beta + C\beta^2 + \ldots$, et ainsi des autres points. Il faudra ensuite éliminer les inconnues $A, B, C \ldots$, afin d'en obtenir les valeurs.

Ce calcul peut être présenté d'une manière simple et générale, car, puisque $x = \alpha$ doit donner $y = a$, la valeur de y est de la forme de $y = A\alpha + K$, A et K étant composés de manière que $x = \alpha$ rende $A = 1$; et $K = 0$: ainsi (n° 500), $K = (x - \alpha) K'$. De plus, quand $x = \beta$, on a $y = b$; donc on a en général $y = Bb + L$, L étant $= (x - \beta) L'$; de sorte que, pour allier ces deux conditions,

$$y = \frac{x - \beta}{\alpha - \beta} A'a + \frac{x - \alpha}{\beta - \alpha} B'b + (x - \alpha)(x - \beta) M';$$

A' et B' étant $= 1$ lorsqu'on fait respectivement $x = \alpha$, ou $= \beta$.

En continuant le même raisonnement, on verra que

$$y = Aa + Bb + Cc + \text{etc.},$$

équ. où

$$A = \frac{(x - \beta)(x - \gamma)(x - \delta) \ldots}{(\alpha - \beta)(\alpha - \gamma)(\alpha - \delta) \ldots};$$

$$B = \frac{(x - \alpha)(x - \gamma)(x - \delta) \ldots}{(\beta - \alpha)(\beta - \gamma)(\beta - \delta) \ldots},$$

en prenant pour chaque coefficient une fraction ayant autant de facteurs moins 1, qu'il y a de points donnés.

On obtient ainsi l'équ. approchée d'une courbe donnée, mais tracée au hasard; il suffit d'y distinguer un nombre suffisant de points, pris surtout aux lieux où la courbe offre des sinuosités marquées, et d'en mesurer les coordonnées α, a, β, b; ...

On pourra aussi trouver, entre des points isolés F, G, M, Z.., d'autres points assujettis à la même loi; et de même, entre plusieurs quantités liées par de certains rapports; obtenir une loi qui puisse servir à faire connaître, par approximation, quelque circonstance intermédiaire. C'est en cela que consiste *la méthode de l'Interpolation*, dont l'application est si fréquente aux phénomènes naturels. (*Voy.* n°s 597 et 907.)

Les mêmes raisonnémens servent à faire passer une courbe de nature connue par une série de points donnés : l'équ. de cette courbe doit alors renfermer autant de constantes arbitraires qu'il y a de ces points, sans quoi le problème serait absurde ou indéterminé. Ainsi l'équ. la plus générale du cercle étant $(y — k)^2 + (x — h)^2 = r^2$, on ne peut exiger que cette courbe passe par plus de trois points connus (α, a),(β, b), (γ, c); et l'on aurait, pour déterminer les constantes k, h et r, les conditions

$$(a — k)^2 + (\alpha — h)^2 = r^2,$$
$$(b — k)^2 + (\beta — h)^2 = r^2,$$
$$(c — k)^2 + (\gamma — h)^2 = r^2.$$

Si le rayon r était connu, on ne pourrait plus se donner que deux points, et ainsi de suite.

En général, on peut faire passer une section conique par cinq points, puisqu'il y a cinq arbitraires dans l'équ. générale du 2e degré, dégagée du coefficient du 1er terme.

466. Quelle est la courbe DM, QE (fig. 252) engendrée par l'intersection continuelle de la ligne BM, qui tourne autour de B, et d'un cercle MEQ, dont le centre glisse le long de AC, de manière que ce centre soit toujours sur BM ? Prenons Ax et BD pour axes. Soient $AC = \alpha$, $AB = b$, $CM = AD = a$: les

équ. du cercle, et de la droite BM qui passe en $B(o, -b)$ et $C(\alpha, o)$, sont

$$(x - \alpha)^2 + y^2 = a^2, \quad \alpha y = b(x - \alpha);$$

éliminant α, il vient $\quad x^2 y^2 = (a^2 - y^2)(y + b)^2.$

Telle est l'équ. de la courbe proposée, que Nicomède a nommée *Conchoïde*. Il suit de sa génération qu'elle est formée de deux branches, l'une au dessus, l'autre en dessous de Ax, étendues à l'infini, et dont Ax est l'asymptote; que la plus grande largeur est en DD', lorsque la droite mobile BM est perpend. à Ax. Si AB est $< a$, alors il y a en D' un *nœud*, qui s'évanouit et ne laisse qu'un point de *rebroussement* lorsque $AB = a$. (*Voy.* fig. 253.)

467. Le cercle AFB (fig. 254) et sa tang BD sont fixes; la droite AD tourne en A, et AM est toujours pris $= FD$: quelle est la courbe des points M? Elle résulte de la section continuelle de AD, par un 2ᵉ cercle, dont le centre est en A, et dont le rayon R variable est sans cesse $= FD$. Les équ. de nos deux cercles, l'origine étant en A, sont $x^2 + y^2 = R^2$, $y^2 = 2ax - x^2$; celle de AD est $y = Ax$; A et R varient, et l'on a $AM = FD$, ou $AP = EB$. Or, on trouve (nᵒˢ 372, 354)

$$AE = \frac{2a}{1 + A^2}, \ EB = \frac{2aA^2}{1 + A^2}, \ AP = R\cos MAP = \frac{R}{\sqrt{(1 + A^2)}}:$$

donc $R\sqrt{(1 + A^2)} = 2aA^2$; c'est l'équ. de condition.

Éliminant R et A, à l'aide de $x^2 + y^2 = R^2$, $y = Ax$, on a l'équ. cherchée

$$x^3 + xy^2 = 2ay^2; \quad \text{d'où } y^2 = \frac{x^3}{2a - x}.$$

Il résulte de cette équ. que, 1°. x ne peut être $> 2a$, ni négatif: ainsi la courbe est renfermée entre Ay et BD; 2°. elle est symétrique de part et d'autre de AB; 3°. elle passe par l'origine A (où elle a un rebroussement); 4°. $x = a$ donne $y = \pm a$: les points H et H', où la courbe coupe la circonf. directrice, partagent celle-ci en ses quatre quadrans; 5°. $x = 2a$ donne $y = \infty$: BD est asymptote. Cette courbe est nommée *Cissoïde de Dioclès*.

468. La courbe OBM (fig. 255), dont les abscisses AE, AP...
sont les logarithmes des ordonnées correspondantes EF, MP...,
est nommée *Logarithmique*; son équ. est $x = \log y$, ou $y = a^x$,
a étant la *base* (n° 145). Il est facile de voir que, 1°. la courbe
n'a qu'une seule branche, qui est infinie à droite et à gauche;
2°. l'ordonnée AB à l'origine est $= 1$; 3°. soit $AE = 1 = AB$,
on a $EF = a = $ la base; 4°. si a est > 1, la partie BM de la
courbe qui est dans la région des x positifs, s'écarte sans cesse
de Ax (le contraire a lieu lorsque $a < 1$); l'autre partie FO
s'approche de AQ; QAx est l'asymptote. 5°. Si l'on prend des
abscisses successives en progression par différence, les ordonnées
correspondantes formeront une progression par quotient.

Les différentes espèces de logarithmiques sont distinguées
entre elles par la base a.

469. Formons *la courbe des sinus* (fig. 256) : l'équation est
$y = \sin x$. Chaque abscisse x est le développement d'un arc de
cercle dont l'ordonnée y est le sinus, le rayon étant r. Si l'arc
est 0, πr, $2\pi r$..., le sinus est nul : à partir de l'origine A, et de
part et d'autre, on prend $AB = BC = AB' = \ldots = \pi r$, les
points A, B, B', C, C'... sont ceux où la courbe coupe l'axe des x.
L'arc croissant depuis zéro jusqu'à $\frac{1}{2}\pi r = AE$, le sinus croît
aussi jusqu'à $EF = r$; mais x continuant de croître, y diminue;
la portion AFB de courbe est symétrique par rapport à FE.
Lorsque x passe $AB = \pi r$, le sinus devient négatif; et comme
il reprend les mêmes valeurs, on a une autre partie de courbe
BDC égale à la première. Le cours se continue ainsi à l'infini.
Ces courbes ne diffèrent entre elles que par le rayon r.

470. Un point M (fig. 257) se meut le long de CM, en même
temps que CM tourne en C; quand ce rayon mobile était couché
sur CA, M était en A; et l'on exige que AC soit toujours à AP,
comme le quadrans ac est à l'arc décrit ab. On demande quelle
est la courbe $AMDB$ décrite par A? Elle est produite par l'intersection continuelle du rayon CM et de PM perpend. à CA.
C étant l'origine, soient $AC = a$, $ab = \theta$, $CP = x$, les équ. de
CM et PM sont $y = x \tan\theta$; $x = x$. Mais la condition im-

posée $\dfrac{AC}{AP} = \dfrac{ac}{ab}$ donne $\dfrac{a}{a-u} = \dfrac{\frac{1}{2}\pi}{\theta}$; éliminons u et θ, il vient

$$y = x \ \text{tang} \left[\dfrac{\frac{1}{2}\pi (a-x)}{a} \right], \ \text{ou} \ y = x \cot \left(\dfrac{\pi x}{2a} \right).$$

Il est aisé de voir, 1°. que la courbe est symétrique de part et d'autre de Cy ; 2°. que $\pm x > a$ rend y négatif ; 3°. que $\pm x = 2a$ donne les asymptotes QN, $Q'N'$; $x = 0$ donne $y = 0 \times \infty$; expression singulière de l'ordonnée CD, et dont nous rechercherons plus tard la valeur (n° 716). *Dinostrate*, inventeur de cette courbe, lui a donné le nom de *Quadratrice*, à cause de l'utilité qu'il lui supposait pour la quadrature du cercle.

471. Si un cercle CM (fig. 258) roule sur une droite AB, le point M, qui originairement était en contact en A, aura décrit l'arc AM ; et le nouveau point de tangence avec AB sera en D, de sorte que AD sera le développement de l'arc de cercle MD. En continuant le mouvement du cercle, le point M tracera la courbe $AMFB$, qu'on nomme *Cycloïde, Roulette* ou *Trochoïde*.

Après une révolution complète, le point M se retrouvera au contact en B, qui sera un point de la courbe, AB étant la circonférence du cercle générateur : en E, milieu de AB, le diamètre $FE = 2r$ de ce cercle, est la plus grande ordonnée ; la courbe est symétrique de part et d'autre de l'*axe* FE. La cycloïde continue son cours à l'infini, en formant en $A, B\ldots$ des rebroussemens.

Prenons l'origine en A, $AP = x$, $PM = y$; comme.... $AP = AD - PD$, on a $x = MD - z$, en faisant $PD = z$; z est l'ordonnée QM du cercle CM, l'abscisse y étant DQ ; d'où $z^2 = 2ry - y^2$. Or, MD est un arc qui, dans le cercle dont le rayon est r, a z pour sinus ; ce qu'on exprime ainsi :

$$MD = \text{arc} \ (\sin = z) ;$$

donc on a $\qquad x = \text{arc} \ (\sin = z) - z$

ou $\qquad z = \sin (x + z); \ z^2 = 2ry - y^2.$

Si l'origine est en F, $FS = x$, $SM = y$, $FK = u$, on a

$$FS = AE - AP = AE - (AD - PD)$$
$$= \text{demi-circ.} FKE - \text{arc} MD + MQ = FK + KN,$$

ou $x = \text{arc}(\sin = z) + z$, $z = \sin(x - z)$, ou $x = u + \sin u$.

Les travaux de Fermat, Descartes, Roberval, Pascal, Huyghens...., ont rendu cette courbe célèbre; elle jouit de propriétés géométriques et mécaniques très singulières, mais ce n'est pas ici le lieu de nous en occuper.

Si l'on eût cherché la courbe décrite par un point du plan circulaire différent de ceux de la circonférence, on aurait eu une autre espèce de cycloïde. On aurait aussi pu donner au cercle mobile un mouvement de translation dans l'un ou l'autre sens, outre celui dont nous venons de parler, ce qui aurait allongé ou accourci la cycloïde. Enfin on aurait pu faire rouler la circonférence sur une autre courbe : on aurait eu ce qu'on nomme les *Épicycloïdes*. Mais nous ne pouvons qu'indiquer ces objets.

472. On nomme *Spirale* une courbe qui est coupée en une infinité de points par toute ligne passant par un point fixe ou pôle. Les spirales forment un genre de courbes dont la génération nécessite, pour ainsi dire, les coordonnées polaires. Telle est celle de *Conon*, qui porté le nom de *Spirale d'Archimède*, parce que ce célèbre géomètre en a le premier reconnu les propriétés. La droite AI (fig. 259) tourne autour de A, pendant qu'un point mobile M glisse le long de AI. Cherchons l'équ. de la courbe $AMNC$, qu'il trace, en supposant que AI est placé en AC, quand le mobile est en A; qu'après une révolution, lorsque AI se retrouve en AC, le mobile M est en C; qu'enfin les espaces $AM = r$ qu'il parcourt sont proportionnels aux angles $IAC = \theta$ que décrit AI.

La valeur angulaire 2π devant répondre à $AC = a$, on a

$$\frac{2\pi}{a} = \overline{AM} = \frac{\theta}{r}; \text{ donc, } 2\pi r = a\theta,$$

est l'équ. cherchée. La courbe passe en A, en C...; les révolutions successives de AI donnent $\theta = 2\pi, = 4\pi, = ...$; d'où

$r = a$, $= 2a \ldots$, de sorte que, chaque fois, le rayon vecteur augmente de a. Comme, pour un nombre quelconque k de révolutions, l'équ.

$$r = \frac{a\theta}{2\pi} \text{ devient } r = ak + \frac{a\theta}{2\pi},$$

k étant un entier quelconque, tous les rayons vecteurs s'accroissent aussi de a.

473. Soient menées les perpend. AC, CD (fig. 260), et décrits du centre C des arcs, tels que PM, égaux en longueur à une ligne donnée $CD = a$; les extrémités M de ces arcs déterminent une courbe NM, dont on trouve aisément l'équ.; car

on a $\dfrac{Ch}{g.h} = \dfrac{CM}{PM}$; or, $PM = a$; donc $r\theta = a$. L'analogie de

cette équ. avec $xy = m^2$ a fait donner à cette courbe le nom de *Spirale hyperbolique* : on voit d'ailleurs que DE, parallèle

à AC, est asymptote. Puisque $r = \dfrac{a}{\theta}$, r n'est nul que quand

$\theta = \infty$; et comme $\theta = 2\pi$, $= 4\pi \ldots$ donnent des valeurs de r de plus en plus petites, la courbe fait autour du pôle des circonvolutions, et n'y parvient qu'après une infinité de tours.

474. On a donné de même le nom de *Spirale logarithmique* à la courbe dont l'équ. est $\theta = \log r$, ou $r = a^\theta$. θ croissant, r croît aussi, et le cours de la spirale s'étend à l'infini; mais θ étant négatif et croissant, r décroît, de sorte que ce n'est qu'après un nombre infini de tours que la courbe atteint le pôle. Elle participe, comme on voit, des deux précédentes.

La *Spirale parabolique* a pour équ. $r = a \pm \sqrt{(p\theta)}$, de sorte que $r - a$ est moyenne proportionnelle entre p et θ : on reconnaîtra aisément la forme de cette courbe.

FIN DU PREMIER VOLUME.

TABLE de Cordes pour le rayon 1000 (page 377).

D	0'	20'	40'	Diff. pour 1'	D	0'	20'	40'	Diff. pour 1'	D	0'	20'	40'	Diff. pour 1'
0°	0	6	12		42°	717	722	728		84°	1338	1343	1347	
1	18	23	29		43	733	738	744		85	1351	1356	1360	
2	35	41	47		44	749	755	760		86	1364	1368	1373	
3	52	58	64		45	765	771	776		87	1377	1381	1385	
4	70	76	81		46	782	787	792		88	1389	1394	1398	
5	87	93	99	0,29	47	798	803	808	0,27	89	1402	1406	1410	0,21
6	105	111	116		48	814	819	824		90	1414	1418	1422	
7	122	128	134		49	829	835	840		91	1426	1431	1435	
8	140	145	151		50	845	851	856		92	1439	1443	1447	
9	157	163	169		51	861	866	872		93	1451	1455	1459	
10	174	180	186		52	877	882	887		94	1463	1467	1471	
11	192	198	203		53	892	898	903	0,26	95	1475	1479	1482	0,20
12	209	215	221		54	908	913	918		96	1486	1490	1494	
13	226	232	238		55	924	929	934		97	1498	1502	1506	
14	244	250	255		56	939	944	949		98	1509	1513	1517	
15	261	267	273	0,29	57	954	959	965		99	1521	1525	1528	
16	278	284	290		58	970	975	980		100	1532	1536	1540	
17	296	301	307		59	985	990	995	0,25	101	1543	1547	1551	0,19
18	313	319	324		60	1000	1005	1010		102	1554	1558	1562	
19	330	336	342		61	1015	1020	1025		103	1565	1569	1573	
20	347	353	359		62	1030	1035	1040		104	1576	1580	1583	
21	365	370	376		63	1045	1050	1055		105	1587	1590	1594	
22	382	387	393		64	1060	1065	1070		106	1597	1601	1604	
23	399	404	410		65	1075	1080	1084		107	1608	1611	1615	0,18
24	416	422	427		66	1089	1094	1099		108	1618	1621	1625	
25	433	439	444		67	1104	1109	1114		109	1628	1632	1635	
26	450	456	461		68	1118	1123	1128		110	1638	1642	1645	
27	467	473	478	0,28	69	1133	1138	1142		111	1648	1652	1655	
28	484	490	495		70	1147	1152	1157		112	1658	1661	1665	
29	501	506	512		71	1161	1166	1171	0,24	113	1668	1671	1674	0,17
30	518	523	529		72	1176	1180	1185		114	1677	1681	1684	
31	535	540	546		73	1190	1194	1199		115	1687	1690	1693	
32	551	557	562		74	1204	1208	1213		116	1696	1699	1702	
33	568	574	579		75	1218	1222	1227		117	1705	1708	1711	
34	585	590	596		76	1231	1236	1241		118	1714	1717	1720	
35	601	607	613	0,28	77	1245	1250	1254	0,23	119	1723	1726	1729	0,16
36	618	624	629		78	1259	1263	1268		120	1732	1735	1738	
37	635	640	646		79	1272	1277	1281		121	1741	1744	1746	
38	651	657	662		80	1286	1290	1295		122	1749	1752	1755	0,15
39	668	673	679		81	1299	1303	1308		123	1758	1760	1763	
40	684	690	695		82	1312	1317	1321		124	1766	1769	1771	0,14
41	700	706	711		83	1325	1330	1334	0,22	125	1774	1777	1780	0,13

Diff. 1 pour 2'.	Diff. 1 pour 3'.	Diff. 1 pour 3'.
2 pour 6'.	2 pour 6'.	2 pour 10'.
3 pour 10'.	3 pour 9'.	3 pour 15'.
4 pour 14'.	4 pour 16'.	

TABLE DES MATIÈRES

CONTENUES

DANS LE PREMIER VOLUME.

___

Errata du tome premier.

Page 7, ligne 11, *lisez* pour traduire un nombre donné dans le système décimal en un autre système de numération, etc.

Page 13, ligne 19, soustranction, *lisez* soustraction

Page 36, ligne 3 en remontant, *mettez* 3 au premier quotient.

Page 39, ligne 13, 1, 2 et 10, *lisez* 1, 2, 5 et 10

Page 55, lig. 4 et 5, *mettez* 20 à la place de 3, et réciproquement

Page 57, ligne 15, $+ 0,30$, *lisez* $= 0,30$

Page 138, ligne 3 en remontant, *lisez* $kx^{m-1} + (ka+p) x^{m-2} + (ka^2 + pa + q) x^{m-3} + \ldots$

Page 157, ligne 14, le tiers est, *lisez* le tiers et le cinquième

Page 192, ligne 7, *remplacez* les deux derniers chiffres 89 de $\sqrt{2}$ par 73

Page 202, ligne 7, dont est d, *lisez* dont d est

Page 210, ligne 1, $\sqrt{a^3}$, *lisez* $\sqrt[4]{a^3}$

Page 213, ligne 20, $(1+r)^r$ au numérateur, *lisez* $(1+r)^t$

Page 279, ligne 10, de rayon, *lisez* de diamètre, ou une ligne de rayon

Page 330, ligne 3, 0,065438, *lisez* 0,065442

Ibid, ligne 7, 3,1392 et 3,1410, *lisez* 3,1412 et 3,143

Page 355, ligne 5, aux quadrans, *lisez* au quadrans

Page 361, ligne 13, cos α, cos C, *lisez* cos $\alpha \times$ cos C

Page 376, ligne avant-dernière, et les bases, *lisez* des bases

Page 377, ligne 23, *ajoutez* voyez la Table qui est à la fin du volume.

Page 380, ligne 1, *lisez* $n \sin x + \cos x = b$

Page 392, ligne 25, $(R^2 - x^2)^2$, *lisez* $(R - x)^2$

Page 415, ligne 5, $\gamma' =$, *lisez* $\gamma =$

Page 435, ligne 15, $a'^2 b'^2$ est facteur de tout le second membre de l'équation; il faut effacer la virgule qui termine la ligne

Page 443, ligne 4 en remontant, équ. (b), *lisez* équ. (6)

Page 447, ligne 15, $\sqrt{8}$, *lisez* $\sqrt{2}$

Page 454, ligne 6, dans la valeur de r^2, 2 Q multiplie le numérateur de la fraction

Page 456, ligne 19, $+ \frac{2}{3} x$ *lisez*, $+ \frac{8}{3} x$

Page 471, ligne 16, $= ({}^0 py^2 + 2x^2)$, *lisez* $= (2y^2 + 2x^2 - px)$

Page 484, ligne 3 en remontant, *lisez* $\dfrac{2\pi}{a} = \dfrac{\theta}{AM} = \dfrac{\theta}{r}$

Errata du tome second.

Page 33, ligne 2, $\dfrac{3206}{5504}$, *lisez* $\dfrac{3206}{15504}$

Page 42, ligne avant-dernière, *lisez* $k (i+y)^m$ pour premier terme de l'équ. (2)

Page 58, ligne dernière, $kp'+q \doteq q'$, *lisez* $ap'+q=q'$
Page 60, ligne 8, $+17$ et -37, *lisez* $+17$ et -39
Page 70, ligne 3, $\gamma-1$, *lisez* $\gamma=1$
Page 74, ligne 16, $[3]+x-3$, *lisez* $[3] \doteq x-3$
Page 76, ligne 18, augmenté de, *lisez* diminué de

Page 104, ligne 19, $+\sqrt{5}$, *lisez* $+\sqrt[3]{5}$
Page 112, ligne 23, $+0,727236$, *lisez* $+0,727136$

Ibid. ligne 26, $\frac{1}{2}(3\pm\sqrt{-31})$ *lisez*, $\frac{1}{2}(-3\pm\sqrt{-31})$

Page 117, ligne dernière, mx^i, *lisez* $m\dot{x}^i$

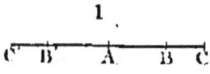

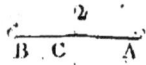

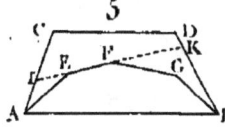

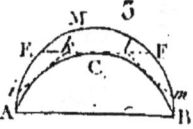

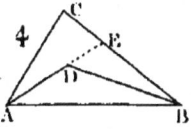

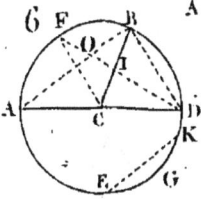

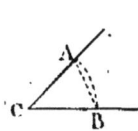

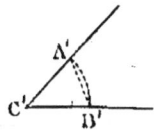

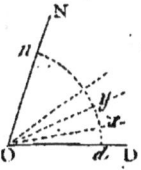

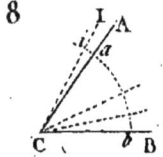

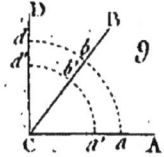

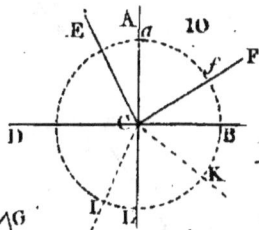

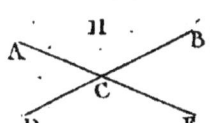

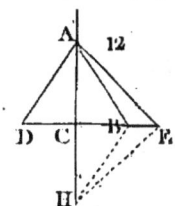

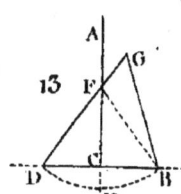

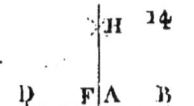

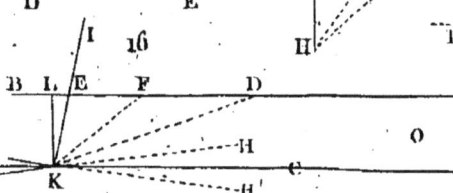

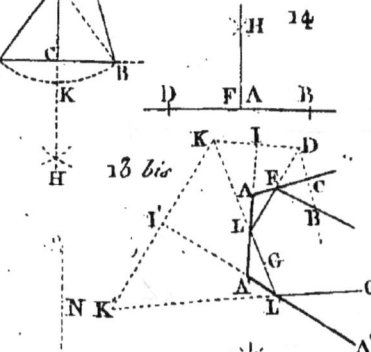

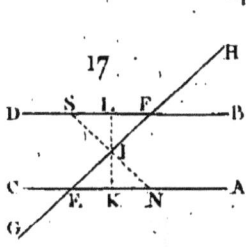

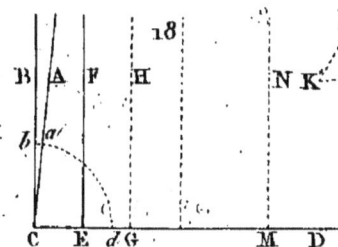

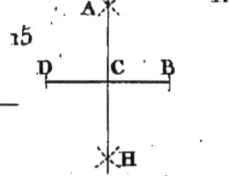

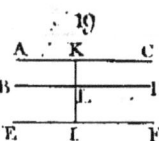

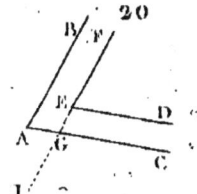

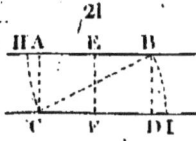

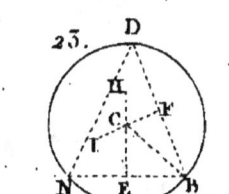

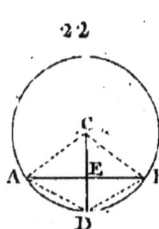

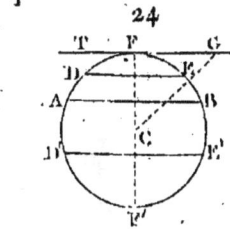

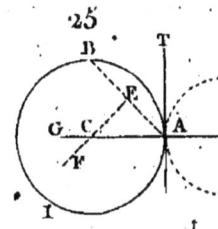

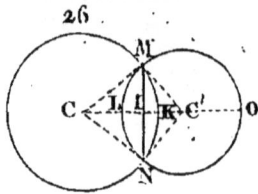
26

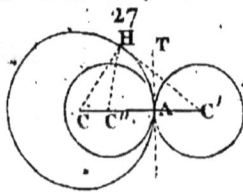
27

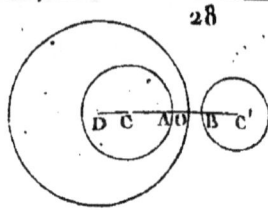
28

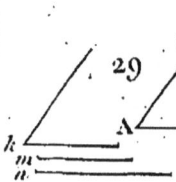
29   35

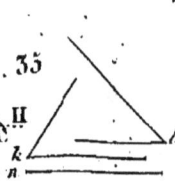

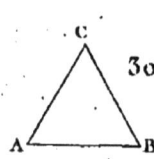
30

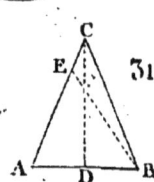
31

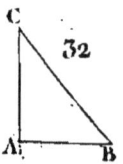
32

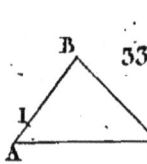
33

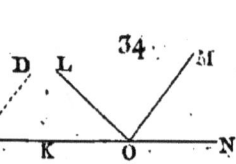
34

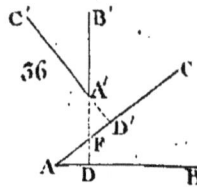
36

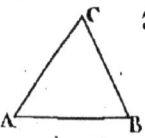
37

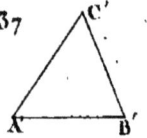

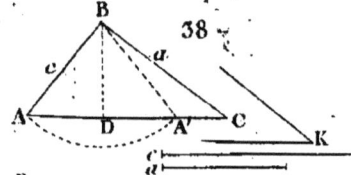
38

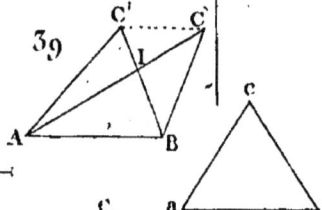
39   40

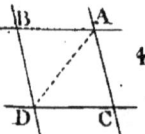
41

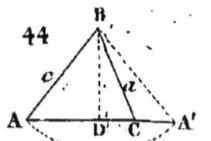
44

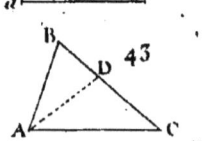
43

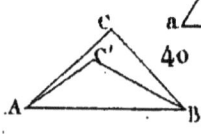
40

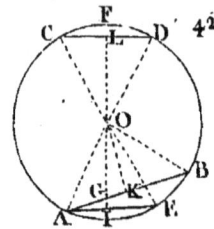
42

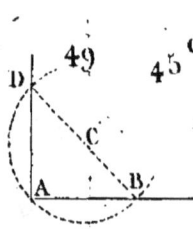
49   45

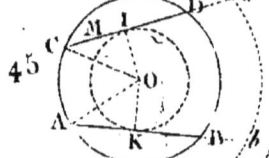

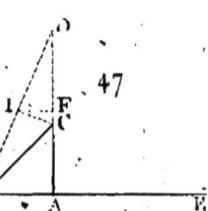
47

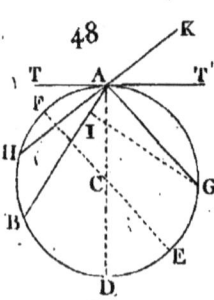
48

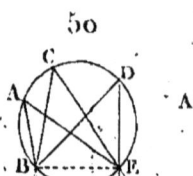
50

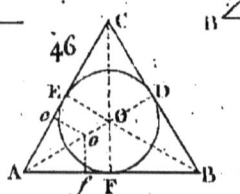
46

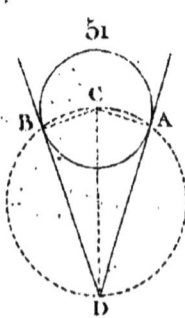
51

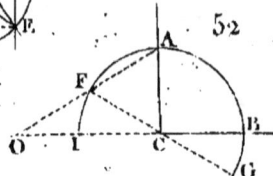
52

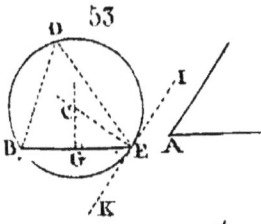

53

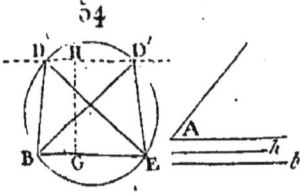

54

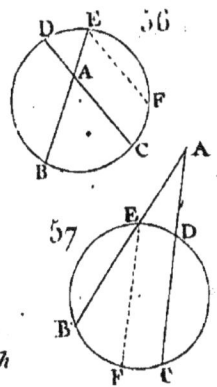

56

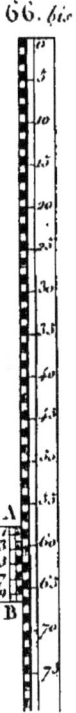

66. bis

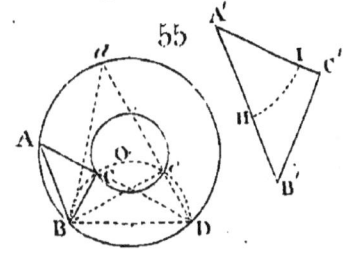

55

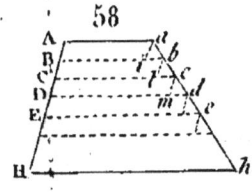

58

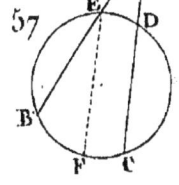

57

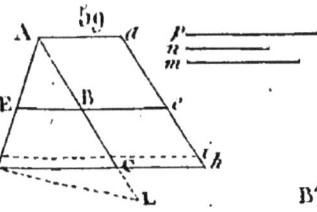

59

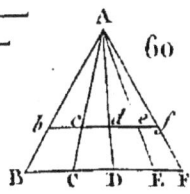

60

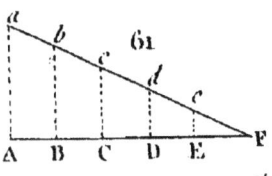

61

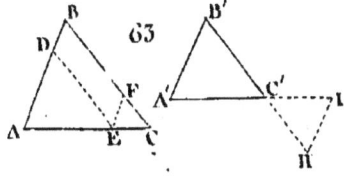

63

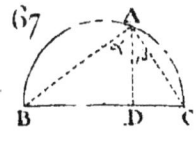

67

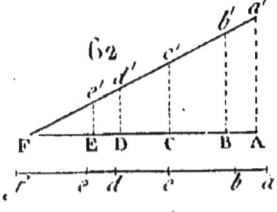

62

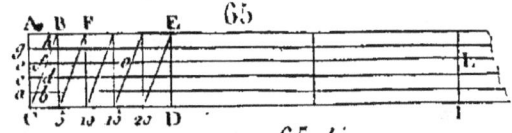

65

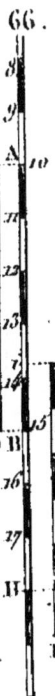

66.

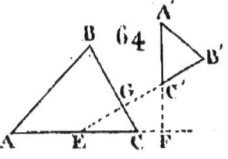

64

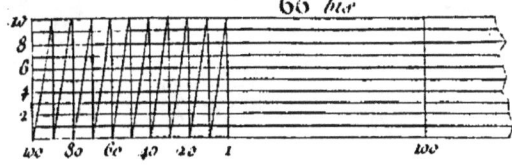

65 bis

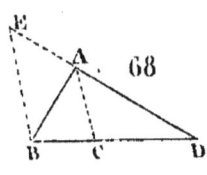

68

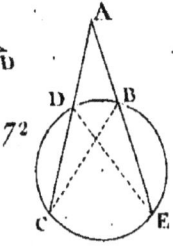

72

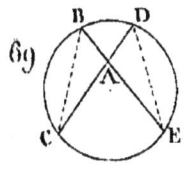

69

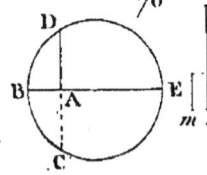

70

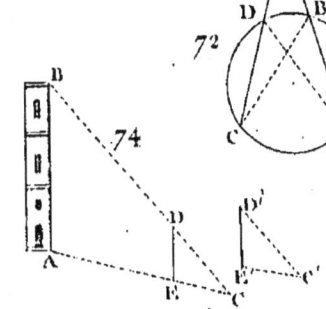

74

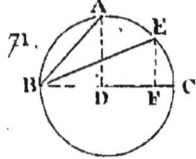

71

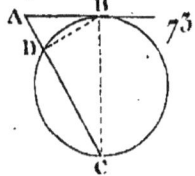

73

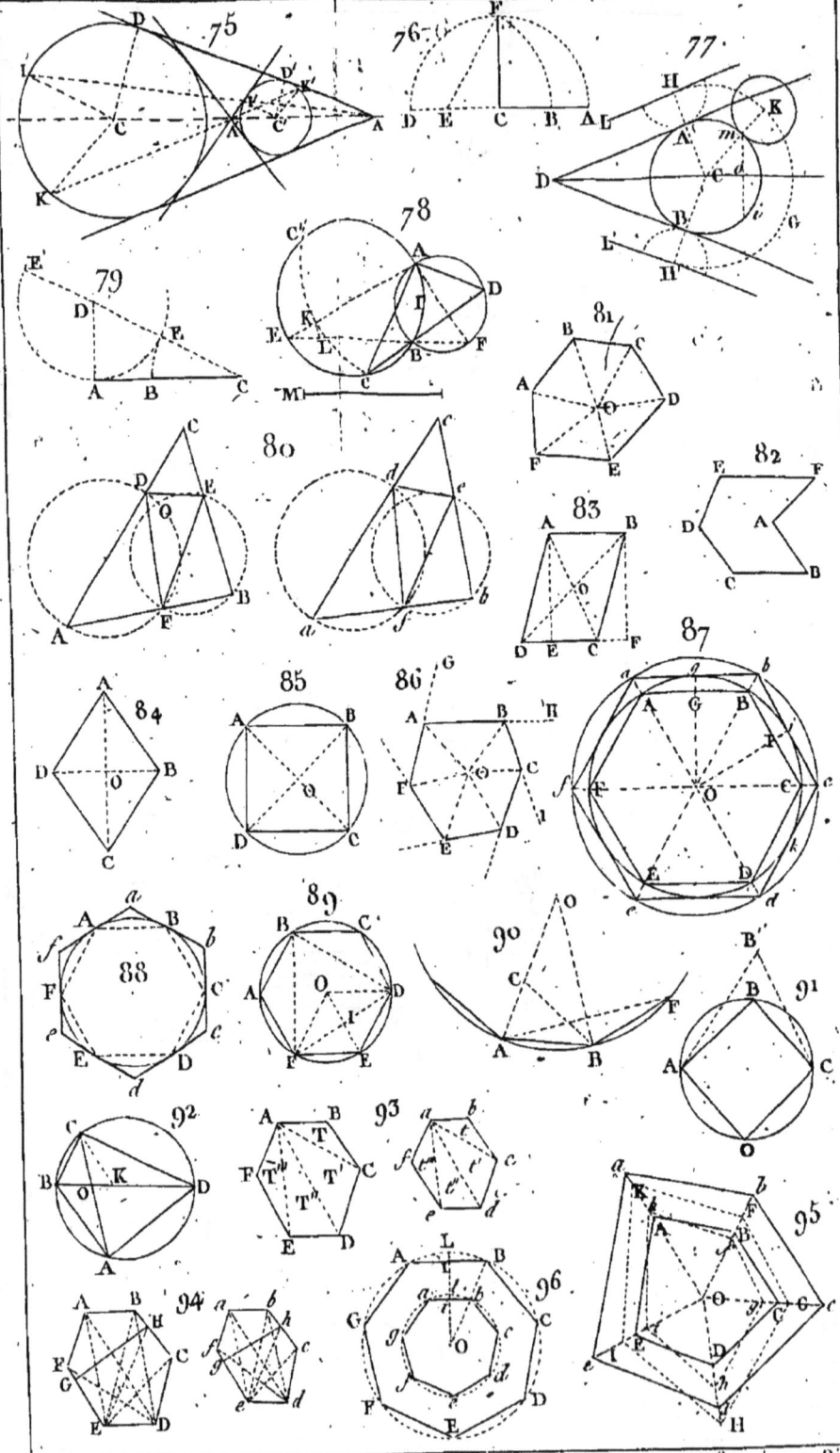

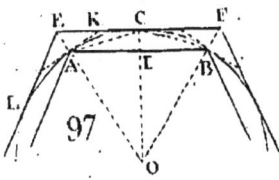

97

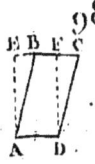

98

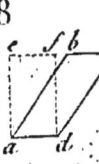

99

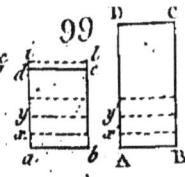

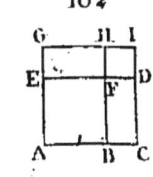

102

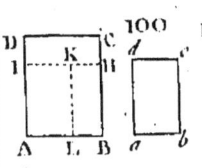

100

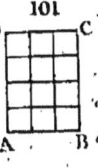

101

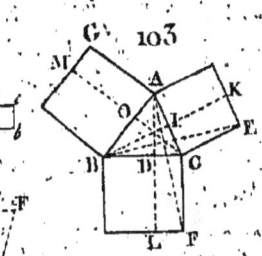

103

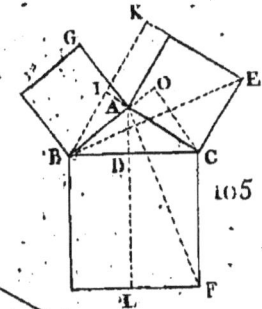

105

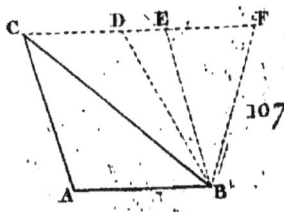

107

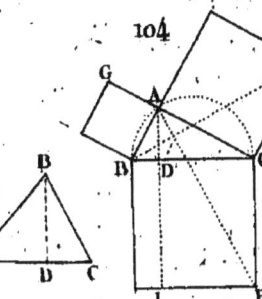

104

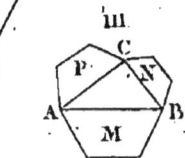

111

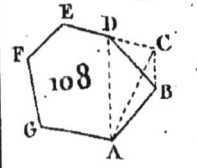

108

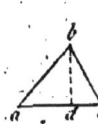

110

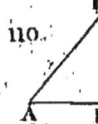

109

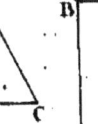

112

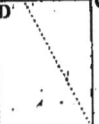

113

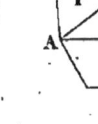

114

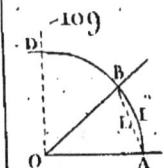

115

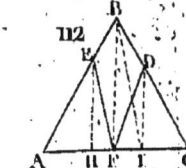

116

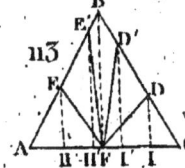

117

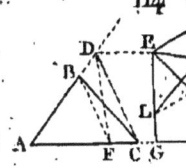

118

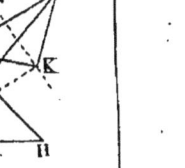

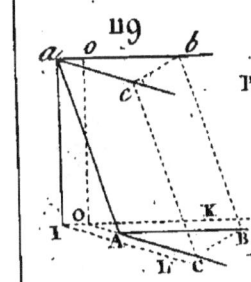

119

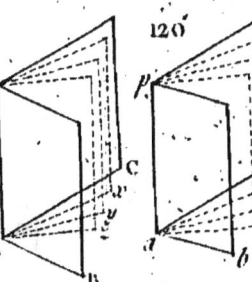

120

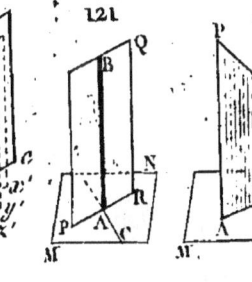

121

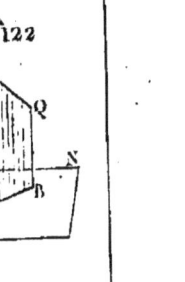

122

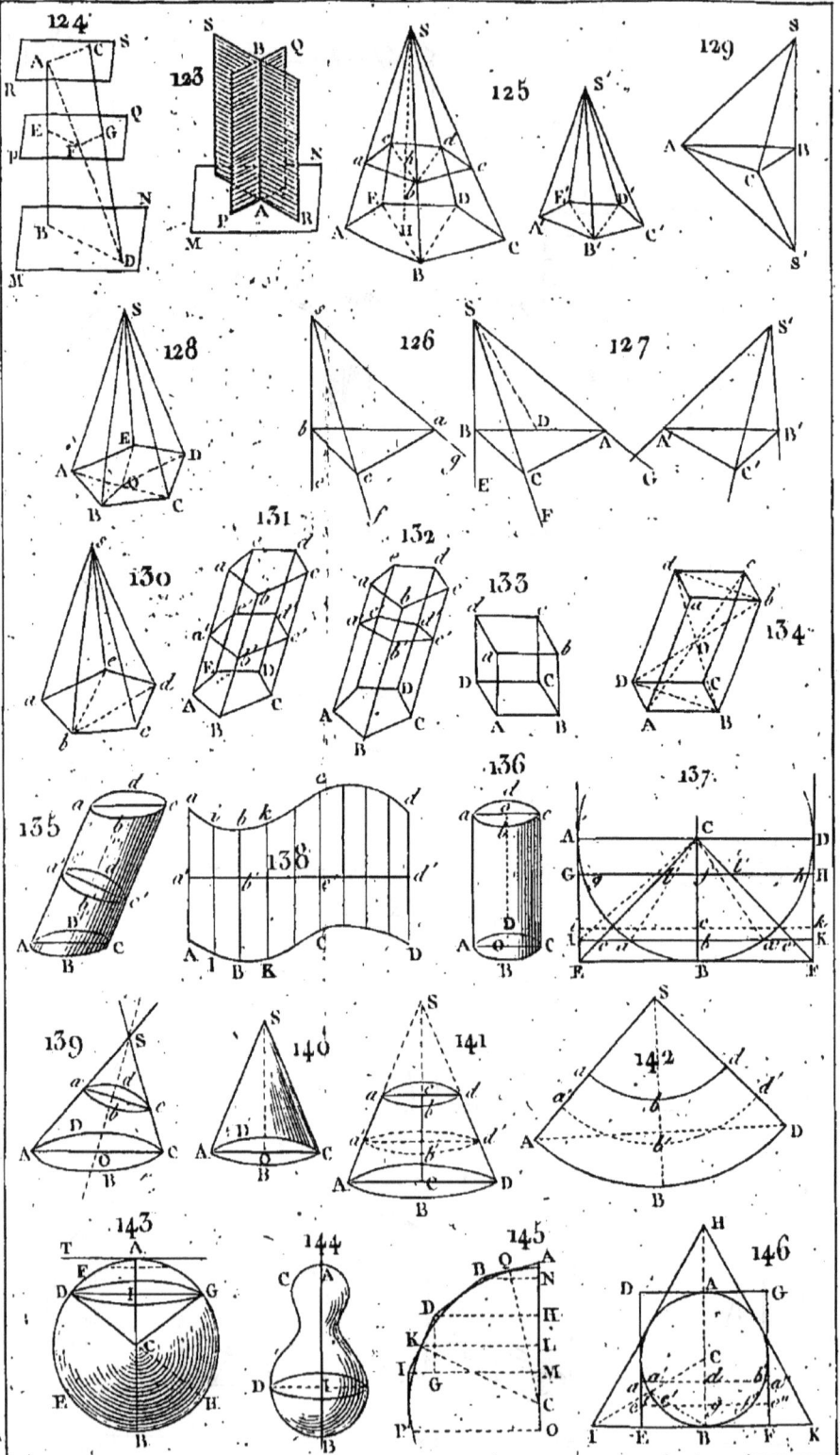

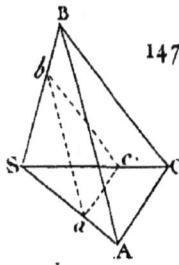

147

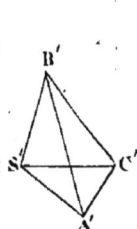

148

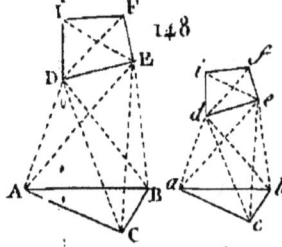

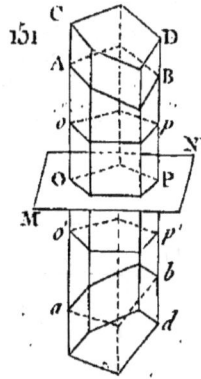

151

149

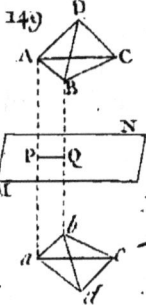

150

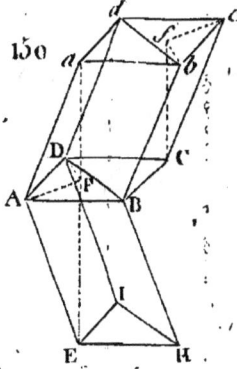

152

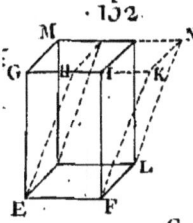

153

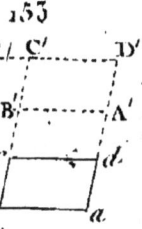

154

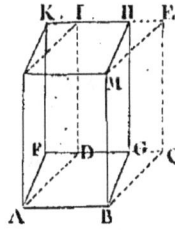

155

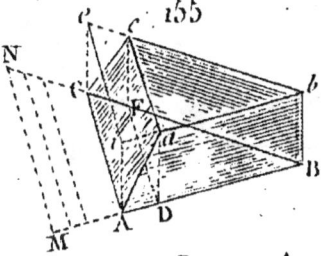

156

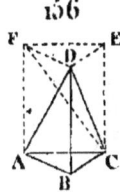

157

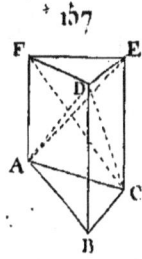

158

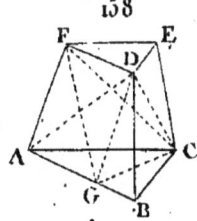

159

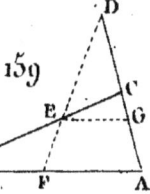

160

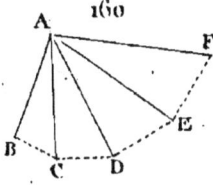

162

161

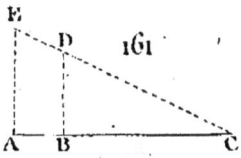

163

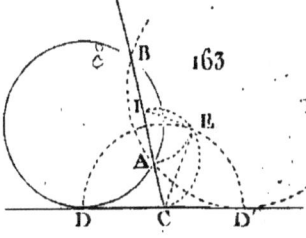

164

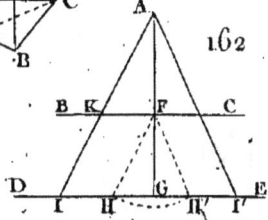

165

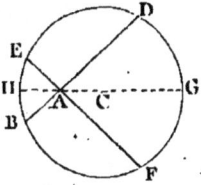

166

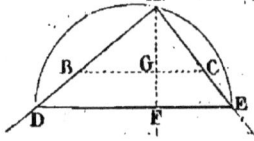

167

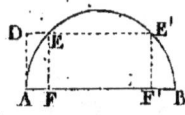

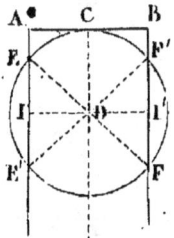

Gravé par Dien

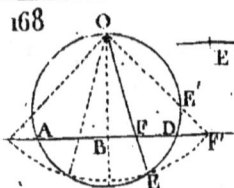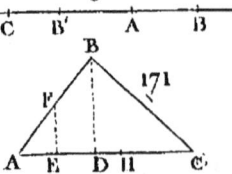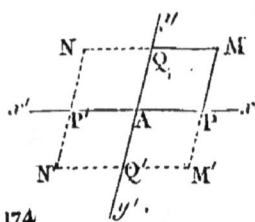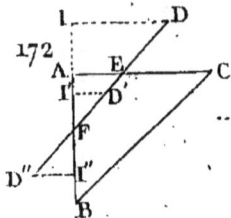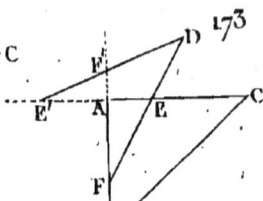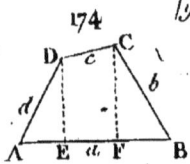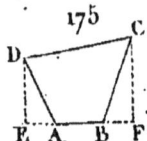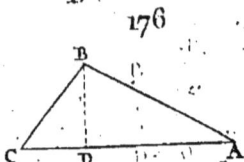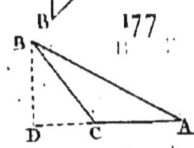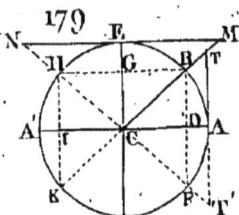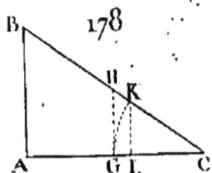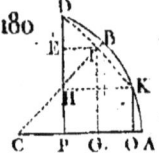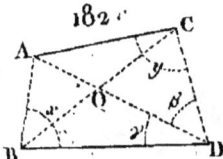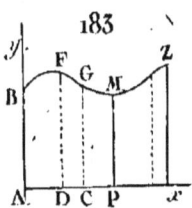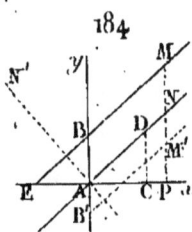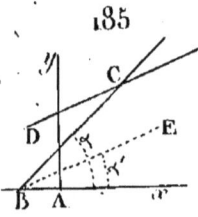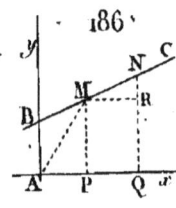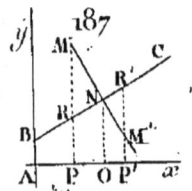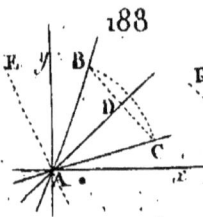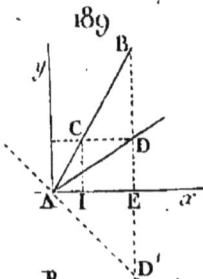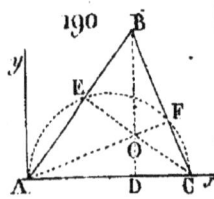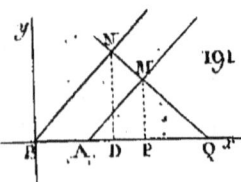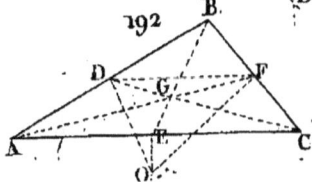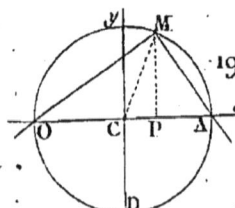

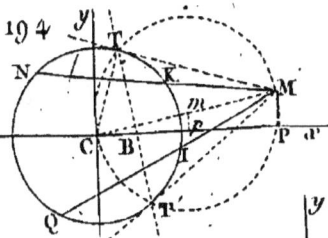

194

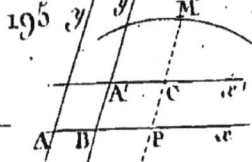

195

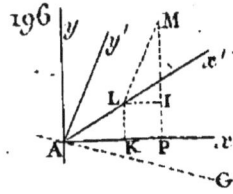

196

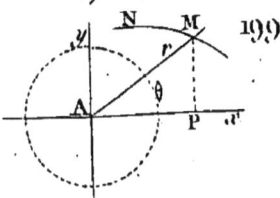

199

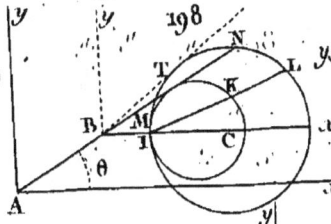

198

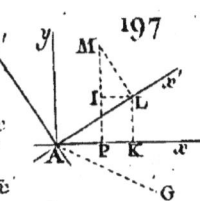

197

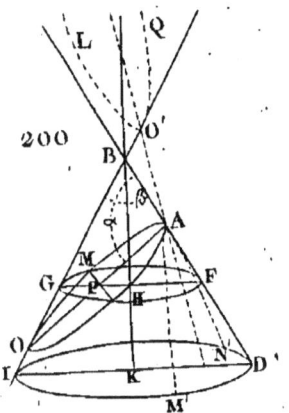

200

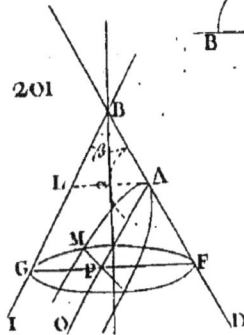

201

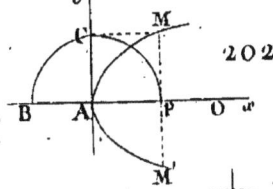

202

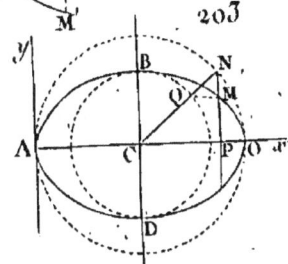

203

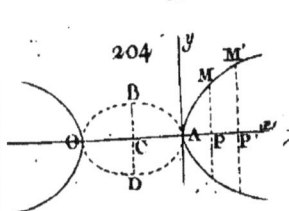

204

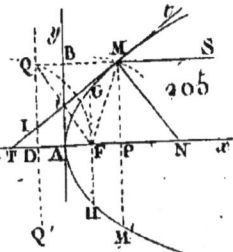

205

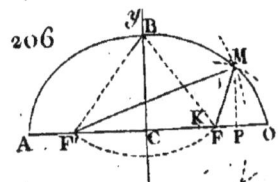

206

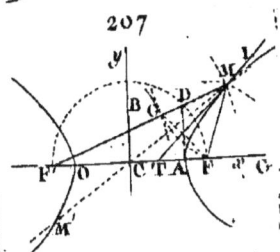

207

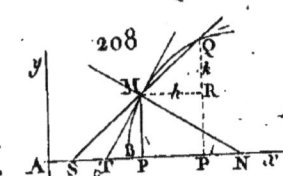

208

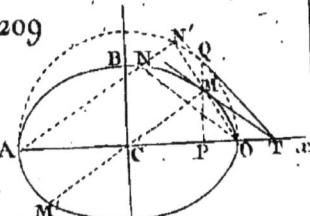

209

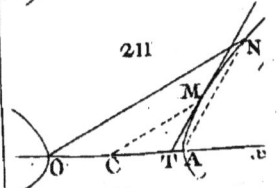

211

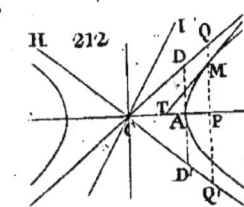

212

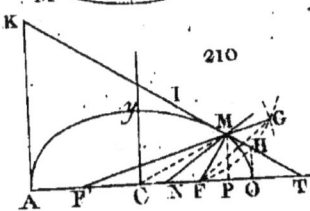

210

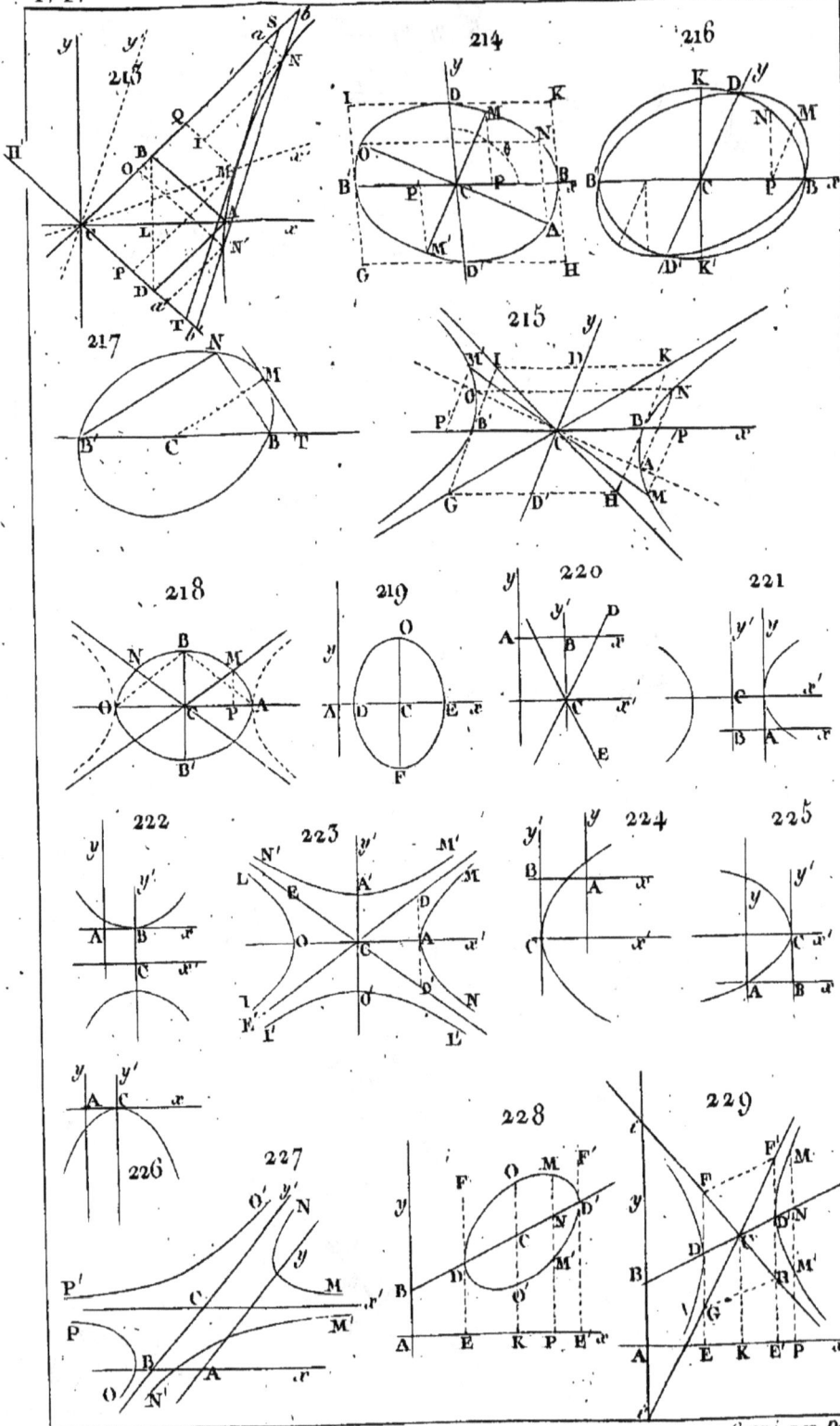

213

214

216

217

215

218

219

220

221

222

223

224

225

226

227

228

229

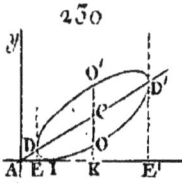

230

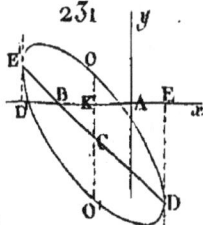

231

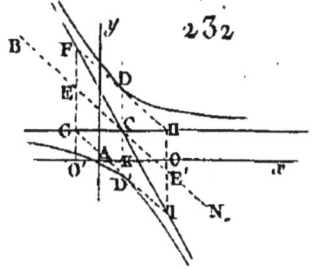

232

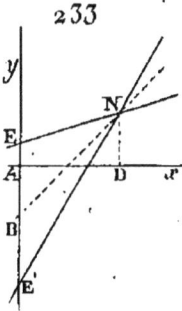

233

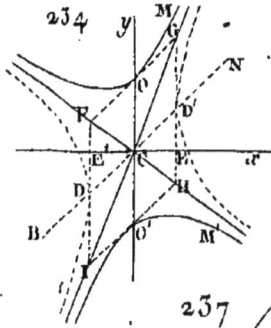

234

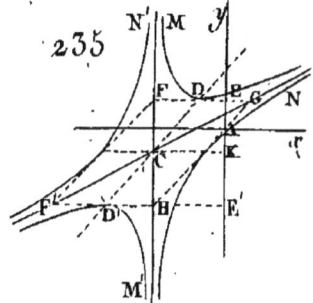

235

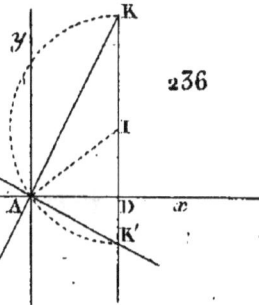

236

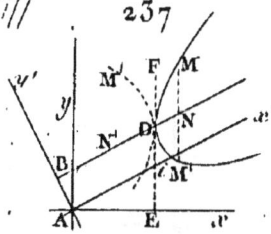

237

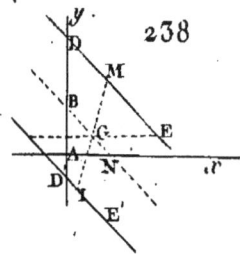

238

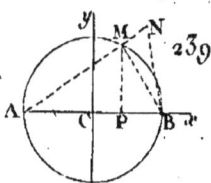

239

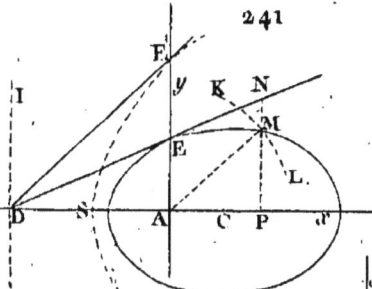

241

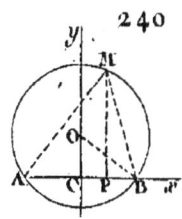

240

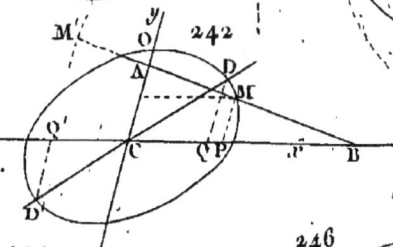

242

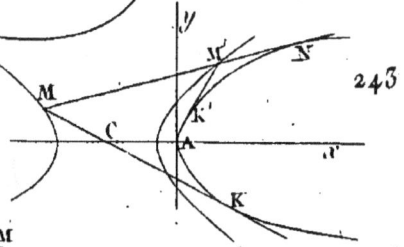

243

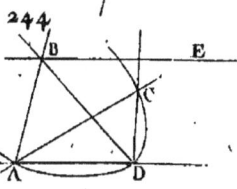

244

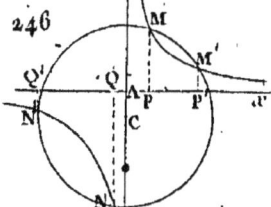

246

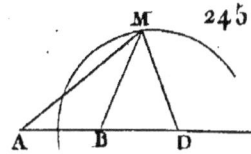

245

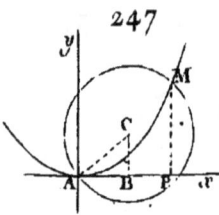

247

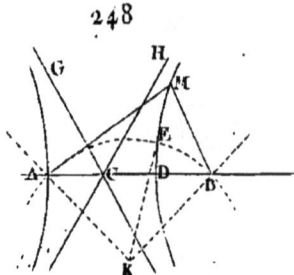

248

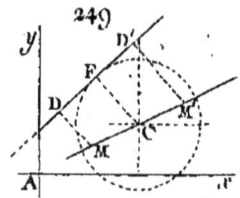

249

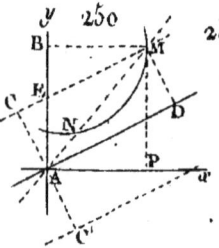

250

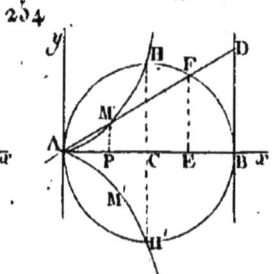

254

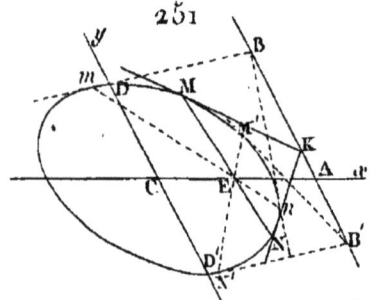

251

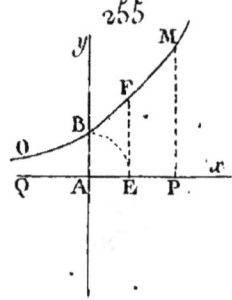

255

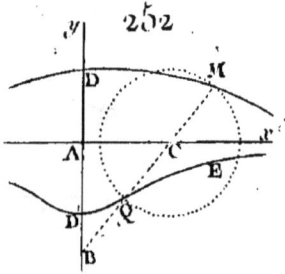

252

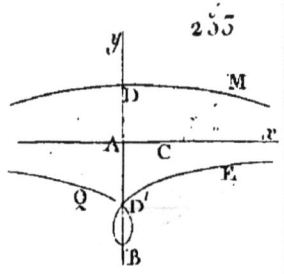

253

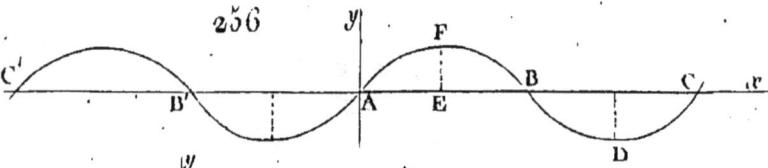

256

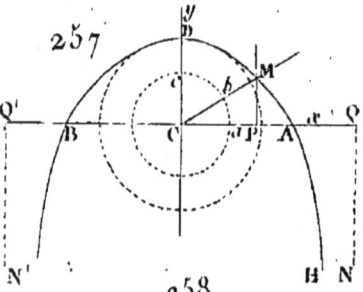

257

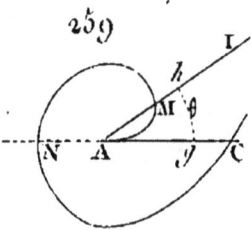

259

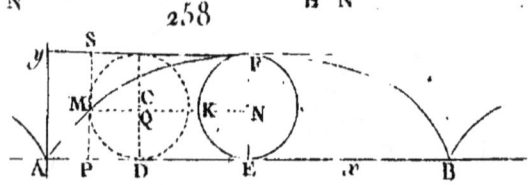

258

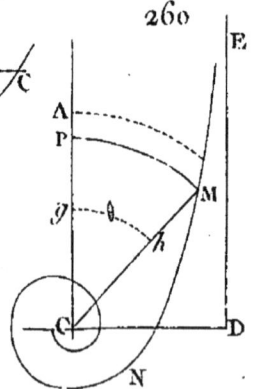

260

www.ingramcontent.com/pod-product-compliance
Lightning Source LLC
Chambersburg PA
CBHW060915220326
41599CB00020B/2978